CAD/CAM/CAE 工程应用丛书

CAXA CAD 电子图板 2020 工程制图

钟日铭 编著

机 械 工 业 出 版 社

CAXA CAD电子图板是一款我国具有自主知识产权的优秀CAD软件系统。本书以CAXA CAD电子图板2020为软件操作基础，并以其应用特点为知识主线，结合设计经验，循序渐进地介绍了CAXA CAD电子图板的实战应用知识。具体内容包括：CAXA CAD电子图板快速入门，基本曲线与高级曲线绘制，图形编辑与修改，风格样式、智能点与查询工具，工程制图标注，块与图库操作，图幅操作，零件图绘制，装配图绘制等。

本书图文并茂、结构清晰、重点突出、实例典型、应用性强，是一本贴近实战的CAXA CAD电子图板培训教程和学习手册。

本书适合从事机械设计、建筑制图、电气绘图、广告制作等工作的专业技术人员阅读使用。同时，本书还可以作为CAXA CAD电子图板培训班及大、中专院校相关专业的培训教材。

图书在版编目（CIP）数据

CAXA CAD电子图板2020工程制图／钟日铭编著．—北京：机械工业出版社，2020.9（2024.3重印）
（CAD/CAM/CAE工程应用丛书）
ISBN 978-7-111-66552-6

Ⅰ．①C…　Ⅱ．①钟…　Ⅲ．①自动绘图-软件包-教材　Ⅳ．①TP391.72

中国版本图书馆CIP数据核字（2020）第177113号

机械工业出版社（北京市百万庄大街22号　邮政编码　100037）
策划编辑：李晓波　　责任编辑：李晓波
责任校对：张艳霞　　责任印制：常天培

北京机工印刷厂有限公司印刷

2024年3月第1版·第6次印刷
184mm×260mm·21.75印张·535千字
标准书号：ISBN 978-7-111-66552-6
定价：119.00元

电话服务
客服电话：010-88361066
　　　　　010-88379833
　　　　　010-68326294

网络服务
机　工　官　网：www.cmpbook.com
机　工　官　博：weibo.com/cmp1952
金　　书　　网：www.golden-book.com
机工教育服务网：www.cmpedu.com

封底无防伪标均为盗版

前　言

CAXA CAD 电子图板是一款我国具有自主知识产权的优秀 CAD 软件系统。它功能齐全且性能稳定，符合我国工程设计人员的使用习惯；它提供形象化的设计手段，帮助设计人员发挥创造力，使工作效率得到提高，使新产品的设计周期得到缩短，同时有助于促进产品设计的标准化、系列化、通用化，使整个设计规范化。CAXA CAD 电子图板主要被用来绘制零件图、装配图、工艺图表、包装平面图和电气设计图等。

本书以 CAXA CAD 电子图板 2020 为软件操作基础，并以其应用特点为知识主线，结合设计经验，注重以应用实战为导向来介绍相关知识。在内容编排上，讲究从易到难、注重基础、突出实用，力求与读者近距离接触，使本书如同一位近在咫尺的资深导师在向身边学生指点迷津，传授应用技能。

1. 本书内容框架

本书共分 9 章，内容全面、典型实用。各章的内容如下。

第 1 章　主要讲解 CAXA CAD 电子图板快速入门知识，具体内容包括 CAXA CAD 电子图板软件概述、启动与关闭 CAXA CAD 电子图板、CAXA CAD 电子图板用户界面、基本文件操作与交互、图层、颜色操作与设置、线型与线宽设置、用户坐标系使用基础和制图入门实例。认真学好本章知识，有助于为后面深入学习二维制图打下扎实的基础。

第 2 章　重点介绍基本曲线与高级曲线的绘制方法及技巧，并介绍若干操作实例。

第 3 章　重点介绍图形编辑与修改的实用知识，包括基本编辑（撤销与恢复，剪切、复制、粘贴与选择性粘贴，插入对象，删除、删除所有与删除重线等）、图形编辑（夹点编辑、平移、平移复制、旋转、镜像、比例缩放、阵列、裁剪、延伸/齐边、过渡、打断、拉伸、分解（打散）等）和属性编辑等。

第 4 章　主要介绍风格样式、智能点设置与查询工具应用。

第 5 章　详细介绍 CAXA CAD 电子图板关于工程制图标注方面的应用知识，内容包括工程标注概述、尺寸标注、坐标标注、文字类标注、工程符号类标注、标注编辑、通过特性选项板编辑、尺寸驱动、标注风格编辑和工程标注综合实例等方面。

第 6 章　主要介绍块操作与图库操作等知识。

第 7 章　全面而系统地介绍图幅设置、图框设置、标题栏与参数栏、零件序号和明细栏等方面的知识，最后还介绍了一个典型的图幅操作实例。

第 8 章　重点介绍零件图综合绘制实例，具体内容包括零件图内容概述和若干典型零件（如，泵盖、主动轴、轴承盖、支架和齿轮等）的零件图绘制实例。

第 9 章　介绍装配图绘制的实用知识，包括装配图概述和绘制装配图实例。

另外，本书提供了相关的附录内容，并配赠一份学习资料包。

2. 资料包使用说明

本书配赠的资料包里面包含了本书所有的配套实例文件、电子附录（PDF 格式的 CAXA CAD 电子图板命令集，适用于 CAXA CAD 电子图板 2009～2020 版本）、教学用参考 PPT

（电子教案），以及一组超值的视频教学文件，可以帮助读者快速掌握CAXA CAD电子图板2020的操作和应用技巧。

资料包中原始实例模型文件及部分制作完成的参考文件均放置在“CH#”（#为相应的章号）素材文件夹中；视频教学文件放置在“附赠操作视频”文件夹中。视频教学文件采用MP4格式，可以在大多数播放器中播放，例如Windows Media Player、暴风影音、迅雷播放器等较新版本的播放器。

在阅读本书时，配合书中实例进行上机操作，学习效果更佳。

3. 技术支持说明

如果读者在阅读本书时遇到什么问题，可以通过电子邮件与作者联系，作者的电子邮箱为sunsheep79@163.com。欢迎读者提出技术咨询或批评建议。也可以通过关注作者的微信公众订阅号（见下图）进行相关图书的技术答疑及沟通，并获取更多的学习资料和视频教学观看机会。

另外，作者的QQ号码为617126205，今日头条创作者号为“CAD钟日铭”。对于提出的问题，作者会在力所能及的范围内尽快答复。

本书由深圳桦意智创科技有限公司策划、组编，由钟日铭编著。书中如有疏漏之处，请广大读者不吝赐教。

天道酬勤，熟能生巧，以此与读者共勉。

钟日铭

目 录

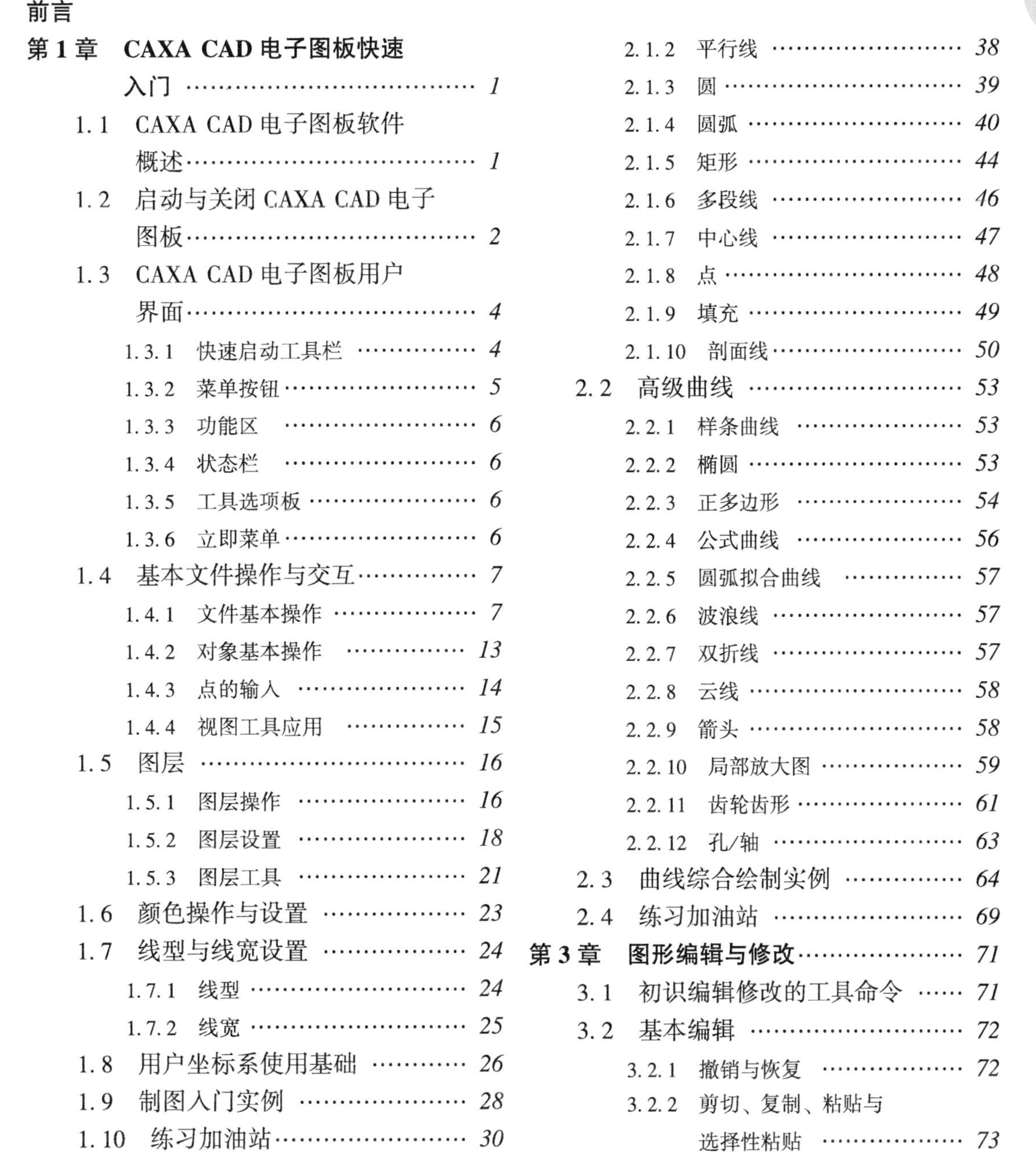

前言

第 1 章 CAXA CAD 电子图板快速入门 …… 1

1.1 CAXA CAD 电子图板软件概述 …… 1

1.2 启动与关闭 CAXA CAD 电子图板 …… 2

1.3 CAXA CAD 电子图板用户界面 …… 4

1.3.1 快速启动工具栏 …… 4

1.3.2 菜单按钮 …… 5

1.3.3 功能区 …… 6

1.3.4 状态栏 …… 6

1.3.5 工具选项板 …… 6

1.3.6 立即菜单 …… 6

1.4 基本文件操作与交互 …… 7

1.4.1 文件基本操作 …… 7

1.4.2 对象基本操作 …… 13

1.4.3 点的输入 …… 14

1.4.4 视图工具应用 …… 15

1.5 图层 …… 16

1.5.1 图层操作 …… 16

1.5.2 图层设置 …… 18

1.5.3 图层工具 …… 21

1.6 颜色操作与设置 …… 23

1.7 线型与线宽设置 …… 24

1.7.1 线型 …… 24

1.7.2 线宽 …… 25

1.8 用户坐标系使用基础 …… 26

1.9 制图入门实例 …… 28

1.10 练习加油站 …… 30

第 2 章 基本曲线与高级曲线绘制 …… 31

2.1 基本曲线 …… 31

2.1.1 直线 …… 31

2.1.2 平行线 …… 38

2.1.3 圆 …… 39

2.1.4 圆弧 …… 40

2.1.5 矩形 …… 44

2.1.6 多段线 …… 46

2.1.7 中心线 …… 47

2.1.8 点 …… 48

2.1.9 填充 …… 49

2.1.10 剖面线 …… 50

2.2 高级曲线 …… 53

2.2.1 样条曲线 …… 53

2.2.2 椭圆 …… 53

2.2.3 正多边形 …… 54

2.2.4 公式曲线 …… 56

2.2.5 圆弧拟合曲线 …… 57

2.2.6 波浪线 …… 57

2.2.7 双折线 …… 57

2.2.8 云线 …… 58

2.2.9 箭头 …… 58

2.2.10 局部放大图 …… 59

2.2.11 齿轮齿形 …… 61

2.2.12 孔/轴 …… 63

2.3 曲线综合绘制实例 …… 64

2.4 练习加油站 …… 69

第 3 章 图形编辑与修改 …… 71

3.1 初识编辑修改的工具命令 …… 71

3.2 基本编辑 …… 72

3.2.1 撤销与恢复 …… 72

3.2.2 剪切、复制、粘贴与选择性粘贴 …… 73

3.2.3 插入对象 …… 74

3.2.4 选择所有 …… 75

3.2.5 删除、删除所有与

删除重线 …………………… 75
3.3 图形编辑 …………………… 76
3.3.1 夹点编辑 …………………… 76
3.3.2 平移 …………………… 77
3.3.3 平移复制 …………………… 78
3.3.4 旋转 …………………… 79
3.3.5 镜像 …………………… 80
3.3.6 比例缩放 …………………… 80
3.3.7 阵列 …………………… 81
3.3.8 裁剪 …………………… 84
3.3.9 延伸/齐边 …………………… 86
3.3.10 过渡 …………………… 86
3.3.11 打断 …………………… 90
3.3.12 拉伸 …………………… 90
3.3.13 分解（打散） …………………… 91
3.4 属性编辑 …………………… 92
3.4.1 使用“特性”选项板 …………………… 92
3.4.2 使用属性工具 …………………… 92
3.4.3 特性匹配 …………………… 93
3.5 图形绘制与修改综合实例 …………………… 94
3.6 练习加油站 …………………… 99
第4章 风格样式、智能点与查询工具 …………………… 101
4.1 文本风格 …………………… 101
4.2 标注风格设置 …………………… 102
4.2.1 直线和箭头 …………………… 103
4.2.2 文本 …………………… 104
4.2.3 调整 …………………… 106
4.2.4 单位 …………………… 107
4.2.5 换算单位 …………………… 108
4.2.6 公差 …………………… 108
4.2.7 尺寸形式 …………………… 110
4.3 其他风格设置 …………………… 111
4.4 样式管理与标准管理 …………………… 111
4.4.1 样式管理 …………………… 111
4.4.2 标准管理 …………………… 112
4.5 智能点设置 …………………… 113
4.5.1 捕捉设置 …………………… 113
4.5.2 三视图导航 …………………… 116
4.6 查询工具 …………………… 117
4.7 练习加油站 …………………… 119
第5章 工程制图标注 …………………… 120
5.1 工程标注概述 …………………… 120
5.2 尺寸标注 …………………… 121
5.2.1 基本标注 …………………… 122
5.2.2 基线标注 …………………… 127
5.2.3 连续标注 …………………… 129
5.2.4 三点角度标注 …………………… 130
5.2.5 角度连续标注 …………………… 130
5.2.6 半标注 …………………… 131
5.2.7 大圆弧标注 …………………… 132
5.2.8 射线标注 …………………… 132
5.2.9 锥度/斜度标注 …………………… 133
5.2.10 曲率半径标注 …………………… 133
5.2.11 线性标注 …………………… 134
5.2.12 对齐标注 …………………… 134
5.2.13 角度标注 …………………… 135
5.2.14 弧长标注 …………………… 135
5.2.15 半径标注和直径标注 …………………… 135
5.2.16 标注尺寸的公差 …………………… 135
5.3 坐标标注 …………………… 140
5.4 文字类标注 …………………… 148
5.4.1 使用文字功能 …………………… 148
5.4.2 引出说明 …………………… 150
5.4.3 技术要求 …………………… 152
5.4.4 文字查找替换 …………………… 153
5.5 工程符号类标注 …………………… 154
5.5.1 倒角标注 …………………… 154
5.5.2 基准代号注写 …………………… 155
5.5.3 几何公差标注 …………………… 156
5.5.4 表面结构（粗糙度）标注 …………………… 158
5.5.5 焊接符号标注 …………………… 159
5.5.6 剖切符号标注 …………………… 160
5.5.7 中心孔标注 …………………… 161
5.5.8 向视符号标注 …………………… 162
5.6 标注编辑 …………………… 162
5.6.1 尺寸标注编辑 …………………… 163

5.6.2 工程符号标注编辑 ········ 164
5.6.3 文字标注编辑 ·············· 166
5.6.4 双击编辑 ···················· 166
5.6.5 标注间距 ···················· 167
5.7 通过特性选项板编辑 ············ 167
5.8 尺寸驱动 ························ 168
5.9 标注风格编辑 ···················· 170
5.10 工程标注综合实例 ·········· 170
5.11 练习加油站 ···················· 177
第 6 章 块与图库操作 ················ 179
6.1 块操作 ·························· 179
6.1.1 创建块 ······················ 180
6.1.2 块消隐 ······················ 181
6.1.3 属性定义 ···················· 182
6.1.4 插入块 ······················ 183
6.1.5 块编辑 ······················ 186
6.1.6 块在位编辑 ················ 187
6.1.7 块的其他操作 ·············· 187
6.2 图库操作 ························ 188
6.2.1 图符提取 ···················· 188
6.2.2 图符驱动 ···················· 194
6.2.3 定义图符 ···················· 195
6.2.4 图库管理 ···················· 202
6.2.5 图库转换 ···················· 206
6.2.6 构件库 ······················ 207
6.3 插入图片 ························ 209
6.4 练习加油站 ······················ 212
第 7 章 图幅操作 ···················· 214
7.1 图幅设置 ························ 214
7.2 图框设置 ························ 218
7.2.1 调入图框 ···················· 218
7.2.2 定义图框 ···················· 218
7.2.3 存储图框 ···················· 219
7.2.4 填写图框与编辑图框 ······ 219
7.3 标题栏与参数栏 ·················· 220
7.3.1 标题栏组成 ················ 220
7.3.2 调入标题栏 ················ 221
7.3.3 填写标题栏 ················ 221
7.3.4 定义标题栏 ················ 221
7.3.5 存储标题栏 ················ 222
7.3.6 参数栏 ······················ 223
7.4 零件序号 ························ 223
7.4.1 零件序号的编排规范 ······ 223
7.4.2 创建序号 ···················· 224
7.4.3 编辑序号 ···················· 226
7.4.4 交换序号 ···················· 227
7.4.5 删除序号 ···················· 227
7.4.6 对齐序号 ···················· 228
7.4.7 合并序号 ···················· 228
7.4.8 设置序号样式 ·············· 228
7.4.9 序号的隐藏、显示与置顶显示 ···················· 230
7.5 明细栏 ·························· 230
7.5.1 明细栏组成 ················ 230
7.5.2 定制明细栏样式 ·········· 231
7.5.3 填写明细表 ················ 232
7.5.4 删除表项 ···················· 233
7.5.5 表格折行 ···················· 234
7.5.6 插入空行 ···················· 235
7.5.7 输出明细表 ················ 235
7.5.8 数据库操作 ················ 236
7.6 图幅操作实例 ···················· 237
7.7 练习加油站 ······················ 240
第 8 章 零件图绘制 ················ 241
8.1 零件图内容概述 ·················· 241
8.2 绘制泵盖零件图 ·················· 243
8.3 绘制主动轴零件图 ················ 260
8.4 绘制轴承盖零件图 ················ 280
8.5 绘制支架零件图 ·················· 294
8.6 绘制齿轮零件图 ·················· 309
8.7 练习加油站 ······················ 310
第 9 章 装配图绘制 ················ 313
9.1 装配图概述 ······················ 313
9.2 绘制装配图实例 ·················· 315
9.3 练习加油站 ······················ 336
附录 CAXA CAD 电子图板中的常用快捷键列表 ···················· 338

第 1 章 CAXA CAD 电子图板快速入门

内容提要：

CAXA CAD 电子图板是一款优秀的国产二维制图软件，它具有令人耳目一新的界面风格、良好的交互体验，具备专业的绘图工具和符合国标的标注功能，提供参数化图库和实用的辅助设计工具，开放幅面管理，全面兼容 AutoCAD，提升综合性能，制图效率高。

本章主要讲解 CAXA CAD 电子图板快速入门知识，具体内容包括 CAXA CAD 电子图板软件概述、启动与关闭 CAXA CAD 电子图板、CAXA CAD 电子图板用户界面、基本文件操作与交互、图层、颜色操作与设置、线型与线宽设置、用户坐标系使用基础和制图入门实例。认真学好本章知识，可以为后面深入学习二维制图打下扎实的基础。

1.1 CAXA CAD 电子图板软件概述

CAXA CAD 电子图板（也称 CAXA CAD 电子图板）是由数码大方自主开发、具有完全自主知识产权的二维 CAD 软件产品，其平台开放、性能优越、稳定高效、易学易用，可以零风险替代各种 CAD 平台，并使设计效率提升显著。CAXA CAD 电子图板为设计工程师专门打造，依据我国机械设计的国家标准和使用习惯提供专业绘图编辑和辅助设计工具，优化设计流程，可轻松达到“所思即所得”的开发目标。

CAXA CAD 电子图板的优势主要在于以下几点。

1）自主知识产权、价格合理，支持 EXB 和 DWG“双数据内核”，并且对运行环境要求低。CAXA CAD 电子图板基于 CAXA CAD 高效的资源管理技术，能做到软件安装和运行占用资源都极低，就算只有 1 GB 内存也可流畅运行。

2）更新快，支持最新的制图标准，提供丰富、实用的参数化图库。现在，新版本为 CAXA CAD 电子图板 2020，它适配新的硬件和操作系统，支持图纸数据管理要求的变化，其绘图、图幅、标注等都支持制图新标准，还提供全面而准确的图库，标准化制图效率高。符合新国标的参量化图库共有 50 大类，提供 4600 余种、近 30 万个规格的标准图符。另外，还提供完全开放的图库管理和定制手段，方便用户根据设计需要建立和扩充个性化的参数化图库。

3）数据兼容性强。新版本 CAXA CAD 电子图板 2020 完全兼容 AutoCAD 2020 以下（从 R12~2018 版本）的 DWG/DXF 格式文件，并支持各种版本双向批量转换，可以完全无障碍地进行数据交流。

4）交互体验好。CAXA CAD 电子图板的界面是依据视觉规律和用户操作习惯进行精心改良设计的，新界面风格更加简洁，可以使用户更加容易地找到各种绘图工具命令，同时并行交互技术得到优化，命令操作流程更直接便捷、灵活，上手容易，符合国内工程师的设计习惯，交互效率更高。

5）数据集成贯通。CAXA CAD 电子图板数据接口支持多种常见格式（如 PDF、JPG 等）输出；提供与其他信息系统集成的浏览和信息处理组件，满足跨语言、跨平台的数据转换与处理的要求，支持图纸的云分享和协作。

1.2 启动与关闭 CAXA CAD 电子图板

以 Windows 10 操作系统为例，在按照正常步骤安装好 CAXA CAD 电子图板 2020 后，可以按照以下操作方法之一来启动 CAXA CAD 电子图板 2020。

- 在 Windows 10 操作系统桌面上双击“CAXA CAD 电子图板 2020”快捷方式图标。
- 在计算机桌面左下角处单击“开始”按钮，接着从“CAXA”程序组下选择“CAXA CAD 电子图板 2020”启动命令。

此时出现图 1-1 所示的启动画面，该启动画面显示片刻之后消失，继而弹出图 1-2 所示的初始界面及“新建”对话框。在“新建”对话框的“工程图模板”选项卡上，从“当前标准”下拉列表框中选择“GB”选项，接着从“系统模板”列表中选择一个所需的模板，然后单击“确定”按钮，进入工程图设计的用户界面。所谓的用户界面是交互式绘图软件与用户进行信息交流的中介，是人机对话的桥梁。可以将选定的模板设定为启动默认模板。

图 1-1　启动画面

要关闭 CAXA CAD 电子图板 2020，那么可以在界面标题栏右上方单击“关闭”按钮 ×，也可以单击“菜单”按钮并从打开的菜单列表中选择“退出”命令，如图 1-3 所示。

如果当前图形已经修改且未保存，那么执行“退出”命令时系统将弹出图 1-4 所示的“CAXA CAD 电子图板 2020”对话框，提醒用户是否保存对当前工程图文档的更改，单击“是”按钮确认保存更改，单击“否”按钮则在关闭 CAXA CAD 电子图板 2020 时不保存更改，若单击“取消”按钮则取消“退出/关闭”命令。

图 1-2 CAXA CAD 电子图板 2020 初始界面及“新建”对话框

图 1-3 从菜单列表中选择“退出”命令

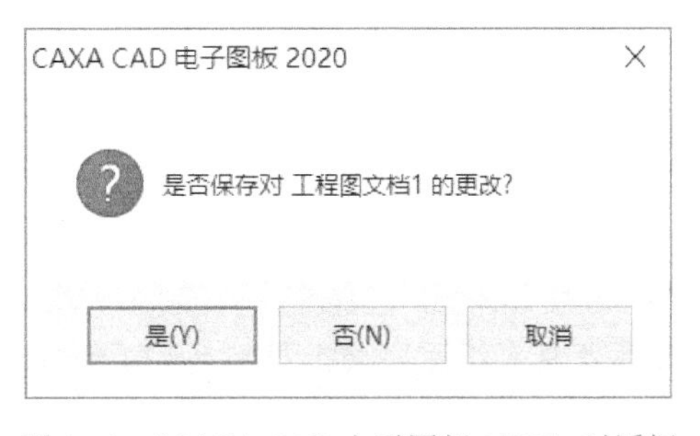

图 1-4 “CAXA CAD 电子图板 2020”对话框

1.3 CAXA CAD电子图板用户界面

CAXA CAD电子图板2020的默认用户界面如图1-5所示，该风格的用户界面主要包括标题栏、快速启动工具栏、菜单按钮、功能区、状态栏、立即菜单（执行命令时才出现）、绘图区域、工具选项板工具条等界面元素。使用该风格界面时，主要使用功能区、快速启动工具栏和菜单按钮等常用界面元素。本节主要介绍其中几种常用的界面元素，如快速启动工具栏、菜单按钮、功能区、状态栏、工具选项板和立即菜单。

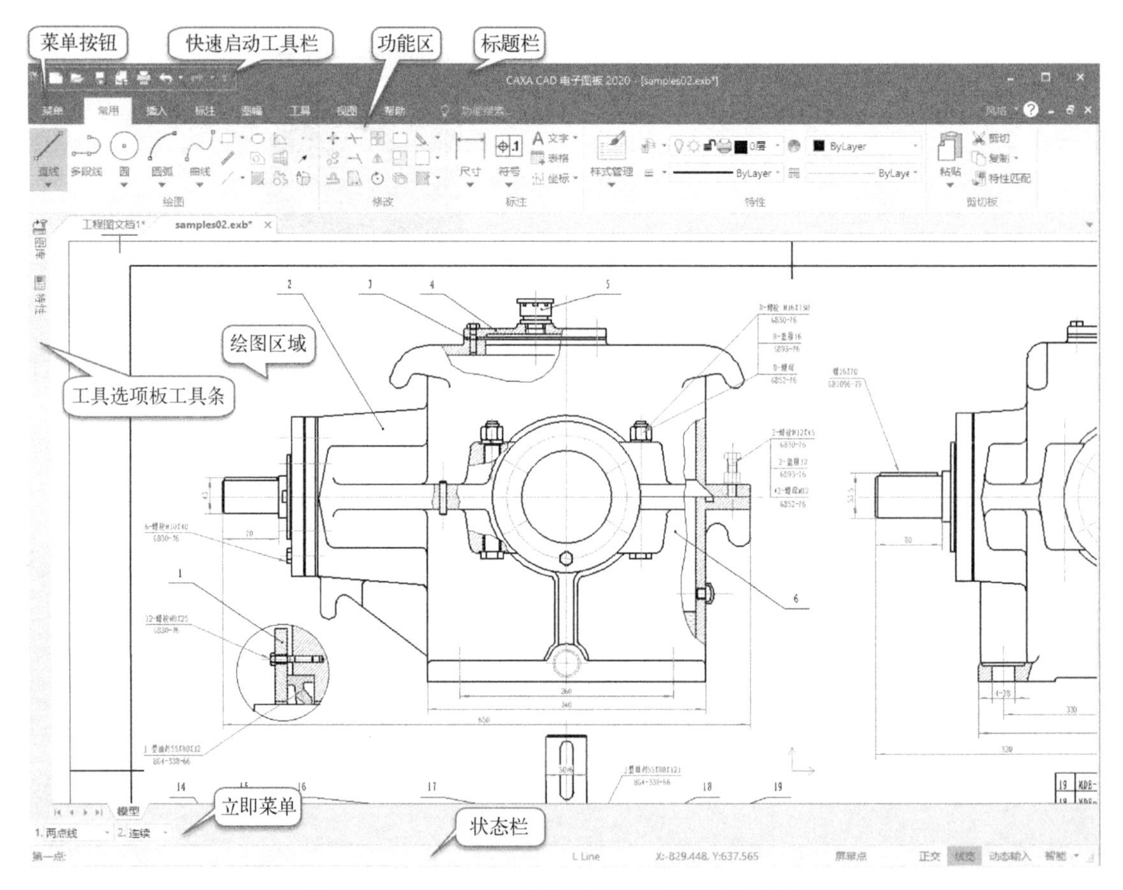

图1-5　CAXA CAD电子图板2020的默认用户界面

1.3.1 快速启动工具栏

快速启动工具栏在初始时默认嵌入在标题栏中，它提供一些经常使用的命令，如“新建文档”“打开文件”“保存”“另存文档”“打印”“撤销操作”“重复操作”等。用户可以根据需要来对快速启动工具栏进行自定义，其方法是单击快速启动工具栏最右边的“自定义”按钮以弹出自定义快速启动工具栏菜单，如图1-6所示，接着可以设置一些常用命令是否出现在快速启动工具栏，以及用户界面将调用哪些界面元素。

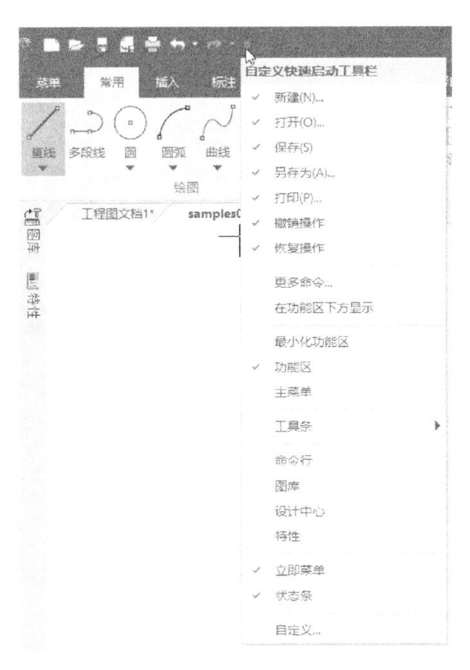

图 1-6　自定义快速启动工具栏

1.3.2 菜单按钮

单击菜单按钮可以呼出菜单列表，如图 1-7 所示。该菜单列表的菜单选项包含“文件”“编辑”“视图”“格式”“幅面”“绘图”“标注”“修改”“工具”“窗口”和“帮助”，与传统的主菜单相同。将鼠标光标置于某一个菜单选项时可显示其级联菜单（子菜单），接着可使用鼠标左键单击所需命令来执行相应操作。另外，菜单按钮呼出的菜单列表上还默认显示最近使用的文档，此时，单击文档名称即可直接打开该文件。

图 1-7　单击菜单按钮呼出主菜单

1.3.3 功能区

功能区是新界面最重要的一个界面元素，如图1-8所示。功能区提供一系列选项卡和相应的面板，各种命令依据使用频率、设计任务有序地排布到功能区的选项卡和面板中，这样功能区具有单一紧凑的界面，简洁有序，无须显示工具条，还可以很方便地使绘图区域最大化。

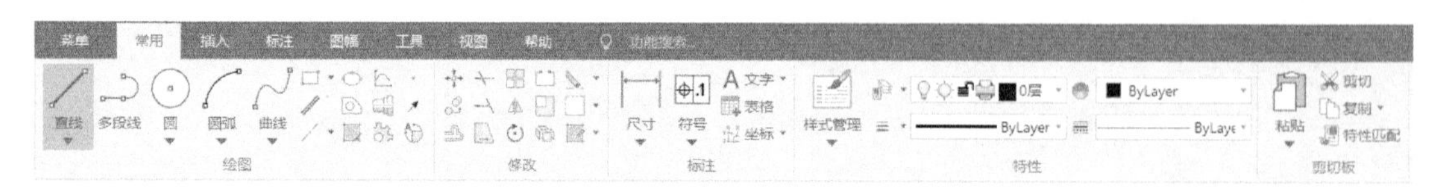

图1-8　功能区

要使用功能区的某个选项卡，只需使用鼠标左键单击该选项卡标签即可，例如单击“常用”选项卡标签。当鼠标光标置于功能区上时，使用鼠标滚轮可以在不同的功能区选项卡之间切换。

如果双击当前功能区选项卡的标签，或者右击功能区并选择“最小化功能区”命令，则可以将功能区最小化，从而使绘图区域变得大一些。功能区最小化时单击功能区选项卡标签，可以使功能区向下扩展，而当将鼠标光标移出时，功能区选项卡会自动收起。

1.3.4 状态栏

状态栏位于用户界面的图形区域最下方，包括操作信息提示、命令提示、屏幕状态显示、当前工具点设置及拾取状态显示等。状态栏右侧部位提供有“正交”“线宽”和“动态输入”这几个开关切换按钮，以及一个点捕捉状态设置下拉列表框。利用点捕捉状态设置下拉列表框设置点的捕捉状态，分别为“自由”“导航”“智能”和“栅格”。

1.3.5 工具选项板

工具选项板用来组织和放置图库、属性修改等特殊工具，平时工具选项板隐藏在界面左侧的工具选项板工具条内。要使用相应的工具选项板，可以将鼠标光标移动到工具选项板工具条的工具选项板按钮上，这样对应的工具选项板便会弹出，如图1-9所示。

图1-9　打开相应的工具选项板

1.3.6 立即菜单

当用户启动（执行）某些命令时，在绘图区域的底部会出现一行立即菜单，所谓的立即菜单是CAXA CAD电子图板的一种特有的交互方式，它用来代替传统的逐级查找的问答式交互，使交互操作显得更加直观和快捷。立即菜单的主要作用是让用户可以很方便地选择某一个命令的不同功能，也就是说立即菜单描述了命令执行的各种情况和使用条件，用户根据当前的制图要求正确地从立即菜单提供的工具中选择某一个选项或指定值，即可获得准确的响应。

以执行直线命令为例对立即菜单的操作进行讲解。通过键盘输入“LINE”并按〈Enter〉键确认，则在绘图区域底部出现一行立即菜单及相应的操作提示，如图1-10所示。此立即菜单表示当前待画的直线为“两点线”方式，属于“连续”的直线绘制状态，一定要注意立即菜单下方的操作提示信息。采用“两点线”方式绘制直线时，按照要求输入第一点后，再在“第二点:”提示下输入第二点，便可在屏幕上连接这两个点绘制一条直线。

图1-10　直线命令立即菜单

如果要从立即菜单的某一项中选择其他功能选项，那么可以通过鼠标单击立即菜单的该项下拉箭头进行切换或选择，也可以使用〈Alt+数字键〉进行激活切换。在使用〈Alt+数字键〉时，如果打开的下拉菜单中提供多个可选项，在按住〈Alt〉键的同时连续按该数字键可以进行选项的循环。例如，对于上述直线命令立即菜单，要绘制单根的“两点线”，用鼠标单击立即菜单中的“2. 连续”或者用快捷键〈Alt+2〉激活它，该菜单选项便会变成“2. 单根”。

知识点拨 CAXA CAD电子图板2020默认的Fluent风格界面（不妨将该风格界面称为新界面）具有很高的交互效率，但是为了照顾一些老用户的使用习惯，也提供经典风格的界面设置。要在新界面和经典界面之间快速切换，按〈F9〉快捷键即可。也可以在新界面的功能区“视图”选项卡上单击“界面操作”面板中的“切换界面”按钮，或者在经典界面下的“工具”菜单中选择“界面操作”|“切换”命令。

1.4 基本文件操作与交互

本节介绍的内容包括CAXA CAD电子图板文件基本操作、对象基本操作、点的输入、视图工具应用。

1.4.1 文件基本操作

CAXA CAD电子图板和其他设计软件一样离不开文件基本操作。在CAXA CAD电子图板2020版菜单列表的“文件”菜单中可以找到用于文件基本操作的相关命令，如图1-11所示。本小节将介绍如何进行新建、打开、保存、并入和部分存储图形文件等操作。

1. 新建文档

在快速启动工具栏上单击“新建文档”按钮，或者按快捷键〈Ctrl+N〉，系统弹出“新建”对话框，该对话框提供一个“工程图模板”选项卡，从中选定当前标准，例如选择“GB”，接着从系统模板中选择其中一个模板文件，如图1-12所示。所谓的模板实际上相当于已经定义好相关图层、线型、文字样式、标注样式等的一张空白图纸，有些模板还已经印好图框和标题栏。用户调用某个模板文件就相当于调用一张空白图纸，有了图纸才可以在上面绘制图形。模板的作用是减少用户的重复性操作，不必每次都从零开始定义相关的图层、线型、文字样式、标注样式、图框和标题栏等。

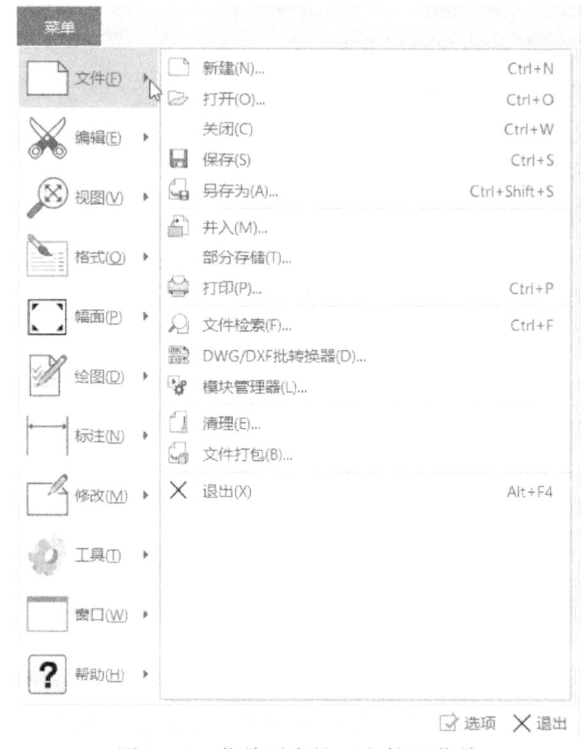

图1-11　菜单列表的“文件”菜单

图1-12　“新建”对话框

选择好所需的模板之后，单击“确定”按钮，则该模板文件被调出并显示在屏幕绘图区，这样一个新绘图文件就建立了，用户接下去便可以使用图形绘制、编辑、标注等功能进行相应操作了。

2. 打开文档

在快速启动工具栏上单击“打开文档”按钮，或者用快捷键〈Ctrl+O〉，系统弹出“打开”对话框，利用该对话框选择要打开的文件，在右边的框内可以看到所选文件的预览图形，如图1-13所示，然后单击“打开”按钮，即可打开这个图形文件。

图1-13 “打开”对话框

在“打开”对话框的“文件类型”下拉列表框中，可以查看到CAXA CAD电子图板所支持的数据文件类型，包括“电子图板文件（*.exb）”“模板文件（*.tpl）”“DWG文件（*.dwg）”“DXF文件（*.dxf）”等。利用该下拉列表框对文件类型进行选择，可以打开不同类型的数据文件。

3. 保存与另存为

图形数据的保存是非常重要的操作，及时对图形进行保存处理，可以在出现电源故障或发生其他意外事件时防止图形及其数据丢失，防患于未然。

对于未保存过的图形，在快速启动工具栏中单击“保存”按钮，或者按〈Ctrl+S〉快捷键，系统弹出图1-14所示的“另存文件”对话框。接着设定保存类型，选择存盘路径、在“文件名”输入框内输入一个新文件名，然后单击“保存”按钮，则系统将按照所给文件名在指定路径下保存文件。

在“另存文件”对话框的“预览”框下方有一个“密码”按钮，如果单击此“密码”按钮，接着按照提示重复设置两次密码，便可以对所保存的文件设置好密码。以后要打开有密码的文件，是需要输入正确密码才能打开的。

如果文件已经存过盘或者打开一个已存的文件，之后进行了编辑操作，那么再单击“保存”按钮或者按〈Ctrl+S〉快捷键，系统不会弹出对话框提示选择存盘路径，而是直

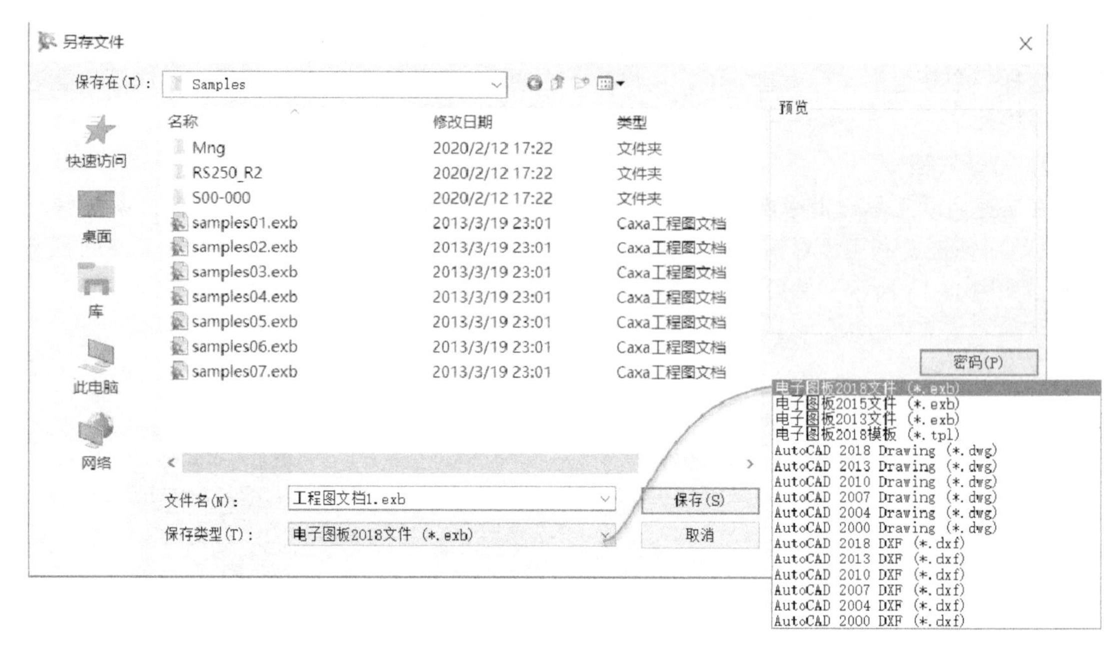

图 1-14 “另存文件”对话框

接把结果存储到文件中。

如果要将已存盘文件保存为一个新副本，那么可以使用“文件”菜单中的“另存为”命令（对应的工具为“另存文档”按钮）。

4. 并入文件

并入文件是指将用户输入的文件名所代表的文件并入到当前的文件中，如果有相同的层，那么并入到相同的层中，否则全部并入当前层。

并入文件的操作很简单，在功能区“插入”选项卡的“对象”面板中单击“并入文件”按钮，也可以单击菜单按钮并从“文件”菜单中选择“并入”命令，系统弹出图 1-15 所示的“并入文件”对话框，接着选择要并入的文件，单击“打开”按钮，系统再弹出图 1-16 所示的“并入文件”对话框，从“图纸选择”列表框中选择一张要并入的图纸（所选图纸将在该对话框右侧出现对应的图形预显），以及在“选项”选项组中选择“并入到当前图纸”单选按钮或“作为新图形并入”单选按钮，然后单击“确定”按钮。

- “并入到当前图纸”：将所选图纸作为一个部分并入到当前的图纸中。需要在立即菜单中选择定位方式为“定点”或“定区域”，设置缩放比例，以及保持对象原态或“粘贴为块”。选择“并入到当前图纸”单选按钮时，图纸只能选择一张。
- “作为新图纸并入”：将所选图纸作为新图纸并入到当前的文件中。选择此单选按钮时，可以选择一张或多张图纸。如果并入的图纸名称和当前文件中的图纸相同，系统会提示用户修改图纸名称。

5. 部分存储

“部分存储”命令的功能是将图形的一部分存储为一个文件，它的操作步骤是先选择要存储的对象，接着单击菜单按钮并从“文件”菜单中选择“部分存储”命令，再指定基点，

图 1-15 “并入文件”对话框（1）

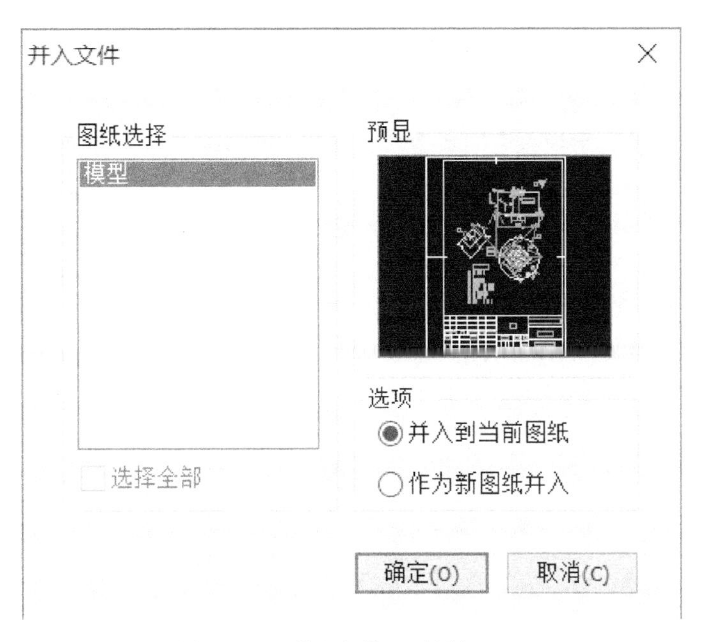

图 1-16 “并入文件”对话框（2）

系统弹出图 1-17 所示的“部分存储文件”对话框，然后指定保存类型、存储路径和文件名，单击“保存”按钮。

也可以先调用“部分存储”命令，再选择对象并单击鼠标右键确定，接下去的操作同上。

6. 多文档与多图操作

CAXA CAD 电子图板在多图与多文档操作上是比较灵活的，可以在一个文件中设计多张图纸，也支持同时打开多个图形文件。

图 1-17 “部分存储文件”对话框

在一个文件的多个图纸间可以很方便地进行切换。EXB 文件默认时仅有一个图纸空间——模型空间。一个 EXB 文件有且仅有一个模型空间，但允许用户插入一个或多个布局空间，布局空间均可以独立于模型空间设置幅面信息。使用鼠标在图形窗口下方右击一个图纸（“模型”选项卡或相应的布局选项卡），弹出一个快捷菜单，在该快捷菜单中选择“插入”命令可以插入一张新图纸，“删除”命令用于删除所选图纸，“重命名”命令用于重命名所选图纸，“移动或复制”命令用于移动或复制所选图纸，“打印”命令用于打印所选图纸，“另存为”命令用于将所选图纸另存为一个新的图纸文件，“来自文件”命令用于在当前空间下并入一个图纸，如图 1-18 所示。

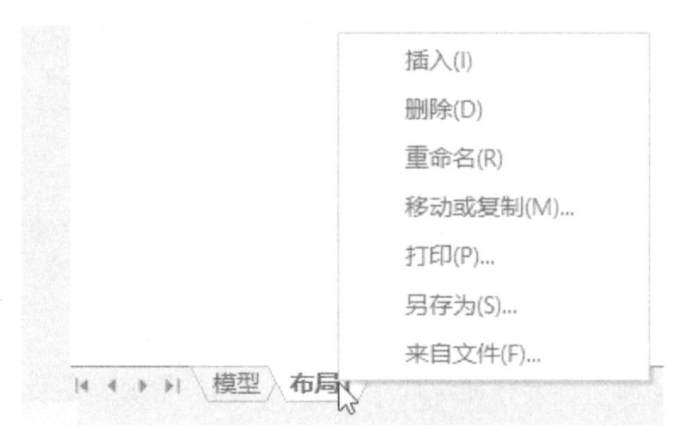

图 1-18 关于图纸操作的右键快捷菜单

同时打开多个文件时，每个文件均可以独立设计和保存。要在不同的文件间切换，可以使用〈Ctrl+Tab〉快捷键来在不同的文件间循环切换。另外，在新风格界面的功能区“视图”选项卡上，利用“窗口”面板的相应工具按钮可以在各个文档间切换，如图 1-19 所示，还可以设置多个文件窗口的排列方式为层叠、横向平铺、纵向平铺、排列图标。

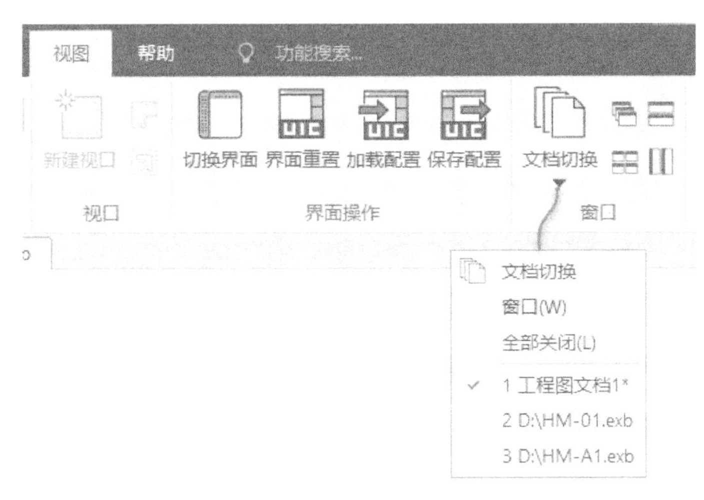

图 1-19 “窗口”操作工具

1.4.2 对象基本操作

在 CAXA CAD 电子图板中，图元对象（简称为“对象”）是指绘制在绘图区的各种曲线、文字、块等绘图元素实体。可以这么理解，在图形窗口中能够单独拾取的实体就是一个对象，有些对象（如块一类的对象）还可以包含若干个子对象。

CAXA CAD 电子图板中的对象大致可以分为这几类：基本曲线对象、文字类对象、标注类对象、块类对象、图幅元素类对象、图片及 OLE 对象和引用对象。

对象的基本操作主要有拾取对象、取消选择对象和对象命令操作等。

1. 拾取对象

CAXA CAD 电子图板中拾取对象的方法主要有点选、框选和全选，系统会以加亮显示的方式显示被选中的对象，如图 1-20 所示，用户可以在系统选项中设置加亮显示的具体效果。

1）点选：指使用鼠标左键去单击对象内的线条或实体以将它们一一选中。

2）框选：指在绘图区指定两个对角点形成选择框来选择单个对象或多个对象。框选分两种情形，一种是正选，另一种是反选。正选是从左到右指定对角点（第一点的横坐标小于第二点的横坐标）形成选择框，选择框色调为蓝色且框线为实线，只有对象上的所有点都位于选择框内时对象才会被选中；反选是从右到左指定两个对角点（即第一点的横坐标大于第二点的横坐标）形成选择框，如图 1-21 所示，选择框色调为绿色且框线为虚线，只要对象上有一点位于选择框内则该对象便被选中。

3）全选：一次全部选取绘图区能够选中的对象，在使用全选时一定要注意选择过滤设置，因为选择过滤设置会对全选能选中的实体造成影响。全选功能的快捷键为〈Ctrl+A〉。

2. 取消选择对象

对于当前选择的对象，如果要取消选择它们，则可以按键盘上的〈Esc〉键。如果想取消当前选择集中某一个或某几个对象的选择状态，那么在按键盘上的〈Shift〉键的同时单击要剔除的对象即可。

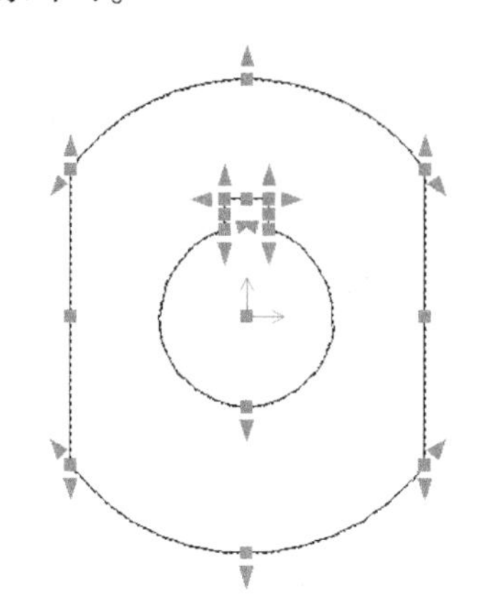

图 1-20　选择对象（加亮显示）

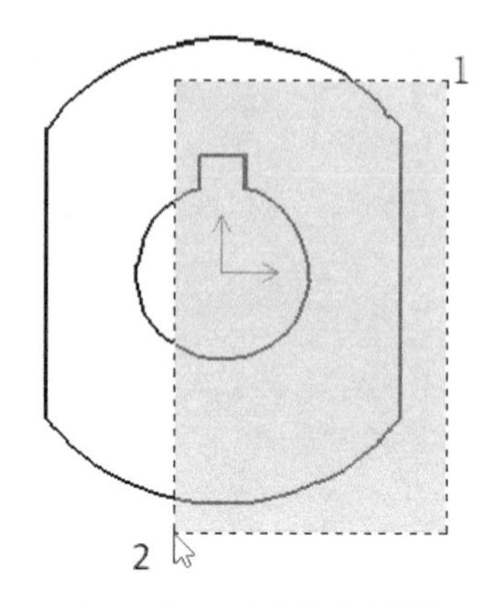

图 1-21　反选的选择框

3. 对象命令操作

在 CAXA CAD 电子图板中，调用命令的方法主要有以下 3 种。

1）单击图标或主菜单。这种方法是指在功能区、工具条或主菜单中找到所需命令的图标按钮或选项，使用鼠标左键单击即可调用该命令。

2）使用键盘命令。

3）使用快捷键。

1.4.3 点的输入

众所周知，最基本的图形元素要数点了，因而点的输入可以称得上是各种绘图操作的基础。在 CAXA CAD 电子图板中，点的输入有键盘输入、鼠标单击输入和工具点的捕捉等。

（1）键盘输入

键盘输入是指由键盘输入点的坐标，而点的坐标有绝对坐标和相对坐标两种。

绝对坐标是指相对于绝对坐标系原点的坐标。通过键盘输入绝对坐标的方法很简单，输入格式为“x，y”，即 x 和 y 坐标值之间必须用逗号隔开，例如输入“50，60”。

相对坐标是指相对系统当前点的坐标，它与坐标系原点无关。CAXA CAD 电子图板输入相对坐标时必须要在第一个数值前添加表示相对的符号“@”，例如输入“@80，20”，它表示相对参考点而言，输入一个 x 坐标为 80，y 坐标为 20 的点，即相对于参考点在 x 方向上偏移 80 且在 y 方向上偏移 20 的点。相对坐标还有用极坐标表示的，例如“@55<30”，表示相对当前点的极坐标半径为 55，半径与 x 轴的逆时针夹角为 30°。

参考点通常是用户上一次操作点的位置。在当前命令的交互过程中，如果要专门确定用户选定的参考点，那么可以按〈F4〉键去执行。

（2）鼠标单击输入

这种方式是通过移动鼠标十字光标来选择需要输入的点的位置，对所需点位置单击鼠标左键即表示该点的坐标被输入，需要用户注意的是鼠标单击输入的都是绝对坐标。

在实际操作的过程中，鼠标单击输入方式通常与工具点捕捉模式配合使用。所谓的工具点是指在作图过程中那些具有几何特征的点，如端点、切点、圆心点、中点等。按功能键〈F6〉可以快速切换捕捉方式。

（3）工具点的捕捉

工具点的捕捉是指使用鼠标捕捉工具点菜单中的某个特征点。在作图的过程中，在系统提示选择点时按空格键可以弹出图 1-22 所示的工具点菜单，接着从工具点菜单中选择其中一种捕捉模式状态，如“端点”“中点”“两点之间的中点”“圆心”“节点”“象限点”“交点”“插入点”“垂足点”“切点”“最近点”“屏幕点”，其中工具点的默认状态是屏幕点。当使用工具点捕捉时，其他设定的捕捉方式暂时被取消，此时在提示区右下部位的工具点状态栏中会显示出当前工具点捕捉的模式状态，工具点捕捉只能一次有效，使用完后便立即自动返回到“屏幕点”状态。

图 1-22　工具点菜单

1.4.4 视图工具应用

绘图编辑免不了对当前视图进行平移或缩放，以便随时可以查看图形的细节。CAXA CAD 电子图板提供了一系列实用的视图控制工具（简称视图工具），视图工具命令只改变图形在屏幕上的显示情况，而不会使图形产生实质性的变化，例如视图缩放不会改变原图形的实际尺寸，也不会影响图形中原有对象之间的相对位置关系，这与图形绘制、编辑命令不同。

视图工具命令可以从“视图”主菜单（如图 1-23 所示）、功能区“视图”选项卡的“显示”面板（如图 1-24 所示）中找到。常用的视图工具命令有“重生成”“显示窗口”“显示全部”“显示上一步”“显示下一步”“动态平移”“动态缩放”“显示放大”“显示缩小”“显示平移”“显示比例”“显示复原”等。

图1-23 “视图”主菜单

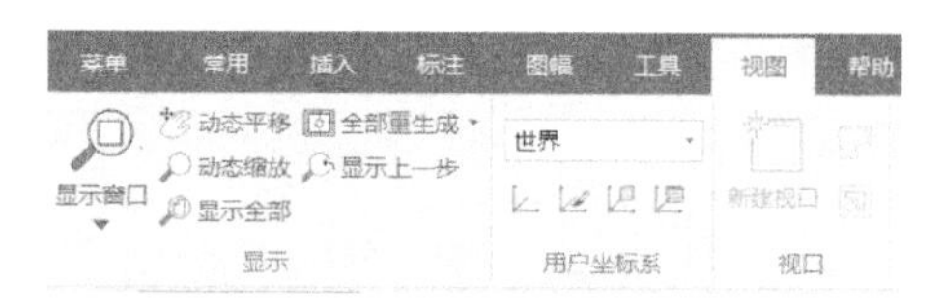

图1-24 “视图”选项卡

1.5 图层

CAXA CAD电子图板提供了实用的分层功能，这里的“层”指的是图层，可以将图层看成一张没有厚度的透明薄片，在这张透明薄片上可以存放对象及其信息，通常将一些具有共性的对象及其信息存放在相同的图层上，有不同共性的对象及其信息存放在不同的图层上，每一个图层都有唯一的层名，可以为不同的图层设置不同的线型和不同的颜色等，所有的图层按照坐标系的统一定位而重叠在一起便形成了一个图形。

图层的属性包含层名、线型、颜色、线宽、打开与关闭、层描述、是否为当前层等。每一个图层都对应着一套由系统或用户设定的线型、颜色、线宽等属性。CAXA CAD电子图板为用户预先定义了8个图层，它们的层名分别为“0层”“中心线层”“虚线层”“粗实线层”“细实线层”“尺寸线层”“剖面线层”和“隐藏层”。

1.5.1 图层操作

用户可以根据情况新建或删除图层，或者将某个图层设置为当前层。还可以打开或关闭某个图层，打开的图层上的对象将在屏幕上显示，而关闭的图层上的对象在屏幕上则是不可见的。

1. 新建图层

要新建一个图层，可以按照以下的方法步骤进行操作。

1）在功能区“常用”选项卡的“特性”面板中单击“图层”按钮，弹出图1-25所示的“层设置”对话框。

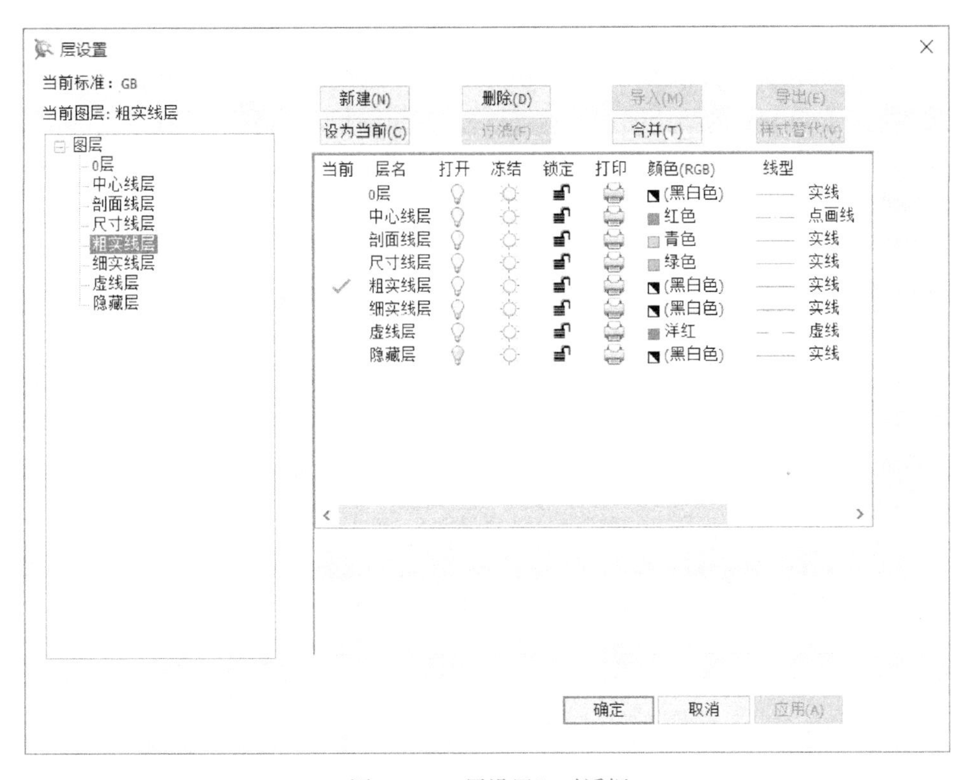

图 1-25 “层设置”对话框

2）在“层设置”对话框上单击“新建”按钮，系统弹出图 1-26 所示的对话框，单击“是”按钮，打开图 1-27 所示的“新建风格”对话框。

图 1-26 自动保存提示及询问确认新建

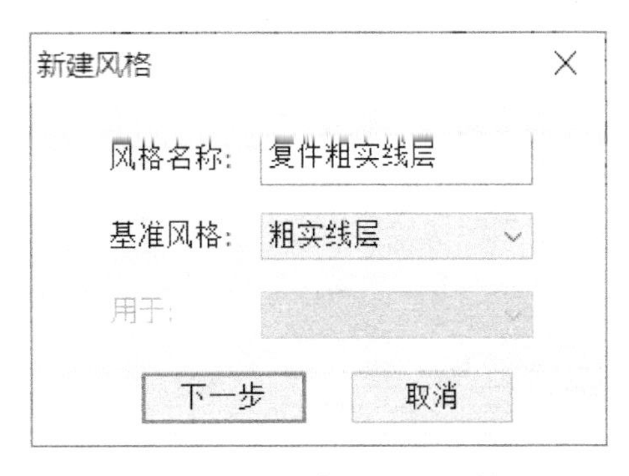

图 1-27 “新建风格”对话框

3）选择一个基准风格，指定一个图层名称，单击“下一步”按钮，则完成创建一个图层。在“层设置”对话框的图层列表框中，可以看到新创建的图层位于最下面一行，用户可以根据需要去更改该图层的属性设置。

用户在功能区“常用”选项卡的“特性”面板中单击“样式管理”按钮，也可以参照上述的相关步骤来创建一个新图层。

2. 删除图层

可以删除用户自己创建的图层，但不能删除系统原始图层，同时要注意，如果图层被设置为当前图层，那么该图层不能被删除；如果图层上有图形被使用，那么该图层也不能被删除。

要删除用户自己创建的某个图层，则可以在“层属性”对话框的图层列表框中选择该图层，接着单击“确定”按钮，系统弹出一个对话框询问：“删除风格后将自动保存，确认删除吗?”单击“是”按钮即可完成删除所选图层。

3. 设置当前层

当前层也称活动层，是指当前正在进行操作的图层。如果要对某个图层上的图形进行操作，那么必须将该图层设置为当前层。注意：CAXA CAD 电子图板只能有一个当前层，其他的图层均是非当前层。

设置当前层的方法比较灵活，最为快捷的方法是在没有选择任何实体的情况下从功能区“常用”选项卡的“特性”面板的“图层”下拉列表框中选择所需图层，所选图层便成为当前层，如图 1-28 所示。

图 1-28 从“图层”下拉列表框快速指定当前层

注意： 如果在绘图区域选择了实体，那么“图层”下拉列表框显示的将是当前被选择实体的图层属性，此时对“图层”下拉列表框的图层进行选择，不会改变当前图层，改变的仅是当前所选实体的属性而已。

设置当前层也可以在“层设置”对话框或“样式管理”对话框上进行操作。以“层设置”对话框为例，在图层列表框中选择要设置的图层，接着单击“设为当前”按钮即可。

1.5.2 图层设置

可以对图层进行各种操作，除了 1.5.1 小节介绍的新建图层、删除图层和设为当前层之外，还可以对图层进行重命名、设置颜色、设置线型、设置线宽、打开/关闭、冻结/解冻、层锁定以及设置是否打印本层等。

在功能区“常用”选项卡的“特性”面板中单击“图层”按钮，弹出“层设置”对话框。利用“层设置”对话框可以对相关图层进行图层设置。

1. 重命名图层

图层的名称有层名和层描述两部分，其中层名是唯一的，同一个文件中不允许有相同层名的图层存在，而层描述是对层的形象描述，不同图层的描述可以相同。

在“层设置”对话框的图层列表树或图层列表框中选择要重命名的图层，单击鼠标右

键，如图 1-29 所示，接着在弹出的快捷菜单中选择“重命名图层”命令，则该图层名称进入编辑状态，此时输入新的图层名确认即可。

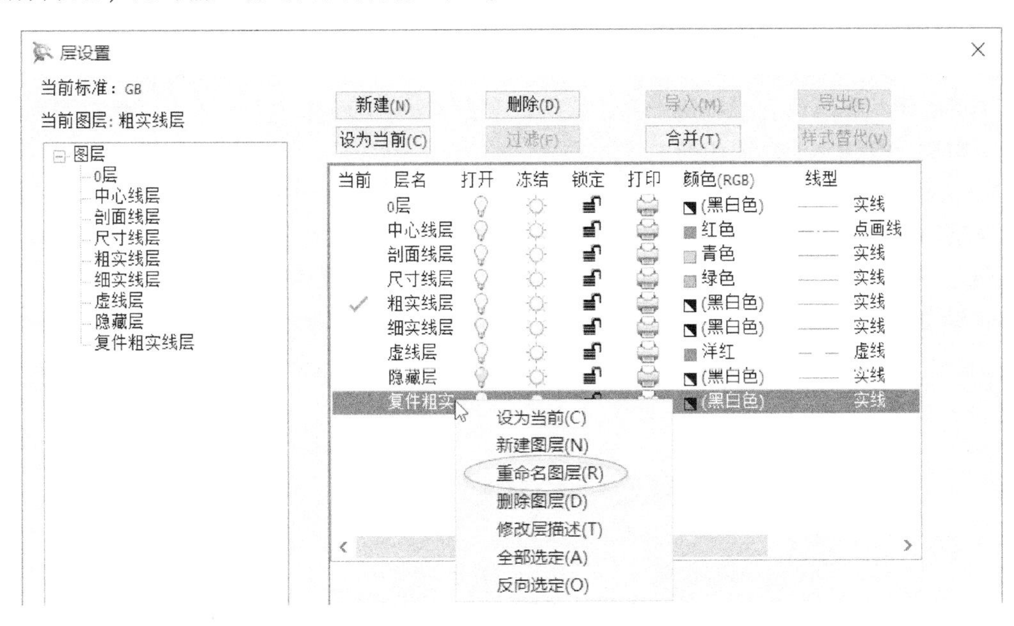

图 1-29 进行重命名图层的操作

2. 打开或关闭图层

要打开或关闭图层，可以在“层设置”对话框的图层列表中选择该图层，接着在“打开”列单击该图层对应的图标💡/💡，即可进行图层打开或关闭设置。

3. 冻结或解冻图层

要冻结或解冻某一个图层，在要冻结或解冻图层的层状态处单击☼/❄图标，即可快速完成该图层的冻结或解冻切换设置。图标☼表示当前图层处于解冻状态，图标❄表示当前图层处于冻结状态。既可以在“层设置”对话框的图层列表中进行操作，也可以在功能区“常用”选项卡的“特性”面板的“图层”下拉列表框中进行操作，如图 1-30 所示。

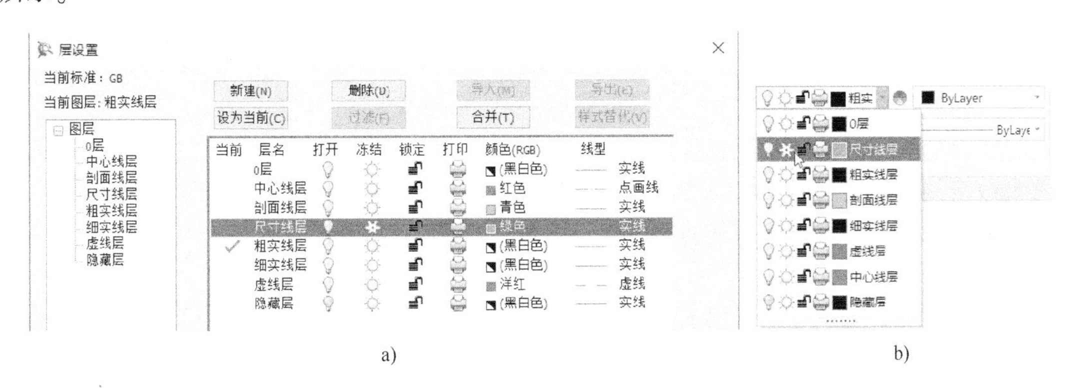

a) b)

图 1-30 冻结或解冻图层

a）在“层设置”对话框的图层列表中进行操作 b）在“图层”下拉列表框中进行操作

需要用户注意的是，已冻结图层上的对象是不可见的，且不会遮盖其他对象。在一些大型的图形中，有时为了加快显示和重生成的操作速度，会将不需要的图层冻结起来。冻结和解冻图层比打开和关闭图层需要更多的时间。

4. 锁定或解锁图层

图层的层状态图标有🔓（处于解锁状态）和🔒（处于锁定状态），单击层状态图标即可快速对图层进行锁定或解锁切换设置。

5. 图层颜色

图层颜色是可以根据设计要求来改变的，可以为每个图层设置一种颜色。要自行设置图层的颜色，那么可以在要改变颜色的图层一行中单击层状态颜色按钮，系统弹出图1-31所示的“颜色”对话框，接着利用该对话框选择所需颜色，单击“确定”按钮即可。

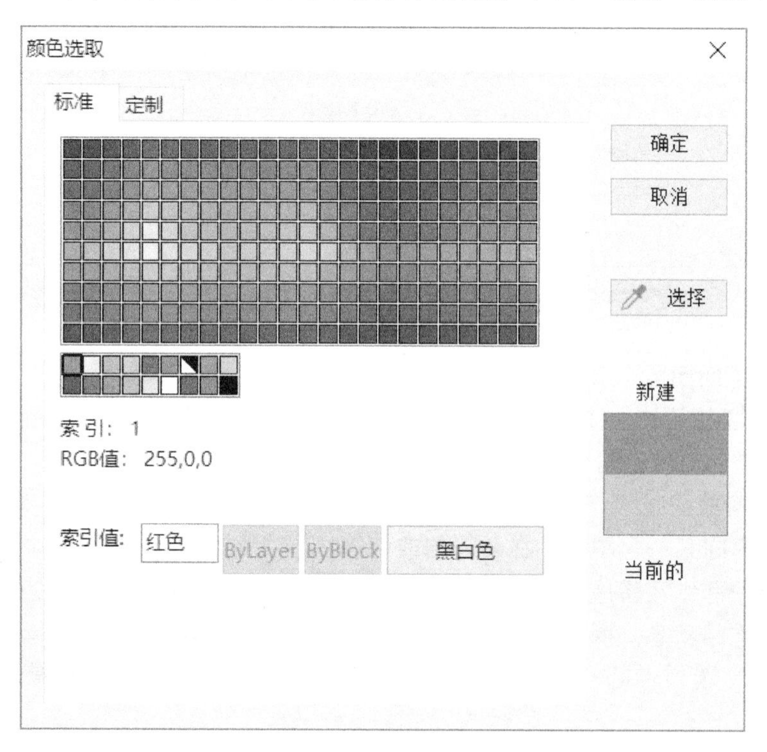

图1-31 “颜色选取”对话框

6. 图层线型

系统已经为已有的图层设置了相应的线型，如果用户要修改某一个图层的线型，那么可以在要改变线型的图层的层状态线型处单击线型按钮，系统弹出图1-32所示的“线型”对话框，接着根据需要选择所需的线型，然后单击“确定”按钮即可。

7. 线宽设置

和线型类似，系统已经为已有的图层预设了不同的线宽。如果要改变某一个图层的线宽，那么可以在该图层的层状态线宽处单击，系统弹出图1-33所示的“线宽”对话框，接着选择新线宽，单击“确定”按钮。

8. 图层打印设置

可以根据需要设置是否打印所选图层中的内容。图层处于可打印状态时显示有图标，处于不可打印状态时显示有图标。单击图标/可以快速进行对应图层打印或不打印状态的切换。当图层不打印的层状态的图标变为的时候，此图层的内容在打印时不会被输出。通常在绘图中，辅助线层不需要打印出来，在这种情况下，可以将辅助线层设置为不打印图层。

图 1-32 “线型”对话框

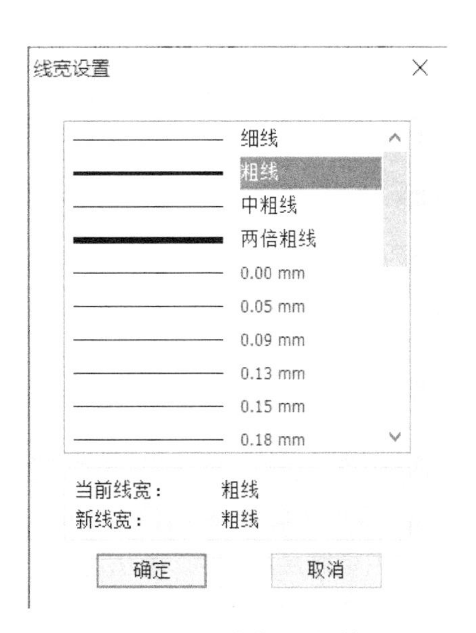

图 1-33 “线宽”对话框

1.5.3 图层工具

CAXA CAD 电子图板提供了丰富的图层工具，主要包括“图层”“移动对象到当前图层”“移动对象到指定图层”“移动对象图层快捷设置”“对象所在层置为当前图层”“图层隔离”“取消图层隔离”“合并图层”“拾取对象删除图层”“图层全开”和“图层改层”。这些图层工具可以从功能区“常用”选项卡的“特性”面板中找到。下面介绍这些图层工具的功能含义。

- “图层”：单击此工具按钮，弹出“层设置”对话框，利用该对话框可以进行图层的各种操作。
- “移动对象到当前图层”：用于将选定对象移动到当前图层。单击此工具按钮后，点选或框选若干个对象，确定后即可将所选的对象置于当前图层上。
- “移动对象到指定图层”：单击此工具按钮，系统弹出图 1-34 所示的“层选择”对话框，从该对话框中选择将要指定到的层名称，单击“确定”按钮，接着在图形窗口中点选或框选若干个对象，按〈Enter〉键确定后即可将所选的对象全部置于指定的图层上。
- “移动对象图层快捷设置”：单击此工具按钮，系统弹出图 1-35 所示的“对象移动图层快捷方式设置”对话框，选择要指定快捷键的目标图层，接着指定新快捷键，然后单击“确定”按钮，从而设置了可以通过使用快捷键的方式将选定的对象移动到相应的图层上。

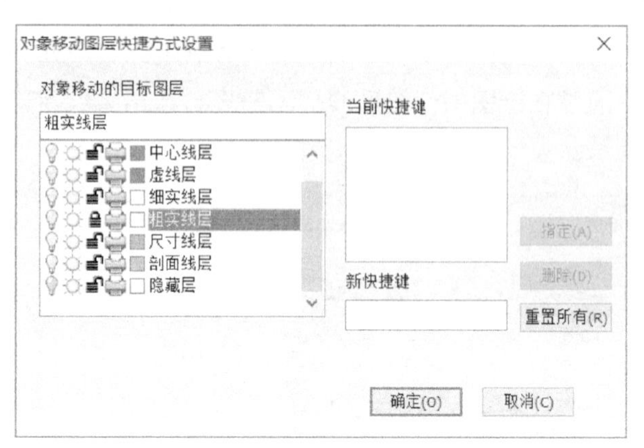

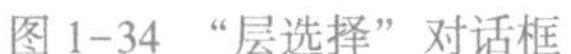
图 1-34 “层选择”对话框

图 1-35 “对象移动图层快捷方式设置”对话框

- “对象所在层置为当前图层”：单击此工具按钮，可以通过选择一个对象来将该对象所在的图层设置为当前图层。
- “图层隔离”：单击此工具按钮，点选或框选若干个对象，确定后所选的各个对象所在的图层将保持打开状态，其余图层将全部被关闭。
- “取消图层隔离”：用于取消图层隔离对图层的关闭。
- “合并图层”：被合并图层只能是自定义图层，而不能是电子图板默认图层，还要求被合并图层是非当前图层。单击此工具按钮后，点选或框选被合并图层上的对象，如果选择了多个不同图层上的对象，那么这几个图层将同时作为被合并图层，确定被合并图层后，再选择一个合并到图层上的对象，则被合并图层上的所有对象便移动到合并到的图层中，而被合并图层同时被删除。
- “拾取对象删除图层”：用于将选定对象所在的图层及该图层上的全部对象删除。单击此工具按钮后，选择一个或多个对象，如果选择了多个不同图层上的对象，那么这几个图层将同时作为被删除图层，确定后被删除图层及其上的全部对象都被删除。需要用户注意的是，被删除图层应该是自定义图层，而不是电子图板默认图层，也不能是当前图层。
- “图层全开”：单击选中此工具按钮，则全部图层被设置为打开状态。
- “局部改层”：局部改层的概念是拾取两点将基本曲线截断，并修改两点中间的部分的图层属性。单击此工具按钮，系统弹出图 1-36 所示的“局部改层”对话框，从中选择对象改层的目标图层，单击“确定”按钮，接着在绘图区域单击选择要局部改层的对象（注意选择对象时仅能选中基本曲线），再在绘图区拾取两点来确定曲线上需要改层的部分（注意，如果拾取的点不在曲线上，那么电子图板系统会自动将拾取点沿曲线法线方向上的投影点作为分割点；如果曲线上有多条法线通过该点，那么系统会自动选择一个投影点作为分割点），完成后两分割点中间的部分将被置于在“局部改层”对话框中选定的目标图层上。

图 1-36 “局部改层”对话框

1.6 颜色操作与设置

在 CAXA CAD 电子图板中，颜色是图形对象的基本属性之一。

在功能区“常用”选项卡的“特性”面板中打开“颜色”下拉列表框，从中选择所需的颜色即可完成当前颜色的设置操作，如图 1-37 所示。其中，ByLayer 表示采用当前图层的颜色，ByBlock 表示使用随块 ByBlock 的颜色。

图 1-37 使用“颜色”下拉列表框来进行当前颜色的设置操作

如果从“颜色”下拉列表框中选择“其他”选项，则弹出图 1-38 所示的“颜色选取”对话框，可以使用标准颜色和定制颜色来设置当前颜色。

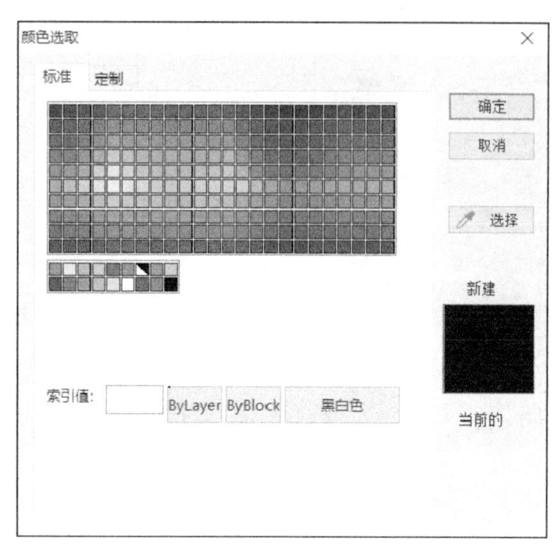

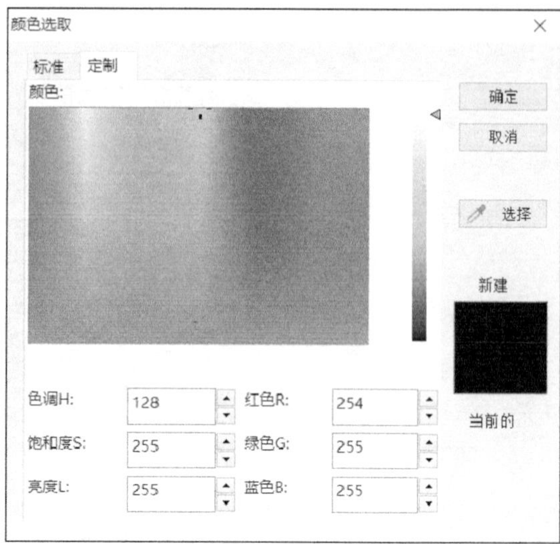

图 1-38 “颜色选取”对话框

另外，功能区“常用”选项卡的“特性”面板中的“颜色”按钮用于设置和管理系统的颜色。单击此按钮，同样打开上述图 1-38 所示的“颜色选取”对话框。

1.7 线型与线宽设置

在工程制图中，不同的图形对象有着不同的线型和线宽。

1.7.1 线型

要设置当前线型，则可以在功能区“常用”选项卡的“特性”面板中打开“线型”下拉列表框，如图 1-39 所示，接着从该下拉列表框中选择所需选型即可完成当前线型的选择设置操作。

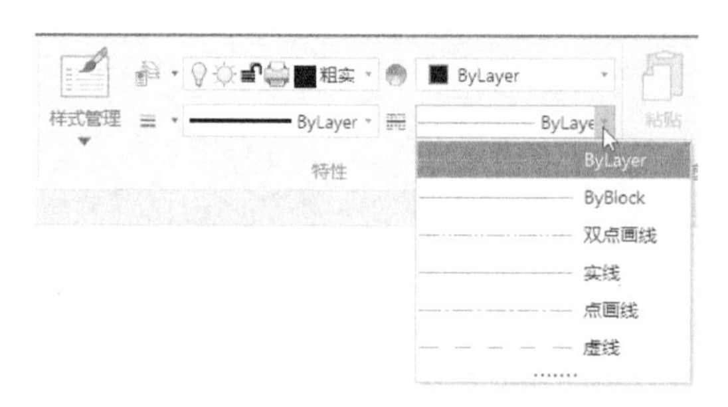

图 1-39 “线型”下拉列表框

也可以在“特性”面板中单击“线型”按钮，接着在弹出的“线型设置”对话框（如图 1-40 所示）中选择要设置的线型后，单击“设为当前”按钮，即可将所选选型设置为当前线型。

图 1-40 “线型设置”对话框

这里有必要讲解一下有哪些可选线型，如表 1-1 所示。使用“线型设置”对话框，还可以新建、删除一个线型，以及进行这些线型信息的更改设置，包括更改线型名称、线型说明、全局比例因子、当前对象缩放比例和间隔参数等。ByLayer 和 ByBlock 类型线型不能修改。

表 1-1 可选的线型

序 号	可选线型类别	说明/备注
1	ByLayer	绘制图形元素使用当前图层的线型
2	ByBlock	绘制图形元素被定义为块后，使用块所应用的线型
3	ByLayer 和 ByBlock 以外的线型	绘制的图形元素即使用所选择的线型

知识点拨 删除线型时要注意的事项：只能删除用户创建的线型，而不能删除系统原始线型；当线型被设置为当前线型时，该线型不能被删除。

1.7.2 线宽

要设置当前线宽，则可以在功能区“常用”选项卡的“特性”面板中打开“线宽”下拉列表框，如图 1-41 所示，接着选择所需线宽即可完成当前线宽的选择设置操作。可选线宽如表 1-2 所示。值得注意的是，细线、粗线、中粗线和两倍粗线为特殊线宽类型，可以单独设置其显示比例和打印参数。

表 1-2 可选的线宽

序 号	可选线宽类别	说明/备注
1	ByLayer	绘制图形元素使用当前图层的线宽
2	ByBlock	绘制图形元素被定义为块后，使用块所应用的线宽
3	ByLayer 和 ByBlock 以外的线宽	绘制的图形元素即使用所选择的线宽

如果在“特性”面板中单击“线宽设置”按钮☰，系统弹出图 1-42 所示的“线宽设置”对话框，接着可以在“线宽”列表中选择“细线”或“粗线”，并在右侧“实际数值”处为系统的“细线”或“粗线”设定线宽，拖动“显示比例”的滑块可以调整系统所有线宽的显示比例。要将当前线宽设置作为默认状态，则单击“设为默认值”按钮；若要将显示比例恢复到默认状态，则单击“恢复默认值”按钮。

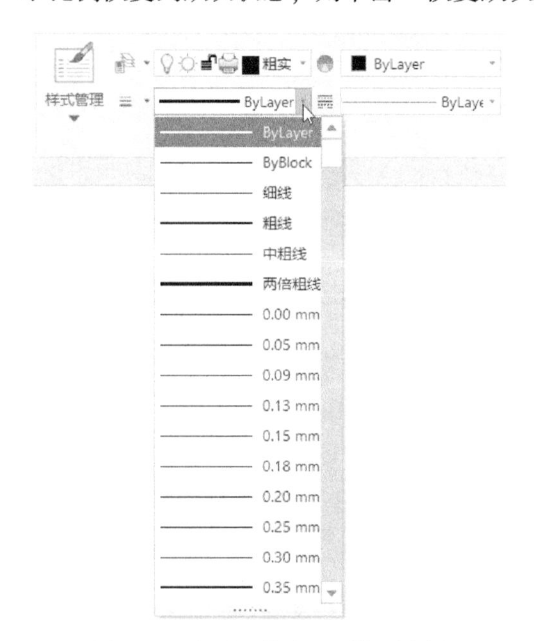

图 1-41 打开“线宽”下拉列表框

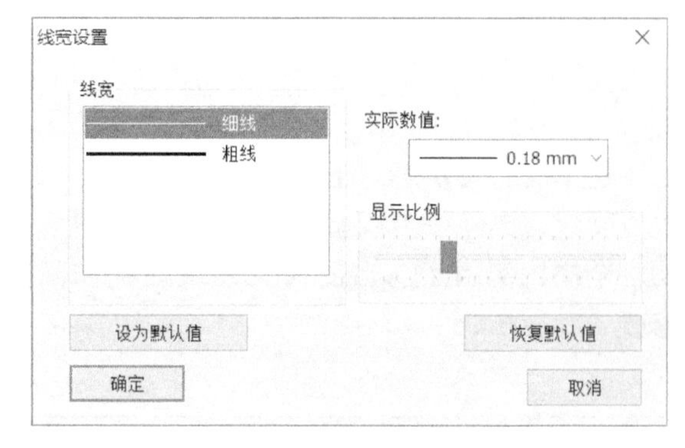

图 1-42 “线宽设置”对话框

1.8 用户坐标系使用基础

CAXA CAD 电子图板的坐标系有世界坐标系和用户坐标系。所谓的世界坐标系是系统默认的坐标系，其 X 轴水平，Y 轴竖直，X 轴和 Y 轴的交点（0，0）便是坐标系的原点。而用户坐标系是用户在制图设计过程中根据设计需要来创建的坐标系，使用用户坐标系通常可以便于坐标输入和捕捉等，有利于对象编辑操作。

使用快捷键〈F5〉，可以在不同的坐标系之间循环切换。

要创建用户坐标系，可以采用新建原点坐标系和新建对象坐标系两个功能。

1）要新建原点坐标系，可以在功能区“视图”选项卡的“用户坐标系”面板中单击“新建原点坐标系”按钮，接着在立即菜单中输入坐标系名称，以及指定该原点坐标系的原点（基点），再输入旋转角度，确定后新用户坐标系设置完成，并且新坐标系成为当前坐标系。

知识点拨 在确定坐标系原点（基点）时，如果通过键盘输入坐标值，则所输入的坐标值为新坐标系原点在原坐标系中的坐标值。

2）要新建对象坐标系，则可以在功能区“视图”选项卡的“用户坐标系”面板中单击“新建对象坐标”按钮，接着选择放置坐标系的对象（只能选择有效的基本曲线和块），则系统会根据选定对象的特征建立新用户坐标系，并将新坐标系设为当前坐标系。有关拾取不同曲线生成坐标系的准则如表 1-3 所示。

表 1-3　新建对象坐标系：拾取不同曲线生成坐标系的准则

序　号	对　象	生成坐标系的准则说明
1	点	以点本身为原点，以世界坐标系 X 轴方向为 X 轴方向
2	直线	以距离拾取点较近的一个端点为原点，以直线走向为 X 轴方向
3	圆	以圆心为原点，以圆心到拾取点方向为 X 轴方向
4	圆弧	以圆心为原点，以圆心到距离拾取点较近的一个端点的方向为 X 轴方向
5	多段线	拾取多段线中的圆弧或直线时按普通直线或圆弧生成
6	样条	以距离拾取点较近的一个端点为原点，以原点到另一个端点的方向为 X 轴方向
7	块	以块基点为原点，以世界坐标系 X 轴方向为 X 轴方向
8	射线	无效
9	构造线	无效

另外，CAXA CAD 电子图板 2020 还提供了以下两个实用的与坐标系相关的工具按钮。

- “管理用户坐标系”按钮：用于管理用户坐标系。单击此按钮，系统弹出图 1-43 所示的“坐标系”对话框，利用该对话框可以将选定坐标系设为当前坐标系，可以重命名选定坐标系，还可以删除一个选定的用户坐标系。
- “坐标系显示”按钮：用于设置坐标系是否显示在绘图区中及其显示形式、特性。单击此按钮，系统弹出图 1-44 所示的“坐标系显示设置”对话框，从中进行相关设置即可。

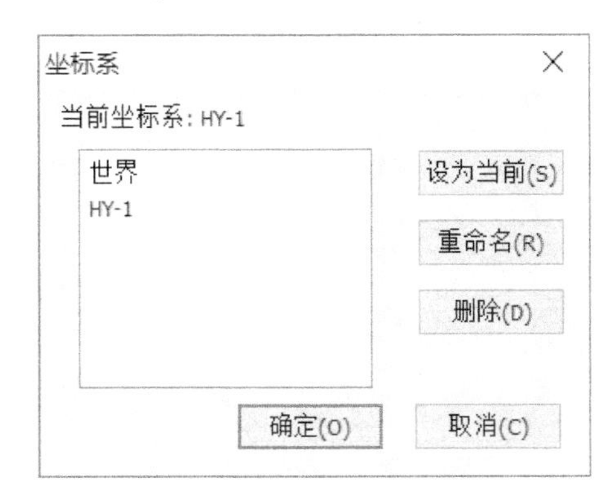

图 1-43　“坐标系”对话框

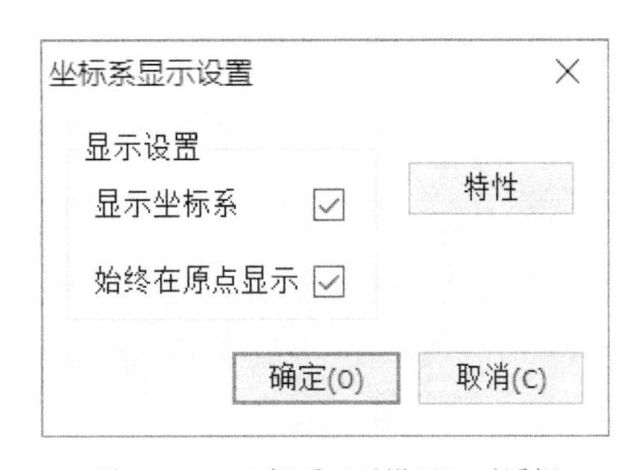

图 1-44　“坐标系显示设置”对话框

1.9 制图入门实例

本节通过一个制图入门实例，复习和体验本章所学的一些基础知识，包括新建CAXA CAD电子图板文件、使用功能区工具命令和立即菜单、进行对象基本操作和点的输入、应用图层和相关的视图工具等。

本实例要完成的图形如图1-45所示。下面介绍具体的操作步骤。

步骤1：新建一个文档

启动CAXA CAD电子图板2020软件后，在快速启动工具栏上单击“新建文档”按钮，或者按快捷键〈Ctrl+N〉，弹出“新建”对话框，将工程图模板的当前标准设置为“GB”，从系统模板中选择“BLANK”模板，单击“确定”按钮。

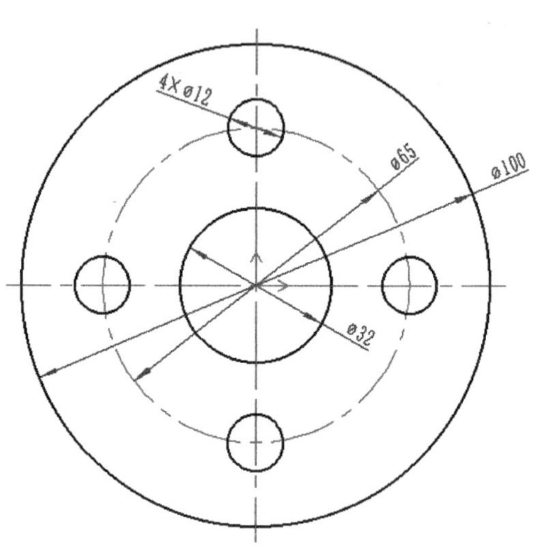

图1-45 制图入门实例图

步骤2：在粗实线层上绘制圆

1）确保粗实线层作为当前图层。

2）在功能区“常用”选项卡的“绘图”面板中单击“圆”按钮。

3）在出现的“圆”立即菜单中设置图1-46所示的选项和参数，即设置为“1. 圆心_半径”“2. 半径”“3. 有中心线”和“4. 中心线延伸长度3”。

1. 圆心_半径 2. 半径 3. 有中心线 4.中心线延伸长度 3

圆心点: C Circle

图1-46 “圆”立即菜单

4）在“圆心点:”提示下输入“0,0”，按〈Enter〉键或鼠标右键确认。

5）状态栏出现“输入半径或圆上一点:”的提示信息，输入半径为“50”并按〈Enter〉键或鼠标右键确认，从而完成绘制图1-47所示的第一个圆。

6）此时，状态栏仍然提示“输入半径或圆上一点:”，显然系统默认创建同心圆，输入半径为“16”，按〈Enter〉键或鼠标右键确认，从而完成绘制图1-48所示的第二个圆。

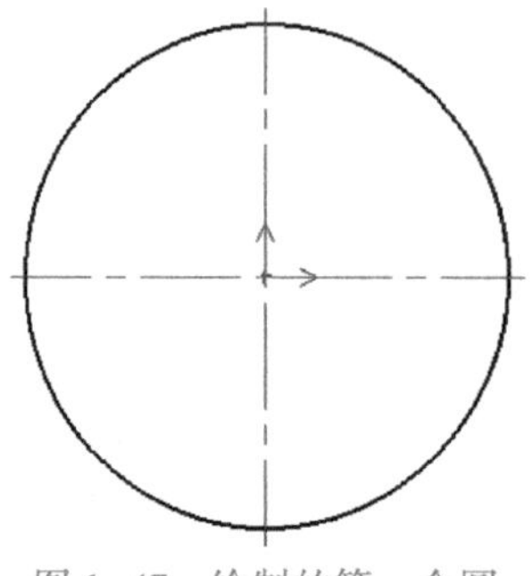

图1-47 绘制的第一个圆

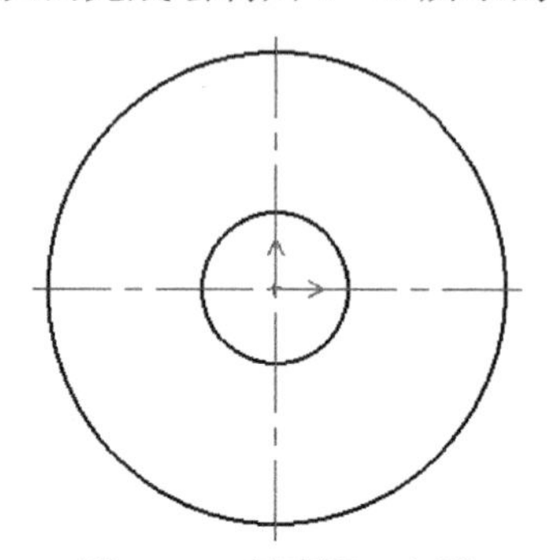

图1-48 创建第二个圆

7）按〈Enter〉键或鼠标右键结束“圆”命令。

步骤3：将中心线层设置为当前图层

在功能区“常用”选项卡的“特性”面板中单击“图层”下拉列表框的下拉三角按钮▾，接着从下拉菜单中选择“中心线层”，从而将中心线层设置为当前图层，如图1-49所示。

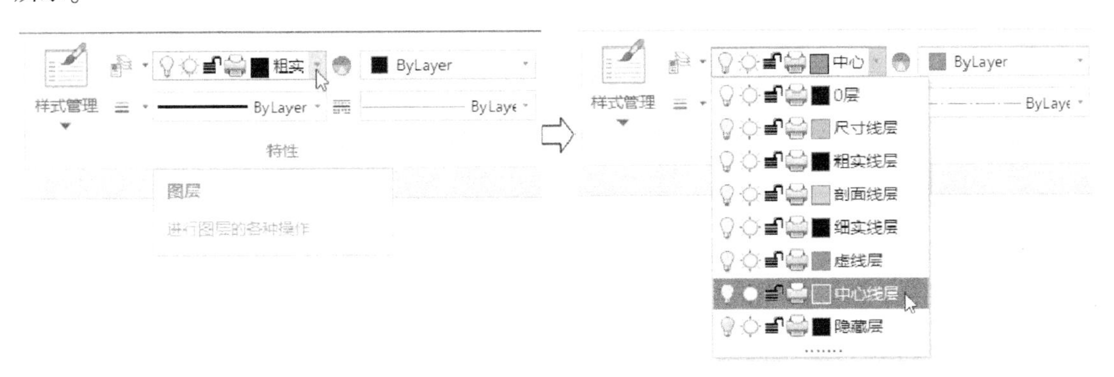

图1-49 将中心线层设置为当前图层

步骤4：绘制以中心线显示的一个圆

1）通过键盘输入“C”或“CIRCLE”，按〈Enter〉键确认，打开“圆”立即菜单。

2）“圆”立即菜单的第一项默认为“圆心_半径”，在第二项的框内单击以将该项快速切换为“直径”，在第三项“3. 有中心线”框内单击以将该项切换为“3. 无中心线”，如图1-50所示。

图1-50 “圆”立即菜单上的设置

3）使用鼠标指针在绘图区捕捉选择已有圆的圆心作为新圆的圆心点。

4）状态栏出现“输入直径或圆上一点:”的提示信息，输入直径为“65”，按〈Enter〉键或鼠标右键确认。

5）单击鼠标右键结束命令操作。完成绘制图1-51所示的以中心线显示的一个圆。

步骤5：在粗实线层上绘制4个小圆

1）在“特性”面板的“图层”下拉列表框中选择“粗实线层”，从而将粗实线层设置为当前图层。

2）使用和步骤4相同的方法和步骤来绘制图1-52所示的4个小圆，这4个小圆的直径均为12。

知识点拨 在绘制圆的过程中，系统提示选择圆心点时，如果按空格键，将弹出一个工具点菜单，从中可以选择一种捕捉模式状态，例如选择“交点”或“象限点”，接着在绘图区快速选择所需的交点或象限点作为圆心位置。读者可以练习体会一下。

步骤6：进行视图操作练习

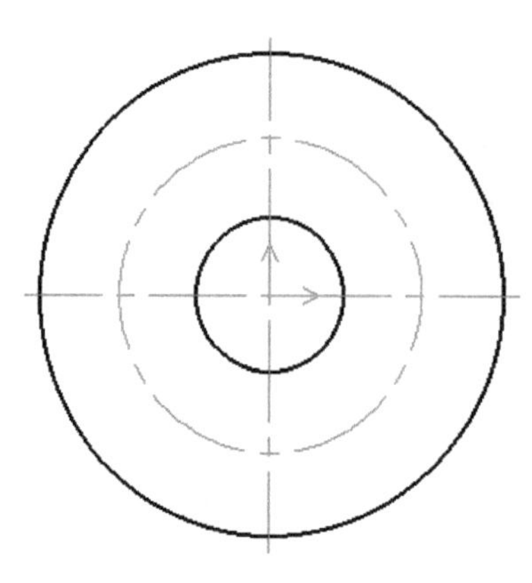

图1-51 绘制一个辅助中心圆

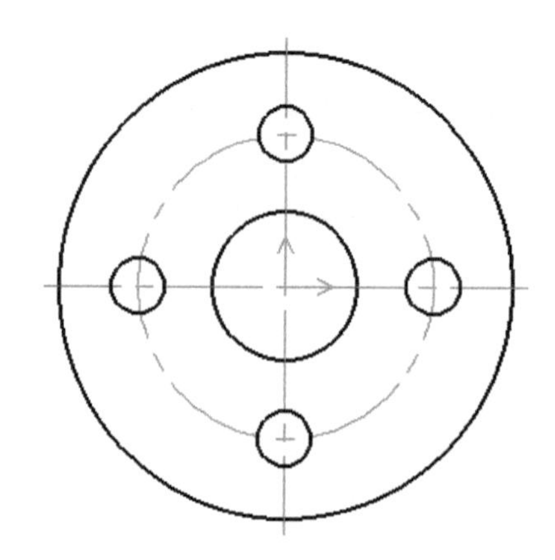

图1-52 绘制4个小圆

切换至功能区“视图”选项卡，使用“显示”面板中的相关视图工具进行视图操作练习，例如执行“动态缩放”“动态平移”“显示窗口”“显示全部”“显示放大”“显示缩小”“显示平移”“显示复原”等视图工具命令。

1.10 练习加油站

1）快速启动工具栏提供了哪些常用命令？如何自定义快速启动工具栏？

2）在CAXA CAD电子图板中，图元对象是如何定义的？

3）在CAXA CAD电子图板中，拾取对象的方法主要有哪几种？请举例进行说明。

4）如何取消对象选择？

5）点的输入主要有哪几种方法？

6）请列举CAXA CAD电子图板2020提供了哪些视图工具？它们分别有什么功能用途？

7）什么是并入文件？

8）在设置全局变量和对象属性的颜色、线型和线宽时，都提供有“ByLayer”（随层）和“ByBlock”（随块）两个选项，如何理解这两个选项的功能含义？

9）如何理解世界坐标系和用户坐标系？

第 2 章　基本曲线与高级曲线绘制

内容提要：

CAXA CAD 电子图板提供了强大的基本曲线与高级曲线绘制功能，其中基本曲线包括直线、平行线、圆、圆弧、矩形、多段线、中心线、点、填充和剖面线等，高级曲线主要包括样条曲线、椭圆、正多边形、公式曲线、圆弧拟合曲线、波浪线、双折线、箭头、局部放大图、齿轮齿形、孔/轴等。

本章重点介绍基本曲线与高级曲线的绘制方法及其技巧，并介绍若干个操作实例。

2.1　基本曲线

本节学习任务是掌握各类基本曲线的绘制方法及其技巧。

2.1.1 直线

直线是图形的基本构成要素，直线的绘制关键在于点的选择与指定，这很容易理解，基本概念是不同的两点确定一条直线，既可以充分利用工具点菜单、智能点、导航点、栅格点等工具来拾取点，也可以通过输入绝对坐标或相对坐标等来指定点。

在功能区“常用”选项卡的“绘图”面板中单击“直线”按钮╱，打开图 2-1 所示的“直线”立即菜单，单击该立即菜单的第 1 项可以打开一个菜单列表，上面提供了绘制直线的 7 种方式，包括“两点线”“角度线”“角等分线”“切线/法线”“等分线”“射线”和“构造线”，如图 2-2 所示。

图 2-1　“直线”立即菜单（1）

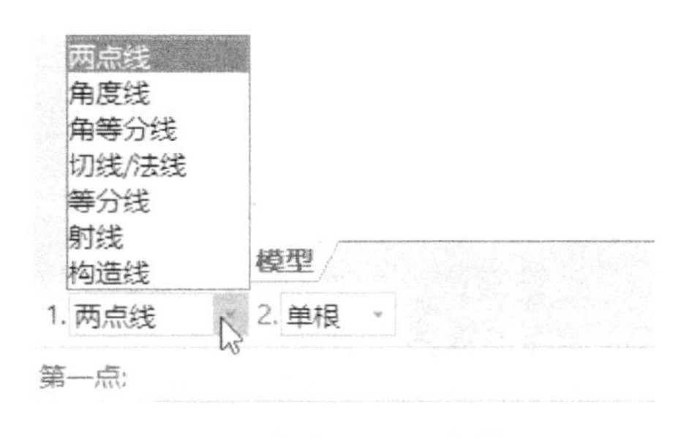

图 2-2　“直线”立即菜单（2）

另外，在功能区“常用”选项卡的“绘图”面板中也提供了每种直线生成方式的单独执行工具按钮以便于提高绘图效率，如图2-3所示，包括“两点线”按钮、“角度线”按钮、“角等分线”按钮、“切线/法线”按钮、“等分线”按钮、“射线”按钮和“构造线”按钮。使用这些单独执行工具按钮和在“直线”立即菜单中选择直线创建方式是一样的。

图2-3 功能区的“绘图”面板也提供直线创建的各类单独按钮

1. 两点线

创建两点线是指按照给定的两点绘制一条直线段或按照给定的连续条件绘制连续的直线段，其中每条线段都可以进行单独编辑处理。要绘制连续的两点线，需要将“直线”立即菜单的选项设置为“1. 两点线”和“2. 连续”，其中在立即菜单中单击第2项则可以在“连续”和“单根”之间切换。“单根”选项表示每次绘制的直线段是独立的、互不相关的；“连续”选项表示绘制的每个直线段相互连接，前一个直线段的终点是下一个直线段的起点。

【学习实例1】：绘制图2-4所示的直角三角形

1）在功能区“常用”选项卡的“绘图”面板中单击“直线”按钮，打开“直线”立即菜单。

2）在立即菜单的第1项中选择“两点线”，接着通过单击第2项直到切换选择“连续”选项。

3）输入第1点坐标为“0,0”，按〈Enter〉键，接着输入第2点坐标为“@100,0”，按〈Enter〉键确认。“@100,0”表示相对于第1点的坐标，在X轴正方向上移动了100，在Y轴正方向上移动了0。

4）输入第3点的绝对坐标为“0,50”，按〈Enter〉键确认。

5）使用鼠标选择第一条直线段的起点（也就是坐标原点）作为最后一条直线段的终

点，如图 2-5 所示。

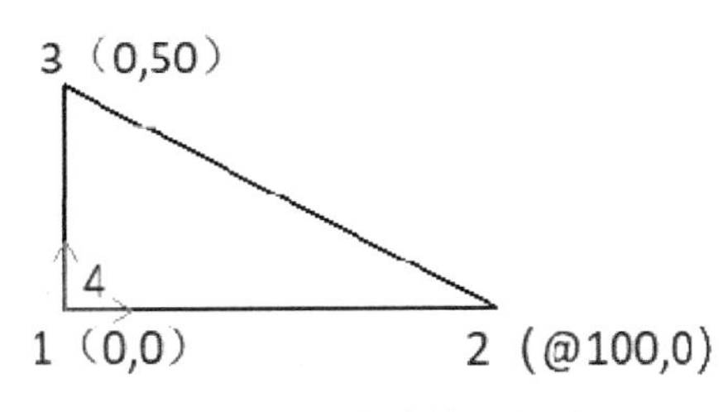

图 2-4 要完成的三角形

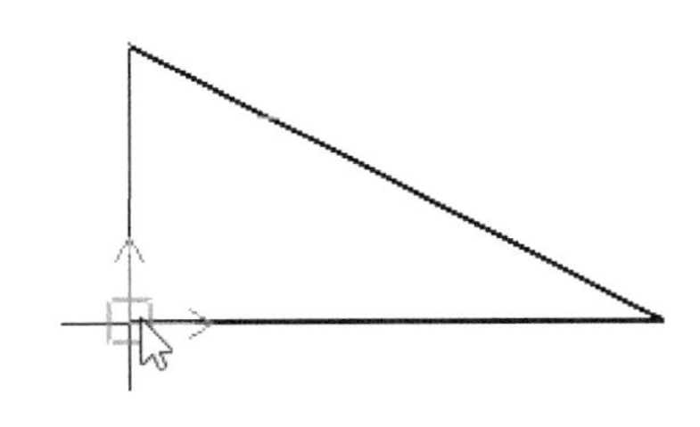

图 2-5 选择一个点

6）单击鼠标右键结束画线操作。

【学习实例 2】：绘制两个圆的公切线

在绘制直线的过程中巧用工具点菜单，可以绘制出很多特殊的直线，例如绘制圆和圆弧的切线等。该实例步骤如下。

1）假设已经存在图 2-6 所示的两个圆，通过键盘输入“L”或“LINE”命令并按〈Enter〉键确认，打开“直线”立即菜单。

2）在“直线”立即菜单中设置的选项为“1. 两点线”和“2. 单根”。

3）系统提示“第一点：”，按空格键弹出工具点菜单，如图 2-7 所示，从工具点菜单中选择“切点”命令，接着在第一个圆上的适当位置处单击，如图 2-8 所示。

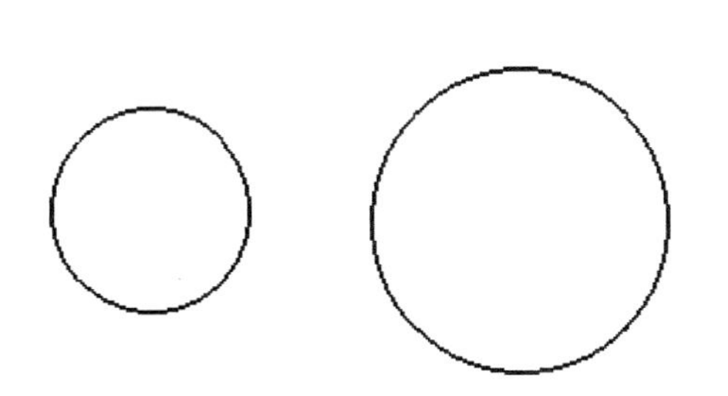

图 2-6 已有的两个圆

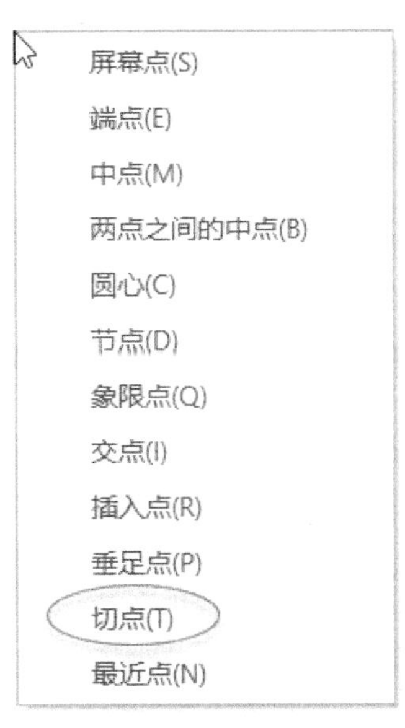

图 2-7 工具点菜单

4）在提示“第二点：”时，按空格键弹出工具点菜单，接着从工具点菜单中选择“切点”命令，再在第二个圆上拾取图 2-9 所示的位置。

知识点拨 如果在指定第二点时，点的捕捉模式为“智能”，那么此时可以不使用工具点菜单，而是直接按捕捉提示在所需对象上捕捉选择点即可。

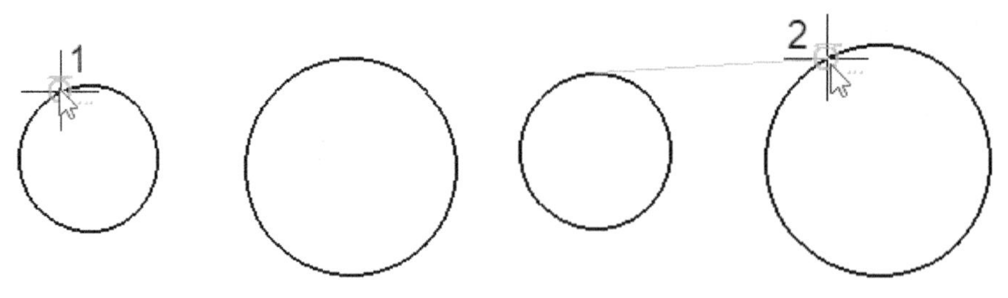

图 2-8　在第一个圆上拾取一个切点　　　图 2-9　拾取第二个圆以获得其切点

5）完成创建图 2-10 所示的一条公切线，单击鼠标右键结束命令操作。

需要用户注意的是，在拾取圆绘制公切线时，拾取圆的位置不同，则绘制的切线位置有可能不同，例如若选择的位置 1 和位置 2 如图 2-11 所示，则绘制出来的切线是两圆的内公切线。

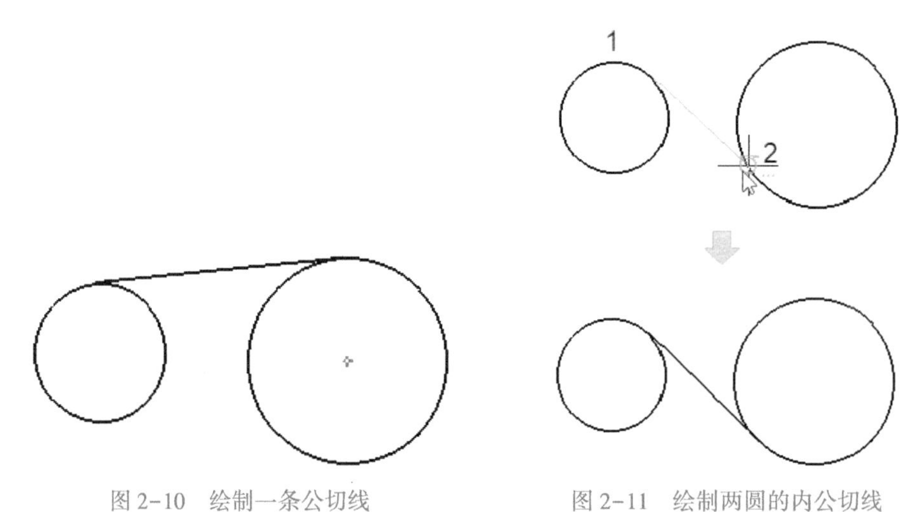

图 2-10　绘制一条公切线　　　图 2-11　绘制两圆的内公切线

2. 角度线

绘制角度线是指按照给定角度和长度来绘制一条直线段，其中给定角度是指目标直线与已知直线、X 轴或 Y 轴所成的夹角。

【学习实例】：绘制一条过原点且与 Y 轴成 60°、长度为 56 的直线段

1）在功能区“常用”选项卡的“绘图”面板中从“直线”列表中单击“角度线”按钮，打开图 2-12 所示的“直线”立即菜单。

图 2-12　“直线”立即菜单

2）在立即菜单中单击“X 轴夹角”选项，弹出图 2-13 所示的下拉菜单，从中选择一种夹角类型，本例选择“Y 轴夹角”。可供选择的夹角类型有“X 轴夹角”“Y 轴夹角”“直线夹角”。“X 轴夹角”用于绘制与 X 轴成指定夹角的直线段，“Y 轴夹角”用于绘制与 Y

轴成指定夹角的直线段，“直线夹角”用于绘制一条与已知直线段成指定夹角的直线段（若选择“直线夹角”，则需要拾取一条已知直线段，再输入第一点和第二点即可）。

3）单击立即菜单“到点”选项，可以将该“到点”选项切换为“到线上”选项，再单击“到线上”选项时则又将内容切换回“到点”选项。“到点”选项表示指定直线段的终点位置落在选定的点处，“到线上”选项表示指定终点位置落在选定直线上。本例需要保持选择“到点”选项。

4）单击立即菜单中“度”“分”“秒”各编辑框，可以分别输入相应的夹角数值。在本例中，在“度”编辑框输入“60”，其他两框输入“0”，如图 2-14 所示。

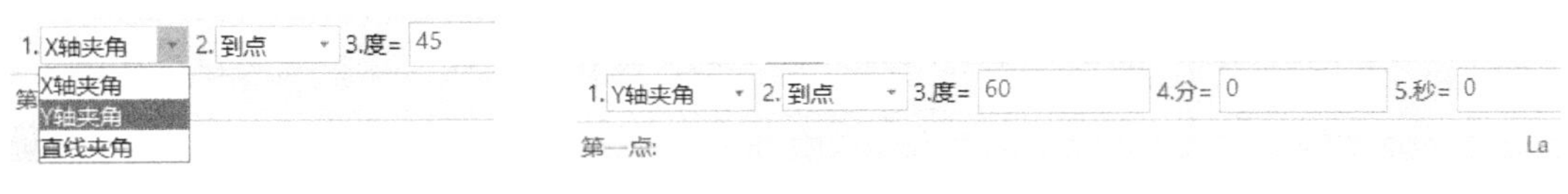

图 2-13　选择夹角类型　　图 2-14　选择“到点”选项及设置角度等参数

5）通过键盘输入第一点的坐标为“0,0”后，操作提示变为“第二点或长度:”，此时本例输入的是一个长度数值“56”并按〈Enter〉键，从而完成绘制一条经过原点且与 Y 轴成 60°、长度为 56 的直线段，如图 2-15 所示。

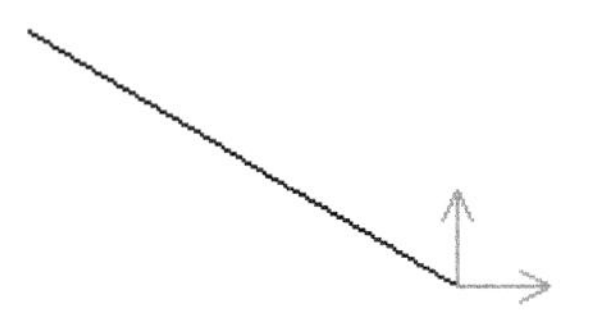

图 2-15　实例完成的角度线

3. 角等分线

绘制角等分线是指按照给定参数绘制一个夹角的等分直线，其步骤如下。

1）在功能区“常用”选项卡的“绘图”面板中从“直线”列表中单击“角等分线”按钮，打开图 2-16 所示的立即菜单。

图 2-16　用于创建角等分线的“直线”立即菜单

2）单击立即菜单中的“份数”，输入等分份数值。

3）单击立即菜单中的“长度”，输入等分线长度值。

4）拾取第一条直线，再拾取第二条直线，则完成绘制已知角度的角等分线。

【举例】：将 150°的角等分为 3 份，绘制等分角度为 50°的角等分线，如图 2-17 所示。

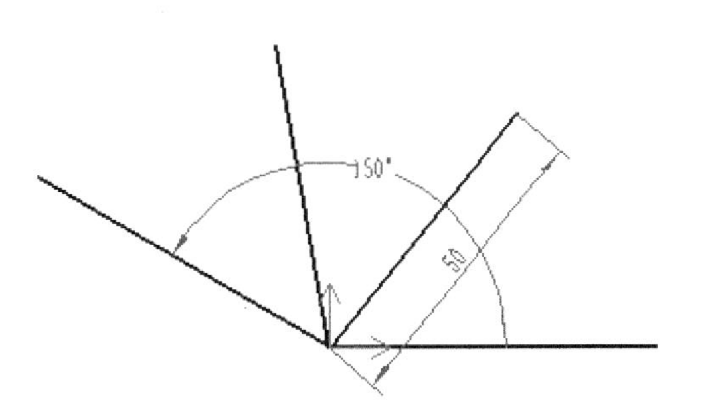

图 2-17　绘制角等分线示例

4. 切线/法线

使用“切线/法线”按钮，可以通过给定点绘制已知曲线的切线或法线，其具体的操作方法及步骤如下。

1）在功能区“常用”选项卡的“绘图”面板中从“直线”列表中单击“切线/法线”按钮，打开图2-18所示的立即菜单。

图2-18 用于绘制切线/法线的“直线”立即菜单

2）对于已知直线而言，“切线”选项用于绘制一条与已知直线平行的直线；单击“切线”选项则该项内容变为“法线”，“法线”选项用于绘制一条与已知直线相垂直的直线。如果选取的是圆弧或圆，那么“法线”选项用于创建圆弧的法线，该法线必在所选第1点与圆心所决定的直线上，而切线则垂直于法线。有关法线和切线的绘制示例如图2-19所示。

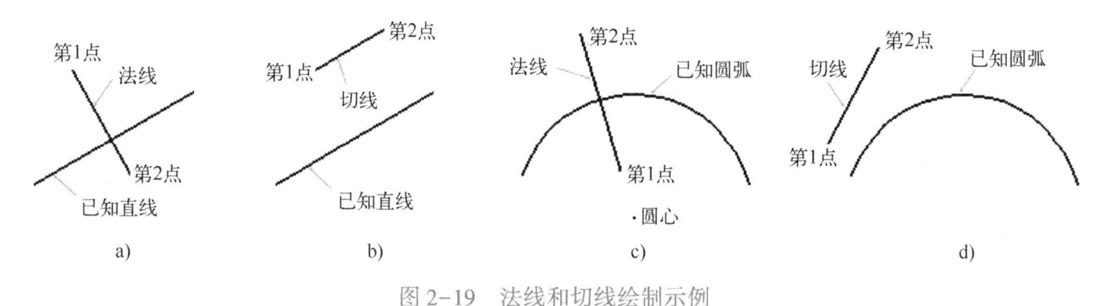

图2-19 法线和切线绘制示例

a）直线的法线 b）直线的切线 c）圆弧的法线 d）圆弧的切线

3）如果单击立即菜单中的“非对称”选项，则该项内容切换为“对称”，此时选择的第1点为所要绘制直线的中点，第2点为直线的一个端点。有关非对称与对称的示例如图2-20所示。

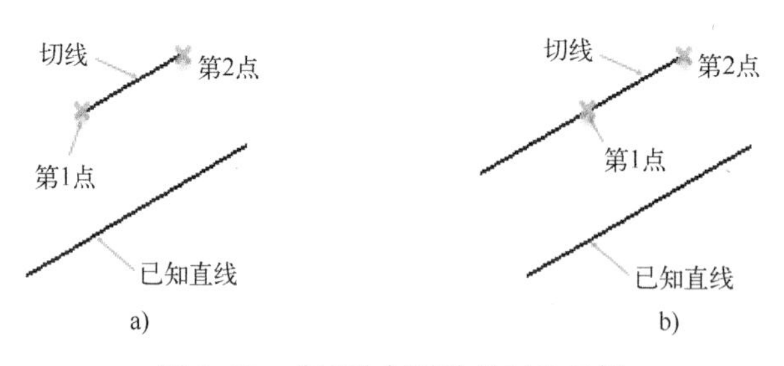

图2-20 非对称与对称的对比示例

a）非对称 b）对称

4）立即菜单还有一项可以在“到点”和“到线上”之间切换，其中“到线上”表示所画切线或法线的终点在一条已知线段上。

5）按照提示拾取一条已知曲线，接着指定第1点，再指定第2点或长度即可。

5. 等分线

使用“等分线”按钮，可以依照两条线段之间的距离进行 n 等分绘制直线，用于绘制等分线所选的两条线段是有要求的，有以下3种情形。

- 两条直线段相互平行。
- 不平行、不相交且其中任意一条线的任意方向的延长线不与另一条线本身相交，这种情形可以生成它们的等分线。
- 不平行且一条线的某个端点与另一条线的端点重合，两直线夹角不等于180°，这种情形也可以生成它们的等分线。

知识点拨 直线工具里的“等分线”和“角等分线”在对具有夹角的直线进行等分时有着概念的不同，等分线是按照端点连接的距离等分的，而角等分是按照角度等分的。

创建等分线的典型示例分别如图2-21和图2-22所示，等分量均为3。

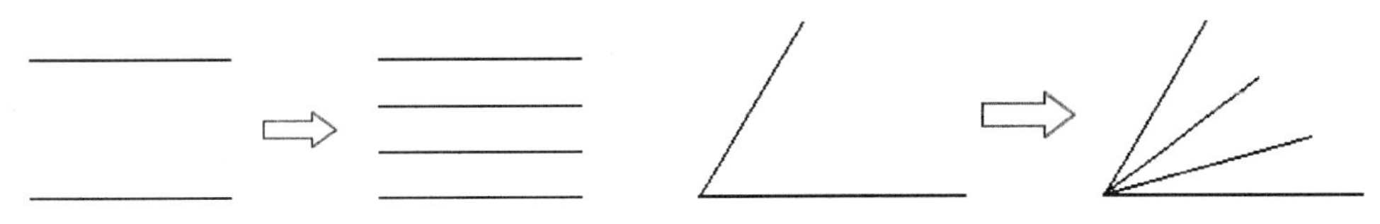

图2-21　在两条平行直线段之间创建等分线　　图2-22　对成夹角的线段画3等分线

创建等分线的操作步骤如下。

1）在功能区“常用”选项卡的“绘图”面板中从“直线”列表中单击“等分线”按钮，打开图2-23所示的立即菜单。

1.等分量: 3

拾取第一条直线　　Lbs Bisector

图2-23　用于创建等分线的“直线”立即菜单

2）在立即菜单中设置等分量。

3）选择符合条件的两条直线段，即可在两条线之间创建一系列的线，这些线将所选两线段之间的部分按设定的等分量进行等分。

6. 射线

射线是由一个特征点（起点）向一端无线延伸的线。创建射线的方法很简单，即可以在功能区“常用”选项卡的“绘图”面板中从“直线”列表中单击“射线”按钮，接着指定一点作为射线的特征点（起点），再指定一个通过点（定义延伸方向）后即可完成创建一条由特征点向一端无限延伸的射线，可以继续指定其他通过点创建同一起点的射线，单击鼠标右键结束命令。

7. 构造线

构造线是由一个特征点（起点）向两端无限延伸的直线。

要创建构造线，则可以在功能区“常用”选项卡的“绘图”面板中从“直线”列表中单击“构造线”按钮，接着在打开的立即菜单中选择创建构造线的方式选项，可选的方式选项有“两点”“水平”“垂直”“角度”“二等分”和“偏移”，如图2-24所示，选择其中一个方式选项，接着设定相应的参数（如需要的话），根据提示进行相应的操作即可。例如，选择“角度”方式选项，则需要设定角度参数，然后指定一个通过点来绘制构造线，如图 2-25 所示。

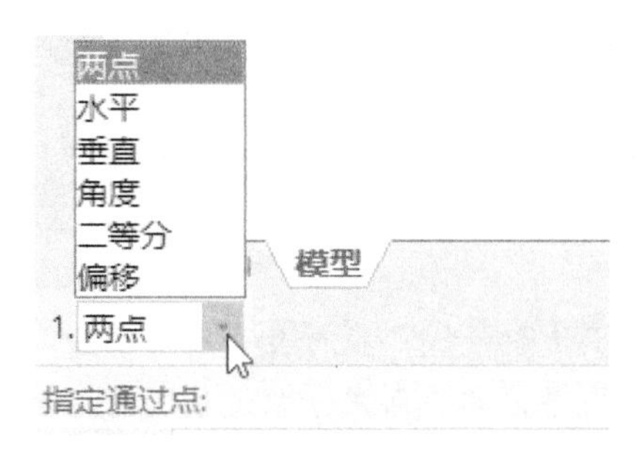

图 2-24　用于创建构造线的立即菜单

图 2-25　选择“角度”方式选项时

2.1.2 平行线

平行线的绘制命令为“LL”或“Parallel”，对应的按钮为“平行线”按钮 。

要绘制与已知直线平行的直线，可以按照以下的方法步骤进行。

图 2-26　“平行线”立即菜单

1）在功能区“常用”选项卡的“绘图”面板中单击“平行线”按钮 ，打开图 2-26 所示的“平行线”立即菜单。

2）单击立即菜单第 1 项可以在“偏移方式”和“两点方式”之间切换。

当选择“偏移方式”选项时，在立即菜单第 2 项选择“单向”或“双向”，接着选择已有直线，然后输入距离或点。如果在“单向”模式下输入距离并按〈Enter〉键，则系统首先根据十字光标在所选线段的哪一侧来判断绘制线段的位置。而在“双向”模式下按照给定的距离绘制出与已知线段平行、长度相等的双向平行线段。

知识点拨 在使用“偏移方式”并用鼠标选择一条已有线段后，状态栏出现“输入距离或点（切点）”的提示信息，此时移动鼠标，可以看到一条与所选的已知线段平行并且长度相等的线段依附着鼠标光标被拖动着，待拖动到预期位置处单击鼠标左键，即可绘制出一条平行线段，该方法和用键盘输入一个距离数值的方法实际上是具有相同效果的。

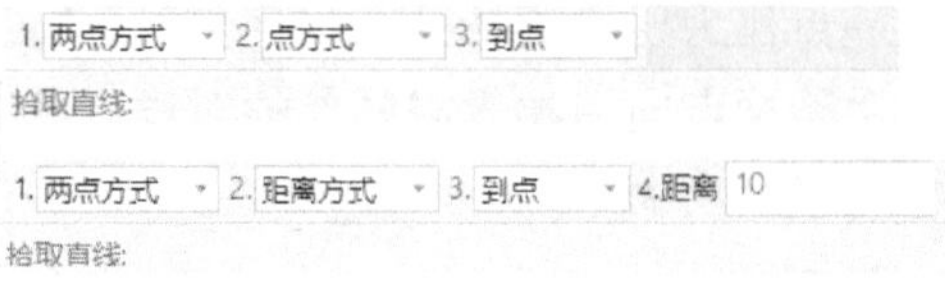

当切换至“两点方式”选项时，则立即菜单提供了其他的内容选项，如图 2-27 所示。此时单击第 2 项可以在“距离方式”和“点方式”选项之间切换，单击第 3 项可以在“到点”和“到线上”之间切换。若选择的是“距离方式”，则需要输入距离值。接下来的操作便是根据系统提示来进行，从而最终绘制相应的平行线。

图 2-27　选择“两点方式”时

3）“平行线”命令可以重复进行，单击鼠标右键或按键盘上的〈Esc〉键即可退出此命令。

绘制平行线的典型示例如图 2-28 所示，左边创建的为单向平行线段，右边创建的是双向平行线段。

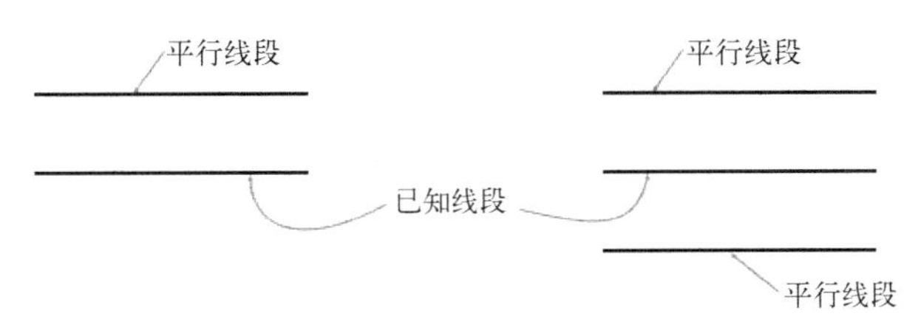

图 2-28　绘制平行线的典型示例

2.1.3 圆

创建圆的方式有多种，在功能区“常用”选项卡的“绘图”面板中单击“圆”按钮，打开图 2-29 所示的“圆”立即菜单，接着在“圆”立即菜单中可以选择圆的创建方式，如“圆心_半径”“两点”“三点”或“两点_半径”。当然，CAXA CAD 电子图板也提供了单独的相应创建方式按钮：“圆心_半径”按钮、“三点”按钮、“两点_半径”按钮。

图 2-29　“圆”立即菜单

在绘制圆的过程中，用户可以通过立即菜单设置圆上是否带有中心线，如果带有中心线，则需要设置中心线延伸长度（中心线延伸长度默认为 3）。

1. 圆心半径圆

“圆心_半径”用于根据指定圆心和半径画圆。要使用该方式绘制圆，可以按照以下的方法步骤来进行。

1）单击“圆”按钮，打开“圆”立即菜单，接着选择“圆心_半径”选项。

2）单击立即菜单“2.”框，则可以在“直径”选项和“半径”选项之间切换。

3）单击立即菜单“3.”框，则可以在“无中心线”和“有中心线”选项之间切换，当切换至“有中心线”选项时，需要指定中心线的延伸长度，如图 2-30 所示。

图 2-30　在“圆”立即菜单进行相关设置

4）按提示要求输入圆心，接着可通过键盘输入所需半径数值或直径数值（与在立即菜单中设置“半径”选项和“直径”选项相对应），按〈Enter〉键确认。输入圆心后，也可以移动鼠标光标来单击确定圆上的一点。

5）可以继续以该方式创建圆，若单击鼠标右键或按键盘上的〈Esc〉键则可以退出此命令操作。

【举例】在“圆”立即菜单中设置“1. 圆心_半径”“2. 半径”“3. 有中心线”“4. 中心线延伸长度=3”，通过键盘输入圆心坐标为“0,0”，按〈Enter〉键，再在“输入半径或圆上一点:”提示下输入半径为“16”并按〈Enter〉键，从而绘制图 2-31 所示的一个圆。

2. 两点圆

绘制两点圆是指通过定义圆直径上的两个端点画圆，如图 2-32 所示。

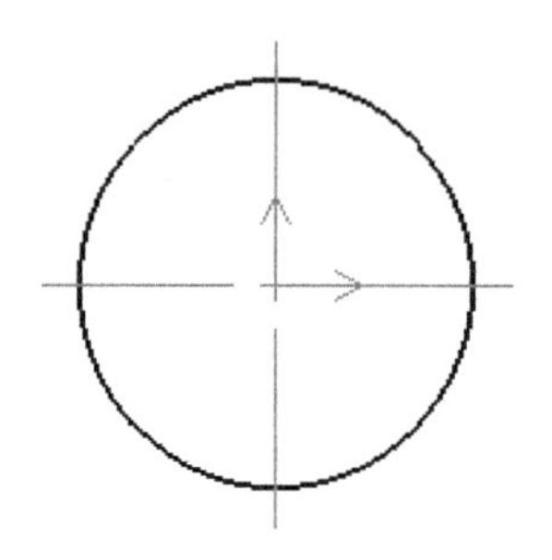

图 2-31　绘制圆心半径圆

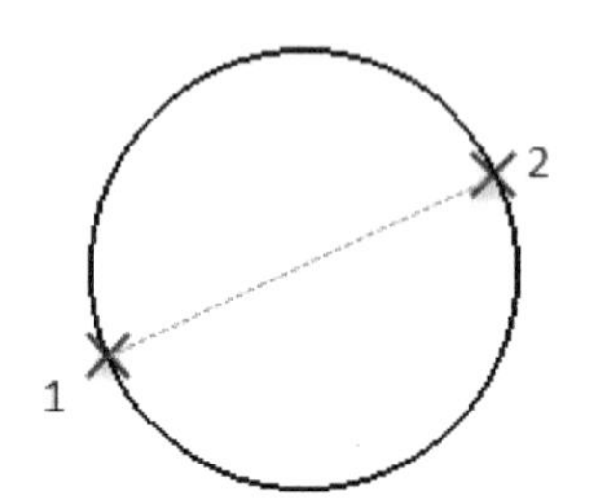

图 2-32　绘制两点圆

3. 三点画圆

三点画圆是指通过指定圆周上的 3 个点绘制圆。选择“三点画圆”方式时，按操作提示分别输入第 1 点、第 2 点和第 3 点后，一个完整圆便被绘制出来。在输入各点时，可以充分利用智能点、导航点、栅格点和工具点菜单进行辅助设计。

【举例】：假设已知一个等边三角形，现在利用“圆”工具的“三点”方式结合工具点菜单绘制该三角形的外接圆，如图 2-33 所示。

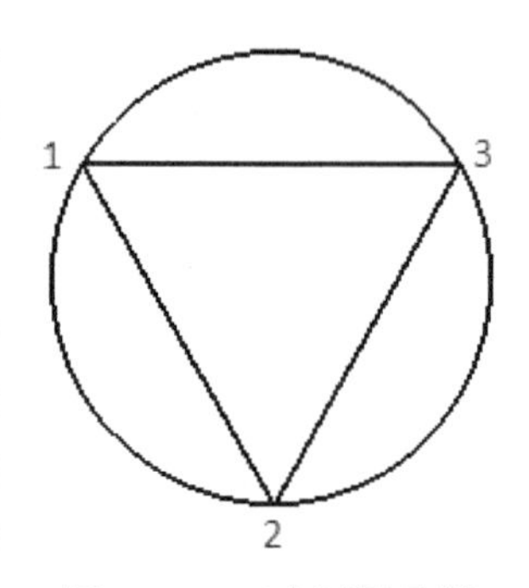

图 2-33　三点画圆示例

4. 两点半径圆

两点半径圆是通过指定圆周上的两点和已知半径来绘制的圆，其绘制步骤是单击“圆”按钮，接着在立即菜单中选择“1. 两点_半径”，并设置有无中心线，按照提示输入第 1 点和第 2 点，再在合适位置指定第 3 点或由键盘输入一个半径值，从而完成绘制一个完整的圆。

2.1.4 圆弧

创建圆弧的方式也有多种，在功能区“常用”选项卡的“绘图”面板中单击“圆弧”按钮，接着在弹出的“圆弧”立即菜单中根据需要选择其中一种创建方式，如“三点圆弧”“圆心_起点_圆心角”“两点_半径”“圆心_半径_起终角”“起点_终点_圆心角”“起点_半径_起终角”，如图 2-34 所示。在“绘图”面板中也提供了每种圆弧生成方式的对应工具按钮，如图 2-35 所示。

1. 三点圆弧

“三点圆弧”法是通过已知 3 个点绘制圆弧。在选择这 3 个点时，如果灵活运用工具点菜单，智能点、导航点和栅格点等工具，可以绘制与相邻直线或弧线相切的圆弧。

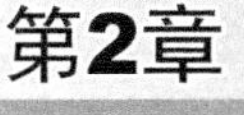

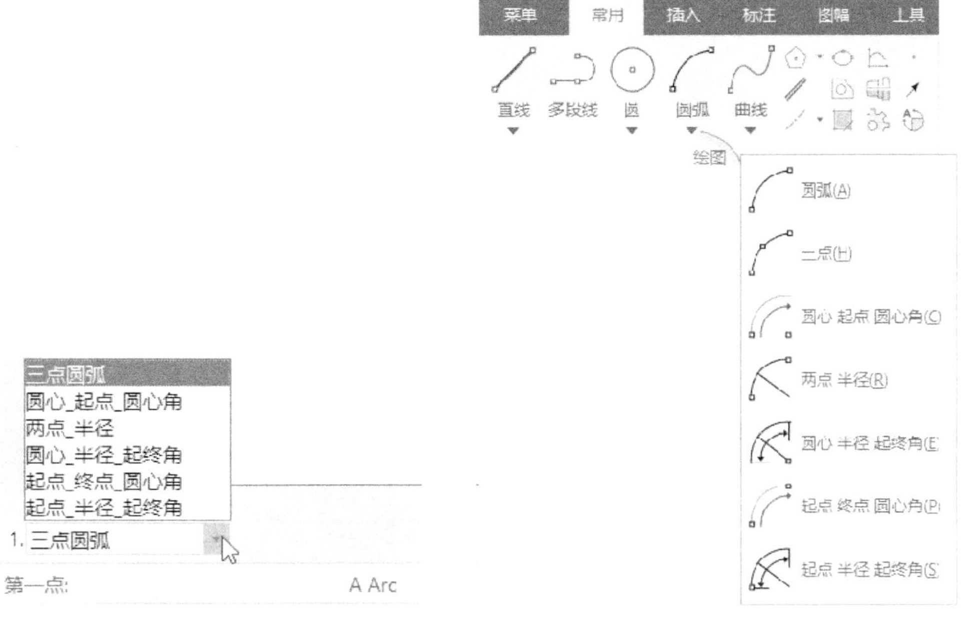

图 2-34 “圆弧”立即菜单　　图 2-35 对应的圆弧生成方式工具按钮

【学习实例】三点圆弧绘制练习

1）打开“三点圆弧 . exb”文件，该素材文件已有图形如图 2-36 所示。

2）单击“圆弧”按钮并在立即菜单中选择“三点圆弧”方式，或者直接单击“圆弧：三点”按钮，接着按照顺序分别选择图 2-37 所示的点 1、点 2（为线段的中点）和点 3 来绘制一个圆弧。在选择各点时，选择模式可以为“智能”。

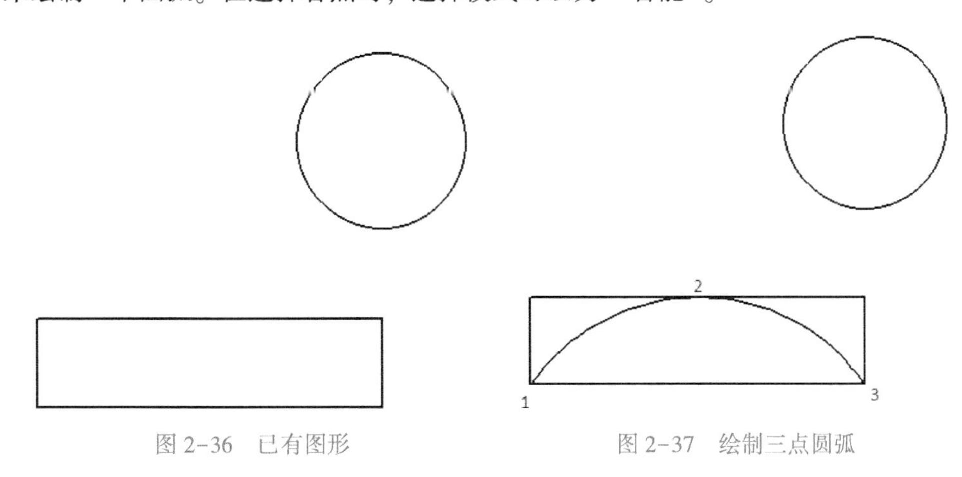

图 2-36 已有图形　　图 2-37 绘制三点圆弧

3）单击鼠标右键重新启用上一个命令，即相当于单击上一步的“圆弧：三点”按钮，在系统提示选择第 1 点时，按空格键弹出工具点菜单并选择“切点”，使用鼠标拾取上步骤所创建的圆弧；接着选择长方形右上顶点作为圆弧的第 2 点，如图 2-38 所示；当提示指定第 3 点时，按空格键弹出工具点菜单，从工具点菜单中选择“切点”命令，在圆上靠左侧位置处拾取一个切点，如图 2-39 所示。

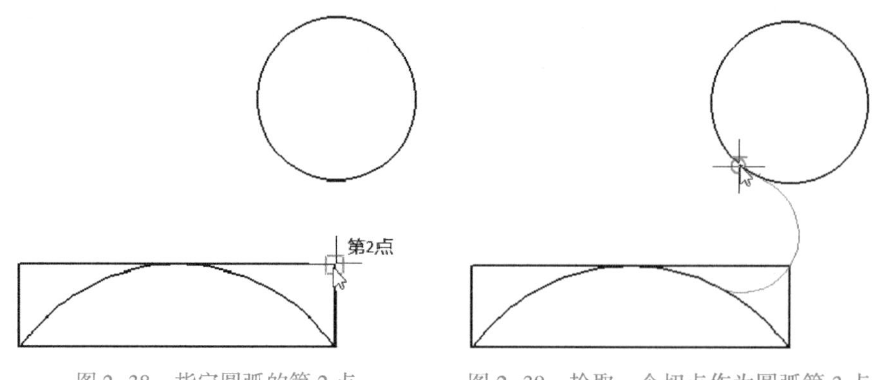

图 2-38　指定圆弧的第 2 点　　图 2-39　拾取一个切点作为圆弧第 3 点

完成绘制的第 2 段圆弧如图 2-40 所示。

如果在指定第 3 点时，按空格键弹出工具点菜单并选择“切点”命令后，在圆上靠右上位置处拾取圆上一个切点，最终可能绘制的一条圆弧如图 2-41 所示。

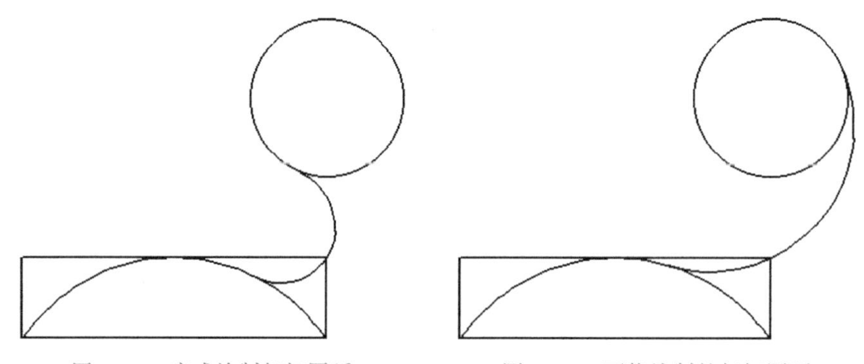

图 2-40　完成绘制相切圆弧　　图 2-41　可能绘制的相切圆弧

2. 圆心起点圆心角圆弧

此方式通过已知圆心、起点和圆心角或终点绘制圆弧。其绘制步骤为：单击“圆心 起点 圆心角”按钮，接着按照提示要求指定圆心和圆弧起点，并在“圆心角或终点”提示下输入一个圆心角数值或输入终点，则完成绘制圆弧。

3. 两点半径圆弧

此方式通过已知两点及圆弧半径绘制圆弧。在使用此方式绘制圆弧的过程中，当按照提示指定第 1 点和第 2 点之后，系统提示为“第三点（半径）:”，此时输入一个半径值，则系统会根据十字光标当前的位置判断绘制圆弧的方向，其判断规则是十字光标当前位置处于第 1 点和第 2 点所在直线的哪一侧，则圆弧就被绘制在哪一侧。

【学习实例】使用“两点半径”方式绘制与圆相切的圆弧

1）打开“两点半径圆弧练习实例 . exb”文件，已存在图形如图 2-42 所示。

2）单击“两点半径”按钮，在“第一点:”提示下按空格键弹出工具点菜单，选择“切点”选项，在图 2-43 所示的圆位置处单击；在“第二点:”提示下按空格键弹出工具点菜单，选择“切点”命令，在图 2-44 所示的位置处拾取圆以捕获其切点；将鼠标十字光标移动到要生成所需圆弧的区域，如图 2-45 所示。

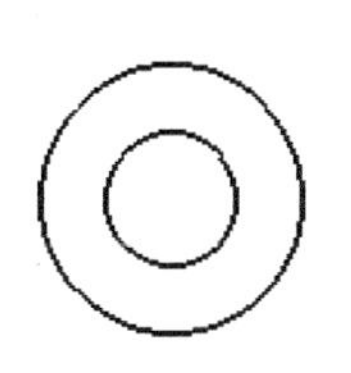
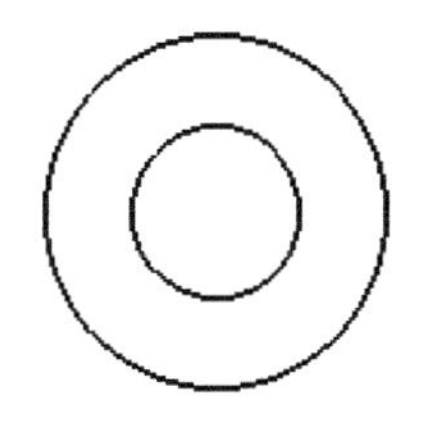

图 2-42　原始图形

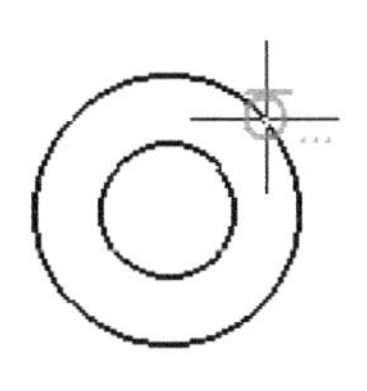
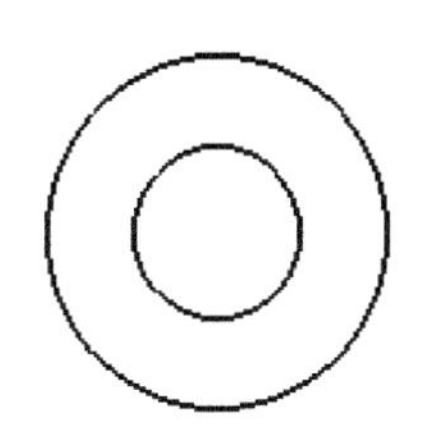

图 2-43　指定一个切点

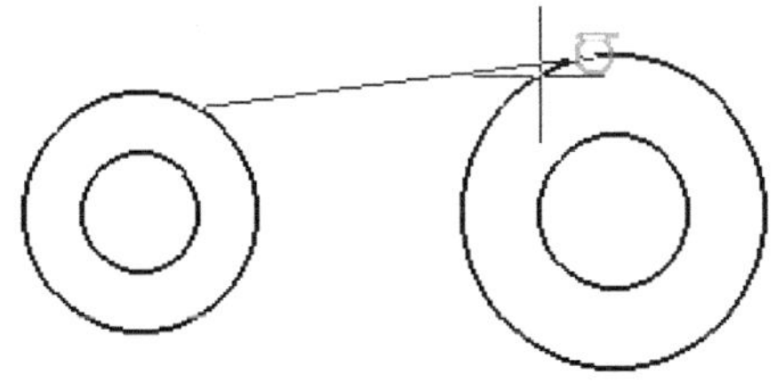

图 2-44　指定第二个切点

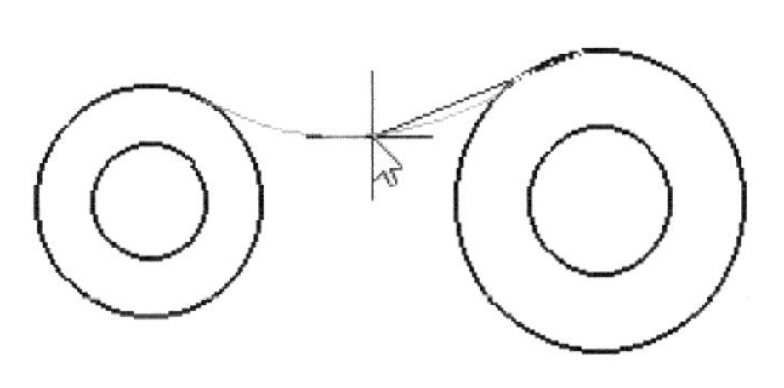

图 2-45　调整十字光标到合适位置处

在“第三点（半径）:”提示下输入“120”并按〈Enter〉键，完成绘制与选定圆相切的一条圆弧，如图 2-46 所示。

3）使用同样的方法，创建与选定圆相切的“两点_半径”圆弧，圆弧半径为 168，完成效果如图 2-47 所示。

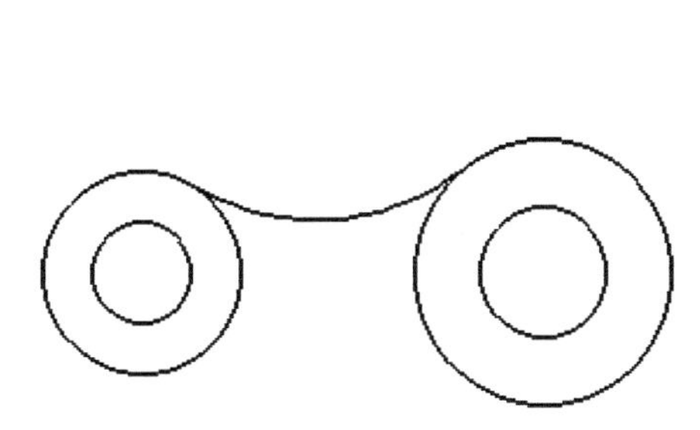

图 2-46　完成绘制一条相切圆弧

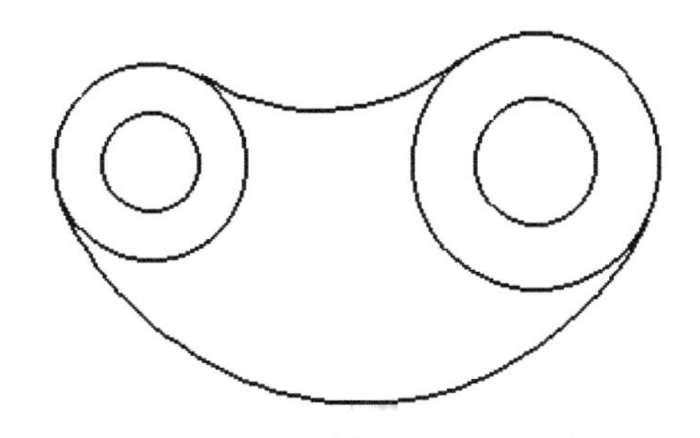

图 2-47　完成绘制另一条相切圆弧

4. 圆心半径起终角圆弧

此方式通过指定圆心、半径和起终角来绘制圆弧。

单击“圆心 半径 起终角”按钮，打开图 2-48 所示的立即菜单，接着在该立即菜单中分别设定半径值、起始角数值和终止角数值，接着指定圆心点，便可绘制出圆弧。

1.半径= 30　2.起始角= 30　3.终止角= 150

圆心点:　Acra

图 2-48　用于绘制圆心半径起终角圆弧的立即菜单

知识点拨 起始角和终止角的范围均为(0,360)，起始角和终止角均是从 X 正半轴开始，逆时针旋转为正，顺时针旋转为负。

5. 起点终点圆心角圆弧

此方式通过已知起点、终点和圆心角绘制圆弧。

单击“起点 终点 圆心角”按钮，接着在出现的立即菜单中设置圆心角数值，圆心角数值的范围是(-360,360)，其中负的角度表示从起点到终点按顺时针方向绘制圆弧，而正的角度表示从起点到终点逆时针作圆弧，然后根据系统提示分别指定起点和终点，从而完成绘制圆弧。

【想一想】使用“起点 终点 圆心角”按钮绘制圆弧，如果指定的起点和终点相同，而圆心角一正一负，那么生成的圆弧一样吗？

6. 起点半径起终角圆弧

此方式通过指定起点、半径和起终角绘制圆弧。

单击“起点 半径 起终角”按钮，打开图 2-49 所示的立即菜单，接着在该立即菜单中分别设置半径值、起始角和终止角，接着指定起点即可完成绘制一段圆弧。例如，设置半径为 30，起始角为 0，终止角为 135，指定起点坐标为“0,0”，最终完成绘制的圆弧如图 2-50 所示。

图 2-49 用于绘制起点半径起终角圆弧的立即菜单

图 2-50 绘制的圆弧

2.1.5 矩形

可以绘制矩形形状的闭合多义线。

单击“矩形”按钮，接着在打开的“矩形”立即菜单中可以按照“两角点”“长度和宽度”两种方式来绘制矩形。下面结合实例对这两种矩形创建方式进行介绍。

【学习实例】使用“两角点”方式绘制矩形

1）单击“矩形”按钮，接着在立即菜单第 1 项中确保选项为“两角点”，在第 2 项中设置“无中心线”，如图 2-51 所示。

2）输入第一角点的坐标为“0,0”并按〈Enter〉键。

3）输入第二角点的坐标为“@200,100”并按〈Enter〉键，从而完成绘制图 2-52 所示的一个矩形（长方形）。

图 2-51 “矩形”立即菜单（1）

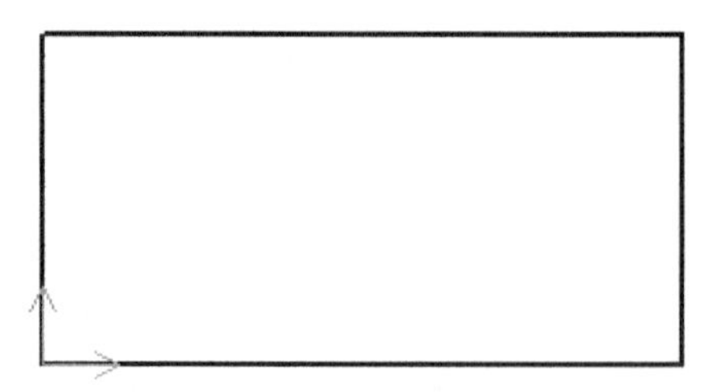

图 2-52 绘制一个矩形

【学习实例】使用“长度和宽度”方式绘制一个矩形

1）单击“矩形”按钮▭，接着在立即菜单中单击“1. 两角点”选项以将该选项切换为“1. 长度和宽度”。

2）在立即菜单第二项中单击打开一个菜单列表，选择“中心定位”选项，如图 2-53 所示。

图 2-53 “矩形”立即菜单（2）

知识点拨 当使用“长度和宽度”方式创建矩形时，可选的定位方式有“中心定位”“顶边中点”“左上角点定位”，它们对应的图例如图 2-54 所示。

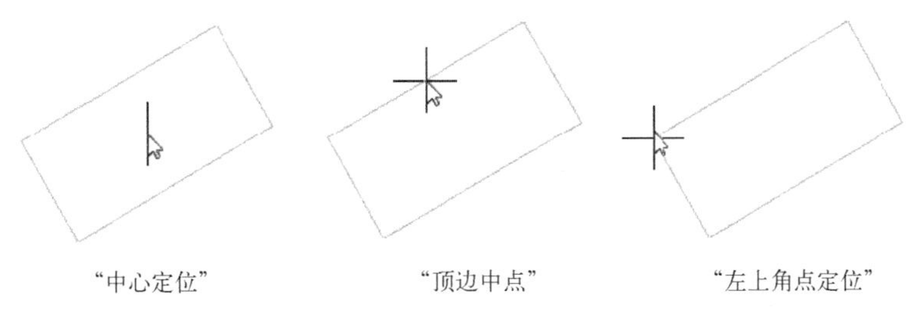

图 2-54 3 个定位方式的矩形图例

3）在立即菜单上分别设置“2. 角度=45”“4. 长度=100”“5. 宽度=100”“6. 无中心线”。

4）使用鼠标指针选择图 2-55 所示的中点作为新矩形定位点，从而完成绘制该矩形，如图 2-56 所示。

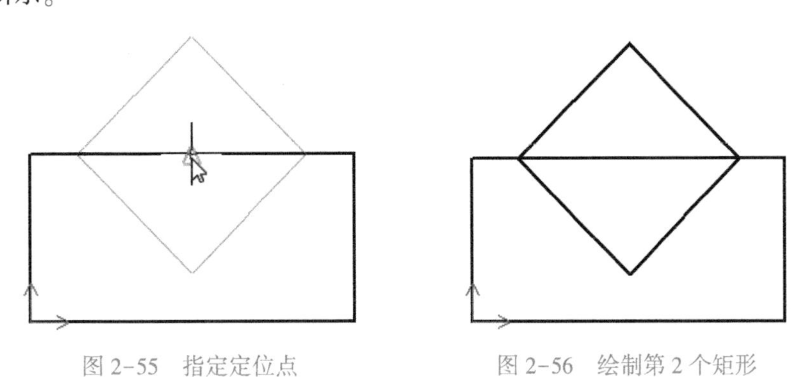

图 2-55 指定定位点　　图 2-56 绘制第 2 个矩形

【学习实例】使用“长度和宽度”方式绘制第 3 个矩形

1）单击“矩形”按钮▭，打开“矩形”立即菜单。

2）在“矩形”立即菜单中设置“1. 长度和宽度”“2. 顶边中点”“3. 角度=45”“4. 长度=200”“5. 宽度=100”“6. 无中心线”。

3）选择图 2-57 所示的中点作为定位点。

完成绘制第 3 个矩形后得到的图形效果如图 2-58 所示。

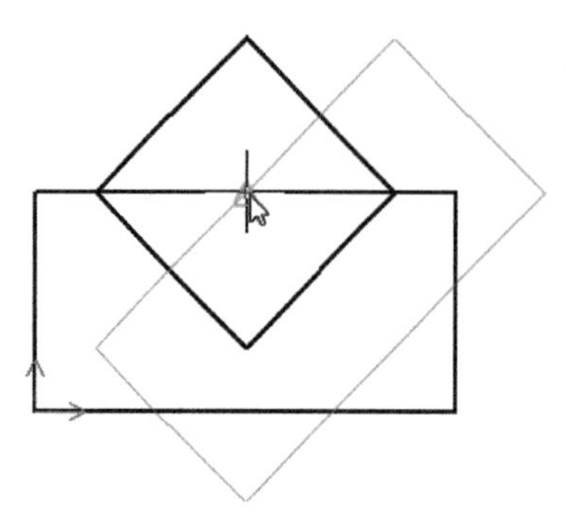

图 2-57　指定定位点

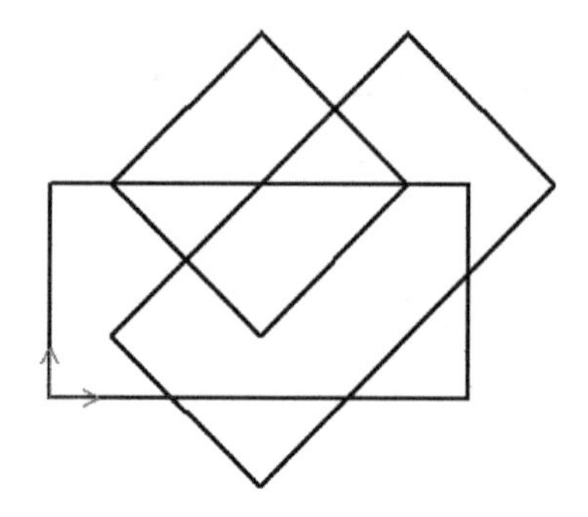

图 2-58　完成绘制第 3 个矩形

2.1.6 多段线

多段线是一种较为特殊的图形对象，它是作为单个对象创建的相互连接的线段序列，可以是直线段、弧线段或两者的组合线段。

要创建多段线，则单击“多段线”按钮，打开图 2-59 所示的“多段线”立即菜单，接着利用该立即菜单的“1.”设置要创建的段是直线段还是圆弧段，单击“2.”框可以设置多段线是否封闭，单击“3.”和“4.”可以分别指定多段线的起始宽度和终止宽度，按照系统指定相应的第一点和第二点便可生成一段直线或一段圆弧，可以连续指定下一点来绘制连续的组合直线段或组合圆弧线段，当然也可以单击“1.”框进行切换以绘制直线和圆弧的组合线段。

1. 直线　2. 不封闭　3.起始宽度 0　4.终止宽度 0

第一点:　PL Pline

图 2-59　“多段线”立即菜单（1）

【学习实例】绘制一个带有宽度变化的多段线

1）单击“多段线”按钮，在打开的“多段线”立即菜单中设定“1. 直线”“2. 不封闭”“3. 起始宽度=5”“4. 终止宽度=5”。

2）通过键盘输入第一点坐标为“30,30”，按〈Enter〉键，再输入下一点相对坐标为“@80,0”并按〈Enter〉键。

3）在“多段线”立即菜单中单击“1. 直线”以切换至“1. 圆弧”选项，其他选项默认使用上一次的设置，即接受“2. 不封闭”“3. 起始宽度=5”“4. 终止宽度=5”，如图 2-60 所示。

1. 圆弧　2. 不封闭　3.起始宽度 5　4.终止宽度 5

下一点:　PL Pline

图 2-60　“多段线”立即菜单（2）

4）通过键盘输入下一点的相对坐标为“@35<90”并按〈Enter〉键。

5）在“多段线”立即菜单中单击“1. 圆弧”以切换至“1. 直线”选项，接着将“3. 起始宽度”设置为“10”，将“4. 终止宽度”设置为“0”。

6）通过键盘输入下一点的相对坐标为“@-35,0”并〈Enter〉键。

7）单击鼠标右键退出命令操作，最终完成创建的多段线如图2-61所示。

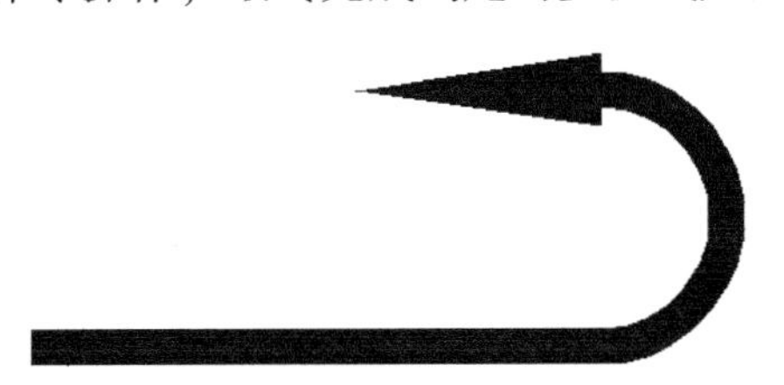

图2-61 最终完成创建的多段线

2.1.7 中心线

可以为选定的一个圆、圆弧或椭圆生成一对相互正交的中心线，也可以为两条相互平行或非平行线（如锥体）创建它们的中心线。

创建中心线的方法步骤如下。

1）单击“中心线”按钮，打开图2-62所示的“中心线”立即菜单。

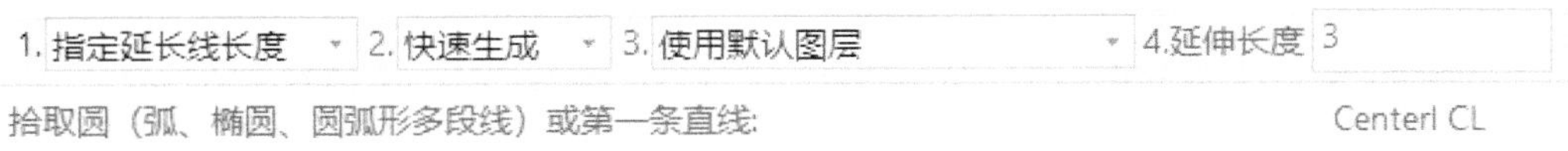

1. 指定延长线长度 2. 快速生成 3. 使用默认图层 4.延伸长度 3

拾取圆（弧、椭圆、圆弧形多段线）或第一条直线: Centerl CL

图2-62 “中心线”立即菜单

2）单击立即菜单中的“1. 指定延长线长度”切换至“1. 自由”，即单击立即菜单第一项的框可以在“指定延长线长度”和“自由”选项之间切换。“指定延长线长度”是指超过轮廓线的长度按照设定的延伸长度显示；“自由”选项用于手动移动鼠标指定超过轮廓线的长度。

当选择“1. 指定延长线长度”选项时，在“2.”中可以在“快速生成”和“批量生成”两个选项之间进行切换，其中“快速生成”指生成一个元素的中心线，而“批量生成”指为框选元素批量生成中心线。此时，在“3.”项中可以选择“使用默认图层”“使用当前图层”或“使用视图属性中指定的图层”，在“4.”项中设置延伸长度（默认延伸长度为3）。

当在立即菜单中指定“1. 自由”时，“2.”提供的是图层选项，即在“2.”项中可选择“使用默认图层”“使用当前图层”或“使用视图属性中指定的图层”。

3）根据提示选择圆弧、圆、椭圆或第一条直线。如果选择的是圆弧、圆或椭圆，则系统在被选定的圆弧、圆或椭圆上画出一对相互正交垂直且超出其轮廓线一定长度的中心线；如果选择的是第一条直线，则需要选择另一条直线，系统在所选的两条直线之间画出一条中心线。单击鼠标右键结束命令。

绘制中心线的示例如图2-63所示。

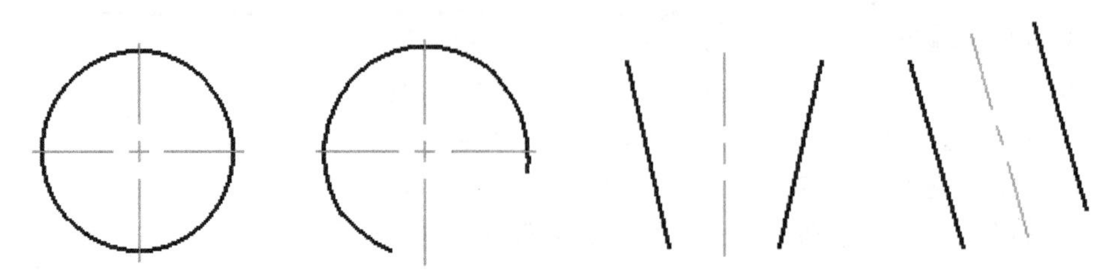

图 2-63　绘制中心线的示例

另外，CAXA CAD 电子图板 2020 还提供了以下两个关于中心线的实用工具。

- “圆心标记”按钮：拾取一个圆、圆弧或椭圆来直接生成一对相互正交的中心线标记。
- “圆形阵列中心线”按钮：为选定的不少于 3 个的圆形创建它们的呈放射状的中心线，如图 2-64 所示。创建过程很简单，单击此按钮后，在立即菜单中选择图层选项以及设定中心线长度后，在图形窗口中分别选择要创建圆形阵列中心线的圆形（不少于 3 个），然后单击鼠标右键即可。

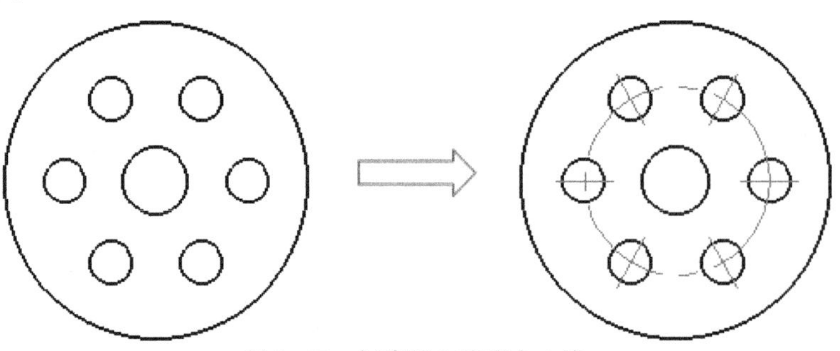

图 2-64　创建圆心阵列中心线

2.1.8 点

既可以绘制孤立的点，也可以绘制曲线上的等分点和等距点。

在功能区“常用”选项卡的“绘图”面板中单击“点”按钮，弹出“点”立即菜单，如图 2-65 所示。单击立即菜单中的“1.”项，可以根据需要选择“孤立点”“等分点”和“等距点”这 3 个方式选项之一。

- 当选择“孤立点”方式选项时，可以通过键盘输入点或使用鼠标拾取所需点，利用工具点菜单还可以捕捉圆心点、端点、中点、交点等特征点来绘制点。
- 当选择“等分点”方式选项时，“点”立即菜单提供的选项如图 2-66 所示，此时输入等分数，接着在绘图区选择要等分的曲线，则绘制出所选曲线的等分点。

图 2-65　“点”立即菜单

图 2-66　选择“等分点”方式选项

- 当选择“等距点”方式选项时，“点”立即菜单变为如图 2-67 所示，此时在“2.”项中可以选择“两点确定弧长”或“指定弧长”。如果采用“2. 两点确定弧长”方式，则在“3. 等分数”框中输入等分数，接着选择要等分的曲线，拾取起始点，以及在圆弧上选取等弧长点（弧长），则可以绘制出曲线的等弧长点；如果采用“指定弧长”方式，那么在“3. 弧长”框中设定每段弧的长度，在“4. 等分数”框中输入等分份数，接着选择要等分的曲线，并选择起始点和等分的方向，从而绘制出曲线的等弧长点。

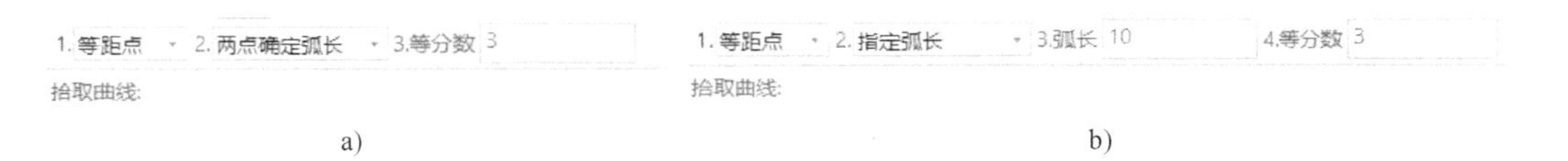

a) b)

图 2-67 选择“等距点”方式选项
a）两点确定弧长 b）指定弧长

有时为了让绘制的点便于辨认，可以修改默认的点样式，其方法步骤是单击“菜单”，接着在“格式”菜单中选择“点”命令，弹出“点样式”对话框，接着选择所需的一种点样式，选择“按屏幕像素设置点的大小（像素）”单选按钮或“按绝对单位设置点的大小（毫米）”单选按钮，并设置相应的点大小参数，如图 2-68 所示。

设置好点样式之后，假设在一个半圆上创建等分点，等分数为 3，完成效果如图 2-69 所示。

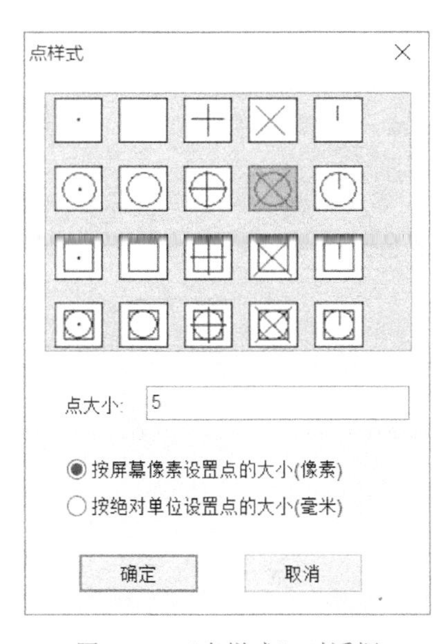

图 2-68 “点样式”对话框

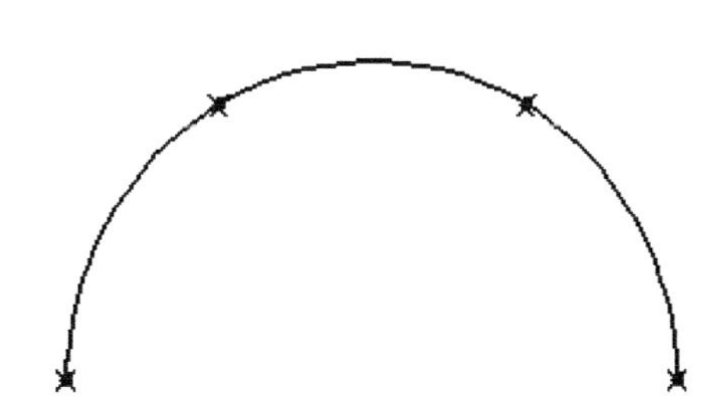

图 2-69 创建等分点的典型示例

2.1.9 填充

填充是一种图形类型，可以对封闭区域的内部进行实心填充。

单击“填充”按钮，弹出图 2-70 所示的“填充”立即菜单，单击“1.”项框可以在“独立”选项和“非独立”选项之间切换，在“2.”框中可以修改允许的间隙公差，接着根据提示拾取环内一点（即使用鼠标拾取要填充的封闭区域内任意一点），单击鼠标右键结束，即可完成填充操作。

1. 独立 2.允许的间隙公差 0.0035
拾取环内一点: Solid

图 2-70 “填充”立即菜单

填充示例如图 2-71 所示，涂黑的部分就是通过“填充”功能来完成的。

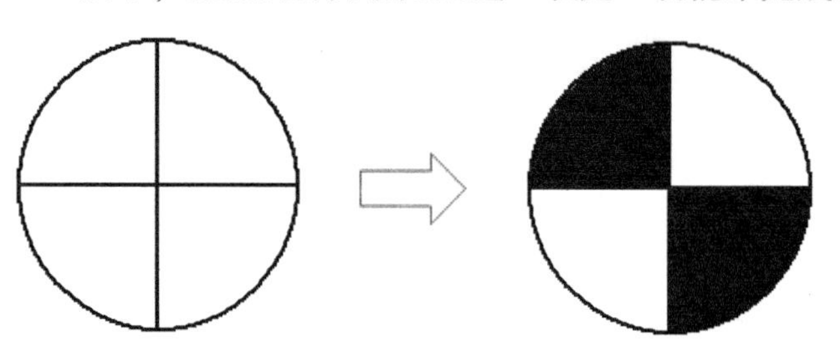

图 2-71 填充示例

2.1.10 剖面线

在工程制图中，剖面线是一种常见的基本图形对象。用户可以使用填充图案对封闭区域或选定对象进行填充以生成剖面线。

生成剖面线的方式有两种，一种是“拾取点”，另一种则是“拾取边界”，这两种方式可以在“剖面线”立即菜单中进行设置。

1. 通过拾取点绘制剖面线

使用此方式将根据拾取点的位置，从右向左搜索最小内环，系统将根据环生成剖面线。

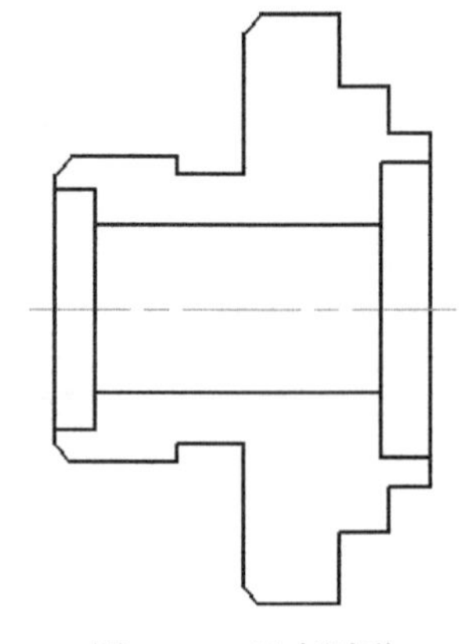

图 2-72 已有图形

【学习实例】拾取点绘制剖面线

1）打开“剖面线课堂实例.exb”练习文件，该文件存在着图 2-72 所示的图形。

2）单击“剖面线”按钮，弹出图 2-73 所示的“剖面线”立即菜单。

3）在“剖面线”立即菜单中单击“1. 拾取边界”以切换至“1. 拾取点”选项，并在“2. 选择剖面图案”中单击以切换至“2. 选择剖面图案”，在“3.”项中设置“非独立”或“独立”选项（本例设置为“非独立”），在“4.”项中设置允许的间隙公差，如图 2-74 所示。

4）拾取环内一点。在本例中，共拾取两个环内一点，以选择两个封闭区域，如图 2-75 所示。

1. 拾取边界 2. 不选择剖面图案 3.比例: 3 4.角度 45 5.间距错开: 0

拾取边界曲线 H BH Hatch

图 2-73 “剖面线”立即菜单（1）

1. 拾取点 2. 选择剖面图案 3. 非独立 4.允许的间隙公差 0.0035

拾取环内一点:

图 2-74 “剖面线”立即菜单

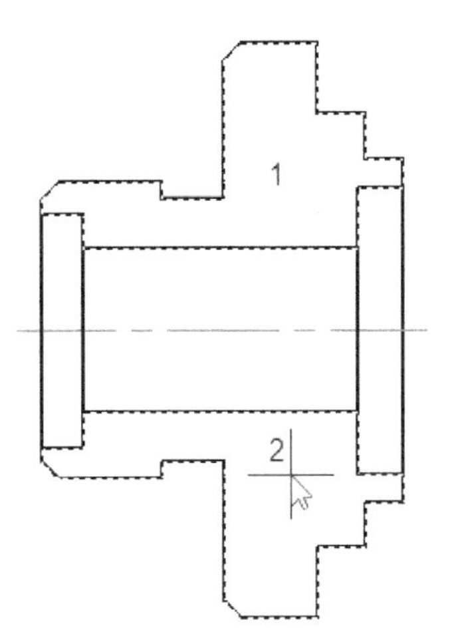

图 2-75 拾取环内一点（共两个环）

5）定义两个封闭区域后单击鼠标右键，系统弹出“剖面图案”对话框，在图案列表中选择“ANSI31”，接着在“设置:”选项组中分别设置比例、旋转角和间距错开等参数，如图 2-76 所示，然后单击“确定”按钮，绘制的剖面线如图 2-77 所示。

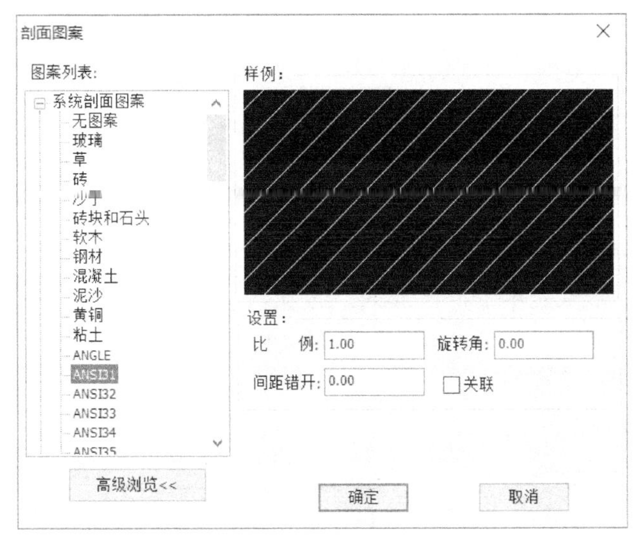

图 2-76 “剖面图案”对话框

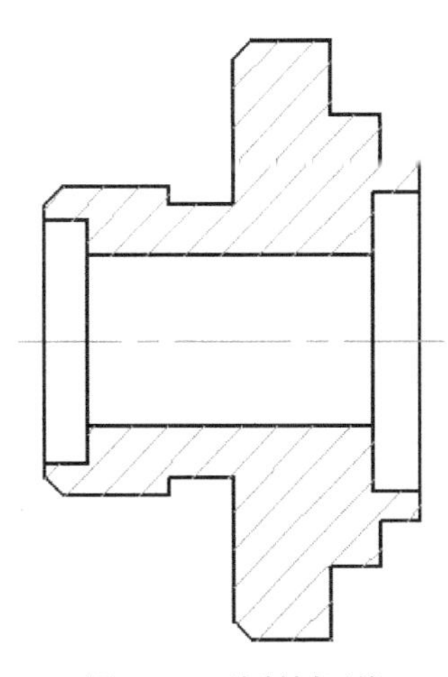

图 2-77 绘制剖面线

知识点拨 在绘制剖面线的过程中，在立即菜单中的“2.”中可以设置是否选择剖面图案，如果设置选中“不选择剖面图案”选项则按默认剖面图案来生成；如果选中“选择剖面图案”选项，则进行拾取环内点或封闭边界并确认后系统弹出“剖面图案”对话框，由用户指定剖面图案，并设置剖面线的比例、旋转角、间距错开等参数。

对于拾取环内点，系统是先从拾取点开始，从右向左搜索最小封闭环，请看以下一个实例。假设一个矩形内部有个圆，如果用户在矩形内的拾取点在 a 处，则系统从 a 点向左搜索到最小封闭环是矩形，且 a 点在环内，因此剖面线在矩形内绘制；如果用户在矩形内的拾取点在 b 处，则系统从 b 点向左搜索到的最小封闭环为圆，但是 b 点在圆环外，故不能根据圆绘制剖面线，而系统继续向左搜索，搜索到的封闭环是矩形，而 b 点也在这个矩形封闭环内，因而要根据该矩形绘制剖面线，如图 2-78 所示。

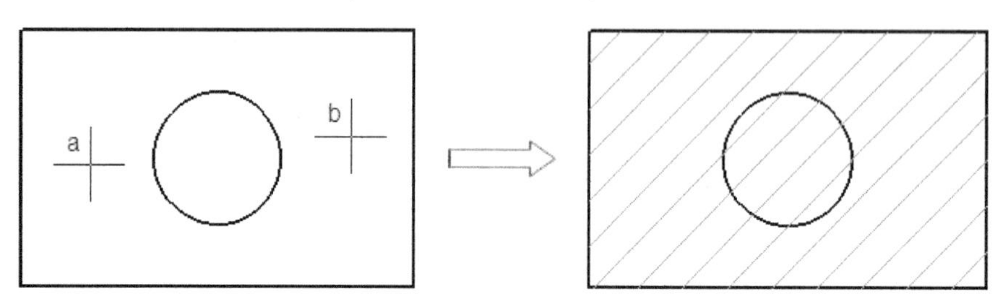

图 2-78　拾取点绘制剖面线的示例（1）

还有一些有多个拾取点的典型情形需要了解，拾取点位置不同，绘制出的剖面线也不同。在图 2-79 所示的左图中，先拾取点 1，再拾取点 2，则绘制出带孔的剖面；在右图中，分别拾取点 3、点 4 和点 5 来绘制复杂的剖面。

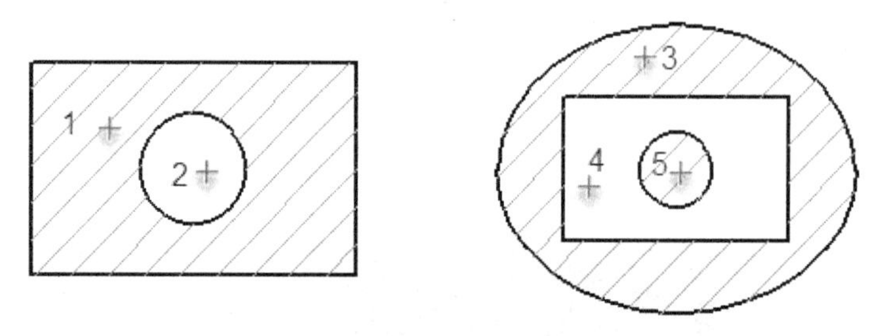

图 2-79　拾取点绘制剖面线的示例（2）

2. 通过拾取边界绘制剖面线

通过拾取边界绘制剖面线的方法步骤是单击“剖面线”按钮，接着在“剖面线”立即菜单的“1.”中选择“拾取边界”方式，确定剖面图案和参数，接着使用鼠标拾取构成封闭环的若干条曲线（所拾取的曲线能形成互不相交或重合的封闭的环），右击确认后便完成绘制一组剖面线。典型示例如图 2-80 所示。

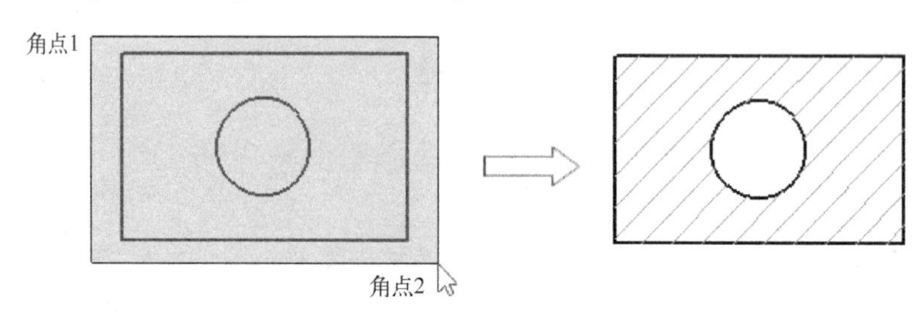

图 2-80　框选拾取曲线边界来绘制剖面线

2.2 高级曲线

高级曲线主要包括样条曲线、椭圆、正多边形、公式曲线、圆弧拟合曲线、波浪线、双折线、云线、箭头、局部放大图、齿轮齿形、孔/轴。

2.2.1 样条曲线

可以通过或接近一系列给定点来生成平滑曲线，这就是样条曲线，如图 2-81 所示。

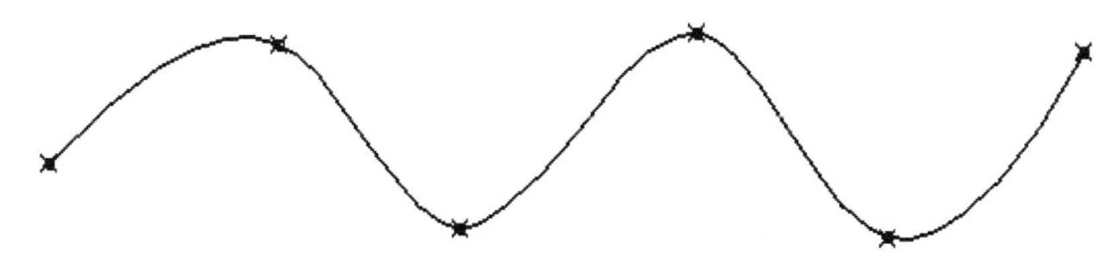

图 2-81 绘制样条曲线

单击“样条曲线”按钮，弹出图 2-82 所示的“样条曲线”立即菜单，接着在立即菜单“1.”中选择“直接作图”或“从文件读入”。当选择“直接作图”选项时，将按提示使用鼠标选择或通过键盘输入一系列点来绘制一条光滑的样条曲线，该样条曲线可以是开曲线也可以是闭合曲线；当选择“从文件读入”选项时，系统弹出“打开样条数据文件”对话框，从该对话框选择据文件后单击“打开”按钮，则系统根据文件中的数据将样条曲线绘制出来。

1. 直接作图
2. 缺省切矢
3. 开曲线
4.拟合公差 0
输入点:
SPL Spline

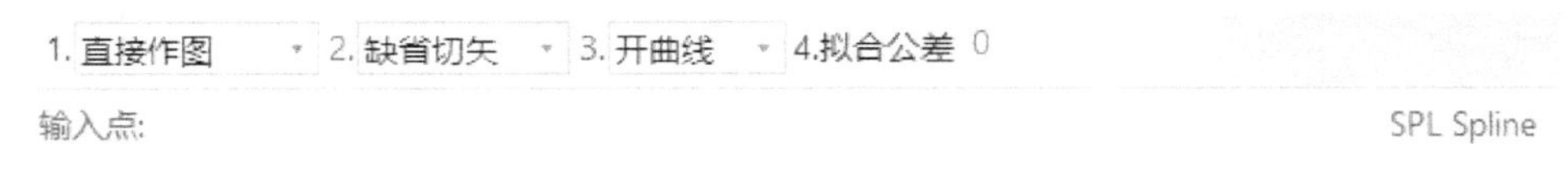

图 2-82 “样条曲线”立即菜单

2.2.2 椭圆

要绘制椭圆或椭圆弧，单击“椭圆”按钮，则打开图 2-83 所示的“椭圆”立即菜单，在立即菜单的“1.”项中可以选择“给定长短轴”“轴上两点”“中心点_起点”三选项之一。

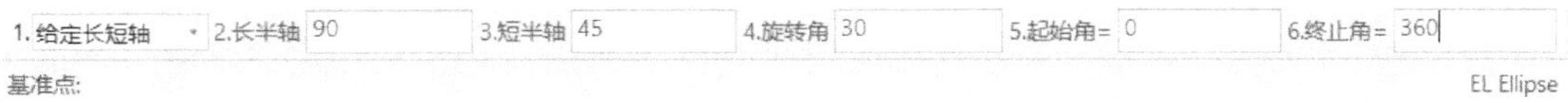

1.给定长短轴
2.长半轴 90
3.短半轴 45
4.旋转角 30
5.起始角= 0
6.终止角= 360
基准点:
EL Ellipse

图 2-83 “椭圆”立即菜单

1. 给定长短轴

以一个椭圆实例进行介绍，要求以原点（0，0）作为椭圆基准点，绘制一个长半轴为 90，短半轴为 45 的整个椭圆，椭圆的倾斜角度为 30°。

单击“椭圆”按钮后，在立即菜单中设置“1. 给定长短轴”“2. 长半轴=90”“3. 短半轴=45”“4. 旋转角=30”“5. 起始角=0”“6. 终止角=360”，接着通过键盘输入基准点为“0,0”，按〈Enter〉键，即可完成绘制图2-84所示的椭圆。

如果在本例中，将终止角设置为290，那么最后绘制的是图2-85所示的椭圆弧。

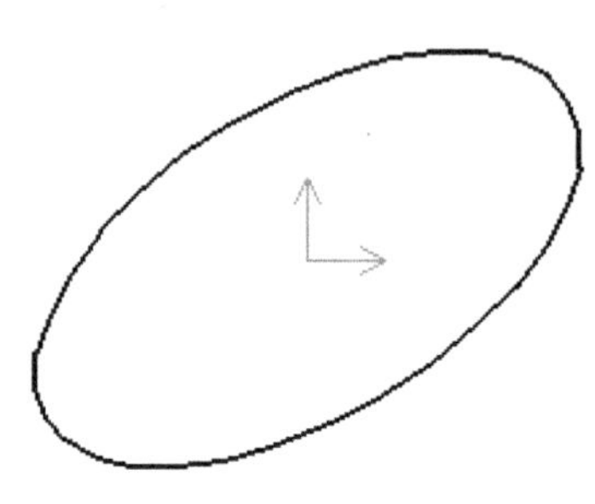

图2-84　绘制椭圆

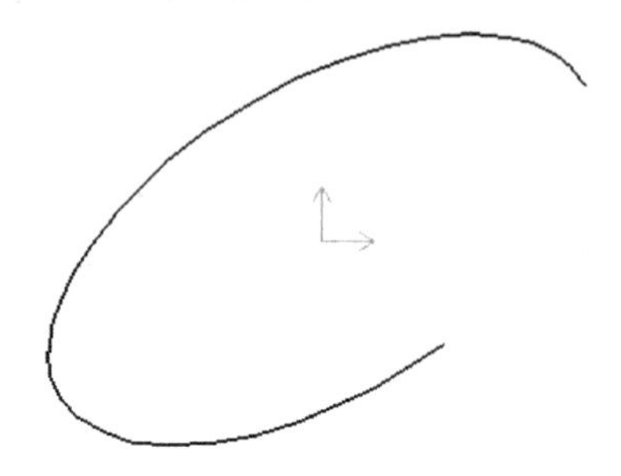

图2-85　绘制椭圆弧

2. 轴上两点

当在“椭圆”立即菜单的“1.”项中选择“轴上两点”时，接着根据系统提示输入一个轴的两个端点，再输入另一个轴的长度（也可以拖动鼠标指针来决定椭圆的形状），即可完成绘制一个椭圆。

3. 中心点_起点

当在“椭圆”立即菜单的“1.”项中选择“中心点_起点”，则接着根据系统提示输入椭圆的中心点和一个轴的端点（即起点），再输入另一个轴的长度（也可以拖动鼠标指针来决定椭圆的形状），从而完成绘制一个椭圆。

2.2.3 正多边形

可以通过多种方式快速绘制多边形，例如在给定点处绘制一个给定半径和边数的正多边形，所生成的正多边形具有多段线的属性。

正多边形可以采用中心定位，也可以采用底边定位。

1. 中心定位

单击“正多边形”按钮，打开“正多边形”立即菜单，接着在“正多边形”立即菜单的“1.”框中选择“中心定位”，此时单击立即菜单“2.”，可选择“给定半径”方式或“给定边长”方式。

若选择“2. 给定半径”方式，则单击立即菜单“3.”，可以在“外切于圆”与“内接于圆”之间切换，接下来是指定边数、旋转角度，以及设置是否有中心线，如图2-86所示，然后指定中心点，再指定圆上点或内切圆半径/外接圆半径，从而完成绘制一个正多边形。

1. 中心定位　2. 给定半径　3. 外切于圆　4.边数 6　5.旋转角 180　6. 无中心线

中心点:　　Polygon POL

图2-86　“正多边形”立即菜单（1）

若选择“2. 给定边长”方式，则接着设定边数、旋转角度，以及设置是否有中心线，如图 2-87 所示，然后指定中心点，再输入圆上点或边长，即可完成绘制一个正多边形。

1. 中心定位　2. 给定边长　3.边数 6　4.旋转角 180　5. 无中心线
中心点:　　Polygon POL

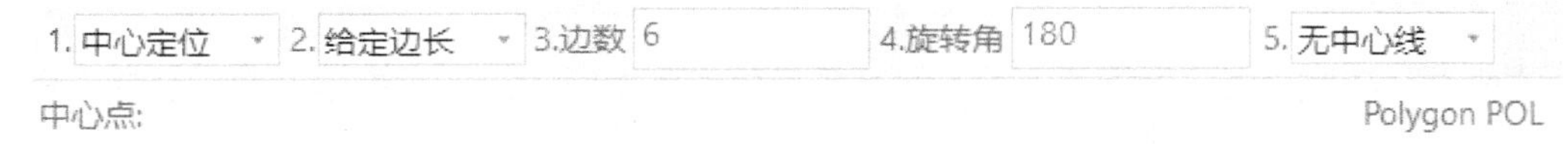

图 2-87 “正多边形”立即菜单（2）

2. 底边定位

在立即菜单中单击“1. 中心定位”以切换至“1. 底边定位”选项，接着分别设置“2. 边数”“3. 旋转角”，以及设置是否有中心线（有中心线的话，需要设置中心线延伸长度），如图 2-88 所示，然后根据命令提示指定第一点，再指定第二点或边长，确认后即可完成绘制一个正多边形。

1. 底边定位　2.边数 6　3.旋转角 0　4. 有中心线　5.中心线延伸长度 3
第一点:　　Polygon POL

图 2-88 “正多边形”立即菜单（3）

【课堂练习】绘制两个正六边形

1）单击“正多边形”按钮，打开“正多边形”立即菜单，接着在立即菜单中设置“1. 中心定位”“2. 给定半径”“3. 内接于圆”“4. 边数=6”“5. 旋转角=0”“6. 有中心线”“7. 中心线延伸长度=3”，然后通过键盘输入中心点坐标为“100,100”并按〈Enter〉键，再在“圆上点或外接圆半径:”提示下输入“52.5”（半径），按〈Enter〉键确认后绘制第一个正六边形，如图 2-89 所示。

2）单击鼠标右键以快速执行上一个命令，即执行“正多边形”命令，在其立即菜单中设置“1. 底边定位”“2. 边数=6”“3. 旋转角=120”“4. 无中心线”，接着根据“第一点:”命令提示在绘图区选择第一个正六边形的最右侧顶点（点 1），接着在“第二点或边长:”提示下选择第一个正六边形右上顶点（点 2），从而完成绘制第二个正六边形，如图 2-90 所示。

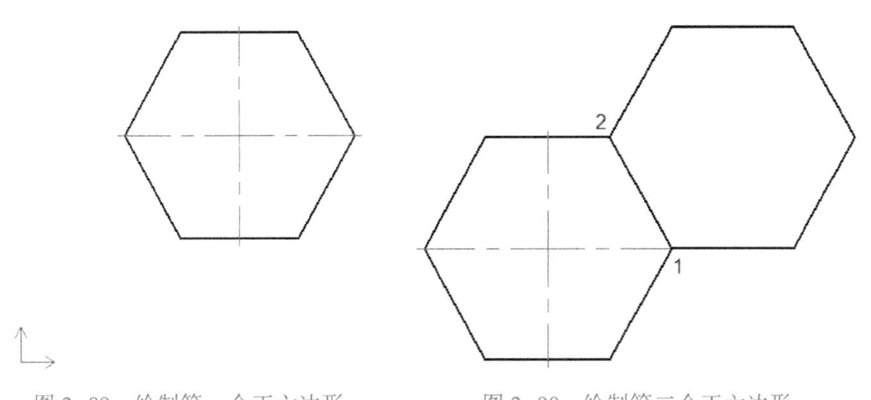

图 2-89 绘制第一个正六边形　　图 2-90 绘制第二个正六边形

2.2.4 公式曲线

可以根据数学公式或参数表达式快速地画出相应的数学曲线，这就是所谓的公式曲线。“公式曲线”功能为用户提供了一种方便且精确的作图手段，用户只要输入数学公式，给定参数，CAXA CAD电子图板系统便会自动地画出该公式所代表的曲线。

【举例】绘制一条渐开线曲线

单击“公式曲线”按钮，系统弹出“公式曲线”对话框，在系统公式列表中选择渐开线公式，并在对话框右部设置区域进行相关设置，包括选择“直角坐标系”单选按钮还是“极坐标系”单选按钮，填写需要给定的各项参数（参变量、起始值、终止值），设置单位，输入公式名、公式、精度控等，单击“预显”按钮可以在对话框的预览框中看到设定的曲线，如图2-91所示。

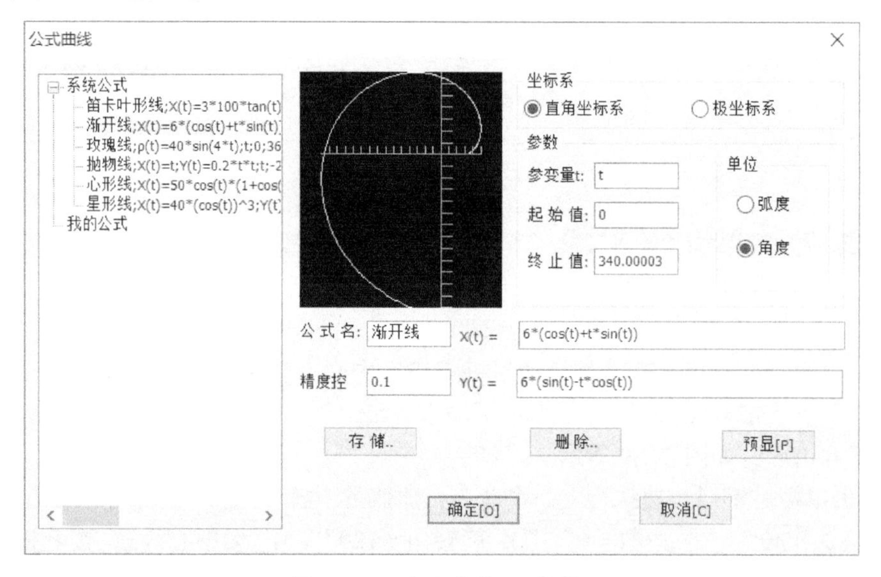

图2-91 “公式曲线”对话框

在“公式曲线”对话框中设定好曲线后，单击“确定”按钮，接着根据提示输入定位点，确认后便绘制好一条公式曲线，如图2-92所示。

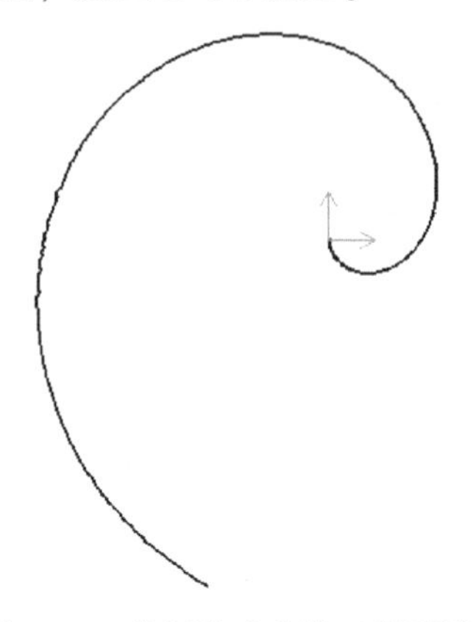

图2-92 绘制公式曲线（渐开线）

2.2.5 圆弧拟合曲线

使用“圆弧拟合曲线”按钮，可以用多段圆弧拟合已有样条曲线，可以设定拟合精度。

单击“圆弧拟合曲线”按钮，弹出图 2-93 所示的“圆弧拟合曲线”立即菜单。单击立即菜单“1.”，可以在“光滑连续”和“不光滑连续”之间切换；单击立即菜单“2.”，可以在“删除原曲线”和“保留原曲线”之间切换；接受或修改默认的拟合误差和最大拟合半径。在该立即菜单上设置好所需的选项和参数后，在图形窗口中选择需要拟合的样条线即可完成用多段圆弧拟合选定的样条曲线。

1.光滑连续 2.删除原曲线 3.拟合误差 0.05 4.最大拟合半径 9999

请拾取需要拟合的样条线: Nhs

图 2-93 “圆弧拟合曲线”立即菜单

通常该工具命令配合查询功能使用，使加工代码编程更方便实用。要查询拟合圆弧的属性，那么可以先框选全部拟合圆弧对象，接着单击“菜单”按钮，选择“工具”|“查询”|“元素属性”命令，则系统弹出一个记事本窗口来显示各拟合圆弧的属性信息。

2.2.6 波浪线

可以按照给定的方式参数生成波浪线，波峰高度影响波浪线各曲线段的曲率和方向。

要绘制一条波浪线，则可以单击“波浪线”按钮，接着在“波浪线”立即菜单上单击“1. 波峰”项框，输入波峰的数值，以及单击“2. 波浪线段数”项框，输入波浪线段数以确定波浪线一次性生成的段数，然后根据操作提示信息连续指定几个点来生成一条波浪线，系统在每两个点之间至少绘制一个波峰和一个波谷，如图 2-94 所示，最后右击即可结束命令。

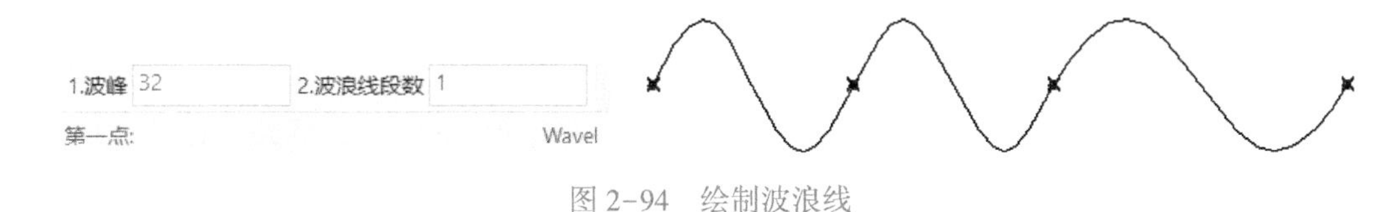

图 2-94 绘制波浪线

2.2.7 双折线

在遇到图幅限制导致有些图形无法按照比例绘制出来的时候，可以使用双折线来表示。

要绘制双折线，则可以单击“双折线”按钮，打开“双折线”立即菜单，在该立即菜单“1.”中可以选择“折点个数”或“折点距离”。当选择“折点个数”时，在立即菜单“2. 个数”中输入折点的个数值，在“3. 峰值”中输入双折线高度，如图 2-95 所示。接着在操作提示下拾取直线，或分别指定第一点和第二点，以生成给定折点个数的双折线。当选择“折点距离”时，在立即菜单中“2. 长度”中输入距离值，在“3. 峰值”中输入双折线高度，如图 2-96 所示。接着在操作提示下拾取直线，或分别拾取第一点和第二点，从而生成给定折点距离的双折线。

1. 折点个数 2.个数= 2 3.峰值 1.75
拾取直线或第一点: Condup

图 2-95 “双折线”立即菜单（1）

1. 折点距离 2.长度= 10 3.峰值 1.75
拾取直线或第一点: Condup

图 2-96 “双折线”立即菜单（2）

【举例】创建双折线的典型示例如图 2-97 所示。

图 2-97 创建双折线的典型实例

2.2.8 云线

云线是由指定最小圆弧和最大圆弧组合而形成的类似于“云朵”形状的图线，如图 2-98 所示。

图 2-98 云线示例

要绘制云线，可以单击“云线”按钮，并在打开的“云线”立即菜单中分别设置最小弧长和最大弧长参数，接着在图形窗口中指定起点后通过拖动光标来快速生成云线。

2.2.9 箭头

在工程制图中，有时需要单独绘制实心箭头，可以在选定的直线、圆弧、样条或某一点处，按指定的正方向或反方向绘制一个实心箭头。

要绘制实心箭头，可以按照以下的方法步骤来进行。

1）单击“箭头”按钮，打开“箭头”立即菜单。

2）在“箭头”立即菜单的“1.”中单击，可以在“正向”和“反向”两个选项之间进行切换；在“2. 箭头大小”框中可以设置箭头的大小。

3）按照操作提示要求使用鼠标拾取直线、圆弧、样条曲线，此时若稍微移动鼠标可以看到出现一个绿色的箭头，随着鼠标光标的移动该绿色箭头将在所选直线、圆弧或样条曲线上滑动，待选好方向位置后单击鼠标左键，即可完成绘制该箭头。拾取直线、样条、圆弧线绘制箭头的典型示例如图 2-99 所示。对于直线，当箭头指向与 X 正半轴的夹角大于等于 0°、小于 180°时为正向，大于等于 180°小于 360°时为反向；对于样条，逆时针方向为箭头的正方向，顺时针方向为箭头的反方向；对于圆弧，逆时针方向为箭头的正方向，顺时针方向为箭头的反方向。

图 2-99　拾取直线、样条、圆弧线绘制箭头

如果按照操作提示只是选择某一个点，那么还需要选择第二点以像画两点线一样绘制带箭头的直线，只是要注意箭头由第一点指向第二点还是由第二点指向第一点。当选择“正向”时，箭头由第一点指向第二点；当选择“反向”时，箭头由第二点指向第一点，如图 2-100 所示。

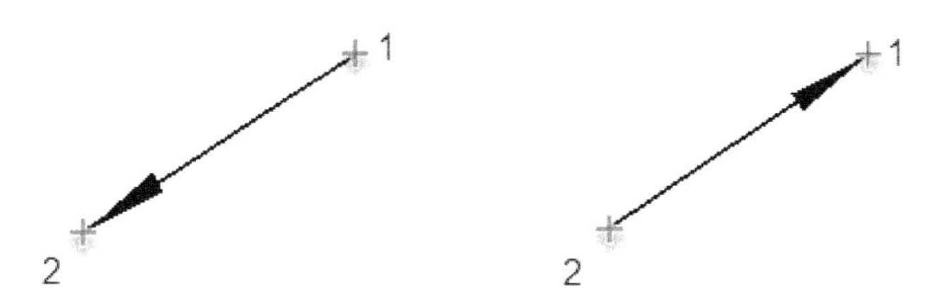

图 2-100　由两点绘制带箭头的直线

2.2.10 局部放大图

可以根据给定参数来生成对局部图形进行放大的视图，对放大后的视图进行标注尺寸数值与原图形保持一致。

【学习实例】创建局部放大图

局部放大图的边界形状有圆形边界和矩形边界之分。在本实例中会分别介绍这两种边界形状。

1. 创建具有圆形边界的局部放大图

1）打开“创建局部放大图 .exb”文档，该文档中已存在的轴零件视图如图 2-101 所示。

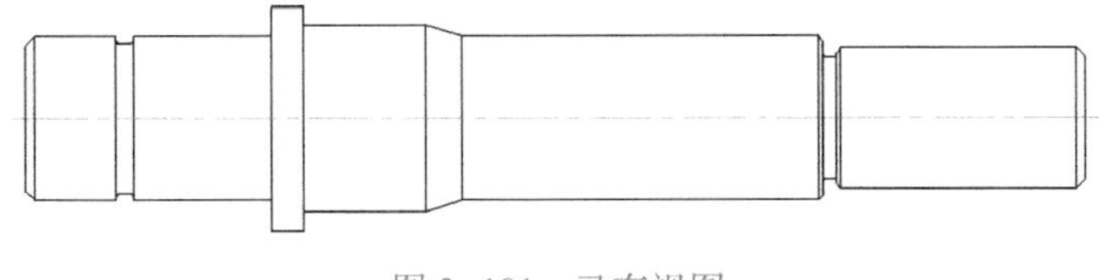

图 2-101　已有视图

2）在功能区“常用”选项卡的“绘图”面板上单击“局部放大图”按钮，打开“局部放大图”立即菜单。

3）在“局部放大图”立即菜单中设置“1. 圆形边界”“2. 加引线”“3. 放大倍数 = 3”“4. 符号 = Ⅰ”“5. 保持剖面线图样比例”，如图 2-102 所示。

4）按状态栏提示指定局部放大图形中心点，如图 2-103 所示，接着输入半径或圆上一点确定局部放大边界（本例是拖动鼠标光标指定圆上一点以确定局部放大边界，如图 2-104 所示）。

1. 圆形边界 2. 加引线 3.放大倍数 3 4.符号 I 5. 保持剖面线图样比例
中心点: Enlarge

图 2-102 “局部放大图”立即菜单

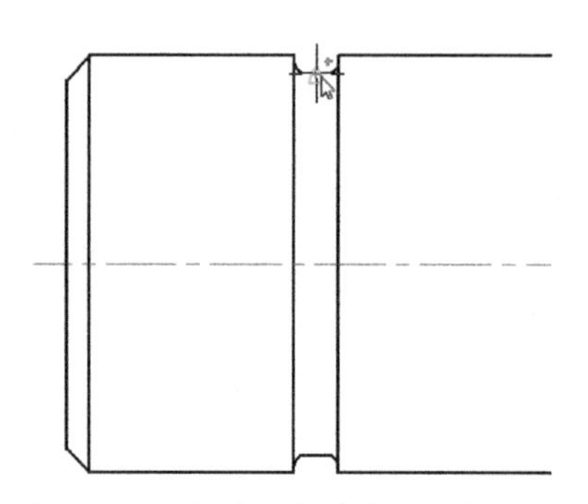

图 2-103 指定局部放大图形中心点

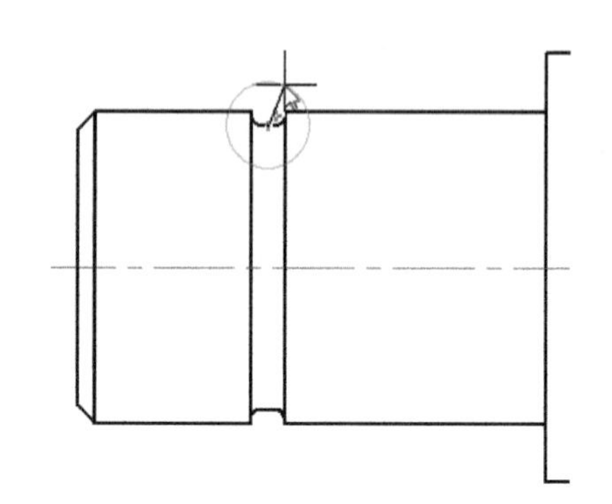

图 2-104 指定圆上一点确定局部放大边界

5）指定符号插入点，如图 2-105 所示。

6）在“实体插入点:”提示下在主视图上方合适位置处单击一点，接着在“输入角度或由屏幕上确定：<-360,360>”提示下输入“0”并按〈Enter〉键，生成局部放大图形，然后在“符号插入点:”提示下移动光标在屏幕上合适位置指定符号文字插入点以生成符号文字，如图 2-106 所示。

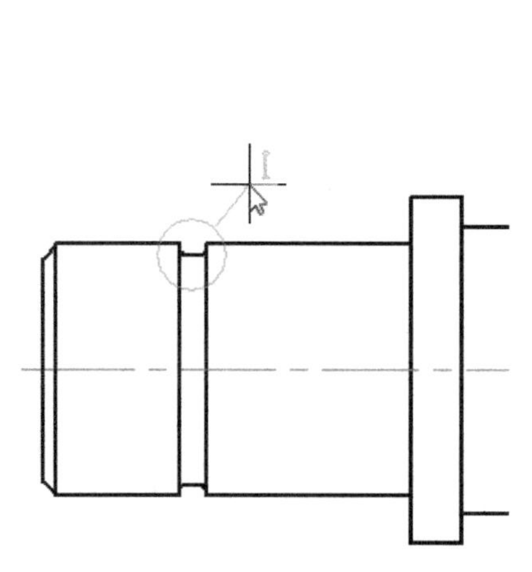

图 2-105 指定符号插入点

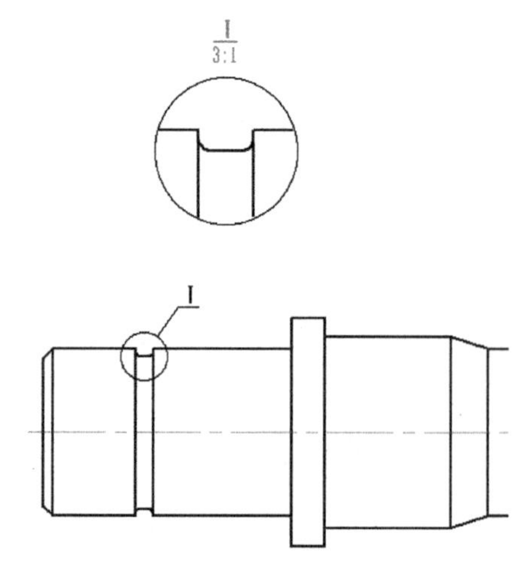

图 2-106 指定实体插入点、角度和符号插入点

2. 创建具有矩形边界的局部放大图

1）在功能区“常用”选项卡的“绘图”面板上单击“局部放大图”按钮，打开“局部放大图”立即菜单。

2）在“局部放大图”立即菜单中单击“1. 圆形边界”以切换至“1. 矩形边界”选项，接着分别设置“2. 边框可见”“3. 加引线”“4. 放大倍数 = 3”“5. 符号 = Ⅱ”“6. 保持剖面线图样比例”，如图 2-107 所示。

1.矩形边界 2.边框可见 3.加引线 4.放大倍数 3 5.符号 Ⅱ 6.保持剖面线图样比例

第一角点: Enlarge

图 2-107　在立即菜单上进行相关设置

3）依据提示指定局部放大图矩形两个角点，如图 2-108 所示。

4）指定符号插入点，如图 2-109 所示。

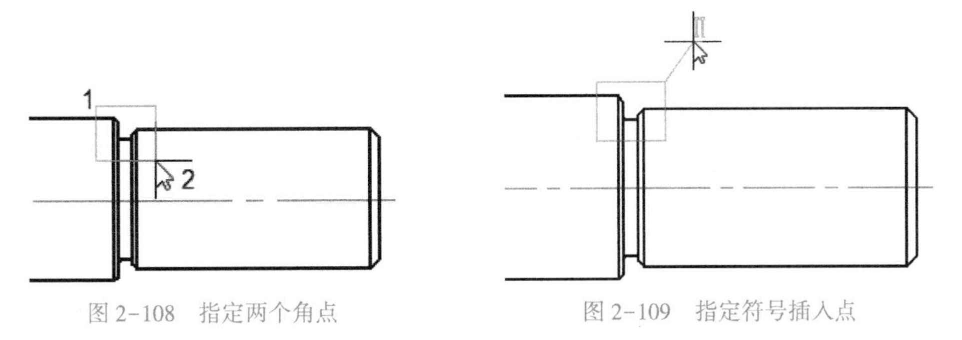

图 2-108　指定两个角点　　图 2-109　指定符号插入点

5）在“实体插入点:”提示下在主视图上方的合适位置处单击一点，接着在“输入角度或由屏幕上确定：<-360,360>”提示下输入“0”并按〈Enter〉键以生成带有矩形边框的局部放大图形，然后在“符号插入点:”提示下移动光标在合适位置处指定符号文字插入点以生成符号文字，如图 2-110 所示。

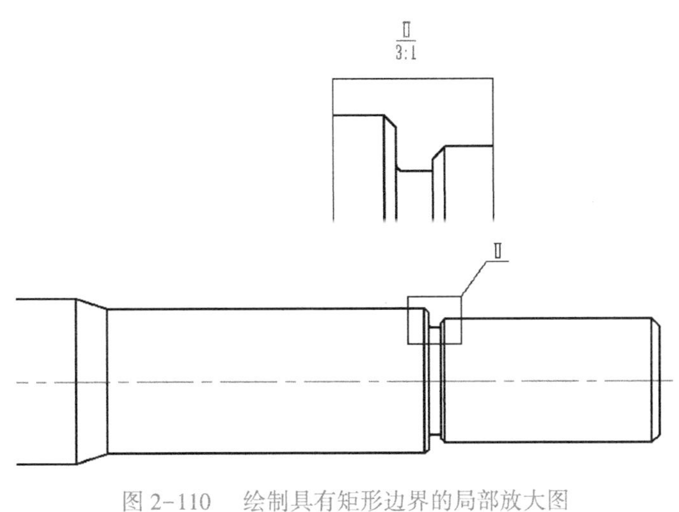

图 2-110　绘制具有矩形边界的局部放大图

2.2.11 齿轮齿形

在 CAXA CAD 电子图板中可以按给定参数生成齿轮，既可以生成整个齿轮，也可以生成给定个数的齿形。注意能生成的齿轮要求模数需要大于 0.1 且小于 50，齿数大于等于 5 且小于 1000。

要调用“齿轮齿形”功能，可以单击“齿轮齿形”按钮，弹出图 2-111 所示的“渐开线齿轮齿形参数”对话框，从中设置尺寸的基本参数（包括齿数、模数、压力角、变位系数）和齿顶高系数、齿顶隙系数等，单击“下一步”按钮。

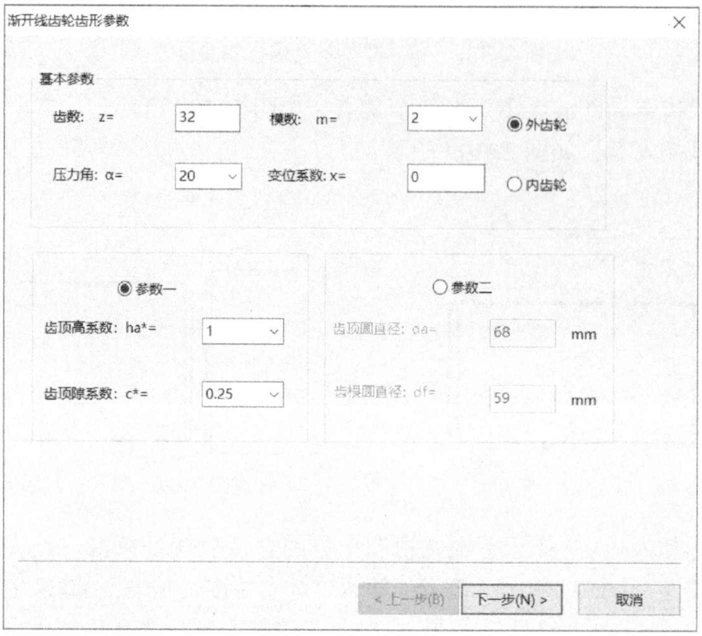

渐开线齿轮齿形参数
基本参数
齿数：z= 32　模数：m= 2　外齿轮
压力角：α= 20　变位系数：x= 0　内齿轮
参数一　参数二
齿顶高系数：ha*= 1　齿顶圆直径：da= 68 mm
齿顶隙系数：c*= 0.25　齿根圆直径：df= 59 mm
< 上一步(B)　下一步(N) >　取消

图 2-111 “渐开线齿轮齿形参数”对话框

系统弹出图2-112所示的“渐开线齿轮齿形预显”对话框，在该对话框中设置齿顶过渡圆角半径、齿根过渡圆角半径、有效齿数、有效齿起始角、精度等，输入完参数后可单击“预显”按钮以观察要生成的一个、多个或全部齿形，然后单击“确定”按钮。

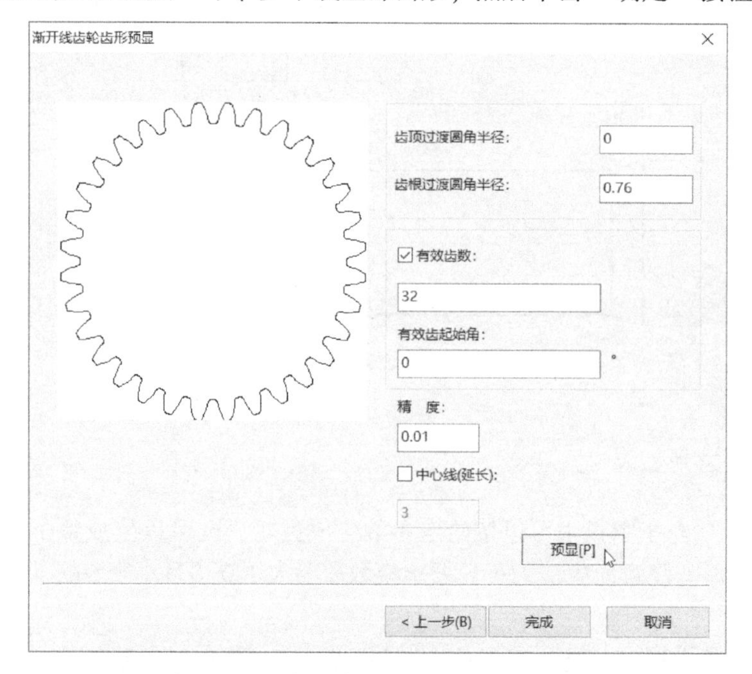

图 2-112 “渐开线齿轮齿形预显”对话框

在“齿轮定位点:”提示下指定齿轮的定位点，即可完成齿轮齿形绘制。

2.2.12 孔/轴

使用“孔/轴”功能在给定位置绘制带有中心线的轴和孔是非常方便的。在绘制轴、孔的过程中，在其立即菜单中可以设置相应的起始直径、终止直径、是否带有中心线等。轴与孔的绘制操作方法是相同的，不同之处在于在画孔时省略两端的端面线。

【学习实例1】绘制轴轮廓

1）单击“孔/轴”按钮，打开“孔/轴”立即菜单。

2）在“孔/轴”立即菜单上设置“1. 轴”“2. 直接给出角度”“3. 中心线角度=0”，如图2-113所示。

图2-113 在“孔/轴”立即菜单上进行设置

知识点拨 选择立即菜单中的“2. 直接给出角度”，则需要在“3. 中心线角度”中设定一个角度值以确定待画轴/孔的倾斜角度，该角度的范围为(-360,360)。如果在立即菜单中的“2. 直接给出角度”框内单击则可以切换至“2. 两点确定角度”选项。

3）指定一个插入点，例如通过键盘输入“-50,50”按〈Enter〉键，此时立即菜单提供新的选项，如图2-114所示。

图2-114 “轴/孔”立即菜单

4）在立即菜单的“2. 起始直径”中输入“30”，“3. 终止直径”也默认为30，在“4.”中选择“有中心线”，设置“5. 中心线延伸长度”为3，在图形窗口中将鼠标光标移至插入点的右侧区域，通过键盘输入轴的长度为“50”，按〈Enter〉键确认。

5）在立即菜单中将新的起始直径和终止直径均设置为“50”，通过键盘输入轴上一点为“@15<0”并按〈Enter〉键。

6）在立即菜单中将新的起始直径设置为“40”，将终止直径设置为“30”，通过键盘输入轴上一点为“@52,0”并按〈Enter〉键。

7）单击鼠标右键结束命令，完成绘制图2-115所示的轴图形。

【学习实例2】绘制孔图形

1）单击“孔/轴”按钮，打开“孔/轴”立即菜单。

2）在“孔/轴”立即菜单单击“1. 轴”以切换至“1. 孔”选项，接着在“2. 直接给出角度”中单击以切换至“2. 两点确定角度”选项，如图2-116所示。

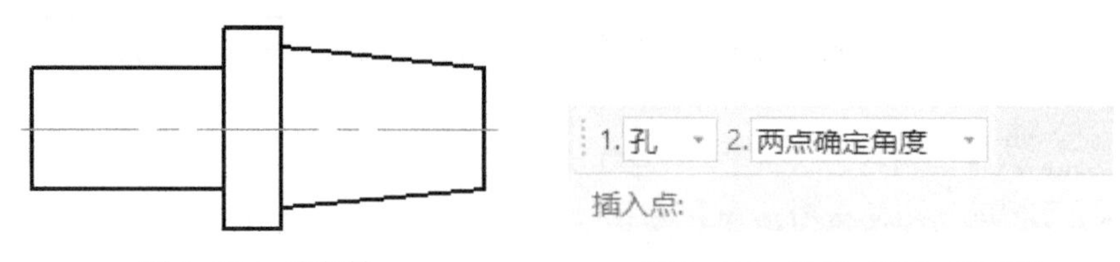

图 2-115　绘制轴　　　　图 2-116　选择“孔”选项等

3）在图形窗口中选择图 2-117 所示的中点作为孔的插入点。

4）在立即菜单中设置“2. 起始直径=12”“3. 终止直径=12”“4. 无中心线”，如图 2-118 所示。

图 2-117　指定插入点　　　　图 2-118　设置孔参数

5）输入“@ 39<180”，按〈Enter〉键。

6）按〈Enter〉键退出命令，完成的孔如图 2-119 所示。

接下来，可以使用直线将孔的底部端面轮廓线连接起来，再绘制样条线和剖面线，注意相应图层的设置，最终完成的图形如图 2-120 所示。

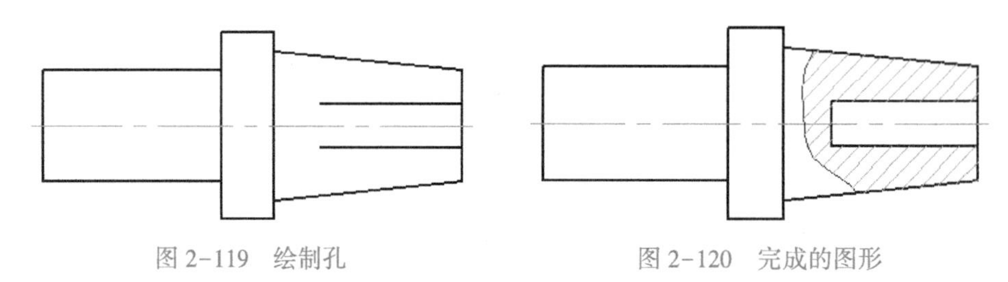

图 2-119　绘制孔　　　　图 2-120　完成的图形

2.3　曲线综合绘制实例

为了更好地学习、复习本章所学的曲线创建方法以及掌握一些常用的操作技巧，本节特意介绍一个曲线综合绘制实例。本实例要完成的图形如图 2-121 所示。

本实例具体的操作步骤如下。

步骤 1：新建一个 EXB 图形文档。

启动 CAXA CAD 电子图档 2020 后，在“快速访问”工具栏中单击“新建文档”按钮，弹出“新建”对话框，确保当前标准为“GB”，选择“BLANK”模板，单击“确定”按钮。

步骤 2：绘制一个圆。

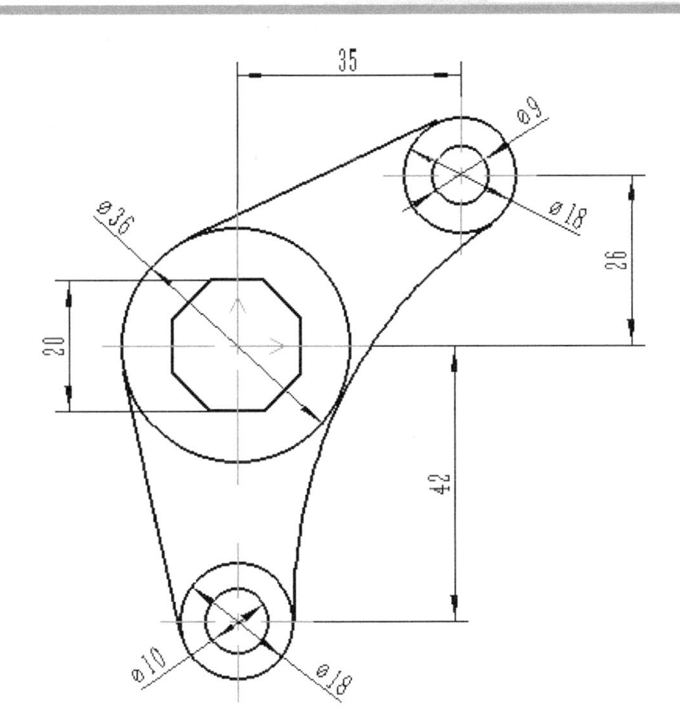

图 2-121 实例要完成的图形

1）确保将“粗实线层”设置为当前图层。

2）在功能区“常用”选项卡中单击“圆心半径圆”按钮，打开一个立即菜单。

3）在立即菜单中设置“1. 半径”“2. 无中心线”。

4）输入圆心点绝对坐标为“0，0”，按〈Enter〉键确认。

5）输入半径为“18”，按〈Enter〉键。

6）单击鼠标右键，退出命令操作。完成绘制图 2-122 所示的一个圆。

步骤3：继续绘制若干圆。

1）单击鼠标右键，重复上一个命令，这里重复的是“圆心半径圆”命令。

2）输入圆心点相对坐标为“@ 35,26”，按〈Enter〉键，接着输入半径为“9”并按〈Enter〉键，从而绘制一个半径为 9 的圆，如图 2-123 所示。

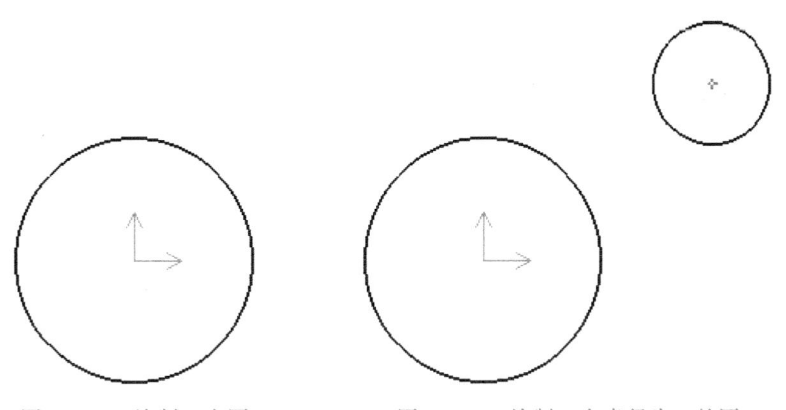
图 2-122 绘制一个圆　　图 2-123 绘制一个半径为 9 的圆

3）输入新圆的半径为“4.5”并按〈Enter〉键，再单击鼠标右键结束命令操作，完成创建的圆如图2-124所示。

4）再次单击鼠标右键以重复上一个圆命令，在其立即菜单中设置“1. 直径”“2. 无中心线”，输入圆心点的绝对坐标为“0，-42”并按〈Enter〉键，输入圆直径为“18”，按〈Enter〉键，从而绘制一个直径为18的圆，在输入圆直径为“10”，按〈Enter〉键，以绘制一个直径为10的同心圆，单击鼠标右键结束命令操作，此时图形如图2-125所示。

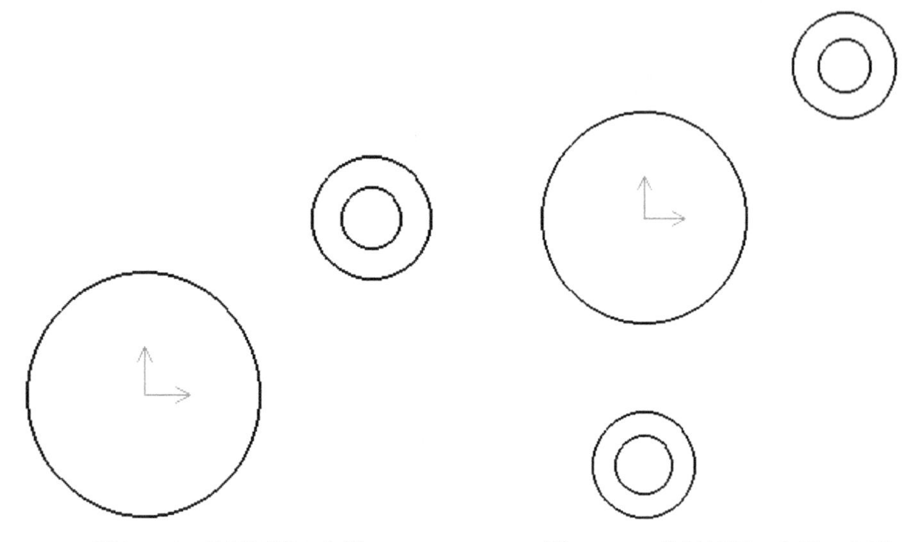

图2-124　绘制好第3个圆　　　　图2-125　绘制好第4和第5个圆

步骤4：绘制一个正八边形。

1）在功能区“常用”选项卡的“绘图”面板中单击“正多边形”按钮，打开“正多边形”立即菜单。

2）在“正多边形”立即菜单中设置“1. 中心定位”“2. 给定半径”“3. 外接于圆”“4. 边数=8”“5. 旋转角=0”“6. 无中心线”。

3）输入中心点为“0，0”，按〈Enter〉键。

4）输入内切圆半径为“10”，按〈Enter〉键。

完成绘制一个正八边形，如图2-126所示。

步骤5：绘制两条相切直线。

1）在功能区“常用”选项卡的“绘图”面板中单击“直线”按钮，接着在打开的“直线”立即菜单中设置“1. 两点线”和“2. 单根”。

2）按空格键弹出工具点菜单，选择“切点”选项，在大圆上选择一个延递切点，如图2-127所示。

3）状态栏出现“第二点：”提示信息，按空格键弹出工具点菜单，从中选择“切点”选项，在图2-128所示的圆上指定另一个延递切点，从而绘制图2-129所示的相切直线。

4）此时状态栏出现“第一点：”提示信息，按空格键弹出工具点菜单，选择“切点”选项，在图2-130所示的圆上选定一个延递切点。

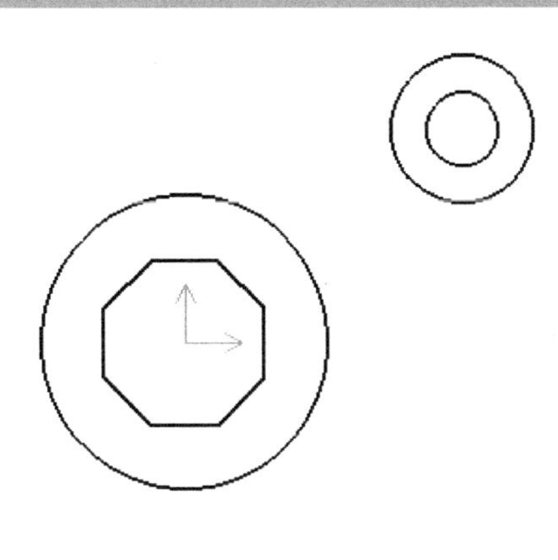
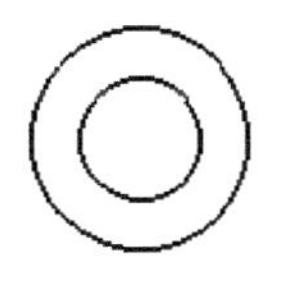

图 2-126 正八边形

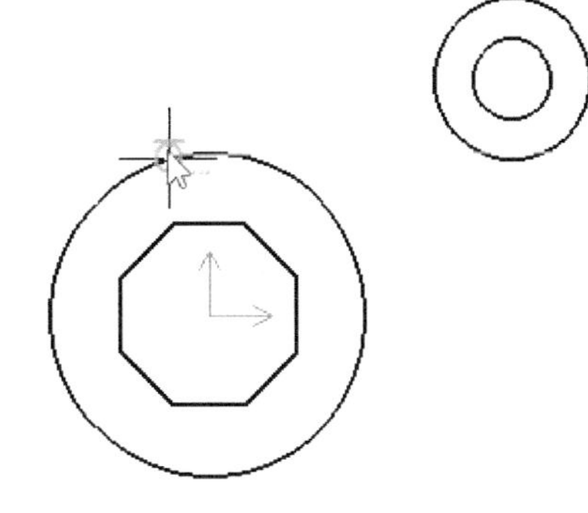
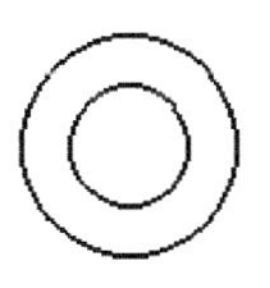

图 2-127 选择一个切点

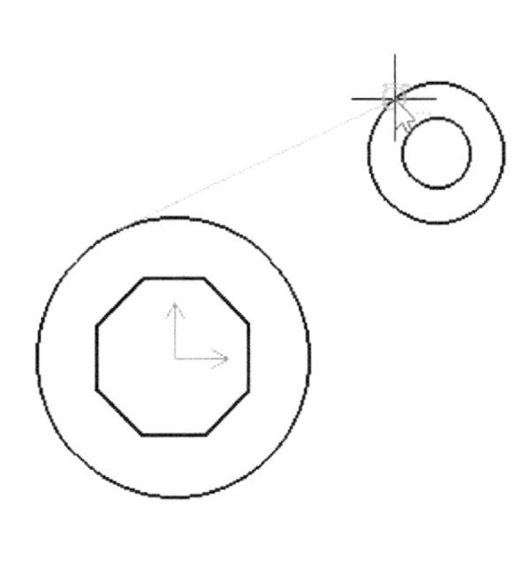

图 2-128 指定另一个延递切点

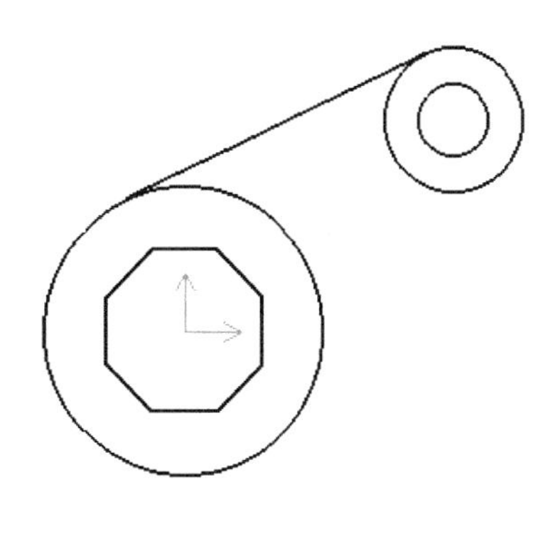
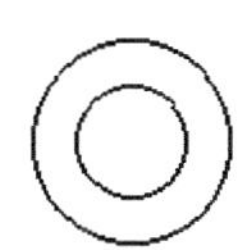

图 2-129 绘制相切直线

5）状态栏出现“第二点:”提示信息，按空格键弹出工具点菜单，选择“切点”选项，接着在图 2-131 所示的圆上选择另一个延递切点。

6）单击鼠标右键退出直线命令。

步骤 6：创建相切圆弧。

1）在功能区“常用”选项卡的“绘图”面板中单击“圆弧”按钮，弹出“圆弧”立即菜单，接着在“圆弧”立即菜单的“1.”框中选择“三点圆弧”。

2）状态栏提示“第一点:”，按空格键弹出工具点菜单，选择“切点”选项，选择图 2-132 所示的一个圆。

3）状态栏提示“第二点:”，按空格键弹出工具点菜单，选择“切点”选项，选择图 2-133 所示的一个圆。

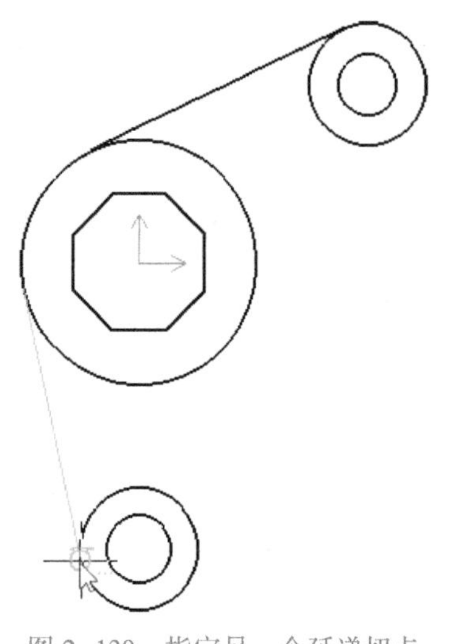

图 2-130　指定另一个延递切点

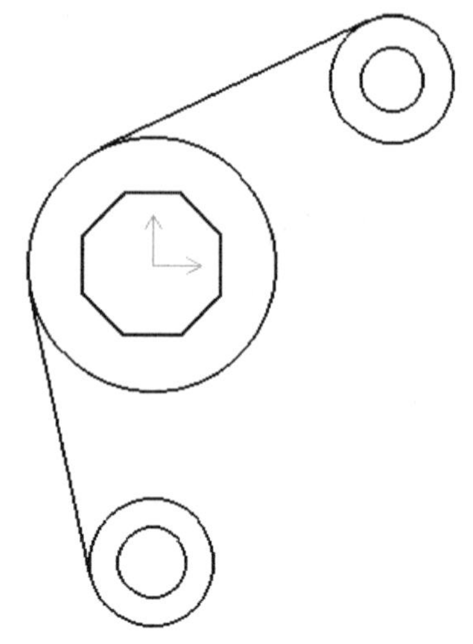

图 2-131　绘制两条相切直线

4）状态栏提示“第三点:”，按空格键弹出工具点菜单，选择“切点”选项，选择图 2-134 所示的一个圆。

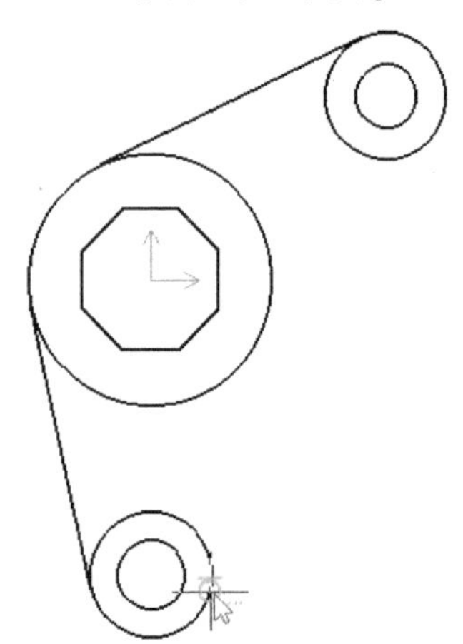

图 2-132　指定第一个切点

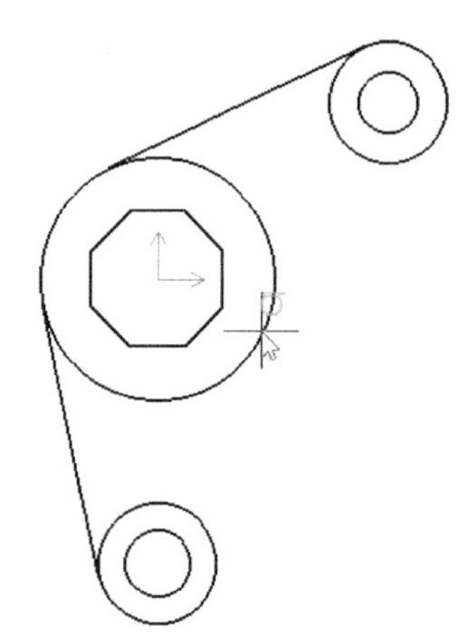

图 2-133　指定第二个切点

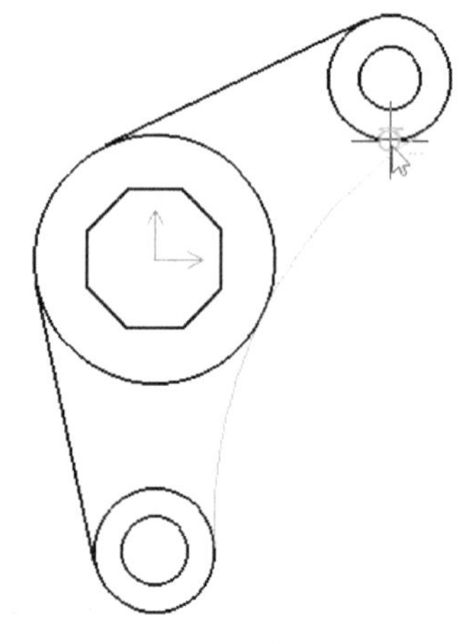

图 2-134　指定第三个切点

完成创建的相切圆弧如图 2-135 所示。

步骤 7：为圆生成相应的中心线。

1）在功能区“常用”选项卡的“绘图”面板中单击“中心线”按钮，打开“中心线”立即菜单。

2）在“中心线”立即菜单中设置“1. 指定延长线长度”“2. 快速生成”“3. 使用默认图层”“4. 延伸长度=3”。

3）在图形窗口中分别拾取 3 个外圆来生成它们的中心线，如图 2-136 所示。

4）按键盘上的〈Esc〉键退出“中心线”命令。

步骤 8：保存文件。

在“快速访问”工具栏中单击“保存”按钮，弹出“另存文件”对话框，指定要保存到的文件夹目录，设定保存类型和文件名，单击“保存”按钮。

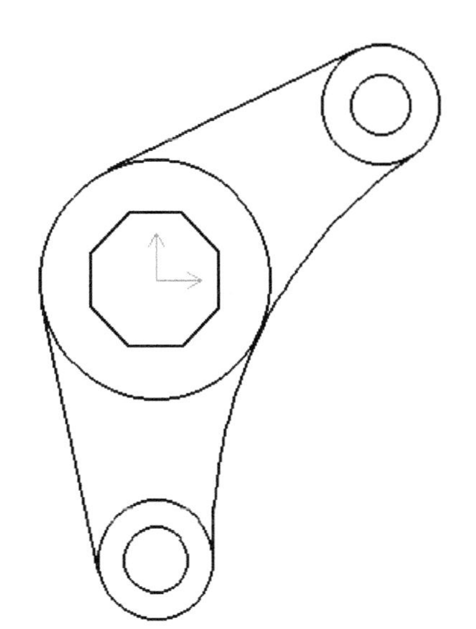

图 2-135 绘制圆弧

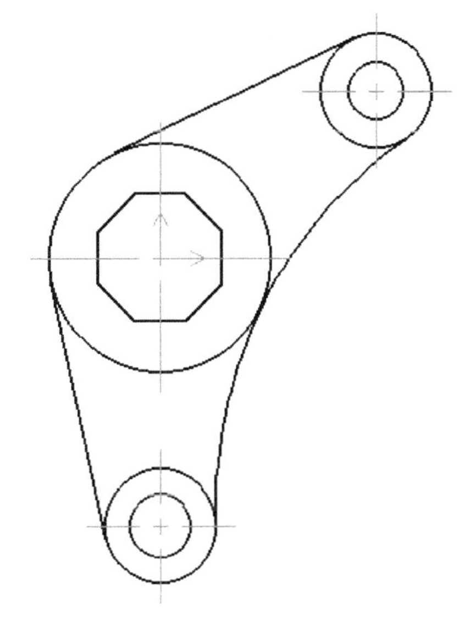

图 2-136 生成中心线

2.4 练习加油站

1）绘制直线的方式有哪几种?
2）什么是多段线? 如何绘制多段线?
3）如何获得所需的中心线? 有几种方法?
4）什么是剖面线? 如何绘制剖面线?
5）在工程制图中，一般在什么情况下绘制波浪线?
6）什么是局部放大图? 如何绘制局部放大图?
7）上机练习：按照图 2-137 提供的尺寸进行图形绘制。

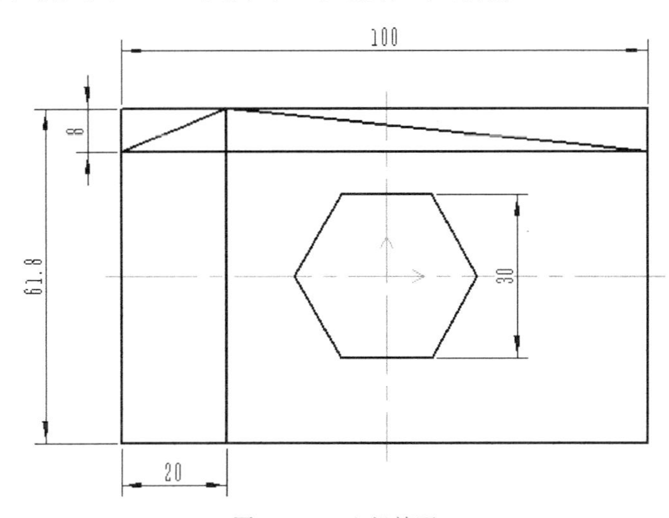

图 2-137 上机练习 A

8）上机练习：绘制图 2-138 所示的图形。

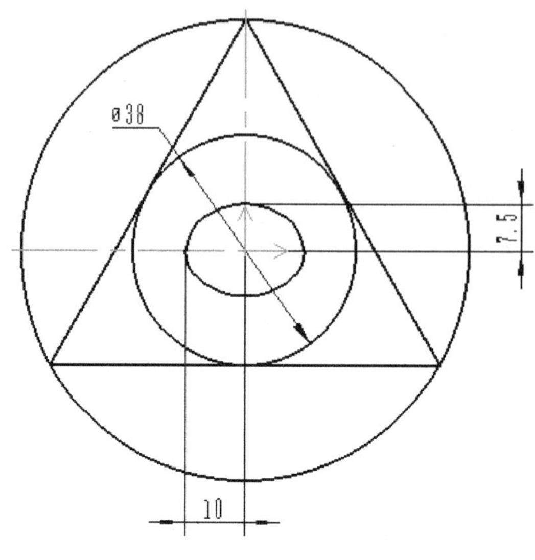

图 2-138　上机练习 B

9）上机练习：请自行绘制一个轴图形，在该轴图形中还绘制孔图形，并设计有剖面线，然后对其中一个细节创建局部放大图。

第 3 章　图形编辑与修改

内容提要：

基本曲线与高级曲线绘制好后，很多时候还需要对它们进行编辑修改以获得满足设计要求的图形。本节重点介绍图形编辑与修改的实用知识，包括基本编辑（撤销与恢复，剪切、复制、粘贴与选择性粘贴，插入对象，删除、删除所有与删除重线）、图形编辑（夹点编辑、平移、平移复制、旋转、镜像、比例缩放、阵列、裁剪、延伸/齐边、过渡、打断、拉伸、分解）和属性编辑等。

3.1　初识编辑修改的工具命令

CAXA CAD 电子图板 2020 提供了丰富而灵活的编辑修改工具命令，这些工具命令主要位于功能区“常用”选项卡的“修改”面板和“剪切板”面板中，如图 3-1 所示。其中，在“修改”面板中提供的修改工具有“平移”按钮、“平移复制”按钮、“等距线”按钮、“裁剪”按钮、“延伸”按钮、“拉伸”按钮、“阵列”按钮、“镜像”按钮、“旋转”按钮、“打断”按钮、“缩放”按钮、“分解”按钮、“删除”按钮、“删除所有”按钮、“删除重线”按钮、“过渡”按钮、“圆角”按钮、“多圆角”按钮、“倒角”按钮、“多倒角”按钮、“外倒角”按钮、“内倒角”按钮、“尖角”按钮、“编辑剖面线”按钮、“编辑多段线”按钮、“编辑样条曲线”按钮；而在“剪切板”面板中则提供了“复制”按钮、“带基点复制”按钮、“剪切”按钮、“粘贴”按钮、“粘贴为块”按钮、“选择性粘贴”按钮、“粘贴到原坐标”按钮、“特性匹配”按钮。注意个别工具按钮，需要在面板上单击“▾”三角形符号展开一个下拉列表才能找到它。

单击“菜单”按钮打开菜单列表，接着利用“编辑”菜单可以进行一些基本编辑操作。“编辑”菜单提供的主要命令有“撤销”“恢复”“选择所有”“剪切”“复制”“带基点复制”“粘贴”“粘贴为块”“选择性粘贴”“粘贴到原坐标”“插入对象”“链接”“删除”和“删除所有”等。一些编辑命令对应着“剪切板”面板上的工具按钮。

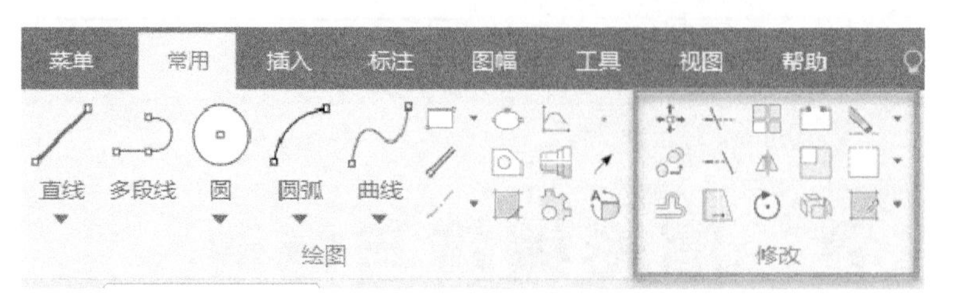

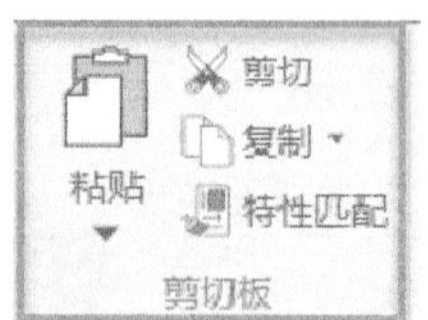

图 3-1　主要的编辑修改工具命令出处

下面将深入浅出地介绍常用编辑修改工具命令的应用知识。根据用途来划分，可以将本章主要内容分为基本编辑、图形编辑和属性编辑。基本编辑是指一些常用的编辑功能，例如撤销操作、恢复操作、复制、剪切和粘贴等；图形编辑是对各种图形对象进行平移、旋转、裁剪、缩放、镜像和阵列等操作；属性编辑则是对各种图形对象进行图层、颜色、线型等属性的修改操作。

对于一些图形编辑工具命令，既可以先执行编辑命令再选择对象进行相应操作，也可以先选择对象再执行编辑命令来进行相应操作，为了描述的简洁，本书在介绍相关编辑工具命令的应用时，往往只介绍其中一种操作流程。

3.2　基本编辑

本节介绍的基本编辑包括撤销与恢复，剪切、复制、粘贴与选择性粘贴，插入对象，选择所有，删除、删除所有和删除重线。

3.2.1 撤销与恢复

在进行工程制图时，撤销操作和恢复操作是经常要用到的操作，主要用于将当前图纸的内容快速地切换到编辑过程中的某一个状态。撤销操作和恢复操作实际上是相互关联的一对命令，一“回”一“来”，切换自如。撤销操作和恢复操作只对在电子图板中绘制的图形对象有效，而对 OLE 对象的修改无效（即不能对 OLE 对象的修改进行撤销和恢复操作）。

1. 撤销操作

“撤销”命令用于取消最近一次发生的编辑动作，其对应的工具为“撤销”按钮(可以在快速启动工具栏中找到此按钮)，对应的英文命令为“UNDO”，快捷键为〈Ctrl+Z〉。如果绘制了错误的图形，或者错误地删除了某个图形，那么使用“撤销”命令即可快速地取消先前的错误操作，可以进行多次撤销操作以回退到多次操作之前的状态。

在快速启动工具栏的“撤销”按钮右侧可以打开一个下拉列表，如图 3-2 所示，该下拉列表记录着当前全部可以撤销的操作步骤。在该下拉列表中可以选择需要的操作步骤以一步撤销到需要的地方，而不用反复执行“撤销”命令。

2. 恢复操作

“恢复”命令用于取消最近一次的撤销操作。恢复操作是撤销操作的逆过程，注意只有存在了撤销操作，“恢复”命令才有效可用。其对应工具为“恢复”按钮，对应的英文命

令为“REDO”，快捷键为〈Ctrl+Y〉。

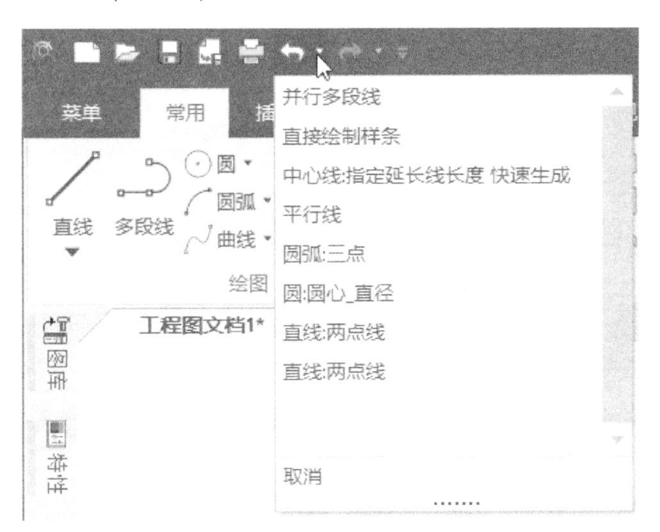

图 3-2 打开“撤销”下拉列表

在快速启动工具栏的“恢复”按钮右侧也有一个下拉列表，上面记录着全部可以恢复的操作步骤，可以一步恢复多个撤销操作。在没有可恢复操作的状态下，“恢复”按钮及其下拉列表均不可用。

3.2.2 剪切、复制、粘贴与选择性粘贴

“剪切”（快捷键为〈Ctrl+X〉）操作是指从图形中删除选定对象并将它们存储到剪贴板中，以供图形粘贴时使用，而“复制”〈Ctrl+C〉是将选定的图形存储到剪贴板中以供图形粘贴时使用。“剪切”和“复制”的差异在于“复制”不删除选中的图形，而“剪切”则相当于删除选中的图形对象并将它们存储到剪贴板上。

执行“剪切”和“复制”操作后，“粘贴”命令可用。“粘贴”命令（对应的快捷键为〈Ctrl+V〉）用于将剪贴板中的内容粘贴到指定位置。当剪切板中的内容是在电子图板中选择的图形对象时，粘贴到电子图板时同样是电子图板的图形对象；当复制内容来自 Windows 其他程序时，拾取的内容将以 OLE 对象的方式存在。

“选择性粘贴”用于选择不同的粘贴方式来进行操作。例如，单击“选择性粘贴”按钮，弹出图 3-3 所示的“选择性粘贴”对话框，接着可以选择“粘贴”单选按钮，并从列表中选择具体的粘贴方式，例如选择“图片（图元文件）”，然后单击“确定”按钮，并指定插入位置即可。

知识点拨 还可以将含有基点信息的对象复制到剪贴板中以供图形粘贴时使用，这就需要用到“带基点复制”功能命令。单击“菜单”按钮，从“编辑”菜单中选择“带基点复制”命令（对应的快捷键为〈Ctrl+Shift+C〉），接着在绘图区域选择需要复制的对象并为其拾取基点，则选定对象及其基点信息即被保存到剪贴板中。以后在粘贴操作时就可以应用到该基点来放置和编辑图形了。

选择性粘贴

来源: D:\桦意智创\自2019起的图书备份\CAXA电子图板2020\按钮

作为(A):

粘贴(P)

粘贴链接(L)

Microsoft Word 文档
未格式化文本
图片(图元文件)

确定

取消

显示为图标(D)

结果

将剪贴板内容作为 一张图片 插入你的文档。

图 3-3 “选择性粘贴”对话框

3.2.3 插入对象

可以从支持 OLE 的其他应用程序向图形中输入信息，其方法是单击“菜单”按钮，从“编辑”菜单中选择“插入对象”命令，弹出图 3-4 所示的“插入对象”对话框，默认选择“新建”单选按钮，表示以创建新对象的方式插入对象，在“对象类型”列表框中选择所需的一个 OLE 对象类型，然后单击“确定”按钮，系统将弹出相应的对象编辑窗口对插入对象进行编辑。

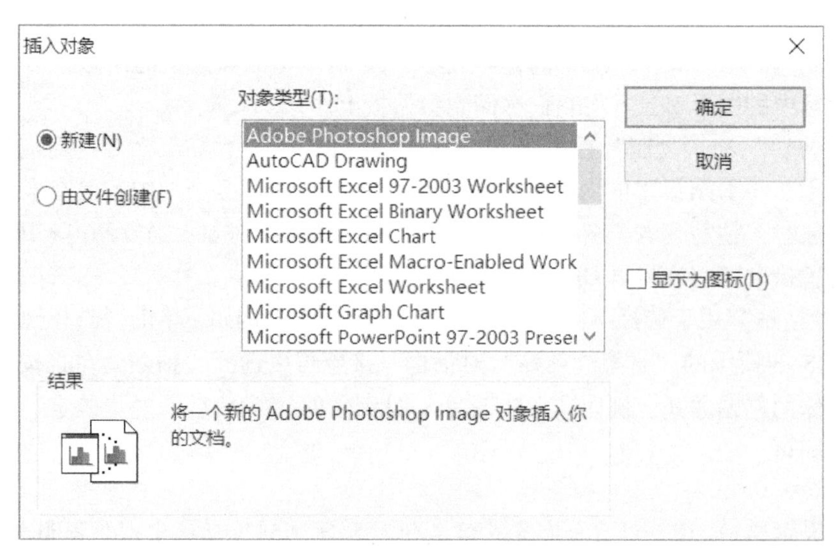

图 3-4 “插入对象”对话框

用户也可以根据需要在“插入对象”对话框中选择“由文件创建”单选按钮，此时对话框如图 3-5 所示，单击“浏览”按钮利用“浏览”对话框从文件列表中选择所需的文件，确定后所选文件将以对象的方式嵌入到文件中。嵌入的对象成为电子图板文件的一部分。如果在“插入对象”对话框中勾选“链接”复选框，确定后对象将以链接方式插入到文件中。链接与嵌入有本质上的不同，链接的对象并不真正是电子图板文件的一部分，该对象在电子图板中只保留一个链接信息，它始终存于一个外部文件中，当外部文件被修改时，电子图板中的“对象”也将随之自动被更新。

图 3-5 “插入对象”对话框（当选择“由文件创建”单选按钮时）

另外，当在“插入对象”对话框中勾选“显示为图标”复选框时，则在文件中插入的对象将显示为图标，而不是对象本身的内容。

3.2.4 选择所有

要在打开的图层上选择符合拾取过滤条件的所有对象，可以按快捷键〈Ctrl+A〉，或者单击“菜单”按钮并从“编辑”菜单中选择“选择所有”命令。

3.2.5 删除、删除所有与删除重线

与删除相关的工具命令有“删除”按钮、“删除所有”按钮和“删除重线”按钮。下面分别介绍这 3 个工具命令的应用知识。

- “删除”按钮：用于从图形中删除对象。单击此按钮后，选择要删除的图形对象，按〈Enter〉键确认，则所选的对象被删除掉。也可以先选择要操作的图形对象，接着单击“删除”按钮来删除所选的图形对象。
- “删除所有”按钮：用于将所有已打开图层上的符合拾取过滤条件的实体全部删除。删除所有的操作方法很简单，即单击此按钮，系统弹出图 3-6 所示的提示框，单击“确定”按钮则删除所有实体，单击“取消”按钮则取消此次操作。
- “删除重线”按钮：用于在绘图区拾取对象以将其中重合的一基本曲线删除。注意当一条曲线上全部点是另外一条曲线上点的子集时，“删除重线”功能才会将前者作

为重线来实施删除。

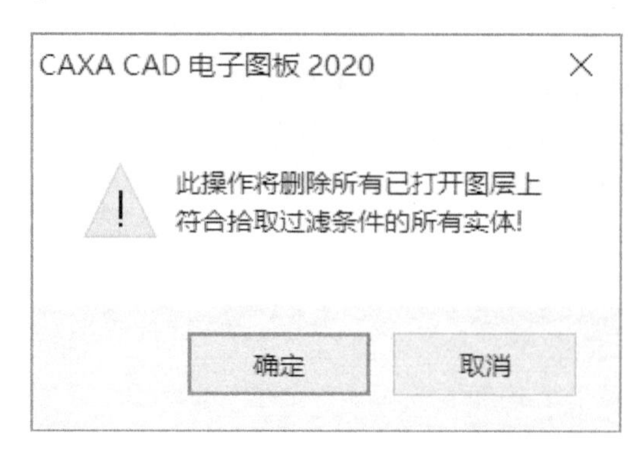

图 3-6 “CAXA CAD 电子图板 2020”提示框

3.3 图形编辑

图形编辑主要包括夹点编辑、平移、平移复制、裁剪、齐边（延伸）、过渡、旋转、镜像、比例缩放、阵列、打断、拉伸、分解等。

3.3.1 夹点编辑

夹点编辑是指拖动图形中的夹点对图形对象进行移动、拉伸、旋转、缩放等编辑操作。选中要编辑的对象后，对象将被加亮显示，同时在对象上也显示出相应的夹点，如图 3-7 所示。从图例可以看出夹点有方形夹点和三角形夹点，它们的功能含义是不同的。

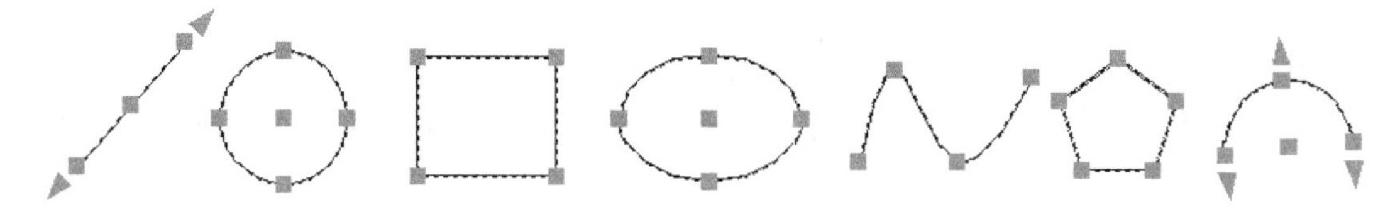

图 3-7 选中对象时显示相应的夹点

1. 方形夹点

拖动选定的方形夹点，可以移动对象或拉伸封闭曲线的特征尺寸。以直线、圆、圆弧和椭圆这几种基本曲线为例，假设先选择基本曲线使其加亮显示并显示出相应夹点，以下几种典型情形需要掌握。

- 使用鼠标左键单击直线的中点夹点、圆的圆心夹点、圆弧的圆心夹点或椭圆的圆心夹点，则被选中的夹点以红色显示，接着移动鼠标去拾取新的位置，便可将当前对象放置在新的位置上。
- 使用鼠标左键单击圆的象限夹点、椭圆的象限夹点，所选夹点以红色显示，接着移动鼠标拾取新位置，便可改变圆的半径或椭圆的轴长。
- 右击选定夹点，弹出一个快捷菜单，从中可以进行“平移”“旋转”“镜像”“缩放”等操作，如图 3-8 所示。

2. 三角形夹点

使用三角形夹点，可以沿现有对象轨迹延伸闭合的曲线。以直线和圆弧为例，选择直线和圆弧后，直线和圆弧显示其夹点，使用鼠标左键单击直线或圆弧的端点三角形夹点使其以红色显示，接着移动鼠标可延伸直线或圆弧，如图 3-9 所示。

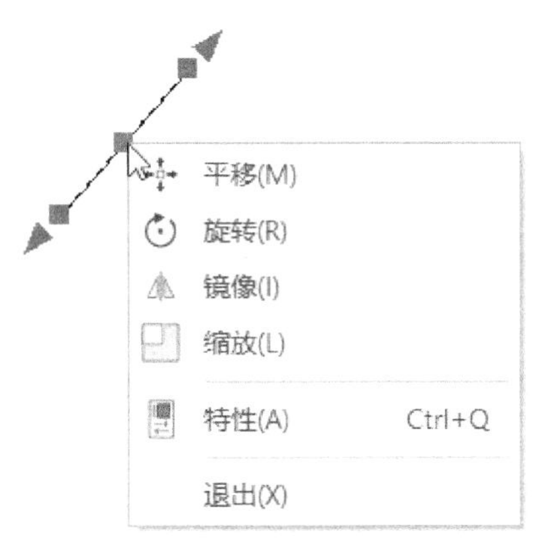

图 3-8 右击选定夹点

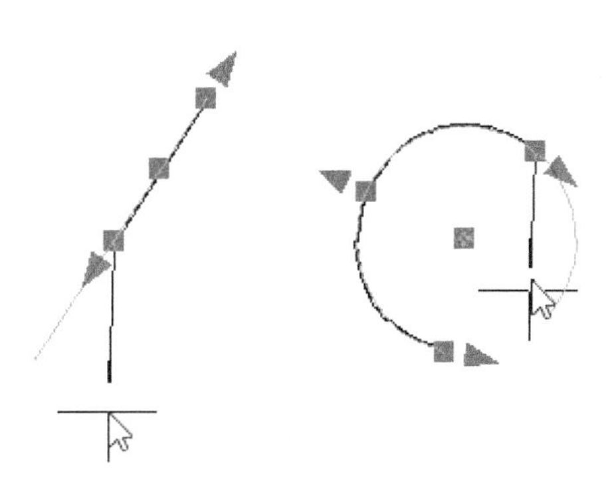

图 3-9 使用三角形夹点编辑曲线

3.3.2 平移

可以以设定的角度和方向移动选定的图形对象。

单击“平移”按钮，打开“平移”立即菜单，如图 3-10 所示，接着通过该立即菜单设置平移的偏移方式、图形状态、旋转角和比例。偏移方式有“给定两点”“给定偏移”两种，其中前者是指通过两点的定位方式完成图形平移，后者则是以给定偏移量的方式进行平移；图形状态分为“保持原态”“平移为块”。

图 3-10 “平移”立即菜单

当在立即菜单的“1.”中选择“给定两点”时，拾取要平移的图形后，指定第一点和第二点来完成平移操作。

当在立即菜单的“1.”中选择“给定偏移”时，拾取要平移的图形后，系统自动给出一个基准点，接着输入 X 或 Y 方向的偏移量或位置点，便可根据获得的平移量完成平移操作。一般情况下，直线的基准点在直线的中点处，圆弧、圆、矩形的基准点在其中心处。

【学习实例】平移演练

1）打开“平移演练 . exb”文件，该文件存在图 3-11 所示的一个图形。

2）单击“平移”按钮，弹出“平移”立即菜单。

3）在“平移”立即菜单中设置“1. 给定偏移”“2. 保持原态”“3. 旋转角 = 0”“4. 比例 = 1”。

4）使用鼠标分别单击以选择图 3-12 所示的 3 个图形对象，按〈Enter〉键或单击鼠标右键确认。

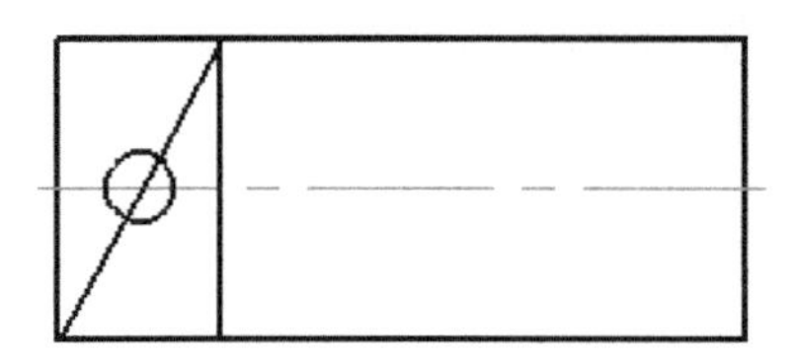

图 3-11　已有图形

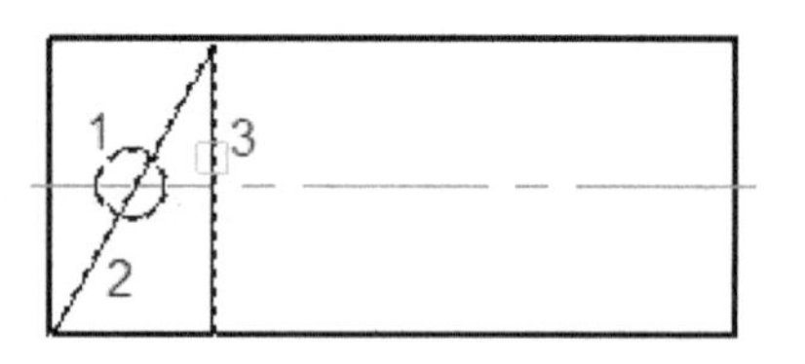

图 3-12　选择 3 个图形对象

5）在“X 或 Y 方向偏移量”提示下输入“@45，0”，按〈Enter〉键确认。输入的点相对坐标表示在 X 方向上的偏移量为 45，在 Y 方向上的偏移量为 0，平移结果如图 3-13 所示。

3.3.3 平移复制

平移复制是指以指定的角度和方向创建选定图形对象的副本。平移复制与基本编辑的“复制”功能的不同之处在于：“平移复制”在同一个电子图板文件内对图形对象创建副本，并不将所选对象复制至 Windows 剪切板；而“复制”操作会将所选图形复制至 Windows 剪切板，并与“粘贴”功能配合使用，可以跨软件进行复制粘贴。

“平移复制”操作和“平移”操作类似，不过“平移复制”可以在原始位置保留所选图形，可以设置复制的副本份数。请看以下一个实例。

【举例 1】平移复制练习

1）打开“平移复制演练 . exb”，该文件存在图 3-14 所示的原始图形。

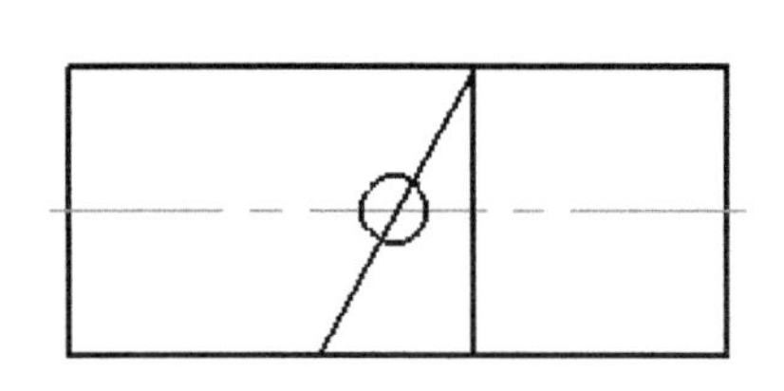

图 3-13　平移结果

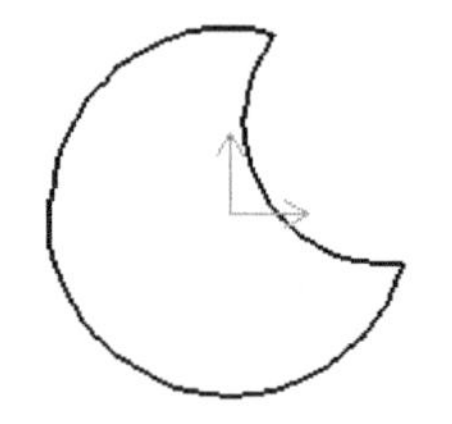

图 3-14　原始图形

2）单击“平移复制”按钮，打开“平移复制”立即菜单，接着在该立即菜单中设置“1. 给定偏移”“2. 保持原态”“3. 旋转角＝30”“4. 比例＝1”“5. 份数＝5”，如图 3-15 所示。

1. 给定偏移　2. 保持原态　3.旋转角 30　4.比例: 1　5.份数 5
拾取添加　　Copy CP CO

图 3-15　“平移复制”立即菜单

3）使用鼠标在图形窗口中指定两个角点框选全部图形，按〈Enter〉键确认。

4）在“X 或 Y 方向偏移量”提示下输入“50”，将鼠标移至图形右侧区域，按〈Enter〉键确认，再单击鼠标右键结束操作。得到的平移复制结果如图 3-16 所示。

图 3-16　平移复制结果

【举例 2】粘贴为块的平移复制

1）打开“平移复制演练 2. exb”，该文件存在图 3-17 所示的原始图形。

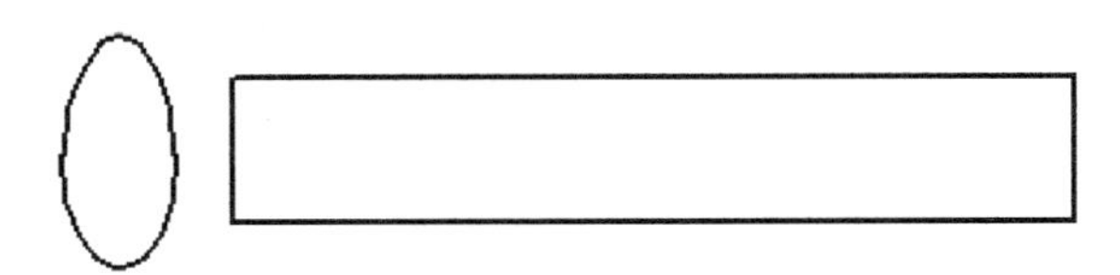

图 3-17　原始图形

2）单击“平移复制”按钮，打开“平移复制”立即菜单，接着在该立即菜单中设置“1. 给定两点”“2. 粘贴为块”“3. 消隐”“4. 旋转角 = 30”“5. 比例:1”“6. 份数 = 5”，如图 3-18 所示。

1. 给定两点　2. 粘贴为块　3. 消隐　4.旋转角 30　5.比例: 1　6.份数 5
拾取添加　Copy CP CO

图 3-18　在“平移复制”立即菜单上设置

知识点拨　在立即菜单的“2.”框中单击可以在“保持原态”和“粘贴为块”之间切换，当切换至“粘贴为块”时，可以在“3.”框中选择“消隐”或“不消隐”，“消隐”表示平移复制副本会遮挡其他图形。

3）在图形窗口中选择椭圆，单击鼠标右键以确认所选。

4）选择椭圆的中心点作为第一点，接着在“第二点或偏移量:”提示下输入“@ 30<0”并按〈Enter〉键确认。

知识点拨　可以继续输入其他的第二点或偏移量来获得其他的平移复制图形。

5）单击鼠标右键结束命令操作，本例得到的平移复制图形结果如图 3-19 所示。

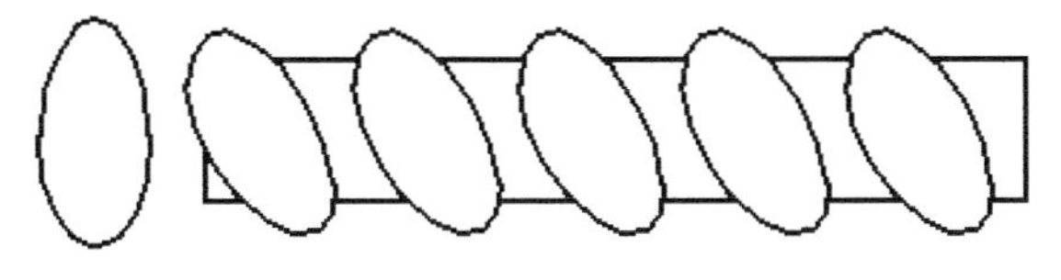

图 3-19　平移复制结果

3.3.4 旋转

可以对选定图形进行旋转或旋转复制操作，其方法较为简单，即单击“旋转”按钮，弹出图 3-20 所示的“旋转”立即菜单，接着在立即菜单“1.”中选择“给定角度”或

"起始终止点"，在"2."中选择"旋转"或"拷贝"，接着选择要旋转的图形（选定图形以虚线显示），单击鼠标右键确认图形选择。当选择"给定角度"选项时，需要指定一个旋转基点，再指定旋转角度；当在"1."中切换至"起始终止点"时，需要根据提示选择旋转基点，再指定起始点和终止点来完成图形的旋转操作。如果在立即菜单"2."中选择"拷贝"选项，则进行的是旋转复制操作，旋转复制操作后原图不消失。

图 3-21 展示了一个只旋转不复制的例子，将有键槽的轴的断面图旋转了-90°。

图 3-20 "旋转"立即菜单　　图 3-21 旋转操作示例

3.3.5 镜像

使用"镜像"功能，可以将选定的图形以指定的对称线（可选择轴线或通过指定两点定义对称轴）来进行对称镜像或对称复制。

镜像图形的典型方法步骤如下。

1）选择要镜像的图形后，单击"镜像"按钮，打开"镜像"立即菜单，如图 3-22 所示。

2）在立即菜单"1."中单击可以在"选择轴线"和"给定两点"之间切换；在"2."框中单击则可以在"拷贝"和"镜像"两个选项之间切换，这里"拷贝"操作的方法、过程与镜像操作完全相同，比镜像操作多了复制，原图不消失。

3）当切换至"1. 选择轴线"时，可用鼠标拾取一条作为镜像操作的对称轴线；当切换至"1. 给定两点"时，由用户指定两点，两点连线即作为镜像的对称轴线。

镜像操作的示例如图 3-23 所示，在该示例中，需要在"镜像"立即菜单中选择"1. 选择轴线""2. 镜像"。

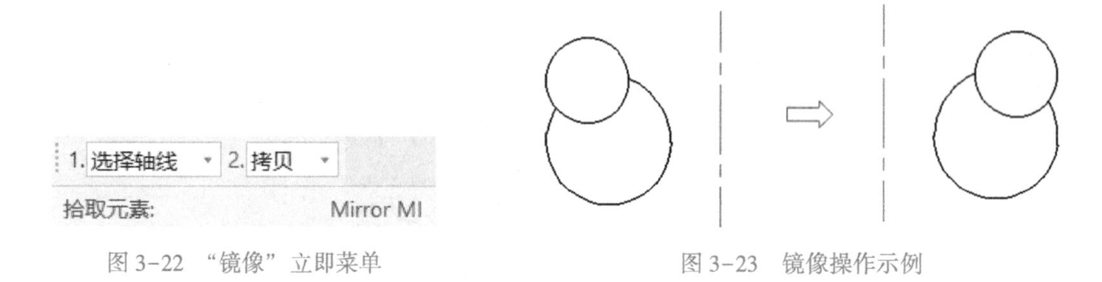

图 3-22 "镜像"立即菜单　　图 3-23 镜像操作示例

也可以单击"镜像"按钮后再选择要镜像的图形来进行镜像操作。

3.3.6 比例缩放

可以对拾取到的图素进行比例放大和缩小。

单击“缩放”按钮，打开图3-24所示的“缩放”立即菜单。此时，选择要缩放的图形对象并右击确认后，“缩放”立即菜单提供了更多的选项，如图3-25所示。

1. 平移 2. 比例因子
拾取添加 Scale SC

图3-24 “缩放”立即菜单（1）

1. 平移 2. 比例因子 3. 尺寸值变化 4. 比例变化
基准点:

图3-25 “缩放”立即菜单（2）

“缩放”立即菜单“1.”的选项为“平移”时，则进行比例缩放后只产生目标图形，而原图形消失；单击“1. 平移”项则切换至“拷贝”选项，表示进行比例缩放后，除了产生缩放后的目标图形，还保留原图形。

“缩放”立即菜单“2.”的缩放方式选项有“比例因子”和“参考方式”两种，通常选择“比例因子”。

“缩放”立即菜单“3.”的可选选项有“尺寸值变化”和“尺寸值不变”两种，用于控制尺寸的变化（如果选定图素中包含尺寸元素的话）。选定“尺寸值变化”时，尺寸值会根据比例进行放大或缩小；而选定“尺寸值不变”时，所选尺寸元素不会随着比例变化而变化。

在“缩放”立即菜单上设置好相应的选项，这里以在“缩放”立即菜单上设置“1. 拷贝”“2. 比例因子”“3. 尺寸值变化”和“4. 变化”为例，接着使用鼠标为选定图形指定一个比例缩放的基点（即基准点），此时系统出现“比例系数（XY方向的不同比例请用分隔符隔开）”的提示信息。移动鼠标时，会看到缩放后的预览图形在屏幕上动态显示，待在光标合适位置单击鼠标左键，则系统会自动根据基点和当前光标点的位置计算比例系数，此时得到一个缩放变换后的图形。当然，用户也可以通过键盘直接输入缩放的比例系数。

3.3.7 阵列

在工程制图中有时为了提高作图效率，可以通过一次操作生成若干个相同的图形。阵列的方式分为3种，即矩形阵列、圆形阵列和曲线阵列。

1. 矩形阵列

矩形阵列指对选定的图形按矩形阵列的方式进行阵列复制。

【举例】创建矩形阵列

1）假设先以原点为圆心绘制好一个直径为10的圆，接着单击“阵列”按钮，打开“阵列”立即菜单，该立即菜单“1.”框中提供了“矩形阵列”“圆形阵列”和“曲线阵列”3个选项。

2）在“阵列”立即菜单的“1.”中选择“矩形阵列”，接着分别设置矩形阵列的行数、行间距、列数、列间距和旋转角，如图3-26所示。其中旋转角指与X轴正方向的夹角。

1. 矩形阵列 2.行数 3 3.行间距 20 4.列数 5 5.列间距 25 6.旋转角 0
拾取元素: Array AR

图3-26 在“阵列”立即菜单设置矩形阵列的相关参数

3）选择圆作为要阵列的图形对象，单击鼠标右键确认，完成创建的矩形阵列如图 3-27 所示。

如果在步骤 2）中将旋转角设置为 30°，那么最终得到的图形效果如图 3-28 所示。

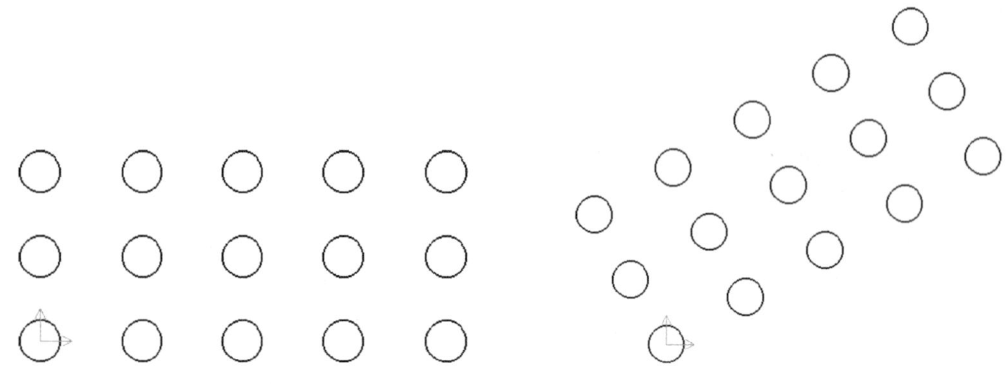

图 3-27　完成创建的矩形阵列　　图 3-28　具有旋转角度的矩形阵列

2. 圆形阵列

圆形阵列指对选定图形以指定的基点为圆心进行阵列复制，可以设置在阵列时是否自动对图形进行旋转。

【举例】创建圆形阵列

1）打开“圆形阵列演练 . exb”文件，该文件中已经存在着图 3-29 所示的图形。

2）单击“阵列”按钮，打开“阵列”立即菜单。

3）在“阵列”立即菜单的“1.”中选择“圆形阵列”。

4）在“2.”中单击可以在“旋转”选项和“不旋转”选项之间进行切换。本例选择“旋转”选项。

5）在立即菜单中设置其余选项，如“3. 均布”“4. 份数 = 6”，如图 3-30 所示。

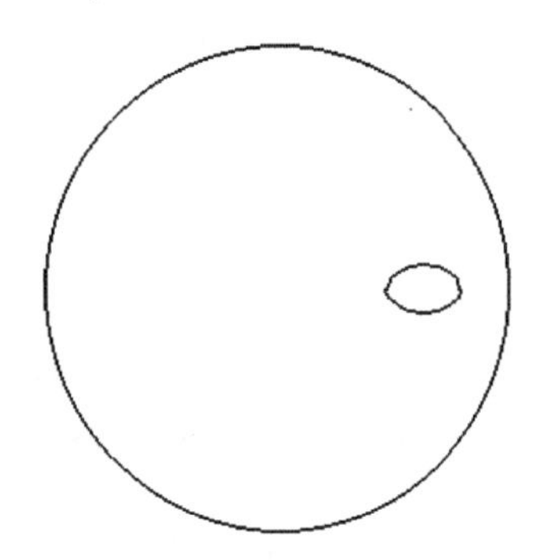

图 3-29　原始图形

1. 圆形阵列　2. 旋转　3. 均布　4.份数 6
拾取元素:

图 3-30　在“阵列”立即菜单设置圆形阵列

知识点拨 如果在立即菜单“3.”中选择“给定夹点”，那么需要在“4.”中设置相邻夹角，在“5.”中设置阵列填角，如图 3-31 所示，这表示用给定夹角的方式进行圆形阵列，各相邻图形的夹角为 30°，阵列填角为 360°，阵列填角的含义为从拾取的图形实体对象所在位置起，绕中心点逆时针方向转过的夹角。

1. 圆形阵列 2. 旋转 3. 给定夹角 4.相邻夹角 30 5.阵列填角 360

图 3-31 给定夹角设置

6）使用鼠标拾取小椭圆作为要阵列的图形对象，单击鼠标右键确认。

7）拾取大圆的圆心作为中心点。得到的圆形阵列结果如图 3-32 所示，各阵列图形均匀地排列在同一个圆周上。

假如在该例中，在“阵列”立即菜单中设置“1. 圆形阵列”“2. 不旋转”“3. 给定夹角”“4. 相邻夹角=60”“5. 阵列填角=360”，接着选择椭圆并单击鼠标右键确认其作为要阵列的对象，再选择大圆的圆心作为圆形阵列的中心点，然后选择椭圆的中心点作为基点，则得到的圆形阵列结果如图 3-33 所示。

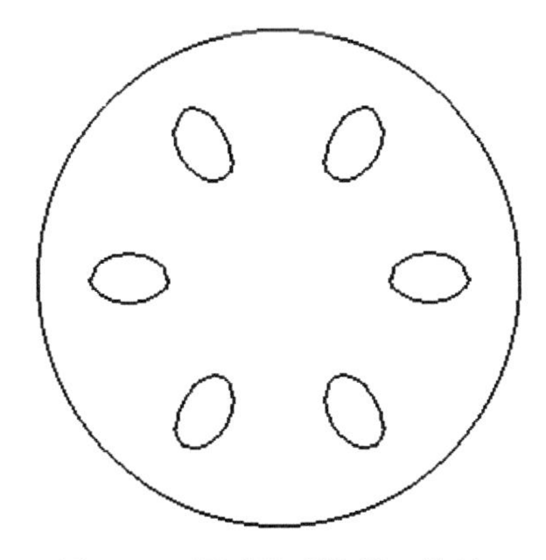

图 3-32 圆形阵列结果（旋转）

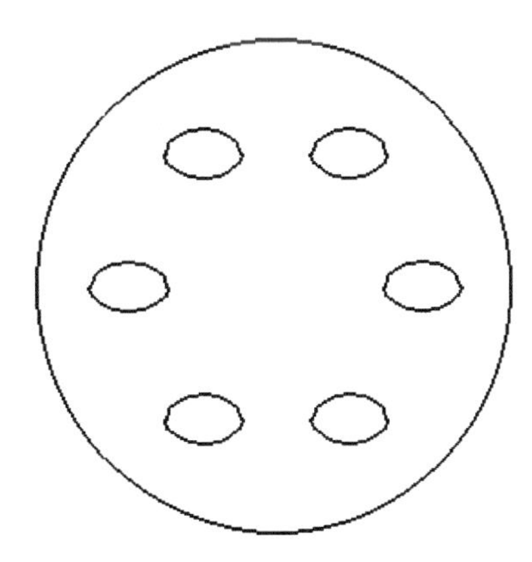

图 3-33 圆形阵列结果（不旋转）

3. 曲线阵列

曲线阵列指在一条或多条首尾相连的曲线上生成均布的图形选择集，这些图形选择集的结构是相同的，而位置不同，可以通过“旋转”或“不旋转”选项设置它们的姿态相同与否。

要进行曲线阵列操作，可以按照以下的方法步骤来进行。

1）单击“阵列”按钮，打开“阵列”立即菜单。

2）在“阵列”立即菜单“1.”中选择“曲线阵列”选项；在“2.”项中设定母线拾取方法，可选选项有“单个拾取母线”“链拾取母线”或“指定母线”选项；在“3.”中选择“旋转”或“不旋转”，在“4. 份数”中设定阵列副本份数，如图 3-34 所示。

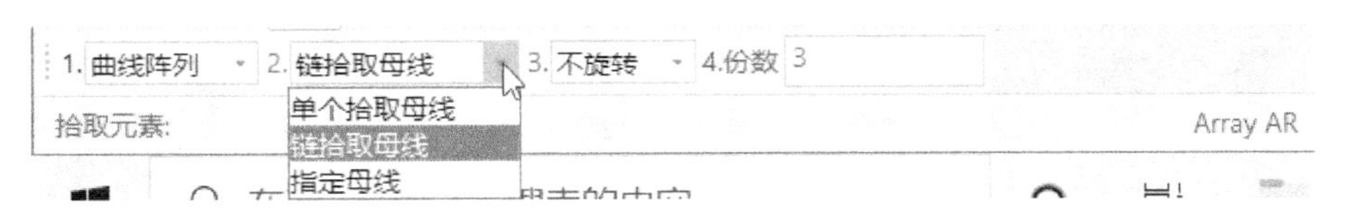

图 3-34 “阵列”立即菜单之曲线阵列设置

3）拾取要阵列的图形形成选择集，单击鼠标右键确认，接着指定基点和选择母线。对于选择了“旋转”选项的情形，还需要根据母线确定生成方向。

操作技巧：对于单个拾取母线，可拾取用作母线的曲线有直线、圆、圆弧、椭圆、样条和多段线，阵列将从母线的端点开始；对于链拾取母线，链中只能有直线、圆弧或样条，阵列从鼠标单击的那根曲线的近端点开始。当母线不闭合时，母线的两个端点均产生新选择集，新选择集的总份数不变。

【学习案例】创建曲线阵列，单个拾取母线，选择“旋转”，份数为 6

1）打开“曲线阵列演练 . exb”文件，该文件存在着图 3-35 所示的图形。

2）单击“阵列”按钮，打开“阵列”立即菜单。

3）在“阵列”立即菜单中选择“1. 曲线阵列”“2. 单个拾取母线”“3. 旋转”和“4. 份数 = 4”。

4）使用鼠标指定两个角点框选要阵列的图形形成选择集，如图 3-36 所示，选择好之后单击鼠标右键确认。

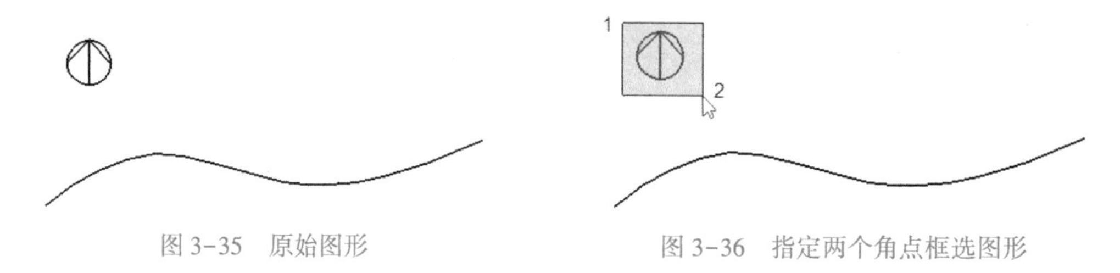

图 3-35　原始图形　　图 3-36　指定两个角点框选图形

5）在选择集中选择图 3-37 所示的一个端点/交点作为基点。

6）选择样条曲线作为母线，接着拾取所需的方向，如图 3-38 所示。

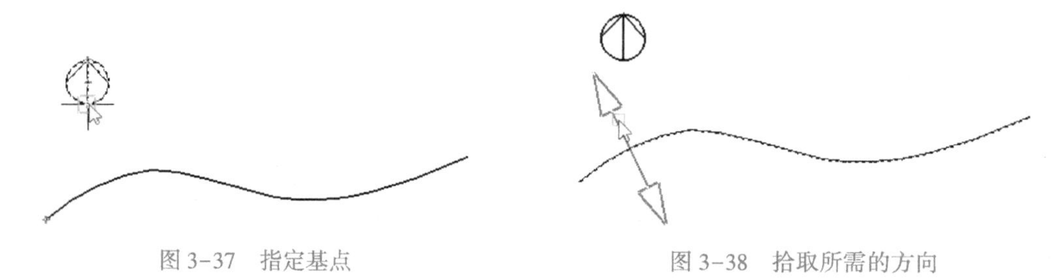

图 3-37　指定基点　　图 3-38　拾取所需的方向

得到的曲线阵列如图 3-39 所示，显然阵列的选择集跟随母线发生了旋转。

如果在“阵列”立即菜单中没有选择“旋转”而是选择了“不旋转”选项，那么最终得到的曲线阵列效果如图 3-40 所示。

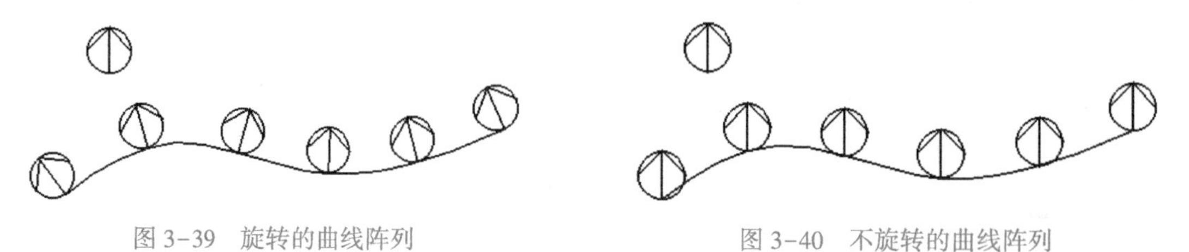

图 3-39　旋转的曲线阵列　　图 3-40　不旋转的曲线阵列

3.3.8 裁剪

绘制好相关的图线后，经常要对图线进行裁剪以获得满足设计要求的图形。裁剪操作分为快速裁剪、拾取边界裁剪和批量裁剪这 3 种方式，需要在“裁剪”立即菜单中进行设置。单击“裁剪”按钮 ，可打开“裁剪”立即菜单。

1. 快速裁剪

快速裁剪是最为常用的裁剪方式，它是指用鼠标直接拾取被裁剪的曲线，则系统自动判断边界并做出裁剪响应，例如在交叉曲线中进行快速裁剪，直接用光标拾取单击要被裁剪掉的线段即可。快速裁剪具有很强的灵活性，可以提高绘图效率。

图 3-41 展示了几个快速裁剪图例，在快速裁剪操作中，拾取同一曲线的不同位置，其裁剪结果也会不同。

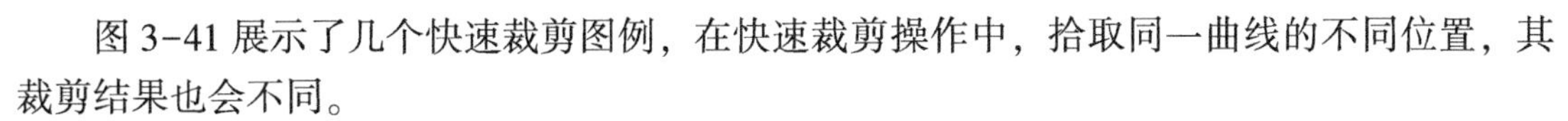

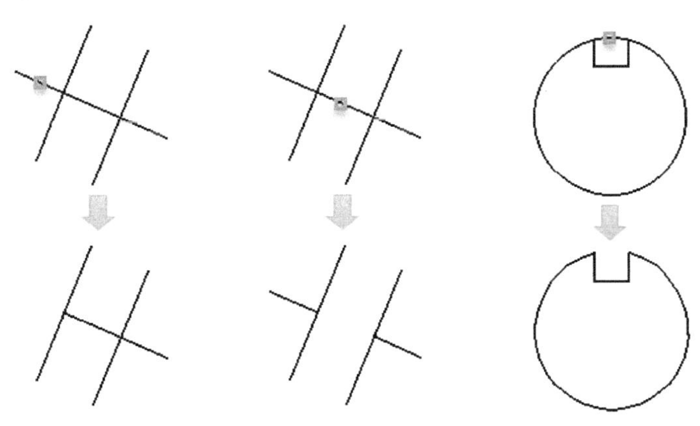

图 3-41　快速裁剪的几个典型图例

2. 拾取边界裁剪

在“裁剪”立即菜单“1.”中选择“拾取边界”选项，接着使用鼠标拾取一条或多条曲线用作剪刀线，单击鼠标右键确认，之后使用鼠标拾取要裁剪的曲线，CAXA CAD 电子图板将根据用户选定的裁剪边界（剪刀线）做出响应，裁剪掉拾取的曲线至剪刀线部分，而保留在剪刀线另一侧的曲线段。

拾取边界裁剪适合于在指定边界的情况下对一系列曲线进行精确裁剪，拾取边界裁剪的典型示例如图 3-42 所示。

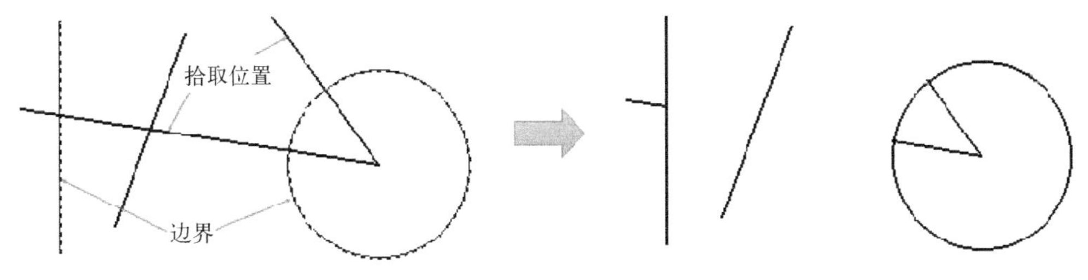

图 3-42　拾取边界裁剪的典型示例

3. 批量裁剪

当遇到曲线较多时，有时采用批量裁剪会比较方便。在“裁剪”立即菜单“1.”中选择“批量裁剪”选项，接着根据提示拾取剪刀链，再拾取要裁剪的曲线，单击鼠标右键确认，最后选择要裁剪的方向，即可完成裁剪。在图 3-43 所示的批量裁剪示例中，剪刀链为一个矩形，选择的要裁剪的曲线是 3 条直线和 1 条圆弧，向矩形内侧方向裁剪。

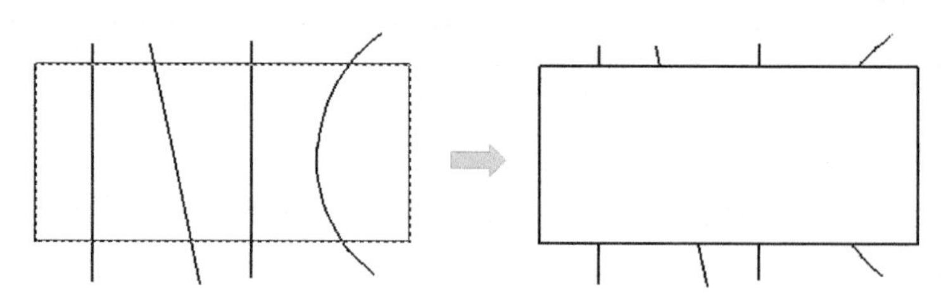
图 3-43　批量裁剪示例

3.3.9 延伸/齐边

延伸/齐边是以一条曲线为边界对一系列曲线进行延伸或裁剪。

单击“延伸”按钮，打开“延伸”立即菜单，在该立即菜单“1.”中单击可以在“延伸”和“齐边”两个选项之间切换。“延伸”和“齐边”的主要差别在于“延伸”只处理将需要延伸至指定边界的曲线，而“齐边”不仅能将拾取的曲线延伸至用作剪刀线的边界，还能将所拾取的曲线裁剪至边界。注意圆弧只能以拾取的一端开始延伸，不能向两端同时延伸。

在图 3-44 所示的示例中，采用“齐边”方式进行延伸/齐边操作。

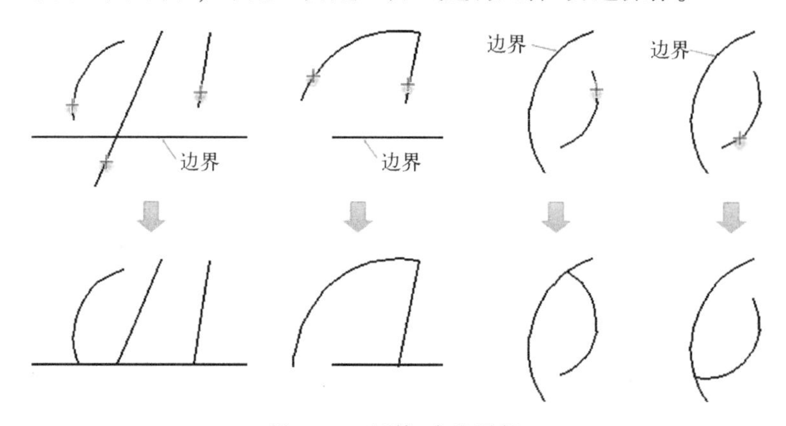

图 3-44　延伸/齐边示例

3.3.10 过渡

过渡操作的方式包括圆角、多圆角、倒角、多倒角、内倒角、外倒角和尖角等。单击“过渡”按钮，打开“过渡”立即菜单，接着在“1.”中选择过渡操作的方式，如图 3-45 所示。另外，在功能区“常用”选项卡的“修改”面板中也提供独立的过渡方式按钮，如图 3-46 所示，包括“圆角”按钮、“多圆角”按钮、“倒角”按钮、“多倒角”按钮、“外倒角”按钮、“内倒角”按钮和“尖角”按钮。

1. 圆角

“圆角”功能用于在两直线（或圆弧）之间用圆角进行光滑过渡。

单击“过渡”按钮，在“过渡”立即菜单“1.”中选择“圆角”选项，接着在“2.”中单击打开一个选项菜单，如图 3-47 所示，从中可以进行裁剪方式的选择，其中

“裁剪”选项用于裁剪掉过渡后所有边的多余部分；“裁剪始边”选项用于只裁剪掉起始边的多余部分，起始边为用户拾取的第一条曲线；“不裁剪”选项用于执行过渡操作后，原线段保留原样，不被裁剪。在“3. 半径”中输入过渡圆弧的半径值。接着按当前立即菜单设置的条件、操作和提示的要求，拾取待过渡的第一条曲线，接着拾取第二条曲线，则在所选的两条曲线之间用一个圆弧光滑过渡。注意拾取曲线的位置不同，可能会得到不同的结果，如图 3-48 所示。

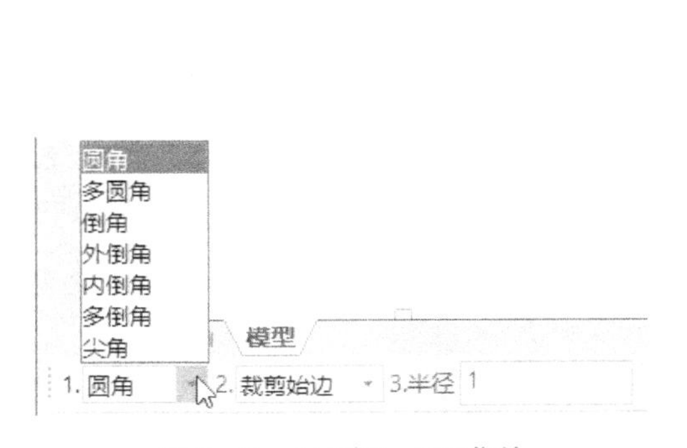

图 3-45 “过渡”立即菜单

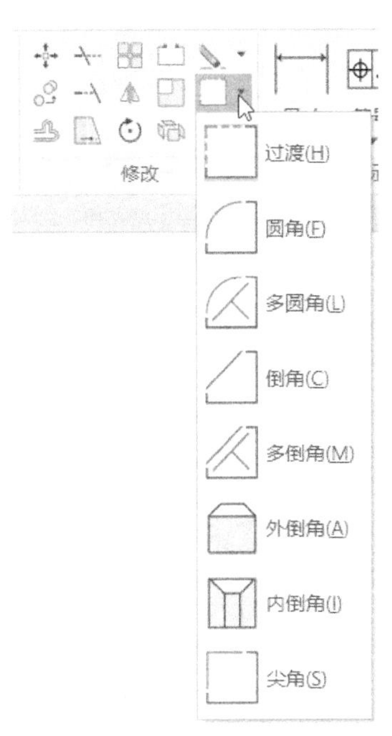

图 3-46 单击“过渡”按钮

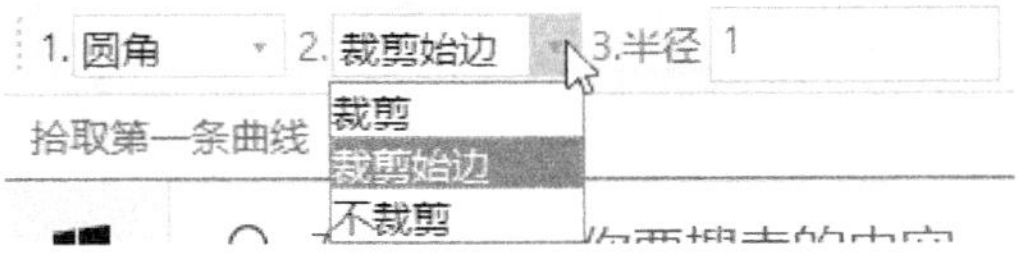

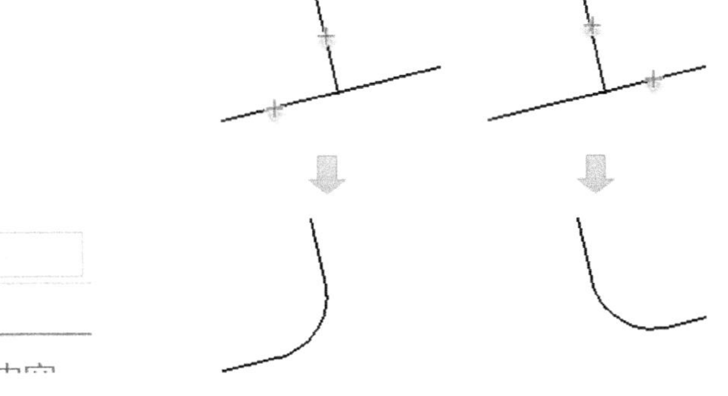

图 3-47 设置裁剪方式

图 3-48 圆角示例对比

2. 多圆角

“多圆角”功能用于以给定半径过渡一系列首尾相连的直线段，首尾相连的直线段可以是封闭的，也可以是不封闭的。

【学习实例】将矩形的直角连接变为圆角过渡

1）打开“多圆角演练 . exb”文件，已有原始图形如图 3-49 所示。

2）单击“过渡”按钮，在“过渡”立即菜单“1.”中选择“多圆角”选项，接着设置“2. 半径=15”。

3）选择矩形对象，则得到多圆角过渡效果如图3-50所示。

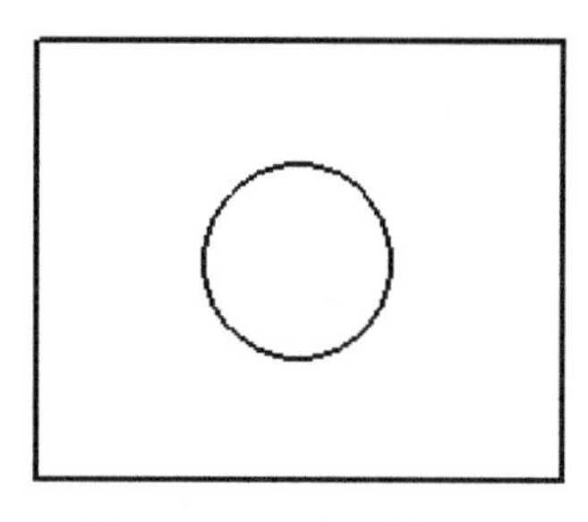

图3-49　已有原始图形

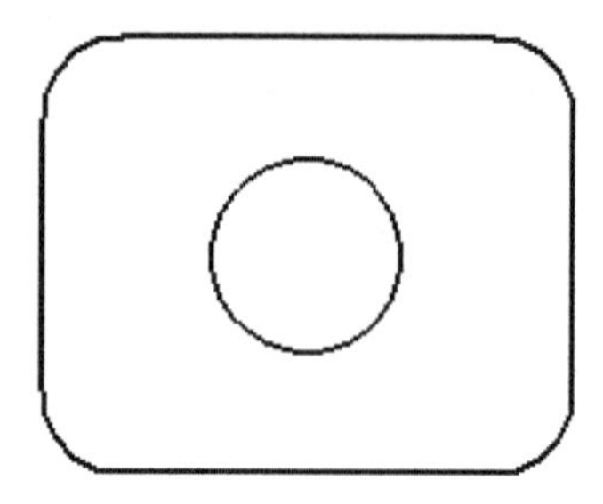

图3-50　多圆角过渡

3. 倒角

“倒角”功能用于在两直线间进行倒角过渡，可以设置倒角过渡的裁剪方式。

单击“过渡”按钮，在“过渡”立即菜单“1.”中选择“倒角”选项，接着在“2.”中选择“长度和角度方式”或“长度和宽度方式”，在“3.”中选择“裁剪”“裁剪始边”或“不裁剪”选项，根据在“2.”中所设置的方式选项进行相应的参数设置，如设置长度与角度，或设置长度和宽度，如图3-51所示。然后拾取第一条直线，再拾取第二条直线来创建一个倒角，可以继续选择其他的一对直线段来创建倒角。

图3-51　“过渡”立即菜单之倒角设置

4. 多倒角

“多倒角”功能用于在一系列首尾相连的直线段中一次创建多个倒角，具体操作方法与“多圆角”操作方法相似。“多倒角”操作需要设置的参数是长度和倒角尺寸。

创建有多倒角的典型示例如图3-52所示。

图3-52　多倒角示例

5. 外倒角与内倒角

“外倒角”与“内倒角”功能类似，它们用于拾取一对平行线及其垂线分别作为两条母线和端面线生成外倒角或内倒角。

【学习实例】在轴上创建外倒角和内倒角

1）打开“外倒角与内倒角.exb”文件，该文件存在图3-53所示的原始图形。

2）单击“过渡”按钮，在“过渡”立即菜单“1.”中选择“外倒角”选项，也可以直接在“修改”面板中单击“外倒角”按钮。这里以单击“外倒角”按钮为例，接着在“外倒角”立即菜单上设置“1. 长度和角度方式”“2. 长度=2”“3. 角度=45”，如图 3-54 所示。

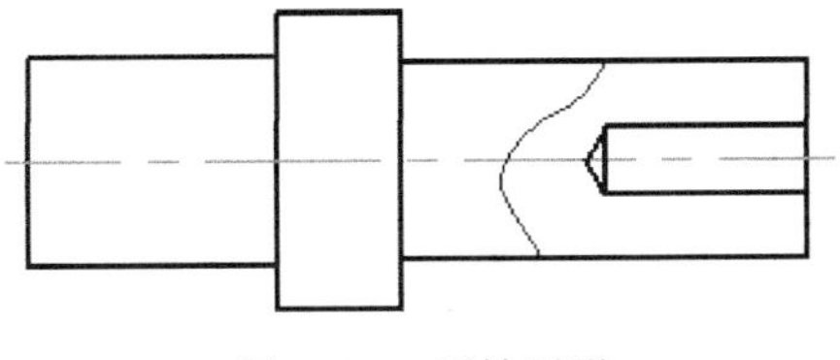

图 3-53 原始图形

图 3-54 “外倒角”立即菜单

3）选择 3 条相互垂直的直线（即直线 1、直线 2 和直线 3），如图 3-55 所示，从而创建第一个外倒角。

4）在“修改”面板中单击“内倒角”按钮，接着在“内倒角”立即菜单上设置“1. 长度和角度方式”“2. 长度=2”“3. 角度=45”。

5）分别选择图 3-56 所示的直线 4、直线 5 和直线 6 来生成内倒角。

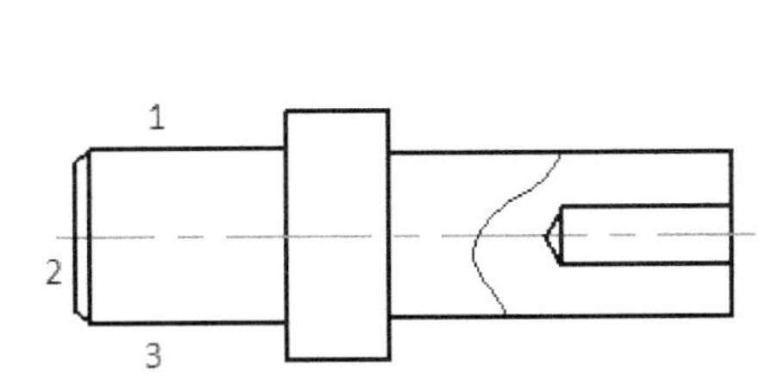

图 3-55 选择 3 条相互垂直的直线

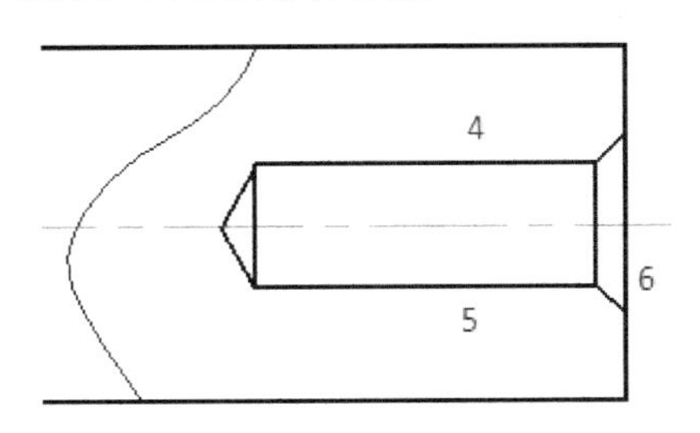

图 3-56 选择 3 条直线段生成内倒角

6）单击鼠标右键结束命令。

6. 尖角

“尖角”功能用于在两条曲线（直线、圆弧、圆等）的交点处产生尖角过渡，如果两曲线有交点，则以交点为界，将多余部分裁剪掉；如果两曲线没有交点，则系统先计算出两曲线的交点，再将两曲线延伸至交点处，如图 3-57 所示。

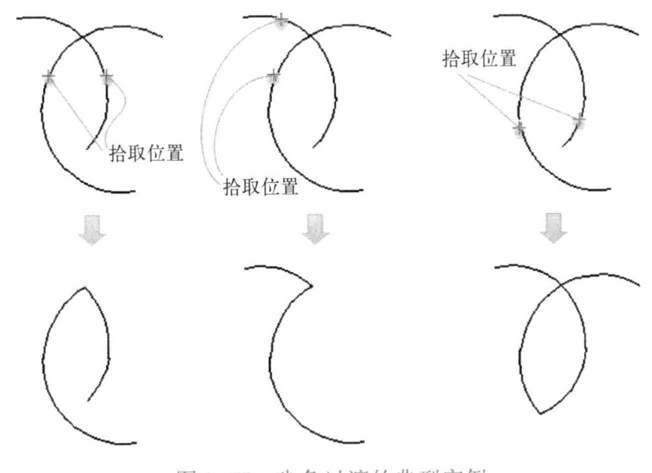

图 3-57 尖角过渡的典型实例

尖角过渡的操作步骤很简单，即在“过渡”立即菜单“1.”中选择“尖角”，接着连续拾取第一条曲线和第二条曲线，即可在两曲线完成尖角过渡。注意鼠标拾取曲线的位置不同，尖角产生的结果也将不同。

3.3.11 打断

“打断”功能用于将一条指定曲线在指定点处打断成两条曲线，以便于其他操作。打断的形式有一点打断和两点打断。

1. 一点打断

单击“打断”按钮，接着在“打断”立即菜单的“1.”中单击，直至切换为“一点打断”选项，接着拾取一条待打断的曲线，此时所选曲线变为虚线显示，同时出现“拾取打断点”提示信息，依据提示在曲线上拾取打断点，则曲线在该点处被打断。

知识点拨 也允许用户把点选在曲线外。如果欲打断的为直线，那么系统自动从选定点向直线作垂线，其垂足便为打断点；如果欲打断的为圆弧或圆，那么从圆心向设定点作直线，该直线与圆弧交点被设定为打断点。

2. 两点打断

在“打断”立即菜单单击“1. 一点打断”，可以将选项切换为“1. 两点打断”，以启用两点打断模式，接着在“2.”中指定打断点拾取模式为“伴随拾取点”或“单独拾取点”。

- 当选择“伴随拾取点”时，需要先拾取欲打断的曲线，该拾取点直接作为第一打断点，接着选择第二打断点。
- 当选择“单独拾取点”时，则需要先拾取欲打断的曲线，接着分别拾取两个打断点。

被打断曲线是从两个打断点处被打断的，而且系统会将两点间的曲线删除掉。如果被打断曲线是封闭曲线，那么被删除的曲线部分是从第一点以逆时针方向指向第二点的那部分。

3.3.12 拉伸

使用“拉伸”功能，可以在保持曲线原有趋势不变的前提下，对曲线或曲线组进行拉伸处理。单击“拉伸”按钮，打开“拉伸”立即菜单，在该立即菜单的“1.”中提供两个选项，分别是“窗口拾取”和“单个拾取”选项，如图3-58所示，即表示拉伸分为对单条曲线拉伸和对窗口曲线组拉伸两类。

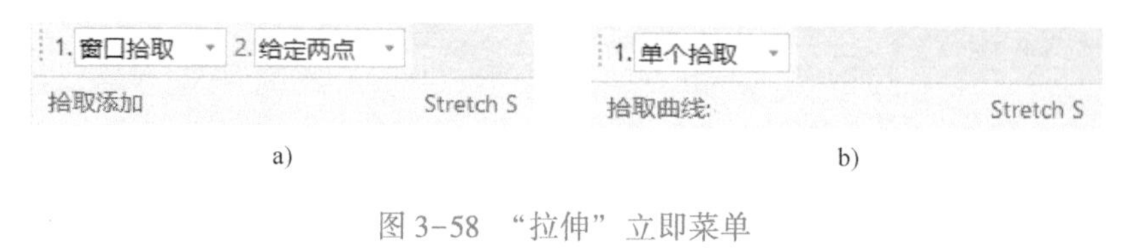

图3-58 “拉伸”立即菜单
a）窗口拾取 b）单个拾取

1. 对单条曲线拉伸

要对单条曲线拉伸，则可以在“拉伸”立即菜单的“1.”中选择“单个拾取”方式，使用鼠标拾取要拉伸的直线或圆弧，此时移动鼠标时可以看到一条拉伸线段被光标拖动着，曲线在近拾取点的一端被拉伸变长或缩短，在拖至指定位置处单击即可完成对该条曲线的拉伸处理。拾取单条曲线后，也可以为直线输入长度。对于圆弧拉伸，立即菜单将提供“2.”项以选择“弧长拉伸”“角度拉伸”“半径拉伸”或“自由拉伸”几个选项。对于弧长拉伸和角度拉伸，圆心和半径不变，而圆心角改变，用户可以通过键盘输入新的圆心角；对于半径拉伸，圆心和圆心角不变，而半径改变，用户可以输入新的半径值；对于自由拉伸，圆心、半径和圆心角都可以改变。除了自由拉伸外，弧长拉伸、角度拉伸、半径拉伸的拉伸量都可以是“绝对”或“增量”的（需要在立即菜单出现的“3.”中进行设置），绝对是指所拉伸图素的整个长度或角度，增量是指在原图素的基础上增加的长度或角度。

2. 对窗口曲线组拉伸

对窗口曲线组拉伸（简称曲线组拉伸）是指移动窗口内图形的指定部分。曲线组拉伸可以有两种方式，一种是“给定两点”，另一种则是“给定偏移”。不管哪种方式，都可以根据操作提示轻松完成余下的拉伸操作。请看以下一个操作实例。

【操作实例】曲线组拉伸练习

1）打开“曲线组拉伸练习 . exb”文件，已有图形如图 3-59 所示。

2）单击“拉伸”按钮，打开“拉伸”立即菜单。

3）在“拉伸”立即菜单中设置“1. 窗口拾取”“2. 给定两点”。

4）使用鼠标从右向左分别指定待拉伸曲线组窗口的第一角点和第二角点，即窗口拾取必须从右向左拾取，第二角点必须位于第一角点的左侧，如图 3-60 所示，单击鼠标右键确认窗口拾取。

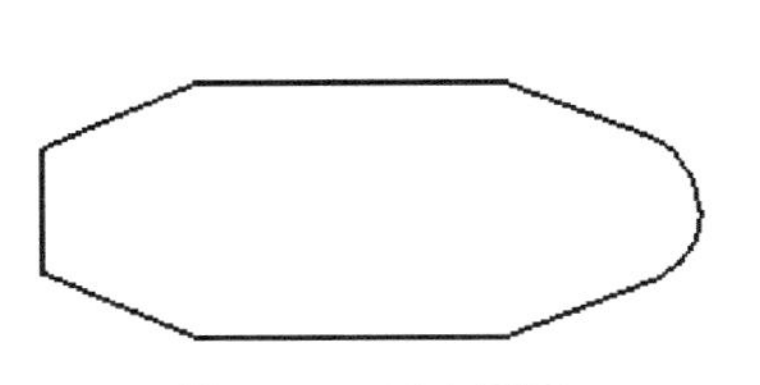

图 3-59　已有图形

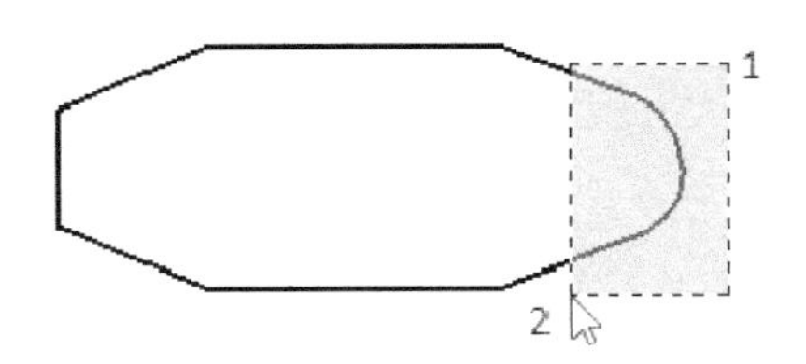

图 3-60　从右向左进行窗口拾取

5）在“第一点:”提示下使用鼠标拾取图 3-61 所示的圆心点作为第一点。

6）在“第二点:”提示下通过键盘输入“@6.8<180”，按〈Enter〉键确认，则选定曲线组被拉伸，如图 3-62 所示，拉伸长度和方向由两点连线的长度和方向决定。

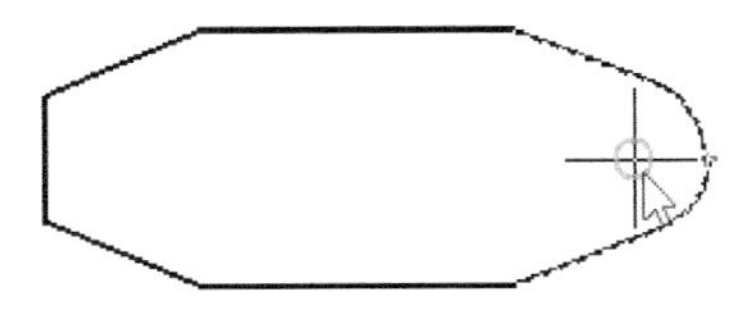

图 3-61　拾取第一点

图 3-62　曲线组拉伸结果

3.3.13 分解（打散）

“分解”（EXPLODE）功能是将选定的诸如多段线、标注、图案填充或块参考等合成对象分解成单个的元素。其操作方法和步骤很简单，即在“修改”面板中单击“分解”按钮，接着选择要分解的对象，然后确认即可。

3.4 属性编辑

图形对象是具有基本属性的，这些基本属性包括图层、颜色、线型、线型比例、线宽等。在CAXA CAD电子图板中，既可以将基本属性通过图层赋予对象，也可以直接单独指定给对象。本节介绍与属性编辑相关的几个知识点，即使用“特性”选项板、使用属性工具、特性匹配。

3.4.1 使用“特性”选项板

使用“特性”选项板可以很直观地编辑对象的基本属性和特有属性，基本属性主要是图层、颜色、线型、线型比例、线宽等，特有属性与对象相关，例如圆的特有属性包括圆心、半径或圆直径等。

要编辑对象的属性，则可以先拾取要编辑的对象，打开“特性”选项板，接着在“特性”选项板中对相关属性进行编辑即可。也可以先打开“特性”选项板，再选择要编辑的对象来进行属性编辑。如图3-63所示，选择一个圆，打开“特性”选项板，利用“特性”选项板可以修改选定圆的相关属性，包括当前特性和特有的几何特性。

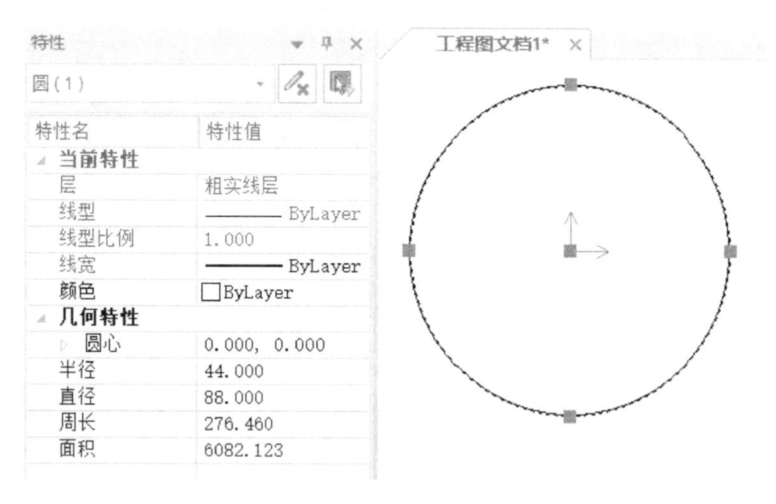

图3-63 使用“特性”选项板修改选定对象

3.4.2 使用属性工具

在电子图板功能区“常用”选项卡的“特性”面板中提供了实用的属性工具，可以用于编辑选定对象的图层、颜色、线型、线宽这些属性。其操作方法很简单，即先选择要编辑的图形对象，接着在功能区“常用”选项卡的“特性”面板中选择所需的属性设置即可。例如，要将一条原本处于细实线层的细实线更改为粗实线层的粗实线，那么可以先选择该线，接着在功能区“常用”选项卡的“特性”面板中从“图层”下拉列表框中选择“粗实线层”，按〈Esc〉退出。

3.4.3 特性匹配

使用“特性匹配”功能，可以将一个对象的某些或所有特性复制到其他对象。

在功能区“常用”选项卡的“剪切板”面板中单击“特性匹配”按钮，打开“特性匹配”立即菜单，如图3-64所示。如果单击立即菜单“1.”则可以将“匹配所有对象”选项切换为“匹配同类对象”对象，如果单击立即菜单“2. 默认”则可以切换至“2. 设置”，如图3-65所示。

图3-64 “特性匹配”立即菜单（1） 图3-65 “特性匹配”立即菜单（2）

当切换至“2. 设置”选项时，系统弹出图3-66所示的“特性设置”对话框，从中设置启用哪些基本特性和特殊特性，然后单击“确定”按钮。

图3-66 “特性设置”对话框

调用“特性匹配”功能后，拾取源对象，再拾取要修改的目标对象，则源对象的指定特性被复制应用到目标对象上。

【学习实例】特性匹配应用

1）打开“特性匹配练习 . exb”文件，该文件已有图形如图3-67所示。

2）在功能区“常用”选项卡的“剪切板”面板中单击“特性匹配”按钮，接着在“特性匹配”立即菜单中设置“1. 匹配所有对象”和“2. 默认”。

3）选择其中一条中心线作为源对象。

4）选择直径第二大的圆作为目标对象，单击鼠标右键结束命令，应用特性匹配后的图形结果如图3-68所示。

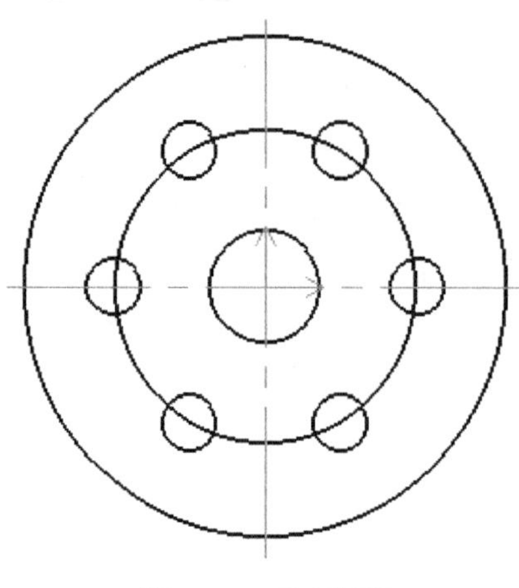

图 3-67　已有图形

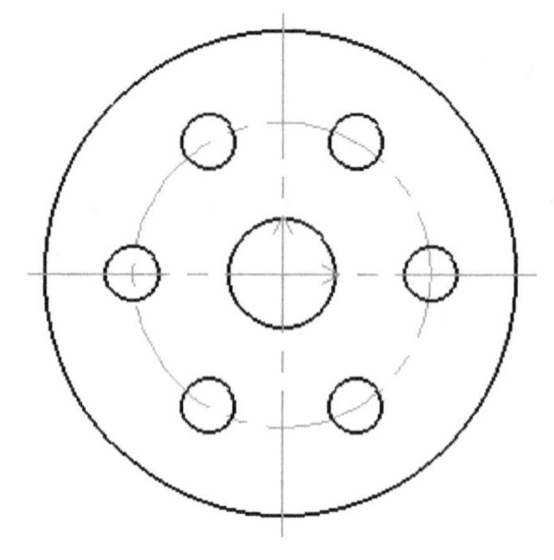

图 3-68　特性匹配结果

3.5　图形绘制与修改综合实例

为了复习本章所学的一些编辑修改知识，以及提升图形综合设计能力等，本节特意介绍一个关于图形绘制与修改的综合实例。本实例要完成的图形如图 3-69 所示。

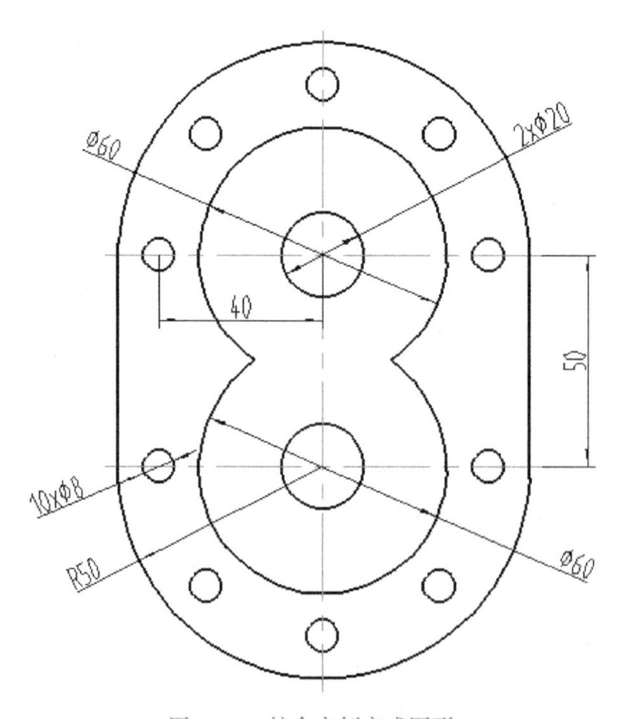

图 3-69　综合实例完成图形

本综合实例具体的操作步骤如下。

步骤 1：新建工程图文档。

启动 CAXA CAD 电子图板 2020 后，新建一个使用“BLANK”系统模板（GB 标准）的工程图文档，并确保“粗实线层”作为当前图层。

步骤 2：绘制几个圆。

1）在“绘图”面板中单击“圆”按钮，接着在“圆”立即菜单中设置“1. 圆心_半径”“2. 直径”“3. 无中心线”。

2）在绘图区任意单击一点作为圆心点，在“输入直径或圆上一点”提示下通过键盘输入直径为“20”，按〈Enter〉键确认，从而绘制一个直径为 20 的圆。

3）输入“60”，按〈Enter〉键确认，绘制直径为 60 的同心圆。

4）输入“100”，按〈Enter〉键确认，绘制直径为 100 的同心圆。

5）单击鼠标右键结束“圆”命令，完成绘制的 3 个圆如图 3-70 所示。

步骤 3：绘制一个小圆。

1）单击鼠标右键，以快速启用上一个命令，这里启用的上一个命令是“圆（Circle）”命令。

2）输入圆心点相对坐标为“@40<0”，按〈Enter〉键确认。

3）输入直径为“8”，按〈Enter〉键确认。

4）单击鼠标右键结束“圆”命令，绘制的一个小圆如图 3-71 所示。

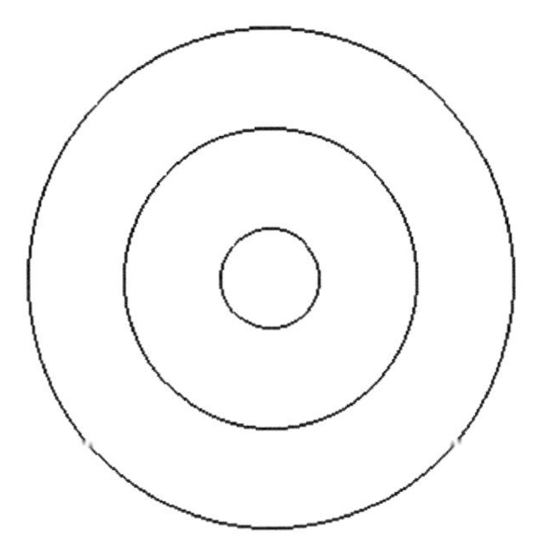

图 3-70　完成绘制 3 个圆

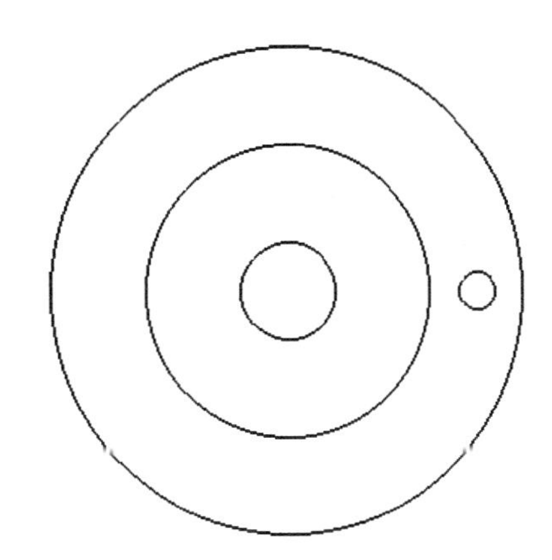

图 3-71　绘制一个小圆

步骤 4：创建圆形阵列。

1）在“修改”面板中单击“阵列”按钮，打开“阵列”立即菜单。

2）在“阵列”立即菜单中设置“1. 圆形阵列”“2. 不旋转”“3. 给定夹角”“4. 相邻夹角=45”“5. 阵列填角=180”，如图 3-72 所示。

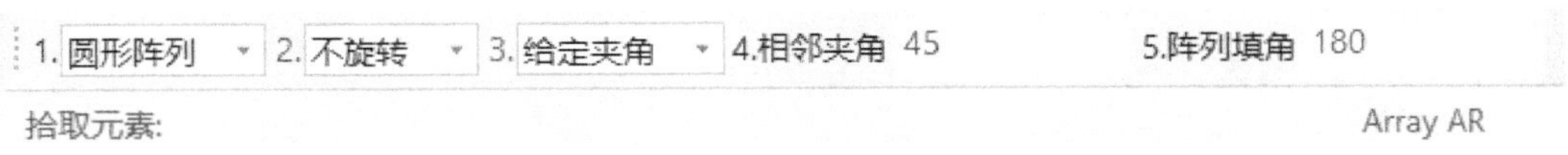

1. 圆形阵列　2. 不旋转　3. 给定夹角　4.相邻夹角 45　5.阵列填角 180

拾取元素:　Array AR

图 3-72　“阵列”立即菜单

3）选择最小的一个圆作为要阵列的图形对象，单击鼠标右键确认。

4）选择最大圆的圆心作为圆形阵列的中心点。

5）选择最小圆的圆心作为基点。

完成创建圆形阵列，如图3-73所示。

步骤5：绘制直线段。

1）在“绘图”面板中单击“直线”按钮╱，接着在“直线”立即菜单中选择“1. 两点线”“2. 单根”。

2）选择图3-74所示的象限点（最大圆的左象限点）作为新线段的第一点。

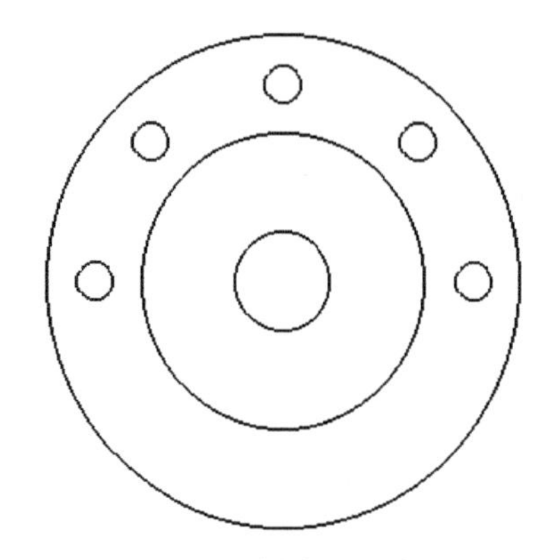

图3-73 创建圆形阵列

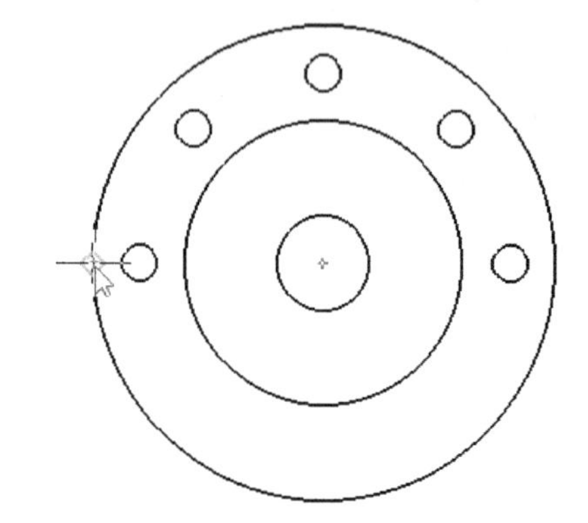

图3-74 选择一象限点作为线段第一点

3）在“第二点:”提示下输入“@25<-90”，按〈Enter〉键确认，完成绘制的第一条直线段如图3-75所示。

4）选择最大圆的右象限点作为第二条直线段的第一点。

5）在“第二点:”提示下输入“@25<-90”，按〈Enter〉键确认，完成绘制第二条直线段，如图3-76所示。

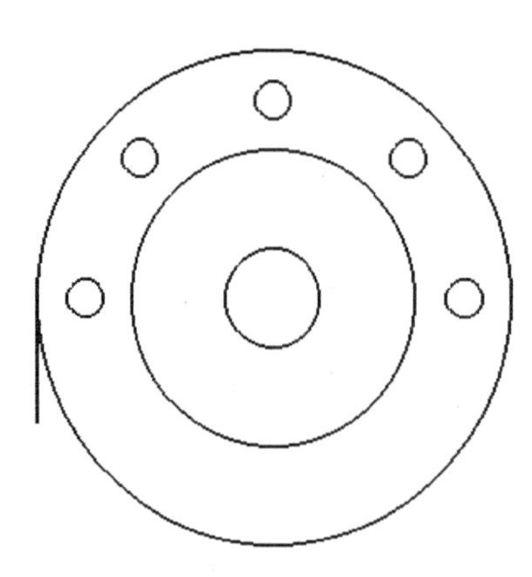

图3-75 绘制第一条直线段

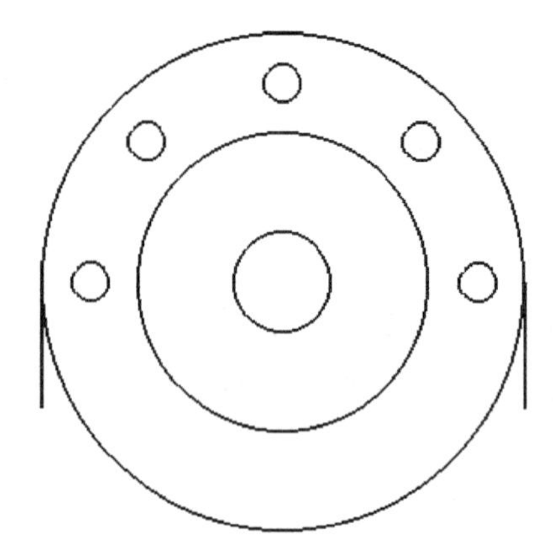

图3-76 绘制第二条直线段

6）单击鼠标右键结束“直线”命令。

步骤6：为大圆创建关联中心线。

1）在“绘图”面板中单击“中心线”按钮╱，打开“中心线”立即菜单。

2）在“中心线”立即菜单中设置“1. 指定延长线长度”“2. 快速生成”“3. 使用默认图层”“4. 延伸长度=3”。

3）选择最大圆以生成它的关联中心线，如图 3-77 所示。

4）单击鼠标右键退出命令操作。

步骤 7：裁剪图形。

1）在“修改”面板中单击“裁剪”按钮，接着在弹出的“裁剪”立即菜单的“1.”中选择“快速裁剪”选项。

2）使用鼠标分别拾取要裁剪的曲线，以获得图 3-78 所示的裁剪结果。

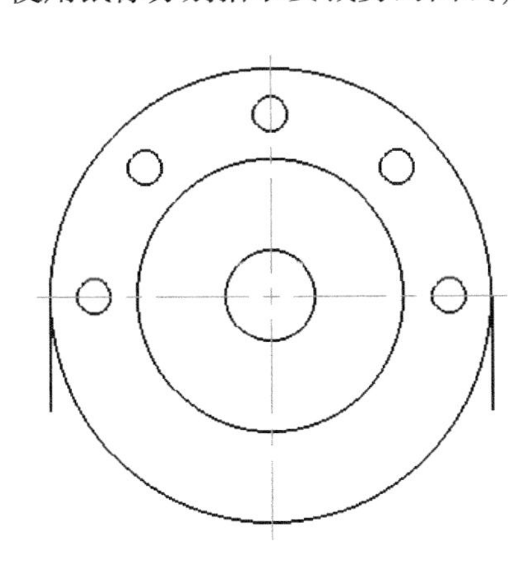

图 3-77　为最大圆创建中心线

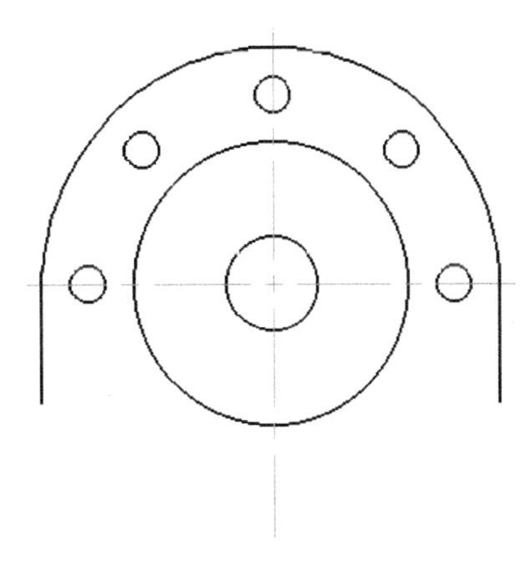

图 3-78　裁剪结果

3）单击鼠标右键退出/结束“裁剪”命令。

步骤 8：删除竖直的中心线。

1）选择要操作的竖直中心线，如图 3-79 所示。

2）单击“修改”面板中的“删除”按钮，或者按〈Delete〉键，删除竖直中心线后的图形如图 3-80 所示。

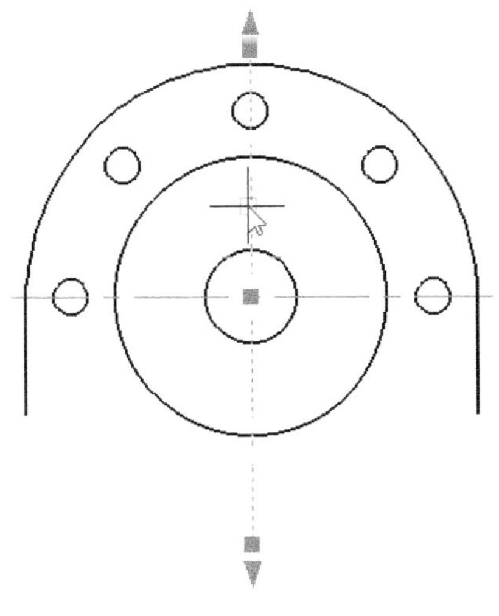

图 3-79　选择要删除的竖直中心线

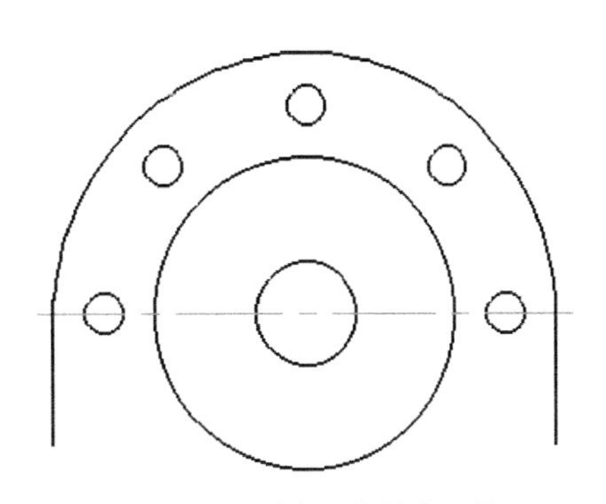

图 3-80　删除竖直的中心线

步骤 9：镜像图形。

1）在“修改”面板中单击“镜像”按钮，弹出“镜像”立即菜单。

2）在“镜像”立即菜单中设置“1. 拾取两点”“2. 拷贝”。

3）使用鼠标指定两个角点框选全部的图形，如图3-81所示，单击鼠标右键确认。

4）分别拾取第一点和第二点，如图3-82所示，所拾取的两点连接起来就是镜像线。

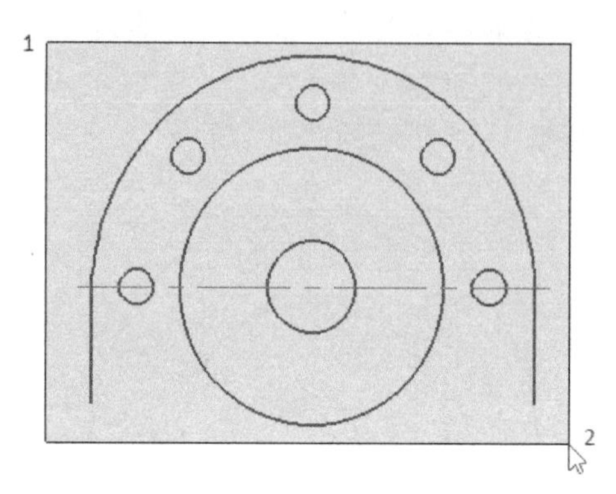

图3-81　框选全部的图形

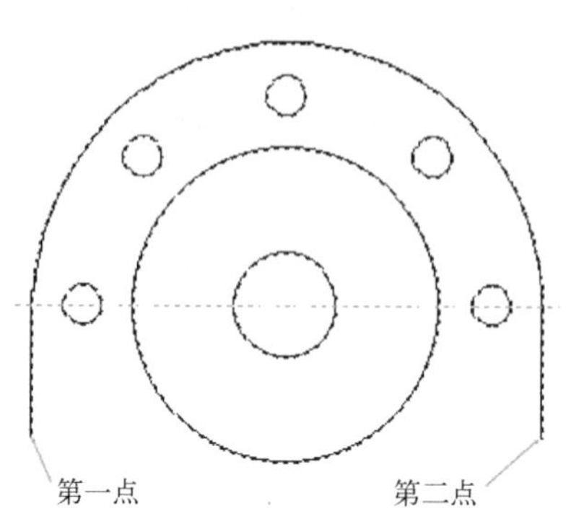

图3-82　拾取两点定义镜像线

镜像图形结果如图3-83所示。

步骤10：裁剪图形。

1）在“修改”面板中单击“裁剪”按钮，接着在弹出的“裁剪”立即菜单的“1.”中选择“快速裁剪”选项。

2）使用鼠标分别拾取要裁剪的曲线，以获得图3-84所示的裁剪结果。

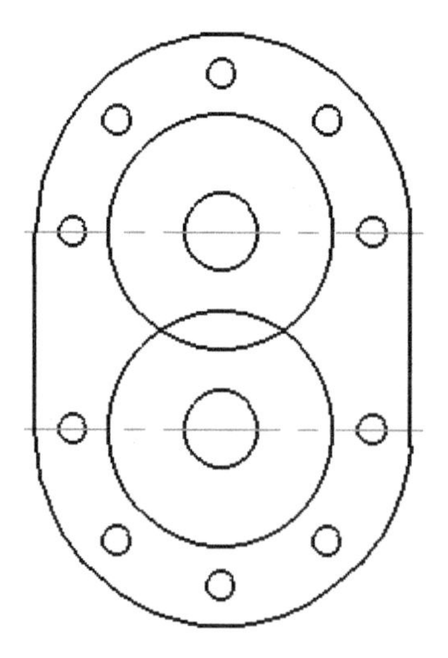
图3-83　镜像图形结果

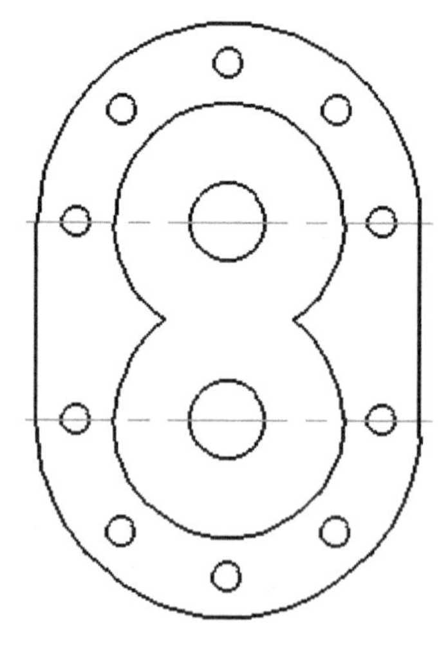
图3-84　裁剪结果

步骤11：绘制一条粗实线，然后对其属性进行编辑。

1）在“绘图”面板中单击“直线”按钮，接着在“直线”立即菜单中选择“1. 两点线”“2. 单根”。

2）在状态栏中选中“正交”模式，分别选择第一点和第二点，绘制图3-85所示的一条竖直的粗实线，单击鼠标右键结束当前的“直线”命令。

3）选择刚完成绘制的竖直的粗实线，打开“特性”选项板，如图3-86所示。

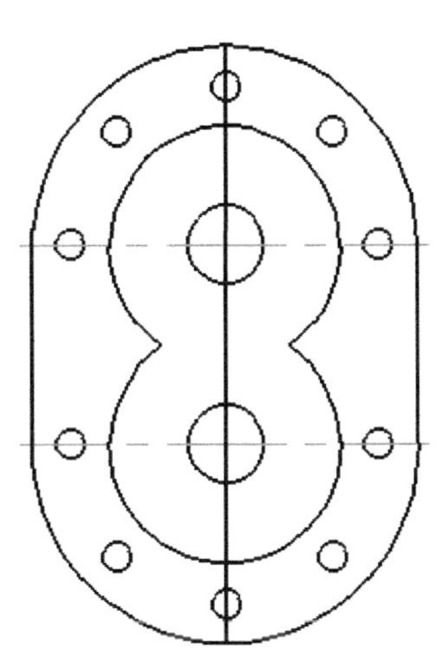

图 3-85 绘制一条竖直的粗实线

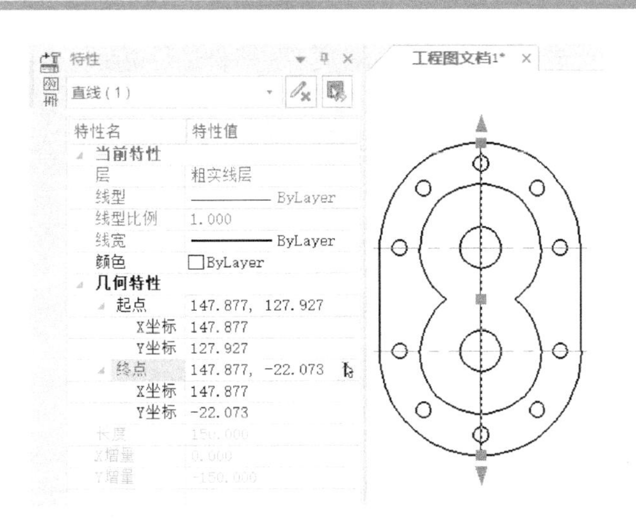

图 3-86 选择对象并打开“特性”选项板

4）在“特性”选项板的“当前特性”选项组中，将“层”的特性值编辑为“中心线层”，在“几何特性”选项组中分别修改起点的 Y 坐标和终点的 Y 坐标，其中起点的新 Y 坐标在原有 Y 坐标基础上加 3，终点的新 Y 坐标在原有 Y 坐标基础上减 3，如图 3-87 所示。

5）按键盘上的〈Esc〉键退出当前选定状态，此时可以看到最终的图形如图 3-88 所示。

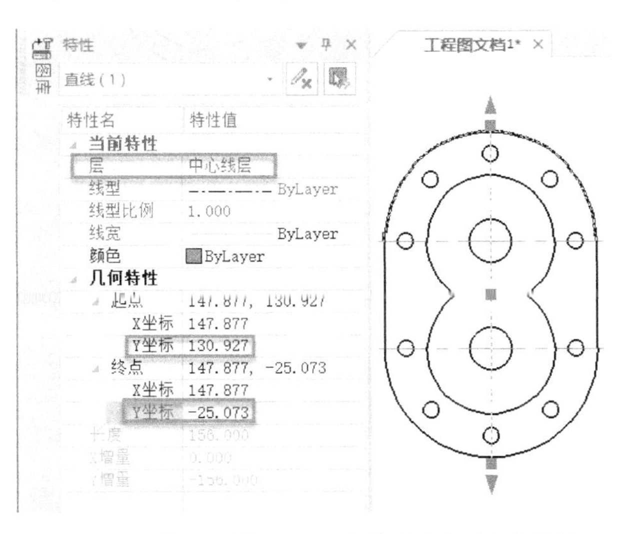

图 3-87 使用“特性”选项板修改选定对象的属性

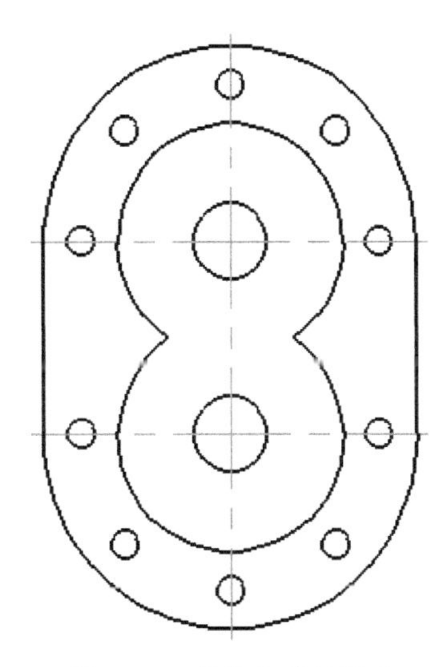

图 3-88 最终完成的图形

3.6 练习加油站

1）如何快速选择所有对象？

2）什么是夹点编辑？

3）平移和平移复制有什么不同？请举例进行说明。

4）阵列有哪些类型？如何创建它们？

5）过渡包括哪几种类型？举例进行说明。

6）使用“特性”选项板可以进行哪些操作？

7）上机练习：绘制图 3-89 所示的图形。

8）上机练习：绘制图 3-90 所示的图形。

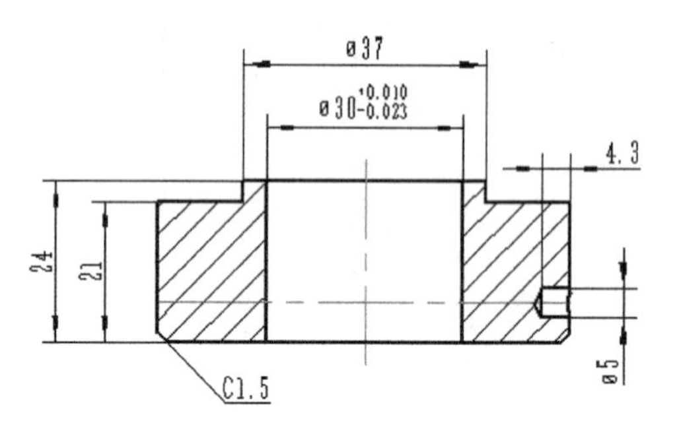

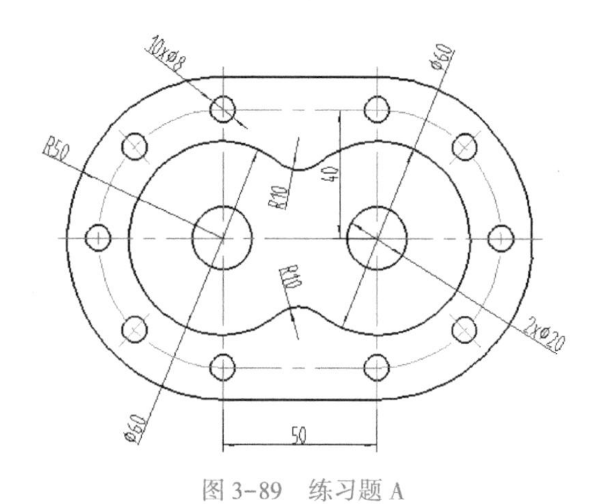

图 3-89　练习题 A

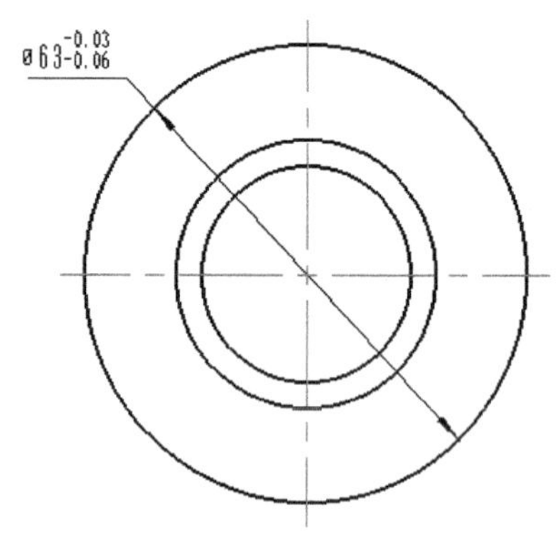

图 3-90　练习题 B

第 4 章　风格样式、智能点与查询工具

内容提要：

在工程制图中，为了规范化、标准化，免不了要进行风格样式设置，另外，为了提高设计效率，需要掌握智能点设置与查询工具应用等知识。

本章主要介绍文本风格、标注风格设置、其他风格设置、样式管理与标准管理、智能点设置与查询工具等。

4.1　文本风格

文本风格（也称文字风格）主要用于控制文字的外观，为文字设置的参数包括文字的字体、字高、方向和角度等。

在功能区“标注”选项卡的“标注样式”面板中单击“文本风格”按钮，或者单击“菜单”按钮并接着选择“格式”|“文字”命令，系统弹出图 4-1 所示的“文本风格设置”对话框。

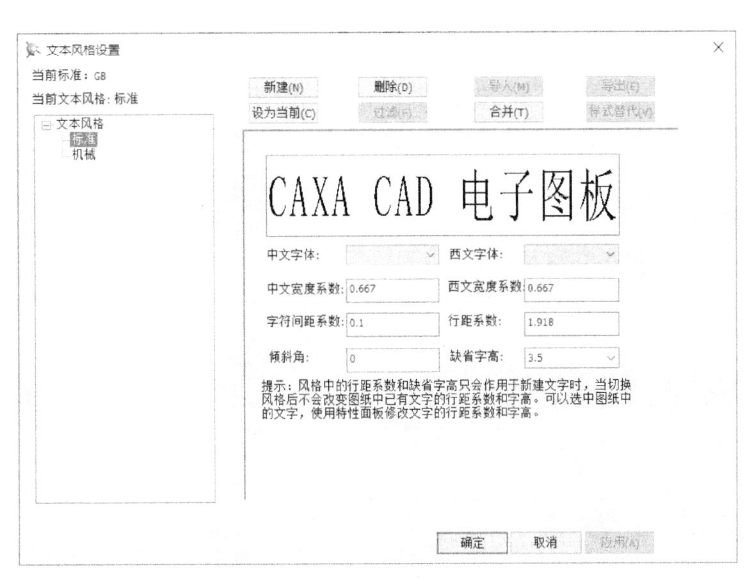

图 4-1　“文本风格设置”对话框

“文本风格设置”对话框的左侧提供了一个“文本风格”列表，该列表列出了当前文件中所存在的文字风格。CAXA CAD 电子图板为用户预定义了“标准”和“机械”两个默认文本样式，这两个文本样式是不能被删除的，但用户可以编辑它们。图 4-2 为这两种默认文本风格（文本样式）的示例。在“文本风格”列表上方，标明了当前标准和当前文本样式。

CAXA CAD 电子图板　　CAXA CAD 电子图板

a)　　b)

图 4-2　两种默认的文本风格示例
a)“标准”文本风格　b)“机械”文本风格

“文本风格设置”对话框中提供了“新建”“删除”“设为当前”和“合并”等按钮，分别用于建立新文本风格、删除选定文本风格、将选定文本风格设置为当前文本风格、合并文本风格等。例如，在“文本风格”列表中选择“机械”文本风格，接着单击“设为当前”按钮，则将“机械”文本风格设置为当前文本风格。

在“文本风格”列表中选择一个文本风格后，可以在对话框中设置其中文字体、西文字体、宽度系数、字符间距、倾斜角、字高等参数，所设参数即时提供文字风格预览。

下面介绍文本风格的参数设置内容。

- 中文字体：从“中文字体”下拉列表框中选择一种中文字体。可选的中文字体包括 Windows 的 TrueType 字体和使用单线体（形文件）文字。
- 西文字体：从“西文字体”下拉列表框中选择一种西文字体，用于限定输入文字中的西文。
- 中文宽度系数：当宽度系数为 1 时，文字的长宽比例与 TrueType 字体文件中描述的字形保持一次；当宽度系数为其他值时，文字宽度在此基础上缩放相应的倍数。
- 西文宽度系数：设置同中文宽度系数一样。
- 行距系数：在此框中设置横写时两个相邻行的间距与设定字高的比值。
- 列距系数：在此框中设置竖写时两个相邻列的间距与设定字高的比值。
- 旋转角：指横写时为行文字的延伸方向与坐标系的 x 轴正方向按逆时针测量的夹角（单位为角度“°”）；竖写时为一列文字的延伸方向与坐标系的 y 轴负方向按逆时针测量的夹角（单位为角度“°”）。
- 缺省字高：在此框中设置生成文字时默认的字高。在生成文字时也可以临时修改字高。

在“文本风格设置”对话框中为指定文本风格设置或修改参数后，单击“应用”按钮或“确定”按钮。

4.2　标注风格设置

标注风格（也称尺寸风格或尺寸样式）主要用于控制标注的外观，其设置内容包括尺

寸标注的箭头样式、文本位置、尺寸公差、对齐方式等。

在功能区“标注”选项卡的“标注样式”面板中单击“尺寸样式”按钮，或者单击“菜单”命令并从“格式”菜单中选择“尺寸”命令，弹出图4-3所示的“标注风格设置”对话框。在该对话框的左侧部位提供了“尺寸风格”列表框，用于列出当前文件已有的尺寸风格。利用此对话框，可以新建尺寸风格、删除选定尺寸风格、将选定尺寸风格设为当前尺寸风格、合并尺寸风格等。当单击“新建”按钮新建一个尺寸风格，或者选择一个已有的尺寸风格后，可以通过“直线和箭头”“文本”“调整”“单位”“换算单位”“公差”“尺寸形式”这些选项卡设置相应的尺寸风格选项及参数。

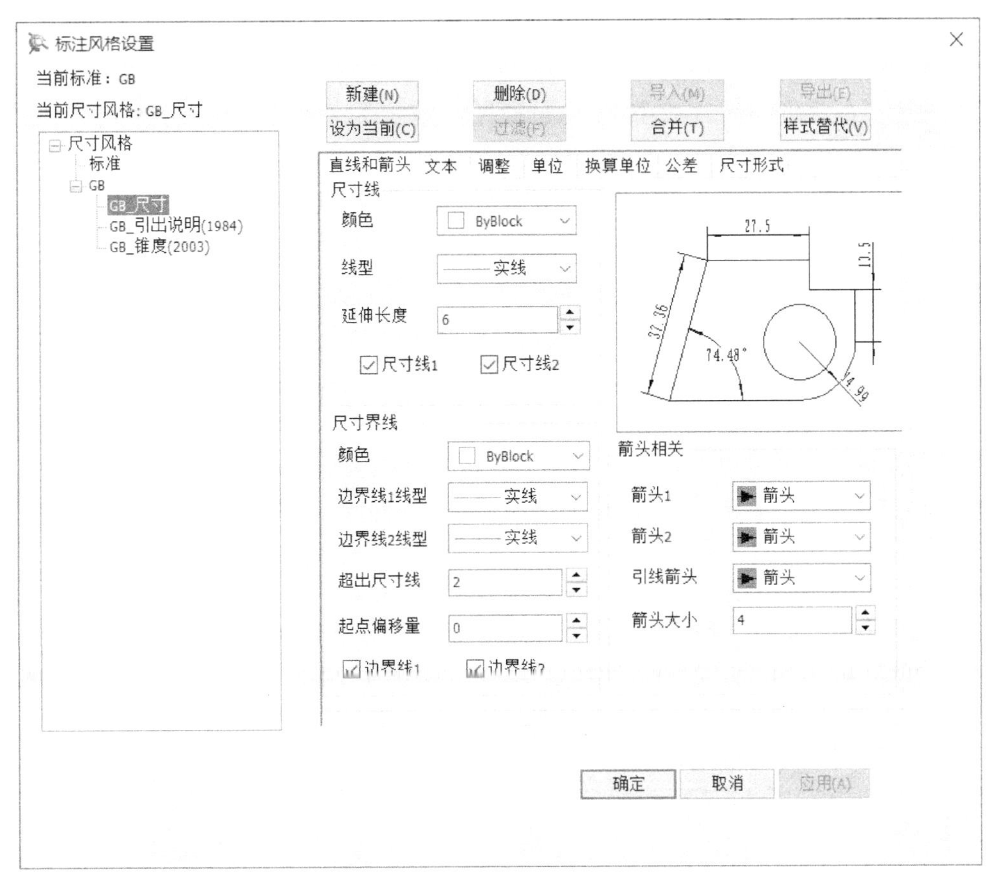

图4-3 “标注风格设置”对话框

4.2.1 直线和箭头

在“直线和箭头”选项卡中可以对尺寸线、尺寸界线、箭头进行相应设置。

1. 尺寸线

在“尺寸线”选项组中设置尺寸线的相关参数，包括尺寸线的颜色、线型、延伸长度和左右尺寸线开关状态。

- “颜色”：从该下拉列表框中设置尺寸线的颜色，默认选项为ByBlock。
- “线型”：该下拉列表框用于设置尺寸线的线型，默认为“实线”。

- “延伸长度”：设置尺寸线的延伸长度值。当尺寸线在尺寸界线外侧时，尺寸界线外侧距尺寸线的长度即为界外长度。
- “尺寸线 1”和“尺寸线 2”：这两个复选框相当于左右尺寸线的开关，默认为开。

2. 尺寸界线

在“尺寸界线”选项组中控制尺寸界线的参数。

- “颜色”：在此“颜色”下拉列表框中设置尺寸界线的颜色，其默认值为 ByBlock。
- “边界线 1 线型”“箭头 1”：分别用于设置边界线 1 的线型及其箭头。
- “边界线 2 线型”“箭头 2”：分别用于设置边界线 2 的线型及其箭头。
- “超出尺寸线”：用于设置尺寸界线向尺寸线终端外的延伸距离，其默认值为 2。
- “起点偏移量”：用于设置尺寸界线距离所标注元素的长度，其默认值为 0。
- “边界线 1”“边界线 2”：这两个复选框相当于左右边界线的开关，默认为开。示例如图 4-4 所示。

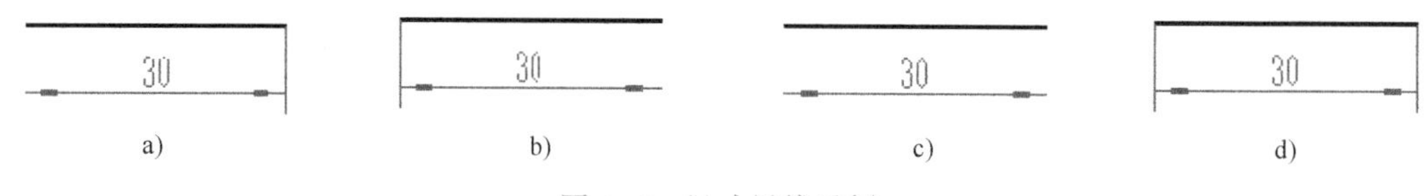

图 4-4 尺寸界线示例

a）边界线 1“关” b）边界线 2“关” c）左右边界线都“关” d）左右边界线都“开”

3. 箭头相关

在“箭头相关”选项组中设置尺寸箭头的大小与样式等。

- “箭头 1”：用于控制尺寸线左箭头（箭头 1）的样式，其默认设置为“箭头”，用户可以根据需要选择“斜线”“空心箭头”“圆点”等其他样式。
- “箭头 2”：用于控制尺寸线右箭头（箭头 2）的样式，其默认设置为“箭头”，用户可以根据需要选择“斜线”“空心箭头”“圆点”等其他样式。
- “引线箭头”：用于控制引线的样式，其默认设置为“箭头”，用户可以根据需要选择“斜线”“空心箭头”“圆点”等其他样式。
- “箭头大小”：在此框中设置箭头的大小数值。

4.2.2 文本

在“标注风格设置”对话框中切换至“文本”选项卡，可以设置尺寸标注中的文本外观、文本位置和位置对齐方式，如图 4-5 所示。

1. 文本外观

在“文本外观”选项组中设置尺寸风格中的相关文字设置，包括文本风格、文本颜色、文字字高、文字边框和边框大小等。

- “文本风格”：与 CAXA CAD 电子图板建立的文本风格相关联，从该下拉列表框中选择所需的一种文本风格，例如选择“标准”或“机械”文本风格。
- “文本颜色”：用于设置文字的字体颜色，其默认值为 ByBlock。
- “文字字高”：用于设置尺寸文字的高度。当字高为 0 时，将取所选文本风格的字高。
- “文本边框”：勾选“文本边框”复选框时，表示为标注字体加上边框，此时可设置边框大小，以及是否设置带有间隙。

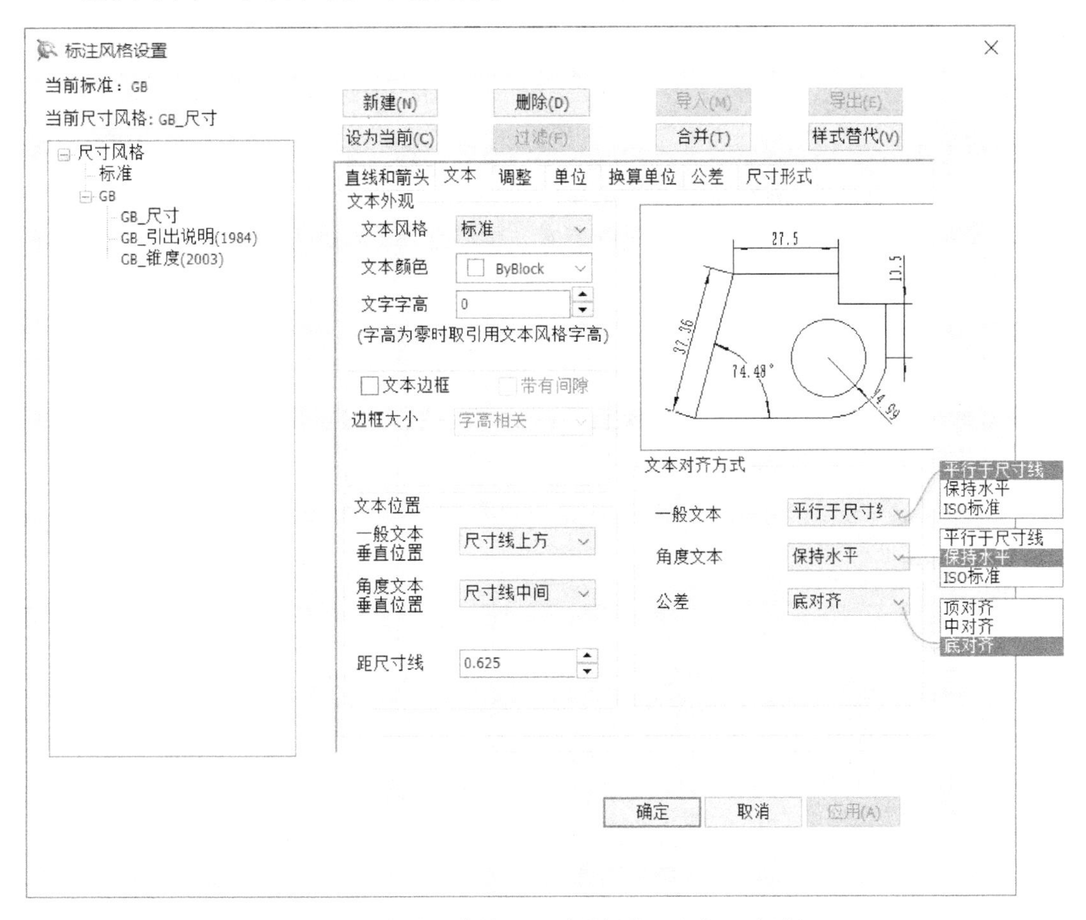

图 4-5 “标注风格设置”对话框的“文本”选项卡

2. 文本位置

在“文本位置”选项组中控制尺寸文本与尺寸线的位置关系。

- “一般文本垂直位置”：用于控制一般文字相对于尺寸线的位置。在此下拉列表框中可选择“尺寸线上方”“尺寸线中间”或“尺寸线下方”选项。尺寸文本位置示例如图 4-6 所示。

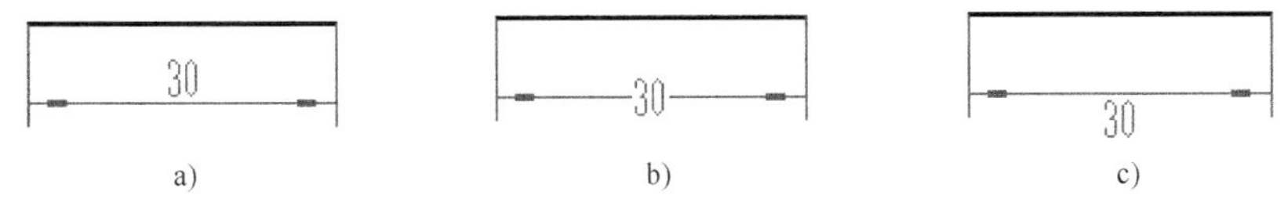

图 4-6 尺寸中一般文本垂直位置示例

a）尺寸线上方 b）尺寸线中间 c）尺寸线下方

- “角度文本垂直位置”：用于控制角度文本垂直放置位置，可供选择的选项有“尺寸线上方”“尺寸线中间”“尺寸线下方”选项，其默认选项为“尺寸线中间”。
- “距尺寸线”：用于控制文字距离尺寸线位置，其默认值为 0.625。

3. 文本对齐方式

在“文本对齐方式”选项组中设置尺寸文字的对齐方式等。

- “一般文本”：用于设置尺寸中一般文本的对齐方式，如“平行于尺寸线”“保持水平”“ISO 标准”。
- “角度文本”：用于设置尺寸中角度文本的对齐方式，如“平行于尺寸线”“保持水平”“ISO 标准”，例如选择“保持水平”。
- “公差”：用于设置公差文字的对齐方式，可供选择的对齐方式有“顶对齐”“中对齐”“底对齐”。

4.2.3 调整

在“标注风格设置”对话框中切换至“调整”选项卡，可以设置文字与箭头的关系以使尺寸线的效果最佳，调整的相关设置内容如图 4-7 所示。

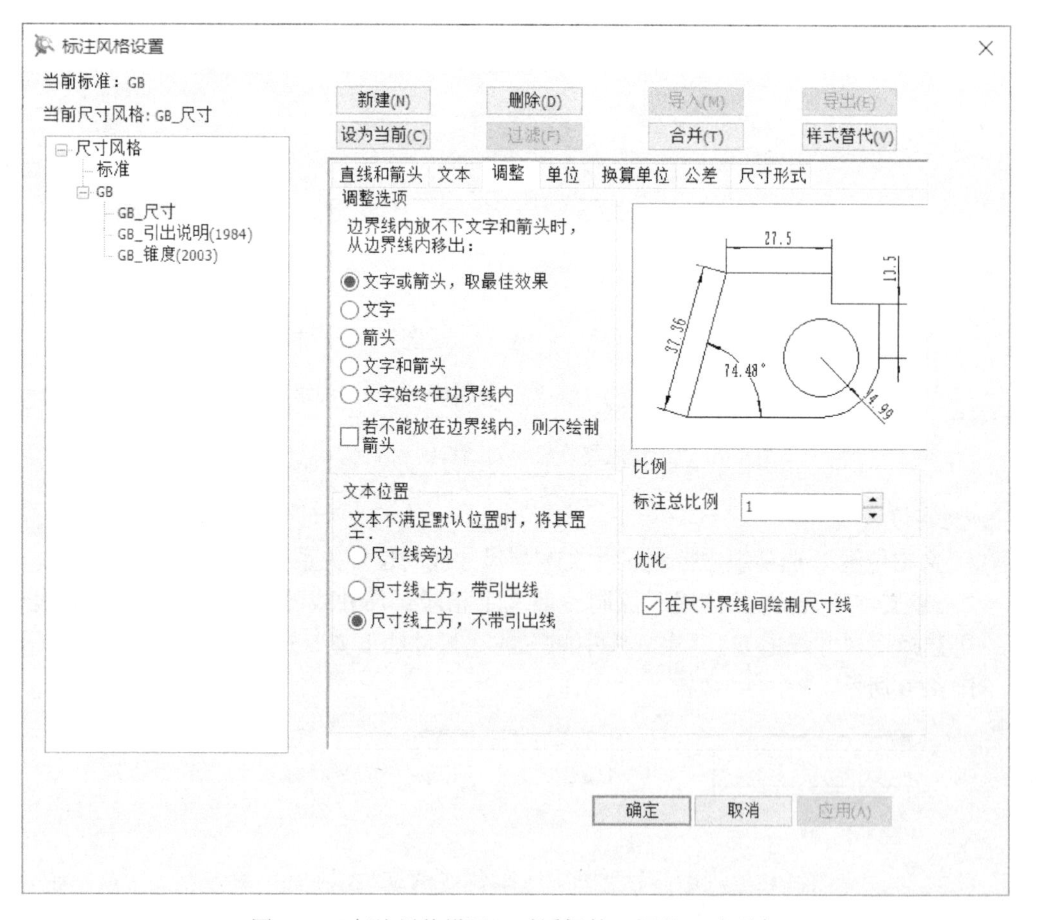

图 4-7 “标注风格设置”对话框的“调整”选项卡

1. 调整选项

在“调整选项”选项组中设置当边界线内放不下文字和箭头时，如何处理文字和箭头，默认处理方式为从边界线内移出文字或箭头，取最佳效果。

2. 文本位置

在“文本位置”选项组中设置当文本不满足默认位置时，将文本置于尺寸线旁边、尺寸线上方带引出线或尺寸线上方不带引出线。

3. 比例

在“比例”选项组中设置标注总比例值，以按输入的比例值放大或缩小标注的文字和箭头。

4. 优化

在“优化”选项组中对“在尺寸界线间绘制尺寸线”复选框进行设置，可以设置在尺寸界线间绘制尺寸线。

4.2.4 单位

在“标注风格设置”对话框中切换至“单位”选项卡，可以设置标注的精度，如图 4-8 所示。该选项卡提供“线性标注”选项组和“角度标注”选项组，下面分别介绍这两个选项组的选项、参数设置。

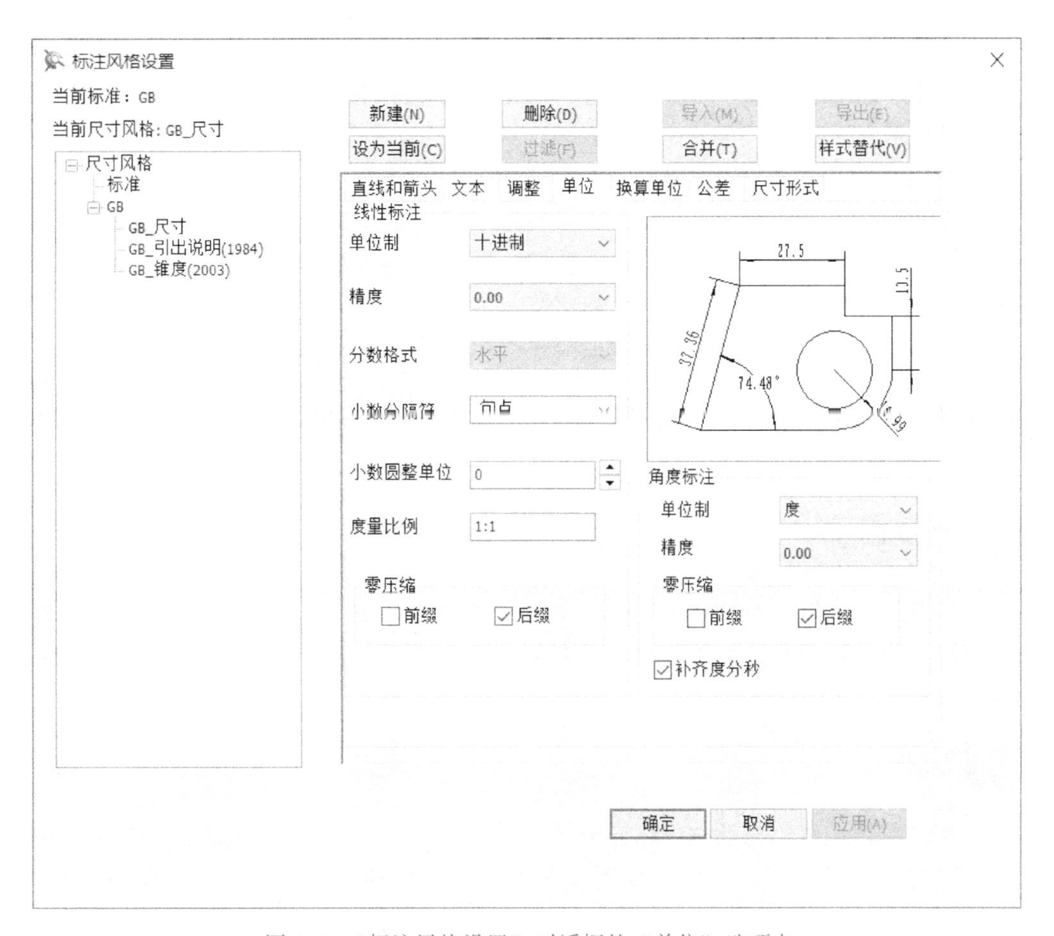

图 4-8 “标注风格设置”对话框的“单位”选项卡

1. 线性标注

在“线性标注”选项组中设置线性标注的格式和精度等参数。

- “单位制”：从“单位制”下拉列表框中选择“十进制”“科学计数”“英制”“分数”“建筑”“分数堆叠”这些选项之一，用于设置除角度之外的所有标注类型的当前单位格式。
- “精度”：这里的精度是指基于选定的单位或角度格式。在“精度”下拉列表框中设置标注主单位中显示的小数位数。
- “分数格式”：用于设置分数的格式是水平的还是竖直的，只有在单位制选分数时此下拉列表框才可用。
- “小数分隔符”：用于设置小数点的表示方式，可供选择的选项有“. 句点”“，逗号”“空格”。
- “小数圆整单位”：用于为除“角度”之外的所有标注类型设置标注测量值的舍入规则。
- “度量比例”：用于设置标注尺寸与实际尺寸的比值，默认值为“1∶1”。
- “零压缩”：在“零压缩”子选项组中有“前缀”和“后缀”两个复选框，用于控制在尺寸标注中是否对小数的前后消“0”。例如，假设尺寸值为0.802，精度为0.00，当在此子选项组中选中“前缀”时，则标注结果为.80，若选中“后缀”时，则标注结果显示为0.8。

2. 角度标注

在“角度标注”选项组中设置角度标注的格式和精度等参数。

- “单位制”：用于设置角度单位格式，如“度”“度分秒”“百分度”或“弧度”。
- “精度”：用于设置角度标注的小数位数。
- “零压缩”：用于控制是否禁止输出前导零和后续零。
- “补齐度分秒”：如果勾选此复选框，则在用“度分秒”方式标注时，CAXA CAD会补齐度分秒。例如，假设有一角度为60°31″，若勾选此复选框后该角度将显示为60°0′31″。

4.2.5 换算单位

在“标注风格设置”对话框中切换至“换算单位”选项卡，如图4-9所示。当在该选项卡上勾选“显示换算单位”复选框时，可以设置换算单位的单位制、精度、零压缩和显示位置等参数。

4.2.6 公差

在“标注风格设置”对话框中切换至“公差”选项卡，如图4-10所示，从中控制标注文字中公差的格式及其显示，以及设置换算公差单位的格式。该选项卡提供以下两个选项组。

1. 公差

在“公差”选项组中控制标注文字中公差的格式及显示。

图 4-9 “标注风格设置”对话框的“换算单位”选项卡

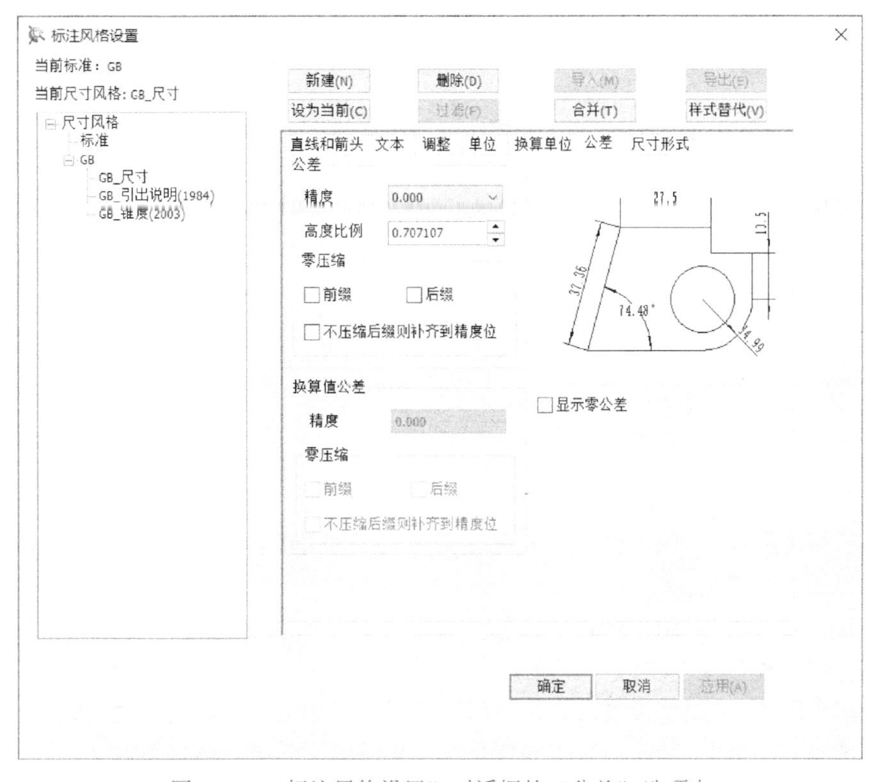

图 4-10 “标注风格设置”对话框的“公差”选项卡

- “精度”：在“精度”下拉列表框中设置尺寸偏差的精确度，可以精确到小数点后5位。
- “高度比例”：用于设置当前公差文字相对于基本尺寸的高度比例。
- “零压缩”：控制是否禁止输出前导零（“前缀”复选框控制）和后续零（“后缀”复选框控制），以及不压缩后缀则补齐到精度位。

2. 换算值公差

在“换算值公差”选项组中设置换算公差单位的格式，包括其精度和零压缩选项。

4.2.7 尺寸形式

在“标注风格设置”对话框中切换至“尺寸形式”选项卡，如图4-11所示，可以设置弧长标注和引出点等参数。

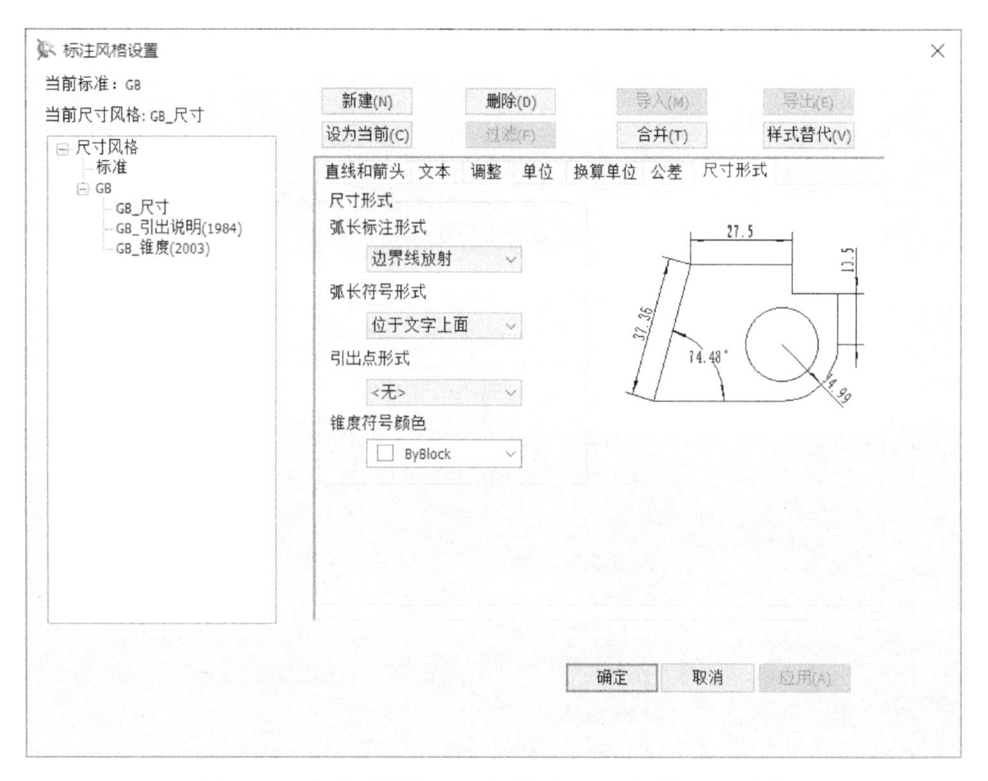

图4-11 “标注风格设置”对话框的“尺寸形式”选项卡

- “弧长标注形式”：用于设置弧长标注形式，可选的弧长标注形式有“边界线放射”“边界线垂直于弦长”。
- “弧长符号形式”：用于设置弧长标注符号形式，弧长标注符号形式可以为“位于文字上面”“位于文字左边”“〈无〉”。
- “引出点形式”：用于设置尺寸标注引出点形式，如引出点形式为“〈无〉”或“点”。
- “锥度符号颜色”：用于设置锥度符号颜色是随块、随层，还是自定义。

4.3 其他风格设置

除了文本风格、尺寸风格之外，还有点风格（2.1.8 节介绍过其创建方法）、引线风格、形位公差风格、粗糙度风格、焊接符号风格、基准代号风格、剖切符号风格等，可以将引线风格、形位公差风格、粗糙度风格、焊接符号风格、基准代号风格、剖切符号风格等这些归纳为工程标注风格。

在 CAXA CAD 电子图板 2020 中，工程标注风格均是按照新制图国标进行设置的，通常情况下，用户接受默认的工程标注风格设置即可，如果确实需要新建或编辑默认的工程标注风格，那么可以在“格式”菜单中单击相应的风格按钮，再在弹出的对话框中进行选项和参数设置即可，具体操作步骤和设置内容不再赘述。

4.4 样式管理与标准管理

本节介绍样式管理与标准管理的实用知识。

4.4.1 样式管理

CAXA CAD 电子图板提供了一个实用的“样式管理”按钮，用于集中设置系统的图层、线型、标注样式、文本样式等，即可以对全部样式进行集中管理。

在功能区“常用”选项卡的“特性”面板或功能区“标注”选项卡的“标注样式”面板中单击“样式管理”按钮，打开图 4-12 所示的“样式管理”对话框，在该对话框中可以设置各种样式的参数，也可以对所有的样式进行一站式的管理操作。

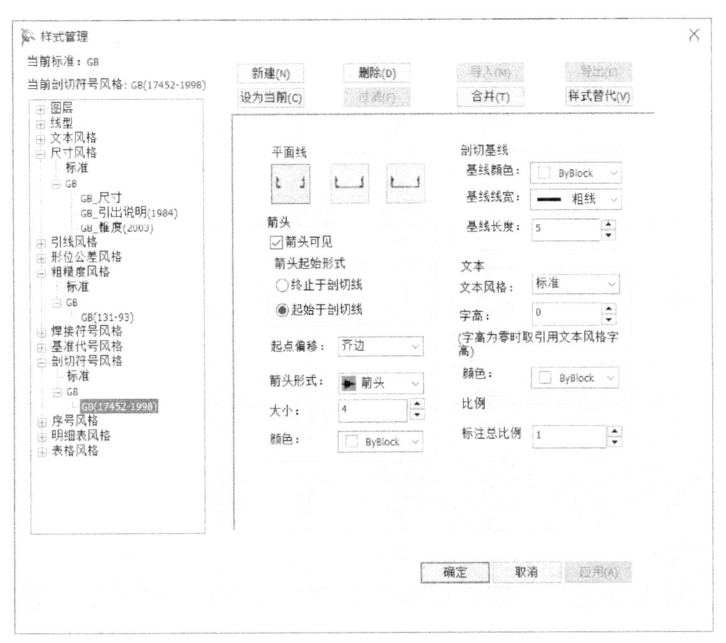

图 4-12 “样式管理”对话框

知识点拨 要调用“样式管理”功能弹出“样式管理”对话框，也可以使用快捷键〈Ctrl+T〉或“Type”命令。

利用“样式管理”对话框进行样式设置的方法很简单，即在“样式管理”对话框的左侧“所有样式列表”中选择所需的一个样式后，对话框右侧会显示该样式的状态，例如当选中“粗糙度风格”时如图4-13所示。此时，可以进行新建、删除、设为当前、合并、导入和导出等操作。还可以在对话框左侧单击相应风格前的“+”以展开其下一级，接着选择所需的命名风格样式，即可对其进行各种参数设置。

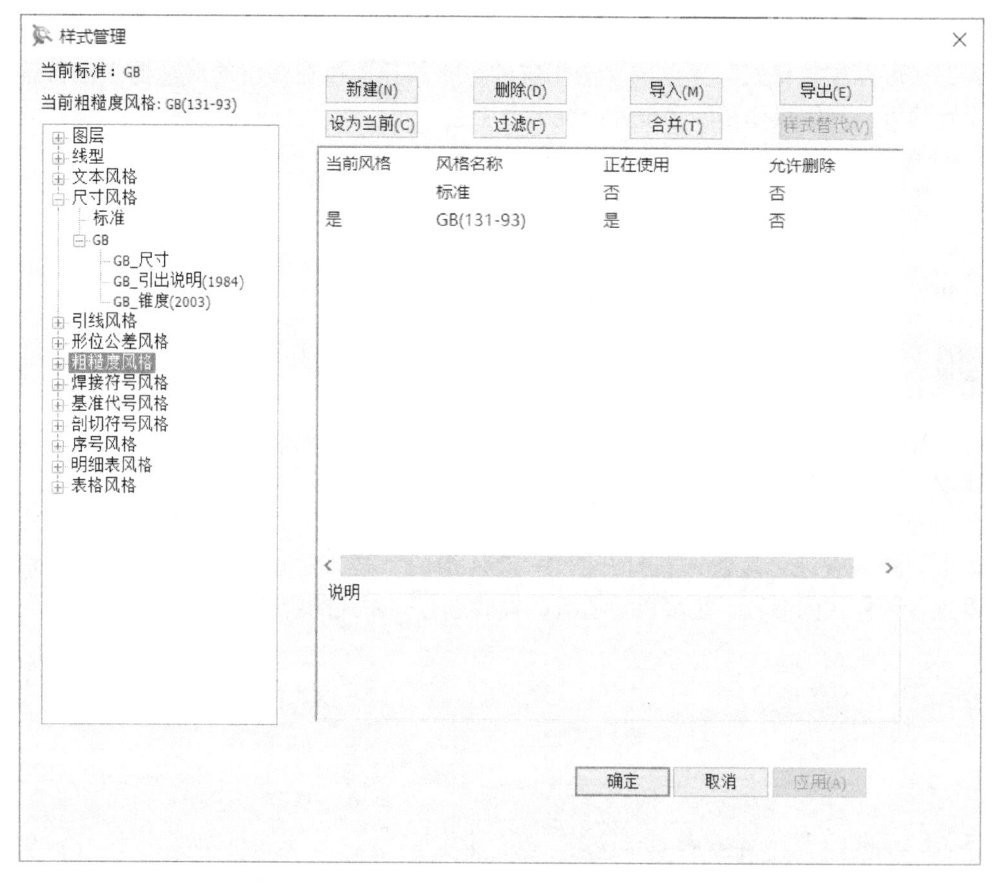

图4-13　选中某样式后对话框会显示该样式的状态

4.4.2 标准管理

制图标准有很多，例如“GB”“ISO”“JIS”“ANSI”等。

要对各个标准进行管理，则可以在功能区“工具”选项卡的“选项”面板中单击“标准管理”按钮，打开图4-14所示的“标准管理”对话框，接着利用该对话框设定要使用的标准，指定默认标准（当打开图纸无标准时，需要指定默认标准），若在“标准元素”列表框中双击某一个标准元素，则会弹出一个修订设置对话框，引导用户去编辑该标准元素。

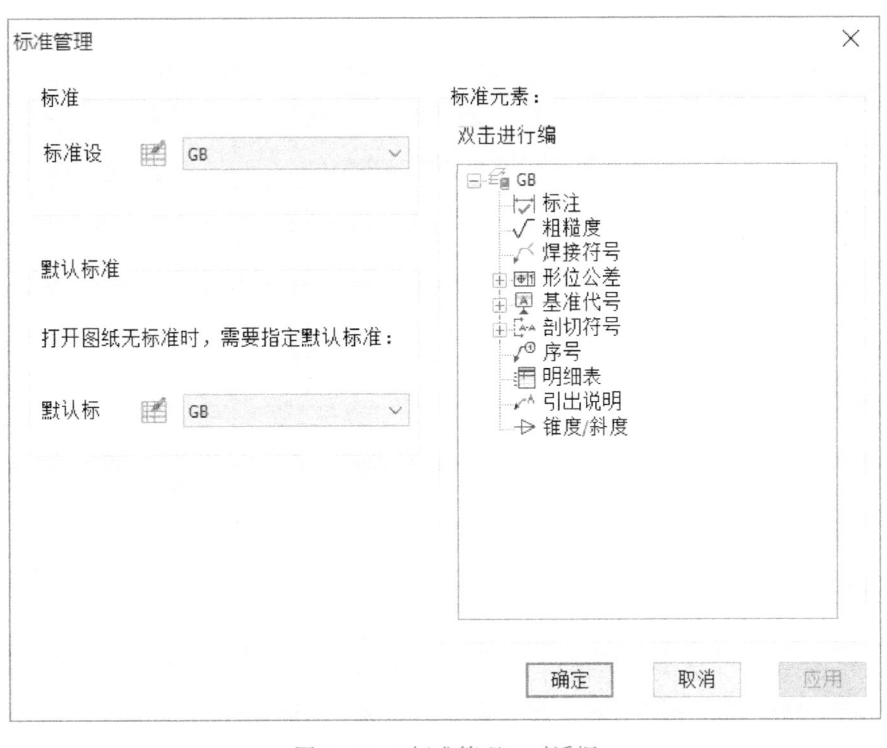

图 4-14 “标准管理”对话框

4.5 智能点设置

在 CAXA CAD 电子图板 2020 中，提供了多种拾取和捕捉工具用于提高对象拾取和捕捉效率，在前面的一些案例中也穿梭着介绍了一些关于智能点的应用小知识和小技巧。本节再总结性地介绍捕捉设置和三视图导航。

4.5.1 捕捉设置

捕捉设置的概念是指设置鼠标在屏幕上的捕捉方式，所谓的捕捉方式包括“捕捉和栅格”“极轴导航”和“对象捕捉”。

要进行捕捉设置，可以在功能区“工具”选项卡的“选项”面板中单击“捕捉设置”按钮，弹出图 4-15 所示的“智能点工具设置”对话框，该对话框提供了“捕捉和栅格”“极轴导航”和“对象捕捉”3 个选项卡。

1. 捕捉和栅格

在“智能点工具设置”对话框的“捕捉和栅格”选项卡上可以设置捕捉间距和栅格间距等内容。

当勾选“启用捕捉”复选框时，打开捕捉间距模式，接着可以设置捕捉 X 轴间距和捕捉 Y 轴间距值；当勾选“捕捉栅格”复选框时，则打开栅格显示模式，接着可以设置 X 轴和 Y 轴方向的栅格间距。

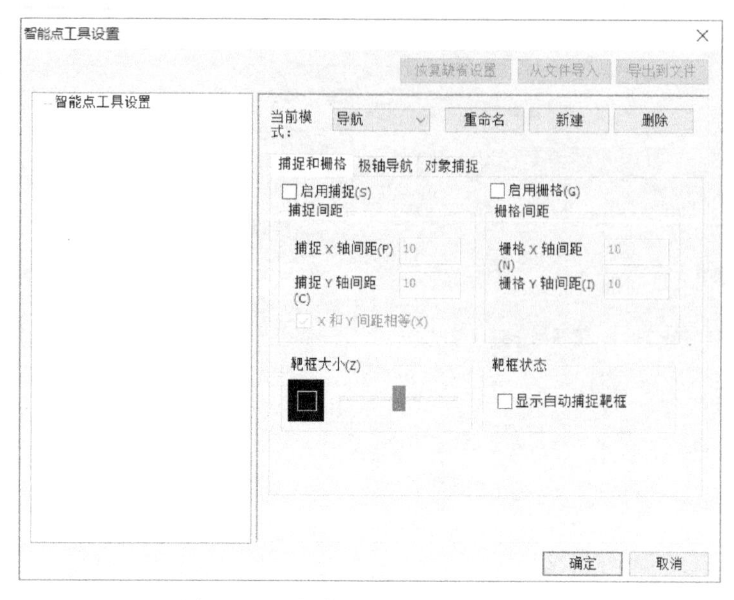

图 4-15 “智能点工具设置”对话框

拖动“靶框大小”滑块（手柄），可以设置捕捉时的拾取框大小；在“靶框状态”选项组中若勾选“显示自动捕捉靶框”复选框，则设置自动捕捉时显示靶框。

2. 极轴导航

在“智能点工具设置”对话框的“极轴导航”选项卡上可以设置极轴导航的相关参数，如图 4-16 所示。极轴导航的相应设置方法如下。

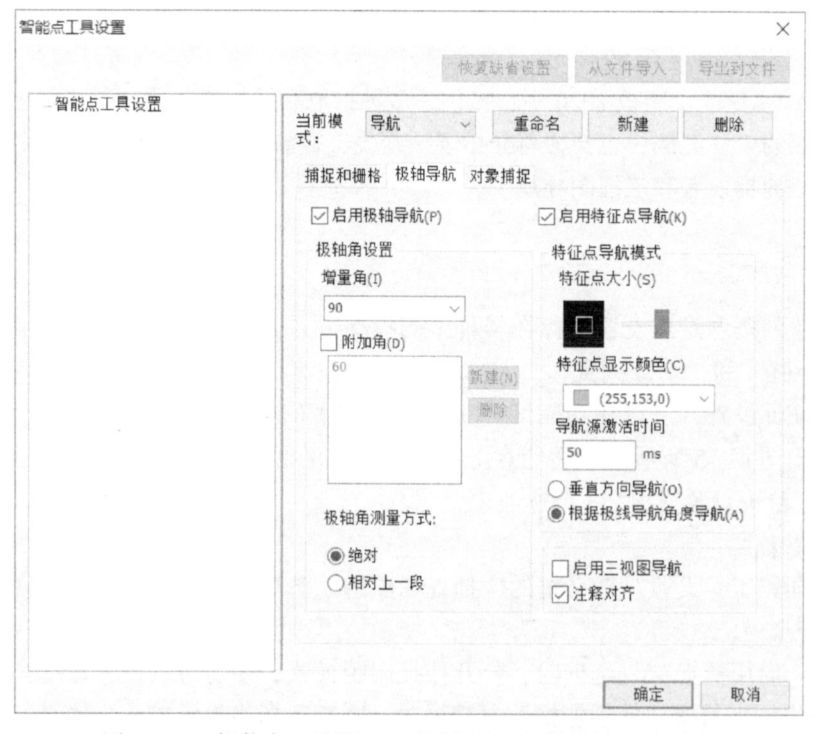

图 4-16 “智能点工具设置”对话框的“极轴导航”选项卡

- 勾选“启用极轴导航”复选框可以打开极轴导航，当打开极轴导航之后，可以对极轴角进行设置，即通过设置极轴角的参数来指定极轴导航的对齐角度。其中，“增量角”用于显示极轴导航对齐路径的极轴角增量，“附加角”是对极轴导航使用列表中的任何一种附加角度，用户可以根据需要新建或删除附加角。极轴角测量方式分“绝对”和“相对上一段”两种。
- 当勾选“启用特征点导航”复选框时，系统打开特征点导航模式，此时在“特征点导航模式”选项组中设置特征点大小、特征点显示颜色、导航源激活时间，选择是垂直方向导航还是根据极线导航角度导航，如有需要，还可以设置启用三视图导航等。

3. 对象捕捉

在“智能点工具设置”选项卡的“对象捕捉”选项卡上可以设置启用对象捕捉模式，以及设置对象捕捉参数，如图 4-17 所示。

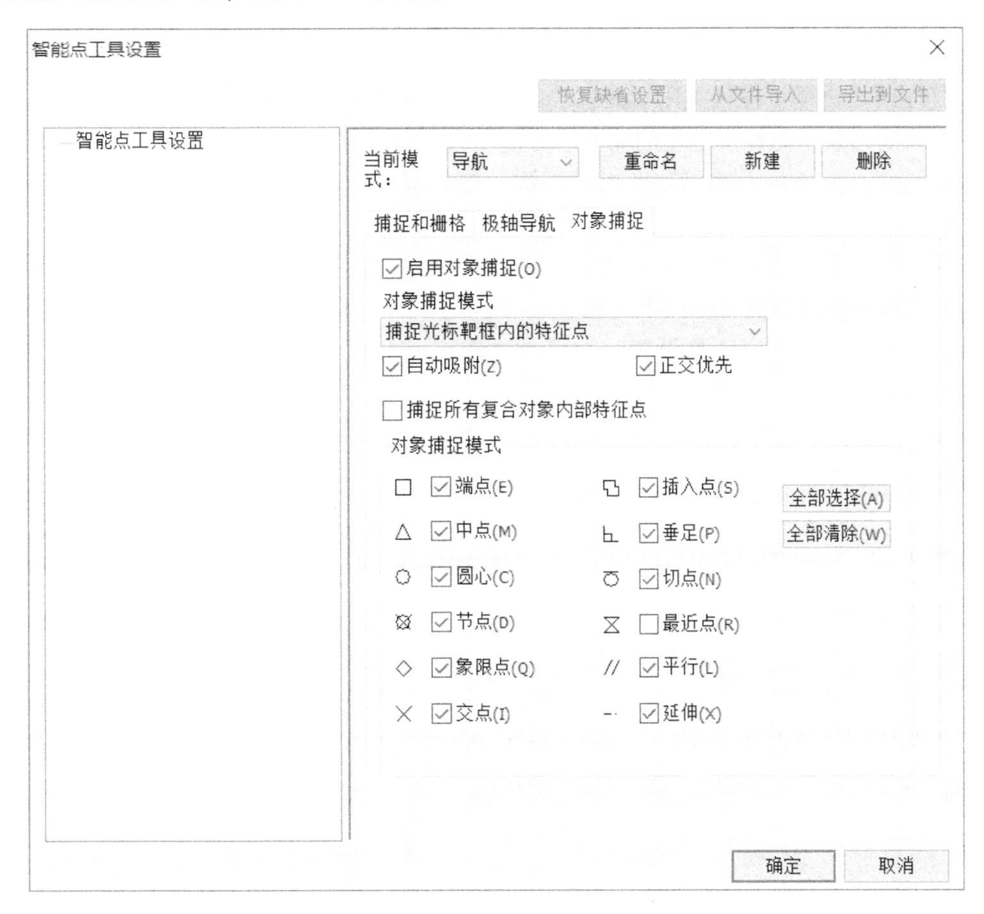

图 4-17 “智能点工具设置”对话框的“对象捕捉”选项卡

当设置打开对象捕捉方式时，可以从“对象捕捉模式”下拉列表框中选择“捕捉光标靶框内的特征点”或“捕捉最近的特征点”，可以通过勾选“自动吸附”复选框来设置对象捕捉时光标的自动吸附，可以通过勾选“正交优先”复选框来对正交方向的对象优先捕捉，还可以在“对象捕捉模式”选项组中设置启用哪些对象捕捉模式，如端点、中点、圆心、节点、象限点、交点、插入点、垂足、切点、平行、延伸等。

“捕捉和栅格”“极轴导航”“对象捕捉”这3种捕捉方式可以灵活设置，并且可以组合为多种捕捉模式，譬如“自由”“智能”“栅格”和“导航”等，可以从状态栏的“捕捉模式”下拉列表框中进行选择设置，如图4-18所示，按快捷功能键〈F6〉也可以快速地在“导航”“自由”“智能”“栅格”这些捕捉模式之间切换。

图4-18 使用“捕捉模式”下拉列表框进行捕捉模式切换

- “导航”：该捕捉模式同时打开极轴导航和对象捕捉。使用该捕捉模式时，可以通过鼠标光标对若干种特征点（如孤立点、线段中点、线段端点、圆心、圆弧象限点、交点等）进行导航，并且在使用导航的同时也可以进行智能点的捕捉。
- “自由”：该捕捉模式关闭了捕捉和栅格、极轴导航和对象捕捉等所有捕捉方式，因此当使用鼠标光标指定点的输入时完全由当前鼠标光标的实际定位来确定。
- “智能”：该捕捉模式只打开对象捕捉，使用鼠标时会自动捕捉诸如圆心、中点、端点、切点、垂足等一些特征点。
- “栅格”：该捕捉模式只打开捕捉和栅格，使用鼠标可捕捉栅格点，对于栅格点，用户可以设置栅格点可见或不可见。

允许用户在“智能点工具设置”对话框中根据实际设计情况自定义捕捉模式，包括新建、删除或重命名捕捉模式。

4.5.2 三视图导航

为了便于用户确定投影关系，CAXA CAD电子图板提供了专门的“三视图导航”功能，它是导航方式的一种特殊扩充，为用户绘制三视图或多面视图提供了一种更方便的导航方式。

要启用三视图导航，则可以按功能快捷键〈F7〉，或者单击“菜单”按钮并从“工具”菜单中选择“三视图导航”命令，接着分别指定导航线的第一点和第二点，则系统在屏幕上绘制出一条45°或135°的黄色导航线。如果此时将捕捉模式设为“导航”，那么用户将可以使用导航模式并以此导航线为视图转换线进行三视图导航，典型应用示例如图4-19所示。

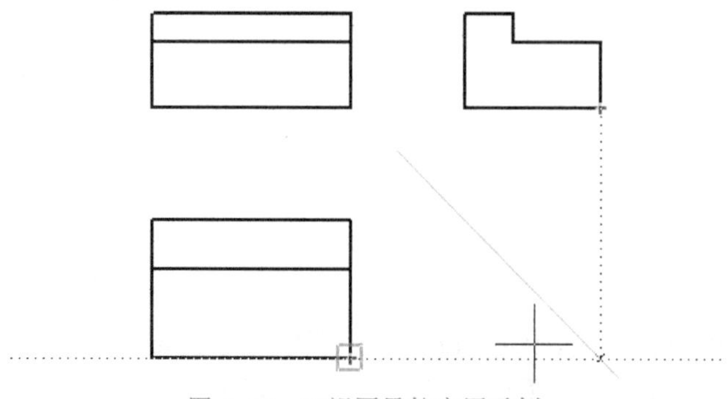

图4-19 三视图导航应用示例

如果系统当前已存有导航线，那么执行“三视图导航”命令将删除原有的导航线，接着根据提示分别指定第一点和第二点来创建新的导航线，也可以在“第一点〈右键恢复上一次导航线〉:”提示下单击鼠标右键来恢复上一次导航线。

4.6 查询工具

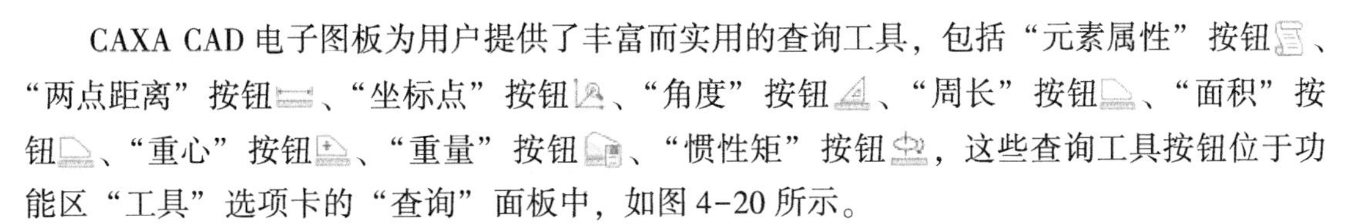

CAXA CAD 电子图板为用户提供了丰富而实用的查询工具，包括“元素属性”按钮、“两点距离”按钮、“坐标点”按钮、“角度”按钮、“周长”按钮、“面积”按钮、“重心”按钮、“重量”按钮、“惯性矩”按钮，这些查询工具按钮位于功能区“工具”选项卡的“查询”面板中，如图 4-20 所示。

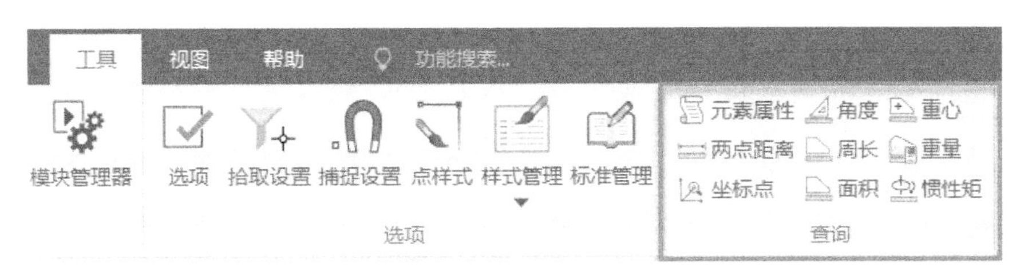

图 4-20　查询工具

上述查询工具按钮的功能含义如表 4-1 所示。

表 4-1　查询工具按钮功能含义一览表

序　号	按　钮	名　称	功 能 含 义
1		元素属性	查询拾取到的对象的属性并以列表的方式显示出来
2		两点距离	查询任意两点之间的距离
3		坐标点	查询各种工具方式下点的坐标，可同时查询多点
4		角度	查询圆心角、两线夹角和三点夹角
5		周长	查询一系列首尾相连的曲线的总长度，这些曲线可以是封闭的，也可以是不封闭的
6		面积	对一个封闭区域或多个封闭区域构成复杂图形的面积进行查询
7		重心	对一个分部区域或多个封闭区域构成复杂图形的重心进行查询
8		重量	通过拾取绘图区中的面、拾取绘图区中的直线距离及手工输入等方法得到简单几何实体的各种尺寸参数，结合密度数据由软件系统自动计算出设计的体的重量
9		惯性矩	对一个封闭区域或多个封闭区域构成的复杂图形相对于任意回转轴、回转点的惯性矩进行查询

【举例】查询练习实例

1）打开“查询练习实例.exb”文件，该文件存在图 4-21 所示的图形。

2）查询指定两点的距离。

在功能区“工具”选项卡的“查询”面板中单击“两点距离”按钮，接着选择矩形的右上顶点作为要查询的第一点，再选择矩形的右下顶点作为要查询的第二点，则系统弹出图4-22所示的“查询结果”对话框，该对话框内列出被查询两点间的距离以及第二点相对第一点的X轴和Y轴上的增量，两点距离为80。然后单击对话框的“关闭”按钮。

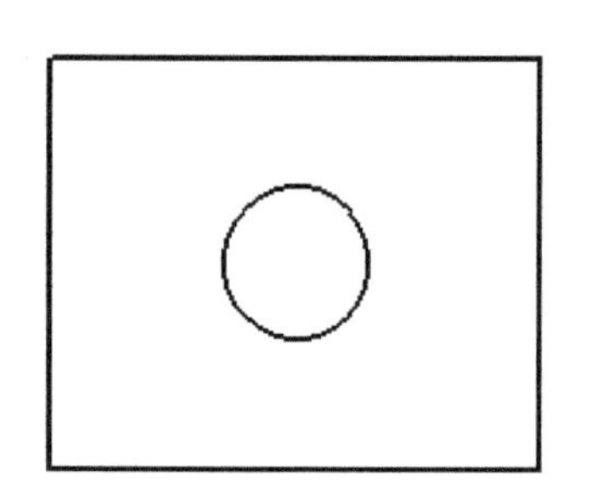

图4-21　文件中的已有图形

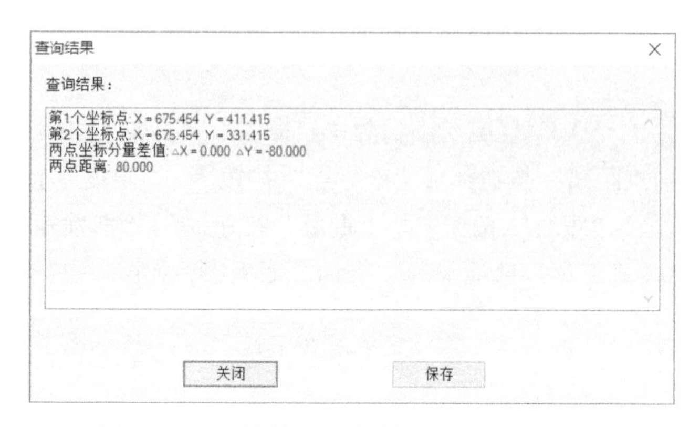

图4-22　“查询结果”对话框（查询两点距离）

3）查询面积。

在功能区“工具”选项卡的“查询”面板中单击“面积”按钮，接着在弹出的立即菜单中设置选中“1. 增加面积”，如图4-23所示。先在图4-24所示的矩形内部拾取一点，再在立即菜单中单击“1. 增加面积”以切换至“1. 减少面积”选项，如图4-25所示，在圆内拾取一点，单击鼠标右键确认，此时系统弹出图4-26所示的“查询结果”对话框，该对话框内提供了查询面积的结果，然后单击“关闭”按钮。

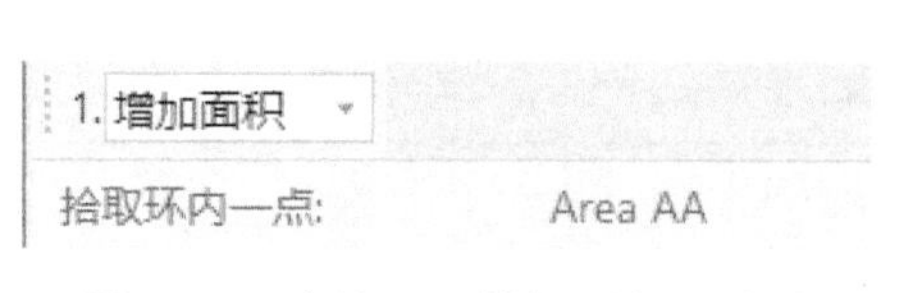

图4-23　选择“1. 增加面积”选项

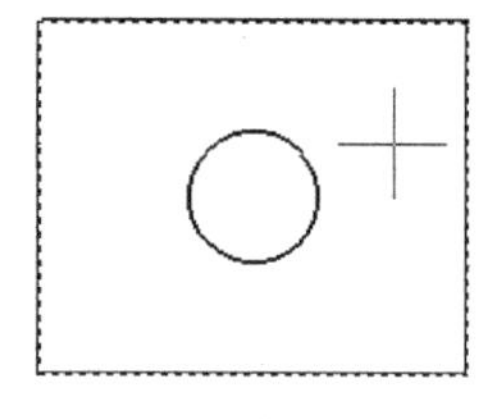

图4-24　拾取环内点

图4-25　切换至“1. 减少面积”选项

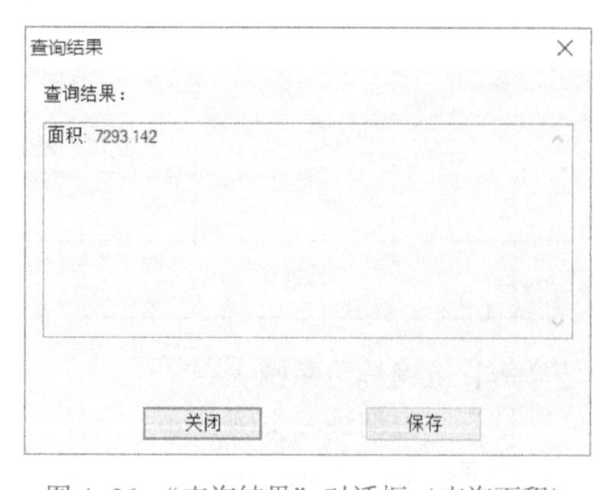

图4-26　“查询结果”对话框（查询面积）

4.7 练习加油站

1）什么是文本风格？请根据机械制图国家标准的要求建立一个自定义的文本风格。

2）为什么要建立标注风格？CAXA CAD 电子图板预定义的标注风格具有什么特点？

3）如何进行样式管理？

4）如何进行智能点捕捉设置？

5）什么是三视图导航？请举例进行说明。

6）“自由”“智能”“栅格”和“导航”这4个捕捉模式各具有什么应用特点，如何进行捕捉模式的切换？

7）CAXA CAD 电子图板 2020 提供了哪些查询工具？这些查询工具各具有什么功能含义？

8）上机练习：打开“ex4-8. exb”练习文件，已有图形如图 4-27 所示，要求查询圆心点的坐标、外围线周长、封闭区域的面积，并求出重心位置。

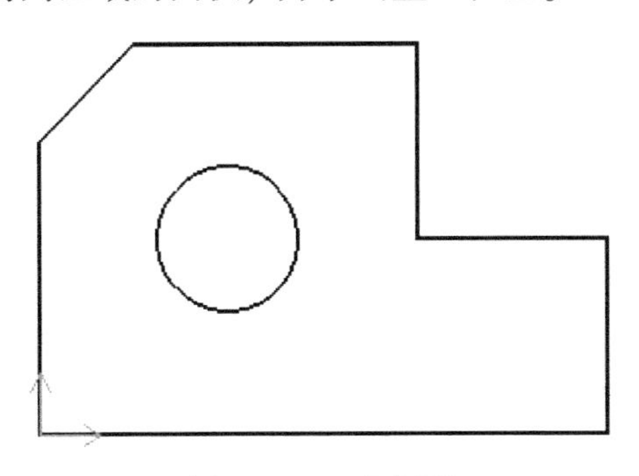

图 4-27　已有图形

第5章　工程制图标注

内容提要：

工程制图标注（简称“工程标注”）是工程图设计的一个重要环节。在CAXA CAD电子图板中完成的工程标注符合《机械制图国家标准》。

本章将详细介绍CAXA CAD电子图板在工程制图标注上的应用知识，包括工程标注概述、尺寸标注、坐标标注、文字类标注、工程符号类标注、标注编辑、通过特性选项板编辑、尺寸驱动、标注风格编辑等方面，最后介绍一个工程标注综合实例。

5.1　工程标注概述

一张完整的工程图除了必要的视图之外，还要有相关的工程标注等信息。工程标注包含尺寸标注、坐标标注、工程符号类标注和文字类标注等。

在CAXA CAD电子图板2020中，菜单栏的“标注”菜单提供了丰富而实用的工程标注命令；同时，在功能区“标注”选项卡上也集中了常用的标注工具按钮，如图5-1所示，这些标注工具按钮的功能与相应菜单命令的功能是完全相同的。

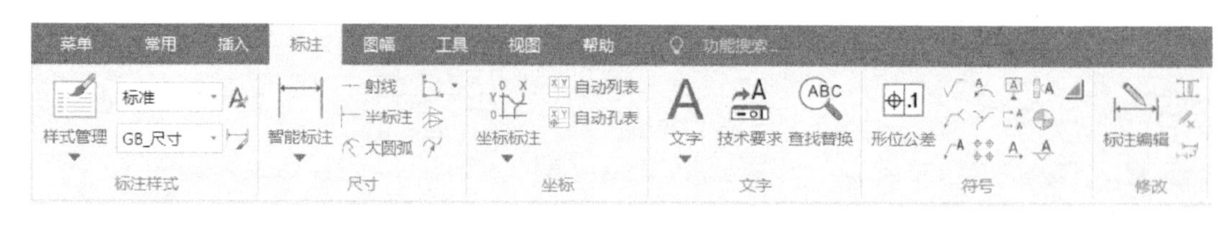

图5-1　功能区“标注”选项卡

在《机械制图国家标准》中对图样的标注是有标准规定的。为了使工程标注符合指定标准的要求，用户可以依据标准要求对标注所需的参数进行设置，例如设置文本风格、标注风格以及其他工程标注风格。CAXA CAD电子图板充分考虑相关的标准，并为用户提供了符合标准的默认设置选项，保证了工程标注的规范性和可读性。

工程标注类别主要有尺寸标注、坐标标注、文字标注和工程符号类标注等。其中，尺寸标注是最为基础且关键的。尺寸标注的基本规则主要有以下4点。

- 机件真实大小应以图样上所注的尺寸数值为依据，与图形大小及绘图准确度无关。
- 图样中（包括技术要求和其他说明）的尺寸以毫米为单位，不标注单位符号（或名称），如果采用其他单位，则应注明相应的单位符号。
- 图样中所标注的尺寸为该图样所示机件的最后完工尺寸，否则应另加说明。
- 应将尺寸标注在反映所指结构最清晰的图样上，机件每一个尺寸一般只标注一次。

尺寸标注由尺寸界线、尺寸线和尺寸数字组成。

坐标标注、文字标注和工程符号类标注等是工程标注的有益补充。

5.2 尺寸标注

在 CAXA CAD 电子图板中，尺寸标注分为基本标注、基线标注、连续标注、三点角度标注、角度连续标注、半标注、大圆弧标注、射线标注、锥度/斜度标注、曲率半径标注、线性标注、对齐标注、角度标注、弧长标注、半径标注和直径标注。

在功能区“标注”选项卡的“尺寸”面板中单击“智能标注”命令下拉列表中的“尺寸标注”按钮⊢⊣，打开图 5-2a 所示的立即菜单。也可以在功能区“常用”选项卡的“标注”面板中单击“尺寸标注”按钮⊢⊣来打开“尺寸标注”立即菜单。在该立即菜单的“1.”中提供了图 5-2b 所示的多种标注类型选项（即标注方式），用户可以根据实际设计要求选择所需要的标注方式，接着选择要标注的对象进行相应的操作即可。

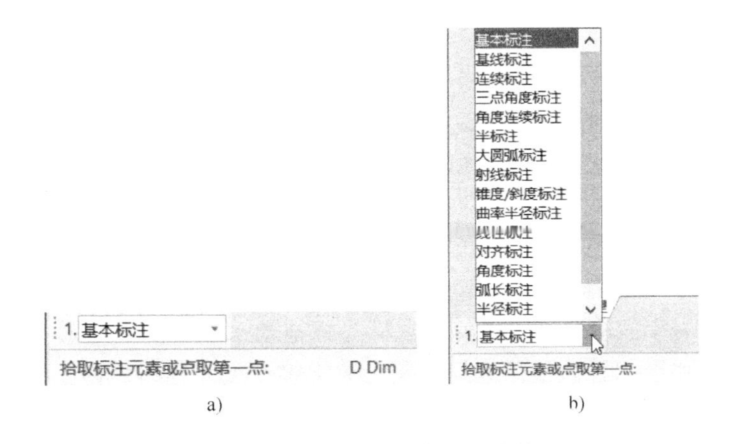

图 5-2 执行“尺寸标注”功能

a)“尺寸标注”立即菜单 b) 提供的多种标注类型选项

说明 具体的标注类型命令均可以通过执行“尺寸标注”工具⊢⊣并在其立即菜单中交互切换选择，也可以在“标注”→“尺寸标注”级联菜单中单独执行，或者在功能区“标注”选项卡的“尺寸”面板的尺寸标注功能下拉菜单中单独执行。

本节余下内容将结合典型图例介绍使用“尺寸标注”工具命令完成各种类型的尺寸标注，并在最后介绍如何标注尺寸的公差。

5.2.1 基本标注

使用“基本标注”方式，可以根据所选对象自动判断要标注的尺寸类型，智能地生成相应的尺寸，如线性尺寸、直径尺寸、半径尺寸或角度尺寸等。

基本标注主要包括单个元素的标注和两个元素的标注。其中，单个元素的标注又分为直线的标注、圆的标注和圆弧的标注；两个元素的标注则包括点与点的标注、点和直线的标注、直线和直线的标注、点和圆（或圆弧）的标注、圆（或圆弧）和圆（或圆弧）的标注、直线和圆（或圆弧）的标注等。

1. 直线的标注

执行“尺寸标注”命令并在立即菜单中选择“基本标注”，在“拾取标注元素或点取第一点:”提示下拾取要标注的直线，则立即菜单变为如图5-3所示。其中，在“2.”下拉列表框中可以选择“文字平行”“文字水平”或“ISO标准”选项，在“3.”框中可以确定标注长度或标注角度。

1.基本标注 2.文字平行 3.标注长度 4.长度 5.平行 6.文字居中 7.前缀 8.后缀 9.基本尺寸 32
拾取另一个标注元素或指定尺寸线位置: D Dim

图5-3　标注单条直线的立即菜单

实用知识：“文字平行”用于设置标注的尺寸文字与尺寸线平行；“文字水平”用于设置标注的尺寸文字方向水平；“ISO标准”则用于设置标注的尺寸文字与尺寸线等符合ISO标准的要求。

（1）标注直线的长度

要标注直线的长度，则需要在“3.”框中选择“标注长度”选项，同时在“4.”框中选择“长度”选项，在此设置下还可以在“5.”框中设置为“正交”或“平行”（当设置为“正交”时，标注该直线沿水平方向的距离或沿铅垂方向的距离/长度；当选择“平行”时，标注该直线两个端点之间的距离长度，其尺寸线与直线平行），在“6.”框中可根据情况切换为“文字居中”或“文字拖动”。另外，用户可以设置前缀、后缀和基本尺寸。

尺寸线与尺寸文字的位置，可以使用鼠标光标拖动来确定。当在“基本标注”立即菜单中选中“文字居中”时，若使用光标指定尺寸文字在尺寸界线之内，那么尺寸文字自动居中，若尺寸文字在尺寸界线之外，则由单击的标注点位置来确定。当在“基本标注”立即菜单中选中“文字拖动”时，尺寸文字跟随光标移动而移动。

标注直线长度的图例如图5-4所示。在拾取要标注的直线和设置好“基本标注”立即菜单的选项后，移动鼠标到合适位置处单击以定义尺寸线的放置位置。

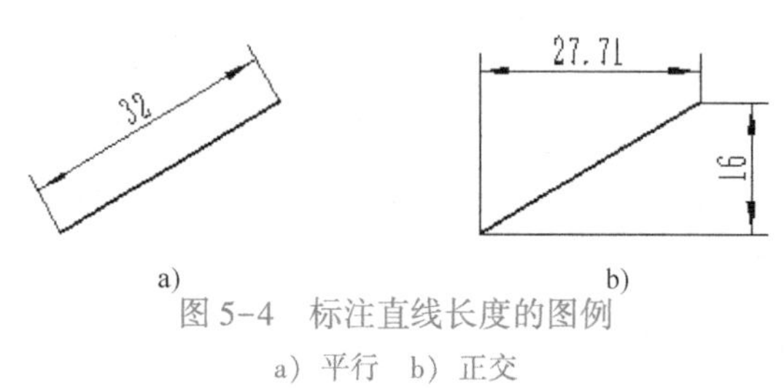

图5-4　标注直线长度的图例
a）平行　b）正交

(2) 选择截面直线标注直径（即标注直线直径）

需要将立即菜单“4.”项由“长度”选项切换为“直径”选项，这样系统便会在尺寸测量值之前添加前缀“Φ”。标注直线直径尺寸的典型图例如图 5-5 所示。

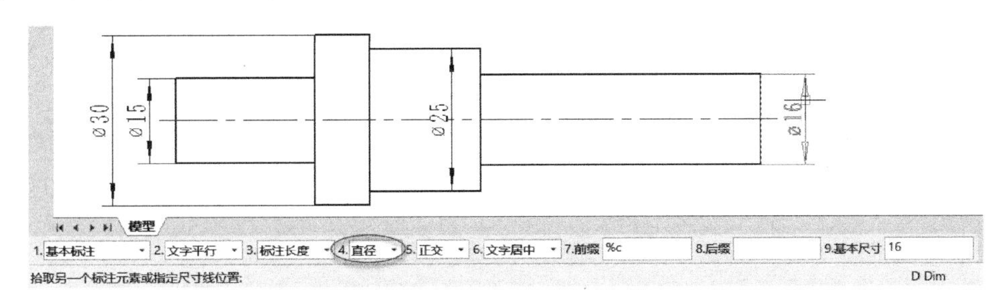

图 5-5 标注直线直径的图例

(3) 标注直线与坐标轴之间的夹角角度

需要进行直线标注的时候，在其立即菜单的第 3 项（“3.”）中将选项切换为“标注角度”，如图 5-6 所示，可以在“4.”中设置标注直线与“X 轴夹角”或与“Y 轴夹角”，角度尺寸的顶点为直线靠近拾取点的端点。

图 5-6 标注直线角度的立即菜单

标注直线与坐标轴之间的夹角角度的典型图例如图 5-7 所示。

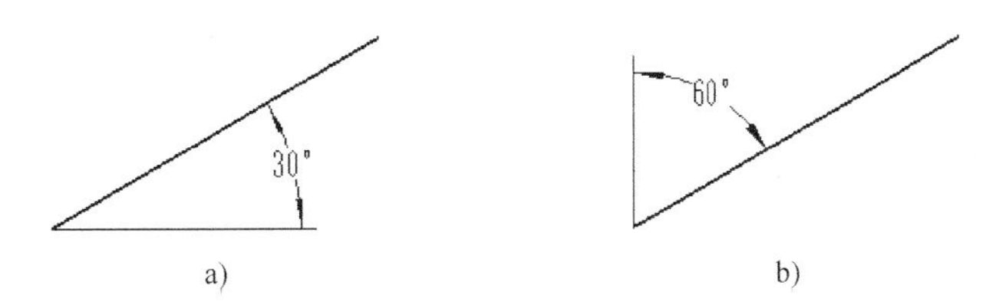

图 5-7 直线角度的标注图例

a）标注直线与 X 轴的夹角角度 b）标注直线与 Y 轴的夹角角度

2. 圆的标注

执行“尺寸标注”功能并在立即菜单中选择“基本标注”，在“拾取标注元素或点取第一点：”提示下拾取要标注的圆，则立即菜单变为如图 5-8 所示。

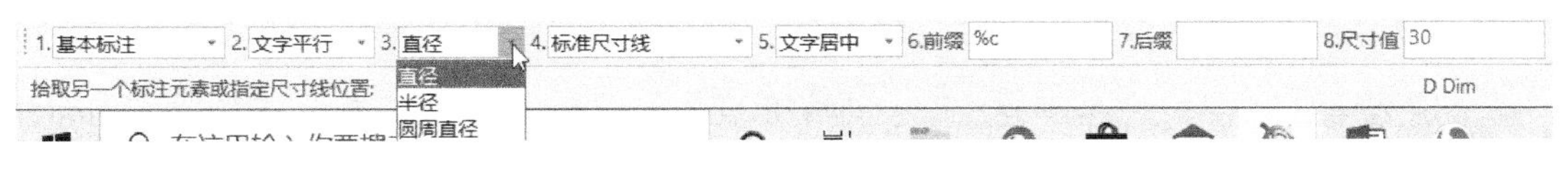

图 5-8 圆基本标注的立即菜单

在“3.”框中提供了“直径”“半径”“圆周直径”这 3 个选项。“直径”选项用于标注圆的直径尺寸，其尺寸值前带有前缀“Φ”；“半径”选项用于标注圆的半径尺寸，其尺寸值前自动带有前缀“R”；“圆周直径”选项用于自圆周引出尺寸界线，并标注直径尺寸，其尺寸数值前自动带有前缀“Φ”。在“3.”中选择“直径”时，可在“4.”框中根据实际情况选择“标准尺寸线”“简化尺寸线”或“过圆心简化尺寸线”选项。

圆的标注图例如图 5-9 所示。通常在完整的圆中不标注其半径，而是标注其直径。

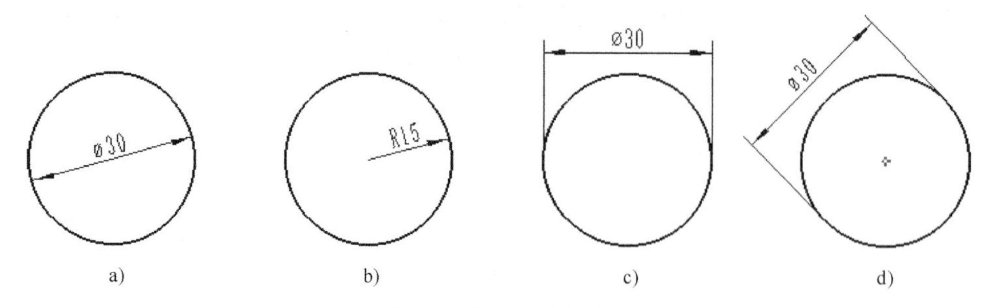

图 5-9　标注圆的图例

a）标注直径尺寸 b）标注半径尺寸 c）标注圆周直径，正交放置 d）标注圆周直径，平行放置

3. 圆弧的标注

圆弧标注和圆标注相似。拾取要标注的圆弧后，基本标注立即菜单变为图 5-10 所示。在“2.”框中提供了“直径”“半径”“圆心角”“弦长”和“弧长”5 个选项，分别用于标注直径尺寸、半径尺寸、圆心角尺寸、弦长尺寸和弧长尺寸。尺寸线和尺寸文字的标注位置，由设置的相关选项并随标注点动态确定。

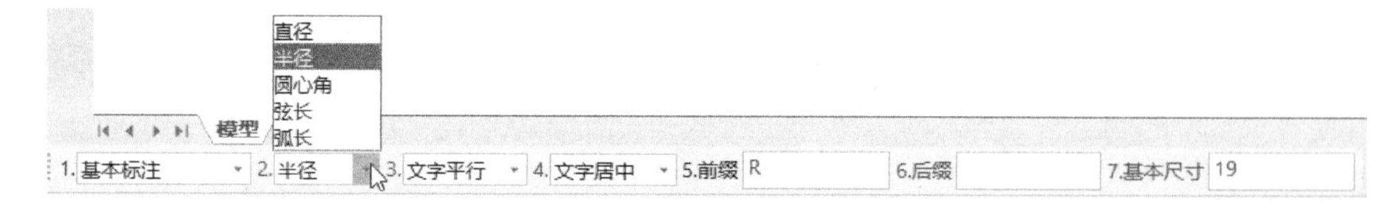

图 5-10　用于标注所选圆弧的基本标注立即菜单

圆弧的标注图例如图 5-11 所示。

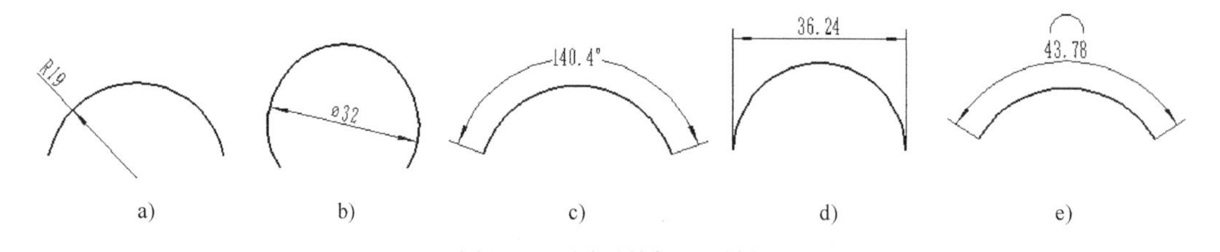

图 5-11　圆弧的标注图例

a）半径尺寸　b）直径尺寸　c）圆心角尺寸　d）弦长尺寸　e）弧长尺寸

4. 点与点的标注

分别选择两个点后，“基本标注”立即菜单变为如图 5-12 所示。接下去的操作和标注直线长度的操作相同，例如在“4.”框中可以将此项切换为“正交”，从而标注出水平方向或铅垂方向的距离尺寸；也可以将此项设置为“平行”，从而将标注出两点之间的最短距离。

1.基本标注　2.文字平行　3.长度　4.正交　5.文字居中　6.前缀　7.后缀　8.基本尺寸 22.74

尺寸线位置　D Dim

图 5-12　选定两点后的“基本标注”立即菜单

图 5-13 是标注点与点之间的尺寸的典型示例。其中，要标注图 5-13c 中的直径尺寸，需要在其立即菜单的“3.”中选择“直径”选项，在“4.”中选择“平行”选项。

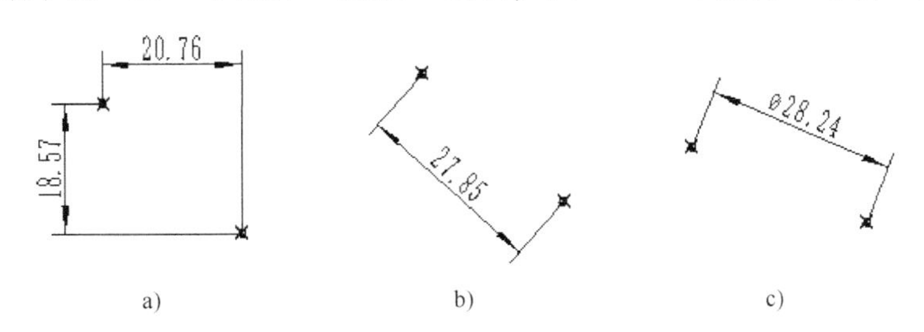

图 5-13　标注点与点之间的尺寸

a）两点之间的正交距离尺寸　b）两点距离尺寸 c）两点之间“平行”的直径尺寸

5. 点和直线的标注

分别选择点和直线，并在图 5-14 所示的立即菜单中设置相关的选项，然后使用鼠标光标指定尺寸线位置。

点与直线的标注示例如图 5-15 所示。

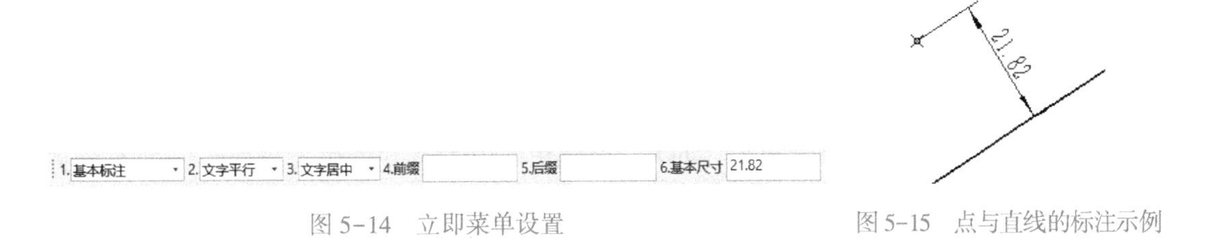

图 5-14　立即菜单设置　　图 5-15　点与直线的标注示例

6. 直线和直线的标注

分别选择两条直线，系统根据两条直线的相对位置（平行或不平行）来标注两条直线间的距离或夹角角度。

如果拾取的两条直线相互平行，那么立即菜单如图 5-16 所示。单击“3.”框可以在“长度”和“直径”选项之间切换。两平行直线标注的通常是距离尺寸。

图 5-16　立即菜单（用于标注平行的两条直线）

如果拾取的两条直线不平行，那么标注的是两条直线间的夹角角度，其立即菜单如图 5-17 所示。

图 5-17　立即菜单（用于标注两直线间的夹角）

两直线标注的典型示例如图 5-18 所示。

7. 圆（或圆弧）与其他图形元素之间的标注

圆（或圆弧）与其他图形元素之间的标注示例如图 5-19 所示。通常需要指定圆（或圆弧）的圆心或切点作为测量点。

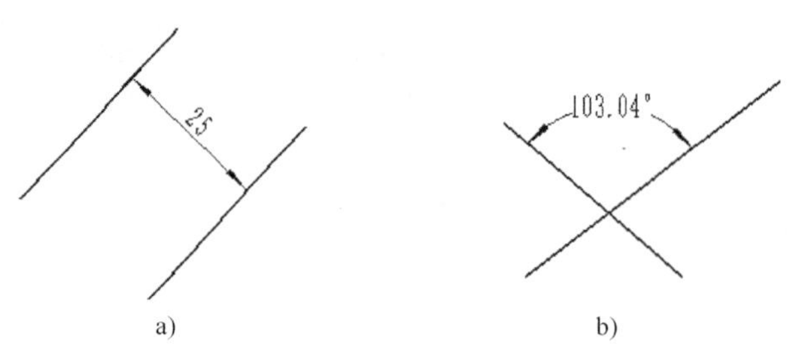

图 5-18　两直线标注的典型示例

a）标注平行直线间的距离尺　b）标注非平行直线的角度尺寸

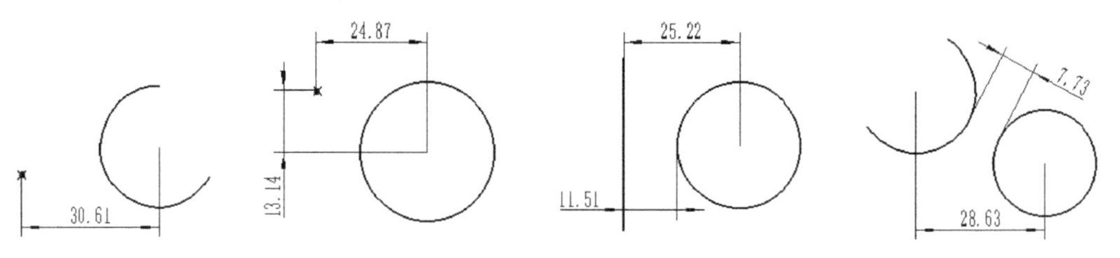

图 5-19　与圆（或圆弧）相关的标注示例

【课堂实例】：在两个圆之间进行相关的尺寸标注练习

1）打开“HY_两圆间尺寸标注练习 . exb”文件，该文件已有的两个圆如图 5-20 所示。

2）在功能区“常用”选项卡的“标注”面板中单击“尺寸标注”按钮，接着在立即菜单的第 1 项中选择“基本标注”。

3）使用鼠标左键拾取小圆，接着拾取大圆。

4）在立即菜单中设置图 5-21 所示的选项，注意在“4. ”框中设置的选项为“圆心”，在“5. ”框中设置的选项为“正交”。

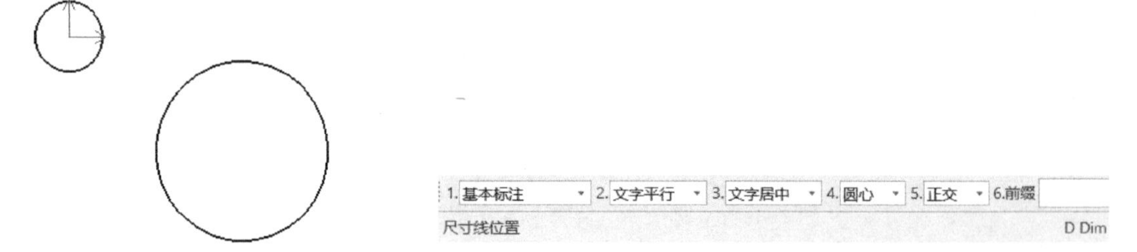

图 5-20　已有的两个圆　　　图 5-21　立即菜单设置

5）移动鼠标光标来选择尺寸线的放置位置，在所需的尺寸线放置位置处单击鼠标左键，完成第一个尺寸，如图 5-22 所示。

6）使用鼠标左键拾取小圆和大圆，接受立即菜单中的默认设置，然后指定尺寸线放置位置，完成第二个尺寸，如图 5-23 所示。

7）使用鼠标光标拾取小圆和大圆。

8）在立即菜单的“4. ”框中单击，从而切换到“切点”选项，如图 5-24 所示。

9）指定尺寸线的位置，完成两圆之间的切点距离尺寸标注，如图 5-25 所示。

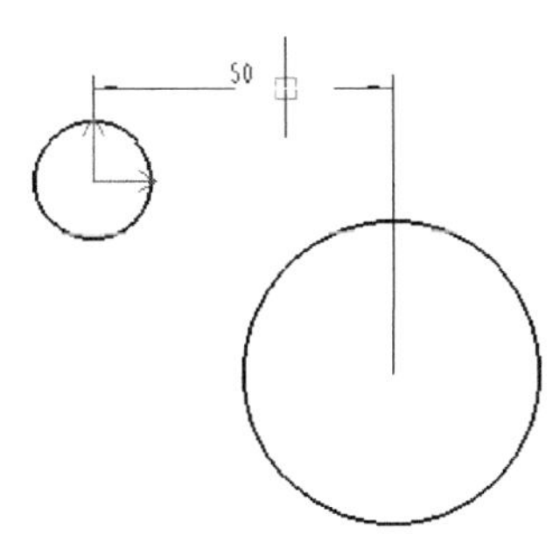

图 5-22　标注第一处尺寸

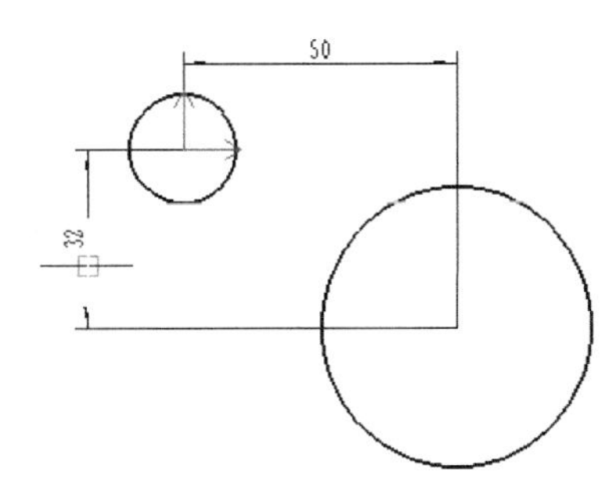

图 5-23　完成第二个尺寸

图 5-24　在立即菜单“4.”中切换为“切点”选项

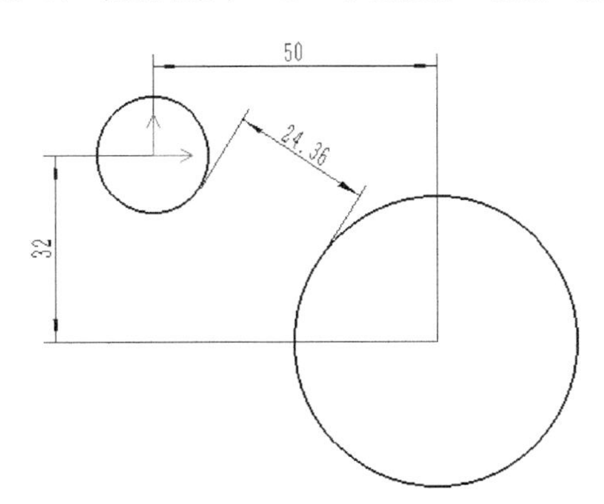

图 5-25　完成两圆之间的切点距离尺寸标注

5.2.2 基线标注

创建基线标注（也称基准标注）的典型流程如下。

1）在功能区“标注”选项卡的“尺寸”面板中单击“尺寸标注”按钮。

2）在立即菜单的第 1 项（“1.”框）中选择“基线标注”选项。此时系统提示拾取线性尺寸或第一引出点。

3）如果在图形区拾取一个已有的线性尺寸，那么系统将该线性尺寸作为第一基准尺寸，并按拾取点的位置确定尺寸基准界线，此时立即菜单如图 5-26a 所示。立即菜单的第 2 项用来控制尺寸文字的方向，第 3 项用来指定尺寸线间距，第 4 项用于显示或设置前缀值，第 5 项用于显示或设置后缀值，第 6 项用来指定基本尺寸（默认为实际测量值）。

4）如果没有合适的线性尺寸，那么在图形区域拾取一个点作为第一引出点（将成为尺寸基准界线引出点），此时立即菜单变为如图 5-26b 所示，在该立即菜单的第 2 项中选择“普通基线标注”或“简化基线标注”，并可以根据实际情况设置其他选项，如“正交”或“平行”等。拾取第二引出点并指定尺寸线位置后，即可标注两个引出线间的第一基准尺寸，此时立即菜单又变成如图 5-26a 所示。

5）系统出现“拾取第二引出点:”的提示信息。用户通过拾取一系列的位置点来标注一组基线尺寸。

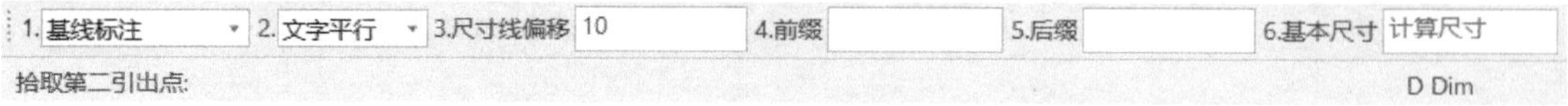

1.基线标注
2.文字平行
3.尺寸线偏移 10
4.前缀
5.后缀
6.基本尺寸 计算尺寸
拾取第二引出点:
D Dim

a)

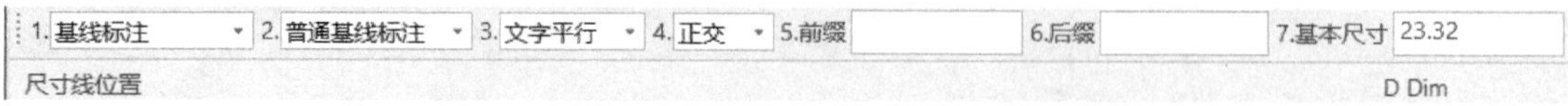

1.基线标注
2.普通基线标注
3.文字平行
4.正交
5.前缀
6.后缀
7.基本尺寸 23.32
尺寸线位置
D Dim

b)

图 5-26　用于基线标注的立即菜单

a）立即菜单 1　b）立即菜单 2

【课堂实例】：创建一系列的基准标注尺寸

1）打开“HY_基线标注练习.exb”文件，该文件中存在着的轴图形如图 5-27 所示。

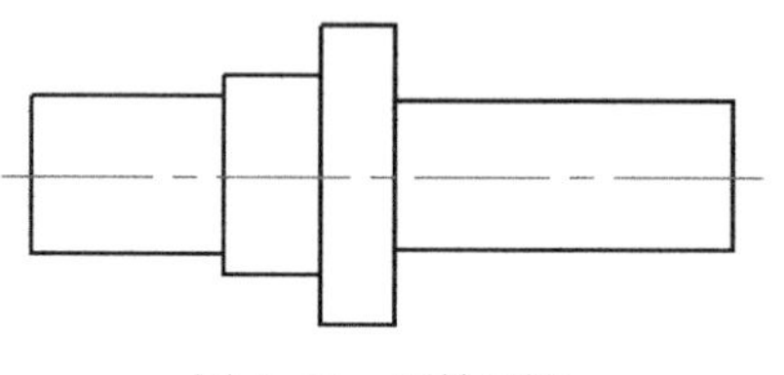

图 5-27　原始图形

2）在功能区“标注”选项卡的“尺寸”面板中单击“尺寸标注”按钮，或者在“常用”选项卡的“标注”面板中单击“尺寸标注”按钮。

3）在立即菜单的第 1 项中选择“基线标注”。

4）将点捕捉状态设置为“智能”。在图形中分别拾取图 5-28 所示的点 1 和点 2，并将立即菜单第 2 项设置为“普通基线标注”，将第 3 项设置为“文字平行”，将第 4 项选项切换为“正交”，然后指定尺寸线位置。

5）在立即菜单中，将尺寸线偏移值设置为 8。

6）在“拾取第二引出点:”提示下拾取图 5-29 所示的顶点。

1
20
2

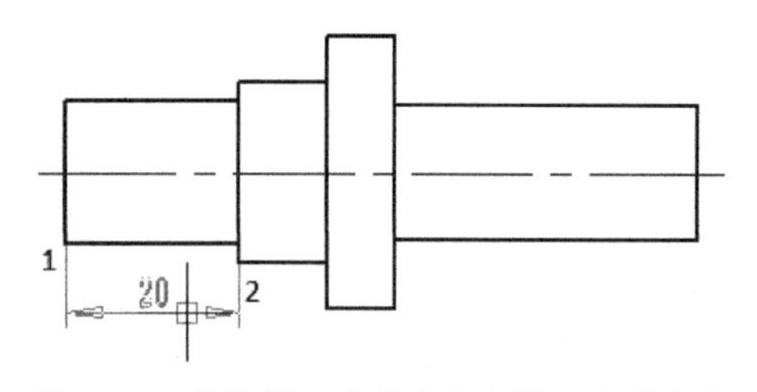

图 5-28　拾取第一个引出点和第二个引出点

20
30

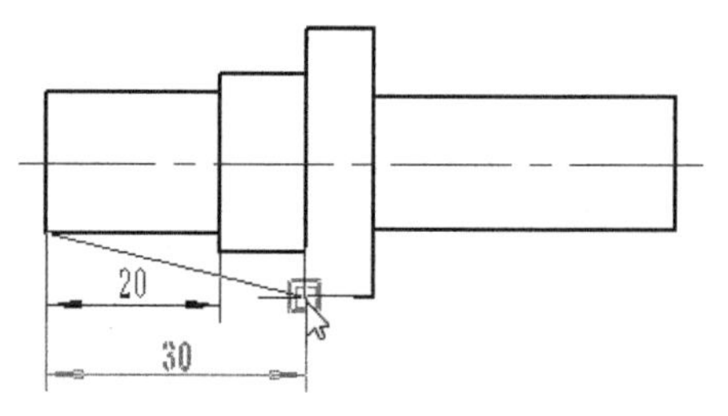

图 5-29　指定引出点

7）依次拾取（单击）图 5-30 所示的顶点 A 和顶点 B。然后按〈Esc〉键退出基线标注命令。本例完成的基线标注如图 5-31 所示。

B
20
A
30
38
73

图 5-30　继续指定第二引出点

20
30
38
73

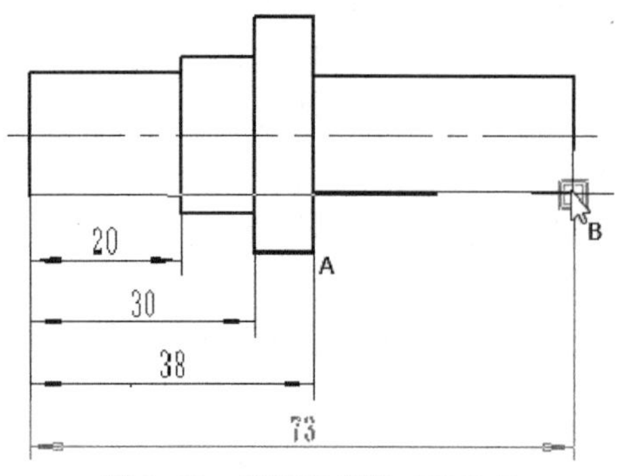

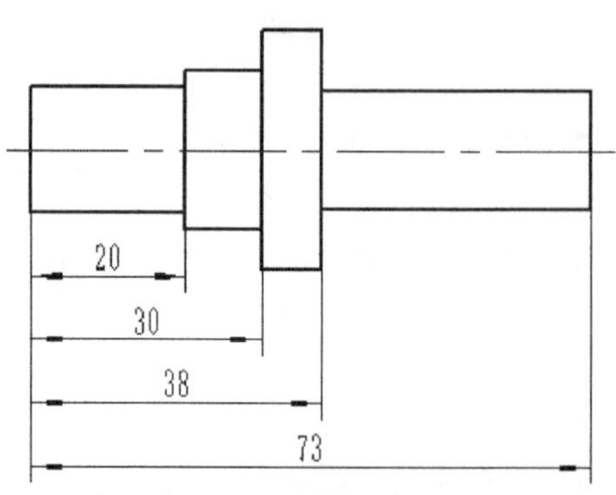

图 5-31　完成基线标注

5.2.3 连续标注

连续标注和基线标注相似，不同之处在丁连续标注的下一个尺寸始终以上一个尺寸的第二尺寸界线作为其第一尺寸界线，连续标注示例如图 5-32 所示。

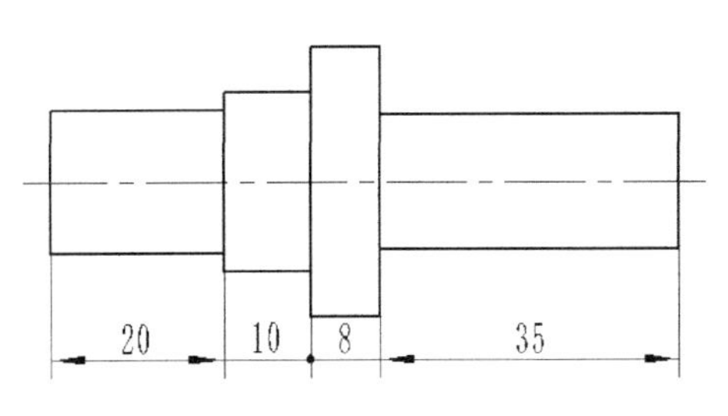

图 5-32 连续标注示例

【课堂实例】：创建一系列的连续标注尺寸

1）打开“HY_连续标注练习 .exb”文件，该文件中存在着的轴图形如图 5-33 所示。

2）在功能区“常用”选项卡的“标注”面板中单击“尺寸标注”按钮。

3）在立即菜单的“1.”中选择“连续标注”选项。

4）将点捕捉状态设置为“智能”，可结合工具点菜单选项辅助拾取图 5-34 所示的交点作为第一引出点。

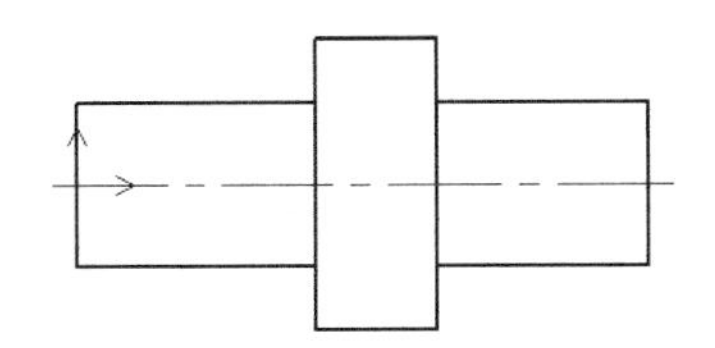

图 5-33 原始图形

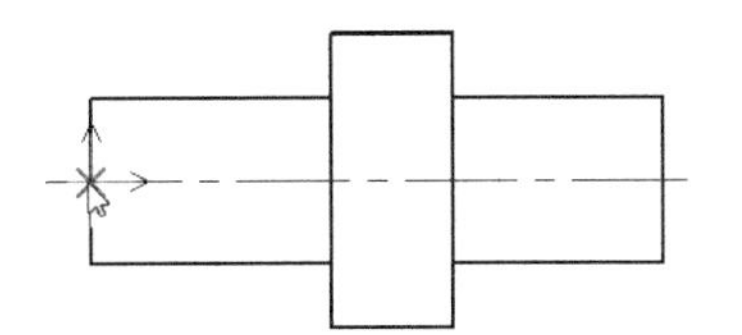

图 5-34 拾取第一引出点

5）拾取图 5-35 所示的顶点作为另一个引出点。

6）指定尺寸线位置，如图 5-36 所示。

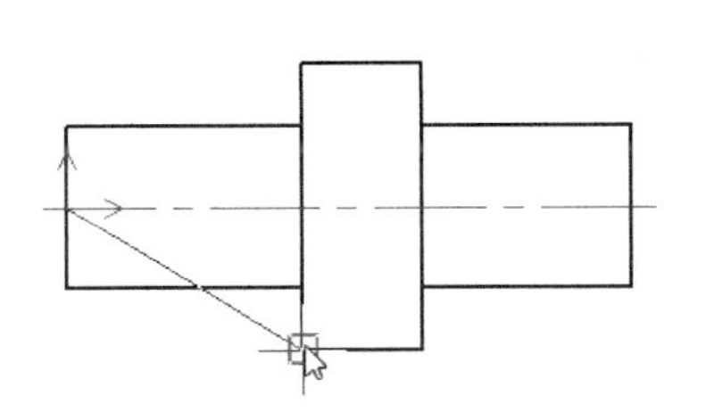

图 5-35 拾取另一引出点

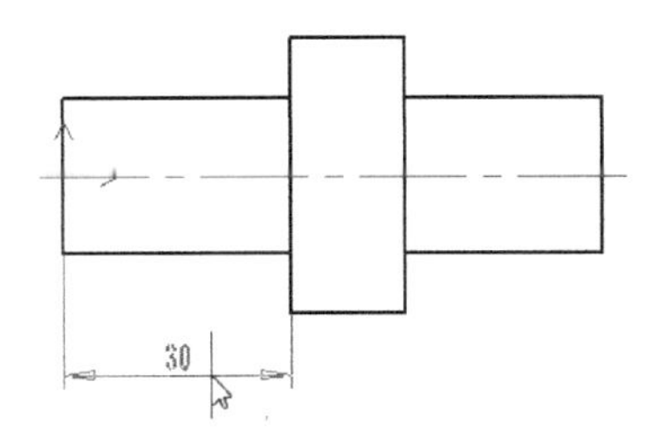

图 5-36 指定尺寸线位置

7）使用鼠标单击图 5-37 所示的顶点作为新尺寸的第二引出点。

8）用光标捕捉并单击图 5-38 所示的顶点。

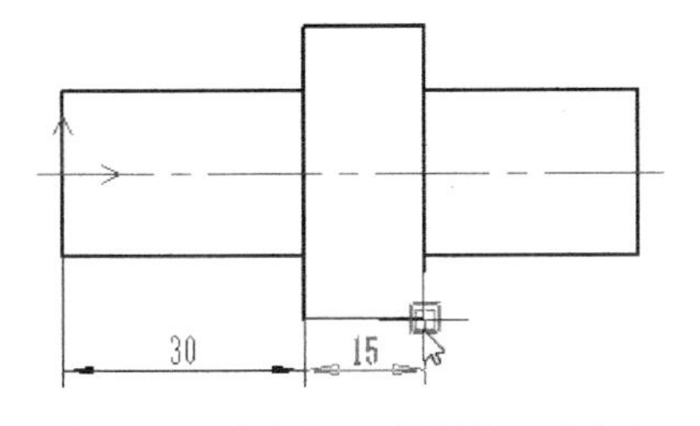

图 5-37 指定新尺寸的第二引出点

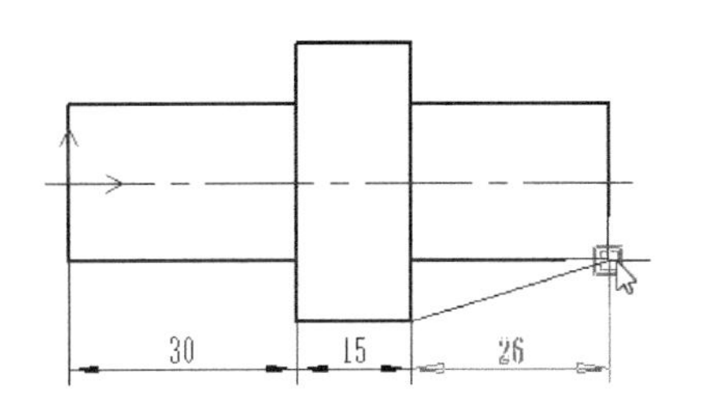

图 5-38 继续拾取新尺寸的第二引出点

9）按〈Esc〉键退出连续标注命令。

5.2.4 三点角度标注

可以通过拾取3个点来创建角度尺寸，其方法简述如下。

1）单击“尺寸标注”按钮⊢⊣。

2）在立即菜单的第1项中选择“三点角度标注”，如图5-39所示，在“2.”中可选择“文字平行”“文字水平”或“ISO标准”。如果需要，用户可以在“3.”中指定角度单位选项，可选的角度单位选项有“度”“度分秒”“百分度”“弧度”，默认为“度”。

图5-39　立即菜单（三点角度标注）

3）在提示下依次指定顶点、引出第一点和引出第二点。指定3个点后移动光标可以动态地拖动尺寸线，在合适的位置处单击确定尺寸线位置，从而完成该角度标注。

“三点角度”标注的典型示例如图5-40所示，该示例选择“度”形式选项。如果选择“度分秒”形式选项，那么标注的结果如图5-41所示。

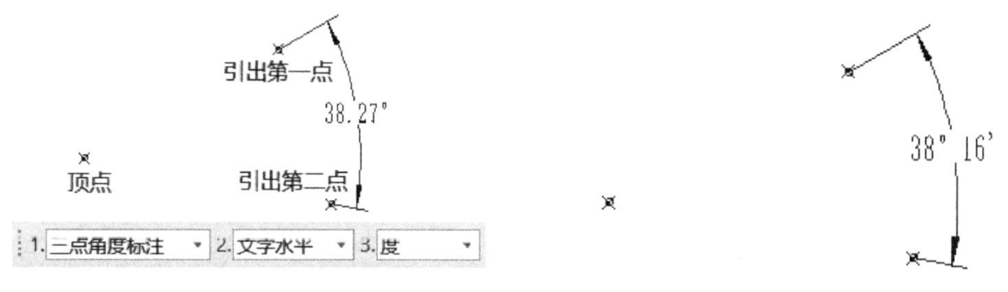

图5-40　“三点角度”标注示例　　　图5-41　标注“三点角度”的度分秒

5.2.5 角度连续标注

利用尺寸标注的“角度连续标注”功能，可以连续生成一系列角度标注。下面以实例形式介绍角度连续标注的操作方法及步骤。

【课堂实例】：角度连续标注练习实例

在该实例中，需要完成图5-42所示的角度连续标注。该实例具体的操作方法和步骤如下。

1）打开“HY_角度连续标注练习.exb”文件。

2）单击“尺寸标注”按钮⊢⊣。

3）在立即菜单的第1项中选择“角度连续标注”，此时系统提示拾取第一个标注元素或角度尺寸。

4）在图形中拾取已有的角度尺寸。拾取角度尺寸后，立即菜单变为图5-43所示。在第2项中可以设置为“度”“度分秒”“百分度”和“弧度”，在第3项中可以设置为“逆时针”或“顺时针”。在这里，将第2项设置为“度”，将第3项设置为“逆时针”，表明以逆时针方式来标注角度（单位为度）。

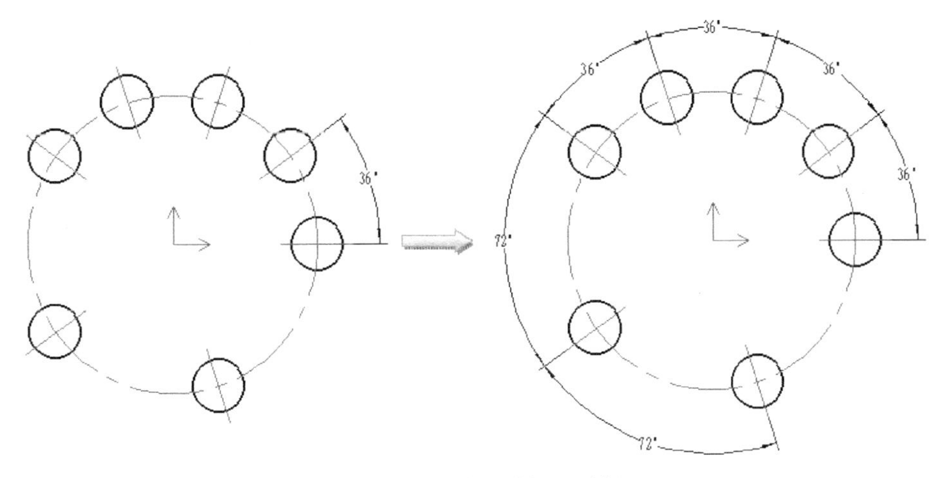

图 5-42　角度连续标注图例

5）根据提示依次拾取图 5-44 所示的圆心 A、B、C、D、E 来完成角度连续标注。

6）按〈Esc〉键退出角度连续标注命令。

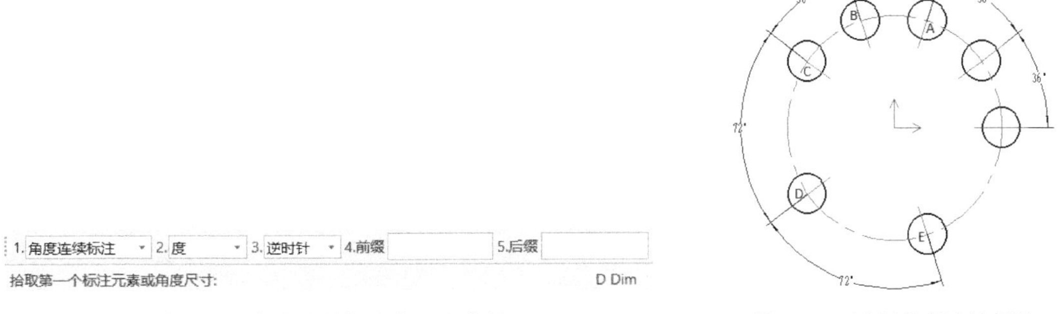

图 5-43　角度连续标注的立即菜单

图 5-44　进行角度连续标注

5.2.6 半标注

半标注在一些工程视图中需要应用到。创建的半标注可以表示直径尺寸，也可以表示距离或长度尺寸。下面介绍半标注的一些操作内容。

1）单击“尺寸标注”按钮。

2）在立即菜单的“1.”中选择“半标注”，此时立即菜单变为图 5-45 所示。在第 2 项中可以切换为“直径”或“长度”，在第 3 项可以设置半标注的尺寸线延伸长度。

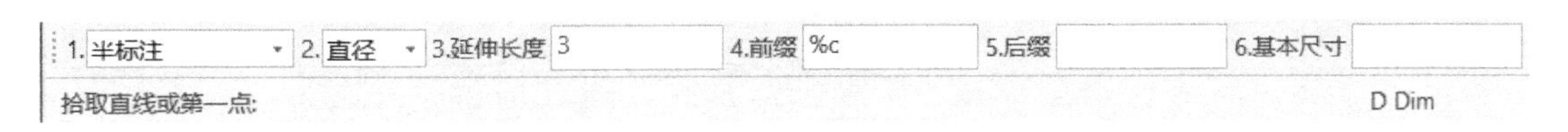

图 5-45　用于半标注的立即菜单

3）系统出现“拾取直线或第一点:”的提示信息。在该提示下如果拾取的是一个点，那么系统出现“拾取直线或第二点:”的提示信息。如果拾取的第一个元素是一条直线，那么系统接着出现“拾取与第一条直线平行的直线或第二点:”。

4）在提示下拾取第二个有效元素。尺寸测量值显示在立即菜单中，用户也可以根据设计要求输入基本尺寸替换数值。

如果两次拾取的第一个和第二个元素都是点，那么尺寸值为该两点间距离的2倍；如果拾取的两个元素为点和直线，那么尺寸值为点到所选直线垂直距离的2倍；如果拾取的两个元素为平行直线，那么尺寸值为两平行直线距离的2倍。

5）指定尺寸线位置。半标注的尺寸界线总是在拾取的第二元素上引出的，尺寸线箭头指向尺寸界线，如图5-46所示。

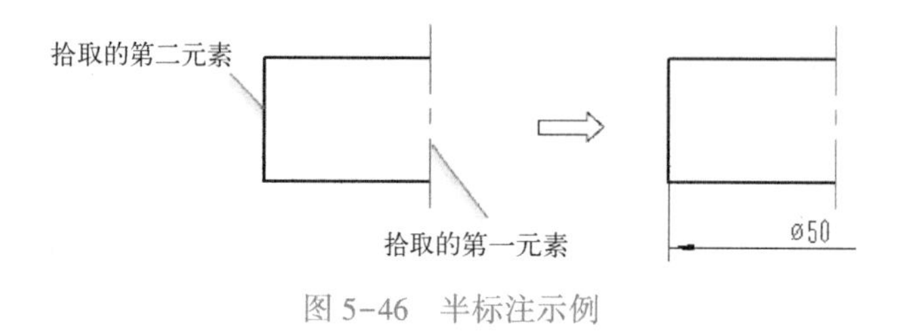

图5-46 半标注示例

5.2.7 大圆弧标注

大圆弧标注的操作方法和步骤如下。

1）单击"尺寸标注"按钮。

2）在立即菜单的第1项中选择"大圆弧标注"。

3）拾取要标注的圆弧，圆弧的尺寸值在立即菜单"4. 基本尺寸"中显示，用户可以输入尺寸值。

4）指定第一引出点。

5）指定第二引出点。

6）指定定位点。从而完成大圆弧标注。

大圆弧标注的典型示例如图5-47所示。

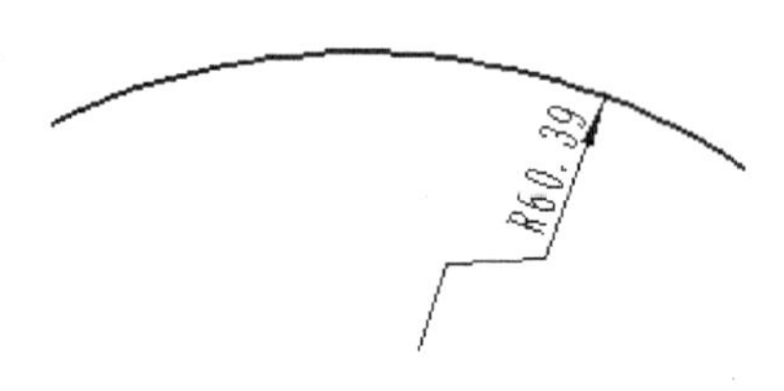

图5-47 大圆弧标注的典型示例

5.2.8 射线标注

射线标注需要分别指定第一点、第二点和定位点。射线标注的示例如图5-48所示。

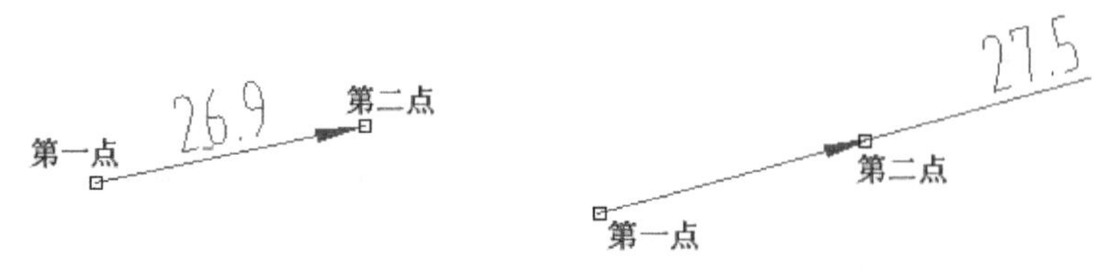

图5-48 射线标注示例

射线标注的操作方法和步骤比较简单，即单击"尺寸标注"按钮，并在其立即菜单"1."中选择"射线标注"，接着依次指定第一点和第二点，此时，立即菜单变为图5-49所示，其中显示的基本尺寸值默认为从第一点到第二点的距离，用户也可以更改该基本尺寸文本以及添加前缀、后缀等，最后指定定位点，从而完成射线标注。

1.射线标注 2.文字居中 3.前缀 4.后缀 5.基本尺寸 32.62
定位点: D Dim

图 5-49 用于射线标注的立即菜单

5.2.9 锥度/斜度标注

锥度/斜度标注的图例如图 5-50 所示，使用“尺寸标注”中的“锥度/斜度标注”方式，可以标注斜度尺寸和锥度尺寸。用户需要了解斜度与锥度的概念。斜度的默认尺寸值为被标注直线相对轴线高度差与直线长度的比值，用“∠1:X”的形式表示；锥度的默认尺寸值等于斜度的 2 倍，锥度尺寸数值前标有“⊲”符号。

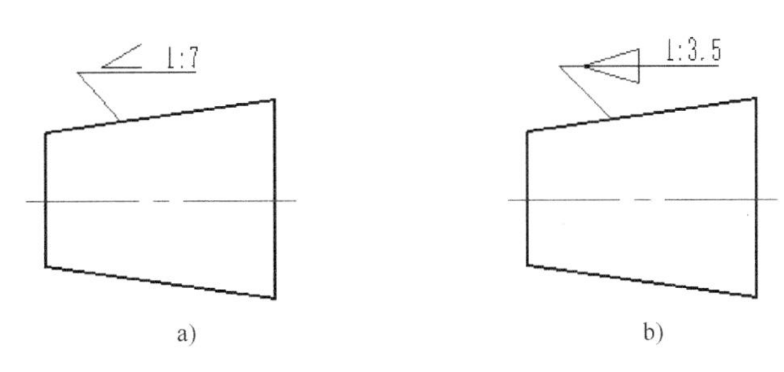

图 5-50 锥度/斜度标注的图例
a）标注斜度尺寸 b）标注锥度尺寸

执行锥度标注的典型方法及步骤如下。

1）单击“尺寸标注”按钮。

2）在立即菜单“1.”中选择“锥度/斜度标注”。在“2.”中可以根据设计要求选择“锥度”选项或“斜度”选项，“锥度”选项用于标注锥度尺寸，“斜度”选项用于标注斜度尺寸。单击“3.”可以在“符号正向”和“符号负向”之间切换以调整锥度或斜度符号的方向。单击“4.”可以在“正向”与“反向”之间切换以定义尺寸文字的放置位置方向。“5.”用来控制加不加引线。“6.”用来控制文字是否具有边框。对于“锥度”选项而言，其“7.”用于定义是否绘制箭头，“8.”用于设置是否标注角度，“9.”用于设置角度是否包含符号，如图 5-51 所示。

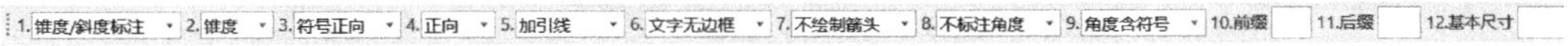

1.锥度/斜度标注 2.锥度 3.符号正向 4.正向 5.加引线 6.文字无边框 7.不绘制箭头 8.不标注角度 9.角度含符号 10.前缀 11.后缀 12.基本尺寸

图 5-51 用于锥度标注的立即菜单

3）拾取轴线。

4）拾取直线。

5）指定定位点。

5.2.10 曲率半径标注

可以对一些曲线进行曲率半径的标注，其方法和步骤如下。

1）单击“尺寸标注”按钮⊢⊣。

2）在立即菜单“1.”中选择“曲率半径标注”，如图 5-52 所示。在立即菜单的“2.”中选择“文字平行”“文字水平”或“ISO 标准”选项；在第 3 项中选择“文字居中”或“文字拖动”；在第 4 项中设置最大曲率半径。

图 5-52 用于曲率半径标注的立即菜单

3）确定立即菜单中的选项、参数后，拾取要标注的样条线，然后确定标注线位置，则样条线曲率半径标注完成。

5.2.11 线性标注

在“尺寸标注”立即菜单“1.”中选择“线性标注”，可以标注两点间的垂直距离或水平距离。启动“尺寸标注”的“线性标注”功能后，依提示分别拾取第 1 点和第 2 点（往往是一些特征点），接着指定合适的尺寸线位置即可。图 5-53 所示的 5 个尺寸均为线性标注的尺寸。

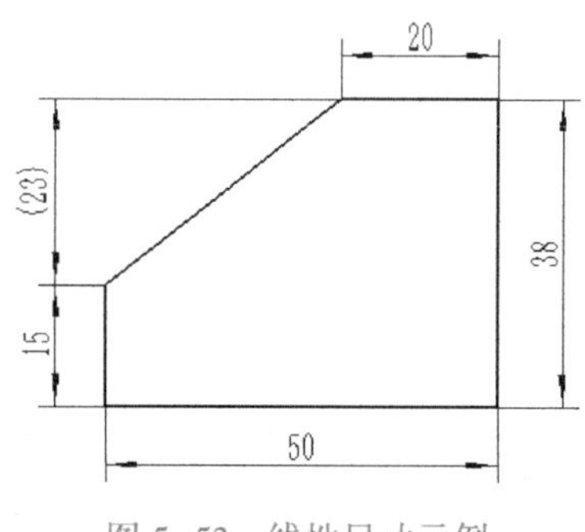

图 5-53 线性尺寸示例

5.2.12 对齐标注

在“尺寸标注”立即菜单第 1 项中选择“对齐标注”，可以标注两点间的直线距离，典型示例如图 5-54 所示。其标注方法与“线性标注”类似。

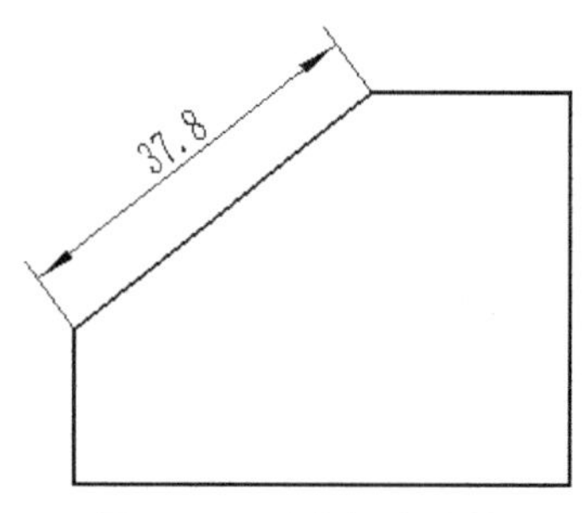

图 5-54 对齐标注示例

5.2.13 角度标注

在“尺寸标注”立即菜单的第1项中选择“角度标注”，接着依据状态栏提示分别选择所需的对象来标注圆弧的圆心角、圆的一部分的圆心角、两直线间的夹角、三点角度。

5.2.14 弧长标注

在“尺寸标注”立即菜单的“1.”中选择“弧长标注”，可以标注圆弧的弧长，如图5-55所示。弧长标注需要选择弧线段或多段线弧线段，以及指定尺寸线位置。在创建弧长标注的过程中，可以设置关闭径向引出或打开径向引出。

图5-55 弧长标注示例

值得用户注意的是，新制图标准规定当在标注弧长尺寸时，尺寸线使用圆弧画出，并在尺寸数字前方加注符号“⌒”，即以弧长符号“⌒”作为数值文字的前缀。要设置弧长符号加注在尺寸数字之前还是在尺寸数字的上方，则在功能区“标注”选项卡的“标注样式”面板中单击“尺寸样式”按钮，弹出“标注风格设置”对话框，选中所需的尺寸风格后，切换至“尺寸形式”选项卡，从“弧长标注形式”下拉列表框中选择“边界线放射”或“边界线垂直于弦长”，接着从“弧长符号形成”下拉列表框中选择“位于文字左边”或“位于文字上方”（在这里，选择“位于文字左边”），然后单击“确定”按钮。

5.2.15 半径标注和直径标注

“尺寸标注”立即菜单“1.”中的“半径标注”选项专用于标注圆弧或圆的半径，标注时自动在尺寸值前加前缀“R”；“尺寸标注”立即菜单“1.”中的“直径标注”选项专用于标注圆弧或圆的直径，标注时自动在尺寸值前加前缀“Φ”。半径标注过程和直径标注过程是相同的，都是启动标注功能后，分别拾取圆或圆弧，然后指定尺寸线位置即可。在图5-56所示的典型示例中创建有半径标注和直径标注。

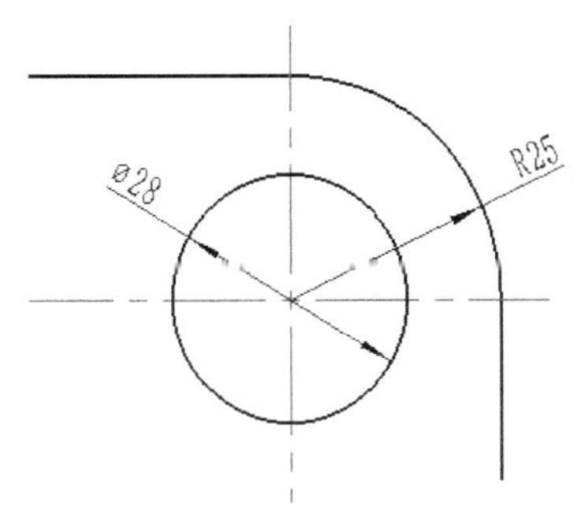

图5-56 半径标注和直径标注示例

5.2.16 标注尺寸的公差

在工程制图中时常要为指定的尺寸标注它的尺寸公差。用户可以采用以下方法标注尺寸的公差。

在尺寸标注且要指定尺寸线时右击（即单击鼠标右键），弹出图5-57所示的“尺寸标注属性设置（请注意各项内容是否正确）”对话框，利用此对话框设置该尺寸的公差内容。要熟练掌握尺寸公差的标注，那么需要对“尺寸标注属性设置（请注意各项内容是否正确）”对话框的各项深刻理解和掌握。

在“基本信息”选项组中可以设置前缀、基本尺寸、后缀、附注和文本替代内容。

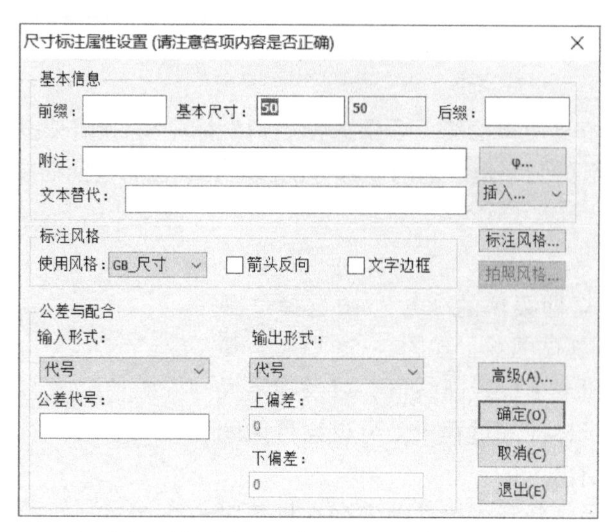

图 5-57 “尺寸标注属性设置（请注意各项内容是否正确）”对话框

- “前缀”：填写对尺寸值的描述或限定，填写内容位于基本尺寸的前面。例如可以在某个表示直径的基本尺寸数值之前添加“%c”，可以在某尺寸值之前添加表示个数的前缀“5%x”（确认后在图形窗口中显示为“5×”）等。
- “基本尺寸”：系统默认为实际测量值，用户可以根据实际情况更改该数值。基本尺寸通常只输入数字。
- “后缀”：填写对尺寸值的描述或其他技术说明，通常用来注写尺寸公差文本。
- “附注”：在该文本框中填写对尺寸的说明或其他注释。
- “文本替代”：在该文本框中填写内容时，前缀、基本尺寸和后缀的内容将不显示，而是使用文本替代的内容作为尺寸文字。
- “插入”下拉列表框：从该下拉列表框中可以设置在指定文本框中插入一些特殊的字符符号，如图 5-58 所示。如果从该下拉列表框中选择“尺寸特殊符号”选项，系统弹出图 5-59 所示的“尺寸特殊符号”对话框，从中选择所需的一个尺寸特殊符号，然后单击“确定”按钮。

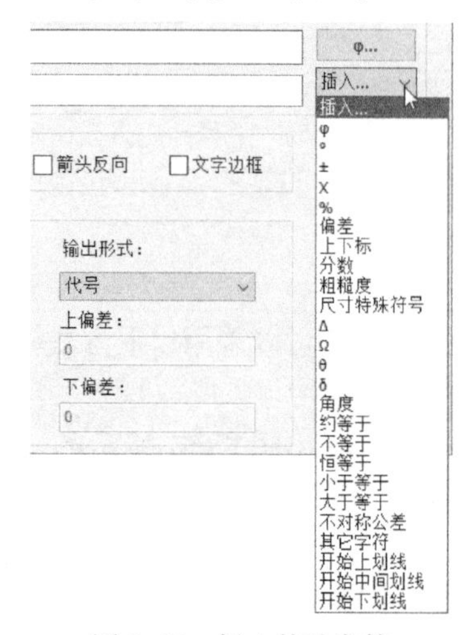

图 5-58 插入特殊字符

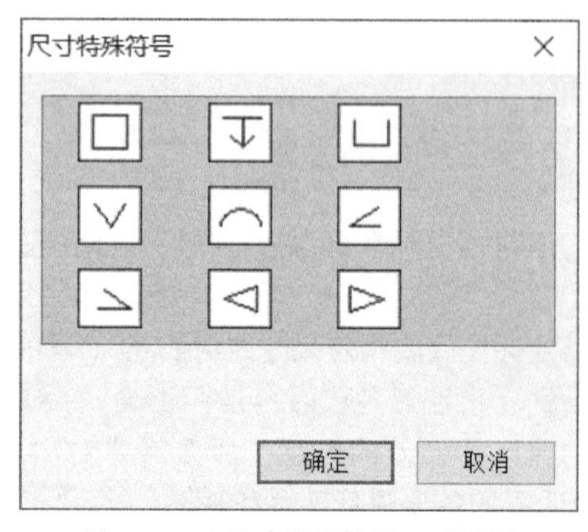

图 5-59 “尺寸特殊符号”对话框

图 5-60 所示的标注形象地示意了设置的相关基本信息。

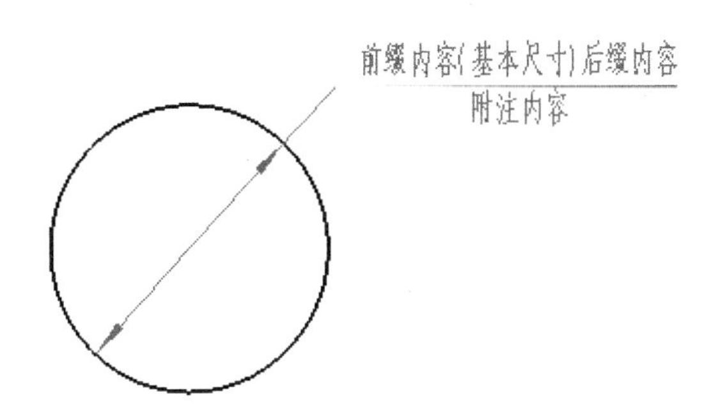

图 5-60 设置基本信息的标注示意

例如，假设“前缀”内容为“3%x%c”或“3×%c”，“基本尺寸”内容为 32，“后缀”内容为“%p0.5”，“附注”内容为表示均布配作的“EQS”，即在“尺寸标注属性设置”对话框中设置图 5-61 所示的基本信息，然后单击“确定”按钮，得到图 5-62 所示的标注效果。

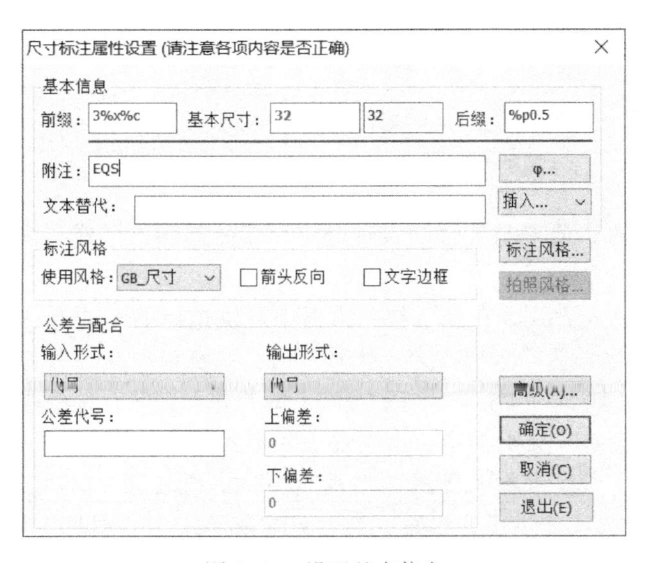

图 5-61 设置基本信息

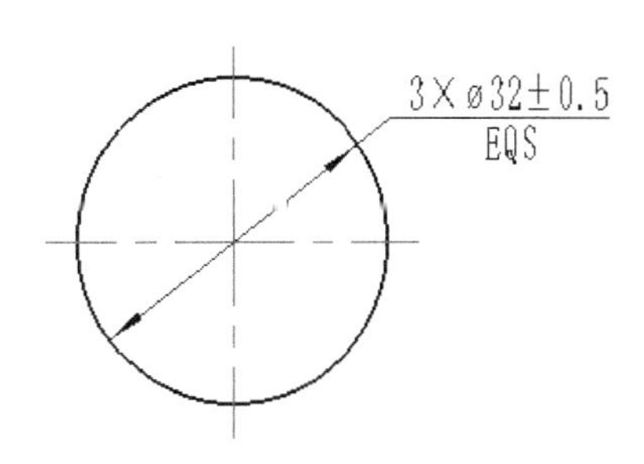

图 5-62 标注效果

知识点拨 对于一些特殊的符号，如直径符号“φ”、角度符号“°”、公差正负符号“±”等，可以通过按照 CAXA CAD 电子图板规定的格式输入所需符号来实现。直径符号用“%c”表示，角度符号用“%d”表示，公差正负符号用“%p”表示，乘号用“%x”表示。

在“标注风格”选项组中可以选择已有的标注风格，例如选择“GB_尺寸”或“标准”等，还可以设置是否使箭头反向，是否具有文字边框。如果单击“标注风格”按钮，则弹出图 5-63 所示的“标注风格设置”对话框，利用该对话框设置当前标注风格、新建标注风格和编辑标注风格等。

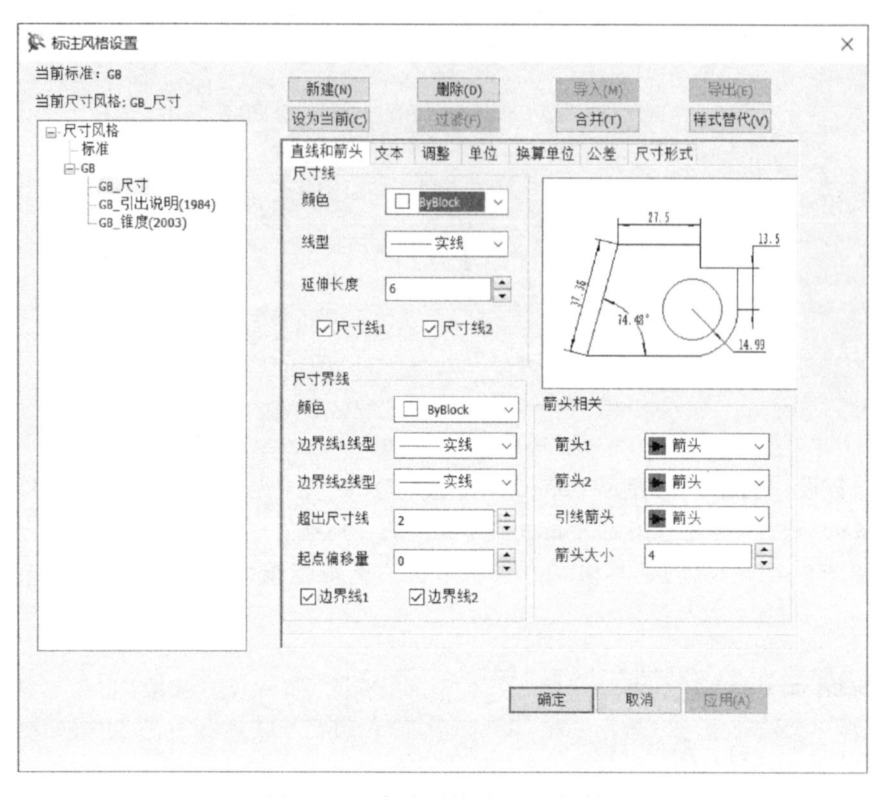

图 5-63 “标注风格设置”对话框

在“尺寸标注属性设置”对话框的“公差与配合”选项组中设置公差输入形式、输出形式、公差代号、上偏差和下偏差等。

- “输入形式”：用于控制公差的输入方式。在该下拉列表框中可供选择的选项有“代号”“偏差”“配合”“对称”。当设置输入形式为“代号”时，系统根据在“公差代号”文本框中输入的代号名称（如 H7、k6 等）自动查询上偏差和下偏差，并将查询结果显示在“上偏差”和“下偏差”文本框中；当设置输入形式为“偏差”时，由用户根据设计要求输入偏差值；当设置输入形式为“配合”时，输出形式不可用，并且对话框提供图 5-64 所示的选项来供用户设置；当设置输入形式为“对称”时，由用户输入上偏差值。
- “输出形式”：用于控制公差的输出形式。在某些场合下系统提供的可供选择的输出形式选项有“代号”“偏差”“(偏差)”“代号（偏差)”和“极限尺寸”。例如，当输出形式为“代号”时，标注时使用代号表示公差，如 Φ30H7；当输出形式为“偏差”时，标注时标出偏差，如 $\phi30^{+0.021}_{0}$；当输出形式为（偏差）时，标注时使用“( )”括号将偏差值括起来，如 $\phi30(^{+0.021}_{0})$；当输出形式为“代号（偏差)”时，标注时把代号和偏差同时标出，如 $\phi30H7(^{+0.021}_{0})$；当输出形式为“极限尺寸”时，标注时标注出极限尺寸，如 $\phi^{30.021}_{30}$。
- “公差代号”：当“输入形式”选项被设置为“代号”时，在“公差代号”文本框中输入所需的公差代号名称，如输入 H7、k6 等，则系统根据基本尺寸和公差代号名称自动查询表格，将查询到的上偏差值和上偏差值显示在相应的“上偏差”框和“下

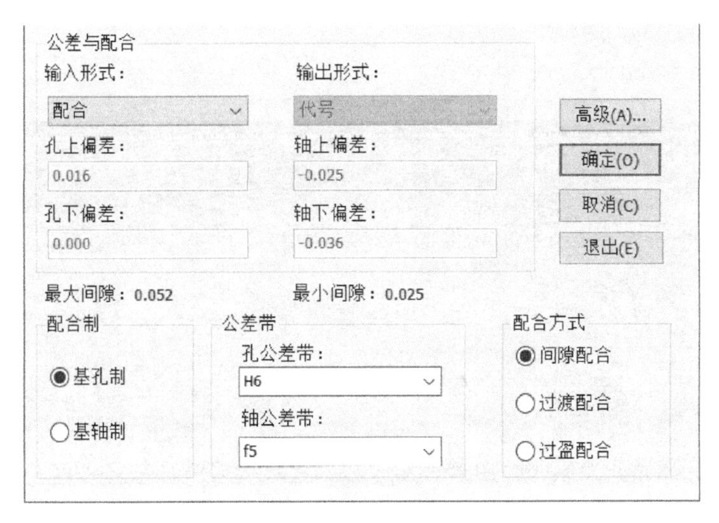

图 5-64　设置输入形式为“配合”

偏差”框中。用户也可以通过单击“高级”按钮，弹出图 5-65 所示的“公差与配合可视化查询”对话框，利用该对话框直接选择合适的公差代号。

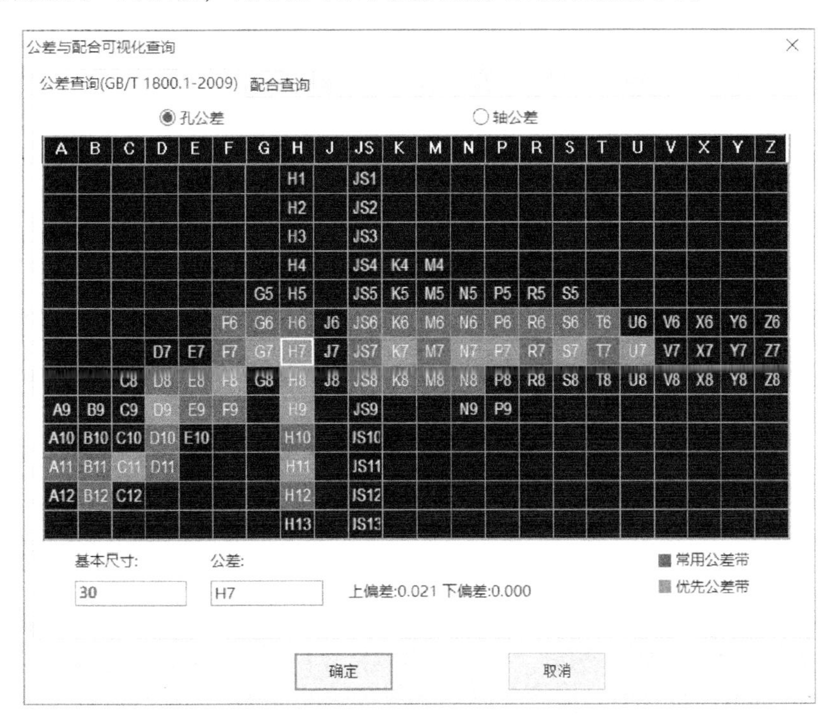

图 5-65　“公差与配合可视化查询”对话框

当“输入形式”选项被设置为“配合”时，则需要指定配合制和公差带等，系统在输出时会按照所设定的配合进行标注。通常为了获得直观的配合，此时可以单击“高级”按钮，打开“公差与配合可视化查询”对话框，并自动切换到“配合查询”选项卡，从中设置基孔制还是基轴制，然后直观地选择合适的配合，如图 5-66 所示。

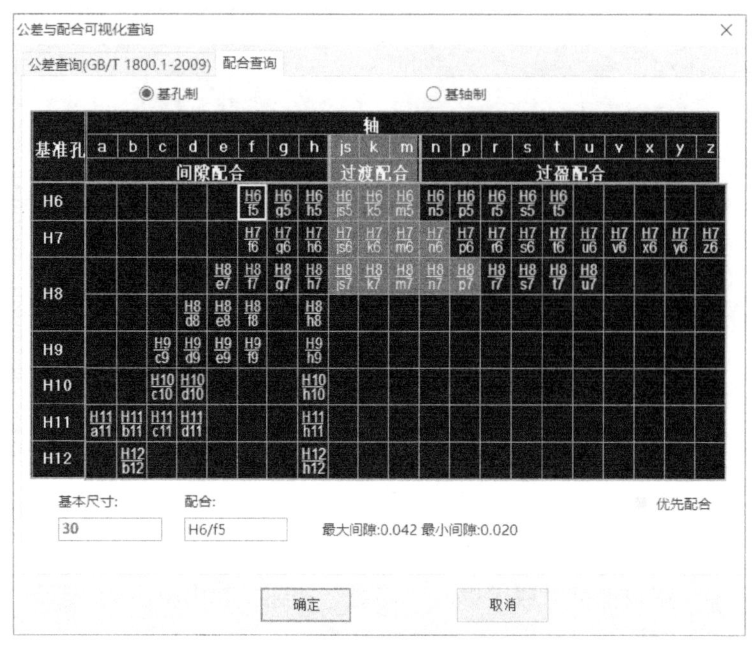

图5-66 “配合查询”选项卡

5.3 坐标标注

在制图工作中，有时候需要标注指定点的坐标，这就需要用到“坐标标注”功能。

使用“坐标标注”功能，可以标注坐标原点、选定点或圆心（孔位）的坐标值尺寸。坐标标注包括原点标注、快速标注、自由标注、对齐标注、孔位标注、引出标注、自动列表和自动孔表。这些关于坐标标注的命令均可以通过单击“坐标标注”按钮并在立即菜单中切换选择，如图5-67a所示，也可以单独在相应的面板或菜单中单独执行（如图5-67b所示）。下面介绍坐标标注中这些类型选项的应用。

1. 原点标注

原点标注是用来标注当前坐标系原点的X坐标值和Y坐标值。

选择“原点标注”选项后，可以在立即菜单中设置原点标注的格式，包括以下方面。

- “尺寸线双向”/“尺寸线单向”：用于设置尺寸线是双向的还是单向的。尺寸线双向是指尺寸线从原点出发，分别向坐标轴两端延伸；尺寸线单向是指尺寸线从原点出发，向坐标轴靠近拖动点一端延伸。
- “文字双向”/“文字单向”：当设置尺寸线双向时，可以设置文字双向或文字单向。文字双向是指在双向尺寸线两端均标注尺寸值；文字单向是指只在靠近拖动点一端标注尺寸值。
- “X轴偏移”：原点的X坐标值。
- “Y轴偏移”：原点的Y坐标值。

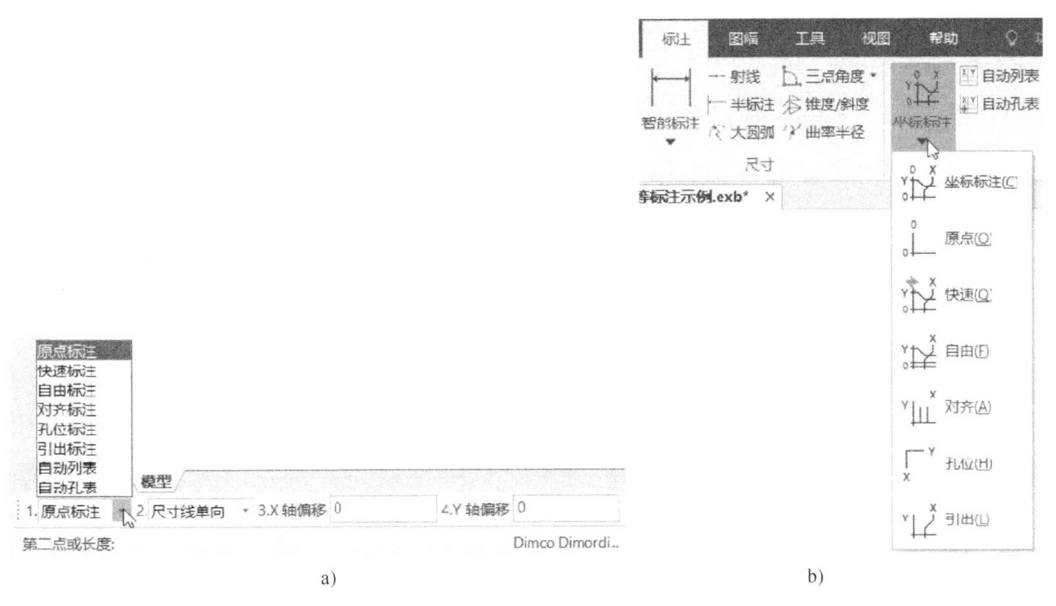

a)　　b)

图 5-67　用于“坐标标注”的立即菜单及相关工具按钮

a）在“坐标标注”立即菜单中切换选择　b）单独执行坐标标注类型命令

系统提示输入“第二点或长度:”。用户可以指定第二点来确定标注尺寸文字的定位点，也可以输入长度值来确定，注意尺寸线是从原点出发的。通常使用光标拖动来选择标注 X 轴方向上的坐标还是 Y 轴方向上的坐标。输入第二点或长度后，系统继续提示输入第二点或长度。此时如果右击或按〈Enter〉键，则可以结束原点标注，从而只完成标注一个坐标轴方向的标注；如果在该提示下接着输入合适的第二点或长度，则可以完成另一个坐标轴方向的标注。

原点标注的几个示例如图 5-68 所示。

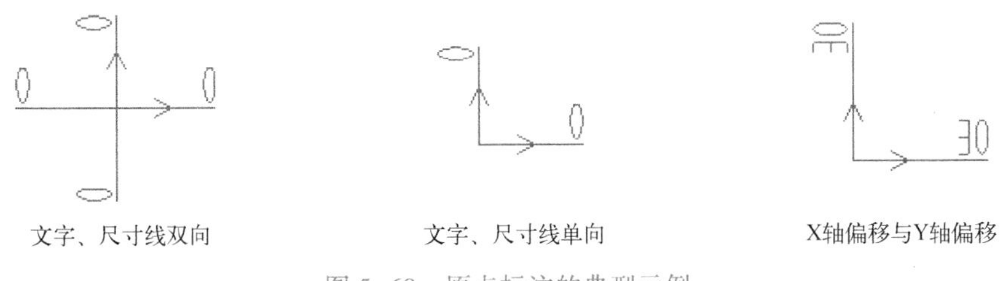

图 5-68　原点标注的典型示例

2. 快速标注

“坐标标注”中的“快速标注”用于标注当前坐标系下任意一个标注点的 X 坐标值或 Y 坐标值，标注格式由立即菜单中的选项或参数来定义。在进行快速标注时，用户在设置的标注格式下，只需输入标注点即可完成标注。

如何在立即菜单中设置快速标注的格式呢？在立即菜单“1.”框中选择“快速标注”选项后，立即菜单变为如图 5-69 所示。该立即菜单中控制快速标注格式的各选项的功能含义如下。

1. 快速标注 2. 正负号 3. 不绘制原点坐标 4. Y 坐标 5.延伸长度 3 6.前缀 7.后缀 8.基本尺寸 计算尺寸
指定原点（指定点或拾取已有坐标标注） Dimco Dimordi...

图 5-69　用于快速标注的立即菜单

- “正负号”/“正号”：用于在“正负号”和“正号”之间切换。在尺寸值等于计算值时，选择“正负号”，那么所标注的尺寸值取实际值，即若是负数也保留负号；如果选择“正号”，那么所标注的尺寸值取其绝对值。
- “不绘制原点坐标”/“绘制原点坐标”：设置是否绘制原点坐标。
- “Y 坐标”/“X 坐标”：设置是标注 Y 坐标还是标注 X 坐标。
- “延伸长度”：用于控制尺寸线的长度。尺寸线长度为延伸长度加文字字串长度。系统默认的延伸长度为 3，当然用户可以根据情况来更改该延伸长度。
- “前缀”：用于显示和设置前缀。
- “后缀”：用于显示和设置后缀。
- “基本尺寸”：如果立即菜单“4.”被设置为“Y 坐标”，则默认的尺寸值为标注点的 Y 坐标值；如果立即菜单“4.”被设置为“X 坐标”，则默认的尺寸值为标注点的 X 坐标值。

通常在立即菜单中设置好快速标注的格式后，指定原点（指定点或拾取已有坐标标注），然后指定标注点。快速标注的示例如图 5-70 所示。

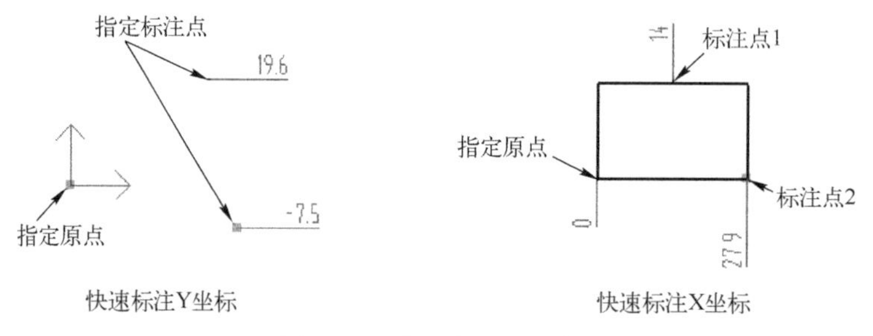

图 5-70　快速标注的示例

3. 自由标注

“坐标标注”中的“自由标注”用于标注当前坐标系下任意一个标注点的 X 坐标值或 Y 坐标值，尺寸文字的定位点需要临时指定，其标注格式同样由用户在立即菜单中设置。自由标注比快速标注自由度更多。

在立即菜单“1.”下拉列表框中选择“自由标注”选项后，立即菜单变为图 5-71 所示。在该立即菜单“2.”可以选取“正负号”或“正号”，“正负号”用于使所标注的尺寸值取实际值，“正号”用于使所标注的尺寸值取绝对值。在“3.”中可以设置是否绘制原点坐标。

1. 自由标注 2. 正负号 3. 不绘制原点坐标 4.前缀 5.后缀 6.基本尺寸 计算尺寸
指定原点（指定点或拾取已有坐标标注） Dimco Dimordi...

图 5-71　用于自由标注的立即菜单

设置好标注格式后，指定原点（指定点或拾取已有坐标标注），接着指定标注点，此时系统提示给出定位点。在该提示下在绘图区移动光标，则系统自动判断是要标注 X 坐标值或 Y 坐标值。使用光标拖动尺寸线方向（X 轴或 Y 轴方向）及尺寸线长度，在满意的位置处单击即可完成一处标注。当然定位点也可以使用其他输入方式来给定，例如使用键盘输入或工具点捕捉等。

可以继续给定若干组标注点和定位点来进行自由标注。使用“自由标注”完成坐标标注的图例如图 5-72 所示。

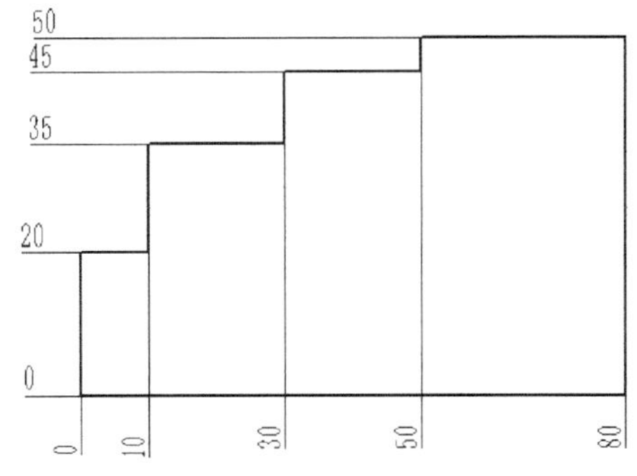

图 5-72　自由标注图例

4. 对齐标注

“坐标标注”中的“对齐标注”（对应的工具为“对齐标注”按钮）用于创建一组以第一个坐标标注为基准、尺寸线平行且尺寸文字对齐的标注。对齐标注的典型示例如图 5-73 所示，下面通过一个示例来介绍如何创建对齐标注。

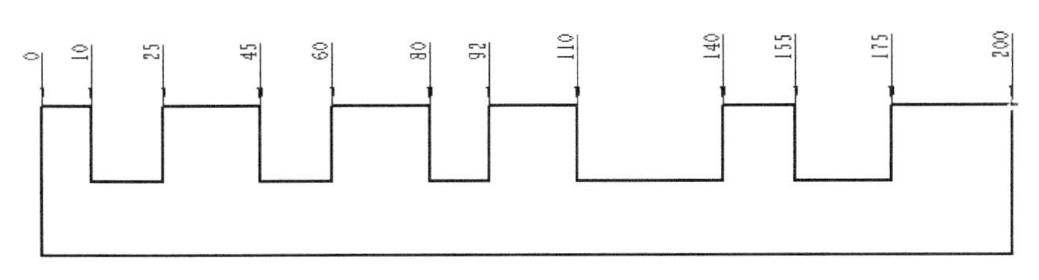

图 5-73　对齐标注的示例

【课堂实例】：坐标标注之对齐标注的操作练习

1）打开“HY_对齐标注练习 . exb”文件，该文件中存在着的原始图形如图 5-74 所示。

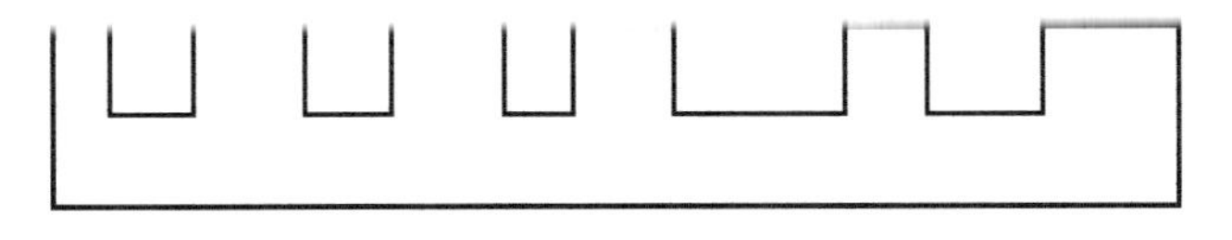

图 5-74　原始图形

2）在功能区“标注”选项卡的“坐标”面板中单击“坐标标注”按钮，打开一个立即菜单。

3）在立即菜单的“1.”中选择“对齐标注”，接着在立即菜单中设置图 5-75 所示的选项。

图 5-75　在立即菜单中的设置

4）在图形中选择左下顶点作为原点，接着选择图 5-76 所示的标注点 1，接着移动光标在图 5-77 所示的位置处单击以确定定位对齐点。

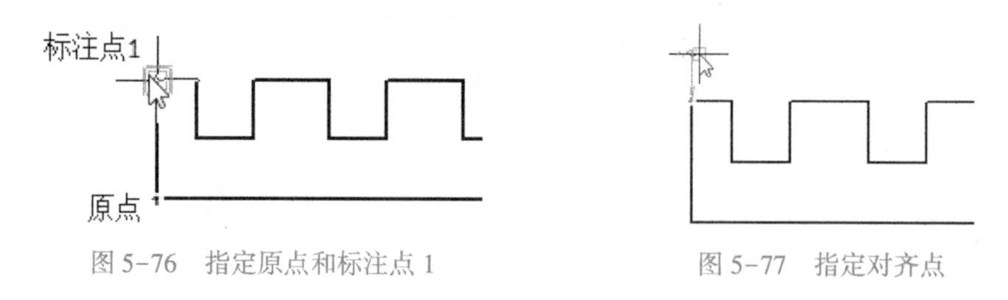

图 5-76　指定原点和标注点 1　　　图 5-77　指定对齐点

5）依次向右侧拾取若干点作为下续标注点，直到完成该对齐标注，如图 5-78 所示。按〈Esc〉键结束该对齐标注命令。

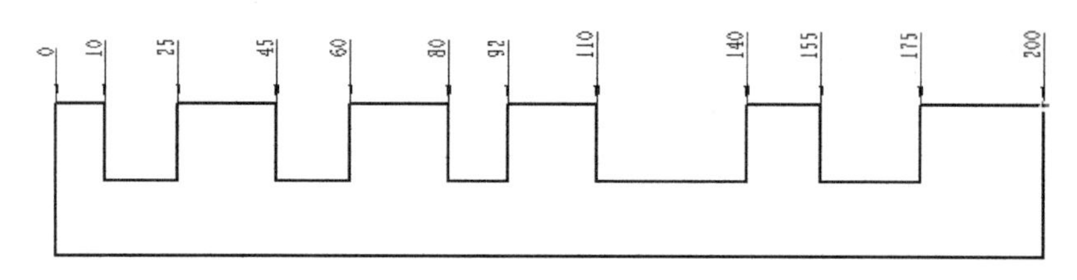

图 5-78　完成对齐标注

5. 孔位标注

“坐标标注”中的孔位标注是指标注圆心或点的 X、Y 坐标值。

在“坐标”面板中单击“坐标标注”按钮，系统打开一个立即菜单，接着在该立即菜单第 1 项中选择“孔位标注”，此时立即菜单变为如图 5-79 所示。

图 5-79　用于孔位标注的立即菜单

在用于孔位标注的立即菜单中可以设置以下内容。

- “正负号”/“正号”：“正负号”选项用于设置所标注的尺寸值取实际值（包括正值和负值）；“正号”选项则用于设置所标注的尺寸值取绝对值。
- “孔内尺寸线打开”/“尺寸线关闭”：用于设置孔内尺寸线是否打开，也就是用来控制标注圆心坐标时，位于圆内的尺寸界线是否画出。
- “绘制原点坐标”/“不绘制原点坐标”：用于设置是否绘制原点坐标。
- “X 延伸长度”：用来控制沿 X 坐标轴方向，尺寸界线延伸出圆外的长度或尺寸界线自标注点延伸的长度，其初始默认值为 3。用户可以根据设计情况更改 X 延伸长度。
- “Y 延伸长度”：用来控制沿 Y 坐标轴方向，尺寸界线延伸出圆外的长度或尺寸界线自标注点延伸的长度，其初始默认值为 3。用户可以根据设计情况更改 Y 延伸长度。

在立即菜单中设置好相关的选项和参数后，在提示下指定原点，接着拾取圆或点，即可标注出圆心或指定点的 X、Y 坐标值。

孔位标注的典型示例如图 5-80 所示。

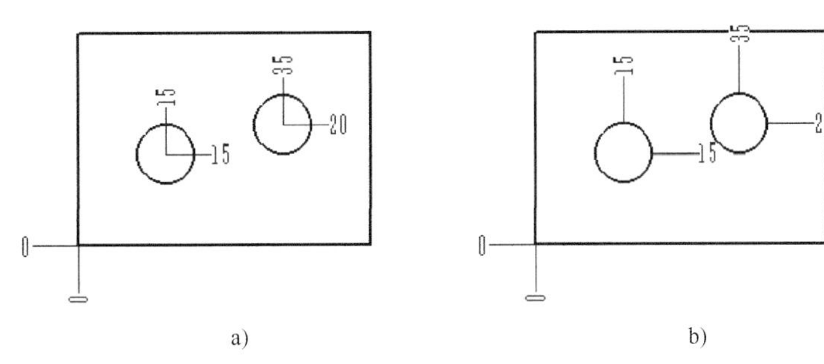

图 5-80 孔位标注的示例

a）绘制原点坐标，孔内尺寸线打开 b）绘制原点坐标，孔内尺寸线关闭

6. 引出标注

“坐标标注”中的引出标注主要用于坐标标注中尺寸线或文字过于密集时，将数值标注引出来的标注。

单击“坐标标注”按钮，系统打开一个立即菜单，接着在该立即菜单“1.”中选择“引出标注”，此时立即菜单变为如图 5-81 所示。

图 5-81 用于引出标注的立即菜单

在用于孔位标注的立即菜单中可以设置以下内容。

- “正负号”/“正号”：用于设置尺寸值受默认测量值驱动时，标注尺寸值的正负号。“正负号”选项用于设置所标注的尺寸值取实际值（包括正值和负值）；“正号”选项则用于设置所标注的尺寸值取绝对值。
- “绘制原点坐标”/“不绘制原点坐标”：用于设置是否绘制原点坐标。
- “自动打折”/“手工打折”：用于设置引出标注的标注方式。当选择“自动打折”时，需要选择“顺折”或“逆折”来控制转折线的方向，以及定制第一条转折线的长度 L 和第二条转折线的长度 H。当选择“手工打折”时，立即菜单提供的选项如图 5-82 所示。

图 5-82 选择“手工打折”时

- “前缀”：设置尺寸文本的前缀。
- “后缀”：设置尺寸文本的后缀。
- “基本尺寸”：默认为标注点的计算尺寸值。用户可以手动输入基本尺寸值，此时正负号控制不起作用。

在立即菜单中设置好相关的选项后，根据提示指定原点（指定点或失去已有坐标标注），输入标注点等便可完成标注。如果是自动打折，那么依次输入标注点和定位点；如果是手工打折，依次输入标注点、第一引出点、第二引出点和定位点。

引出标注的典型示例如图 5-83 所示。

图 5-83 引出标注的典型示例

7. 自动列表

“坐标标注”中的自动列表是指以表格的形式直观地列出标注点、圆心或样条插值点的坐标值。单击“坐标标注”按钮，系统打开一个立即菜单，接着在该立即菜单“1.”中选择“自动列表”，此时立即菜单中的选项如图 5-84 所示。亦可直接单击单独的“自动列表”按钮。

图 5-84 用于“自动列表”坐标标注的立即菜单

如果要进行点或圆心坐标的标注工作，那么输入标注点或拾取圆（圆弧），并在“序号插入点”提示下指定序号插入点，系统重复出现“输入标注点或拾取圆”的提示信息，使用同样的方法指定若干组标注点和序号插入点，然后右击或按〈Enter〉键，则立即菜单变为图 5-85 所示，从中可以分别设置序号域长度、坐标域长度、表格高度，最后输入定位点。输入定位点后即可完成标注。

1. 自动列表　2.序号域长度 10　3.坐标域长度 25　4.表格高度 5
定位点:　Dimco Dimordi...

图 5-85 立即菜单

图 5-86 是关于圆心（点）的自动列表标注示例，图 5-87 是关于圆的自动列表标注。需要注意的是在输出自动列表标注的表格时，如果有圆或圆弧，表格中会增加一列直径数据。

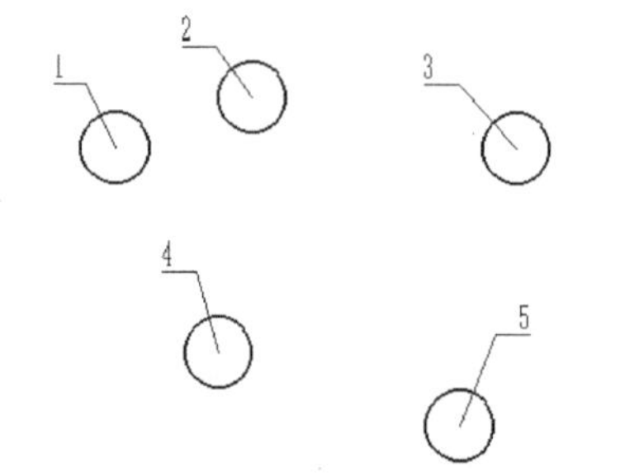

	PX	PY
1	30.00	88.00
2	50.00	95.00
3	88.00	88.00
4	45.00	60.00
5	80.00	50.00

图 5-86 关于圆心（点）的自动列表标注

知识点拨 “序号域长度”用来控制表格中“序号”列的长度，“坐标域长度”用来控制表格中“PX”和“PY”列的长度，“表格高度”用来控制表格每行的高度。自动列表的列表框不会随风格更新。

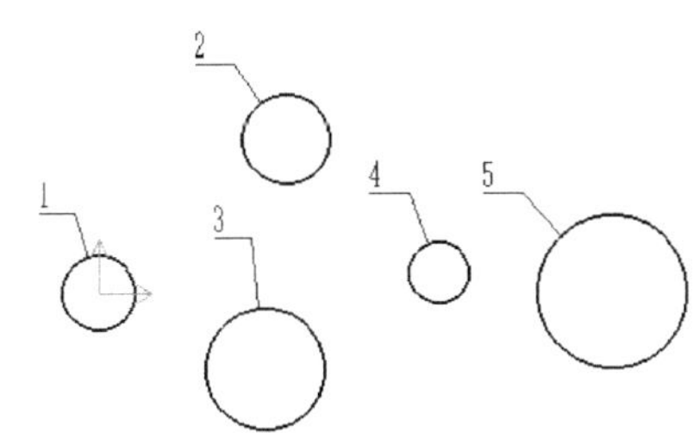

	PX	PY	Ø
1	0.00	0.00	10.00
2	25.00	20.00	12.00
3	22.00	-10.00	16.00
4	45.00	2.50	8.00
5	68.00	0.00	20.00

图 5-87 关于圆的自动列表标注

再看一个关于样条插值点坐标的自动列表标注的例子。执行“坐标标注”的“自动列表”命令，在立即菜单中将“2.”选项设置为“正负号”，将“3.”选项设置为“加引线”，将“4.”选项设置为“标识原点”。接着在绘图区选择要标注的样条曲线，指定序号插入点，并在立即菜单中分别设置序号域长度、坐标域长度、表格高度等，然后指定定位点来完成该标注。样条插值点坐标的标注（自动列表）示例如图 5-88 所示。

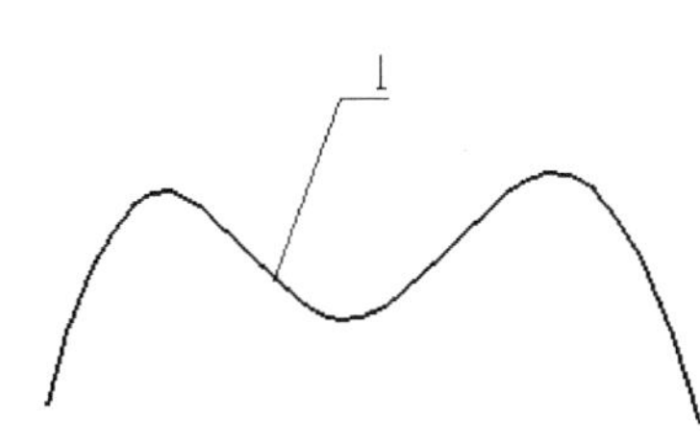

坐标原点X:0.00, Y: 0.00, 旋转角: 0.00		
A	PX	PY
1	200.19	13.44
2	211.98	32.87
3	227.94	21.07
4	247.37	34.49
5	261.94	11.59

图 5-88 样条插值点坐标的标注

8. 自动孔表

“坐标标注”中的自动孔位是指以表格的形式列出圆心的坐标值。

单击“坐标标注”按钮，系统打开一个立即菜单，接着在该立即菜单“1.”中选择“自动孔表”，在“2.”中选择“创建孔表”选项，并在绘图区分别拾取所需直线作为 X 轴和 Y 轴，则立即菜单变为如图 5-89 所示。其上内容和“自动列表”的类似，然后在绘图区拾取孔表中各个孔的外圆，全部外圆拾取完毕后，按空格或右击确定拾取，并在新立即菜单中设置序号域长度、坐标域长度、表格高度等，最后指定孔表的放置定位点。

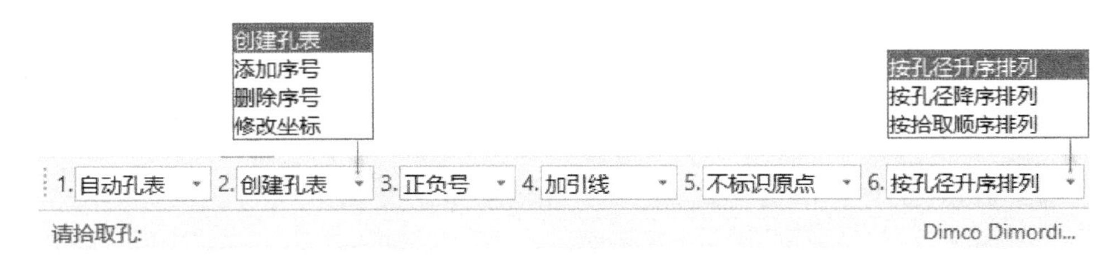

图 5-89 自动孔表标注的立即菜单

自动孔表的图例如图 5-90 所示。

对于自动孔表，还可以执行添加序号、删除序号和修改坐标操作。

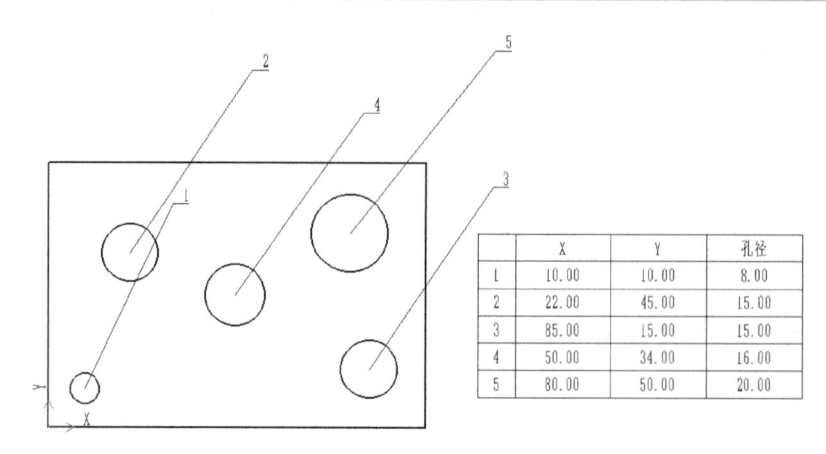

	X	Y	孔径
1	10.00	10.00	8.00
2	22.00	45.00	15.00
3	85.00	15.00	15.00
4	50.00	34.00	16.00
5	80.00	50.00	20.00

图 5-90　自动孔表的图例

5.4　文字类标注

在机械图样中，一般的说明信息、技术要求文本可以通过“文字”功能来注写。在注写文本之前首先需要准备好所需的文字风格，有关文字风格的知识在前面章节已经介绍过，这里不再赘述。下面主要介绍使用文字功能、引出说明、技术要求和文字查找替换的实用知识。

5.4.1 使用文字功能

最为基本的文字功能是“文字”按钮A，单击此按钮，打开图5-91所示的“文字”立即菜单，在“1.”框中提供了多种文字方式，包括“指定两点”“搜索边界”“曲线文字”“递增文字”。

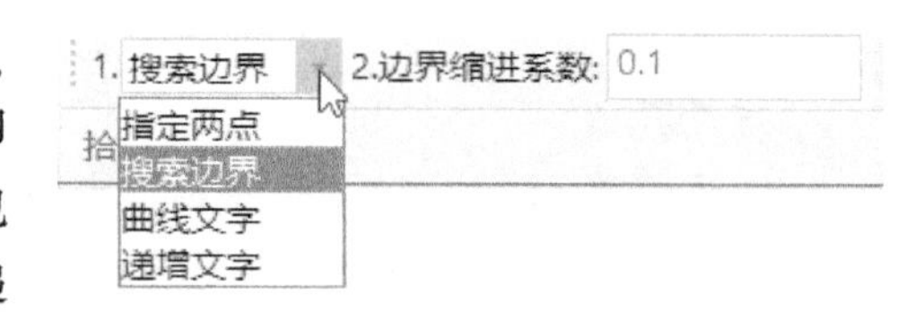

图 5-91　“文字”立即菜单

1. 指定两点

在“文字”立即菜单“1.”中选择“指定两点”选项，接着使用鼠标分别指定两点以指定要标注文字的矩形区域，系统弹出“文字编辑器-多行文字”对话框和文字输入框，如图5-92所示，设置好文字参数后，在文字输入框中输入文字，然后单击“确定”按钮即可。

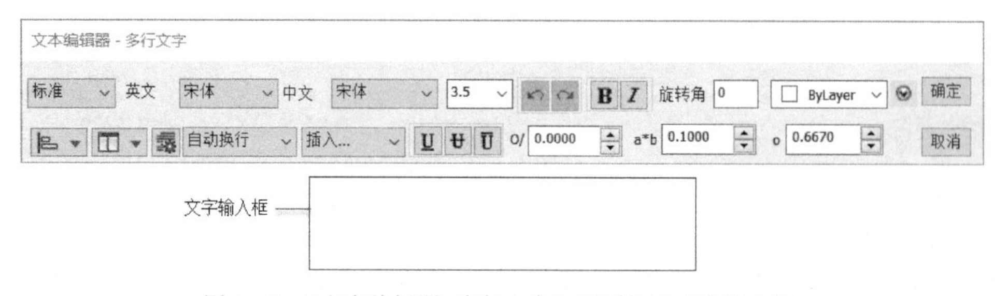

图 5-92　“文字编辑器-多行文字”对话框和文字输入框

2. 搜索边界

在“文字”立即菜单“1.”中选择“搜索边界”选项，接着根据提示指定边界内一点和边界间距系数，系统获得文字输入框和弹出“文字编辑器-多行文字”对话框，余下操作和“指定两点”时一样。

3. 曲线文字

在“文字”立即菜单“1.”中选择“曲线文字”选项，接着根据提示拾取曲线，再拾取文字标注的方向、起点和终点，系统弹出图5-93所示的“曲线文字参数”对话框，设置好各项参数，在“文字内容”编辑框内输入所需文字，如果有需要，可以单击“插入”来插入各种特殊符号，最后单击“确定”按钮，便可生成曲线文字对象。

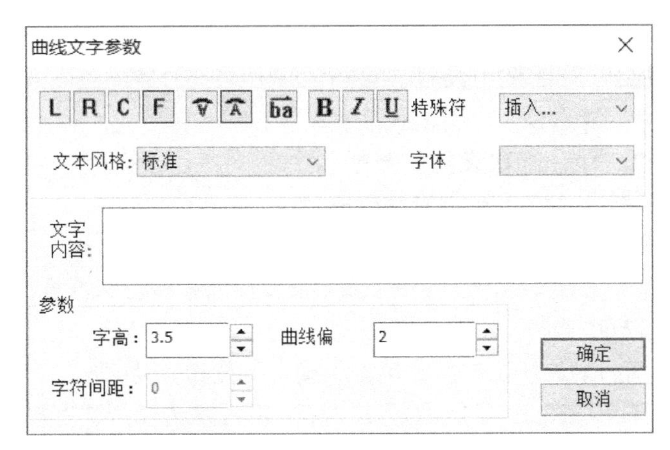

图5-93 “曲线文字参数”对话框

要创建曲线文字对象，也可以单击独立的“曲线文字”按钮，这与在“文字”立即菜单“1”中选择“曲线文字”是等效的。

创建曲线文字对象的典型示例如图5-94所示。

图5-94 创建曲线文字对象

4. 递增文字

在“文字”立即菜单“1.”中选择“递增文字”，或者在功能区“常用”选项卡的“标注”面板中单击“递增文字”按钮，接着拾取单行文字，则系统弹出图5-95所示的“递增文字”立即菜单，在该立即菜单中分别设置递增文字距离、数量和增量等参数，然后移动鼠标光标放置递增文字对象即可，单击鼠标右键结束命令。

图5-95 “递增文字”立即菜单

5.4.2 引出说明

本节主要介绍“引出说明”功能的应用。“引出说明”用于标注引出注释，它是由文字和引出线组成的，引出点处既可以带箭头也可以不带箭头，引出的文字可以是中文或西文。

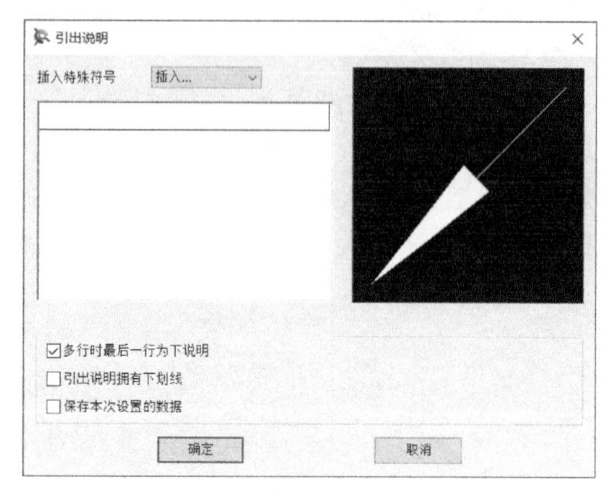

图 5-96 “引出说明”对话框

使用“引出说明”功能进行注释的典型方法和步骤如下。

1）在功能区“标注”选项卡的“符号”面板中单击“引出说明”按钮，打开图 5-96 所示的“引出说明”对话框。

2）在“引出说明”对话框中设置“多行时最后一行为下说明”复选框、“引出说明拥有下划线”复选框和“保存本次设置的数据”复选框的状态，并根据设计要求输入第一行的说明文字，必要时输入第二行说明文字或更多行的说明文字。在输入说明文字的过程中，如果需要插入某些特殊符号，那么可以从对话框的“插入”下拉列表框中选择。

3）完成输入所需行的说明文本后，单击“确定”按钮。

4）出现的立即菜单如图 5-97 所示。在“1.”中可以选择“文字缺省方向”或“文字反向”；在“2.”中可以选择“智能结束”或“取消智能结束”选项，当选择“智能结束”时，还可以设置是否有基线。

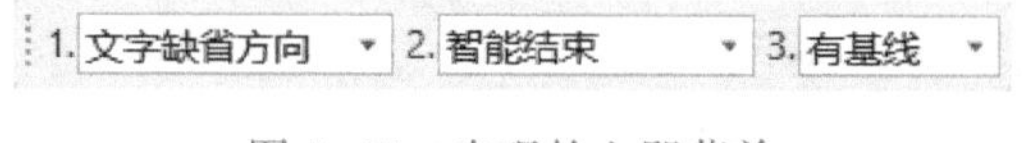

图 5-97 出现的立即菜单

5）拾取定位点或直线或圆弧，接着在提示下指定引线转折点及定位点，从而完成引出说明标注。

【课堂实例】：引出说明标注

以图 5-98 所示的引出说明标注的典型示例作为实例效果。

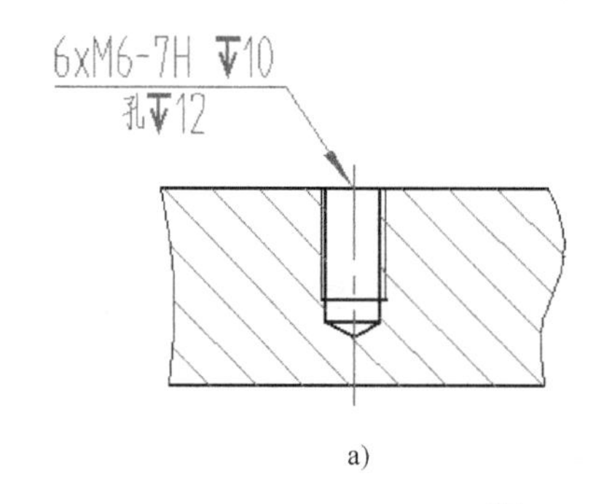

a)

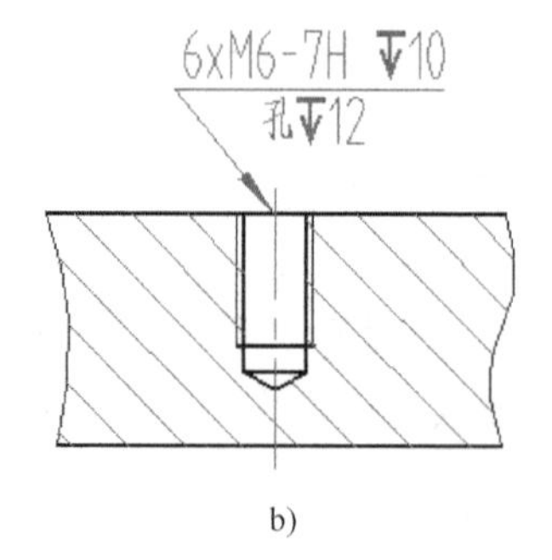

b)

图 5-98 典型示例

a）文字默认方向 b）文字反向

该实例原始练习文件为位于配套资料包 CH5 文件夹中的“HY_引出说明标注练习”文件，在功能区“标注”选项卡的“符号”面板中单击“引出说明”按钮后，弹出“引出说明”对话框，勾选“多行时最后一行为下说明”复选框，输入图 5-99 所示的两行说明内容（为了便于描述，表示深度的符号“↧”在图中暂时用“深”字表示，实际上，在该“深”字的位置处将用“↧”替换），其中的引出说明文本“6xM6-7H ↧10”中的第二个符号“×”可以从图 5-100 所示的“插入特殊符号”下拉列表框中选择，其输入格式为“%x”。

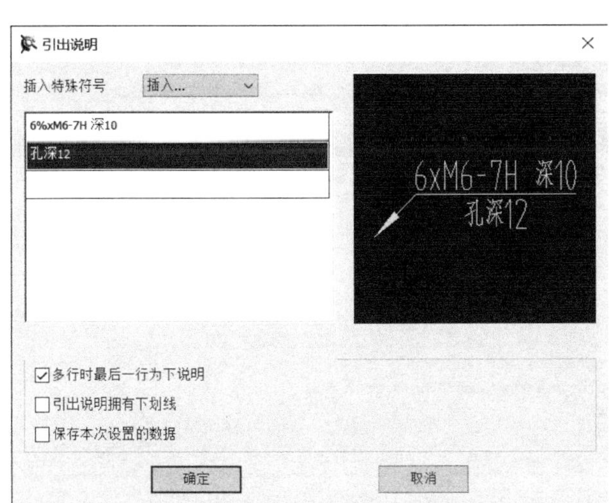

图 5-99 输入上说明和下说明

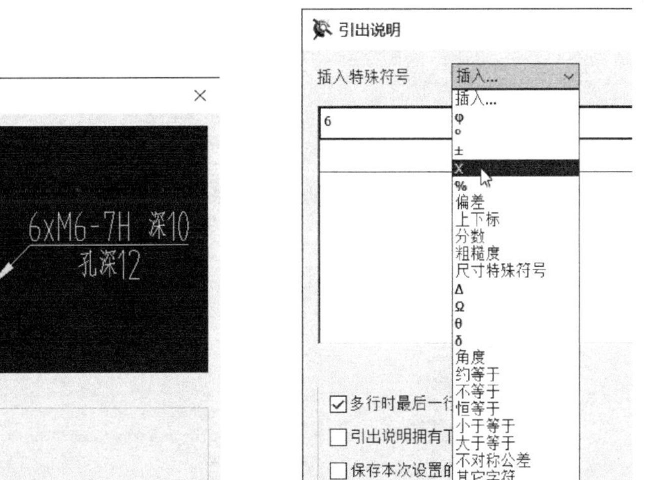

图 5-100 插入特殊符号

在上说明（第一行说明）和下说明（第二行说明）中，可使用“↧”符号来表示特定孔深，如图 5-101 所示。要输入“↧”符号，则将光标置于说明中要插入的位置处（即“深”字所在的位置处），在“插入特殊符号”下拉列表框中选择“尺寸特殊符号”选项，打开“尺寸特殊符号”对话框，如图 5-102 所示，接着选择↧符号，单击“确定”按钮即可。

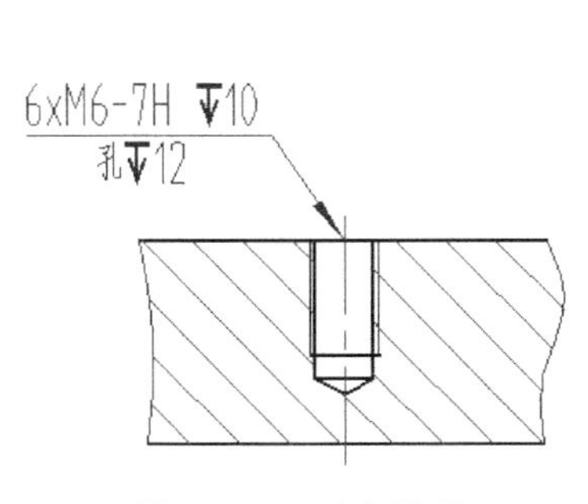

图 5-101 引出说明

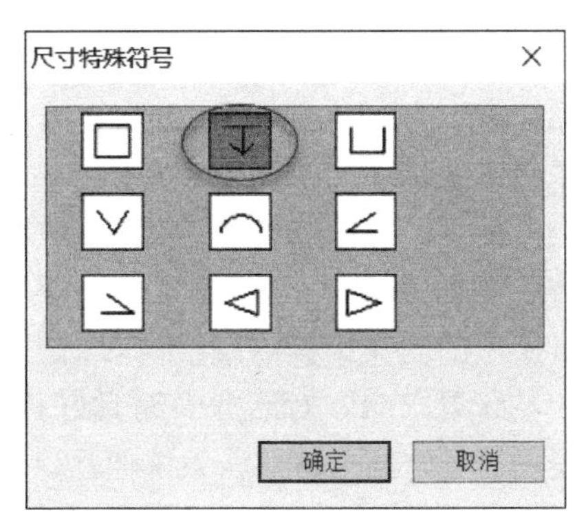

图 5-102 “尺寸特殊符号”对话框

设置好引出说明文本后，在“引出说明”对话框中单击“确定”按钮，接着在立即菜单中设置文字方向等，然后分别指定第一点、引线转折点和定位点来完成引出说明标注。

5.4.3 技术要求

在 CAXA CAD 电子图板中，可以快速生成工程的技术要求说明文字。

在功能区“标注”选项卡的“文字”面板中单击“技术要求”按钮，系统弹出图 5-103 所示的“技术要求库”对话框。

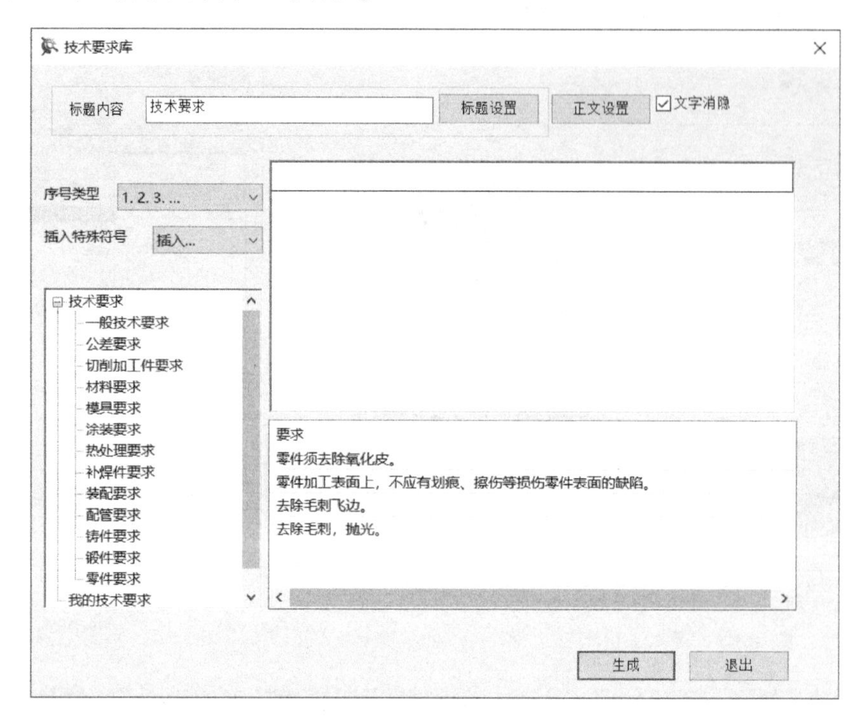

图 5-103 “技术要求库”对话框

在“技术要求库”对话框左下角的列表框中列出了系统所有已有的技术要求类别，选择某一个技术要求类别时，在右侧的表格中会列出所选类别的所有文本项。如果有要用到的文本项，那么可以使用鼠标双击它，将它写入位于表格上面的编辑文本框中的合适位置；也可以在编辑文本框中直接输入和编辑文本；还可以指定序号类型，设置技术要求正文的起始序号。

在“技术要求库”对话框中单击“正文设置”按钮，将打开图 5-104 所示的“文字参数设置”对话框，从中修改技术要求文本要采用的参数。如果要设置“技术要求”4 个字的标题参数，则需要在“技术要求库”对话框中单击“标题设置”按钮，利用弹出来的图 5-105 所示的“文字参数设置”对话框来单独设置。

在“技术要求库”对话框中编辑好标题内容和技术要求文本后，单击“生成”按钮，然后在绘图区指定两个角点，系统便在这个区域内自动生成技术要求。

在 CAXA CAD 电子图版 2020 中，技术要求库的管理工作比较简单。在“技术要求库”对话框左下角的列表框中选择所需的类别，接着可以在其右侧表格中直接修改指定文本项。激活表格中的新行，则可以为该类别添加一行新的文本项。当然用户可以将所选的文本项从数据库中删除（删除操作要慎重），可以修改类别名等。

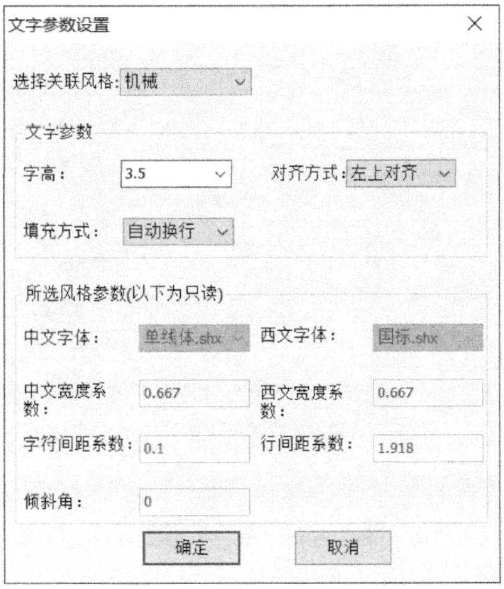

图 5-104 “文字参数设置”对话框（1）

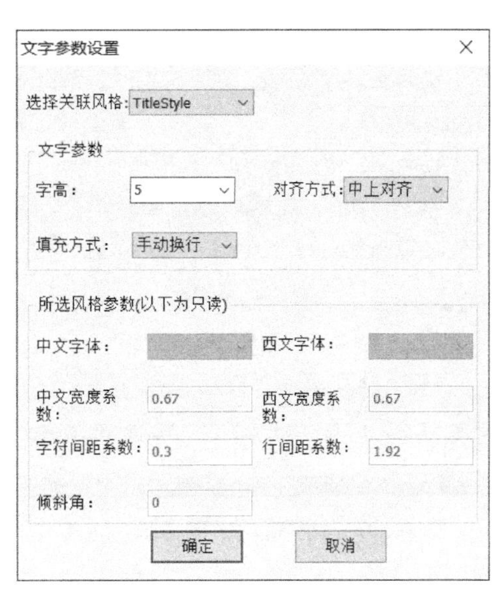

图 5-105 “文字参数设置”对话框（2）

5.4.4 文字查找替换

可以查找并替换当前绘图中的文字。“文字查找替换”功能支持文字对象或尺寸中的文字。在功能区的“标注”选项卡的“文字”面板中单击“查找替换”按钮，系统弹出“文字查找替换”对话框，如图 5-106 所示。下面介绍“文字查找替换”对话框中各主要项的功能含义。

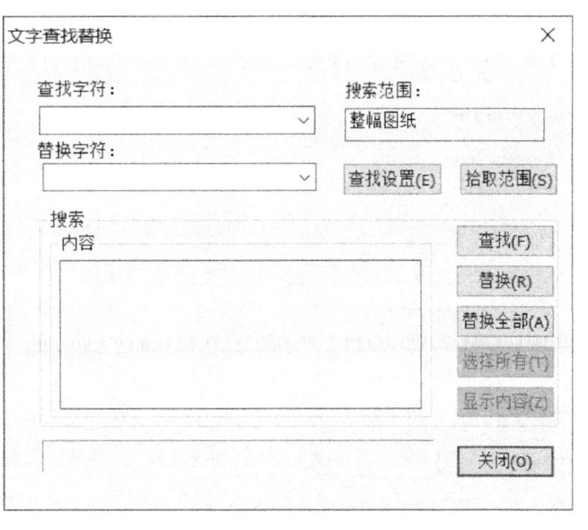

图 5-106 “文字查找替换”对话框

- “查找字符”：在该文本框中输入需要查找或者待替换的字符。
- “替换字符”：在该文本框中输入替换后的字符。
- “搜索范围”：默认搜索范围为整幅图纸，以搜索全部图形，用户可以通过单击“拾取范围”按钮来更改搜索范围。
- “查找设置”：单击“查找设置”按钮，系统弹出图 5-107 所示的“查找设置”对话框，通过“文字”“尺寸”“表格”“明细表”“工程标注”这些复选框设置文字类型，在“搜索选项”选项组中利用“区分大小写”“搜索块”“全字匹配”复选框来对替换内容进行搜索限定，例如勾选“全字匹配”复选框时，查找的内容必须与所输入的字型完全匹配（包括字数、格式等）。注意查找对标题栏、图框等中的字符不起作用。
- “搜索”：在“搜索”选项组中单击“查找”按钮，搜索结果显示在“内容”框中，如图 5-108 所示。接着可以单击“替换”“替换全部”“显示内容”等按钮进行相应的操作。

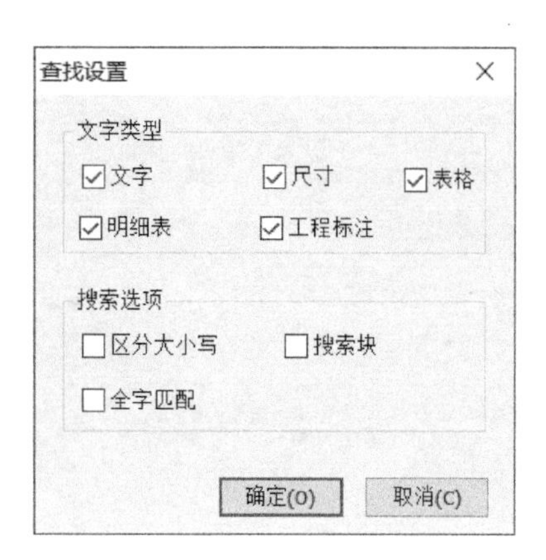

图 5-107 “查找设置”对话框

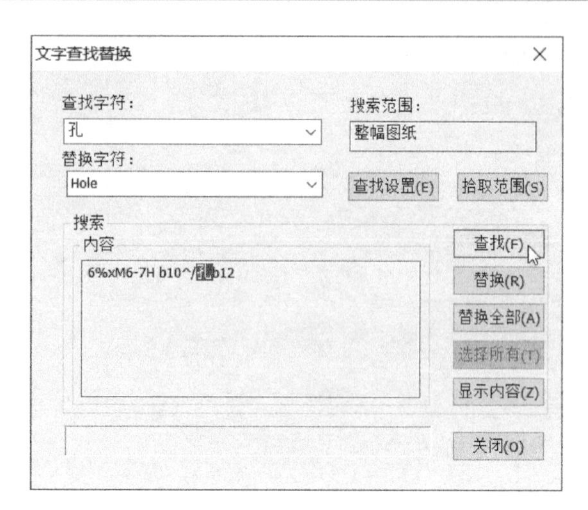

图 5-108 显示搜索结果内容

5.5 工程符号类标注

工程符号类标注主要包括倒角标注、基准代号注写、形位公差标注、表面结构（粗糙度）标注、焊接符号标注、剖切符号标注、中心孔标注和向视符号标注等。

5.5.1 倒角标注

使用“倒角标注”功能的操作方法及步骤如下。

1）在功能区“标注”选项卡的“符号”面板中单击“倒角标注”按钮。

2）在打开的“倒角标注”立即菜单中，从“1.”框中选择“默认样式”或“特殊样式”，通常选择“默认样式”。当选择“默认样式”时，从“2.”框中选择“轴线方向为X轴方向”“轴线方向为Y方向”或“拾取轴线”选项以定义倒角线的轴线方式，并在立即菜单的“3.”中选择“水平标注”“铅垂标注”或“垂直于倒角线”选项，在“4.”中选择“1×1”“1×45°”“45°×1”或“C1”以设定倒角标注方式。

3）定义好倒角线的轴线方式及倒角标注方式等后，拾取倒角线。

4）移动鼠标光标来指定尺寸线位置，从而标注出倒角尺寸。

需要用户注意的是，当倒角标注样式为“特殊样式”时，可拾取一对倒角线并指定尺寸线位置来完成此类倒角标注。

图5-109为3种不同的倒角标注样式，图5-109a为标准45°倒角，图5-109b为简化45°倒角（即C2是2×45°的简化表示），图5-109c为使用“特殊样式”完成的倒角标注示例。新的机械制图国家标注规定推荐采用简化的45°倒角注法。

【课堂实例】：进行倒角标注练习

1）打开“HY_倒角标注练习.exb”文件，该文件中存在着的原始图形如图5-110所示。

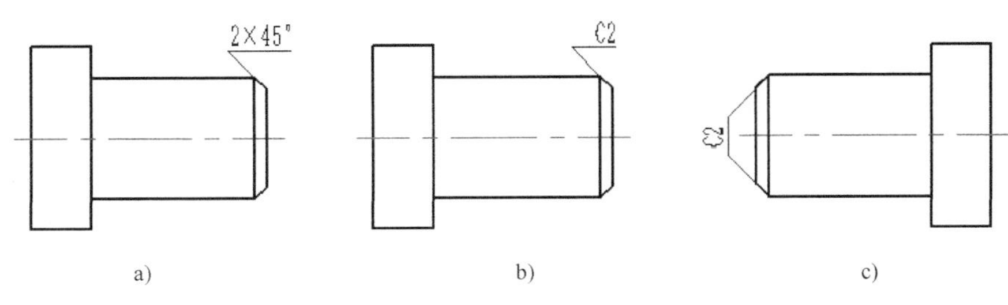

图 5-109 倒角标注的典型示例
a）标准 45°倒角 b）C1 简化 45°倒角 c）特殊样式

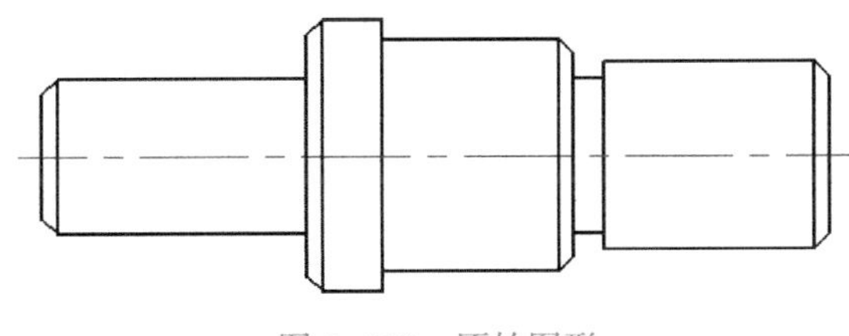

图 5-110 原始图形

2）在功能区的“标注”选项卡的“符号”面板中单击“倒角标注”按钮。

3）在立即菜单的“1.”框中选择“默认标注”，在“2.”框中选择“轴线方向为 X 轴方向”，在“3.”框中选择“水平标注”，在“4.”中选择“C1”。

4）拾取最右侧的一条倒角线，移动光标来指定尺寸线位置，完成第一个倒角尺寸，如图 5-111 所示。

5）使用同样的方法创建另 3 处倒角尺寸，如图 5-112 所示。

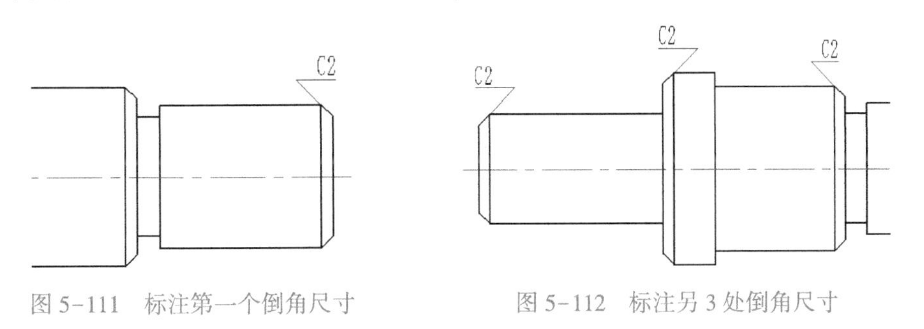

图 5-111 标注第一个倒角尺寸 图 5-112 标注另 3 处倒角尺寸

在该练习实例中，也可以练习采用“轴线方向为 Y 轴方向”或“拾取轴线”方式来创建倒角尺寸。

5.5.2 基准代号注写

在几何公差的基准部分需要画出基准代号。基准应按照以下规定标注。

1）与被测要素相关的基准用一个大写字母表示。字母标注在基准方格内，与一个涂黑或空白的三角形相连以表示基准（涂黑和空白的基准三角形含义相同）；表示基准的字母还应标注在公差框格内。

2）当基准要素是轮廓线或轮廓面时，基准三角形放置在要素的轮廓线或其延长线上（与尺寸线明显错开），如图 5-113a 所示；基准三角形也可以放置在该轮廓面引出线的水平线上。当基准是尺寸要素确定的轴线、中心平面或中心点时，基准三角形应放置在该尺寸线的延长线上（如图5-113b所示），如果没有足够的位置标注基准要素尺寸的两个尺寸箭头，则其中一个箭头可用基准三角形代替。

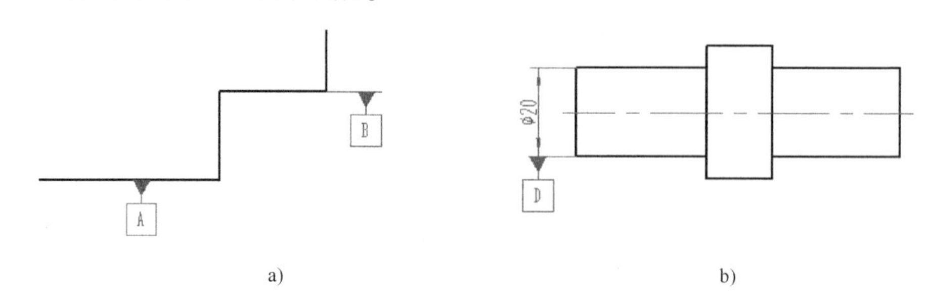

图5-113 注写基准代号

a）注写在轮廓线或其延长线上 b）当基准是尺寸要素确定的轴线等时

3）如果只以要素的某一局部为基准，则应用粗点画线示出该部分并加注尺寸。

下面介绍注写基准代号的一般方法及步骤。

1）在功能区“标注”选项卡的“符号”面板中单击“基准代号”按钮，出现的“基准代号”立即菜单如图5-114所示。

图5-114 “基准代号”立即菜单

在“1.”中可以选择“基准标注”或“基准目标”。当选择“基准标注”选项时，在“2.”中可以选择“给定基准”或“任选基准”，如果选择“给定基准”，那么还需要指定“引出方式”或“默认方式”。单击立即菜单的“基准名称”文本框，可以更改基准代号名称。

2）在该立即菜单中设置好相关的选项后，根据系统提示拾取定位点、直线或圆弧。

3）如果拾取的是定位点，那么利用键盘输入角度或通过拖动鼠标的方式确定旋转角度，便可完成该基准代号的标注；如果拾取的是直线或圆弧，那么指定标注位置等后便完成标注与直线或圆弧相垂直的基准代号。

5.5.3 几何公差标注

几何公差包括形状公差、方向公差、位置公差和跳动公差等。通常认为形位公差是形状和位置公差的总称。CAXA CAD电子图版2020提供的“形位公差”按钮用于标注几何公差。

在功能区“标注”选项卡的“符号”面板中单击“形位公差”按钮，弹出图5-115所示的“形位公差”对话框。在该对话框中选定公差代号，设置公差数值、公差查表、附注和基准等相关选项及参数，单击“确定”按钮，然后结合立即菜单和系统提示，拾取标注元素和指定引线转折点来完成几何公差（含形位公差）的标注。在这里，介绍“形位公差”对话框中各主要部分的功能含义。

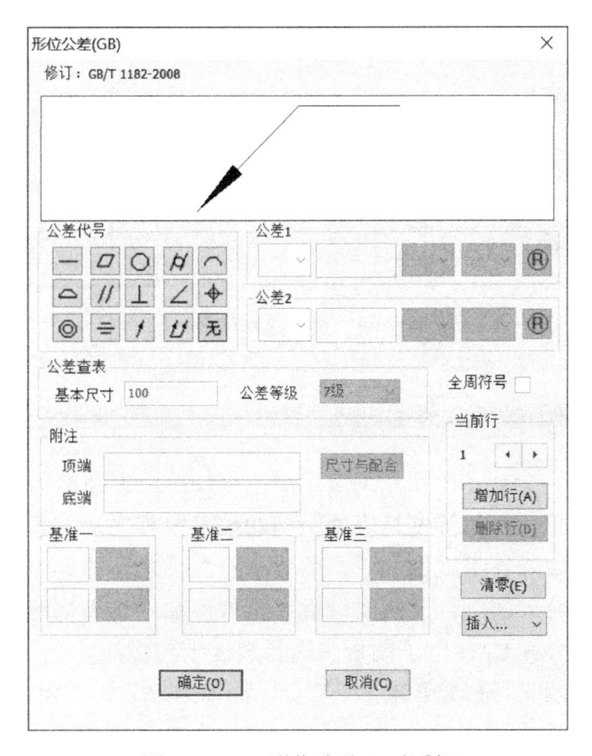

图 5-115 “形位公差”对话框

- 预览区（预显区）：该区域位于“公差代号”选项组的上方，用于显示设置的形位公差框格及填写内容等。
- “公差代号”选项组：在该选项组中列出了 14 种形位公差的创建按钮以及一个“无”按钮。单击除“无”按钮之外的 14 个按钮之一，则表示启动相应的几何公差创建，例如单击“对称度”按钮⌯，则表示要创建对称度。
- “公差 1”选项组和“公差 2”选项组：在这两个选项组中可以设置公差符号输出方式、公差数值、形状限定和相关原则等。这两个选项组可看成形位公差数值分区。
- “公差查表”：在该选项组中，可以看到基本尺寸和设置的公差等级。用户可以从中输入满足要求的基本尺寸和指定公差等级。
- “附注”选项组：在该选项组的“顶端”文本框和“底端”文本框中输入所需要的说明信息。单击该选项组中的“尺寸与配合”按钮，打开“尺寸标注属性设置”对话框，从中在形位公差处添加公差的附注。
- 基准代号分区：基准代号分区包括“基准一”选项组、“基准二”选项组和“基准三”选项组，它们用于分别输入基准代号和选择相应的符号（如“Ⓜ”“Ⓔ”或“Ⓛ”等）。
- “当前行”：主要用于指示当前行的行号，具有多行时可以单击其中的按钮切换当前行。
- “增加行”：单击此按钮，可以在已标注一行形位公差的基础上标注新的一行，新行标注方法和第一行的标注方法是相同的。

- “删除行”：用于删除当前行，系统会重新调整整个形位公差的标注。
- “清零”：用于清除当前形位公差的相关的设置，使对话框返回到无形位公差创建的初始状态。

几何公差标注的典型示例如图 5-116 所示。

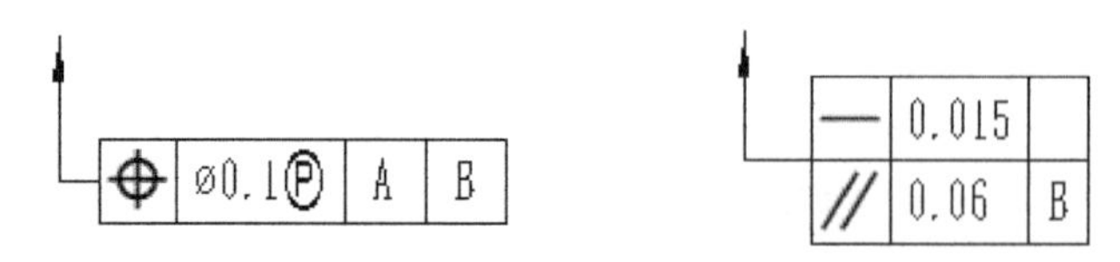

图 5-116　几何公差标注示例

5.5.4 表面结构（粗糙度）标注

国家标准 GB/T 131-2006《产品几何技术规范（GPS）表面结构表示法》规定，零件表面质量用表面结构来定义，而粗糙度是表面结构的技术内容之一，表面粗糙度是指零件加工表面上具有较小间距和由峰谷组成的微观几何形状特性，它是评定零件表面质量的一项重要技术指标，对零件的配合、耐磨性、抗腐蚀性、密封性和外观等都有影响。

下面介绍如何在 CAXA CAD 电子图板中进行表面结构标注。

1）在功能区“标注”选项卡的“符号”面板中单击“粗糙度”按钮√，打开图 5-117 所示的“粗糙度”立即菜单。

图 5-117　“粗糙度”立即菜单

2）在“粗糙度”立即菜单中可设置相关的选项。在“1.”中可以在“简单标注”和“标准标注”两个选项之间切换。

- “简单标注”：只标注表面处理方法和粗糙度值。表面处理可以通过立即菜单“3.”来设置，即可以在“3.”中选择“去除材料”“不去除材料”或“基本符号”，粗糙度值则可以在“4. 数值”中设置。
- “标准标注”：在立即菜单中切换为“标准标注”选项时，立即菜单变为图 5-118 所示，同时系统弹出图 5-119 所示的“表面粗糙度（GB）”对话框。在“表面粗糙度”对话框中选用基本符号、设置上限值、下限值、上说明和下说明等，可以根据设计要求决定是否勾选“相同要求”复选框。获得满意的预览结果后，单击“确定”按钮。

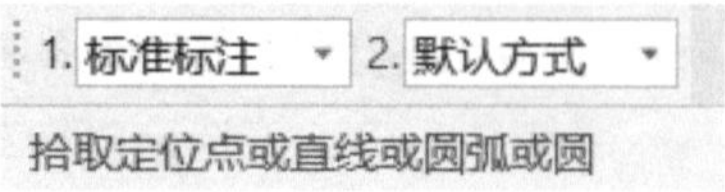

1. 标准标注　2. 默认方式
拾取定位点或直线或圆弧或圆

图 5-118　立即菜单

3）拾取定位点或直线或圆弧。如果拾取定位点，接着在提示下输入角度或使用鼠标在屏幕上确定角度方位，从而完成该表面结构要求的标注。如果拾取直线或圆弧，接着在提示下确定标注位置，从而标注出与直线或圆弧相垂直的表面结构要求符号。

表面结构要求可标注在轮廓线上，其符号应从材料外指向并接触表面，必要时表面结构符号也可以用带箭头或黑点的指引线引出标注。在不致引起误解时，表面结构要求可以标注在给定的尺寸线上。表面结构要求可标注在形位公差框格的上方，还可以直接标注在相关延长线上。表面结构要求对每一表面一般只标注一次，并尽可能注写在相应的尺寸及其公差的同一视图上，除非另有说明，所注写的表面结构要求是对完工零件表面的要求。表面结构要求标注的典型示例如图5-120所示，其表面结构的注写和读取方向与尺寸的注写和读取方向一致。带箭头的引线通过立即菜单“2.”的“引出方式”选项（单击“2.”框可在“引出方式”和“默认方式”选项之间切换）来设置，当选择“引出方式”选项时，需要在出现的“3.”中选择“智能结束”或“取消智能结束”选项，“智能结束”较为方便，因为只需指定定位点（引出点）和标注位置便可完成一个表面结构要求标注。注意：带箭头的引线也可以通过“引出说明”按钮来创建。

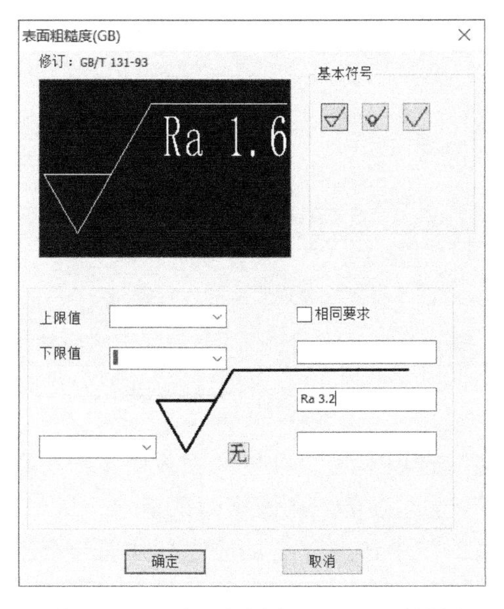

图5-119 “表面粗糙度（GB）”对话框

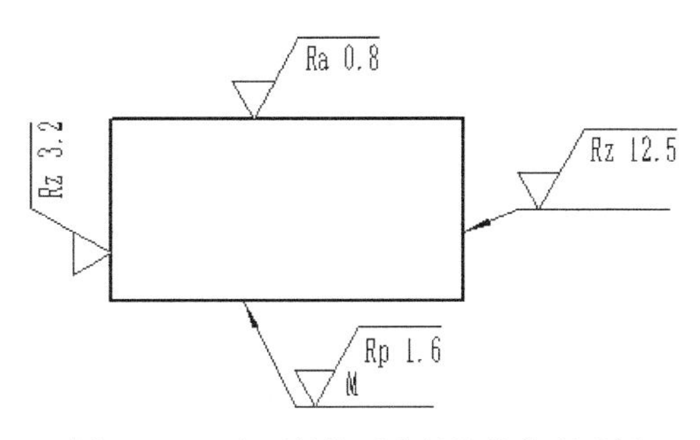

图5-120 表面结构要求标注的典型示例

5.5.5 焊接符号标注

机械工程图中会碰到一些焊接标注。焊接标注的示例如图5-121所示。

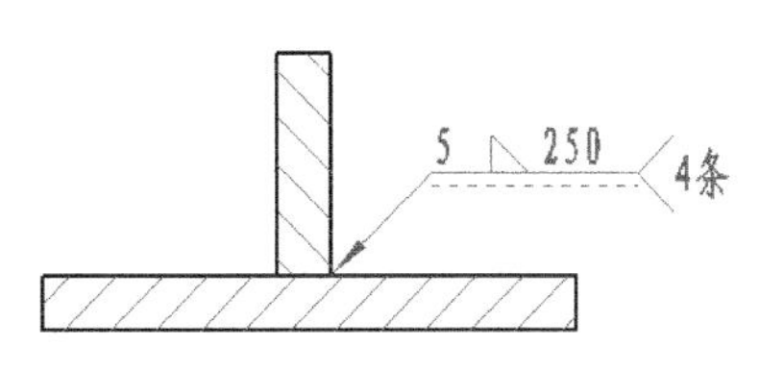

图5-121 焊接符号标注示例

进行焊接符号标注的一般方法和步骤如下。

1）在功能区“标注”选项卡的“符号”面板中单击“焊接符号”按钮，打开图5-122所示的“焊接符号（GB）”对话框。

2）在“焊接符号（GB）”对话框中设置所需的选项及参数，可以在对话框的预览框中预览设置的焊接符号标注效果，如图5-123所示，满意后单击“确定”按钮。

3）拾取定位点或直线或圆弧。拾取的第一点作为引线起点。

4）在提示下指定引线转折点，最后拖动确定定位点，从而完成焊接符号的标注。

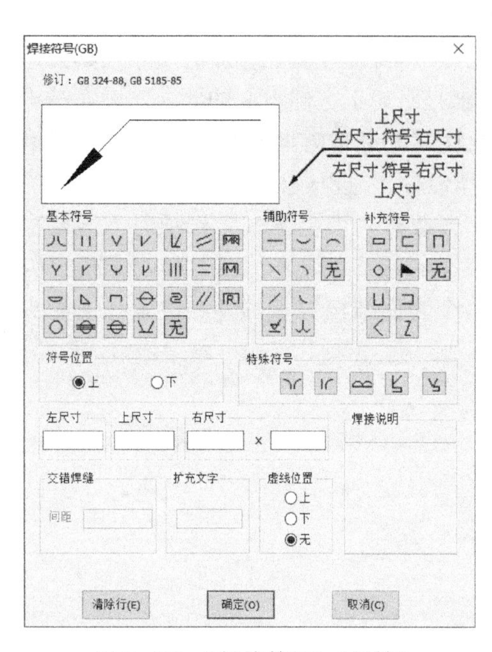

图 5-122 “焊接符号”对话框

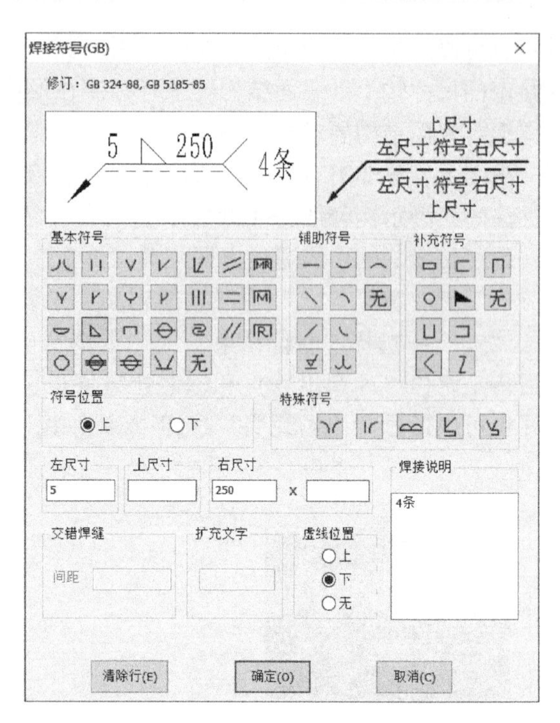

图 5-123 设置所需的焊接符号

5.5.6 剖切符号标注

要标注剖面的剖切位置，则可在功能区“标注”选项卡的“符号”面板中单击“剖切符号”按钮，弹出图 5-124 所示的“剖切符号”立即菜单。在该立即菜单中，从“1.”中可以选择“垂直导航”或“不垂直导航”，在“2.”中选择“自动放置剖切符号名”或“手动放置剖切符号名”，在“3.”中选择“真实投影”或“快速投影”。接着以两点线的方式绘制出剖切轨迹线，绘制完成后单击鼠标右键结束画线状态，此时在剖切轨迹线终止处出现两个箭头标识，箭头沿最后一段剖切轨迹线的法线方向，在两个箭头的一侧单击以确定箭头的方向或者右击取消箭头。之后在“指定剖面名称标注点”提示下拖动一个表示文字大小的矩形到所需位置单击确认，如果之前设置的是“手动放置剖切符号名”，那么还需要自行设定剖面名称，可重复指定剖面名称标注点，单击鼠标右键结束。

图 5-124 “剖切符号”立即菜单

【学习实例】绘制剖面符号

1）打开配套的“HY_剖切符号标注练习 . exb”文件进行创建剖切符号标注练习。

2）在功能区“标注”选项卡的“符号”面板中单击“剖切符号”按钮。

3）在“剖切符号”立即菜单中选择“1. 不垂直导航”“2. 自动放置剖切符号名”“3. 真实投影”。

4）在“画剖切轨迹（画线）:”提示下以两点线的方式绘制剖切轨迹线。绘制好所需的剖切轨迹线后，右击以结束画线状态。此时在剖切轨迹线终止处出现两个箭头标识，如图 5-125 所示，箭头沿最后一段剖切轨迹线的法线方向。

5）拾取所需的方向。本例在箭头偏右一侧单击。

6）在“指定剖面名称标注点:”的提示信息下使用鼠标拖动一个文字框到所需的位置处单击以放置剖面名称，最终完成剖切符号的标注，结果如图 5-126 所示。

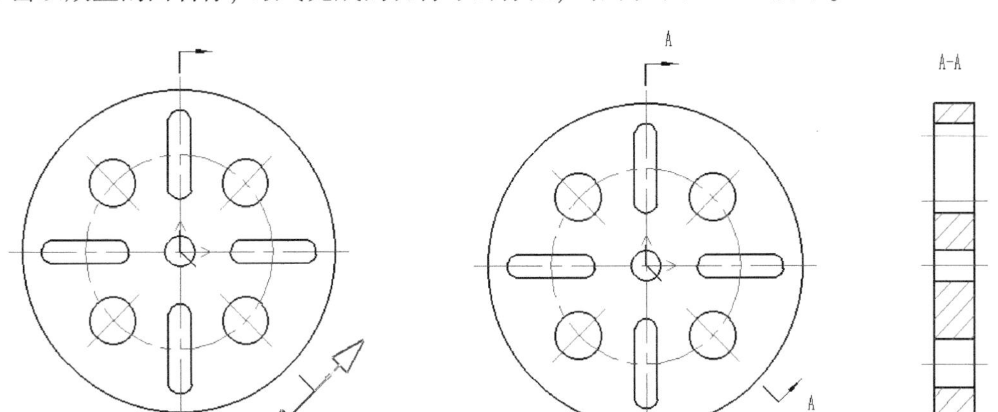

图 5-125　出现两个箭头标识　　　图 5-126　完成剖切符号标注图例

5.5.7 中心孔标注

中心孔标注的一般方法及步骤如下。

1）在功能区“标注”选项卡的“符号”面板中单击“中心孔标注”按钮，打开图 5-127 所示的“中心孔标注”立即菜单。

图 5-127　“中心孔标注”立即菜单

2）在“中心孔标注”立即菜单“1.”中提供了“简单标注”和“标准标注”两种中心孔标注方式。当采用“简单标注”时，可以在立即菜单“2.”中设置字高，在“3.”中注写标注文本。当切换为“标准标注”时，系统弹出图 5-128 所示的“中心孔标注形式”对话框。在该对话框中单击 3 种形式按钮之一，系统在对话框中会给出所选形式按钮的含义说明。接着在“文本风格”下拉列表框中选择所需要的一种风格选项，并在“文字字高”框中设置合适的字高，在“标注文本”部分可以输

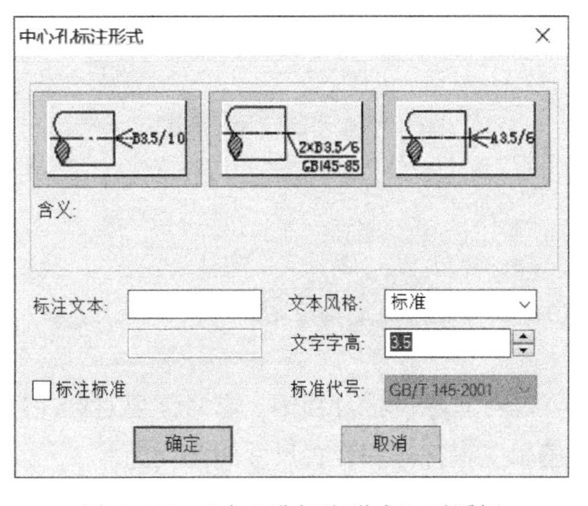

图 5-128　“中心孔标注形式”对话框

入单行的标注文本，如果需要可以在第 2 个文本框中输入下行的标注文本。在“中心孔标注形式”对话框中定制好标注形式后，单击“确定”按钮。

3）拾取引出定位点或轴端直线等来完成中心孔标注。

例如，对于“零件上要求保留中心孔”形式而言，如果是拾取定位点，需要输入角度(-360,360) 或由屏幕上确定来完成一处中心孔标注。如果是拾取轴端直线，则接着使用鼠标光标拖动的方式确定标注位置，从而完成一处中心孔标注。

中心孔标注的示例如图 5-129 所示。

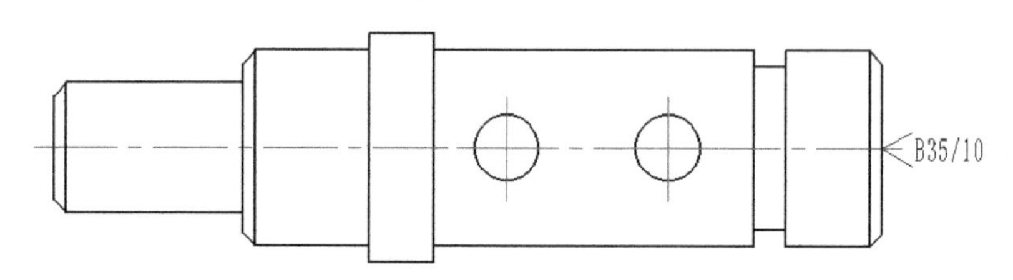

图 5-129　中心孔标注的示例

在本书配套资料包的 CH5 文件夹中提供了上述示例的原始文件“HY_中心孔标注练习.exb”，读者可以打开该文件进行中心孔标注的练习。

5.5.8 向视符号标注

在工程图设计中，有时需要标注向视图，例如标注向视符号。向视符号的标注较为简单，即在功能区“标注”选项卡的“符号”面板中单击“向视符号”按钮，打开图 5-130 所示的立即菜单，在第 1 项“1. 标注文本”中确定向视图的字母编号，在第 2 项“2. 字高”中确定向视符号字高，在第 3 项“3. 箭头大小”中设置向视符号的箭头大小，在“4.”中可以选择“不旋转”或“旋转”选项。当在“4.”中选择“旋转”选项时，立即菜单还将提供另外的选项，即可以选择“左旋转”或“右旋转”来确定旋转箭头标志指向方向，以及设置向视图名称标注的旋转角度。确定立即菜单的参数后即可在绘图区拾取两点以确定向视符号箭头方向，其后指定向视符号字母编号的插入位置。如果选择了“旋转”选项，那么还需要再确定旋转箭头符号标志的位置。最后确定向视图名称的位置。

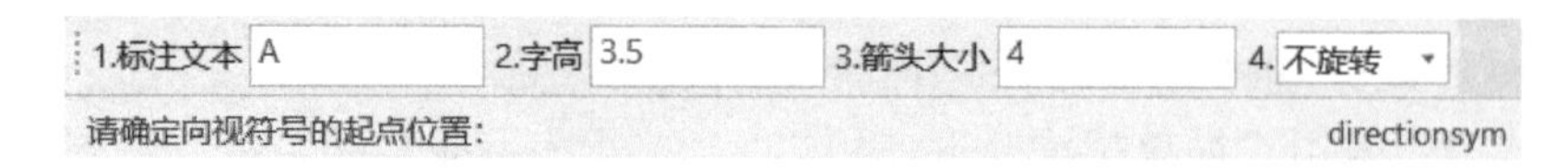

图 5-130　用于向视符号标注的立即菜单

5.6　标注编辑

在实际设计过程中，有时需要对标注进行相关的编辑修改，例如编辑尺寸、编辑文字、编辑工程符号和设置尺寸间的间距等。

在功能区“标注”选项卡的“修改”面板中单击“标注编辑”按钮，拾取要编辑的标注并进入该标注对象的编辑状态，接着可以通过立即菜单、尺寸标注属性设置、夹点编辑等多种方式对所选标注进行编辑。对于大对数标注对象而言，双击时将自动调用“标注编辑”命令。

在功能区“标注”选项卡的“修改”面板中还提供有以下几个实用修改工具。

- “标注间距”按钮：用于调整平行的线性标注之间的间距或共享一个公共顶点的角度标注之间的间距。
- “清除替代”按钮：用于清除选定标注对象的所有替代值。
- “尺寸驱动”按钮：用于拾取要编辑的标注对象，进入对应的编辑状态。

5.6.1 尺寸标注编辑

在功能区“标注”选项卡的“修改”面板中单击“标注编辑”按钮，接着选择要编辑的尺寸标注，系统根据拾取尺寸的不同类型，打开相应的立即菜单。例如选择一个线性尺寸，出现的立即菜单如图 5-131 所示。在该立即菜单的“1.”框中，可以选择“尺寸线位置”“文字位置”“箭头形状”之一来进行相关内容的修改。

图 5-131 出现的立即菜单

1. 编辑尺寸线位置

在立即菜单“1.”框中选择“尺寸线位置”选项，接着可以修改文字的方向（文字平行、文字水平或 ISO 标准）、文字位置（文字居中或文字拖动）、界限角度和尺寸文本（含前缀、后缀和基本尺寸）。界限角度是指尺寸界线与水平线的夹角。

例如，将某线性尺寸值由 30 更改为 30±1.2，并将其界限角度由 90°更改为 45°，该尺寸修改前后如图 5-132 所示，其基本尺寸保持不变（仍然为 30），在“后缀”文本框中输入“%p1.2”并按〈Enter〉键确认，指定新位置。

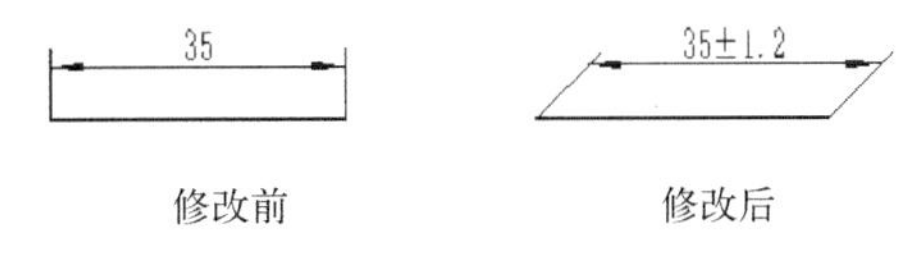

图 5-132 编辑线性尺寸的尺寸线位置前后

2. 编辑文字位置

在立即菜单“1.”框中选择“文字位置”选项，此时立即菜单出现的元素如图 5-133 所示。其中，在该立即菜单的“2.”中设置是否加引线。

图 5-133 用于编辑标注文字位置的立即菜单

设置好文字位置的相关选项后，指定文字新位置即可。例如在立即菜单中设置“1.”为“文字位置”，“2.”为“加引线”，那么可以有图5-134所示的编辑示例。

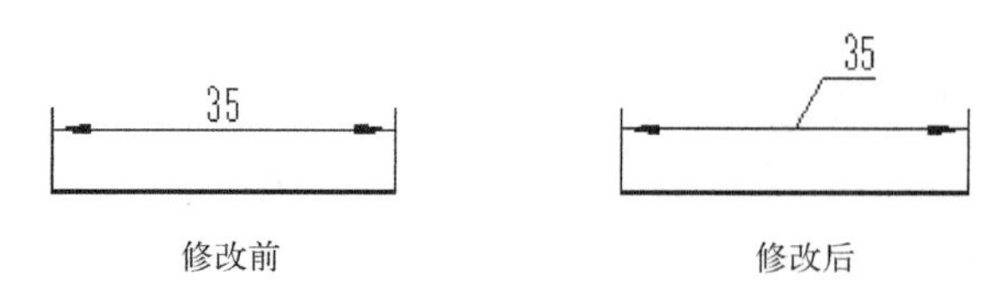

图5-134　编辑标注文字位置前后

3. 编辑箭头形状

在立即菜单“1.”框中选择“箭头形状”选项，弹出图5-135所示的“箭头形状编辑”对话框，从中设置所选标注中的左箭头形状和右箭头形状。箭头形状选项包括“无”“箭头”“斜线”“圆点”“空心箭头”“空心箭头（消隐）”“直角箭头”“建筑标记”“打开”“指示原点”“指示原点2”“小点”“实心闭合”“30度角”“空心点”“空心小点”和“方框”等。用户应该了解这些箭头形状。

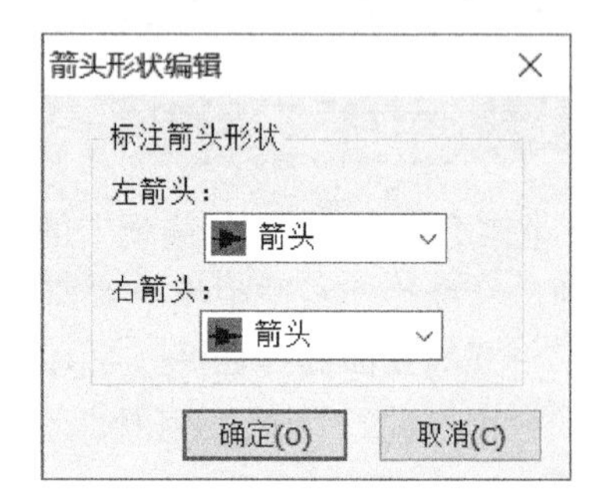

图5-135　“箭头形状编辑”对话框

在图5-136a中，标注的几个原始尺寸间产生了箭头重叠的混乱现象，此时可以对相关尺寸的箭头进行修改，将其修改为图5-136b所示的形式。

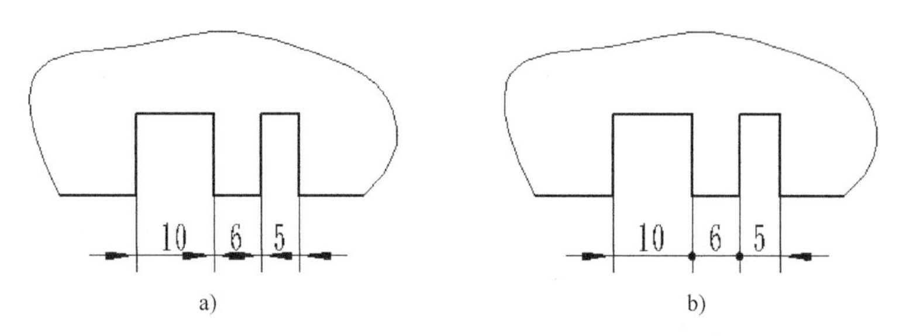

图5-136　修改箭头形状的示例

a）原始尺寸　b）修改箭头形状后的尺寸

尺寸标注编辑扩展知识：在尺寸标注或尺寸编辑中，在相应立即菜单的“前缀”或“后缀”等文本框（编辑框）中可以直接输入特殊字符来分别表示直径符号（ϕ）、角度符号（°）、公差符号（±）。直径符号用“%c”表示，角度符号用“%d”表示，公差符号用“%p”表示。

5.6.2 工程符号标注编辑

在CAXA CAD电子图板中，可以对基准代号、形位公差、表面结构符号（粗糙度）、焊接符号等工程符号类标注进行编辑处理。其一般编辑方法和尺寸标注的编辑方法是一样的。

【课堂实例】：工程符号标注编辑练习

首先打开配套的“HY_工程符号编辑练习.exb”，文件中存在的图形如图5-137所示。

1. 编辑粗糙度

1）在功能区“标注”选项卡的“修改”面板中单击“标注编辑”按钮。

2）在图形中选择要修改的旧式粗糙度标注，此时打开一个立即菜单。从“1.”框中选择“编辑位置”，如图5-138所示，此时用户可以通过拖动光标重新选定标注点位置。

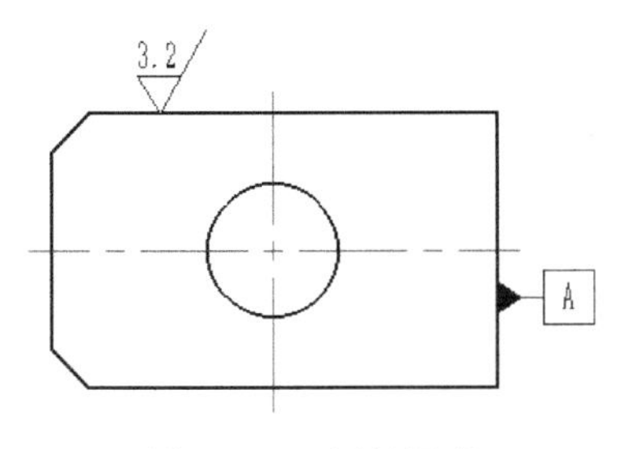

图5-137 原始图形

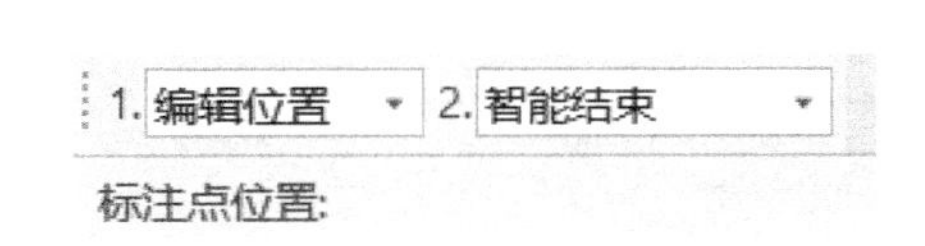

图5-138 出现的立即菜单

3）确保继续处于执行“标注编辑”命令的状态，确保选中该旧式粗糙度标注，在立即菜单“1.”中单击“编辑位置”以切换到“编辑内容”选项，此时系统弹出“表面粗糙度（GB）”对话框，在该对话框中将下限值清除为空，并在一个参数文本框中输入“Ra 3.2”，如图5-139所示，“Ra”和“3.2”之间隔着一个空格。

4）在“表面粗糙度（GB）”对话框中单击“确定”按钮，从而完成该表面结构要求标注的编辑修改。

5）按〈Esc〉键退出“标注编辑”命令状态。

修改后的表面结构要求符号结果如图5-140所示。

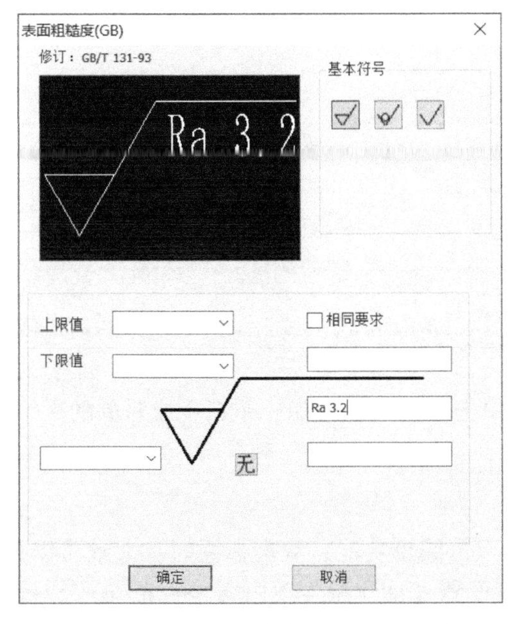

图5-139 “表面粗糙度（GB）”对话框

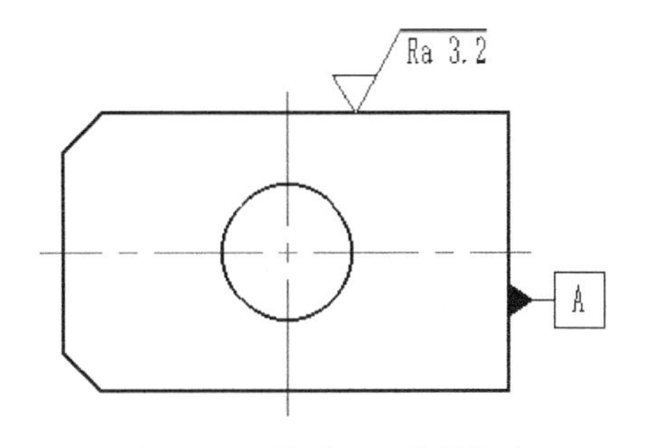

图5-140 修改表面结构标注

2. 编辑基准代号

1）在功能区“标注”选项卡的“修改”面板中单击“标注编辑”按钮。

2）在图形中选择要修改的基准代号，接着在出现的立即菜单中将基准名称修改为B，如图5-141所示。

3）指定新的标注点位置，结果如图5-142所示。

图5-141　修改基准名称

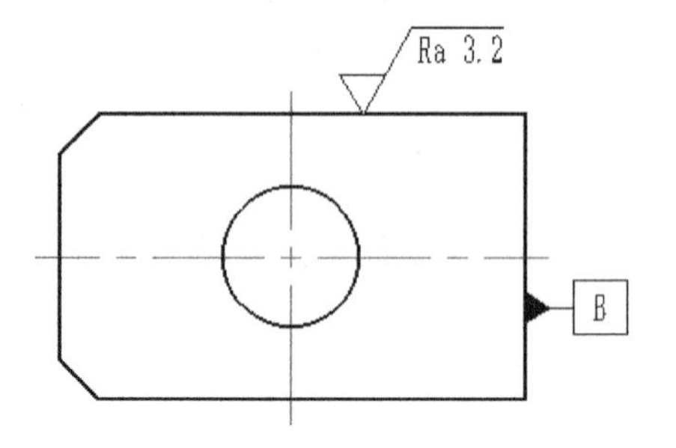

图5-142　编辑基准代号标注点位置

5.6.3 文字标注编辑

文字标注编辑的基本操作和上述尺寸标注编辑、工程符号标注相似，都可以执行同一个“标注编辑”工具命令。

请看以下关于文字标注编辑的一个简单例子。

1）在功能区“标注”选项卡的“修改”面板中单击“标注编辑”按钮。

2）选择要编辑的文字标注，此时弹出“文本编辑器-多行文字”对话框和在位文字输入框。利用该对话框和在位文字输入框，对文字内容、文字风格、文字参数等进行编辑修改，如图5-143所示。

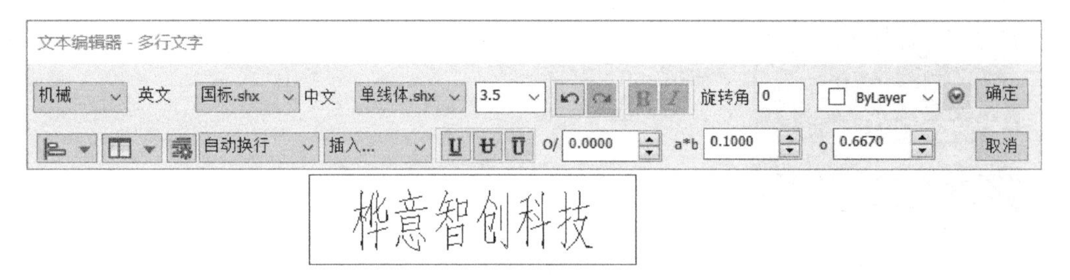

图5-143　“文字编辑器-多行文字”对话框

3）在“文字编辑器-多行文字”对话框中单击“确定”按钮，重新生成对象的文字。

5.6.4 双击编辑

CAXA CAD电子图板2020提供便捷的标注双击编辑功能。双击标注时，大致可以分为3种情况：进入标注编辑、弹出“尺寸标注属性设置（请注意各项内容是否正确）”对话框（如图5-144a所示）和弹出“角度公差”对话框（如双击由“度”模式生成的角度尺寸或三点角度尺寸时，可弹出“角度公差”对话框，如图5-144b所示）等。然后根据相应的情况进行相关的编辑操作即可。

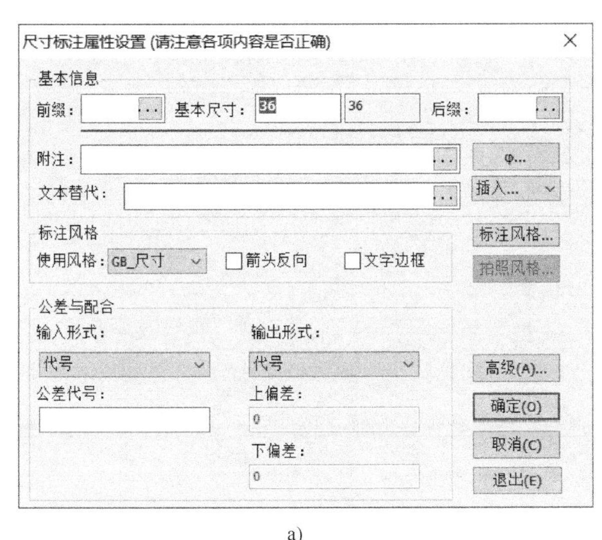

a)

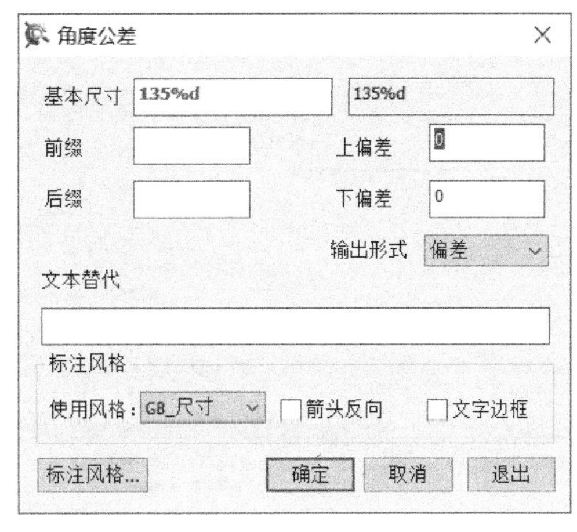

b)

图 5-144 双击标注时可能弹出的对话框

a)“尺寸标注属性设置(请注意各项内容是否正确)”对话框 b)“角度公差”对话框

5.6.5 标注间距

功能区“标注”选项卡的“修改”面板中的“标注间距”按钮是比较实用的，它用于调整平行的线性标注之间的间距或共享一个公共顶点的角度标注之间的间距。单击“标注间距”按钮后，在立即菜单“1.”中可以选择“手动”选项或“自动”选项。

当选择“手动”选项时，需要在“2.”中设定间距值，接着在绘图区先选择一个尺寸标注作为基准标准，再选择需要设置间距的标注，然后按〈Enter〉键。

当选择“自动”选项时，系统使用默认的标注间距值，此时选择基准标注及需要设置间距的标注，然后按〈Enter〉键即可。

5.7 通过特性选项板编辑

如果特性选项板（属性选项板）没有被打开，在选择要编辑的标注时，可通过右击方式并从其右键快捷菜单中选择“特性”命令，打开特性选项板。利用特性选项板，可以像修改其他对象一样来修改所选标注对象的属性内容。

例如，选择图 5-145 所示的线性尺寸，接着右击，从出现的快捷菜单中选择“特性”命令，打开“特性”选项板，如图 5-146 所示，从中可以修改当前特性（如所在层、当前线型、线型比例、线宽和颜色）、风格信息（标注风格、标注字高和标注比例）、文本（尺寸值输入、文本替换、附注、尺寸前缀和尺寸后缀）、直线和箭头等内容。

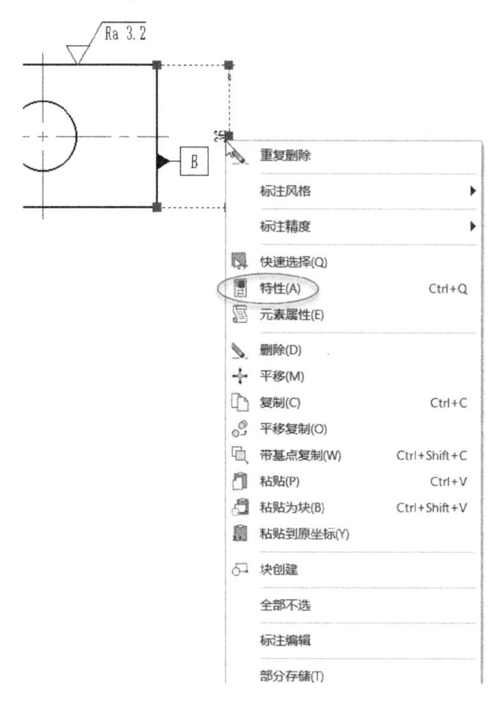

图 5-145　使用右键快捷菜单

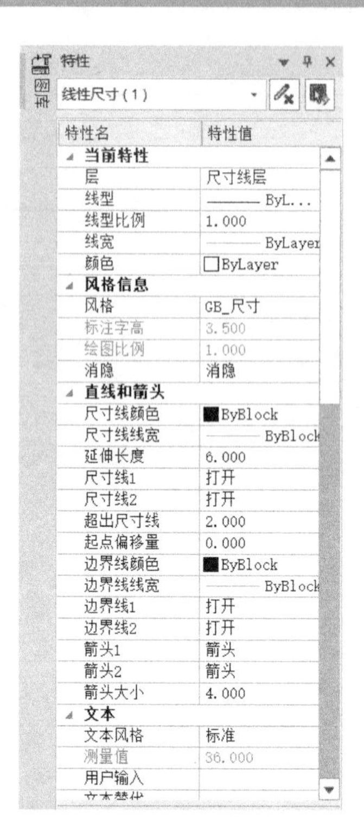

图 5-146　“特性”选项板

5.8　尺寸驱动

“尺寸驱动”属于局部参数化功能，在 CAXA CAD 电子图板用户手册（或帮助文件）中，这样描述尺寸驱动：“用户在选择一部分实体及相关尺寸后，系统将根据尺寸建立实体间的拓扑关系，当用户选择想要改动的尺寸并改变其数值时，相关实体及尺寸也将受到影响发生变化，但元素间的拓扑关系保持不变，如相切、相连等。另外，系统还可自动处理过约束及欠约束的图形。”在功能区“标注”选项卡的“修改”面板中单击“尺寸驱动”按钮，接着拾取要编辑的标注对象，便可进入其对应的编辑状态。

本书要求用户初步了解尺寸驱动的概念及操作方法。下面通过一个实例介绍尺寸驱动的操作方法。该实例的原始文件“HY_驱动尺寸练习.exb”位于本书配套资料包的 CH5 文件夹中，如图 5-147 所示。

1）在功能区“标注”选项卡的“修改”面板中单击“尺寸驱动”按钮。

2）依据系统提示选择驱动对象，也就是拾取想要修改的部分，包括图形对象和相应的尺寸。在本例中，使用鼠标框选图 5-148 所示的所有图形对象和尺寸，然后右击确认。

3）系统出现“请给出尺寸关联对象变化的基准点”提示信息，选择图 5-149 所示的小圆圆心作为基准点。

4）系统出现“请拾取驱动尺寸”提示信息，使用光标拾取图 5-150 所示的中心距尺寸。

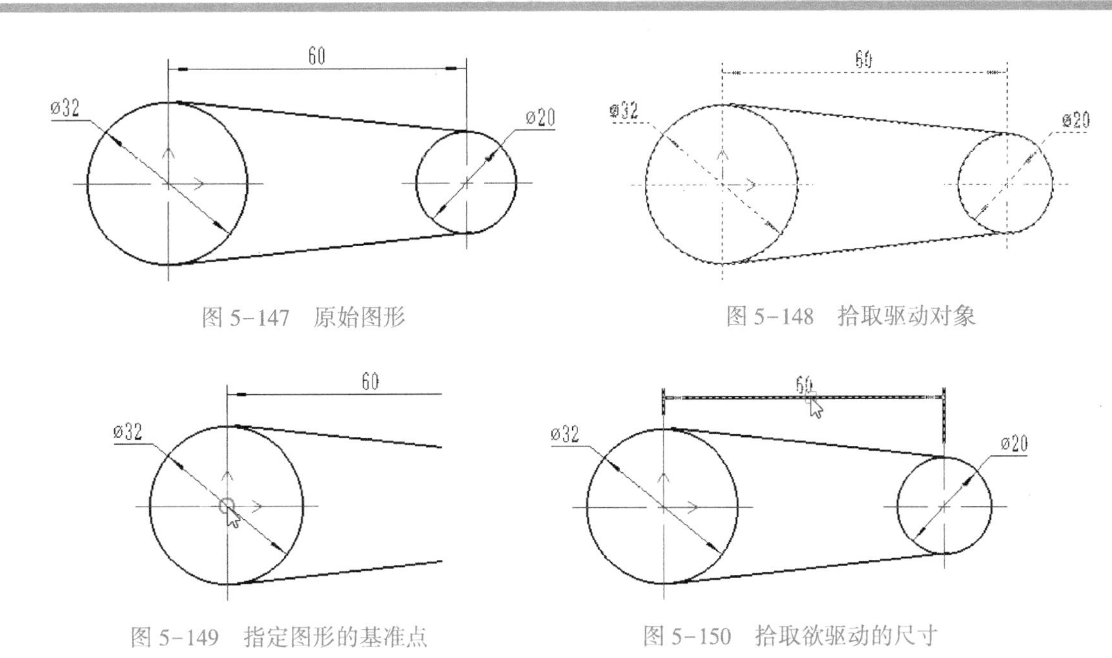

图 5-147　原始图形　　图 5-148　拾取驱动对象

图 5-149　指定图形的基准点　　图 5-150　拾取欲驱动的尺寸

5）系统弹出“新的尺寸值”对话框，在“新尺寸值”文本框中输入新值为 50，如图 5-151 所示，然后单击“确定”按钮。此时中心距被驱动，图形发生了相应的变化，结果如图 5-152 所示（可以适当调整中心线位置）。

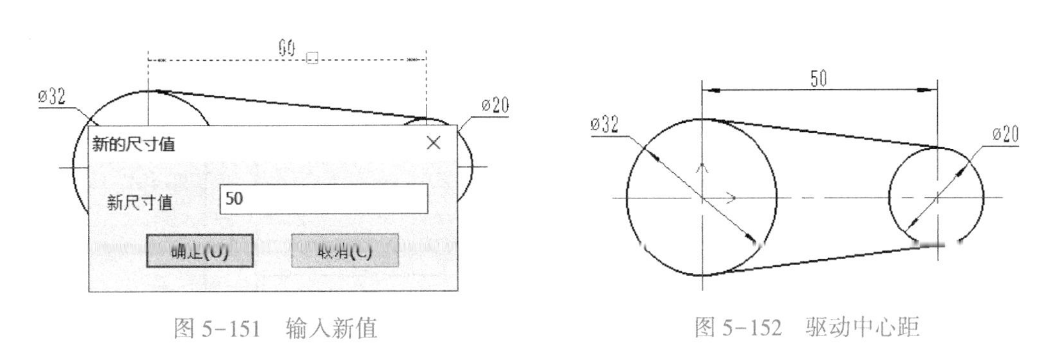

图 5-151　输入新值　　图 5-152　驱动中心距

6）在“请拾取驱动尺寸”提示下，单击右侧小圆的直径尺寸，在弹出的“新的尺寸值”对话框的“新尺寸值”文本框中输入新值为 16，如图 5-153 所示，单击“确定”按钮。此时大圆直径被驱动，结果如图 5-154 所示。

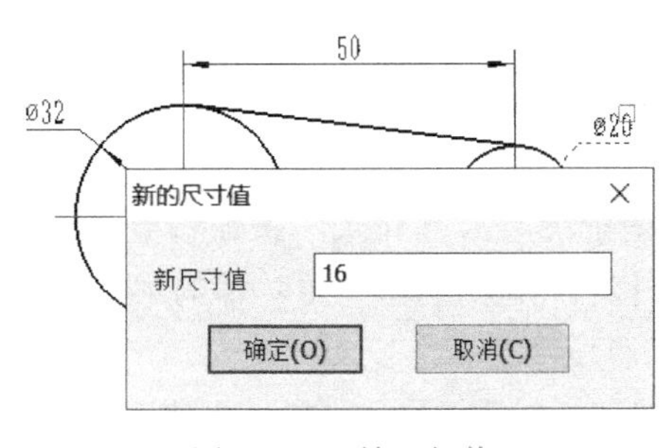

图 5-153　输入新值

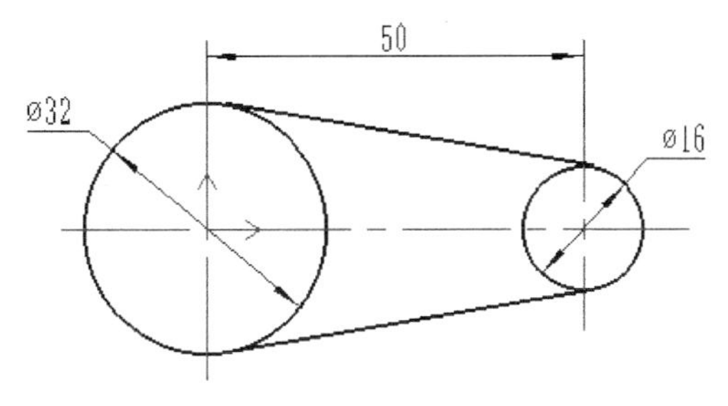

图 5-154　驱动大圆

7）右击结束尺寸驱动操作。

5.9 标注风格编辑

可以对标注风格和文本风格进行编辑。通常通过鼠标右键快捷菜单提供的命令进行操作较为快捷。如果要修改选定尺寸的标注风格，可以使用鼠标先选择该尺寸，接着右击，弹出一个快捷菜单，在该快捷菜单中选择“标注风格”命令，则展开其子菜单，从中选择所需的一种标注风格即可。

功能区“标注”选项卡的“标注样式”面板提供了相应的工具按钮分别用于控制各种标注样式，包括文字样式、尺寸样式、引线样式、形位公差样式、粗糙度样式、焊接符号样式、基准代号样式和剖切符号样式等。功能区“工具”选项卡的“选项”面板同样也提供了一些用于控制各种标注样式的工具按钮。使用这些工具按钮可以对相关的标注风格进行编辑。

5.10 工程标注综合实例

为了让读者更好地理解和掌握工程标注的整体思路和综合应用能力，下面介绍一个典型的工程标注综合实例。该综合实例所使用的原始素材文件为“HY_工程标注综合实例.exb”，它位于本书配套资料包的CH5文件夹中。

1）打开“HY_工程标注综合实例.exb”文件，该文件存在的原始图形如图5-155所示。该原始图形是某推杆零件的一个视图。

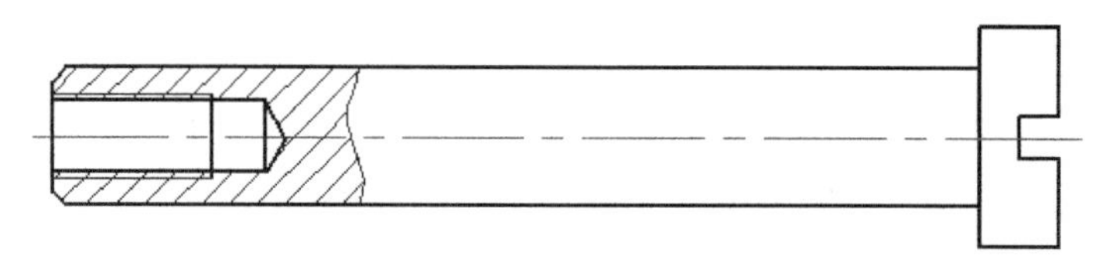

图5-155　原始图形

2）设置当前文本风格。在功能区“标注”选项卡的“标注样式”面板中单击“文本样式”按钮A，弹出“文本风格设置”对话框。可以看到默认的当前文本风格为“标准”，如图5-156所示，用户可以根据需要指定其他文本风格作为当前文本风格，然后单击“确定”按钮。也可以直接在“标注样式”面板的“文本样式”下拉列表框中选择所需文本风格以快速将其设置为当前文本风格。

3）设置当前标注风格。

在功能区“标注”选项卡的“标注样式”面板中单击“尺寸样式”按钮，弹出“标注风格设置”对话框。在该对话框的尺寸风格名称列表中确保选择“GB”下的“GB_尺寸”尺寸风格作为当前尺寸风格，如图5-157所示。

在“标注风格设置”对话框中单击“新建”按钮，接着在弹出的一个对话框中单击“是”按钮以确认新建（新建风格后将自动保存），弹出“新建风格”对话框，从“基准风格”下拉列表框中选择“GB_尺寸”，从“用于”下拉列表框中选择“半径标注”，如图 5-158 所示，然后单击“下一步”按钮。

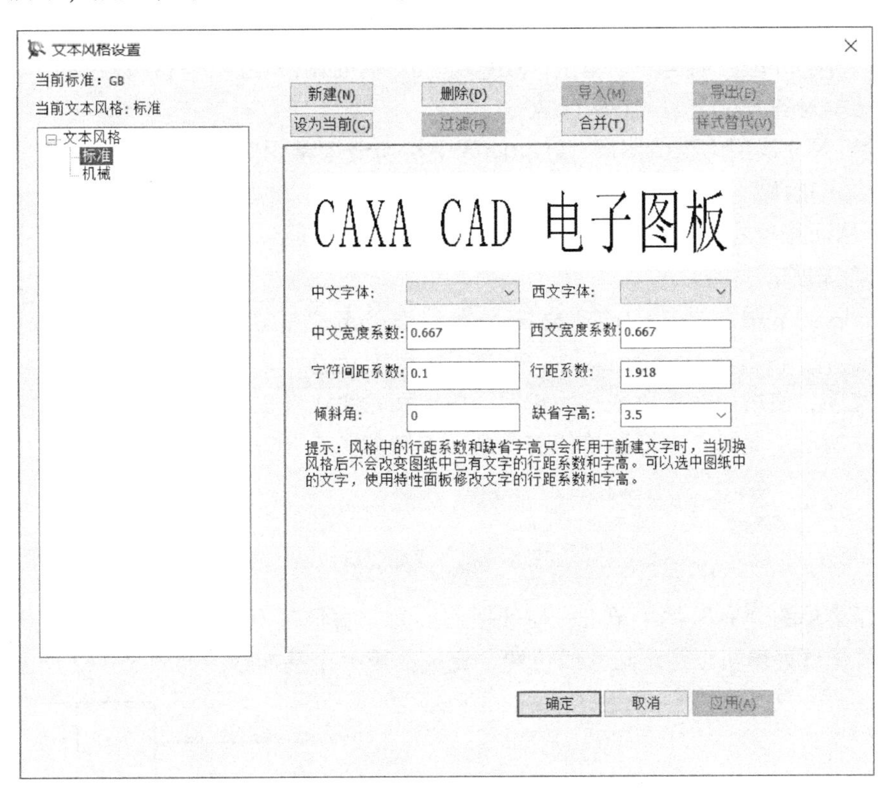

图 5-156 “文本风格设置”对话框

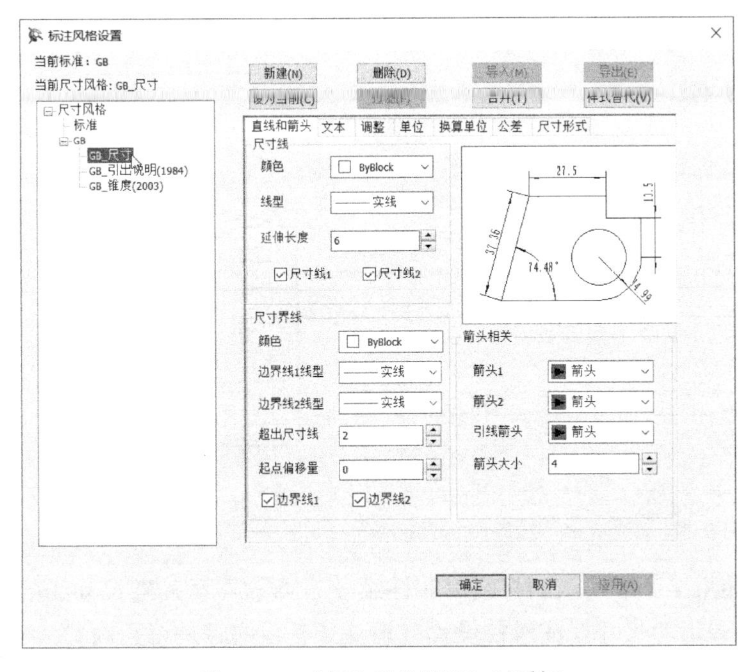

图 5-157 “标注风格设置”对话框

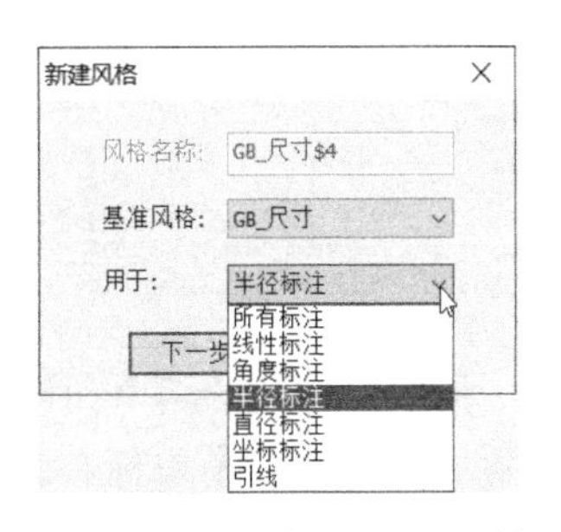

图 5-158 “新建风格”对话框

在“标注风格设置”对话框的“文本”选项卡中，从“文本对齐方式”选项组的“一般文本”下拉列表框中选择“ISO 标准”以设置半径标注的一般文本对齐方式为“ISO 标准”，单击“应用”按钮。

使用同样的方法，创建一个基于“GB_尺寸”基准风格且用于直径标注的子尺寸风格，将其一般文本对齐方式设为“ISO 标准”。

4）设置尺寸线层为当前图层。在功能区中切换至“常用”选项卡，从“特性”面板的“图层”下拉列表框中选择“尺寸线层”，从而将尺寸线层设置为当前图层。

5）标注相关的线性尺寸。

在功能区“常用”选项卡的“标注”面板中单击“尺寸标注”按钮⊢⊣，接着在打开的立即菜单“1.”框中选择“基本标注”选项，使用鼠标拾取平行的轮廓线段 1 和轮廓线段 2，如图 5-159 所示。此时，立即菜单的初步默认设置如图 5-160 所示。

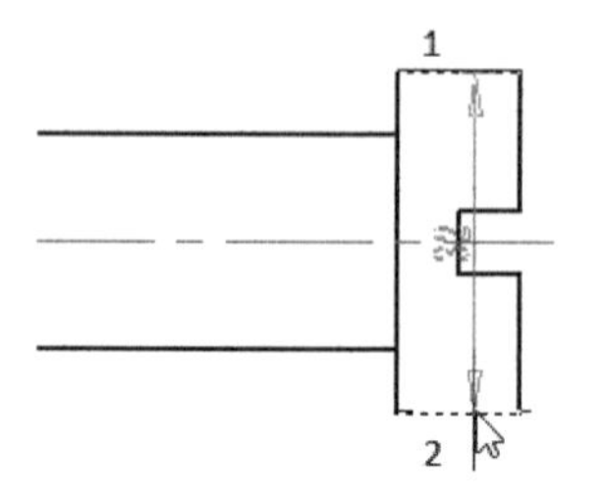

图 5-159 拾取平行线 1 和 2

1. 基本标注 2. 文字平行 3. 长度 4. 文字居中 5.前缀 6.后缀 7.基本尺寸 32
尺寸线位置 D Dim 182.842, 71.571

图 5-160 立即菜单

在立即菜单的“3.”框中单击，使选项切换为“直径”，如图 5-161 所示。然后使用光标在合适的位置处单击以指定尺寸线位置，完成的第一个基本标注如图 5-162 所示。

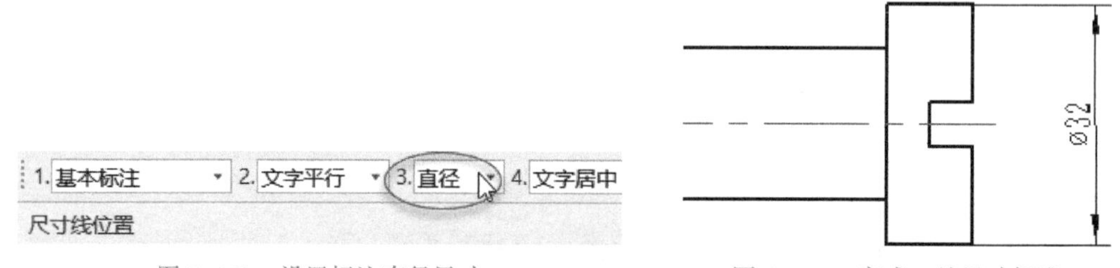

图 5-161 设置标注直径尺寸

图 5-162 完成一处尺寸标准

分别采用“基本标注”方式创建图 5-163 所示的多个线性尺寸。

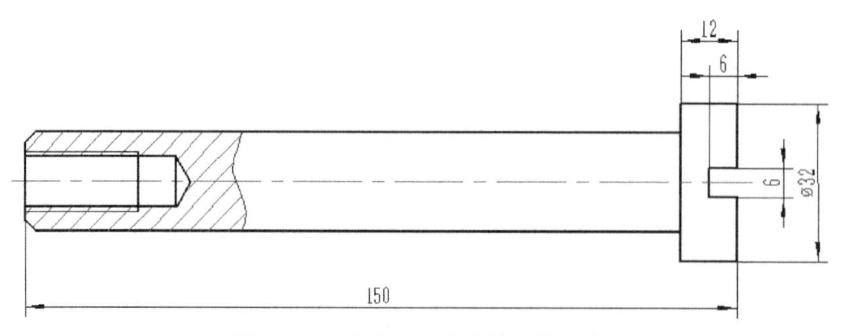

图 5-163 完成多个线性尺寸的标注

拾取要标注的两个元素（如图 5-164 所示的杆线 1 和杆线 2），接着在欲放置尺寸线的位置处右击（单击鼠标右键），弹出“尺寸标注属性设置（请注意各项内容是否正确）”对话框。

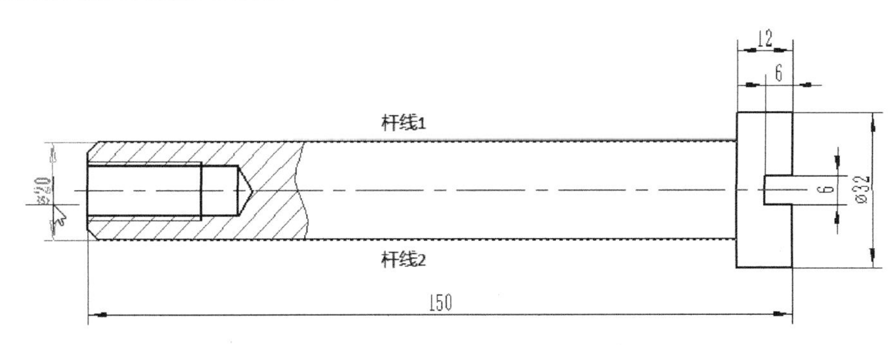

图 5-164　拾取要标注的两个元素

在“基本信息”选项组的“前缀”文本框中确保文本为“%c”，如图 5-165 所示。

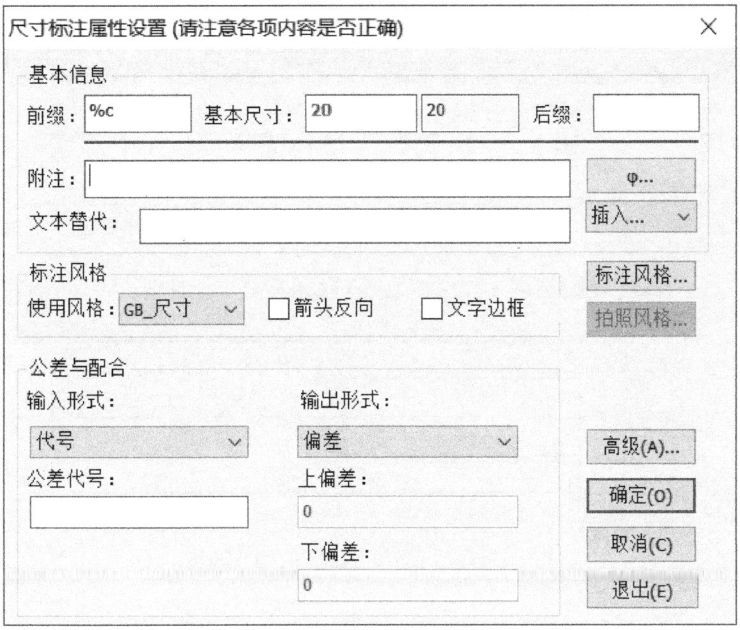

尺寸标注属性设置 (请注意各项内容是否正确)
基本信息
前缀：%c　基本尺寸：20　20　后缀：
附注：　φ...
文本替代：　插入...
标注风格
使用风格：GB_尺寸　箭头反向　文字边框　标注风格...　拍照风格...
公差与配合
输入形式：代号　输出形式：偏差
公差代号：　上偏差：0
下偏差：0
高级(A)...　确定(O)　取消(C)　退出(E)

图 5-165　“尺寸标注属性设置（请注意各项内容是否正确）”对话框

在“公差与配合”选项组中，从“输入形式”下拉列表框中选择“代号”，从“输出形式”下拉列表框中选择“偏差”，单击“高级”按钮，弹出“公差与配合可视化查询”对话框，在“公差查询”选项卡中选择“轴公差”单选按钮，在可视化表格中选择优先公差 h7，如图 5-166 所示，然后单击“确定”按钮。

指定公差代号后，在“尺寸标注属性设置（请注意各项内容是否正确）”对话框中单击“确定”按钮，完成的带有公差的尺寸标注如图 5-167 所示。

单击鼠标右键结束尺寸标注。

6）创建倒角标注。

在功能区“常用”选项卡的“标注”面板中单击“倒角标注”按钮，在出现的立即菜单的“1.”中选择“默认样式”，在“2.”中选择“轴线方向为 X 轴方向”，在“3.”中选择“水平标注”，在“4.”中选择“C1”，接着拾取倒角线，并移动光标来指定尺寸线位置。完成倒角标注，如图 5-168 所示。

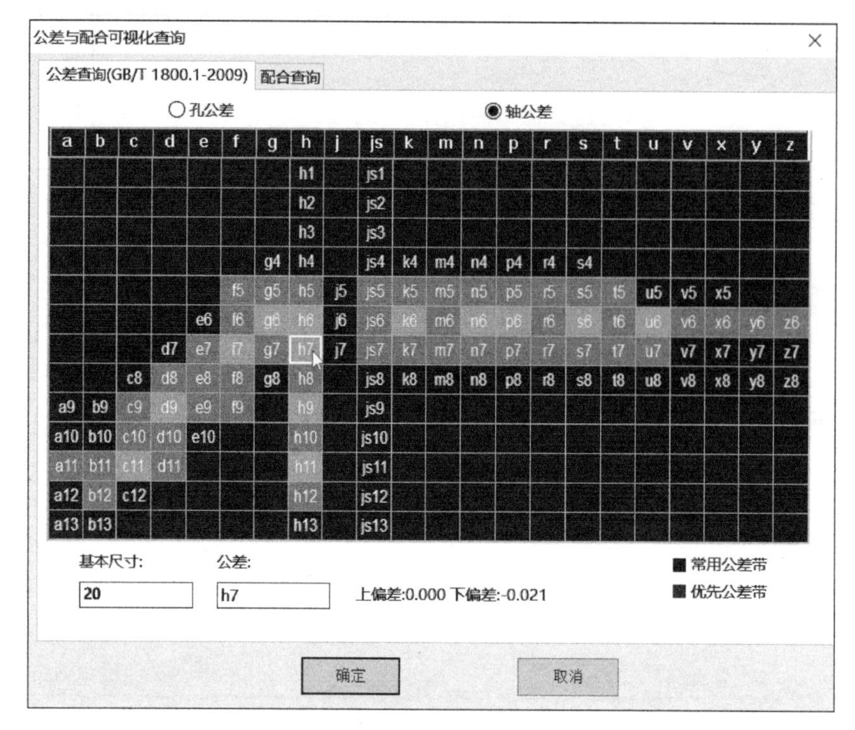

图 5-166 “公差与配合可视化查询”对话框

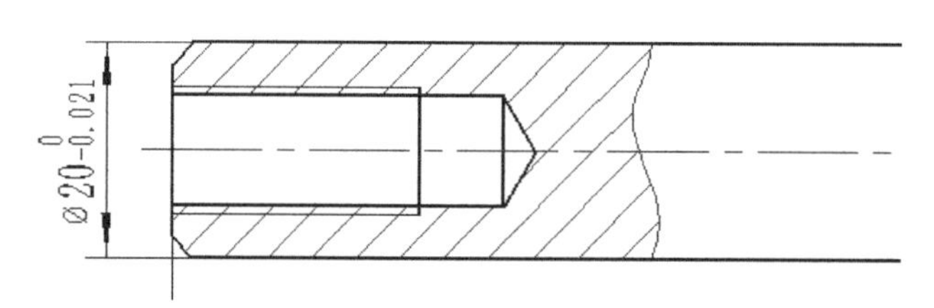

图 5-167 创建具有公差的尺寸标注

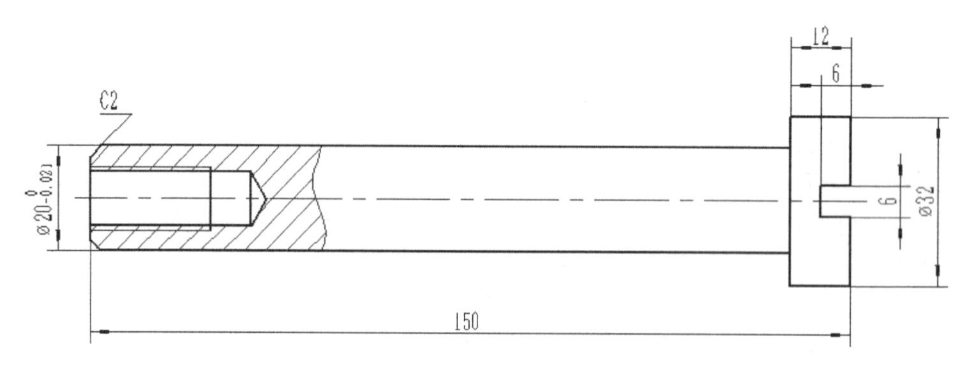

图 5-168 创建倒角标注

7）创建螺纹孔的引出说明。

在“标注”面板中单击“引出说明”按钮，打开“引出说明”对话框，如图 5-169 所示，确保勾选“多行时最后一行为下说明”复选框，分别输入第一行说明（上说明）和第二行说明（下说明）信息，注意表示深度的符号“↧”需要通过从“插入特殊符号”下拉列表框中选择“尺寸特殊符号”选项来选定。完成上说明和下说明内容后单击“确定”按钮。

在立即菜单“1.”中选择“文字反向”，在“2.”中设置选择“智能结束”，在“3.”中选择“有基线”选项，接着分别拾取第1点和第2点（该点作为引线转折点），并确认放置定位点后便完成图5-170所示的引出说明。

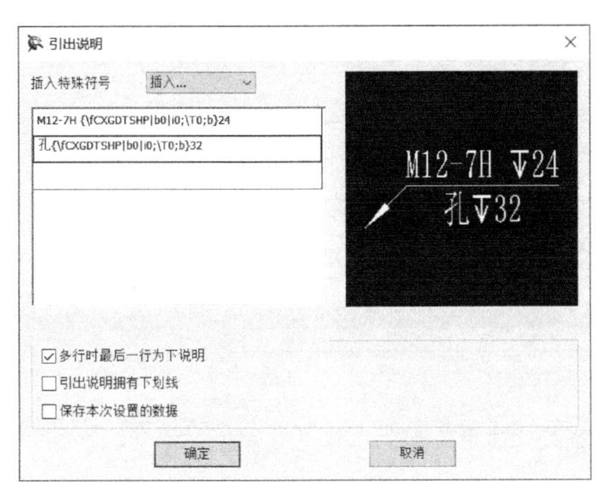

图 5-169 “引出说明”对话框

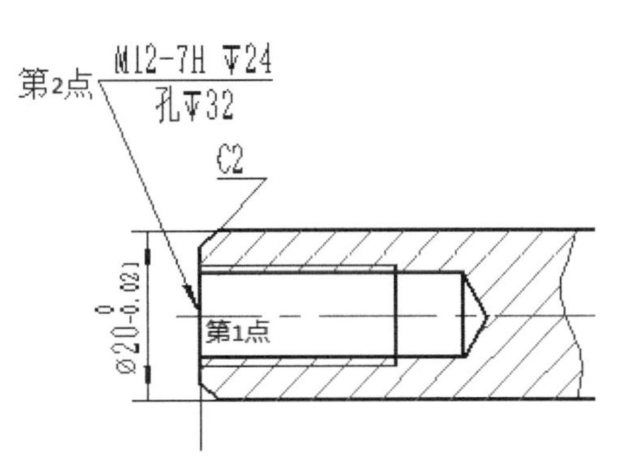

图 5-170 完成引出说明

8）进行表面结构要求标注。

在“标注”面板中单击“粗糙度”按钮√，打开表面结构（粗糙度）立即菜单。在该立即菜单“1.”中单击以切换至“标准标注”，系统弹出“表面粗糙度（GB）”对话框，从中设置图5-171所示的参数，接着单击“确定”按钮。

此时，立即菜单的“2.”选用“默认方式”，在推杆右部分选择“φ32”尺寸的上尺寸界线，拖动光标确定标注位置，以完成该圆柱面的表面结构要求的标注，如图5-172所示。

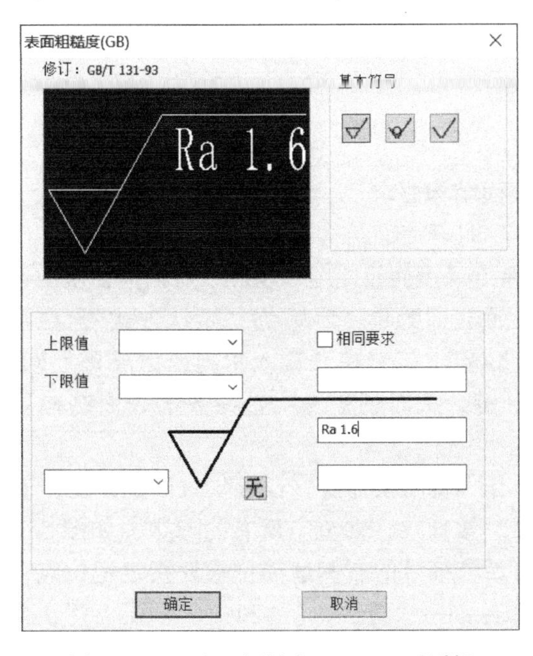

图 5-171 “表面粗糙度（GB）”对话框

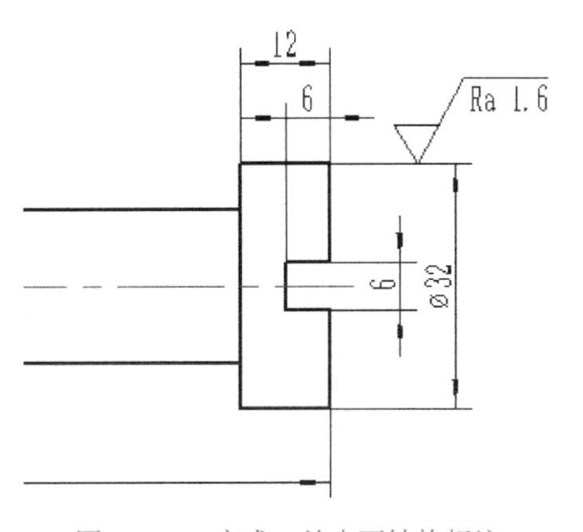

图 5-172 完成一处表面结构标注

在立即菜单的第2项“2.”中单击以切换选择“引出方式”，在推杆端面线（具有螺纹孔这一端）伸出的一条尺寸界线上拾取合适的一点，接着使用鼠标拖动确定标注位置，从而完成该端面处表面结构标注，如图5-173所示。

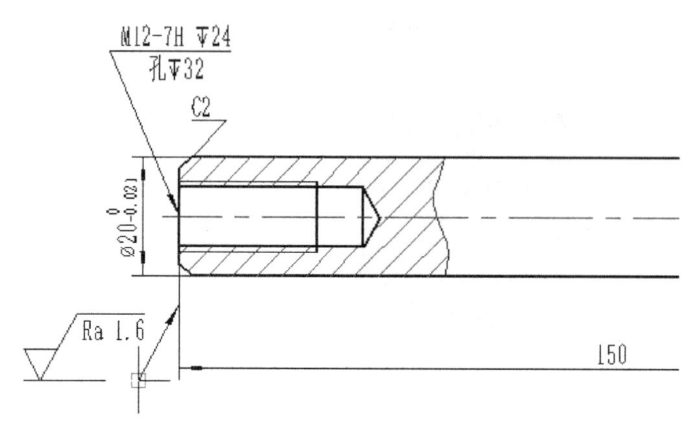

图5-173　完成一端面处表面粗糙度标注

接着使用同样的方法标注其他几处表面结构要求，结果如图5-174所示。最后右击以结束“粗糙度”标注命令。

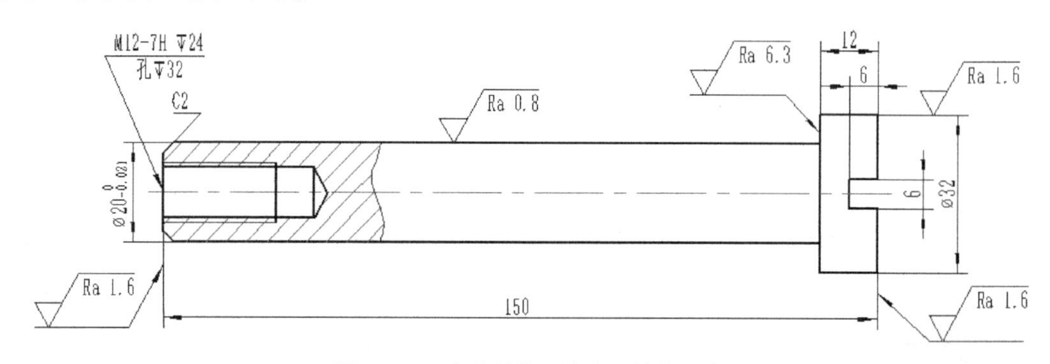

图5-174　完成其他几处表面结构要求

9）标注除图中所注表面结构要求之外的表面结构要求。

在“标注”面板中单击“粗糙度”按钮，打开表面结构（粗糙度）立即菜单，确保立即菜单“1.”的选项为“标准标注”，系统弹出“表面粗糙度（GB）”对话框，从中设置图5-175所示的参数，单击“确定”按钮。设置立即菜单“2.”为“默认方式”，在视图右下方区域单击一点作为该表面结构符号的定位点，接着在“输入角度或由屏幕上确定：<-360,360>”提示下输入“0”并按〈Enter〉键，从而创建一个带参数的表面结构要求符号。

再次在立即菜单中单击“1.”框两次以弹出“表面粗糙度（GB）”对话框，在“基本符号”选项组中单击“表面可用任何方法获得”按钮，并清空所有的参数，如图5-176所示，单击“确定”按钮，在上一个表面结构要求符号的右侧适当位置处指定定位点，并指定角度为0，然后分别单击“文字”按钮A来绘制一个符号“(”和一个符号“)”，并调整它们的位置，完成结果如图5-177所示。

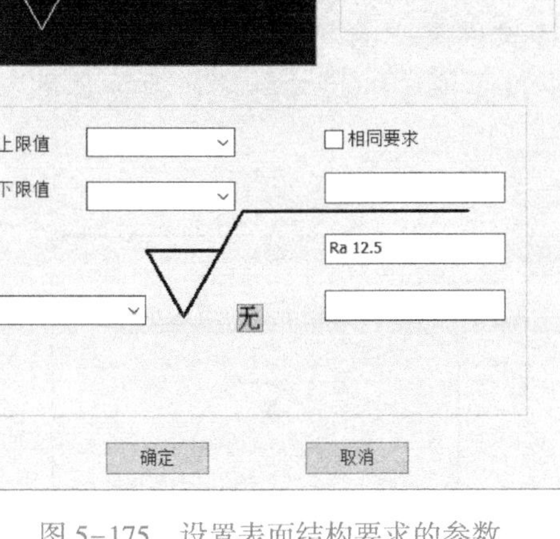

图 5-175 设置表面结构要求的参数

图 5-176 重新指定表面结构基本符号

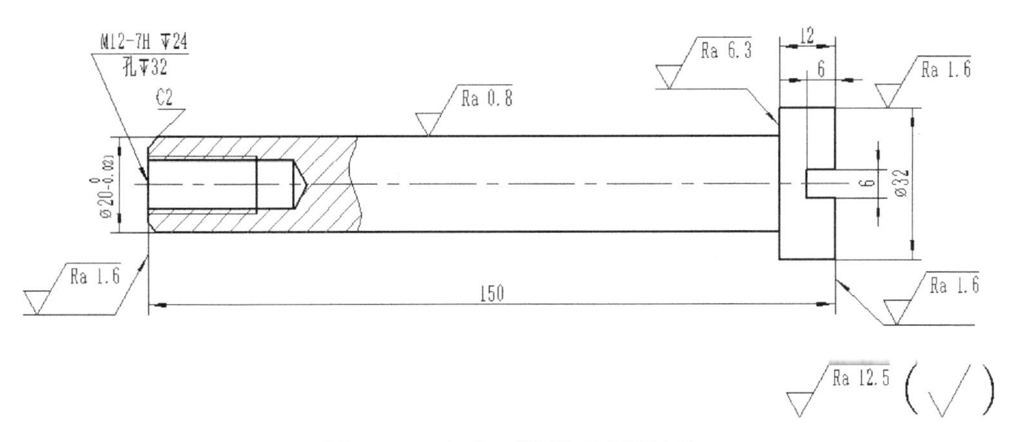

图 5-177 完成工程标注的视图效果

知识点拨 如果在工件的多数（包括全部）表面有相同的表面结构要求，则其表面结构要求可统一标注在图样的标题栏附近，此时（除全部表面有相同要求的情况外），表面结构要求的符号后面应在圆括号内给出无任何其他标注的基本符号，或者在圆括号内给出不同的表面结构要求。

5.11 练习加油站

1）想一想，本章主要学习了哪些标注命令？这些标注命令主要位于哪些菜单中？其相应的工具按钮位于哪里？

2）“尺寸标注”工具命令可以进行哪些元素或哪些类型的尺寸标注？

3）简述坐标标注的典型方法及步骤，可以举例进行说明。

4）使用“坐标标注”功能可以标注哪些形式的坐标尺寸？可以结合示例进行说明。

5）在本章中，主要将哪些标注归纳在工程符号类标注内？总结一下，如何进行这些工程符号类标注？

6）如何理解尺寸驱动的应用及其概念？

7）上机练习：打开位于本书配套资料包CH5文件夹中的“HY_11练习题_7.exb”文件，文件的原始图形及尺寸如图5-178所示，将该图形中的尺寸标注修改为如图5-179所示。

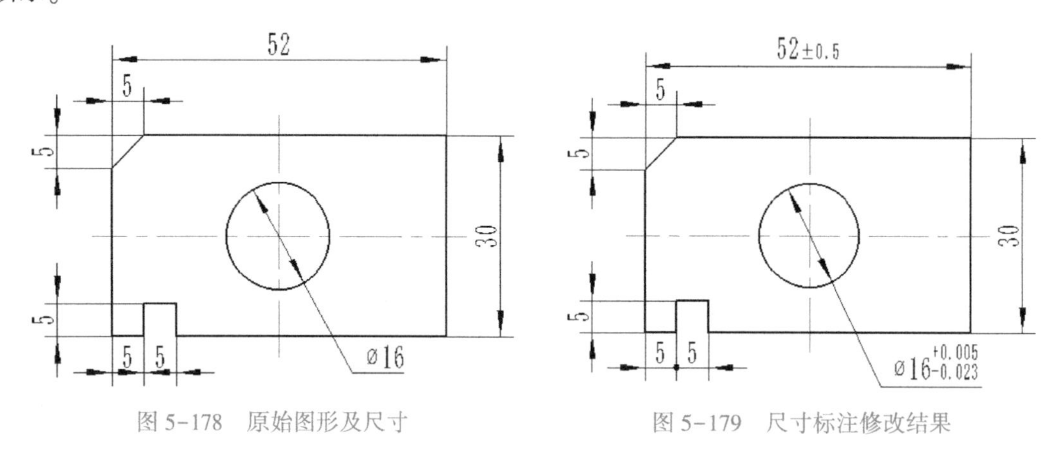

图5-178　原始图形及尺寸　　　图5-179　尺寸标注修改结果

8）上机练习：绘制和标注图5-180所示的工程视图，未注倒角规格为C1。

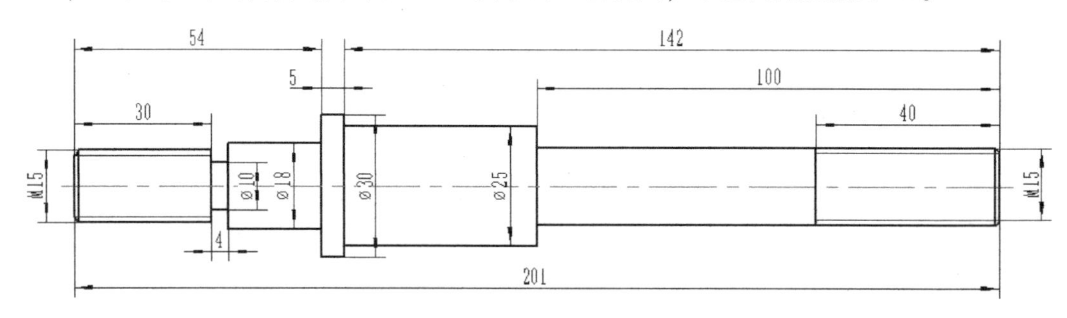

图5-180　上机练习效果

9）在CAXA CAD电子图板2020功能区“标注”选项卡的“符号”面板中还提供有“孔标注”按钮、“旋转符号”按钮、“圆孔标识”按钮和“标高”按钮，请自行研习这几个按钮的功能用途，并进行上机练习。

第 6 章　块与图库操作

内容提要：

在 CAXA CAD 电子图板中，块与图库是十分有用的，它们为用户处理复合形式的图形实体及绘制零件图、装配图等工程图纸提供了极大的方便。掌握块与图库这些高级功能，可以加深对使用 CAXA CAD 电子图板进行制图设计的认知程度，并对提升实际设计效率大有帮助。本章主要介绍块操作与图库操作等知识。

6.1　块操作

在 CAXA CAD 电子图板中，块是一种应用广泛的图形元素，它是复合型的图形对象，可以由用户根据设计情况来定义。

块具有的应用特点如表 6-1 所示。

表 6-1　块的主要应用特点

序号	应用特点说明	备注及举例说明
1	属于复合形式的图形对象，定义块后，原来相互独立的实体形成了统一的整体	可以对块进行类似于其他图形对象的各种编辑操作
2	利用块可以方便地实现一组图形对象的显示顺序区分	
3	利用块可以方便地实现一组图形对象的关联引用	
4	可打散块，使构成块的图形元素又成为可独立操作的元素	此操作在某些修改上很有用
5	可存储与块相联系的非图形信息，即可以定义块的属性信息	如块的名称、材料等
6	可以实现形位公差、表面粗糙度等自动标注	块可以具有属性定义
7	块中图形可能是在不同图层上，具有不同的颜色、线型和线宽属性，而块生成时总是位于当前图层上，这并不矛盾，因为块参照保存了有关包含在该块中的对象的原图层、颜色和线型特性等信息	可以控制块中对象是继承当前图层的颜色、线型和线宽设置，还是保留其原特性
8	电子图板中可以生成块的图形对象有图符、尺寸、文字、图框、标题栏、明细表等，可实现图库中各种图符的生成、存储与调用	有关图符的概念可参见本章的 6.2 节

在功能区“插入”选项卡的“块”面板中提供了关于块操作的几个实用工具命令，包括“创建”按钮、“插入”按钮、“消隐”按钮、“属性定义”按钮、“更新块引用属性”按钮、“块编辑”按钮、“块在位编辑”按钮、“块扩展属性编辑”按钮

和“块扩展属性定义”按钮，如图6-1所示。本节将重点介绍其中常用的几个块操作工具命令。

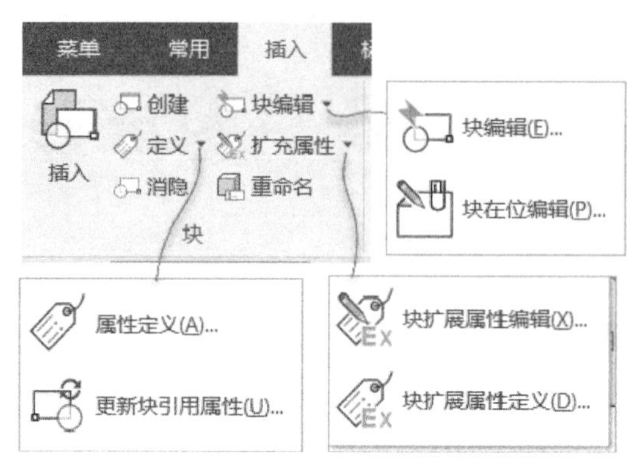

图6-1　在功能区上的块操作工具命令

6.1.1 创建块

“创建块”命令（对应的工具按钮为）用于将选中的一组图形对象组合成一个块，所生成的块位于当前层。每个块对象包含块名称、组成的图形对象、用于插入块的基点坐标值和相关的属性数据。创建块后，可以对块实施各种图形编辑操作。块可以是嵌套的，其中一个块可以是另一个块的构成元素。

可以按照以下的方法步骤来创建块对象。

1）在功能区“插入”选项卡的“块”面板中单击“创建”按钮。

2）拾取要构成块的图形元素，右击确认拾取结果。

3）指定块的基准点。指定基准点后，系统弹出图6-2所示的“块定义”对话框。

4）在“块定义”对话框的“名称”框中输入块的名称。名称最多可以包含255个字符，包括字母、数字、空格，以及操作系统或系统未作他用的任何特殊字符。

5）在“块定义”对话框中单击“确定”按钮，便完成了块的创建，块名称和块定义保存在当前图形中。

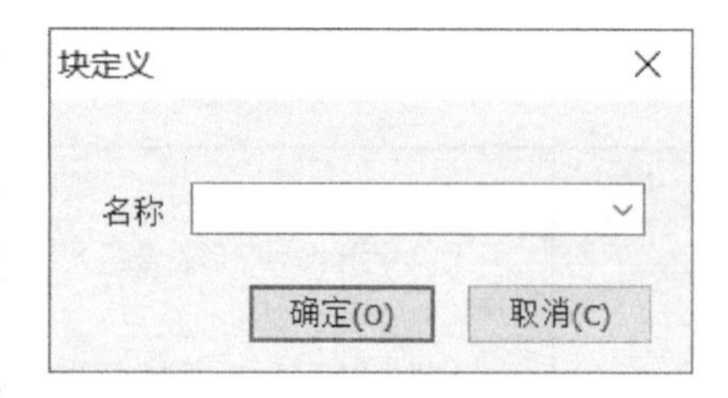

图6-2　“块定义”对话框

【课堂实例】：块创建的操作实例

1）在一个新建的图形文件中，设置当前图层为“粗实线层”，使用圆工具在该层中绘制图6-3a所示的一个带中心线的半径为30的圆，接着单击“正多边形”按钮绘制一个正六边形，该正六边形的设置为“1. 中心定位”“2. 给定半径”“3. 外切于圆”“4. 边数=6”“5. 旋转角=0”“6. 无中心线”，如图6-3b所示。

2）在功能区“插入”选项卡的“块”面板中单击“创建”按钮。

3）使用窗口方式选择全部图形。拾取好图形元素后，单击右击来确认。

4）在系统出现的“基准点：”提示下使用鼠标将图形的中心设置为块的基准点。

5）系统弹出“块定义”对话框。在“名称”文本框中输入“自定义螺栓头”，然后单击“确定”按钮，从而完成该块的生成。此时单击块上任意一处，可以发现选中的是整个块图形。

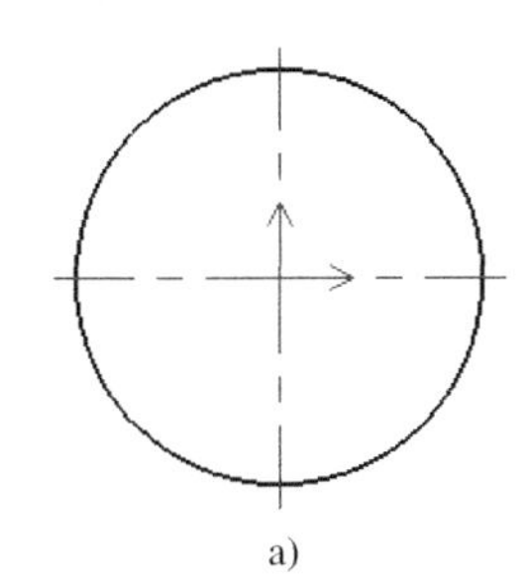

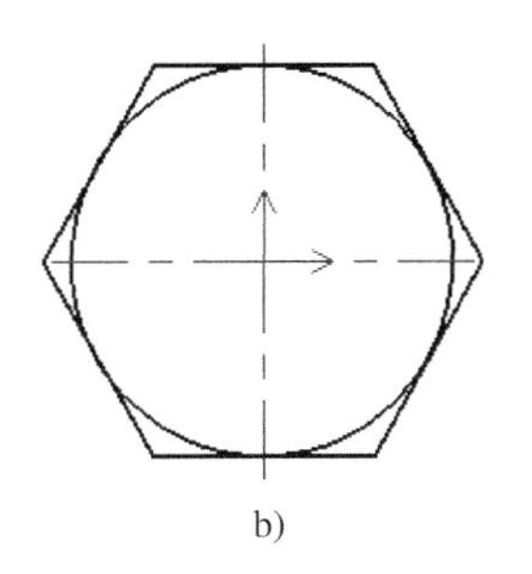

图 6-3 绘制所需的图形

a）绘制一个带中心线的圆 b）绘制正六边形

6.1.2 块消隐

块消隐在实际应用中是很实用的，特别是在绘制装配图的过程中，使用系统提供的“块消隐”功能可以快速处理零件位置重叠的现象。实际上该功能就是典型的二维自动消隐功能。利用具有封闭外轮廓的块图形作为前景图形区，可自动擦除该区内其他被遮挡的图形，从而实现二维消隐。当然，对于已经消隐的区域也可以根据设计需要来将其取消消隐。值得用户注意的是，对于不具有封闭外轮廓的块图形，则系统不对其进行块消隐操作。

进行块消隐操作的典型方法及步骤如下。

1）在功能区“插入”选项卡的“块”面板中单击“消隐”按钮。

2）在立即菜单中确保选项为“消隐”。在“请拾取块引用”提示下拾取图形中的块作为前景零件，从而实现消隐效果。若有几个块重叠放置，那么被用户拾取的块作为前景图形区，而与之重叠的图形被消隐。

如果要取消块消隐，那么要再次单击“消隐”按钮，接着在立即菜单的“1.”中设定选项为“取消消隐”，然后拾取所需的块即可。

【课堂实例】：块消隐操作练习实例

1）打开位于配套资料包 CH6 文件夹中的“块消隐练习 .exb”文件，该文件中存在着两个块图形，如图 6-4 所示。注意两个块图形的重叠情况。

2）在功能区“插入”选项卡的“块”面板中单击“消隐”按钮。

3）在立即菜单“1.”中设置选项为“消隐”。

4）首先拾取六角头螺栓的块，则得到的块消隐效果如图 6-5 所示。

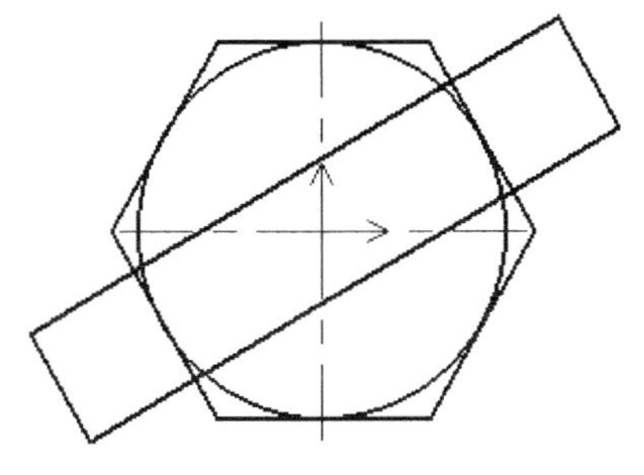

图 6-4 原始图形

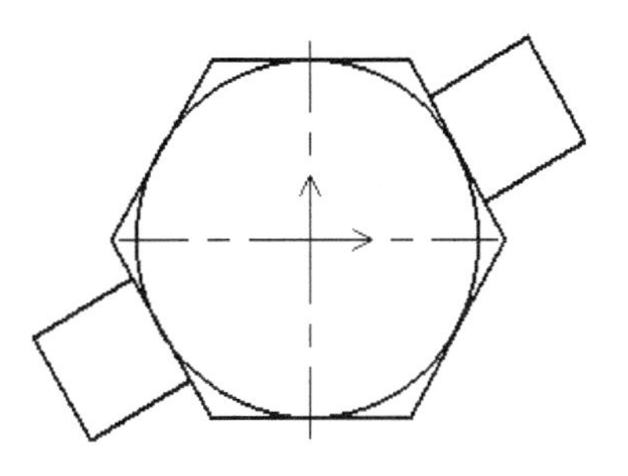
图 6-5 块消隐效果 1

如果拾取矩形块，那么得到的块消隐效果如图6-6所示。

5）如果要取消消隐，那么可以在执行“消隐”功能打开的立即菜单中单击“1. 消隐”，以将其选项切换为“取消消隐”，接着拾取要取消消隐的块，这样又回到了没有消隐的情形，如图6-7所示。

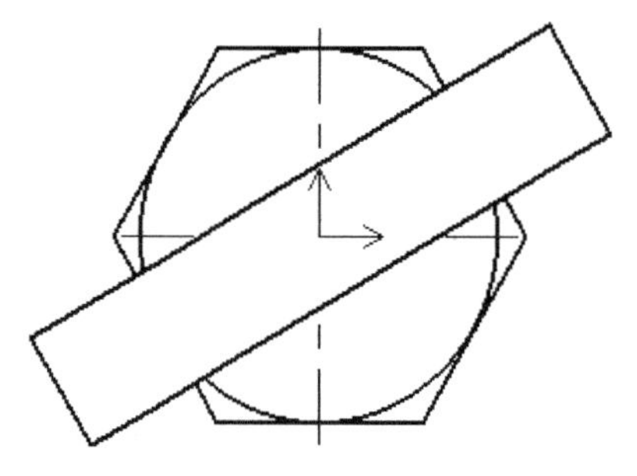

图6-6　块消隐效果2

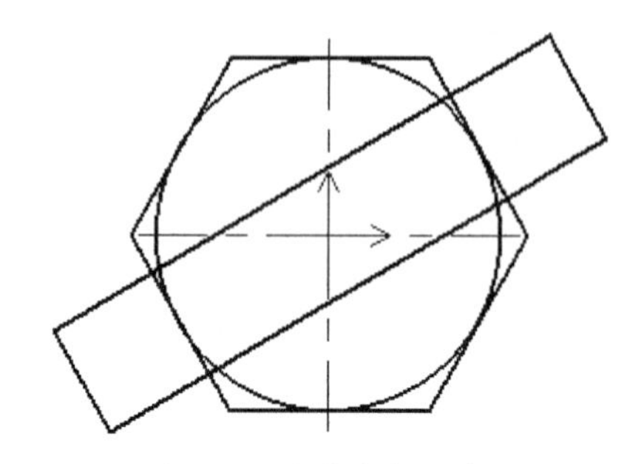

图6-7　取消消隐的效果

6.1.3 属性定义

在CAXA CAD电子图板中，可以为指定块添加属性，这里所谓的属性是与块相关联的非图形信息，它由一系列属性表项和相应的属性值组成。属性可能包含的数据有零件编号、名称、材料等。

下面介绍如何创建一组用于在块中储存非图形数据的属性定义。

1）在功能区“插入”选项卡的“块”面板中单击“属性定义”按钮，系统弹出图6-8所示的“属性定义”对话框。

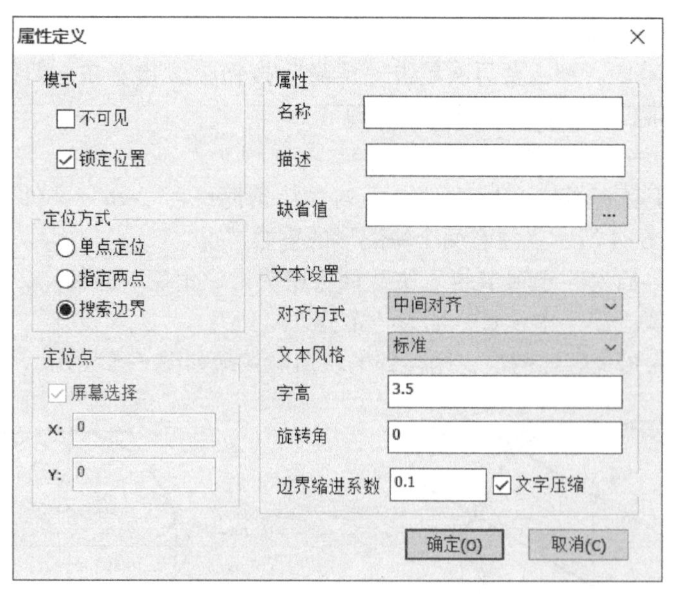

图6-8　“属性定义”对话框

2）在“模式”选项组中指定“锁定位置”复选框和“不可见”复选框的状态；在“定位方式”选项组中指定属性定义的定位方式，如选择“搜索边界”单选按钮、“单点定位”单选按钮或“指定两点”单选按钮。当选择“单点定位”单选按钮时，那么可以在“定位点”选项组中勾选“屏幕选择”复选框，也可以取消勾选“屏幕选择”复选框以输入 X、Y 坐标值来指定属性的位置。

3）在“属性”选项组的“名称”文本框中输入由任何字符组合（空格除外）形成的属性名称；在“描述”文本框中输入相关数据信息，用于指定在插入包含该属性定义的块时显示的提示（如果不输入描述信息，那么属性名称将被用作提示）；在“缺省值”文本框中输入用于指定默认的属性值数据。

4）在“文本设置”选项组设置属性文字的对齐方式、文字风格、字高和旋转角度等。

5）在“属性定义”对话框中单击“确定”按钮，并根据设定的定位方式进行可能的相应定位操作，从而完成该属性定义。

创建属性定义后，可以在创建块定义时同时将它选为对象，这样可以将属性定义合并到图形块中。以后在绘图区插入带有属性定义的块时，系统会用指定的文字串提示输入属性。该块的每个后续参照可以使用为该属性指定的不同的值。

6.1.4 插入块

在功能区“插入”选项卡的“块”面板中单击“插入”按钮，系统弹出图 6-9 所示的“块插入”对话框。在“名称”下拉列表框中选择要插入的块，则在“块插入”对话框左框中显示该块的预览效果。在“设置”选项组中设置插入块的缩放比例和插入块在当前图形中的旋转角度，如果要打散插入块，则勾选“打散”复选框。然后单击“块插入”对话框中的“确定”按钮，并指定插入点，从而完成块插入操作。

如果所选的要插入的块本身包含了属性定义，那么在插入块时系统弹出图 6-10 所示的“属性编辑”对话框。双击相应的属性值单元格便可编辑其属性。当然，完成插入块后，双击块也会弹出“属性编辑”对话框，便于对选定块进行属性编辑。

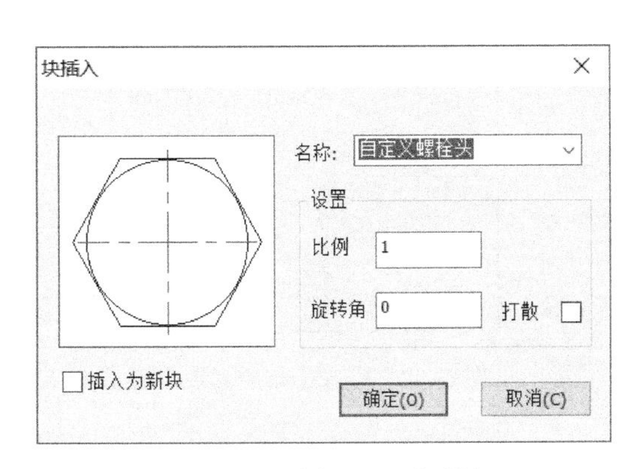

图 6-9 “块插入”对话框

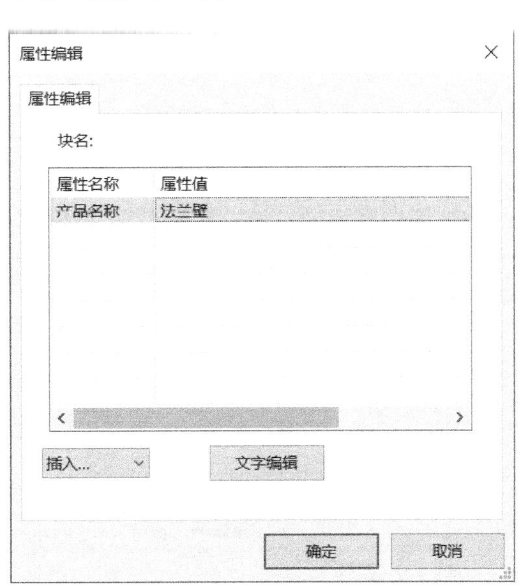

图 6-10 “属性编辑”对话框

【课堂实例】：创建带有属性的块及插入块操作

在该实例中，涉及属性定义、创建块和在图形中插入块这3方面的操作。

1. 属性定义

1）打开配套资料包CH6文件夹中的“创建带有属性的块及插入块操作.exb”文件，该文件中除了存在着图幅之外，还存在着图6-11所示的直线图形和文本。不变的文字是采用“文字”按钮A来创建的。

2）在功能区“插入”选项卡的“块”面板中单击“属性定义”按钮，系统弹出“属性定义”对话框。

3）在“属性”选项组中分别输入名称、描述和默认值数据，接着在“定位方式”选项组中选择“指定两点”单选按钮，在“文本设置”选项组中将对齐方式设置为“中间对齐”，文本风格为“机械”，字高为3.5，旋转角为0，勾选“文字压缩”复选框，如图6-12所示。

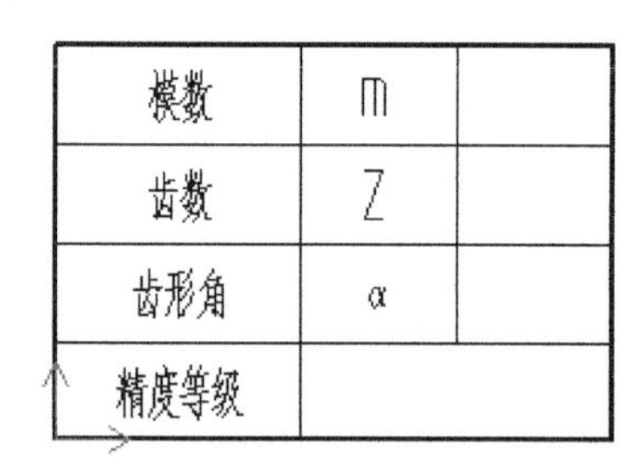

图6-11　已有图形及文本

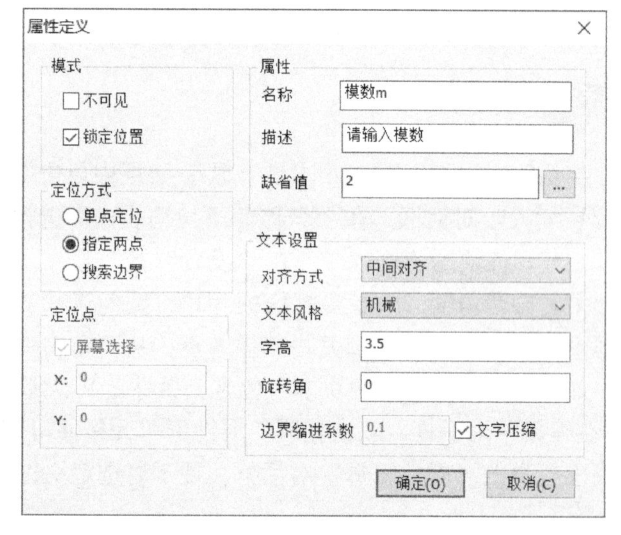

图6-12　属性定义

4）在“属性定义”对话框中单击“确定”按钮。

5）分别选择图6-13所示的两个点（即点1和点2），从而完成此次属性定义。

6）使用同样的方法，创建其他3次属性定义，结果如图6-14所示。

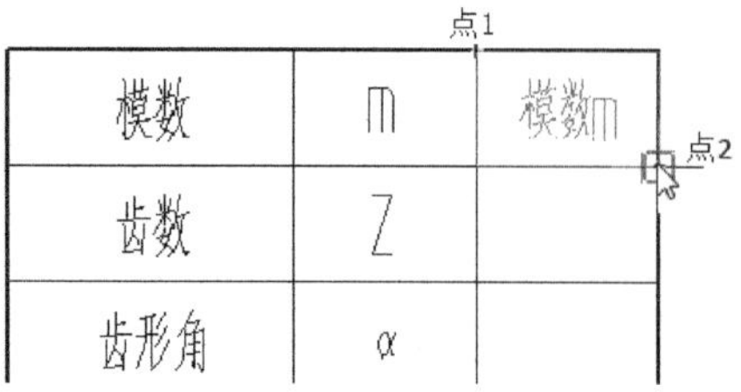

图6-13　指定两个角点

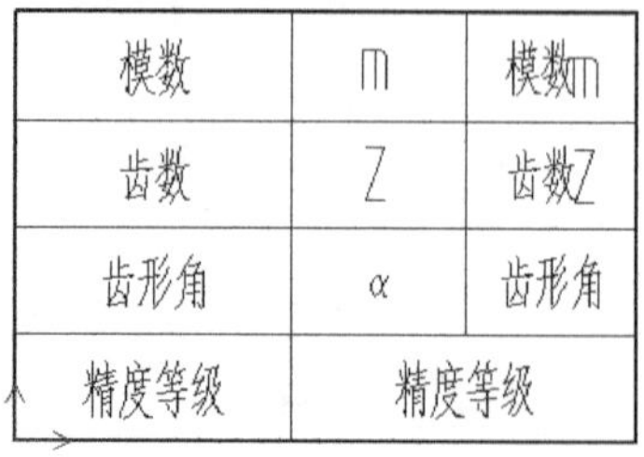

图6-14　完成所有的属性定义

2. 创建块

1）在功能区“插入”选项卡的“块”面板中单击“创建”按钮。

2）框选所有的图形对象，如图 6-15 所示，右击（单击鼠标右键）确认。

3）选择图 6-16 所示的右上顶点作为基准点。

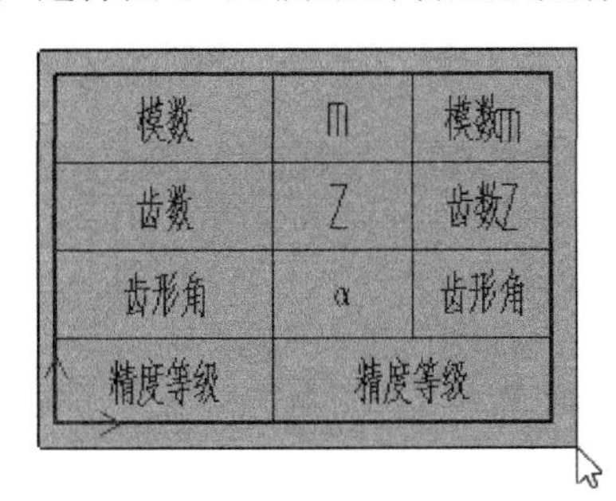

图 6-15　框选所有的图形对象

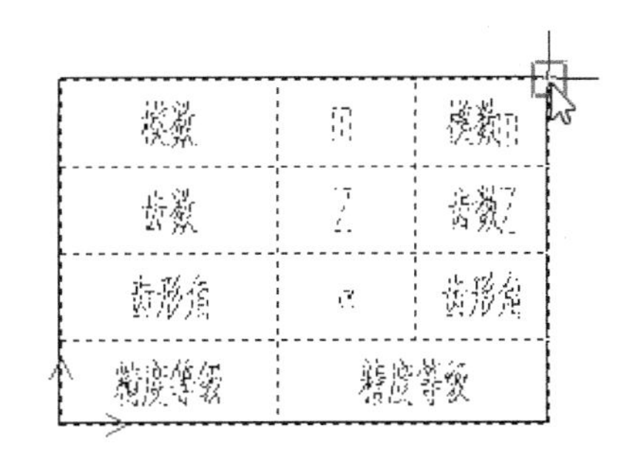

图 6-16　指定基准点

4）系统弹出“块定义”对话框，输入名称为“齿轮参数简易表”，如图 6-17 所示，然后单击“确定”按钮，系统弹出“属性编辑”对话框。

5）在“属性编辑”对话框指定相应的属性值，如图 6-18 所示，单击“确定”按钮。

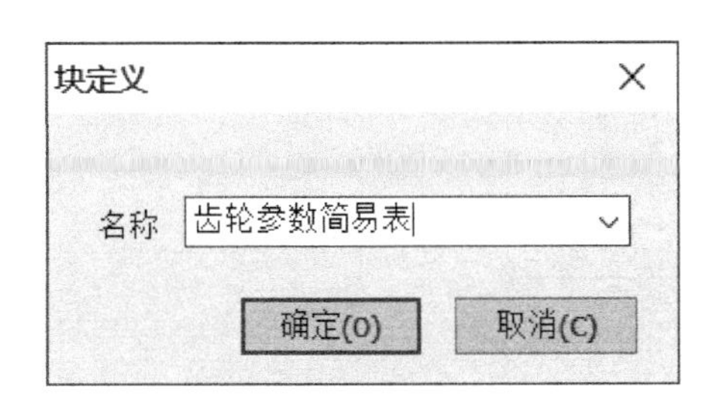

图 6-17　“块定义”对话框

图 6-18　“属性编辑”对话框

3. 在图形中插入块

1）在功能区“插入”选项卡的“块”面板中单击“插入”按钮。

2）系统弹出图 6-19 所示的“块插入”对话框，从“名称”下拉列表框中选择之前创建的“齿轮参数简易表”块，比例设置为 1，旋转角为 0，取消勾选“打散”复选框。

3）在“块插入”对话框中单击“确定”按钮。

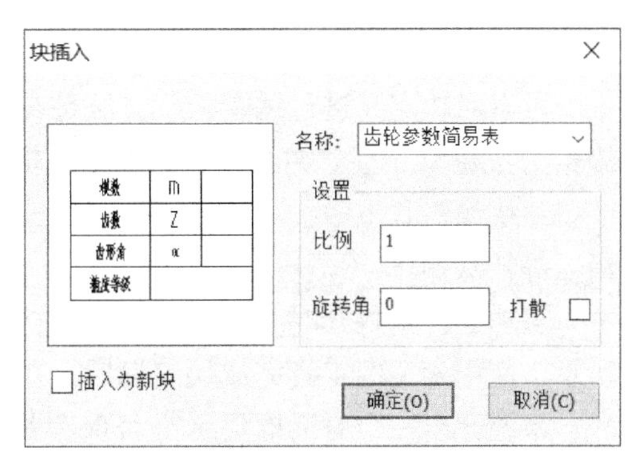

图 6-19　“块插入”对话框

4）系统提示“插入点”，按空格键以弹出工具点菜单并从工具点菜单中选择“交点”，接着选择图6-20所示的交点作为插入点。

5）系统弹出“属性编辑”对话框。双击属性值下的相应单元格，编辑其属性值，如图6-21所示。

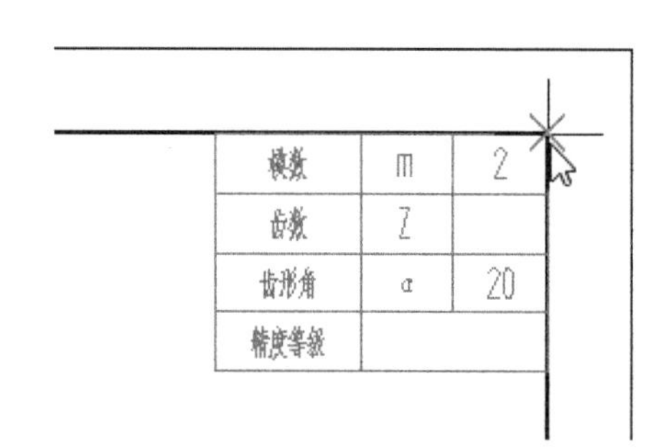

图6-20 指定插入点

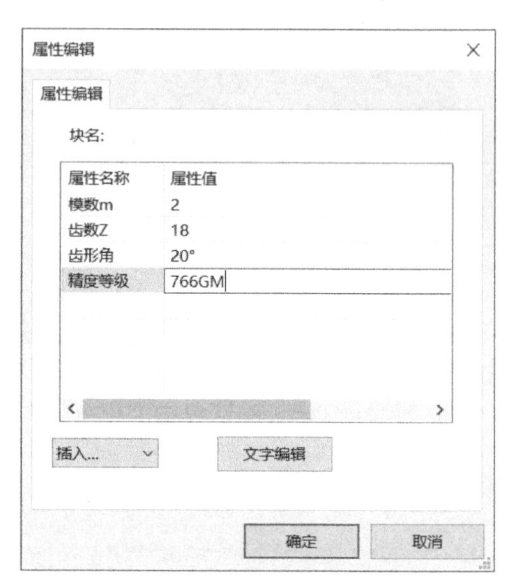

图6-21 “属性编辑”对话框

6）在“属性编辑”对话框中单击“确定”按钮，完成的结果如图6-22所示。

模数	m	2
齿数	Z	18
齿形角	α	20°
精度等级	766GM	

图6-22 完成块插入

6.1.5 块编辑

可以对块定义进行编辑，其方法是在功能区“插入”选项卡的“块”面板中单击“块编辑”按钮，接着在绘图区选择要编辑的块，从而进入块编辑状态。

在块编辑状态中，可以对块图形进行相关的编辑操作，还可以进行属性定义和退出块编辑器等特殊操作。

当功能区被打开时，块编辑状态下功能区增加了一个“块编辑器”选项卡，如图6-23所示。使用相关的工具完成块编辑后，在“块编辑器”选项卡中单击“退出块编辑”按钮，系统弹出一个对话框提示是否保存修改，单击“是”按钮保存对块的编辑修改，若单击“否”按钮则取消本次对块的编辑操作。

图 6-23　功能区多了一个“块编辑器”选项卡

6.1.6 块在位编辑

CAXA CAD 电子图板提供了块在位编辑功能，该功能与块编辑的不同之处在于在位编辑时各种操作（如测量、标注等）可以参照当前图形中的其他对象，而块编辑则只显示块内对象。

在功能区“插入”选项卡的“块”面板中单击“块在位编辑”按钮，接着选择要编辑的块，即可进入块在位编辑状态，此时在功能区中出现一个“块在位编辑”选项卡，如图 6-24 所示，其中的“编辑参照”面板中提供有“从块内移出”按钮、“添加到块内”按钮、“保存退出”按钮和“不保存退出”按钮，它们的功能含义如下。

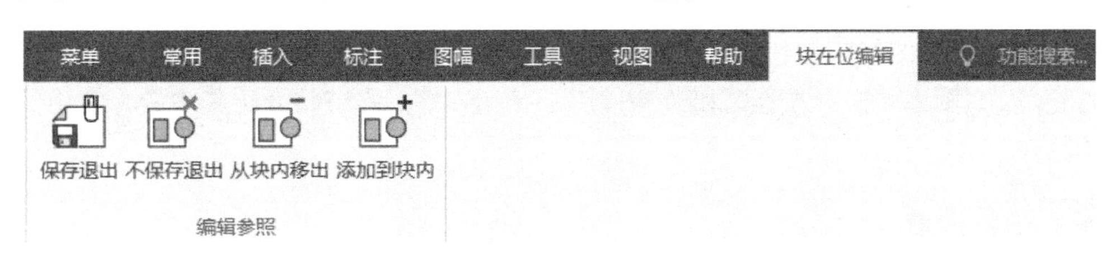

图 6-24　功能区出现“块在位编辑”选项卡

- “添加到块内”：从当前图形中拾取其他对象加入到正在编辑的块定义中。
- “从块内移出”：将正在编辑的块内的对象移出块到当前图形中。
- “保存退出”：保存对块定义的编辑操作并退出在位编辑状态。
- “不保存退出”：取消此次对块定义的编辑操作。

6.1.7 块的其他操作

可以将块分解，使之分解为组成块的各成员对象。用于将块分解的工具为“分解”按钮，该按钮位于功能区“常用”选项卡的“修改”面板中。

块作为一个单独对象，可以对其进行删除、平移、旋转、镜像、比例缩放等图形编辑操作，这和其他图形对象的操作方法是一样的。

可以通过特性选项板来查看和修改块定义，包括修改块的层、线型、线宽、颜色、定位点、旋转角、缩放比例、属性定义的内容、消隐状态等。

另外，还可以对块执行（块扩展属性编辑）、（块扩展属性定义）和（更新块引用属性）等操作。“块扩展属性”可以将事先定义的代号、名称、重量、材料等扩展属性添加到块上，当块作为一个零件或部件生成序号时，选中带扩展属性的块上的实体时，块上的扩展属性可以自动写到明细表中，方便了明细表的填写。

6.2 图库操作

CAXA CAD电子图板提供多种标准件或通用件的参数化图库，同时也为用户提供了建立用户自定义的参量图符或固定图符的工具，使用户可以快捷地根据设计环境创建属于自己的图形库。这里所述的“图符”是指图库的基本组成单元，它是由一些基本图形对象组合而成的对象，并同时具有参数、属性、尺寸等多种特殊属性，可以由一个视图或多个视图（不超过6个视图）组成。如果按照是否参数化来分类，则图符可以分为参数化图符和固定图符两种。需要注意的是，图符的每个视图在提取出来时可以定义为块。

CAXA CAD电子图板中的图库包含几十个大类、几百个小类、总计3万多个图符，包括各种标准件、电气元件、工程符号等，可以满足各个行业快速出图的要求。图库中的基本图符符合相关标准规定。图库是完全开放式的，除了软件安装后附带的图符外，用户还可以根据需要定义新的图符。图符可完全参数化，可以定义尺寸、属性等各种参数，便于用户生成所需图符和管理图符。图库采用目录式结构存储，这样便于对图符进行移动、复制、共享等操作。

在功能区“插入”选项卡的“图库”面板中提供了与图库、图符相关的工具按钮，包括“插入（提取）图符”按钮、“定义图符”按钮、“驱动图符”按钮、“图库管理”按钮、“图库转换”按钮和“构件库”按钮等。本节将介绍其中较为常用的图库操作工具。

6.2.1 图符提取

图符提取可以分两种情况，一种是参数化图符提取，另一种则是固定图符提取。

1. 参数化图符提取

参数化图符提取是指将已经存在的参数化图符从图库中提取出来，并根据实际要求设置一组参数值，经过预处理后应用于当前绘图。参数化图符提取的一般方法及步骤如下。

1）在功能区“插入”选项卡的“图库”面板中单击“插入（提取）图符”按钮，弹出图6-25所示的“插入图符”对话框。

2）在“插入图符”对话框的左部区域提供了用于选择图符的工具按钮和控件。CAXA CAD电子图板图库中的所有图符按照类别来划分并存储在不同的目录中，整体布局表现为图符的树形结构树，从而便于区分和查找。

图6-25 “插入图符”对话框

在“插入图符”对话框的左部区域内，图符的检索操作与Windows资源管理器的相关操作类似，使用“后退”按钮、“前进”按钮、“返回上层目录”按钮可以在不同的目录之间进行切换。“切换到缩略图模式”按钮用于在列表模式和缩略图模式之间切换。如果单击“搜索”按钮，则打开图6-26所示的“搜索图符”对话框，可以通过输入图符名称来检索图符。检索时不必输入图符完整的名称，而是只需输入图符名称的一部分，这样执行搜索时系统会自动检索到符合条件的图符。CAXA CAD电子图板的图库检索具有模糊搜索功能，在检索条件中输入检索对象的名称或型号，图符列表便列出相关的所有图符，以供用户选择。

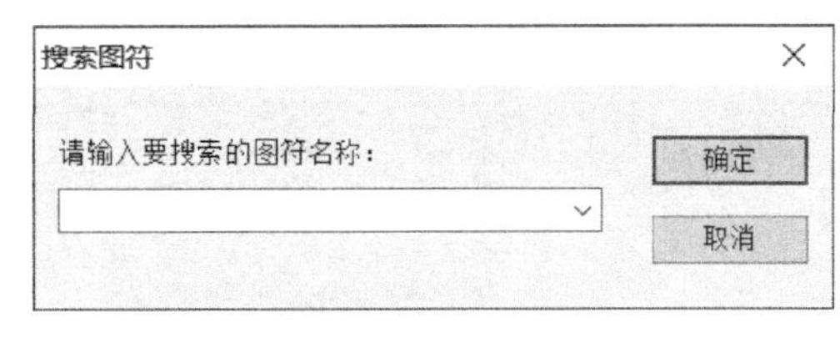

图6-26 “搜索图符”对话框

在“插入图符”对话框的右半部分提供了“图形”选项卡和“属性”选项卡。“图形”选项卡用来预览当前所选图符的图形效果，如图6-27所示。图形预览时的各视图基点用高亮度十字标出，在预览框中右击可以放大图符，同时单击鼠标左键和鼠标右键可以缩小图符，如果需要将图符恢复原来的大小显示则双击鼠标左键；“属性”选项卡用来显示当前所选图符的属性，如图6-28所示。

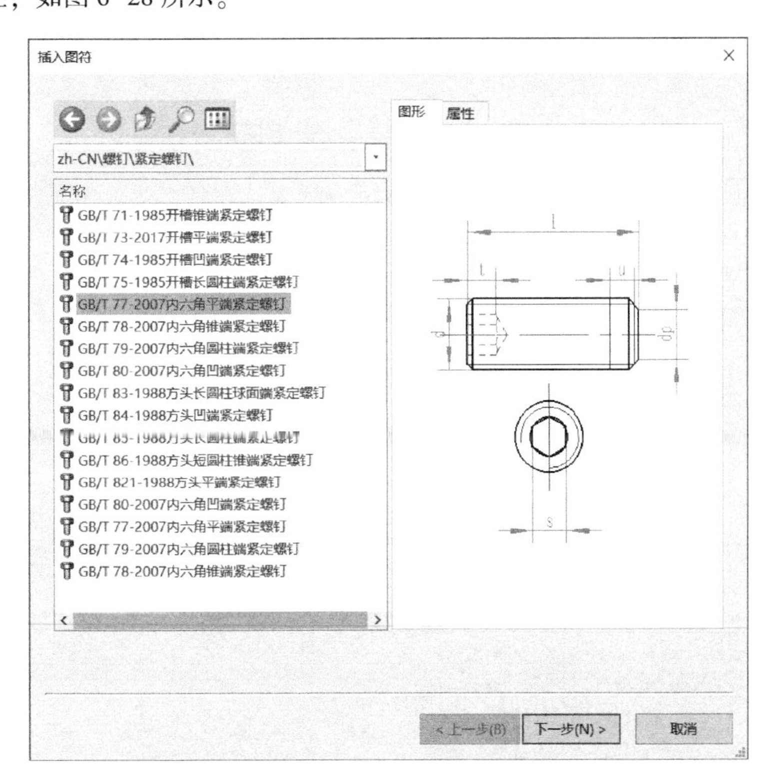

图6-27 预览当前所选图符的图形效果

3）选择图符后，单击“下一步”按钮，可以进入图6-29所示的“图符预处理”对话框。该对话框的左半部是图符处理区，用于选取尺寸规格和设置尺寸开关。注意尺寸规格表格的表头为尺寸变量名，在右侧的预览框内可直观地看到每个尺寸变量名的具体标注位置和标注形式。如果需要，用户可以在预览区右击，则预览图形以单击点为中心进行放大显示。要想使图形恢复到最初的显示大小，则在预览区双击鼠标左键。

图 6-28　切换到“属性”选项卡

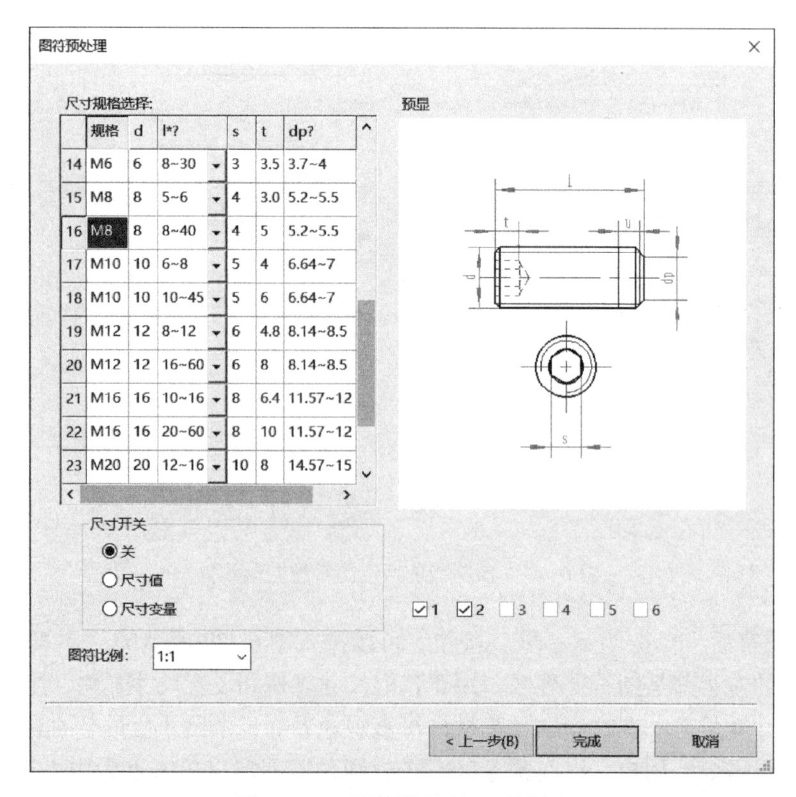

图 6-29　“图符预处理”对话框

用户需要注意以下两点。

- 如果尺寸变量名后带有“＊”符号，那么表明该尺寸变量为系列变量，其所对应的列单元格中只给出了一个范围，例如给出的范围为“8～40”，用户可以单击该单元格右端的下三角按钮▾，然后从出现的图 6-30 所示的下拉列表中选择所需的数值，选择数值后则在该单元格中显示该选定的值，如图 6-31 所示。用户也可以在该单元格中输入新的所需的值。

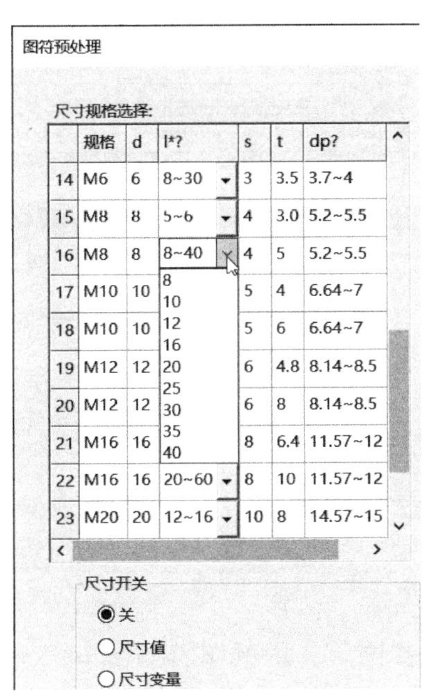

图 6-30　打开范围列表

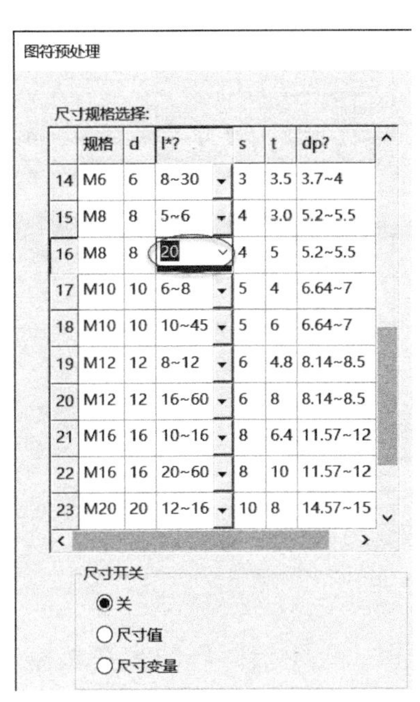

图 6-31　选定变量值

- 如果变量名后带有“?”符号，那么表明该变量可以设定为动态变量，所谓的动态变量是指尺寸值不限定，当某一个变量设定为动态变量时，则它不再受给定数据的约束，在提取时用户通过键盘输入新值或拖动鼠标可改变变量大小。要想将某个变量设置为动态变量，那么右击其所在的单元格即可，成为动态变量时期数值后标有“?”符号。

4）在“图符预处理”对话框中还具有其他若干个实用的单选按钮和复选框等。

- 尺寸开关选项：用于控制图形提取后的尺寸标注情况。一共提供 3 个单选按钮，包括“关”单选按钮、“尺寸值”单选按钮和“尺寸变量”单选按钮。“关”单选按钮用于设置提取后不标注任何尺寸；“尺寸值”单选按钮用于设置提取后标注实际尺寸；“尺寸变量”单选按钮用于设置只标注尺寸变量名，而不标注实际尺寸。
- 视图控制开关：在对话框的图符预览框的下方排列有 6 个视图控制开关。勾选某个开关复选框时表示打开其相应的一个视图。被关闭的视图是不会被提取出来的。例如，假设取消勾选第二个视图的复选框，而只勾选第一个视图的复选框，预显结果如图 6-32 所示。
- “图符比例”下拉列表框：用于设定图符比例参数。

5）如果对所选的图符不满意，那么用户可以单击“上一步”按钮，返回到“插入图符”对话框，重新设置插入（提取）其他图符。如果对所选的图符满意，那么单击“图符预处理”对话框中的“完成”按钮。

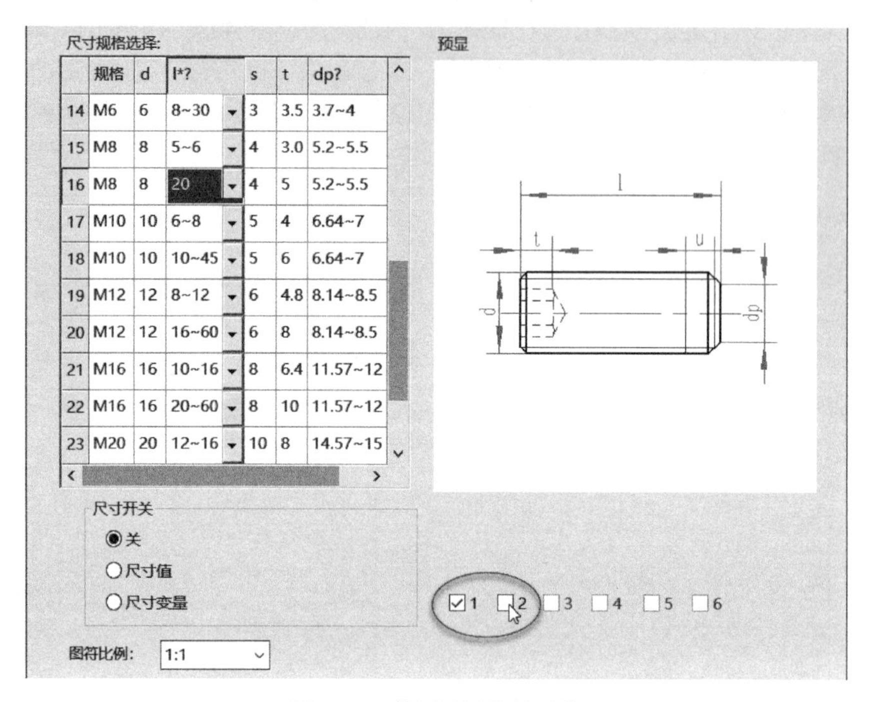

图 6-32　使用视图控制开关

6）此时，位于绘图区的十字光标处已经带着图符，示例图符如图 6-33 所示。在图 6-34 所示的立即菜单中设置是否打散块，以及设置不打散时是否允许图符提取后消隐。

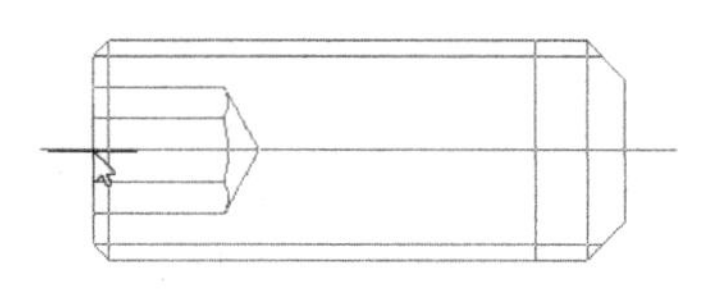
图 6-33　图符依附在十字光标处

图 6-34　在出现的立即菜单中设置

7）在系统提示下指定图符定位点，接着指定图符旋转角度，例如输入图符旋转角度为 30°，完成一个视图的提取插入，效果如图 6-35 所示（以 GB/T 77-2007 内六角平端紧定螺钉为例）。

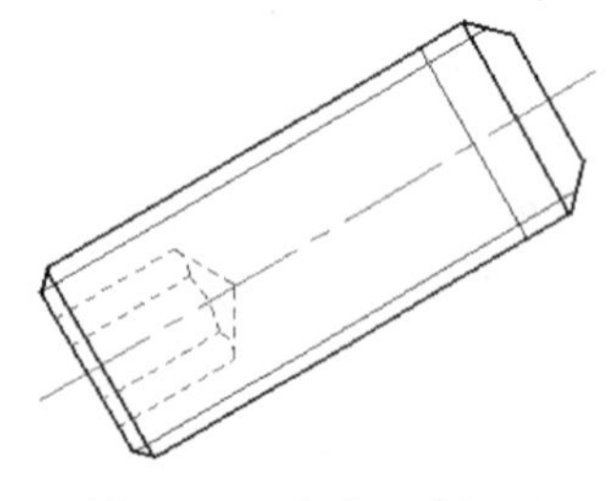
图 6-35　完成一个视图的提取插入

如果设置了动态确定的尺寸且该尺寸包含在当前视图中，那么在确定了视图的旋转角度后，系统会在状态栏中出现“请拖动确定 X 的值:”的提示信息（注意这里的 X 表示尺寸名）。在该提示下指定该尺寸的数值。图符中可以包含有多个动态尺寸，这时需要分别确定这些动态尺寸的值。

8）如果图符具有多个视图，则绘图内的十字光标又自动带上另一个视图，继续在提示下进行指定图符定位点和旋转角度的操作。当一个图符的所有打开的视图提取完成之后，系统默认开始重复提取。

9）右击可结束图符插入（提取）操作。

2. 固定图符提取

除了参数化图符之外，还有一部分是固定图符，如电气元件类和液压符号类的图符就多属于固定图符。固定图符的提取比参数化图符的提取要简便得多。

固定图符提取的一般操作方法及步骤如下。

1）在功能区“插入”选项卡的“图库”面板中单击“插入（提取）图符”按钮，打开“插入图符”对话框。

2）在“插入图符”对话框中，通过指定图符类别，在图符列表中选择所需的固定图符，例如选择“伺服阀”图符，如图6-36所示。

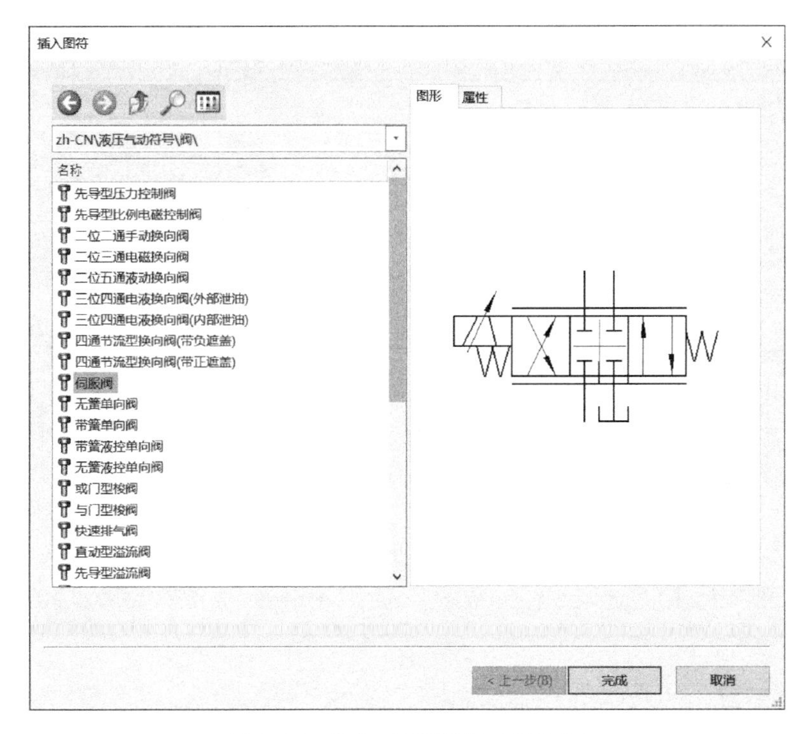

图6-36 选择“伺服阀”固定图符

3）在“插入图符”对话框中单击“完成”按钮，系统出现图6-37所示的立即菜单。

图6-37 出现的立即菜单

4）在“1.”框中单击可以在“打散”选项和“不打散”选项之间切换，以设置生成的图符是否被打散。当在“1.”框中设置为“不打散”选项时，在“2.”框中设置生成的图符是否消隐。

5）根据实际设计要求，用户可以设置放缩倍数。

6）在提示下指定图符定位点和图符旋转角度。例如指定“伺服阀”固定图符的定位点为（100,0）或其他位置点，旋转角度为0°，右击结束操作，提取“伺服阀”固定图符的效果如图 6-38 所示。

前面介绍了使用图库的“插入（提取）”命令来提取参数化图符和固定图符，在这里再介绍一种进行图符提取的简便方法，这就是使用“图库”选项板来进行图符提取。打开“图库”选项板，如图 6-39 所示，在其中指定图符类别后选择要提取的图符，接着按住鼠标左键将图符拖放到右边的绘图区中，利用弹出来的对话框设置相关参数，以及在立即菜单设置是否打散和消隐图符等，然后指定图符定位点和图符旋转角度即可。

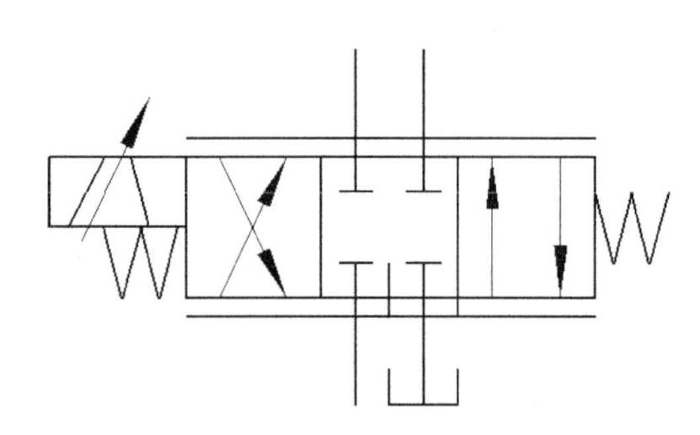

图 6-38 “伺服阀”固定图符提取效果

图 6-39 使用图库选项板来提取图符

6.2.2 图符驱动

图符驱动是指对已经提取出来的没有被打散的图符进行驱动，更换图符或者改变已提取图符的尺寸标注情况、尺寸规格和输出形式等参数。

驱动图符的典型方法及步骤如下。

1）在功能区“插入”选项卡的“图库”面板中单击“图符驱动”按钮。

2）此时系统出现“请选择想要变更的图符:”的提示信息，同时当前绘图中所有未被打散的图符将特别显示。使用鼠标左键拾取想要变更的图符。

3）系统弹出“图符预处理”对话框，如图 6-40 所示。利用该对话框，对图符的尺寸规格、尺寸开关、图符视图开关等项目进行相关修改。

4）在“图符预处理”对话框中单击“完成”按钮。绘图区内的原图符被驱动，即被修改后的图符代替，但图符的定位点和旋转角始终保持不变。

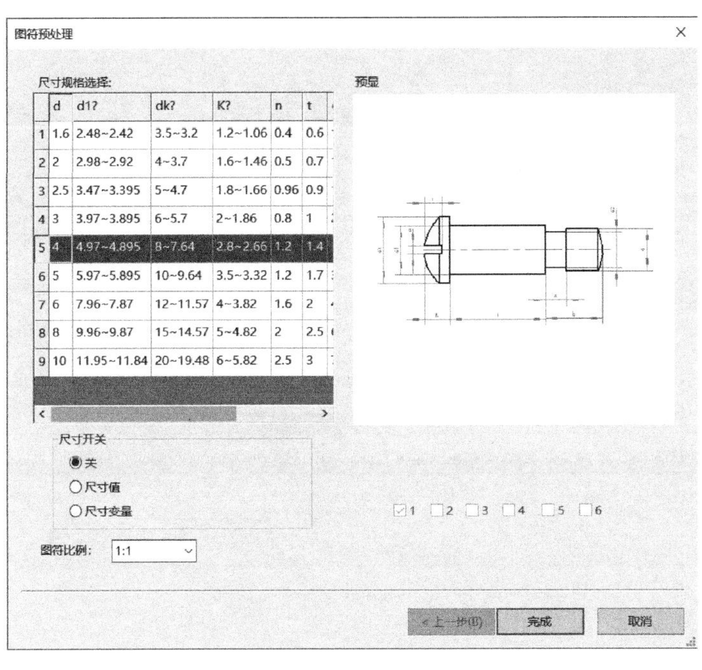

图 6-40 “图符预处理”对话框

6.2.3 定义图符

定义图符其实就是根据实际需求来建立自己的图库，这样可以满足在某些特定设计场合下提高作图效率。

图符定义也分两种情况，一种是固定图符的定义，另一种则是参数化图符的定义。下面介绍这两种类型的图符定义。

1. 固定图符的定义

在定义固定图符之前，一定要准备好所要定义的图形。这些用来定义固定图符的图形应尽量按照实际的尺寸比例来绘制，可不必标注尺寸。通常将电气元件、字形图符定义成固定图符。

定义固定图符的方法、步骤如下。

1）在功能区“插入”选项卡的“图库”面板中单击“定义图符”按钮。

2）系统提示选择第 1 视图。可以单个拾取第 1 视图的所有元素，也可以采用窗口拾取，拾取完后，单击鼠标右键。

3）指定第 1 视图的基点。最好将基点指定在视图的关键点或特殊位置点处，如圆心、中心点、端点、主要交点等。

4）系统提示选择第 2 视图。接着选择图形元素和基准点。可以指定第 2 到第 6 视图的元素和基准点。定义所需的视图后右击。如果不再需要另外的视图，则直接单击鼠标右键。

5）系统弹出“图符入库”对话框，在该对话框中选择存储到的类别，并在相应的文本框中输入新建类别名称和图符名称，如图 6-41 所示。

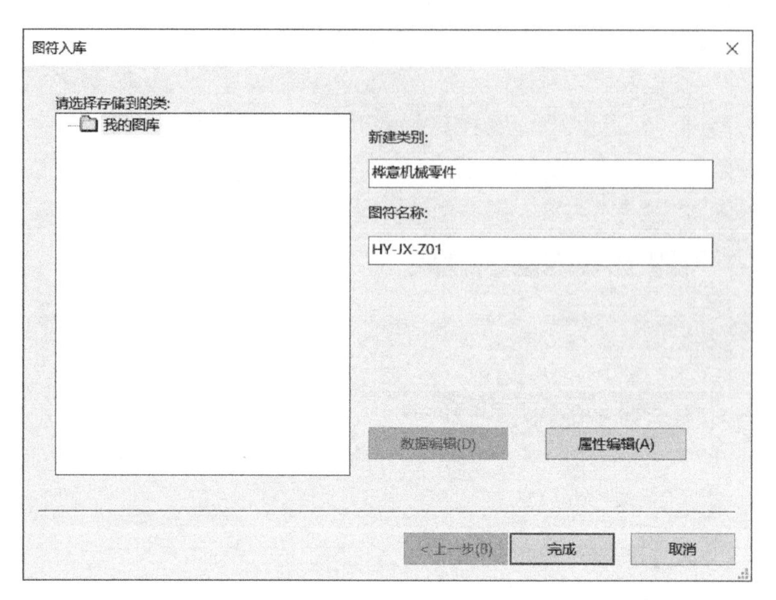

图 6-41 “图符入库”对话框

如果在“图符入库”对话框中单击“属性编辑”按钮，则弹出图 6-42 所示的“属性编辑”对话框，利用该对话框可以设置所需要的属性名及属性定义。当选中表格的有效单元格时，按〈F2〉键可以使当前单元格进入编辑状态且插入符被定位在单元格内文本的最后。系统默认提供了 10 个属性，用户可以增加新的属性，要增加新的属性，则在表格最后左端选择区双击即可，当然也可以在某一行前面插入一个空行和删除选定的一行。根据需要确定属性名与属性定义后，单击“属性编辑”对话框中的“确定”按钮。

属性编辑

	属性名	属性定义
1	名称	
2	代号	
3	标准	
4	材料	
5	规格	
6	重量	

确定(O)　取消(C)

图 6-42 “属性编辑”对话框

6）在“图符入库”对话框中单击“确定”按钮，完成将新建的图符添加到自定义的图库中。

定义好固定图符之后，在执行提取图符的时候可以看到用户定义的图符也出现在指定的图库中。

2. 参数化图符的定义

用户可以根据设计要求将图符定义成参数化图符，以便以后在提取时可以对图符的尺寸加以控制。若就应用面来比较，参数化图符的应用面比固定图符的更为广阔，且参数化图符应用起来也更为灵活。

定义参数化图符之前，应该在绘图区绘制所要定义的图形，这些图形应该尽量按照实际的尺寸比例准确绘制，并且进行必要的尺寸标注。绘制图形时标注的尺寸在不影响定义和提取的前提下尽量少标，以减少数据输入的负担，例如值固定的尺寸可以不标。标注尺寸时，尺寸线尽量从图形元素的特征点处引出，必要时可以专门绘制一个点作为标注的引出点或将相应的图形元素在需要标注处打断（这样做是为了便于系统进行尺寸的定位吸附）。另外要注意的是图符中的剖面线、块、文字和填充等是用定位点来定义的，以剖面线为例来说，要求在绘制图符的过程中画剖面线时，必须对每个封闭的剖面区域均单独地应用一次剖面线绘制命令。

下面通过一个实例介绍参数化图符的定义方法。

【课堂实例】：垫圈参数化图符的定义

1）在绘图区绘制图 6-43 所示的图形，该图形由两个视图组成。注意两个封闭区域内的剖面线均要单独绘制。本书在配套资料包的 CH6 文件夹中也提供了该实例所需的素材文件。

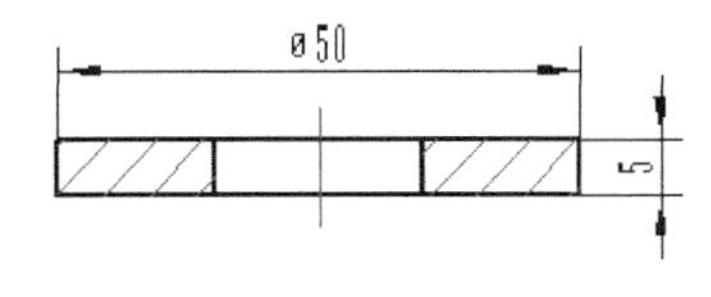

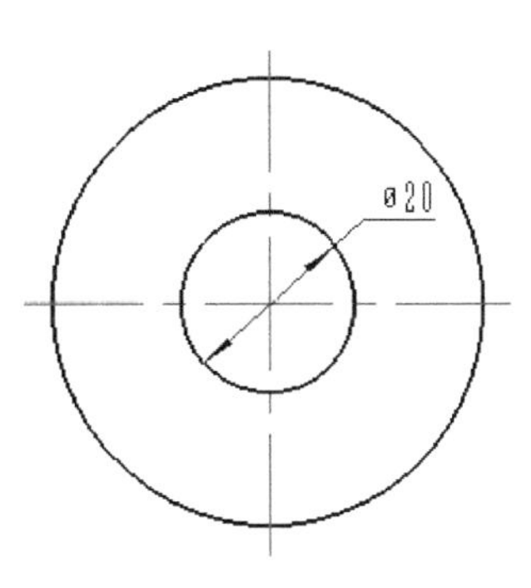

图 6-43 绘制垫圈的两个图形

2）在功能区“插入”选项卡的“图库”面板中单击“定义图符”按钮。

3）确定视图 1。

系统提示拾取第 1 视图，此时可以进行单个拾取或窗口拾取，注意应将有关尺寸也进行拾取。在本例中，使用窗口拾取方式选择图 6-44 所示的图形元素（含该视图中标注的尺寸）作为第 1 视图元素，右击确认。

此时系统提示用户指定该视图的基点。在本例中选择图 6-45 所示的线段中点作为该视图的基点。基点的选择十分重要，基点会影响元素定义表达式的复杂程度和提取图符时的插入定位。

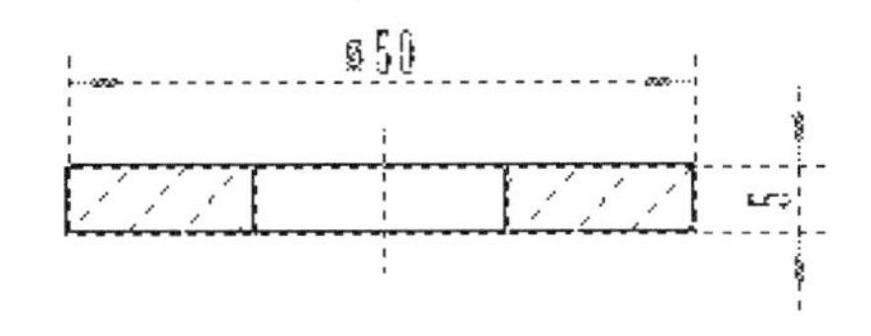

图 6-44 指定第 1 视图元素

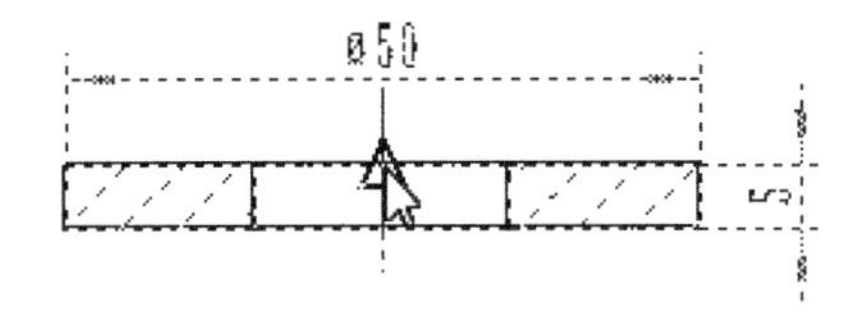

图 6-45 指定第 1 视图的基点

系统提示为该视图的各个尺寸指定一个变量名。使用鼠标左键拾取第 1 视图中的直径尺寸“Φ50”，并在出现的图 6-46 所示的文本框中输入字串为“D”，单击“确定”按钮。接着使用鼠标左键拾取第 1 视图中的垫圈厚度尺寸“5”，并在出现的图 6-47 所示的文本框中输入字串为“H”，单击“确定”按钮。

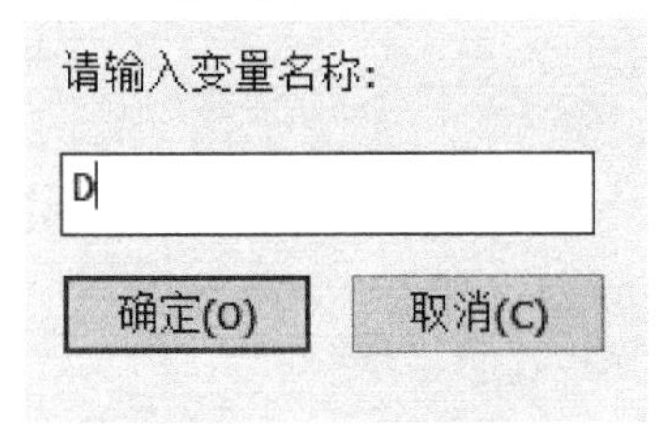

图 6-46 输入变量名称 1

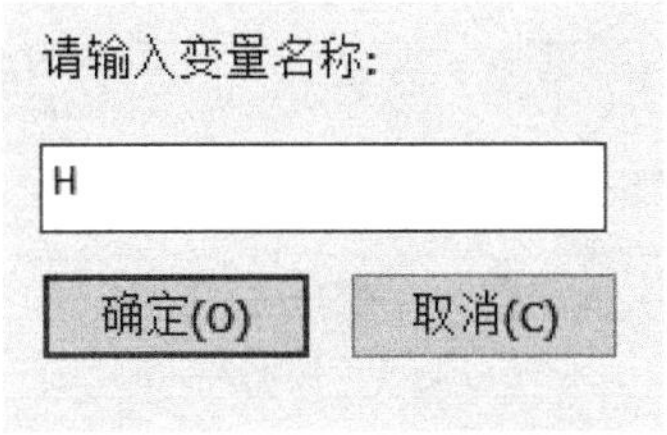

图 6-47 输入变量名称 2

该视图的所有尺寸变量名输入完后，右击确认。

4）确定视图 2。

系统提示选择第 2 视图。使用窗口方式选择图 6-48 所示的所有图形元素作为第 2 视图，右击确认，接着在提示下选择图 6-49 所示的圆心位置作为基点。

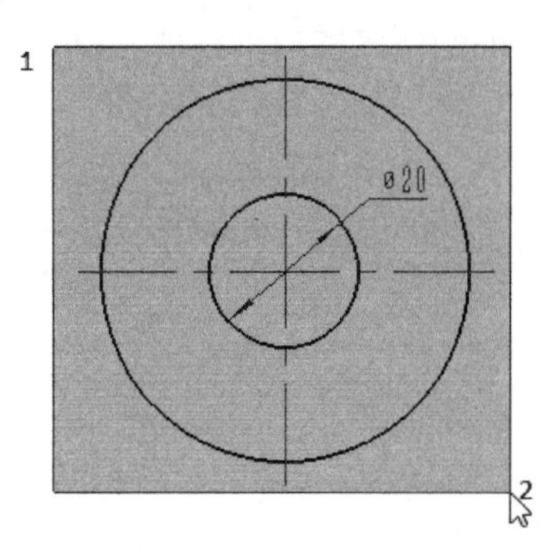

图 6-48　以窗口方式指定第 2 视图

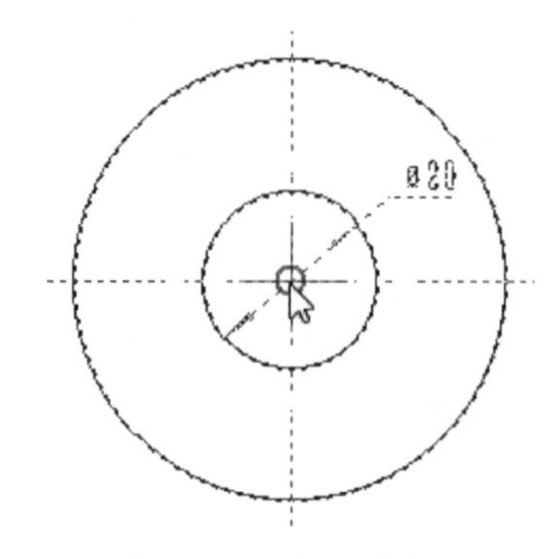

图 6-49　指定基点 2

系统提示为该视图的各个尺寸指定一个变量名。使用鼠标左键拾取第 2 视图中的直径尺寸“Φ20”，并在出现的文本框中输入字串为“d1”，单击“确定”按钮。

此时两个视图的尺寸变量名都定义好了，这些变量名显示在视图中，如图 6-50 所示。

单击鼠标右键进入下一步。

5）系统提示选择第 3 视图，此时再次单击鼠标右键进入下一步，系统弹出图 6-51 所示的“元素定义”对话框。

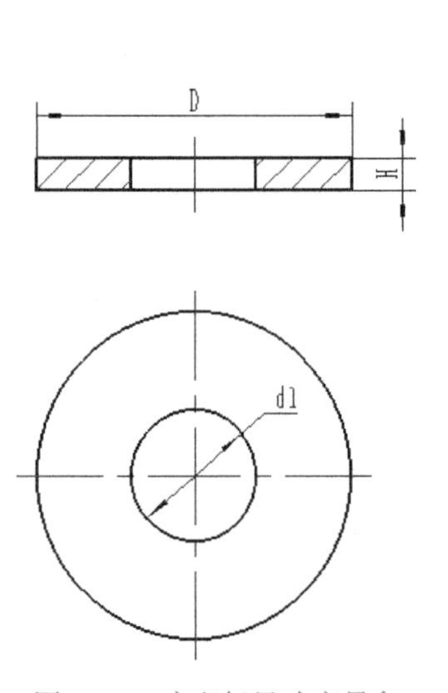

图 6-50　定义好尺寸变量名

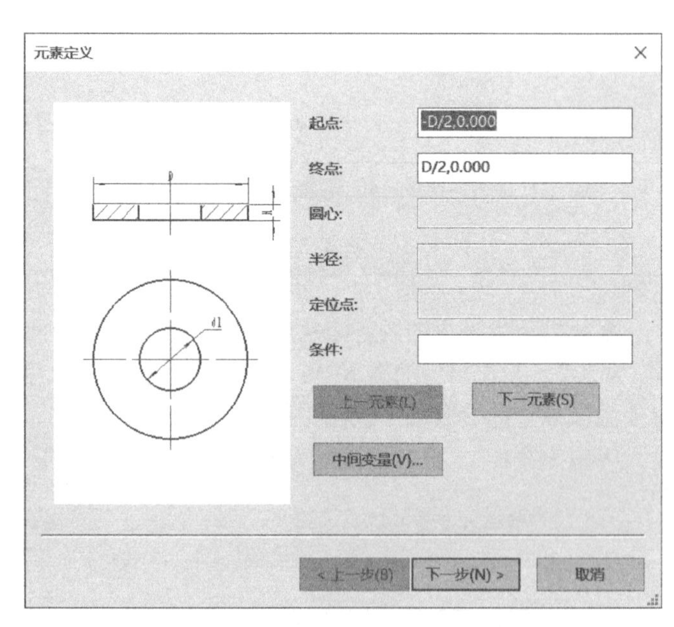

图 6-51　“元素定义”对话框

知识点拨 元素定义是把每一个元素的各个定义点写成相对基点的坐标值表达式，使图符实现参数化。每个图形元素的表达式正确与否，将决定着图符提取的准确与否。CAXA CAD 电子图板会自动为元素生成和完善一些简单的表达式，用户可以在“元素定义”对话框中通过单击“上一元素”按钮和“下一元素”按钮来查询和修改每个元素的定义表达式。用户也可以使用鼠标左键在“元素定义”对话框的预览区中直接拾取元素，来查询与修改其定义表达式。在定义中心线时需要注意其起点和终点表达式，另外在定义剖面线和填充的定位点时，应该选取一个在尺寸取值范围内都一定能落在封闭边界内的点，这样提取时才能保证在不同的尺寸规格下都能生成正确的剖面线与填充。

- 定义中心线时，起点和终点的定义表达式不一定要和绘图时的实际坐标相吻合。通常定义中心线的两个端点超出轮廓线 2 个到 5 个绘图单位（mm）便可以了。例如在本例中定义第 1 视图中心线的起点和终点表达式如图 6-52 所示。第 2 视图中心线的起点和终点表达式也要考虑设置其超出轮廓线 3，两组中心线的表达式分别为“起点：D/2+3,0.000；终点：-D/2-3,0.000”和“起点：0.000,D/2+3；终点：0.000,-D/2-3”。

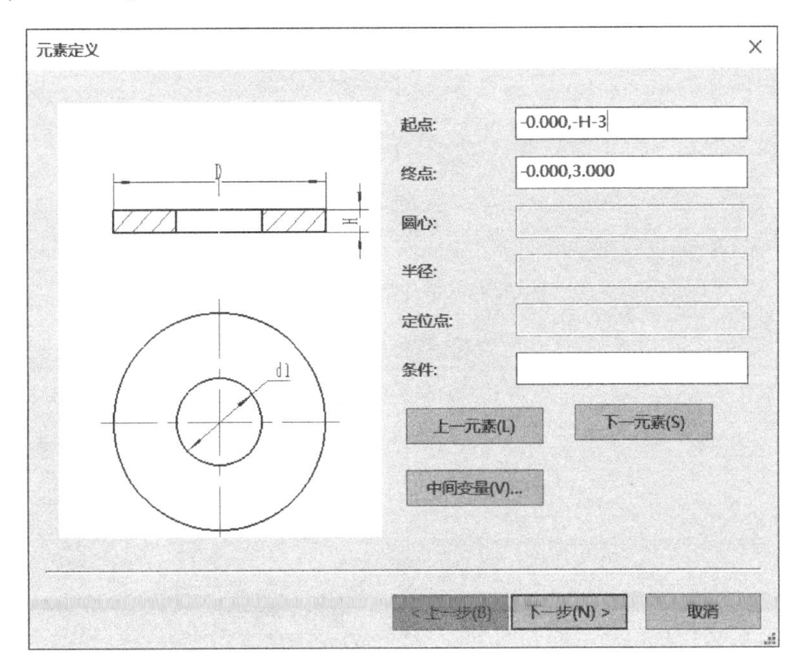

图 6-52　定义第 1 视图的中心线起点和终点表达式

- 在本例中，定义右半部分剖面线的定位点表达式为“(D+d1)/4,-H/2”，如图 6-53 所示。左半部分剖面线的定位点表达式为“-(D+d1)/4,-H/2”。

知识点拨 如果在“元素定义”对话框中单击“中间变量”按钮，则系统弹出一个“中间变量”对话框，如图 6-54 所示。利用该对话框，用户可以定义一个中间变量名，以及变量定义表达式。所谓的中间变量是尺寸变量和之前已经定义的中间变量的函数，定义中间变量后，便可以和其他尺寸变量一样用在图形元素的定义表达式中。使用中间变量可以简化一些图形元素的表达式，便于建库。

6）元素定义好了之后，单击“下一步”按钮，系统弹出图 6-55 所示的“变量属性定义”对话框。利用该对话框定义变量的属性（如为系列变量或动态变量），系统默认的变量属性均为“否”，即变量既不是系列变量也不是动态变量。在本例中采用系统默认的变量属性设置，接着在“变量属性定义”对话框中单击“下一步”按钮。

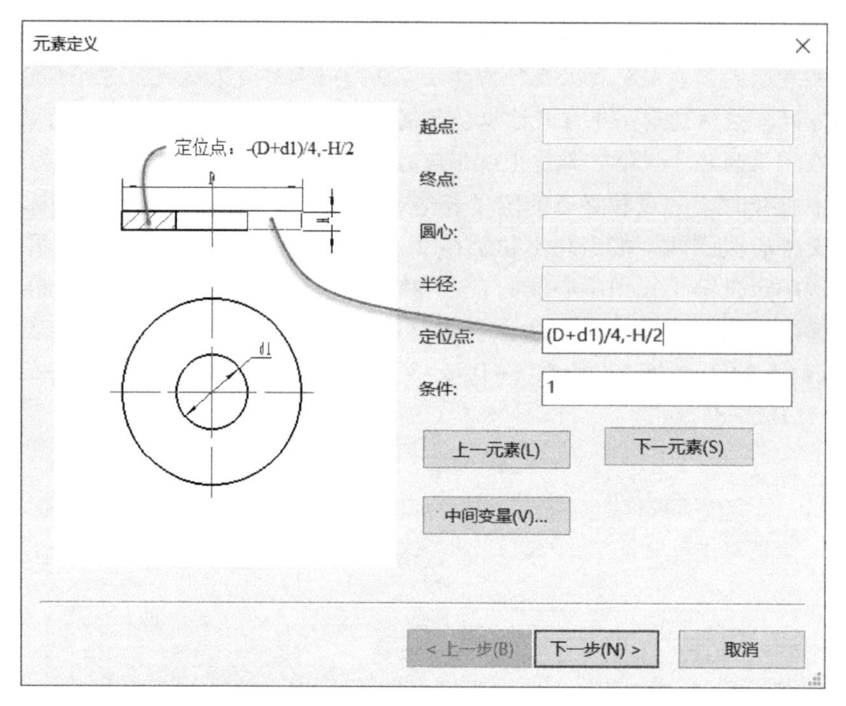

图 6-53　定义剖面线定位点

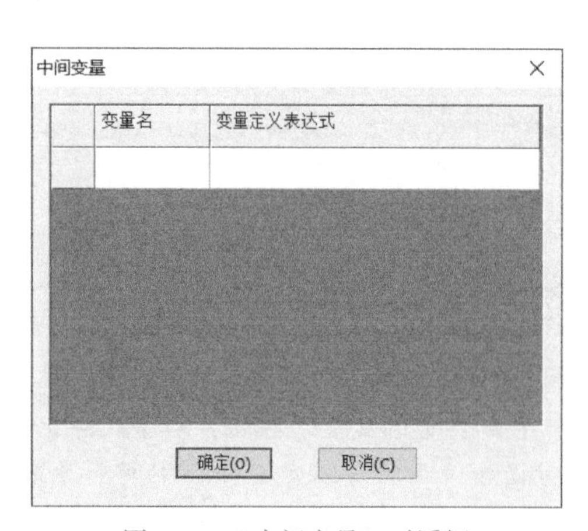

图 6-54　“中间变量”对话框

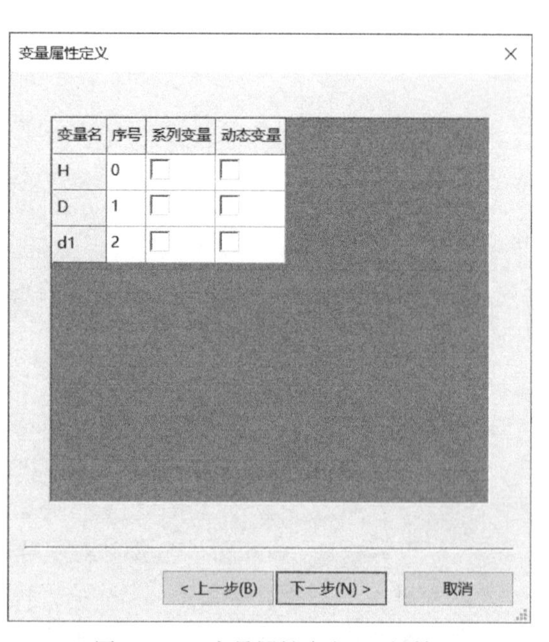

图 6-55　“变量属性定义”对话框

7）系统弹出“图符入库”对话框，在该对话框选择存储到类别，并在“新建类别”文本框中输入“用户自定义垫圈”，在“图符名称”文本框中输入“HY_常用垫圈 A”，如图 6-56 所示。

8）在“图符入库”对话框中单击“数据编辑”按钮，打开“标准数据录入与编辑”对话框，在该对话框分别输入若干组数据，如图 6-57 所示，然后单击“确定”按钮。

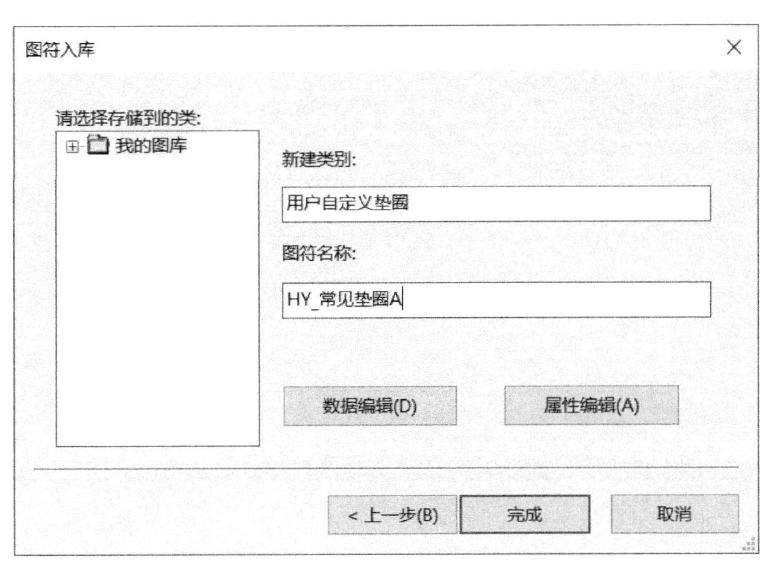

图 6-56 “图符入库”对话框

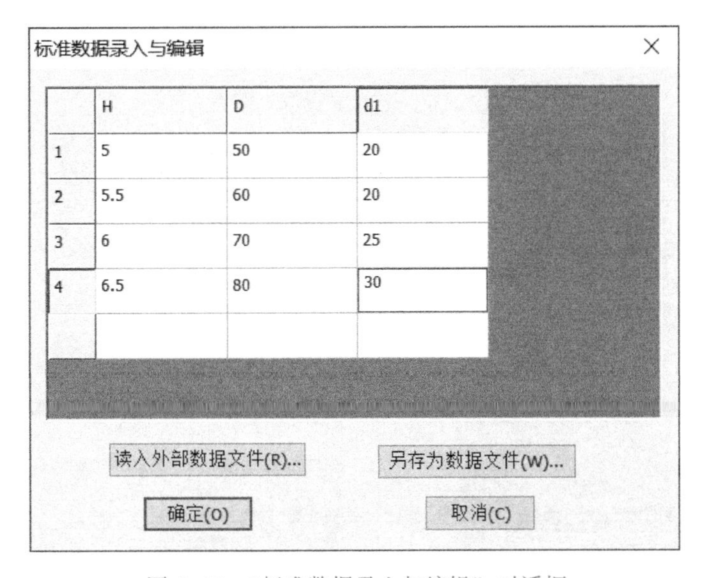

图 6-57 “标准数据录入与编辑”对话框

9）在“图符入库”对话框中单击“完成”按钮，完成该参数化图符的定义。之后，用户在进行插入（提取）图符操作时，可以看到新建的图符已经出现在相应的类中，如图 6-58 所示。

进阶点拨 在该实例的操作过程中，假设在“变量属性定义”对话框中，将变量 D 设置为系列变量，如图 6-59 所示，那么之后在“图符入库”对话框中单击“数据编辑”按钮，打开“标准数据录入与编辑”对话框，单击列头“D *”时，需要输入该系列变量的所有取值，并以逗号分隔，如图 6-60 所示。

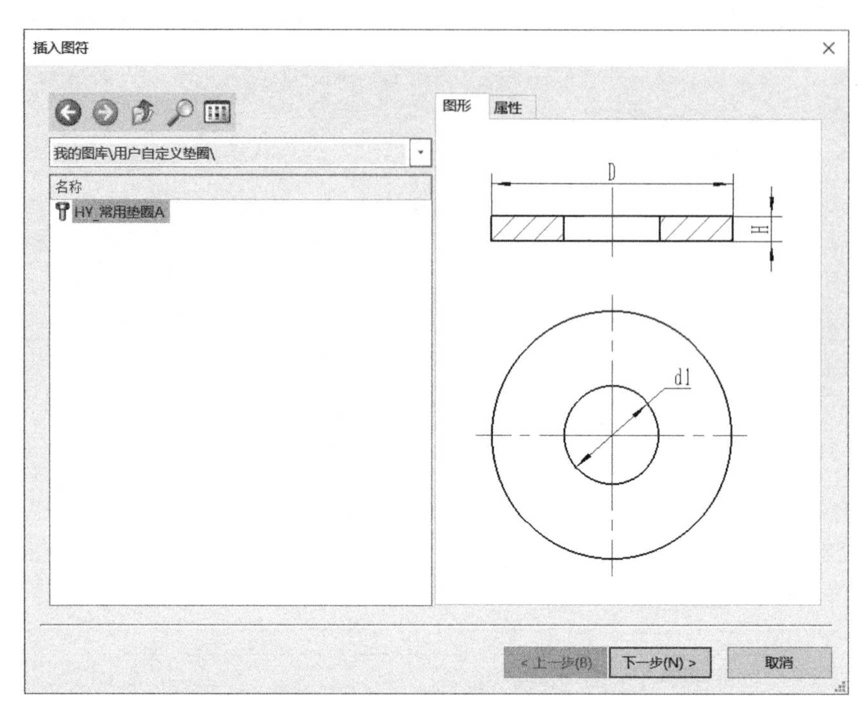

图 6-58　插入（提取）图符

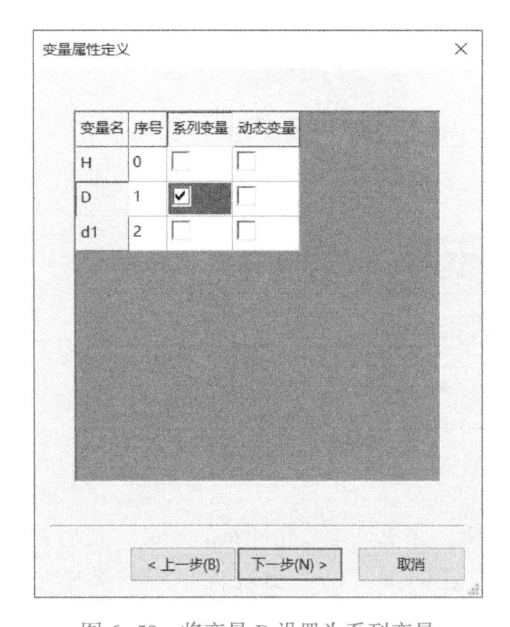

图 6-59　将变量 D 设置为系列变量

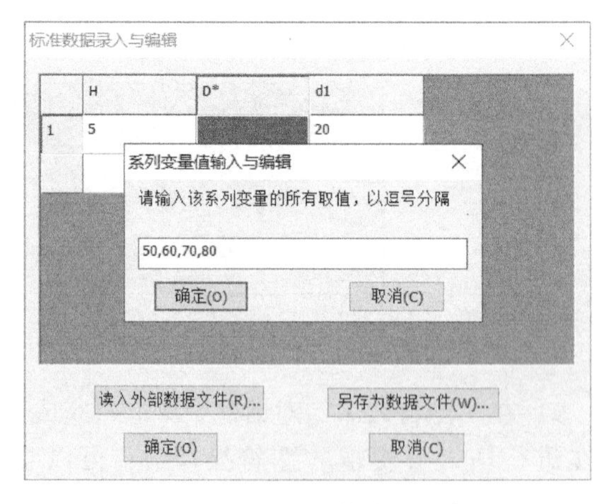

图 6-60　系列变量值输入与编辑

6.2.4 图库管理

CAXA CAD 电子图板中的图库是面向用户的开放图库，用户不但可以进行图符提取、图符定义等操作，还可以根据自身需要来对图库进行管理。

要对图库进行管理操作，则在功能区“插入”选项卡的“图库”面板中单击“图库管理”按钮，打开图 6-61 所示的“图库管理”对话框，利用该对话框提供的图库管理工具对图库进行相关的管理。图库管理包括图符编辑、数据编辑、属性编辑、导出图符、并入图符、图符改名、删除图符、向上移动和向下移动等。

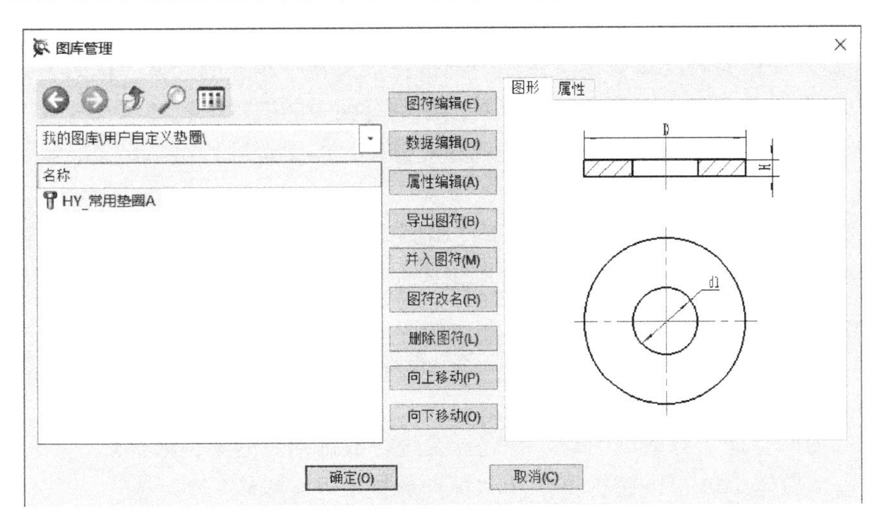

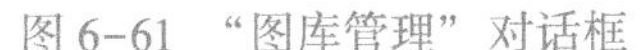
图 6-61 “图库管理”对话框

1. 图符编辑

图符编辑是指对图符进行再定义。如果需要，可以利用图库中现有的图符进行修改、部分删除、添加或重新组合来将其定义成相类似的新图符。

图符编辑的一般方法和步骤如下。

1）在“图库管理”对话框中查找并选择要编辑的图符名称，右侧图形预览框给出了图符预览效果。

2）单击“图符编辑”按钮，出现图 6-62 所示的命令列表，包含有“进入元素定义”命令、“进入编辑图形”命令、“进入编辑属性”命令和“取消”命令。

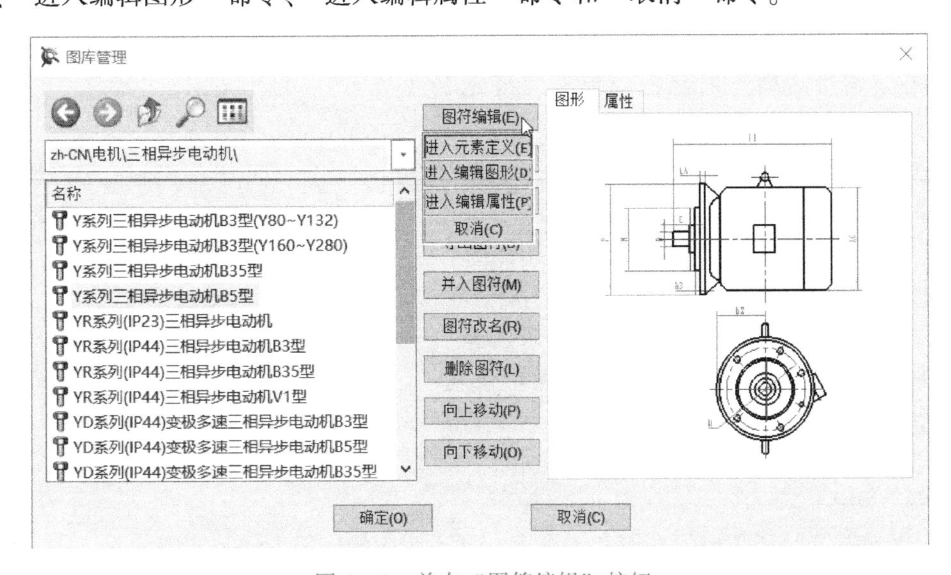

图 6-62 单击“图符编辑”按钮

3）如果只是要修改参量图符中图形元素的定义或尺寸变量的属性，那么选择“进入元素定义”命令，打开“元素定义”对话框，然后进行相关的元素定义操作即可。

4）如果需要对图符的图形、基点、尺寸或尺寸名等进行编辑，那么选择“进入编辑图形”命令，则CAXA CAD电子图板把该图符插入到绘图区来进行编辑。在绘图区显示了图符的各个视图以及相关的尺寸变量。视图内部被打散成互不相关的元素，同时各元素保留原来定义过的诸多信息。用户根据实际情况对图形进行相关的编辑，比如添加尺寸，添加曲线或者删除曲线等。图形编辑完成后，接着就是对修改过的图符进行重新定义。如果需要，还可以进入属性编辑操作。

5）在定义图符入库的时候，如果继续使用原来图符的类别和名称，那么以替换原图符的方式来实现原图符的修改。另外，也可以输入一个新的名称来创建一个新的图符。

2. 数据编辑

这里所述的“数据编辑”是指对参数化图符原有的数据进行编辑，如更改数值、添加或删除数据。

1）在“图库管理”对话框中查找并选择要进行数据编辑的图符名称。

2）单击“数据编辑”按钮，将打开“标准数据录入与编辑”对话框。

3）在“标准数据录入与编辑”对话框中，对数据进行修改。

4）完成后单击“确定”按钮，返回到“图库管理”对话框。

3. 属性编辑

这里所述的“属性编辑”是指对图符原有的属性进行修改、添加或删除操作，其一般方法和步骤如下。注意一般不对系统图库图符进行属性编辑，如果需要，建议先获得该图符的副本，再对副本进行属性编辑。

1）在“图库管理”对话框中查找并选择要进行属性编辑的图符名称。

2）单击“属性编辑”按钮，打开“属性编辑”对话框，如图6-63所示。

3）在“属性编辑”对话框中对属性进行编辑，例如修改属性名、填写属性定义内容、添加属性或删除指定的属性。

4）在“属性编辑”对话框中单击“确定”按钮，返回到“图库管理”对话框。

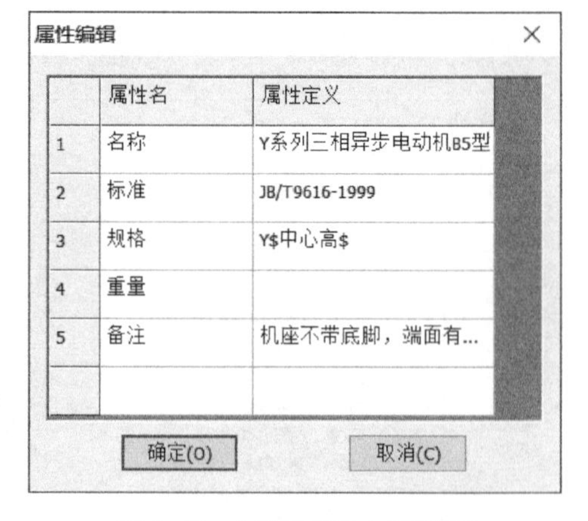

图6-63 “属性编辑”对话框

4. 导出图符

导出图符是指将图符导出到其他位置。

在“图库管理”对话框中单击“导出图符”按钮，则打开图6-64所示的“浏览文件夹”对话框。在“浏览文件夹”对话框的“目录选择”列表框中列出了当前计算机的树状层级目录列表，从中选择保存的路径（目录），然后单击“确定”按钮即可。

5. 并入图符

并入图符是指将所需要的图符并入图库。并入图库的一般方法及步骤如下。

1）在“图库管理”对话框中单击“并入图符”按钮，弹出图6-65所示的“并入图符”对话框。

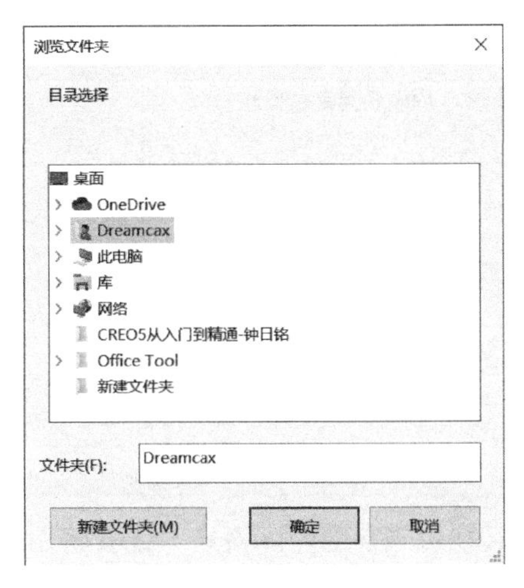

图 6-64 “浏览文件夹”对话框

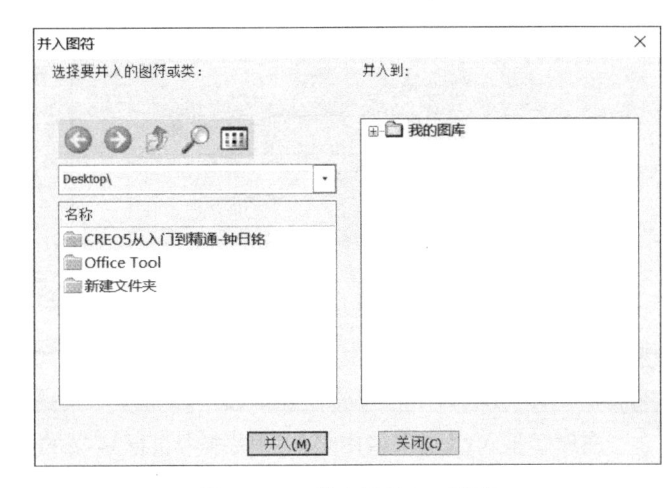

图 6-65 “并入图符”对话框

2）在“并入图符”对话框左侧区域选择要导入的文件或文件夹，在右侧区域选择导入后保存的位置。

3）单击“并入图符”对话框中的“并入”按钮，从而完成将需要的图符并入到图库。

6. 图符改名

图符改名是指对图符原有的名称及图符类别的名称进行更改。进行图符改名的典型方法及步骤如下。

1）在“图库管理”对话框中选择要改名的图符。

2）在“图库管理”对话框中单击“图符改名”按钮，系统弹出“图符改名”对话框，如图 6-66 所示。

3）在“图符改名”对话框的文本框中输入新的图符名称。

4）在“图符改名”对话框中单击“确定”按钮，返回到“图库管理”对话框。可以进行其他图符管理操作，全部完成后，单击“确定”按钮即可。

7. 删除图符

“图库管理”对话框中的“删除图符”按钮用于删除图库中无用的图符，并可以一次性删除无用的一个类别所包含的多个图符。

1）在“图库管理”对话框中选择要删除的图符。

2）单击“删除图符”按钮，系统弹出图 6-67 所示的“确认文件删除”对话框，询问是否确实要将所选项放入回收站，单击“确定”按钮，确认删除此图符或此类别的图符。

在进行删除图符的操作时，一定要谨慎，以免造成不必要的误操作而使某些有用的图符丢失。

8. 向上移动或向下移动

“图库管理”对话框的“向上移动”按钮和“向下移动”按钮用于调整在图库中选定的文件夹或图符在当前目录下的排序位置。

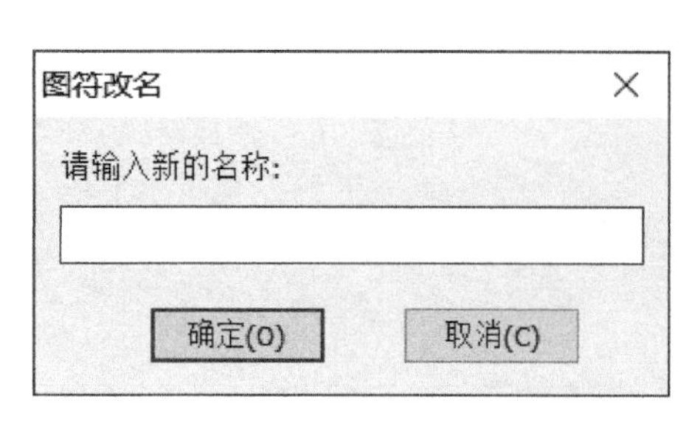

图 6-66 “图符改名”对话框

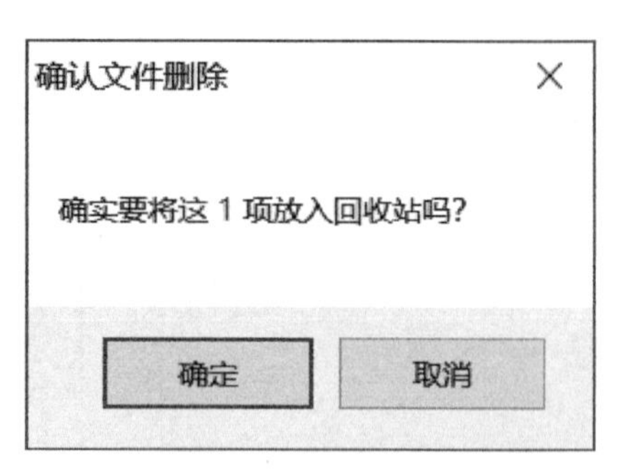

图 6-67 “确认文件删除”对话框

6.2.5 图库转换

图库转换可以用来将用户在旧版本中自己定义的图库转换为当前的图库格式，或者将用户在另一台计算机上定义的图库加入到本计算机的图库中。

在功能区“插入”选项卡的“图库”面板中单击“图库转换”按钮，弹出图 6-68 所示的“图库转换”对话框，该对话框提供了一个“选择电子图板 2007 或更早版本的模板文件”复选框。

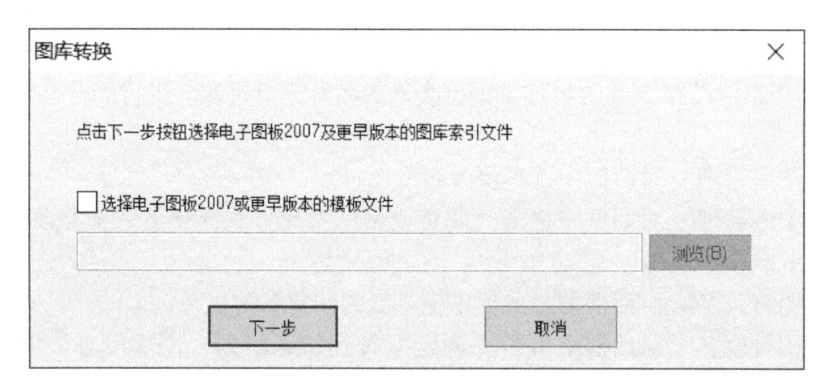

图 6-68 “图库转换”对话框

若勾选“选择电子图板 2007 或更早版本的模板文件”复选框，则可单击“浏览”按钮，弹出“请选择电子图板 2007 或更早版本的模板文件”对话框，从中选择所需的模板文件，支持“电子图板文件（*.exb)”和“模板文件（*.tpl)”格式文件。若取消勾选“选择电子图板 2007 或更早版本的模板文件”复选框，直接单击“下一步”按钮，系统弹出图 6-69 所示的“打开旧版本主索引或小类索引文件”对话框，在该对话框中选择要转换的图库的索引文件（既可以选择主索引文件，也可以选择图库索引文件)，然后单击“确定”按钮。关于图库索引文件和主索引文件的操作说明如下。

- 主索引文件（Index.sys)：将所有类型图库同时转换。
- 图库索引文件（*.idx)：选择单一类型图库进行转换。

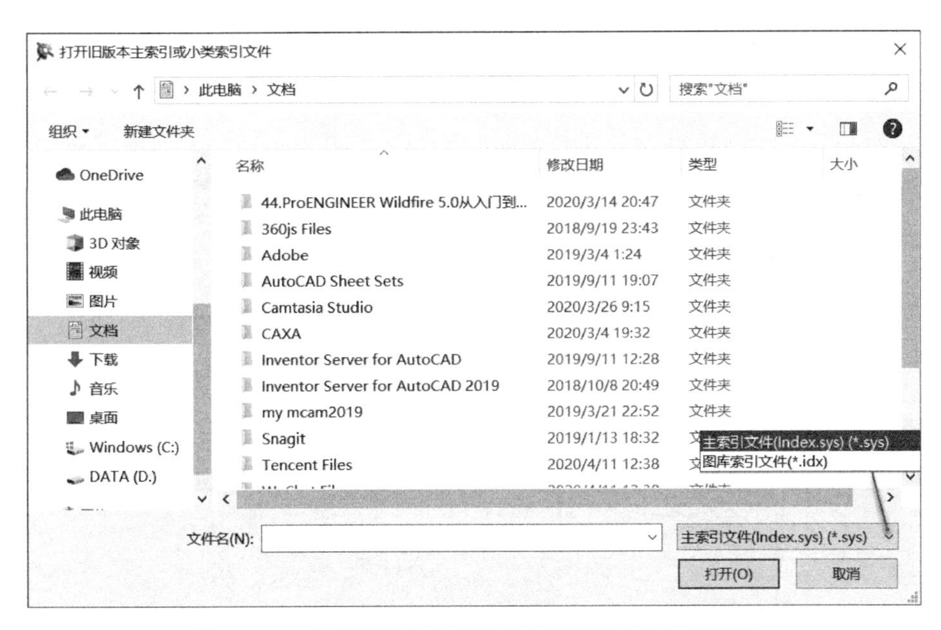

图 6-69 “打开旧版本主索引或小类索引文件”对话框

6.2.6 构件库

CAXA CAD 电子图板的构件库是一种新的二次开发模块的应用形式，它在电子图板启动时自动载入，在电子图板关闭时自动退出。构件库的功能使用比普通的二次开发应用程序更为直观和方便。

在功能区“插入”选项卡的“图库”面板中单击“构件库”按钮，系统弹出图 6-70 所示的“构件库”对话框。在“构件库”对话框的“构件库”下拉列表框中可以选择已经存在的不同的构件库，在“选择构件”选项组中列出了所选构件库中的所有构件，选中某一个所需要的构件时，系统则在“功能说明”栏中显示所选构件的简要功能说明。单击“确定”按钮后继续执行所选构件的相关操作。

【课堂实例】：使用构件库进行设计

本实例的目的是使读者基本掌握使用构件库获得所需的图形结构。

1）打开配套资料包之 CH6 文件夹中的“HY_使用构件库练习 . exb”文件，该文件中存在着的原始图形如图 6-71 所示。

2）在功能区“插入”选项卡的“图库”面板中单击“构件库”按钮，打开“构件库”对话框。

3）在“构件库”下拉列表框中选择“构件库实例（洁角、止锁孔、退刀槽）”，在“选择构件”栏中选择“孔中部退刀槽”构件，如图 6-72 所示。

4）在“构件库”对话框中单击“确定”按钮。

5）在出现的立即菜单中分别设置“1. 槽直径 W”值、“2. 槽深度 D”值和“3. 槽端距 L”值，设置结果如图 6-73 所示。

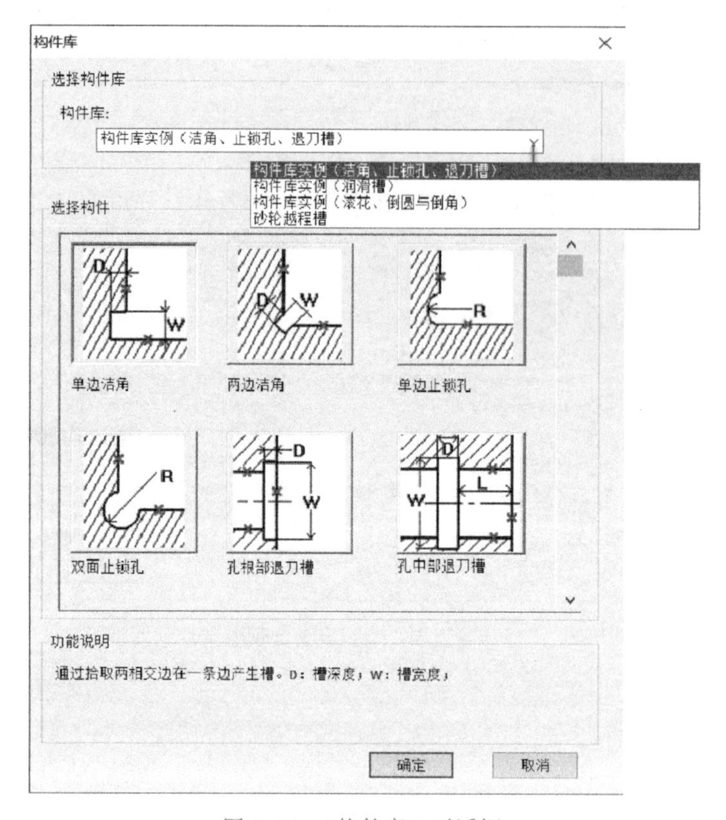

图6-70 “构件库”对话框

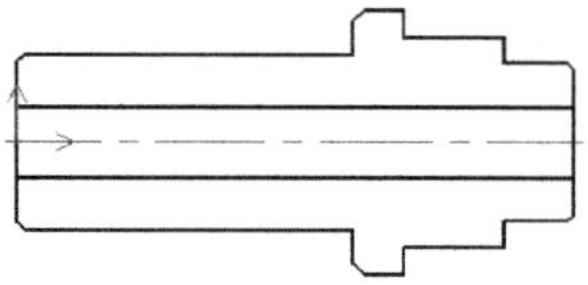

图6-71 已有图形

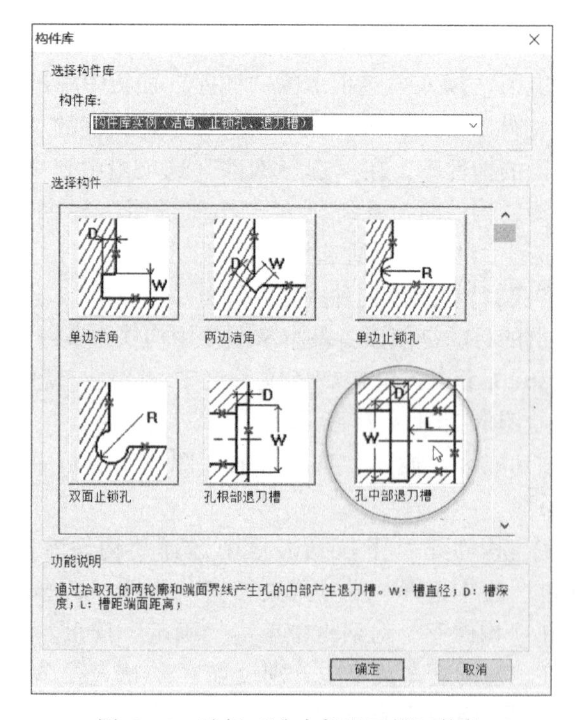

图6-72 选择“孔中部退刀槽”构件

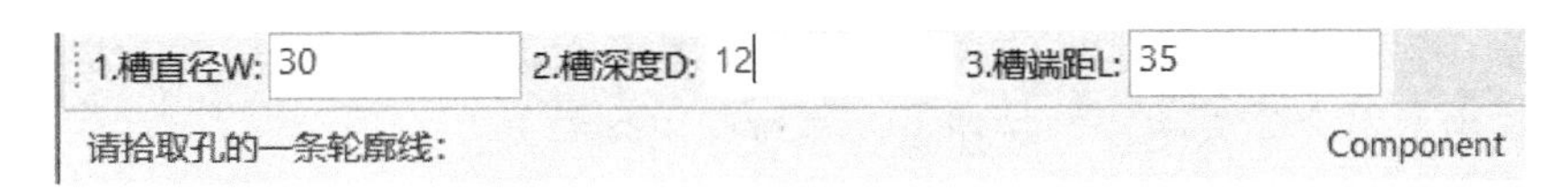

图 6-73 在立即菜单中设置相关参数值

6）系统提示拾取孔的一条轮廓线。在该提示下单击图 6-74 所示的孔轮廓线 1。

7）系统提示拾取孔的另一条轮廓线。在该提示下单击图 6-75 所示的轮廓线 2。

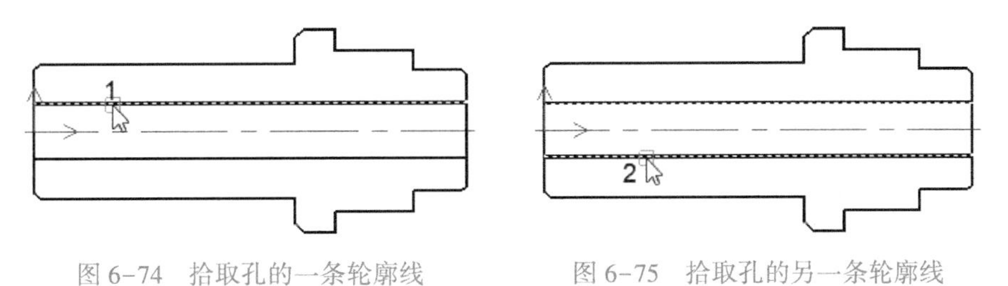

图 6-74 拾取孔的一条轮廓线　　图 6-75 拾取孔的另一条轮廓线

8）系统提示拾取孔的端面线。在该提示下选择图 6-76 所示的孔端面线（轮廓线 3）。生成的孔中部退刀槽图形如图 6-77 所示。

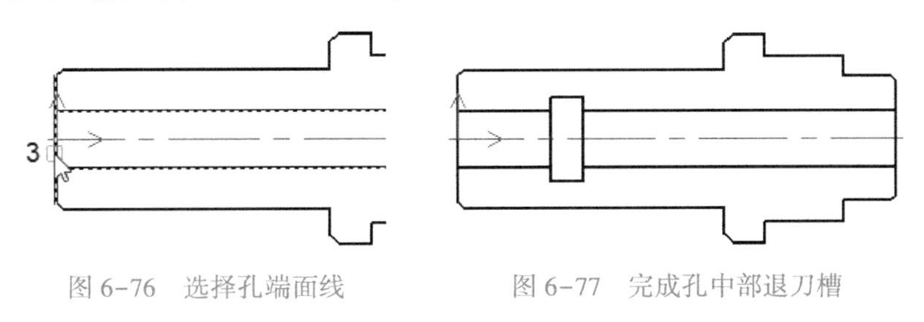

图 6-76 选择孔端面线　　图 6-77 完成孔中部退刀槽

9）将“剖面线层”设置为当前图层，接着在该层上绘制剖面线，完成的效果如图 6-78 所示。

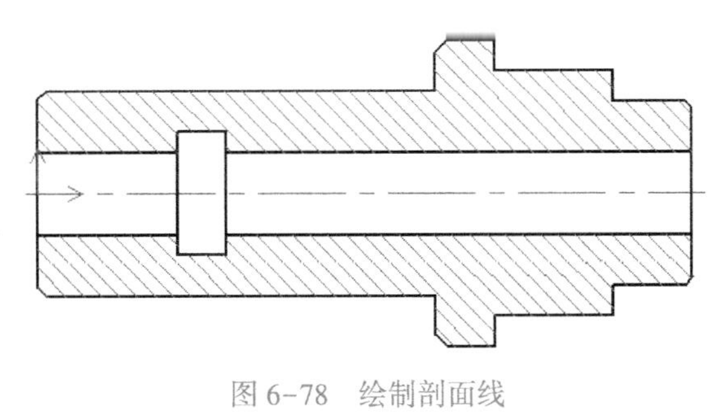

图 6-78 绘制剖面线

6.3 插入图片

在实际设计工作中，有时候需要在 CAD 图形中插入所需的图片，例如需要插入图片作为底图、实物参考等。一个典型的应用是插入图片来辅助进行 LOGO 设计。下面结合示例介绍如何选择图片插入到当前图形中作为参照。

1）新建一个使用“GB-A3（CHS)”模板的图形文件，在功能区“插入”选项卡的“图片”面板中单击“插入图片”按钮，系统弹出“打开”对话框。

2）在“打开”对话框中选择文件类型，接着选择要插入的图片文件，如图6-79所示，然后单击“打开”按钮。

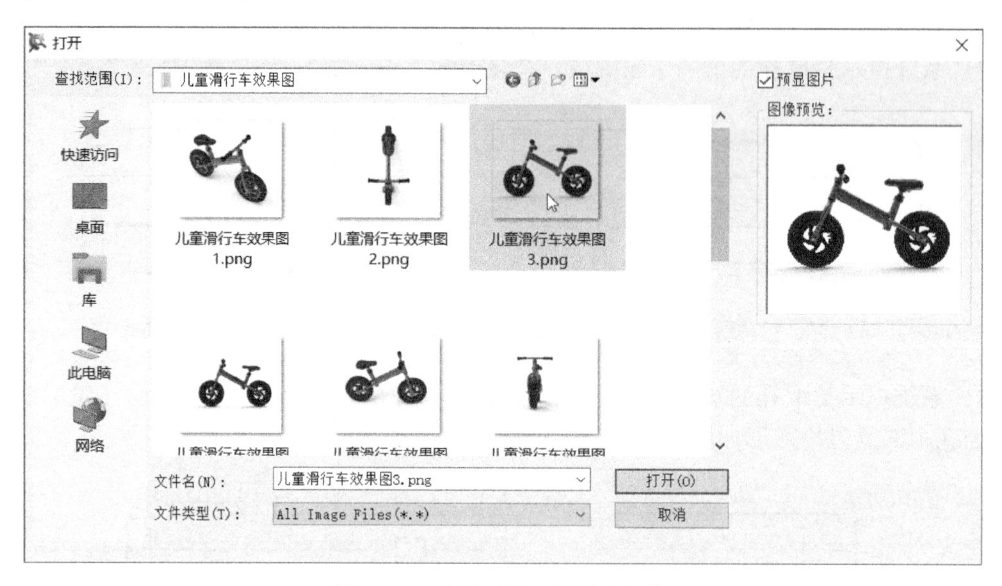

图6-79　选择要插入的图片文件

3）系统弹出图6-80所示的“图像”对话框。在该对话框中设置路径与嵌入选项，设置插入点、比例和旋转选项及参数，然后单击“确定”按钮。

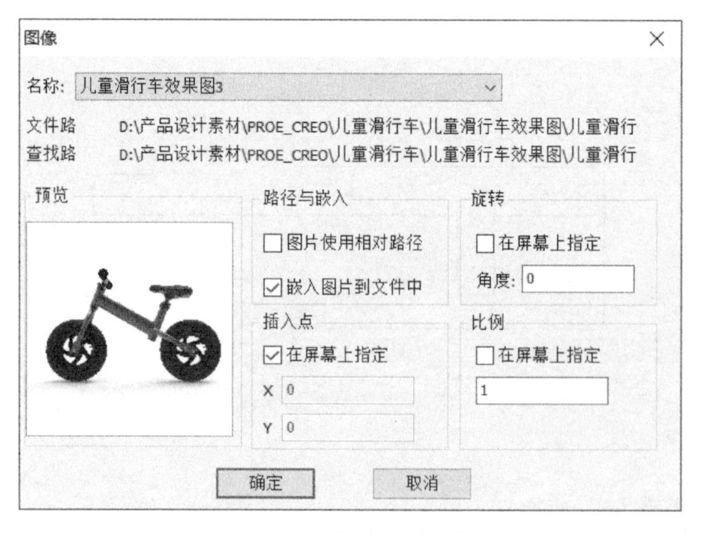

图6-80　“图像”对话框

4）由于之前在“图像”对话框勾选了“插入点”选项组中的“在屏幕上指定”复选框，那么需要使用鼠标在屏幕上指定插入点位置来完成图片的放置位置，而比例和旋转由之前设定的参数确定。

在绘图中插入图片的结果如图 6-81 所示。

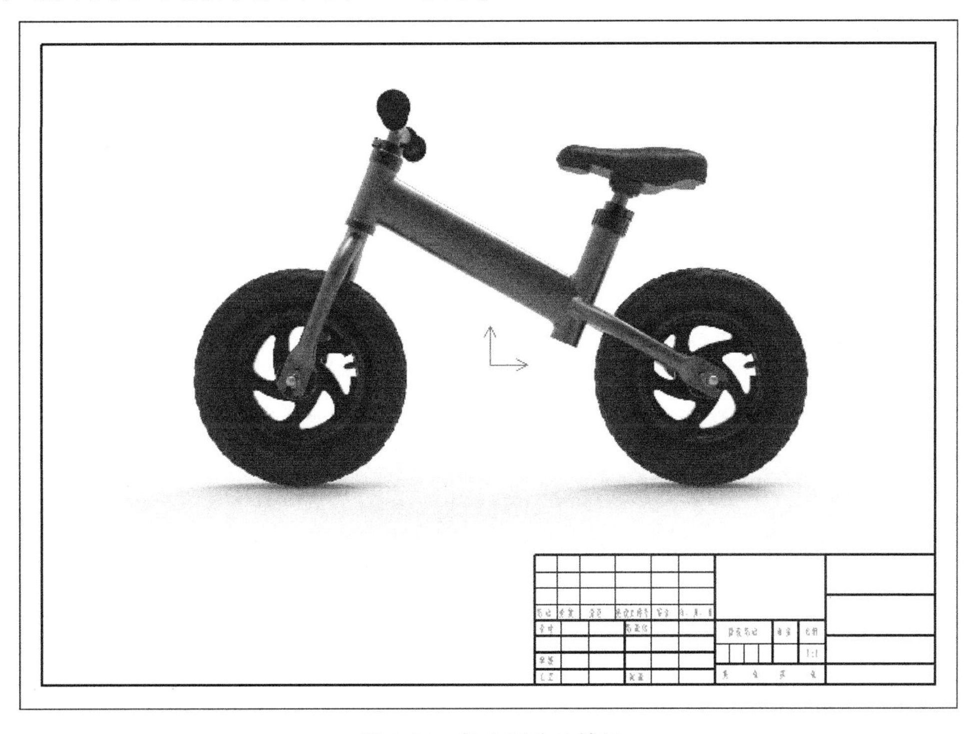

图 6-81　插入图片的结果

对于在电子图板中插入的图片而言，可以对其进行特性编辑、实体编辑和图像调整等操作。图片特性编辑的思路是利用“特性”选项板来查看并编辑图片的属性、几何信息等；图片实体编辑包括夹点编辑（平移和缩放）、平移、旋转、缩放、阵列、镜像、删除等操作，注意系统不支持将剪裁、过渡、齐边、打断、拉伸等曲线编辑操用于图片编辑；图像调整是指对插入图像的亮度和对比度进行调整，其方法是在功能区“插入”选项卡的“图片”面板中单击“图像调整”按钮，接着在绘图区选择需要调整的图片并确认，系统弹出图 6-82 所示的“图像调整”对话框，从中可以使用滑块或文本框对选定图片的亮度及对比度进行调整，在右侧的“图片测试”预览框中可以预览当前调整的图像效果，若单击“重置”按钮则可以将亮度和对比度恢复为默认状态，调整完毕后单击“确定”按钮使调整设置生效。

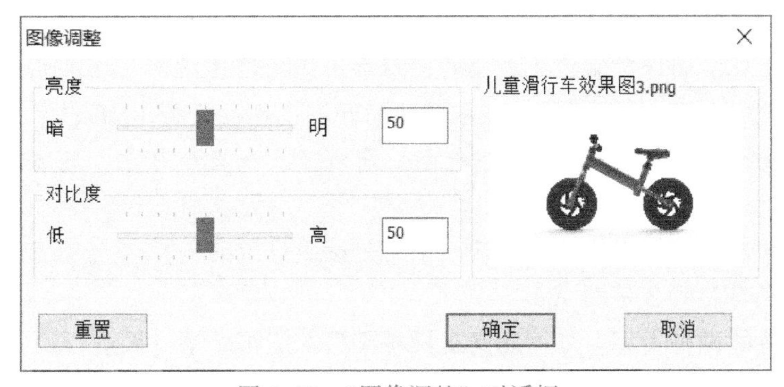

图 6-82　“图像调整”对话框

如果要对插入的图像进行裁剪，那么可以先在“图片”面板中单击“图像裁剪”按钮，接着选择要裁剪的图像，以及在立即菜单中设置裁剪方式为“新建边界”“删除边界”“开”或“关”，并进行相关裁剪操作。

此外，可以通过统一的图片管理器设置图片文件的保存路径、链接等参数。其方法是在功能区“插入”选项卡的“图片”面板中单击“管理”按钮，系统弹出图6-83所示的“图片管理器”对话框，单击该对话框中的“相对路径”和“嵌入”下方相应单元格内的复选框即可进行修改。注意要想使用相对路径链接，必须先将电子图板文件进行存盘。

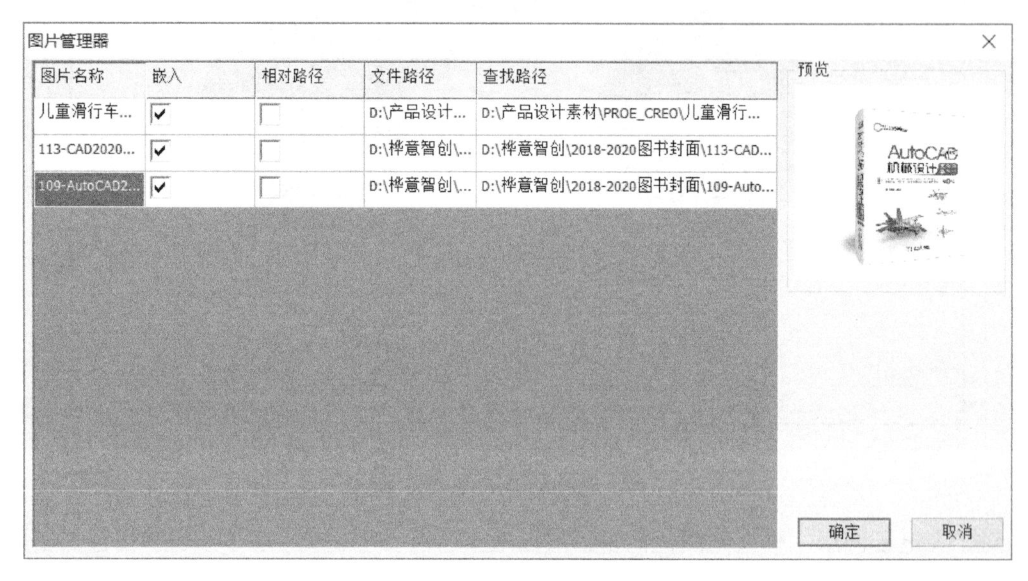

图6-83 “图片管理器”对话框

6.4 练习加油站

1）如何设置图层的属性？

2）如何新建一个图层？如果要将新建的图层删除，那么应该怎样操作？

3）简述块生成的典型方法与步骤。

4）如何设置块的线型和颜色？可以举例进行说明。

提示 在绘制好所需定义成块的图形后，选择这些图形，在其右键快捷菜单中选择“特性”命令，利用打开的属性选项板将线型和颜色均设置为ByBlock。然后将图形生成块，然后选择块并右击，选择“特性”命令，重新修改线型和颜色，完成后便可以看到刚才生成的块变为用户定义的线型和颜色。

5）如果块生成是逐级嵌套的，那块打散也是逐级打散的吗？

6）什么是图符？什么是图库？

7）图符分为哪两种类型？如何定义这两种类型的图符？请举例进行说明。

8）如何理解构件库？比如构件库的概念和应用特点。

9）上机操作：绘制图 6-84 所示的深沟球轴承，将其生成块，图中的尺寸只做制图参考，不用标注出来。

10）上机操作：绘制图 6-85 所示的轴截面，并标注其中的 3 个尺寸，然后将该视图定义成参数化图符。

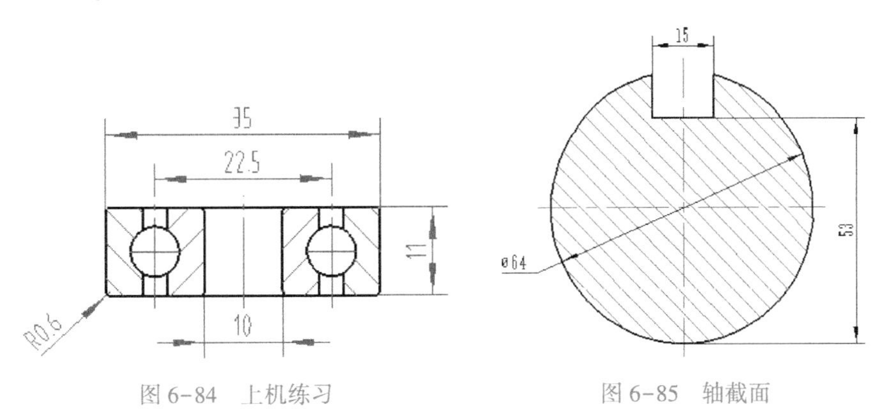

图 6-84　上机练习　　　　图 6-85　轴截面

11）上机操作：绘制一根轴，要求使用构件库在该轴上应用“轴中部圆弧退刀槽”和“轴端部退刀槽”。轴的形状和具体形状尺寸由读者自由发挥。

第7章　图幅操作

内容提要：

完整的工程图纸还应该包括图纸幅面等内容。国标对机械制图的图纸大小是有规定的，例如标准的图纸大小规格有A0、A1、A2、A3和A4。在CAXA CAD电子图板中可以很方便地调用图纸幅面的相关设置，为制图带来极大的方便。

本章全面而系统地介绍了图幅设置、图框设置、标题栏与参数栏、零件序号和明细栏等方面的知识，最后还介绍了一个典型的图幅操作实例。

7.1　图幅设置

可以为一个图纸指定图纸尺寸、图纸比例、图纸方向等参数，这就是图幅设置的知识。要进行图幅设置，可以在功能区“图幅”选项卡中单击“图幅设置”按钮，或者从“幅面”菜单中选择“图幅设置”命令，打开“图幅设置”对话框，利用“图幅设置”对话框可以选择标准图纸幅面或自定义图纸幅面，也可以根据实际情况设置图纸比例和图纸方向，以及调入图框、标题栏并设置当前图纸内所绘装配图中的零件序号、明细表风格等，如图7-1所示。

下面介绍“图幅设置”对话框中各主要部分的功能含义。

1. “图纸幅面”选项组

在该选项组的“图纸幅面”下拉列表框中，可以选择A0、A1、A2、A3或A4标准图纸幅面选项，也可以选择“用户自定义”选项。当选择某一标准图纸幅面选项时，在“宽度”文本框中和“高度”文本框中相应地显示该图纸幅面的宽度值和高度值，此时宽度值和高度值是锁定的；当选择“用户自定义”选项时，则可以在“宽度”文本框中输入图纸幅面的宽度值，以及在“高度”文本框中输入图纸幅面的高度值。

对于选择的标准图纸幅面，如果需要，还可以通过在“加长系数”下拉列表框中选择系统提供的其中一种加长系数来定制加长版的图纸幅面。

2. “图纸比例”选项组

在该选项组的“绘图比例”下拉列表框中提供了国家标准规定的比例系列值，默认的

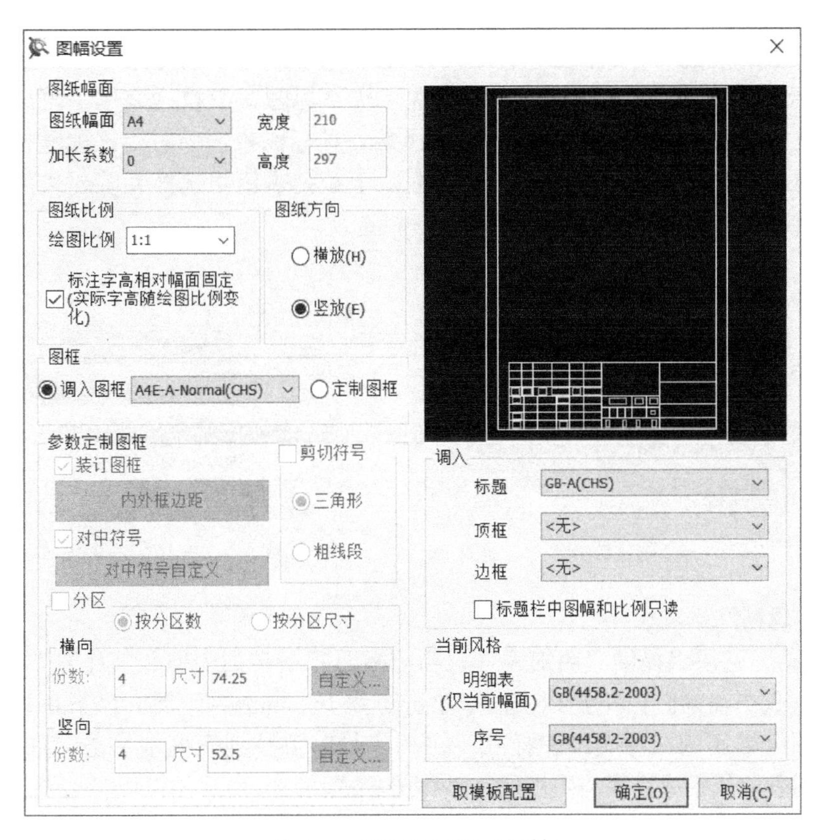

图 7-1 “图幅设置”对话框

绘图比例为 1:1。用户也可以在该框中通过键盘输入新的比例值。

如果勾选“标注字高相对幅面固定（实际字高随绘图比例变化）”复选框，那么实际字高随绘图比例变化。

3. “图纸方向”选项组

在该选项组中可以选择“横放”单选按钮或“竖放”单选按钮。

4. “图框”选项组

该选项组提供“调入图框”单选按钮和“定制图框”单选按钮。当选择“调入图框”单选按钮时，“图框”下拉列表框可用，“图框”下拉列表框列出了电子图板模板路径下包含的全部图框，如图 7-2 所示，从中选择所需的一个图框选项，则所选图框会自动显示在对话框的预显框内。当选择“定制图框”单选按钮时，“图框”下拉列表框不可用，此时激活“参数定制图框”选项组。

5. “参数定制图框”选项组

在该选项组中可以通过设置图框参数来生成符合国家标准规定的图框，而参数定制图框的基本幅面信息来源于当前的图幅设置。参数定制图框的内容包括 4 个方面，即是否装订图框、是否具有对中符号、是否定义分区、是否添加剪切符号。

6.“调入”选项组

“调入”选项组提供了“标题”下拉列表框、“顶框”下拉列表框、“边框”下拉列表框和一个“标题栏中图幅和比例只读”复选框。从“标题”下拉列表框中可以选择系统提供的一种标准栏选项，如图7-3所示，当选择某一种标题栏选项时，该标题栏自动显示在对话框的预显框内。如果需要，可以从“顶框”下拉列表框中选择系统提供的一种顶框栏选项，从“边框”下拉列表框中选择一种边框栏选项。

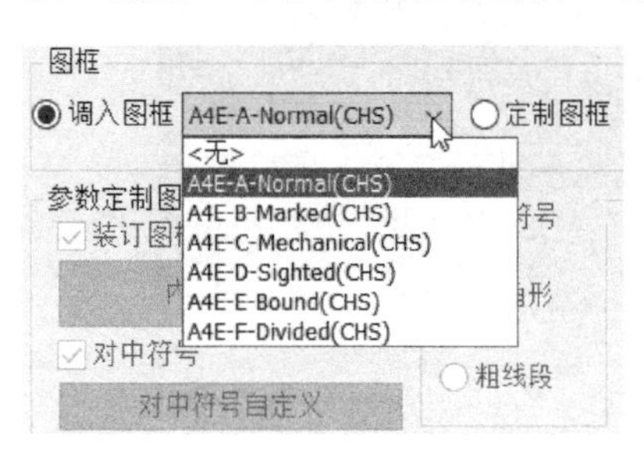

图7-2　选择图框样式

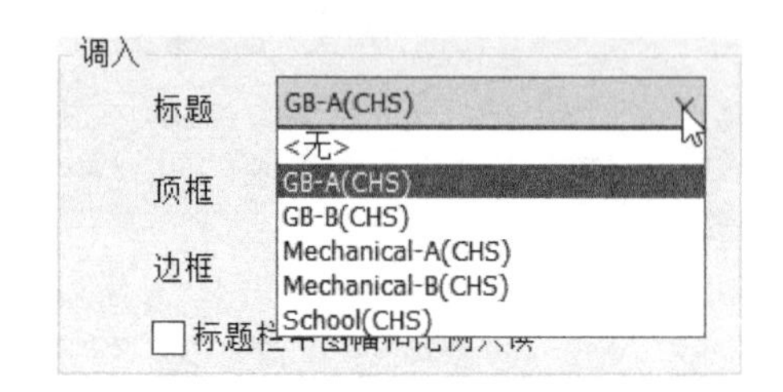

图7-3　选择标题栏样式

7.“当前风格”选项组

“当前风格”选项组提供“明细表（仅当前幅面）”下拉列表框和“序号”下拉列表框。在“明细表（仅当前幅面）”下拉列表框中单击“展开”按钮，展开该下拉列表，从中选择适用当前图纸幅面的一种明细表样式；在“序号”下拉列表框中单击“展开”按钮，展开该下拉列表，从中选择当前图纸的一种序号样式。

8.“取模板配置”按钮

单击“取模板配置”按钮，则打开一个下拉菜单，从中可选择系统提供的某一个模板来快速定义当前幅面配置。

下面介绍一个关于A3图幅设置的实例。

【课堂实例】：A3图幅设置

1）在一个空的图形文档中，从功能区“图幅”选项卡的“图幅”面板中单击“图幅设置”按钮，打开“图幅设置”对话框。

2）在“图纸幅面”选项组的“图纸幅面”下拉列表框中选择“A3”，默认的加长系数为0；在“图纸比例”选项组中设置绘图比例为1:1，并勾选“标注字高相对幅面固定”复选框；在“图纸方向”选项组中选择“横放”单选按钮；在“图框”选项组中选中“调入图框”单选按钮，并从“图框”下拉列表框中选择“A3A-E-Bound（CHS）”；在“调入”选项组的“标题”下拉列表框中选择“GB-A（CHS）”，在“顶框”下拉列表框中选择“Top_paratitle（CHS）”，在“边框”下拉列表框中选择“Bottom_paratitle（CHS）”，如图7-4所示。

3）在“图幅设置”对话框中单击“确定”按钮，完成设置的横放A3图纸幅面如图7-5所示。

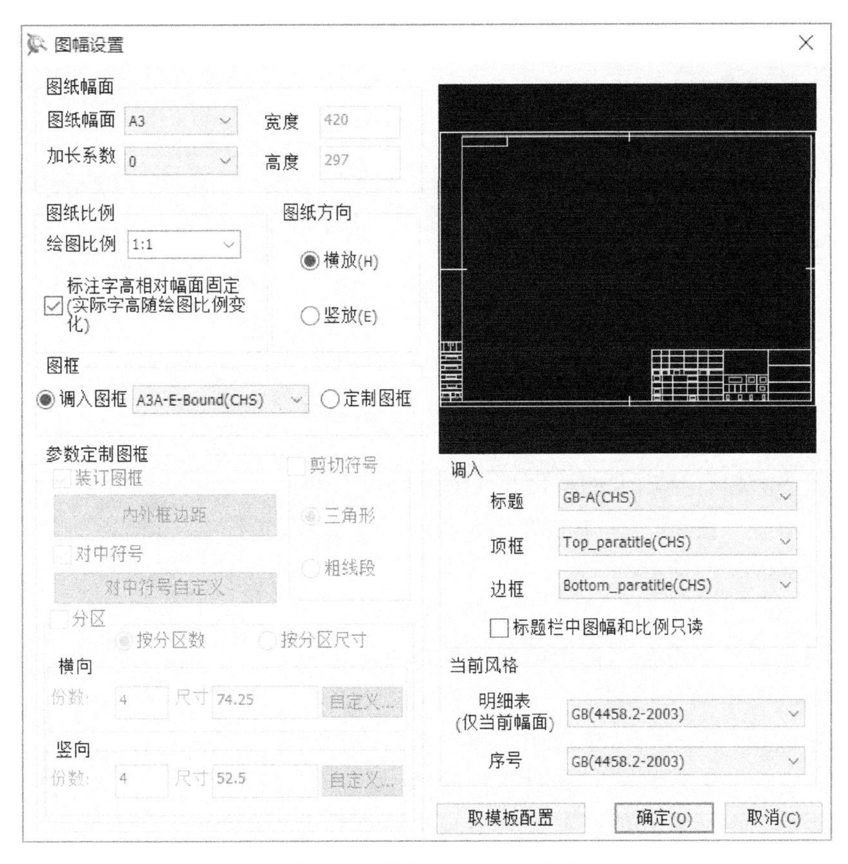

图 7-4 “图幅设置”对话框

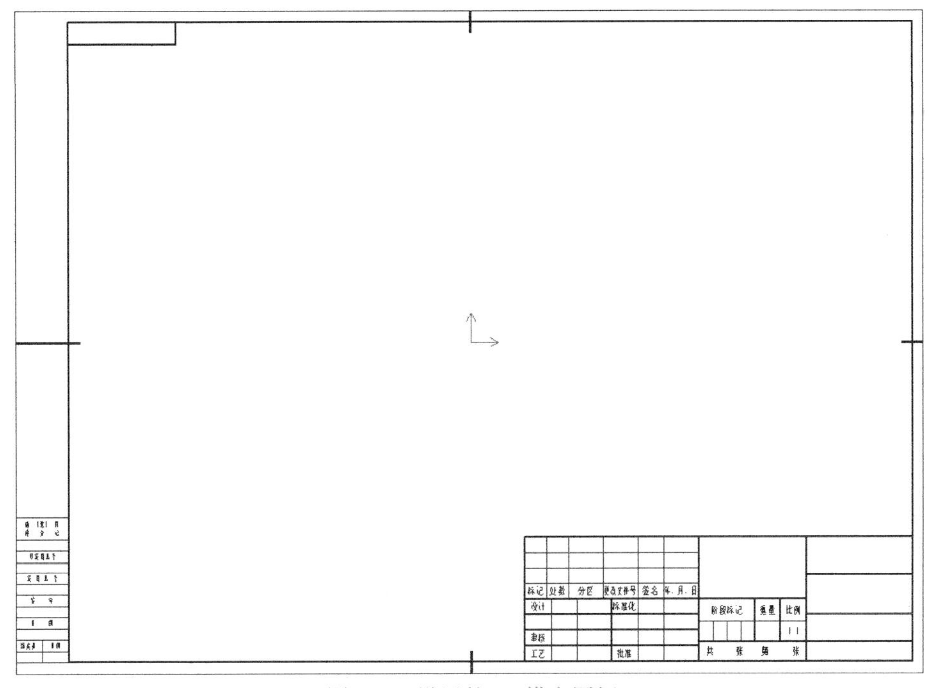

图 7-5 设置的 A3 横向图幅

7.2 图框设置

在 CAXA CAD 电子图板中，可以对图框进行调入、定义、填写、存储和编辑操作，这些命令工具位于功能区“图幅”选项卡的“图框”面板中。

7.2.1 调入图框

可以为当前图纸调入一个图框。在 CAXA CAD 电子图板中，图框尺寸可随图纸幅面大小的变化而作相应的比例调整，而比例变化的原点为标题栏的插入点。

在功能区“图幅”选项卡的“图框”面板中单击“调入图框”按钮，弹出图 7-6 所示的“读入图框文件”对话框。

图 7-6 “读入图框文件”对话框

在“读入图框文件”对话框中，列出了在当前设置的模板路径下符合当前图纸幅面的标准图框或非标准图框的文件名。“读入图框文件”对话框中的这 3 个按钮用于设置图框文件在列表框中的显示样式。在对话框的列表框中选择当前制图所需要的图框，然后单击“导入”按钮，从而调入所选取的图框文件。

需要用户注意的是，一般而言，标题栏的插入点位于标题栏的右下角。

7.2.2 定义图框

定义图框是指拾取图形对象并定义为图框以备调用。用户可以自定义图框，即在绘制好构成图框的图形之后，可以将这些图形定义为图框。通常需要将一些诸如描图、签字、底图总号等的属性信息附加到图框中，这些属性信息可以通过属性定义的方式添加到图框之中。

在功能区“图幅”选项卡的“图框”面板中单击“定义图框”按钮，接着在“拾取元素”提示下拾取构成图框的图形元素（按照相关标准绘制），右击确认，然后在“基准点:”提示下指定基准点。通常选择图框右下角的适合点作为基准点，该基准点可用来定位标题栏。指定基准点后系统弹出图 7-7 所示的“另存为”对话框，输入图框文件的名称，单击“保存”按钮即可。

在 CAXA CAD 电子图板中，如果所选图形元素的尺寸大小与当前图纸幅面不匹配，那么当用户指定图框的基准点后，系统将弹出图 7-8 所示的“选择图框文件的幅面”对话框。“取系统值”按钮用于设置图框文件的幅面大小与当前系统默认的幅面大小一致；“取定义值”按钮用于设置图框文件的幅面大小为用户拾取的图形元素的最大边界大小。

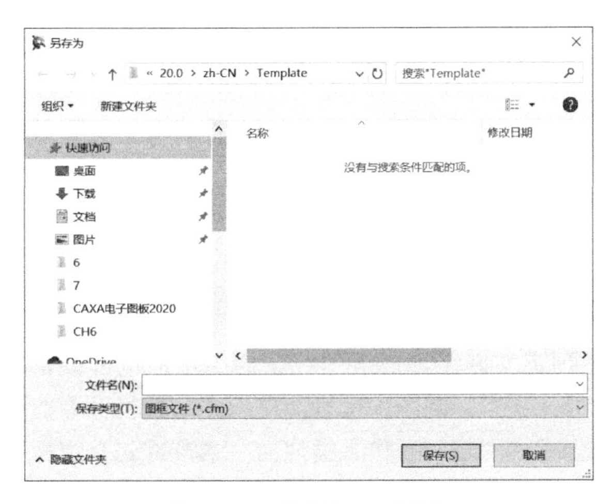

图 7-7 “另存为”对话框

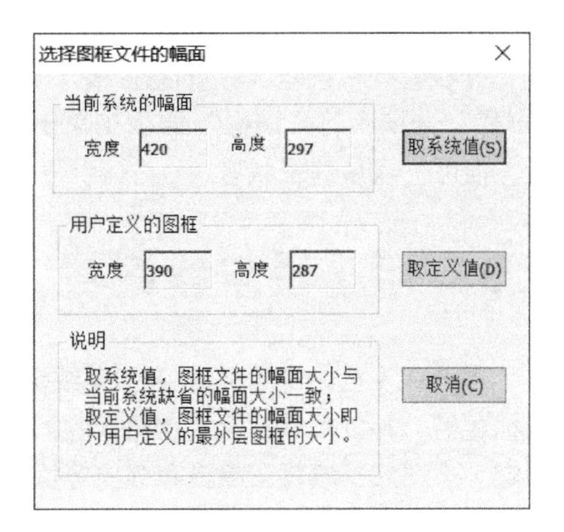

图 7-8 “选择图框文件的幅面”对话框

7.2.3 存储图框

可以将当前图纸中已有的图框保存起来，以便调用。要存储图框，则在功能区“图幅”选项卡的“图框”面板中单击“存储图框”按钮，系统弹出“另存为”对话框，指定要保存的文件夹目录，并在“文件名”文本框中输入要存储图框的文件名，如图 7-9 所示，然后单击“保存”按钮，系统图框文件的扩展名为“.cfm”（系统会自动加上该文件扩展名“.cfm”）。

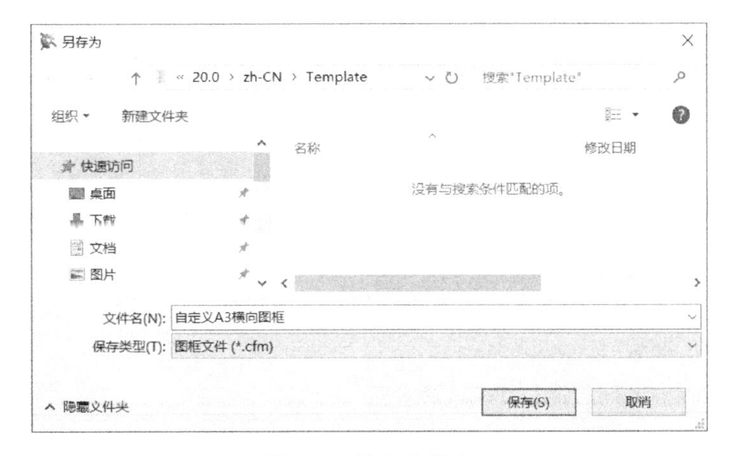

图 7-9 输入文件名

7.2.4 填写图框与编辑图框

填写图框是指填写当前图形中具有属性图框的属性信息。图框在定义时所选择的对象通常包含了属性定义。

要调用“填写图框”功能，那么可以在功能区“图幅”选项卡的“图框”面板中单击“填写图框”按钮，打开“填写图框”对话框，接着在属性名称后面的属性值单元格处进行填写和编辑。除了属性编辑，还可以进行文本设置和显示属性设置。完成后单击“确定”按钮。

可以以块编辑的方式对图框进行编辑操作，这是因为图框是一个特殊的块。在功能区“图幅”选项卡的“图框”面板中单击“编辑图框”按钮，接着拾取要编辑的图框并确认，便可进入块编辑状态。

7.3 标题栏与参数栏

在 CAXA CAD 电子图板中，系统为用户预定义好多种规范的标题栏。用户也可以自定义标题栏，并以文件的形式存储标题栏。另外，在工程制图中也可能应用到参数栏，参数栏的定义、调入、填写、编辑和存储等操作与标题栏的相应操作是类似的。本节首先介绍标题栏的组成，接着介绍调用标题栏、填写标题栏、定义标题栏和存储标题栏的实用知识，最后介绍参数栏的应用。对于标题栏的编辑方法，它与图框的编辑方法是类似的，故不再赘述。

7.3.1 标题栏组成

每张技术图样中均应有标题栏，标题栏在技术图样中应按 GB/T 14689 中所规定的位置配置。标题栏一般由更改区、签字区、名称及代号区、其他区组成，也可以按实际需要情况来增加或减少。

- 更改区：更改区一般由“更改标记”“处数”“分区”“更改文件号”“签名”和“年、月、日”等组成。更改区中的内容应按由下而上的顺序填写，也可根据实际情况顺延，或将更改区放置在图样中的其他地方，放置在其他区域时应该绘制有表头。
- 签字区：签字区一般由“设计”“审核”“工艺”“标准化”“批准”“签名”和“年、月、日（日期）”等组成。
- 名称及代号区：这部分主要包含单位名称、图样名称、图样代号和存储代号等。其中，单位名称是指图样绘制单位的名称或单位代号；图样名称是指所绘制对象的名称；图样代号是指按有关标准或规定填写图样的代号。
- 其他区：主要包括“材料标记”“阶段标记”“重量”“比例”“共　张 第　张”和“投影符号”等编写区域。

图 7-10 所示的标题栏为国标推荐的标题栏样式之一。

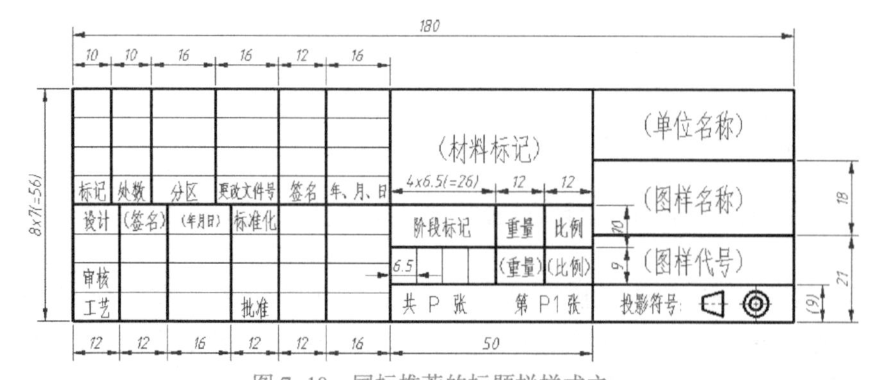

图 7-10　国标推荐的标题栏样式之一

7.3.2 调入标题栏

在功能区“图幅”选项卡的“标题栏”面板中单击“调入标题栏”按钮，打开图7-11所示的“读入标题栏文件”对话框。在该对话框中从列出的已有标题栏文件名中选择一个所需要的标题栏，然后单击“导入”按钮。所选的标题栏便显示在图框的标题栏定位点位置处，如果之前屏幕上已经存在着一个标题栏，那么新标题栏将替代原标题栏。

7.3.3 填写标题栏

在CAXA CAD电子图板中填写定义好的标题栏是很方便的，填写标题栏实际上是填写当前图形中标题栏的相关属性信息。可以按照以下方法填写调用的标注栏。

1）在功能区“图幅”选项卡的“标题栏”面板中单击“填写标题栏”按钮，打开图7-12所示的“填写标题栏”对话框。该对话框具有“属性编辑”选项卡、“文本设置”选项卡和“显示属性”选项卡。“属性编辑”选项卡主要用于填写属性名称的属性值；“文本设置”选项卡用于为标题栏指定项目（字段元素）设置其文本的对齐方式、文本风格、字高和旋转角；“显示属性”选项卡用于为指定项目设置其所在的层和显示颜色。

图7-11 “读入标题栏文件”对话框

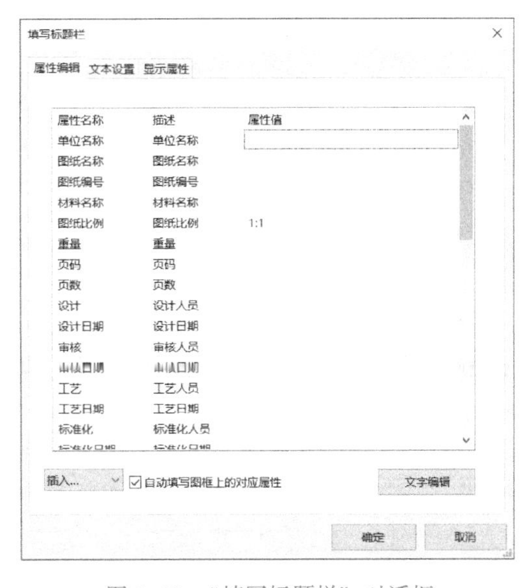

图7-12 “填写标题栏”对话框

2）在“填写标题栏”对话框的相应“属性值”单元格中分别填写相关的内容，如填写单位名称、图纸名称、图纸编号（图纸代号）、材料名称、页码、页数和其他内容等。如果勾选“自动填写图框山的对应属性”复选框，那么可以自动填写图框中与标题栏相同字段的属性信息。

3）在“填写标题栏”对话框中单击“确定”按钮。

7.3.4 定义标题栏

标题栏通常由线条和文字对象组成。可以将已经绘制好的图形线条和文字定义为标题栏，即允许用户自定义标题栏。相关的属性信息可以通过属性定义的方式加入到标题栏块中。

定义标题栏的典型方法和步骤如下。

1）在功能区“图幅”选项卡的“标题栏”面板中单击“定义标题栏”按钮。

2）选择组成标题栏的图形元素（包括直线线条、文字、属性定义等），拾取好所有图形元素后，单击鼠标右键。

3）拾取标题栏的右下角点作为标题栏的基准点，系统弹出图7-13所示的“另存为”对话框。

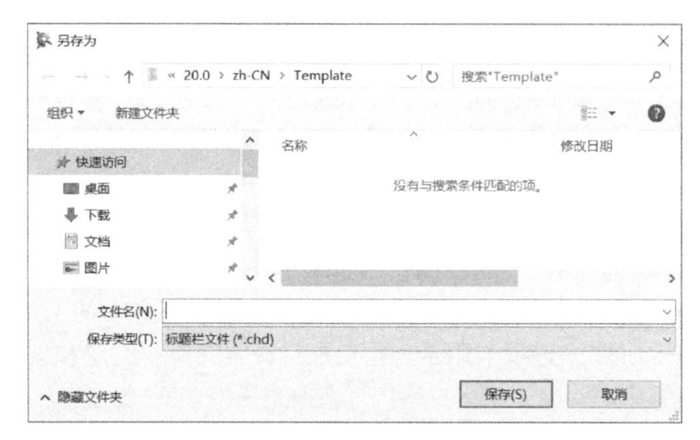

图7-13 “另存为”对话框（1）

4）在“另存为”对话框中指定保存路径，以及在“文件名”文本框中输入所需的标题栏文件名称（保存类型为*.chd），然后单击“保存”按钮。

7.3.5 存储标题栏

可以将当前图纸中已有的标题栏保存起来，便于以后在需要时调用。

在功能区“图幅”选项卡的“标题栏”面板中单击“存储标题栏”按钮，打开图7-14所示的“另存为”对话框。在该对话框的“文件名”文本框中输入要存储标题栏的名称，然后单击“保存”按钮，即可将该新标题栏文件存储在默认的目录下，其文件扩展名为“.chd”。用户亦可自行指定保存路径。

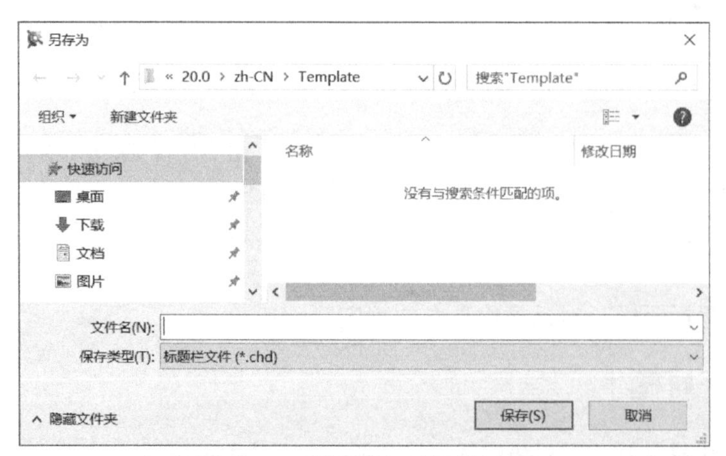

图7-14 “另存为”对话框（2）

7.3.6 参数栏

在功能区“图幅”选项卡中可以找到一个“参数栏”面板，该面板提供了“调入参数栏”按钮、“定义参数栏”按钮、“填写参数栏”按钮、“编辑参数栏”按钮和“存储参数栏”按钮，它们的功能含义如下。参数栏工具应用与标题栏工具应用很相似。

- “调入参数栏”按钮：为当前图纸调入一个参数栏。如果屏幕上已有一个参数栏，则新参数栏将替代原参数栏。
- “定义参数栏”按钮：用于拾取图形对象并定义为参数栏以备调用。参数栏通常由线条和文字对象组成，另外如图纸名称、图纸代号、企业名称等属性信息需要附加到参数栏中，这些属性信息都可以通过属性定义的方式加入到参数栏中。
- “填写参数栏”按钮：用于填写当前图形中参数栏的属性信息。
- “编辑参数栏”按钮：用于以块编辑的方式对参数栏进行编辑操作。参数栏是一个特殊的块，编辑参数栏命令就是以块编辑的方式对参数栏进行编辑操作。
- “存储参数栏”按钮：将当前图纸中已有的参数栏存盘，以便以后调用。

7.4 零件序号

在装配图设计中，根据设计要求来注写零部件的序号。在CAXA CAD电子图板中，绘制装配图及编制零件序号是比较方便的。

在本节中，首先介绍零件序号的编排规范，然后介绍创建序号、编辑序号、交换序号、删除序号和设置序号样式的方法。

7.4.1 零件序号的编排规范

零件序号的编排规范如下。

- 相同的零件、部件使用一个序号，一般只标注一次。
- 指引线用细实线绘制，指引线应该从所指可见轮廓内引出，并在末端绘制一个圆点。如果所指部分是很薄的零件或是涂黑的剖面，轮廓内部不宜绘制圆点时，可以在指引线的末端绘制出箭头，箭头指向该部分的轮廓。
- 将序号写在用细实线绘制的横线上方，也可以将序号写在用细实线绘制的圆内，另外还可以直接将序号写在指引线的附近。要求在同一装配图中，编号形式和注写形式一致。序号的字高比图中尺寸数字的高度大一号或两号。
- 各指引线不允许相交。当通过剖面线的区域时，指引线不得与剖面线平行。指引线可绘制成折线形式，但只可折一次。
- 一组紧固件或装配关系清楚的零件组，可以采用公共指引线。
- 编写序号时，按顺时针方向或逆时针方向直线排列，顺次编写。
- 可按照装配图明细栏（表）中的序号排列，采用此方法注写零件序号时，应该尽量在每个平行或垂直方向上顺次排列。

7.4.2 创建序号

创建序号，也称生成零件序号，或简称生成序号。生成的零件序号与当前图形中的明细栏（明细表）是关联的，允许在生成序号的同时填写或不填写明细栏中各表项。

在执行创建序号功能之前，应先确定要使用的序号风格。

需要注意的是，对于从图库中提取的图符（如标准件或含属性的块），在注写其零件序号的时候（生成序号时指定的引出点务必在从图库中提取的图符上），系统将此图符本身带有的属性信息自动填写到明细栏对应的字段上。

下面介绍创建序号的实用操作知识。

在功能区“图幅”选项卡的“序号”面板中单击“生成序号”按钮，打开图7-15所示的立即菜单。设置好立即菜单的相关内容，接着根据提示来输入引出点和转折点，从而创建序号。

图7-15 用于生成序号的立即菜单

在这里，介绍该立即菜单中出现的各主要选项的功能含义。

- “序号”：在该框中显示了当前要编写的零件序号值。用户可以更改该零件序号值，或输入前缀加数值。如果要使注写的零件序号带有一个圆圈（加圈形式的零件序号），那么可以通过“序号”框为序号数值加前缀“@”符号或“$”。加圈形式标注的零件序号示例如图7-16所示。零件序号的前缀具有表7-1所示的规则。

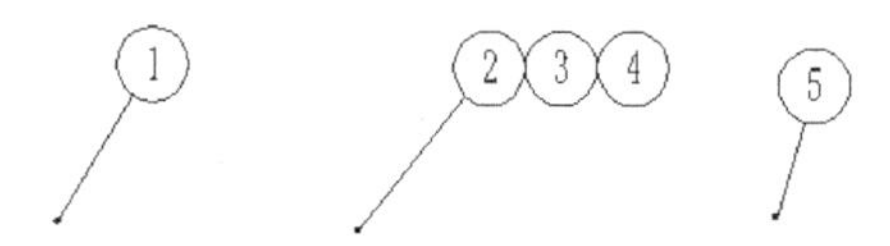

图7-16 加圈形式标注的零件序号

表7-1 零件序号的前缀规则

序号	第一位符号（前缀）	规则说明
1	第一位符号为“~”	序号及明细表中均显示为六角
2	第一位符号为“!”	序号及明细表中均显示有小下划线
3	第一位符号为“@”	序号及明细表中均显示为圈
4	第一位符号为“#”	序号及明细表中均显示为圈下加下划线
5	第一位符号为“$”	序号显示为圈，明细表中显示没有圈

在进行零件序号设置操作的过程中，系统可根据设置的当前零件序号值来判断是生成新的零件序号或是在已标注的零件序号中插入序号。默认时系统会根据当前序号自动生成下次标注时的序号值，默认的序号值等于前一序号值加1。

如果输入的序号值只有前缀而无数字值，那么系统根据当前序号情况生成新序号，新序号值为当前前缀的最大值加1。

如果输入序号值与已有序号相同，那么系统会弹出图7-17所示的“注意”对话框，若单击“插入”按钮则插入一个新序号，在此序号后的其他相同前缀的序号依次顺延；如果单击“取重号”按钮，则生成与已有序号重复的序号；如果单击“自动调整”按钮，则在已有序号基础上顺延生成一个新序号；如果单击“取消”按钮，则使输入序号无效，需要重新生成序号。

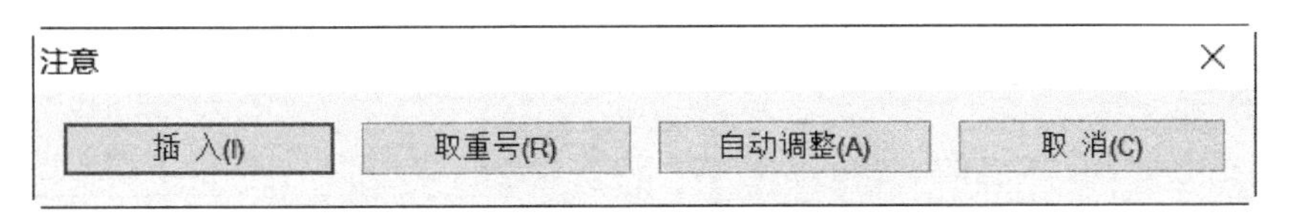

图7-17 “注意”对话框

如果设置的新序号大于已有的最大序号+1，例如设置的新序号为8，而已有的最大序号为5，那么系统会弹出图7-18所示的对话框来提示用户注意序号不连续，并引导用户单击“是”按钮或“否”按钮来解决问题。

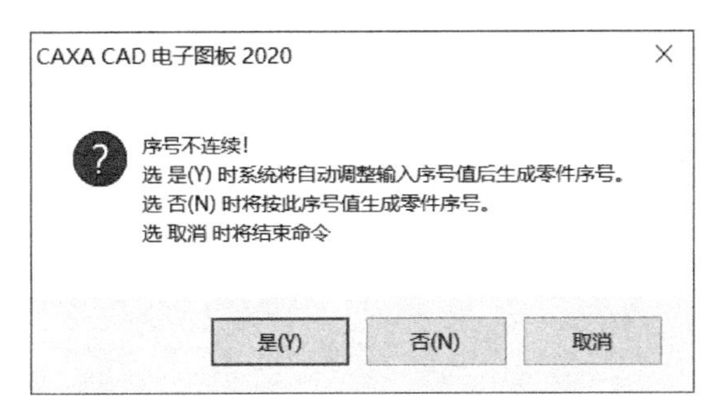

图7-18 提示序号不连续

- “数量”：表示份数，指一次生成序号的数量。若数量大于1，那么采用公共指引线形式来表示，如图7-19a所示。
- “水平”/“垂直”：用于设置零件序号水平或垂直的排列方向。例如，采用“垂直”选项时，零件序号垂直排列方式如图7-19b所示。
- “由内向外”/“由外向内”：这两个选项用于设置零件序号标注方向。图7-19c为由外向内排序的注写效果。

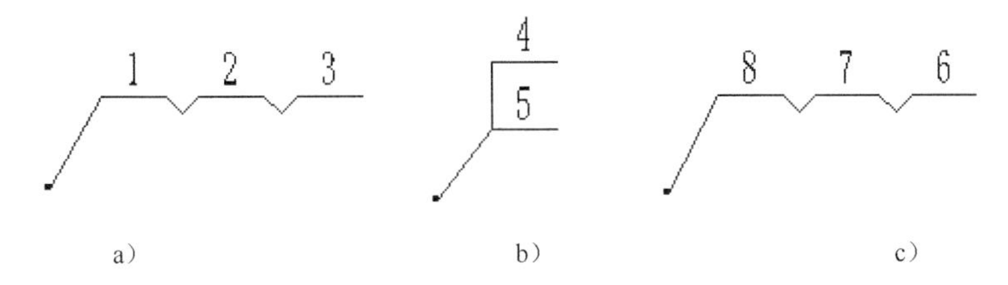

a) b) c)

图7-19 零件序号注写示例

a）采用公共引线 b）“垂直”排列方式 c）由外向内排序

- “显示明细表”/“隐藏明细表”：用于设置显示或隐藏明细表（即是否生成明细表）。当选择“显示明细表”时，还可以在下一项列表框中设置为“填写”选项或“不填写”选项，“填写”选项用于在标注完当前零件序号时即时利用弹出来的图 7-20 所示的“填写明细表( )”对话框来填写明细表，而“不填写”选项用于在标注完当前零件序号时不填写明细栏，待到以后利用明细栏的填写表项或读入数据等方法填写。

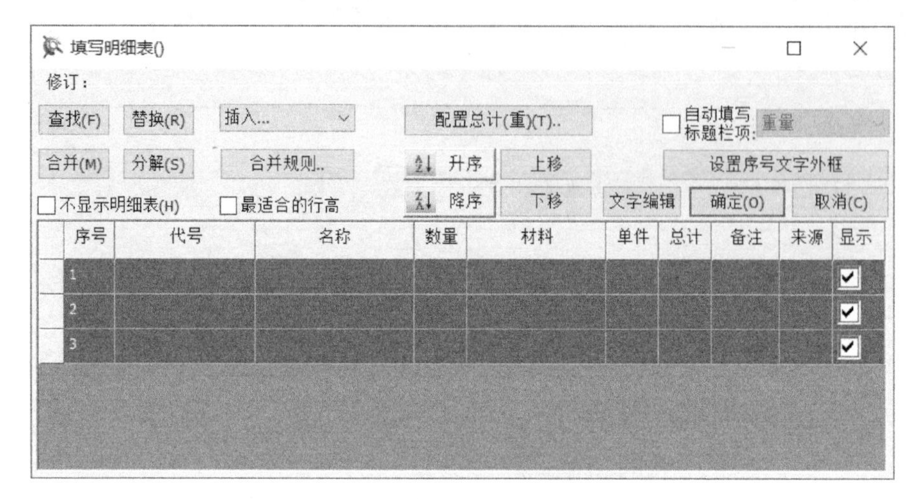

图 7-20 “填写明细表( )”对话框

- “单折”/“多折”：用于设置需要指引线的折线方式，默认为“单折”，通常序号指引线只可折一次。

7.4.3 编辑序号

使用“编辑序号”功能可以拾取并编辑零件序号的位置，对于连续序号，还可以设置其方向是水平的还是垂直的，以及可以指定序号由外至内或由内至外。

编辑序号的典型步骤如下。

1）在功能区“图幅”选项卡的“序号”面板中单击“编辑序号”按钮。

2）拾取要编辑的序号。

3）根据鼠标在序号上拾取的位置不同，系统做出修改序号引出点位置或转折点位置的判断。

- 如果拾取的是序号的指引线，那么要编辑的是序号引出点及引出线的位置。
- 如果拾取的是序号的序号值，此时出现的立即菜单和系统提示如图 7-21 所示，可利用立即菜单设置序号的排列方向（水平或垂直）和标注方向（由内向外排序或由外向内排序），以及编辑转折点和序号的位置。

图 7-21 系统提示与立即菜单

4）单击鼠标右键，结束编辑序号操作。

7.4.4 交换序号

交换序号是指交换序号的位置，并根据设计需要来交换明细表的相关内容。交换序号的典型方法和步骤如下。

1）在功能区“图幅”选项卡的“序号”面板中单击“交换序号”按钮，出现图7-22所示的立即菜单，并提示用户拾取零件序号。

图7-22 用于交换序号的立即菜单及系统提示信息

2）在该立即菜单“1.”中可以选择“仅交换选中序号”或“交换所有同号序号”；在“2.”中可以选择“交换明细表内容”或“不交换明细表内容”。

这里以在“1.”中选择“仅交换选中序号”和在“2.”中选择“交换明细表内容”为例。

3）拾取第一个零件序号，接着拾取第二个零件序号，右击后则这两个零件的序号发生了更换，其明细表内容也根据设置要求发生了更换。

如果拾取的要交换的序号为连续标注的序号组，那么系统会弹出图7-23所示的“请选择要交换的序号”对话框，让用户从中选择要交换的一个序号，单击“确定”按钮后选择第二个零件序号，然后右击结束交换序号操作。

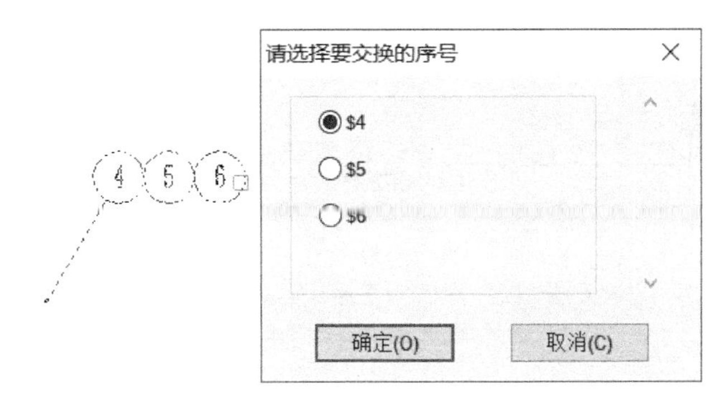

图7-23 “请选择要交换的序号”对话框

7.4.5 删除序号

可以根据设计情况在已有的序号当中删除不再需要的序号。删除序号的典型方法和步骤如下。

1）在功能区“图幅”选项卡的“序号”面板中单击“删除序号”按钮。

2）系统提示拾取要删除的序号。使用鼠标拾取要删除的序号，该序号便被即时删除掉。使用“删除序号”功能删除一个零件序号后，其对应的明细表一行也会被删除，并且其他序号数值也会关联更新。

执行上述删除序号的命令操作时，需要注意以下事项。

- 如果多个序号具有共同指引线，那么要特别注意拾取对象的位置：若拾取位置为序号，则删除被拾取的序号；若拾取其他部位，则删除整个序号结点，即一起删除这些具有共同指引线的多个序号。
- 如果删除的序号为中间序号，那么系统删除该序号后，自动将该项以后的序号值按顺序减1，从而保持序号的连续性
- 如果所要删除的序号没有重名的序号，使用“删除序号”功能删除该序号，也同时删除明细栏中相应的表项，否则只删除所拾取的序号。

知识点拨 如果不使用“删除序号”功能来删除选定序号，而是直接先选择序号，再使用“删除”功能进行删除，则在这种情况下，序号不会自动连续，而明细表相应表项也不会被删除。

7.4.6 对齐序号

可以按水平、垂直、周边的方式对齐所选序号。要对齐序号，那么在功能区“图幅”选项卡的“序号”面板中单击“对齐序号”按钮，接着选择要对齐的零件序号（可多选），按〈Enter〉键或右击，再选择合适的定位点，此时出现的立即菜单如图7-24a所示，根据设计要求从“1.”中选择“水平排序”“垂直排序”或“周边排序”，在“2.”中可选择“自动”或“手动”，如果在“2.”中选择“手动”，那么还需要在出现的“3. 间距值”中设置间距值，如图7-24b所示，最后移动光标指定合适的一点以确定所选序号的对齐放置位置。

a) b)

图7-24 用于对齐序号的立即菜单
a)“自动”时 b)“手动”时

7.4.7 合并序号

在功能区“图幅”选项卡的“序号”面板中单击“合并序号”按钮，接着选择两个或两个以上零件序号，右击确认序号选择，再拾取引出点，并在出现的“合并序号”立即菜单中设置合并序号的一些选项，最后指定转折点，即可合并所选的两个或两个以上零件序号。可以继续执行合并序号的操作，单击鼠标右键结束命令。

7.4.8 设置序号样式

设置序号样式（即序号风格）主要是指根据设计要求对序号的标注形式进行设置，即定义所需的零件序号风格。特别需要提醒用户的是，在一张装配图中，零件序号的标注形式

应该尽量统一。

在功能区“图幅”选项卡的“序号”面板中单击“序号样式”按钮，打开图 7-25 所示的“序号风格设置”对话框。在该对话框中可以新建序号风格、删除指定的自定义序号风格、设置当前序号风格、合并序号风格、编辑指定序号风格的相关参数（包括序号基本形式和符号尺寸控制参数）。下面介绍“序号基本形式”选项卡和“符号尺寸控制”选项卡的功能含义。

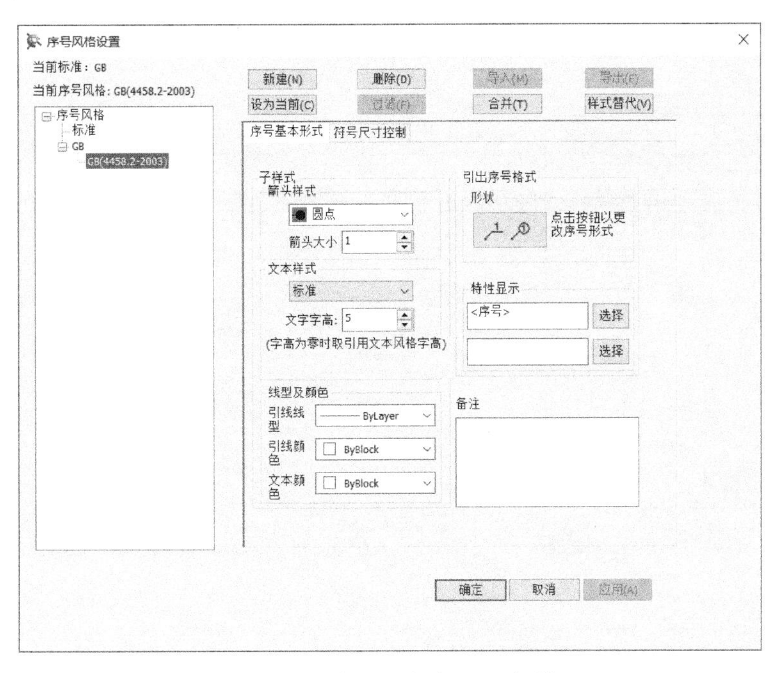

图 7-25 “序号风格设置”对话框

1. 序号基本形式

在“序号基本形式”选项卡中设置序号的基本子样式（包括箭头样式、文本样式、线型及颜色）、引出序号格式（包括形状、特性显示）和备注。

- 箭头样式：在“箭头样式”下拉列表框中选择不同的箭头形式定义引出点类型，如“无”“圆点”“箭头”“斜线”“空心箭头”“空心箭头（消隐）”“直角箭头”“小点”“空心点”“空心小点”等，还可以设置相关箭头的箭头大小。图 7-26 给出了两种引出点类型。

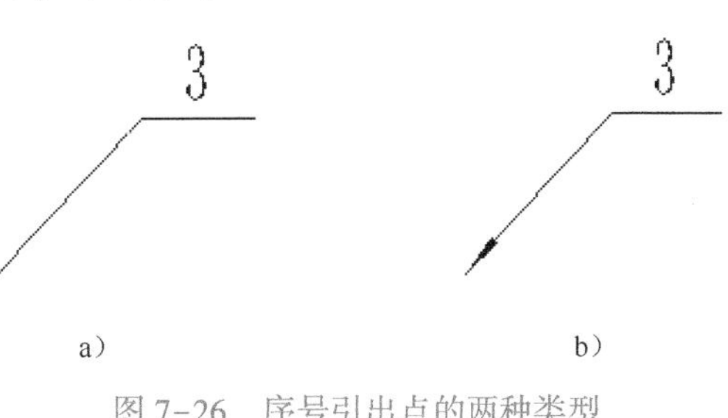

图 7-26 序号引出点的两种类型

a）引出点为圆点 b）引出点为箭头

- 文本样式：在“文本样式”子选项组中选择序号中文本的样式，以及设置文字高度，当字高为 0 时取引用时默认的文本风格字高。
- 序号形状：在“形状”子选项组中单击“更改序号形状”按钮后，再单击出现的 或 按钮来选择序号的形状。

- 特性显示："特性显示"子选项组用于设置序号显示产品的各个属性。用户可以单击"选择"按钮并利用图7-27所示的"特性选择"对话框进行可用特性字段的选择，当然也可以直接在特性显示输入框中输入。

2. 符号尺寸控制

切换到"符号尺寸控制"选项卡，如图7-28所示。在该选项卡中可以设置横线长度、圆圈半径、垂直间距、六角形内切圆半径，还可以设置是否压缩文本。

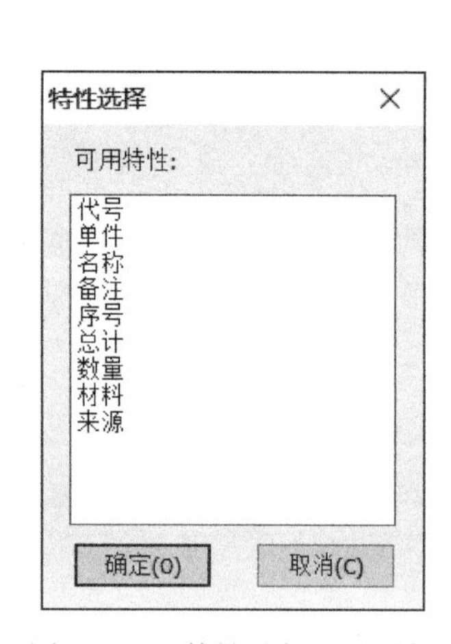

图7-27 "特性选择"对话框

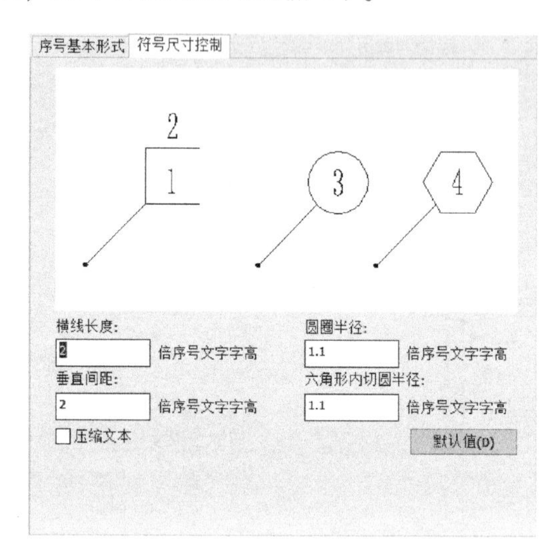

图7-28 "符号尺寸控制"选项卡

7.4.9 序号的隐藏、显示与置顶显示

序号的隐藏与显示工具包括"隐藏序号"按钮、"显示全部序号"按钮。其中，"隐藏序号"按钮用于隐藏所拾取的序号，"显示全部序号"按钮用于显示当前幅面的所有隐藏序号。

另外，"置顶"按钮用于将当前幅面的现有序号全部置顶显示。

7.5 明细栏

明细栏（也称明细表）是装配图中的一项信息栏，它与零件序号联动。明细栏的相关工具位于功能区"图幅"选项卡的"明细表"面板中。

7.5.1 明细栏组成

明细栏一般配置在装配图标题栏的上方，按由下而上的顺序填写。当标题栏上方的位置不够时，可紧靠标题栏的左边延续。当有两张或两张以上同一图样代号的装配图时，应该将明细栏放在第一张装配图上。如果在装配图上不便绘制明细栏，那么可以在一张A4幅面上单独绘制明细栏，填写顺序由上而下延续。可以根据需要省略部分内容的明细表。对于大型的装配项目，可以继续加页，但在每页明细栏的下方都要绘制标题栏，并在标题栏中填写一致的名称和代号。

明细栏的表头内容一般是序号、代号、名称、数量、材料、重量（单件、总计）、分区和备注等。在实际工作中，根据不同的设计场合或情况，适当增加或减少内容。

- 序号：对应图样中标注的序号。
- 代号：图样中相应组成部分的图样代号或标准号。
- 名称：图样中相应组成部分的名称，根据需要也可写出其型号与尺寸。
- 数量：图样中相应组成部分在装配中所需要的数量。
- 材料：图样中相应组成部分的材料标记。
- 重量：图样中相应组成部分单件和总件数的计算重量。一般与千克为计量单位时，允许不标出其计量单位。
- 分区：为了方便查找相应组成部分，按照规定将分区代号填写在备注栏中。
- 备注：填写该项的附加说明或其他有关的内容。

7.5.2 定制明细栏样式

在工程制图中需要选用合适的明细栏样式（即明细表样式）。在 CAXA CAD 电子图板中，可以定制所需的明细表样式，定制的内容包括定制表头、颜色与线宽设置、文字设置等。

在功能区“图幅”选项卡的“明细表”面板中单击“明细表样式”按钮，打开图 7-29 所示的“明细表风格设置”对话框，从中进行明细表风格设置。CAXA CAD 电子图板 2020 提供了满足国标的明细表风格。

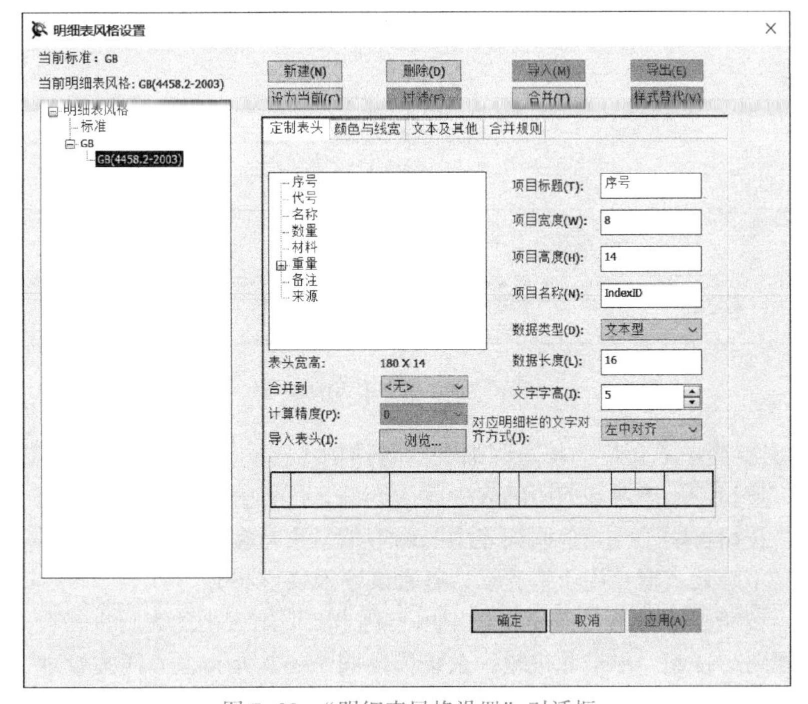

图 7-29 “明细表风格设置”对话框

7.5.3 填写明细表

在绘图区创建序号的同时生成空的明细表后，可以根据设计需求，在功能区“图幅”选项卡的“明细表”面板中单击“填写明细表”按钮，弹出“填写明细表（GB）”对话框。利用该对话框可以很方便地填写相关的表格单元格。例如，在序号1对应的“代号”单元格中输入“HY-100”，在其“名称”单元格中输入“异型垫圈”，在其“数量”单元格中输入“1”，在其“材料”单元格中输入“Q235-A”，使用同样的填写方法填写其他序号对应的内容，如图7-30所示。

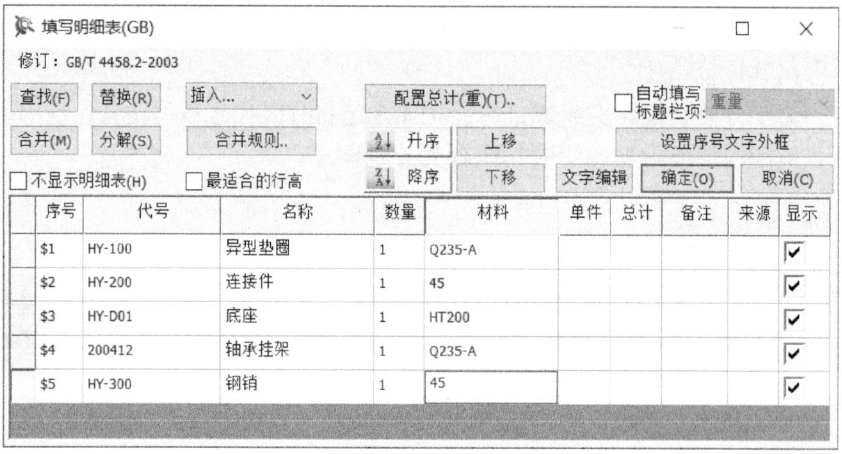

填写明细表(GB)

修订：GB/T 4458.2-2003

查找(F) 替换(R) 插入... 配置总计(重)(T).. 自动填写标题栏项: 重量

合并(M) 分解(S) 合并规则.. 升序 上移 设置序号文字外框

不显示明细表(H) 最适合的行高 降序 下移 文字编辑 确定(O) 取消(C)

序号	代号	名称	数量	材料	单件	总计	备注	来源	显示
$1	HY-100	异型垫圈	1	Q235-A					☑
$2	HY-200	连接件	1	45					☑
$3	HY-D01	底座	1	HT200					☑
$4	200412	轴承挂架	1	Q235-A					☑
$5	HY-300	钢销	1	45					☑

图7-30 填写明细表

利用“填写明细表”填写好相关内容后，单击“确定”按钮。图7-31为某明细栏填写的结果。

5	HY-300	钢销	1	45			
4	200412	轴承挂架	1	Q235-A			
3	HY-D01	底座	1	HT200			
2	HY-200	连接件	1	45			
1	HY-100	异型垫圈	1	Q235-A			
序号	代号	名称	数量	材料	单件	总计	备注
					重量		

图7-31 完成部分填写的明细栏

在这里有必要简单地介绍“填写明细表”对话框中一些按钮和选项的功能含义。

- “查找”按钮：用于对当前明细表中的内容信息进行查找操作。
- “替换”按钮：用于对当前明细表中的内容信息进行替换操作。
- “插入”下拉列表框：用于快速插入各种文字及特殊符号。
- “合并”按钮与“分解”按钮：分别用于对当前明细表中的表行进行合并和分解。
- “合并规则”按钮：单击此按钮，系统弹出图7-32所示的“样式管理”对话框并自动切换至“合并规则”选项卡，从中设置合并依据和需要求和的项目。

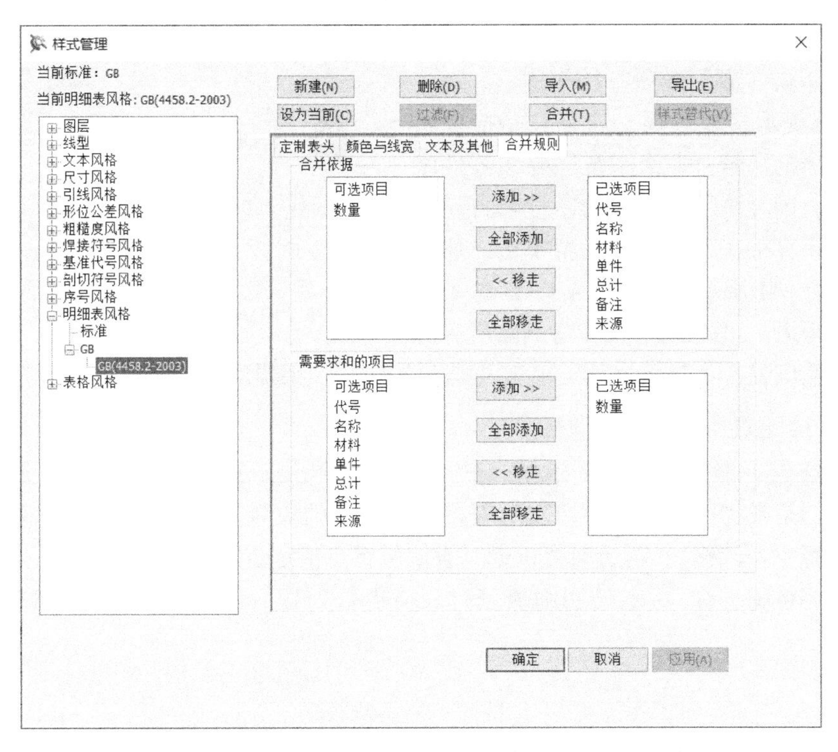

图 7-32 “样式管理”对话框的“合并规则”选项卡

- “配置总计（重）”按钮：单击此按钮，系统弹出图 7-33 所示的“配置总计（重）”对话框，选择总计、单件和数量的列，设置计算精度和后缀是否零压缩，然后单击“确定”按钮即可。
- “自动填写标题栏项”复选框：勾选此复选框时，则将当前明细表所有零件的总量自动填写到标题栏对应的字段中。
- “上移”按钮与“下移”按钮：用于对明细表进行手工排序。
- “升序”按钮与“降序”按钮：用于对明细表按升序或降序进行自动排序。

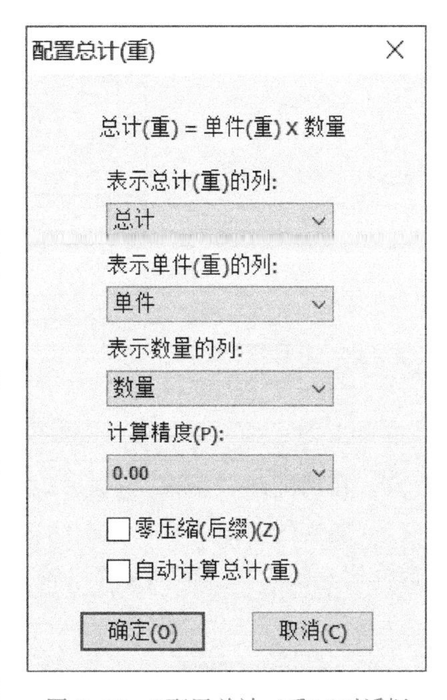

图 7-33 “配置总计（重）”对话框

7.5.4 删除表项

删除表项是指从当前图形中删除拾取的明细表中的某一个行，删除表项会把其表格及项目内容全部删除，相应的零件序号也被删除，而装配图中的序号重新排列。

要删除表项，请执行如下典型操作。

1）在功能区“图幅”选项卡的“明细表”面板中单击“删除表项”按钮。

2）系统提示拾取表项。如果只是拾取明细表某一表项的序号，那么系统删除该零件序号所在的行，同时该序号以后的序号将自动重新排列。如果直接在明细栏表头行单击，那么系统弹出图7-34所示的“CAXA CAD电子图板2020”对话框，提示这样操作将删除所有的零件序号和明细栏。如果要继续，单击“是”按钮；如果要取消，则单击“否”按钮。

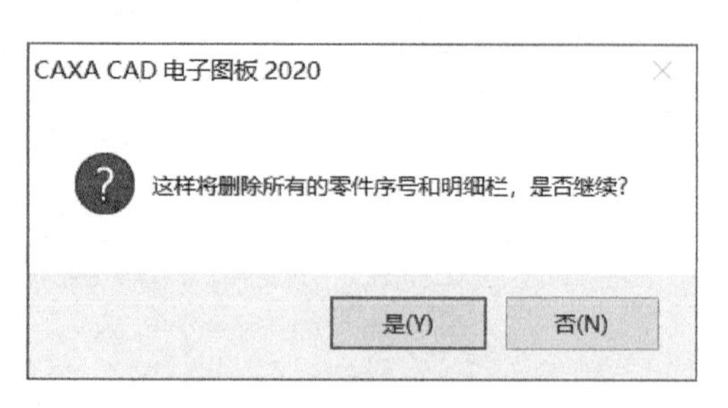

图7-34 “CAXA CAD电子图板2020”对话框

7.5.5 表格折行

表格折行是指将已存在的明细表的表格在所需要的位置处向左或向右转移（相关的表格及项目内容一并转移）。折行时可以通过设置折行点指定折弯后内容的位置。

例如，要将图7-35所示的明细表进行表格折行处理，可以按照以下方法和步骤进行操作。

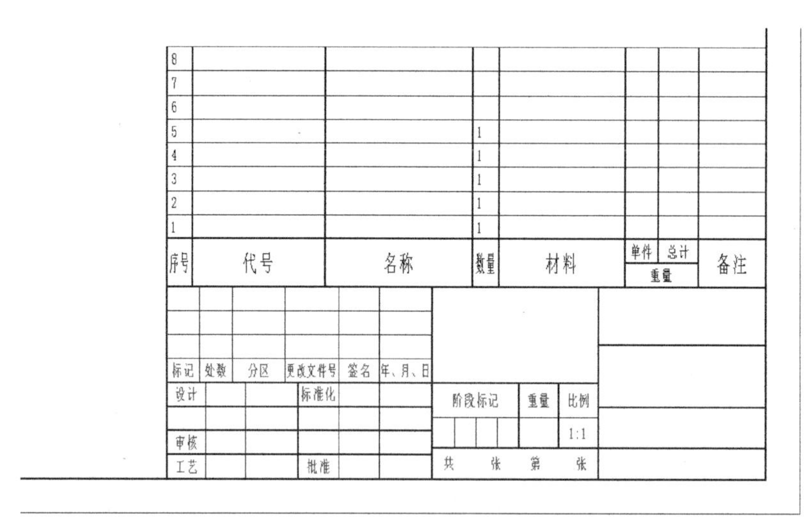

图7-35 未折行前的明细栏

1）在功能区“图幅”选项卡的“明细表”面板中单击“表格折行”按钮。

2）出现的立即菜单和提示信息如图7-36所示。在该立即菜单“1.”下拉列表框中可以选择“左折”“右折”或“设置折行点”。这里选择“左折”。

图7-36 立即菜单和系统提示信息

3）使用鼠标在已有的明细表中拾取要折行的表项，在此例中选择序号为4的行表项，则该表项以上的表项（包括该表项）及其内容全部移动明细表的左侧，如图7-37所示。

图 7-37 明细表左折

4）右击结束该命令操作。

7.5.6 插入空行

可以在现有明细表中插入一个空白行。插入空行的方法和步骤如下。

1）在功能区“图幅”选项卡的“明细表”面板中单击“插入空行”按钮。

2）在现有明细表中拾取所需的表项，则可以在拾取的表项处插入一个空白行，如图 7-38 所示（图中以选择序号为 6 的表项为例）。

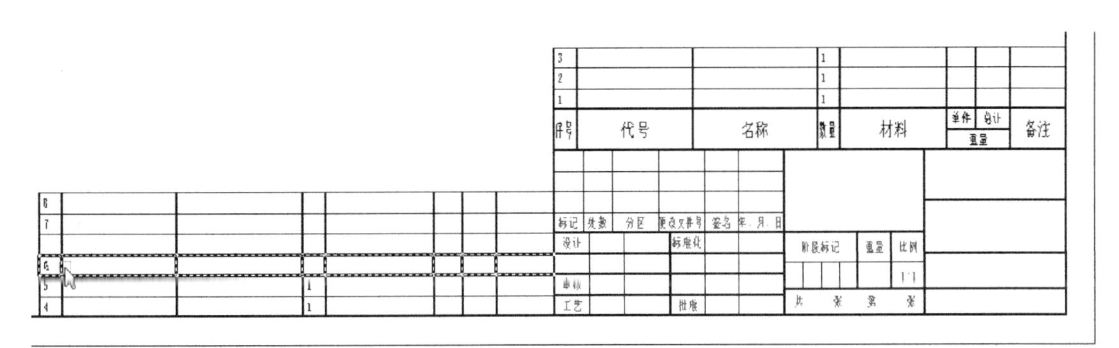

图 7-38 插入空白行

3）可以继续拾取表项插入新空白行。

4）右击结束命令操作。

7.5.7 输出明细表

输出明细表是指按照给定参数将当前图形中的明细表数据信息输出到单独的文件中。

在功能区“图幅”选项卡的“明细表”面板中单击“输出明细表”按钮，系统打开图 7-39 所示的“输出明细表设置”对话框。在该对话框中，可以根据需要设置输出的明细表文件是否带有指定图框，是否输出当前图形文件中的标题栏，是否显示当前图形文件中的明细表，是否自动填写页数和页码，以及设置表头中填写输出类型的项目名称，指定明细表的输出类型，设定输出明细表文件中明细表项的最大数目等。完成输出明细表设置后，单击“输出”按钮，弹出图7-40所示的“读入图框文件”对话框。在“读入图框文件”对话框中指定所需要的图框文件，单击“导入”按钮。紧接着在弹出来的“浏览文件夹”对话框中选择所需目录，然后单击“确定”按钮，即可在该目录下生成一个文件。

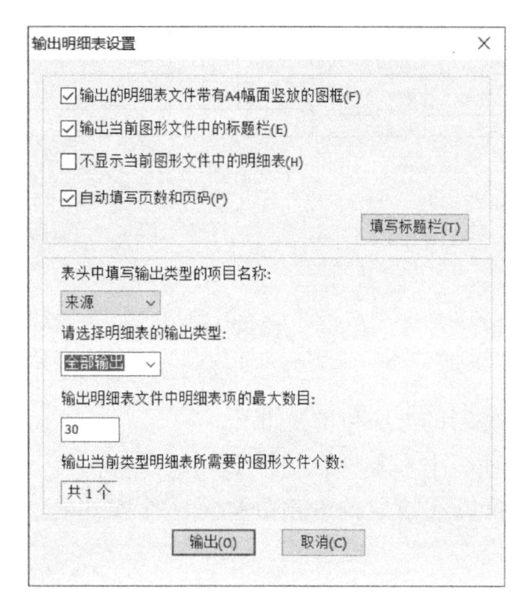

图7-39 “输出明细表设置”对话框

图7-40 “读入图框文件”对话框

7.5.8 数据库操作

明细表的数据可以与外部的数据文件关联，这些数据既可以从外部数据文件读入，也可以输出到外部的数据文件中，CAXA CAD电子图板支持的数据文件格式为“*.mdb”和“*.xls”。

在功能区“图幅”选项卡的“明细表”面板中单击“数据库操作”按钮，打开图7-41所示的“数据库操作”对话框。在“功能”选项组中提供了“自动更新设置”“输出数据”“读入数据”3种功能选项。

当在“功能”选项组中选择“自动更新设置”单选按钮时，可以设置明细表与外部数据文件关联。单击“浏览”按钮可以选择数据文件，接着选择“绝对路径”单选按钮或“相对路径”，在“数据库表名”下拉列表框中指定所选数据文件的表名，然后可以根据需要来决定“与指定的数据库表建立联系”复选框和“打开图形文件时自动更新明细表数据”复选框的勾选状态。

当在“功能”选项组中选择“输出数据”单选按钮时，如图7-42所示，接着指定数据库路径和数据库表名，然后单击“确定”按钮或“执行”按钮即可。

当在“功能”选项组中选择“读入数据”单选按钮时，接着设置要读入的数据文件，然后单击“确定”按钮或“执行”按钮即可。

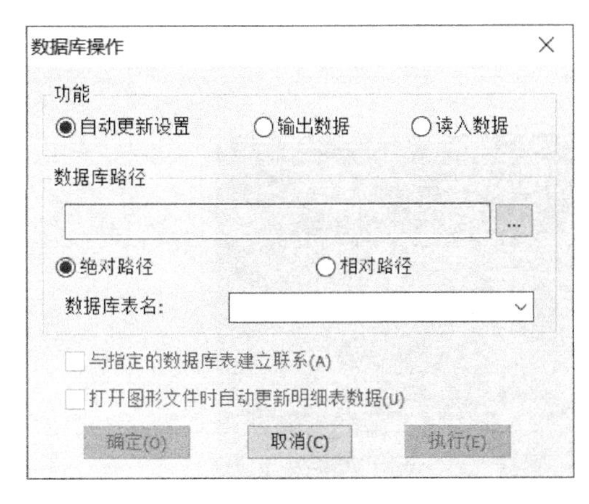

图 7-41 “数据库操作”对话框

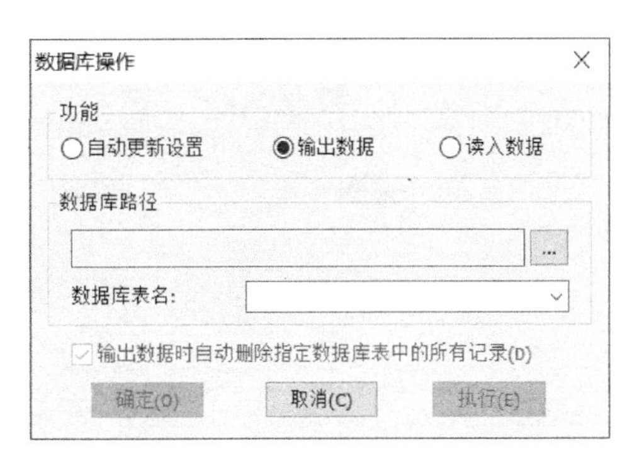

图 7-42 选择“输出数据”单选按钮时

7.6 图幅操作实例

本节介绍一个典型的图幅操作实例。首先绘制图 7-43 所示的图形（包含标注项目在内），本书同时提供了该原始图形素材。

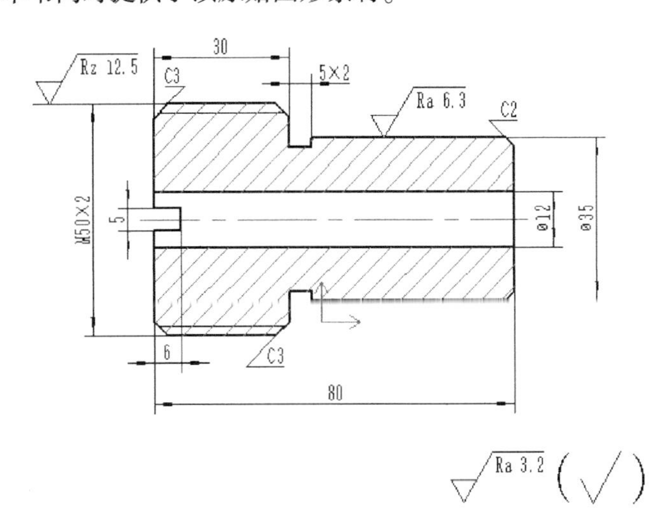

图 7-43 原始图形

本图幅操作实例具体的操作步骤如下。

1）打开本书配套资料包的 CH7 文件夹中提供的“HY_图幅操作实例 . exb”文件。

2）设置图纸幅面。

在功能区“图幅”选项卡的“图幅”面板中单击“图幅设置”按钮，打开“图幅设置”对话框。在该对话框中，选择图纸幅面为 A4，加长系数为 0，绘图比例为 1:1，勾选“标注字高相对幅面固定”复选框，在“图纸方向”选项组中选择“竖放”单选按钮，在“图框”选项组中选择“调入图框”单选按钮，并从“调入图框”下拉列表框中选择“A4E-A-Normal（CHS）”图框，在“调入”选项组的“标题”下拉列表框中输入“GB-A

(CHS)”标题栏，如图 7-44 所示。

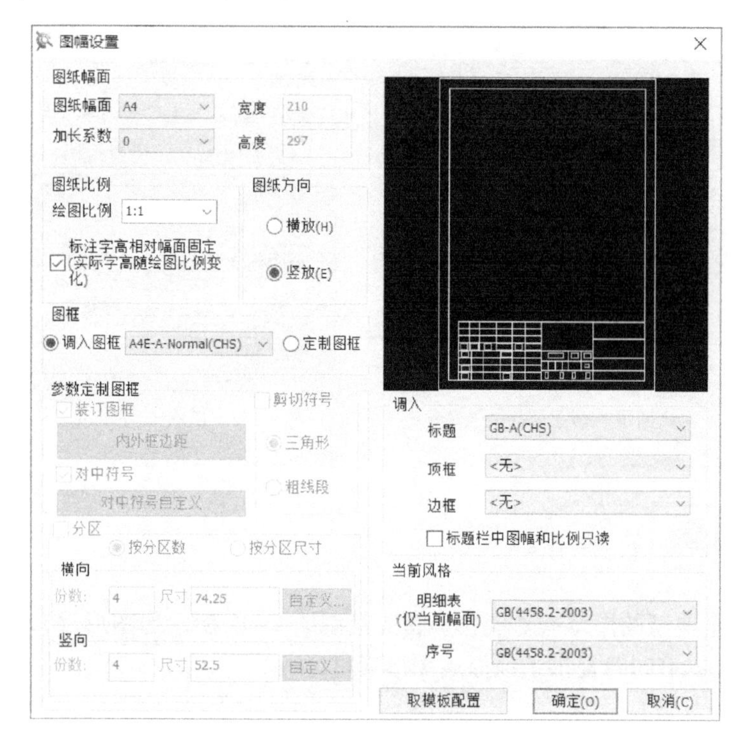

图 7-44　图幅设置

在“图幅设置”对话框中单击“确定”按钮。此时，具有图框和标题栏的图纸幅面被添加到绘图区，如图 7-45 所示。

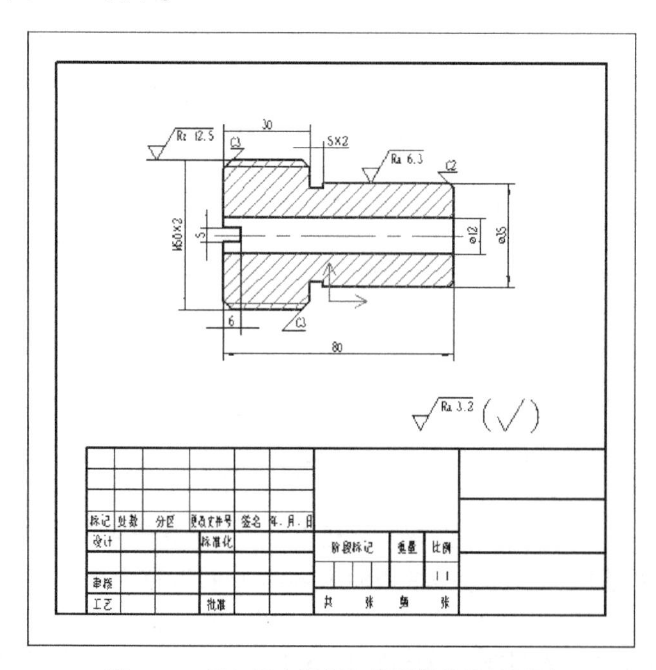

图 7-45　添加具有图框和标题栏的图纸幅面

3）填写标题栏。

在功能区“图幅”选项卡的“标题栏”面板中单击“填写标题栏”按钮，系统弹出“填写标题栏”对话框。在该对话框分别填写单位名称、图纸名称、图纸编号、材料名称、页码和页数等的属性值，如图 7-46 所示。

填写标题栏
属性编辑
文本设置
显示属性
属性名称
描述
属性值
单位名称
单位名称
桦意智创科技
图纸名称
图纸名称
轴式螺套
图纸编号
图纸编号
HY-ZL001
材料名称
材料名称
45
图纸比例
图纸比例
1:1
重量
重量
页码
页码
1
页数
页数
1
设计
设计人员
钟日铭
设计日期
设计日期
20200412
审核
审核人员
审核日期
审核日期
工艺
工艺人员
工艺日期
工艺日期
标准化
标准化人员
插入...
自动填写图框上的对应属性
文字编辑
确定
取消

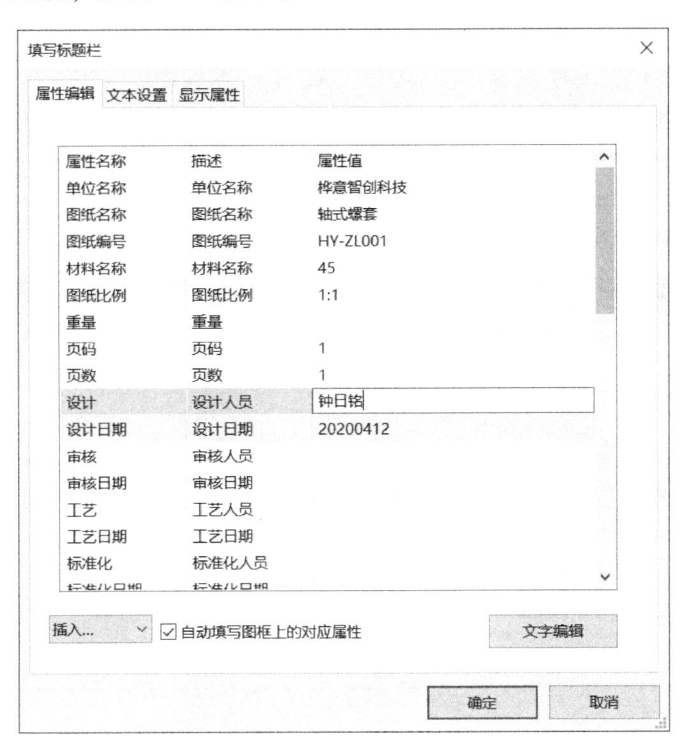

图 7-46　填写标题栏的相关内容

在“填写标题栏”对话框中单击“确定”按钮，此时系统更新了标题栏数据，即完成标题栏的填写工作，完成结果如图 7-47 所示。

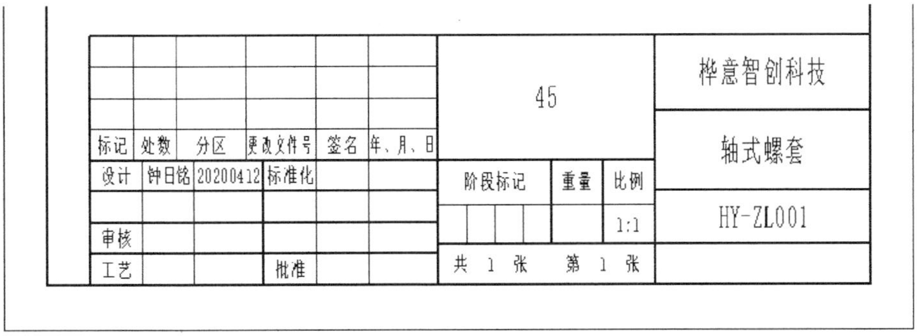

45
桦意智创科技
标记
处数
分区
更改文件号
签名
年、月、日
轴式螺套
设计
钟日铭
20200412
标准化
阶段标记
重量
比例
HY-ZL001
1:1
审核
工艺
批准
共 1 张
第 1 张

图 7-47　填写标题栏的结果

4）如果对零件视图或技术注释在图纸中的位置不满意，可以执行“平移”命令（对应按钮为）来进行适当的位置调整，直到获得满意的零件图效果为止。

7.7 练习加油站

1）如何进行A3横向的图幅设置（要求具有国家标准推荐的一种图框和标题栏）？

2）如何调用图框？

3）标题栏主要包括哪些内容？在CAXA CAD电子图板中如何进行标题栏的填写工作？

4）零件序号的编排规范主要有哪些内容？

5）在一个装配图中，如何创建零件序号？如果需要对零件序号进行编辑，应该如何处理？

6）明细栏主要包括哪些内容？如何填写明细栏？

7）课外学习任务：什么是参数栏？电子图板的参数栏功能包括参数栏的调入、定义、保存、填写和编辑这几个部分，功能和标题栏等与之类似。请通过帮助文件学习参数栏的相关知识。

说明 典型的参数栏为填写齿轮参数表等各种表格，CAXA CAD电子图板2020可以对定义好的参数栏进行填写、编辑、存储和调入等操作。

8）在装配图中，如何对明细栏的表格进行折行处理（即表格折行）？

9）上机操作：绘制图形（尺寸可参照相关资料的推荐值）并将其定义成标题栏，完成的自定义标题栏如图7-48所示。

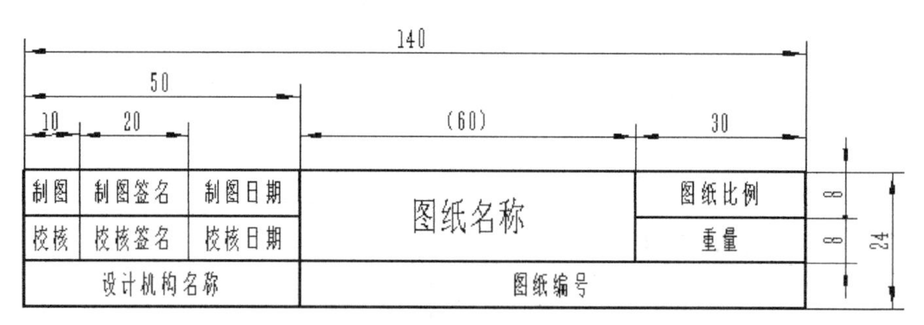

图7-48 定制标题栏

10）如果要将明细栏（明细表）中的数据输出到Excel中，那么应该如何操作？

操作提示 选择明细栏（明细表）后右击，接着从快捷菜单中选择“输出数据”命令，然后在弹出的对话框中进行相关设置即可。

第 8 章　零件图绘制

内容提要：

CAXA CAD 电子图板绘制规范的零件图是有优势的。本章重点介绍零件图综合绘制实例，具体内容包括零件图内容概述和若干典型零件（泵盖、主动轴、轴承盖、支架和齿轮）的零件图绘制实例。

8.1　零件图内容概述

零件图是很重要的技术文档，一张完整的零件图主要包括以下内容。

1）一组表达清楚的图形。也就是使用一组图形正确、清晰、完整地表达零件的结构形状，在这些图形中，可以采用一般视图、剖视、断面、规定画法和简化画法等方法表达。

2）一组尺寸。这些尺寸用来反映零件各部分结构的大小和相对位置，满足制造和检验零件的要求。

3）技术要求。包括注写零件的表面结构要求（表面粗糙度）、尺寸公差、形状和位置公差以及材料的热处理和表面处理等要求。一般用规定的代号、符号、数字和字母等标注在图上，或用文字书写在图样下方的空白处。

4）标题栏。标题栏通常位于图框的右下角部位，需要填写零件的名称、材料、数量、图样比例、代号、图样的责任人名称和单位名称等。

图 8-1 为某立轴零件的一张零件图，注意分析该零件图主要内容的组成要素。

在绘制零件图的时候，应该注意到一些图形的规定画法和简化画法。读者还应该熟知手工绘制工程图的几条经验法则，如表 8-1 所示，在使用 CAXA CAD 电子图板绘制工程图时可根据实际情况借鉴其中的一些经验法则。

表 8-1　绘制工程图的几条经验法则

序　号	经 验 法 则	备注或举例说明
1	避免不必要的图形，采用尽量少的视图表达完整的零件信息	例如，合理标注尺寸后，可以根据零件结构省略某视图
2	避免使用虚线	在不致引起误解时，应避免使用虚线表示不可见结构

（续）

序　号	经 验 法 则	备注或举例说明
3	避免相同结构和要素重复	若干相同结构（如齿、槽等）按一定规律分布时，可以只画几个完整的结构，其余用细实线连接，但要标明个数
		若干直径相同且成规律分布的孔，可以仅画一个或少量几个，其余用细点画线表示其中心位置
		对于成组重复要素（多出现在装配图中），可以将其中一组表示清楚，其余各组仅用点画线表示中心位置
4	倾斜圆或圆弧简化画法	与投影面倾斜角度小于或等于30°的圆或圆弧，其投影可用圆或圆弧代替
5	极小结构及倾斜简化画法	当机件上较小的结构及斜度等已在一个图形中表达清楚时，在其他图形中可以简化或省略
6	圆角及倒角简化画法	除确实需要表达的某些结构圆角或倒角外，其余圆角或倒角可以不画出来，但必须注明尺寸或在技术要求中加以说明
7	滚花简化画法	滚花一般采用在轮廓线附近用粗实线局部画出的方法表示；也可以省略不画，但要标注
8	平面简化画法	当回转体零件上的平面在图形中不能充分表达时，可用两条相交的细实线表示这些平面
9	圆柱法兰简化画法	圆柱形法兰和类似零件上均匀分布的孔，由机件外向该法兰端面方向投射
10	断裂画法	较长机件沿长度方向的形状一致或均匀变化时，可用波浪线、中断线或双折线断裂绘制，但需标注真实长度尺寸
11	表面交线简化画法	在不至于引起误解时，非圆曲线的过渡线及相贯线允许简化为圆弧或直线
12	被放大部位简化画法	在局部放大图表达完整的前提下，允许在原视图中简化被放大部位的图形
13	剖切面前的结构画法	在需要表示位于剖切平面前的结构时，这些结构按假想投影的轮廓线绘制
14	槽和孔小结构简化画法	在零件上个别的孔、槽等结构可用简化的局部视图表示其轮廓实形

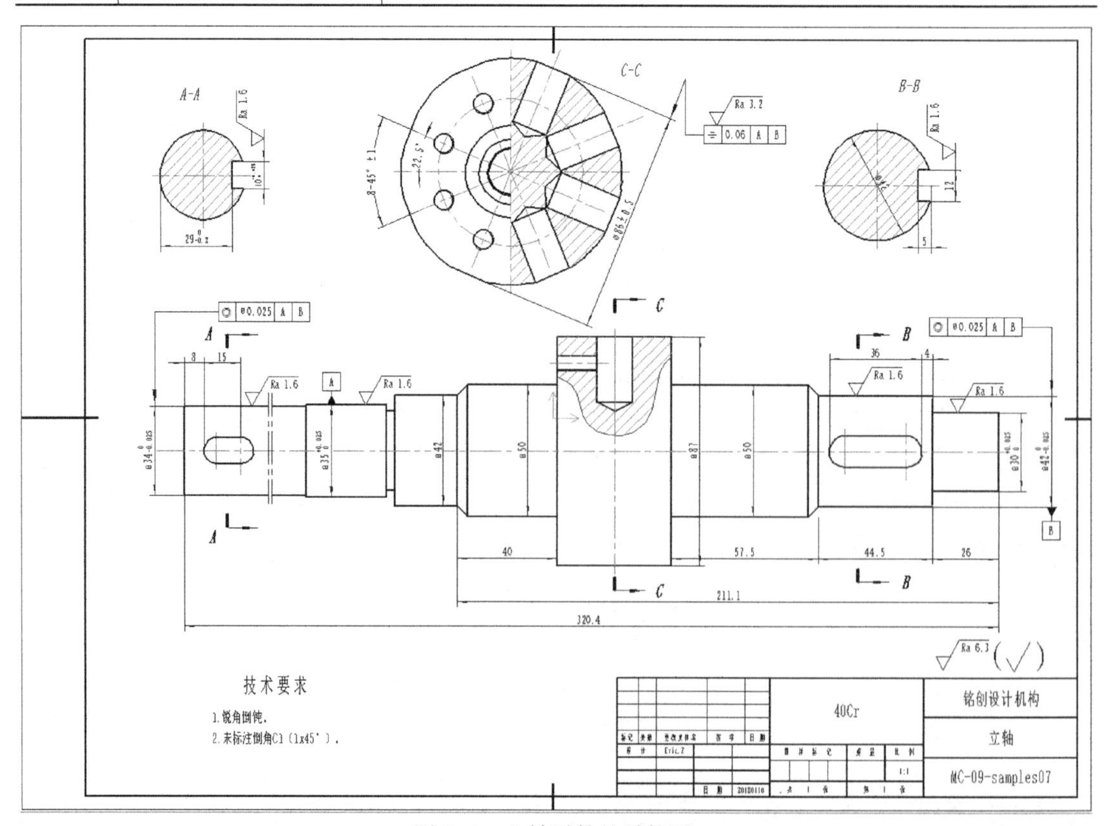

图8-1　立轴零件的零件图

8.2 绘制泵盖零件图

本实例要完成的是某泵盖零件的零件图，完成的参考效果如图 8-2 所示。

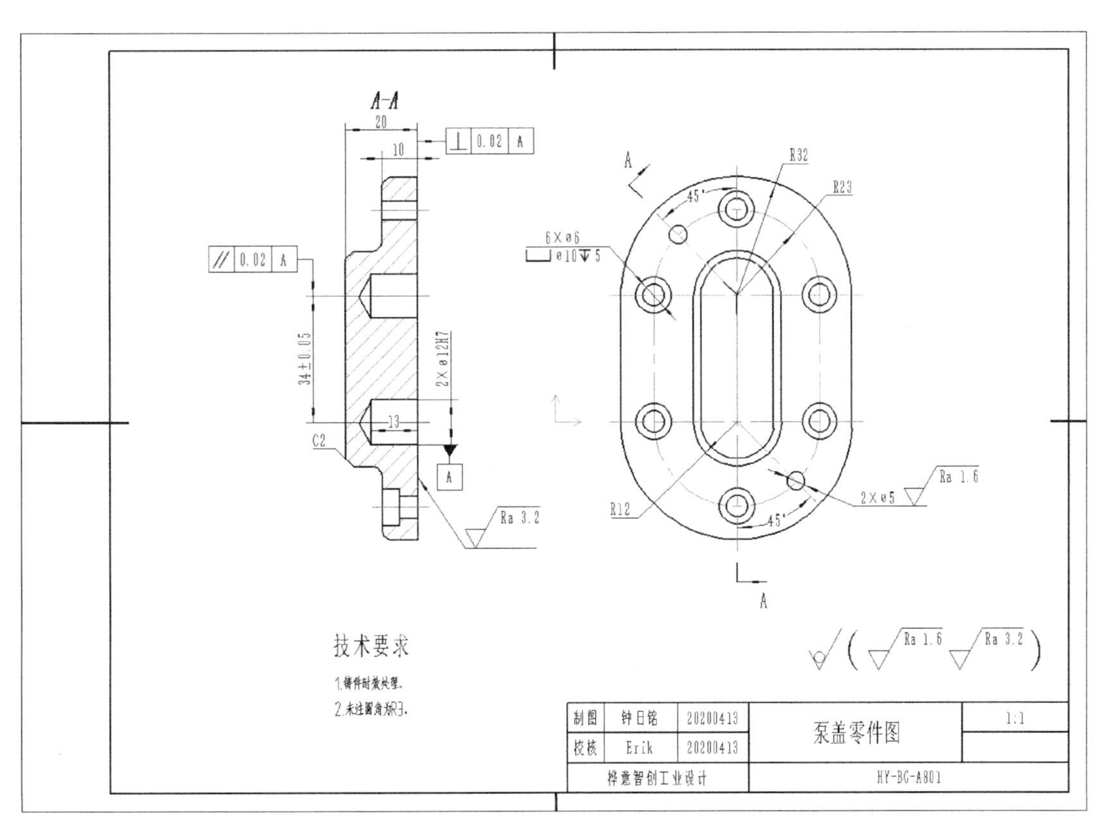

图 8-2　泵盖零件的零件图

绘制该泵盖零件图的具体操作步骤如下。

(1) 设置图纸幅面并调入图框和标题栏

新建一个使用当前标准为“GB”的“BLANK”系统模板的新工程图文档，在功能区“图幅”选项卡的“图幅”面板中单击“图幅设置”按钮，打开“图幅设置”对话框。在“图纸幅面”选项组中，将图纸幅面设置为“A4”，加长系数为0；在“图纸比例”选项组中，将绘图比例设置为1:1，并勾选“标注字高相对幅面固定”复选框；在“图纸方向”选项组中选择“横放”单选按钮；在“图框”选项组中选择“调入图框”单选按钮，并从“图框”下拉列表框中选择“A4A-E-Bound（CHS）”；在“调入”选项组的“标题”下拉列表框中选择“School（CHS）”，而顶框和边框均为“无”，如图 8-3 所示。

在“图幅设置”对话框中单击“确定”按钮，设置结果如图 8-4 所示。

(2) 在粗实线层上绘制一个圆弧

在功能区“常用”选项卡的“特性”面板中，确保从“图层”下拉列表框中选择“粗实线层”作为当前图层，在状态栏中设置启用“正交”模式和“导航”模式。

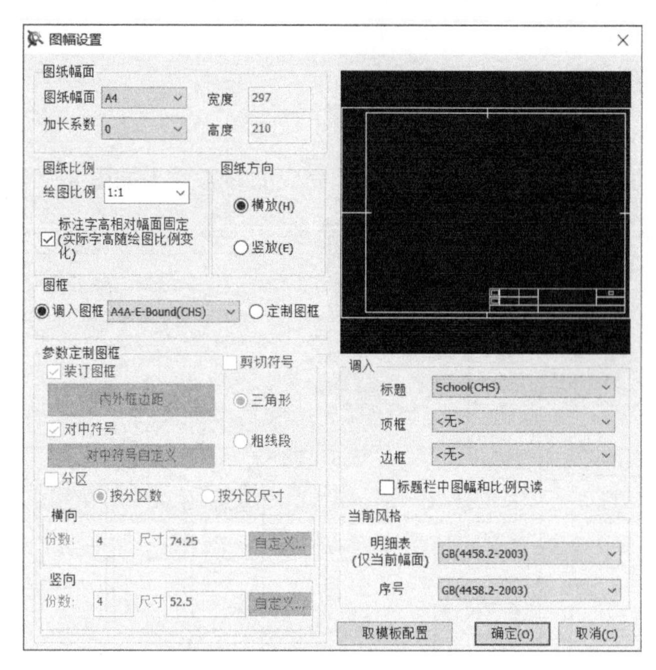

图 8-3 “图幅设置”对话框

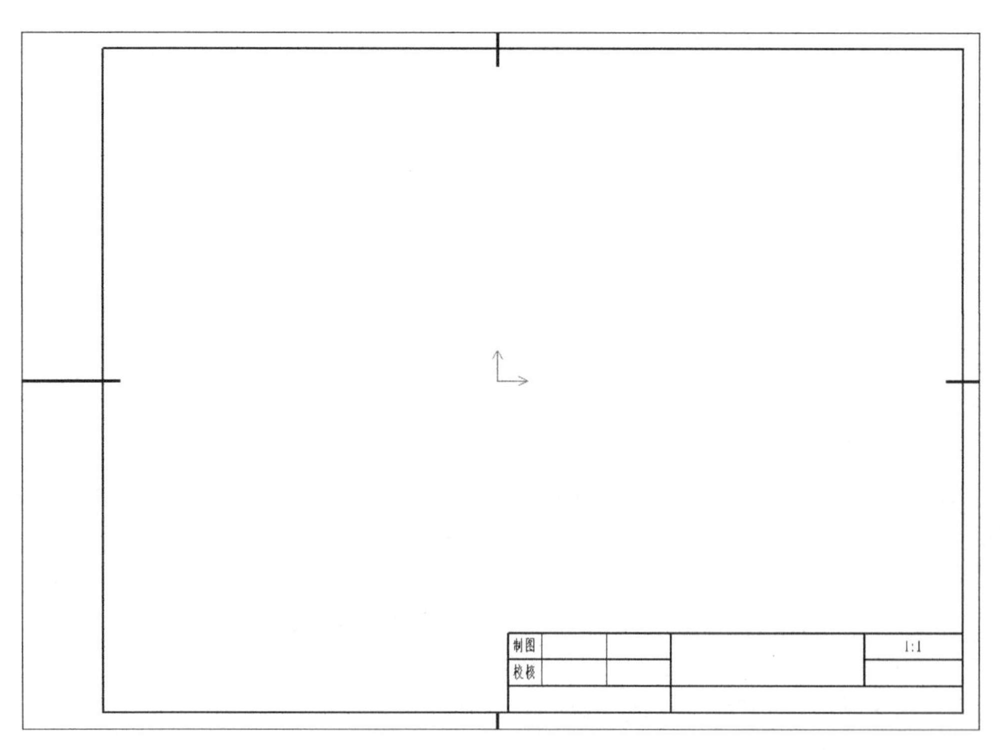

图 8-4 设置图纸幅面并调入图框和标题栏的效果

在“功能区”“常用”选项卡的“绘图”面板中单击“圆心半径起终角圆弧”按钮，接着在其立即菜单中设置“1. 半径=32”，“2. 起始角=0”，“3. 终止角=180，如图 8-5 所示。

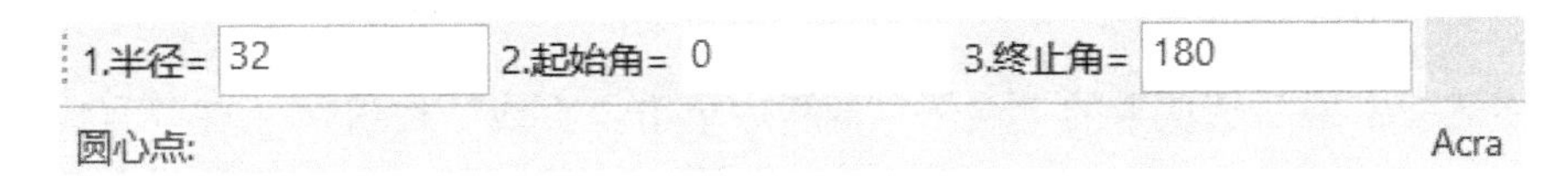

图 8-5 “圆心半径起终角圆弧”立即菜单

在图纸的合适位置处单击以指定圆心点，从而绘制图 8-6 所示的一段圆弧。

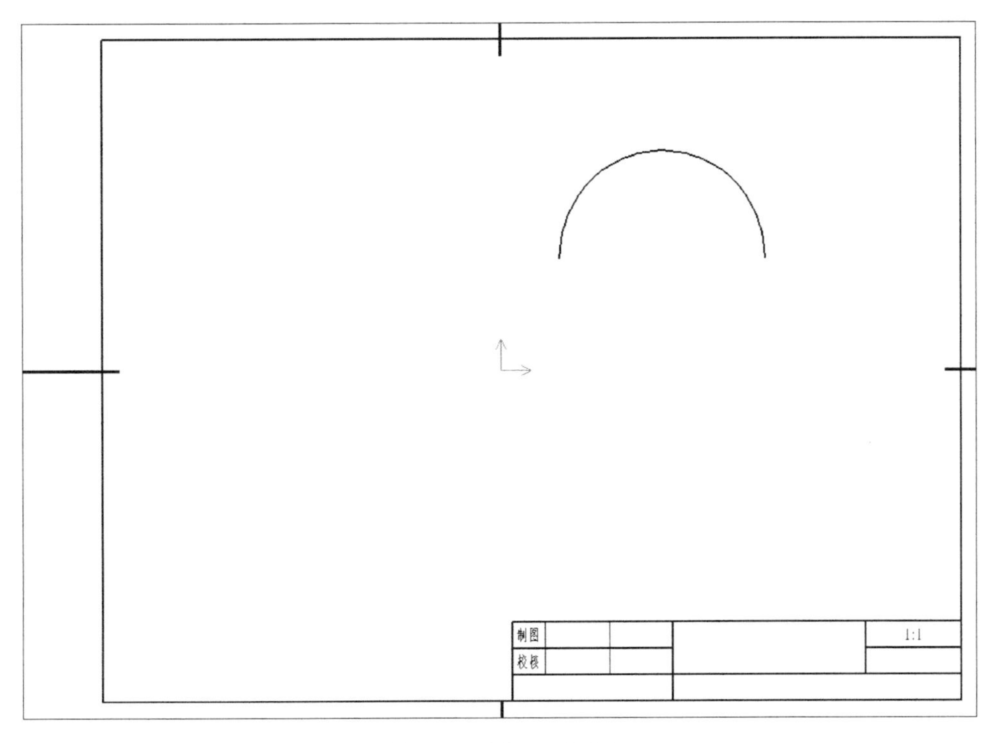

图 8-6 绘制一段圆弧

（3）使用“圆心半径起终角圆弧”功能继续创建两条圆弧

在图形窗口空余区域右击，快速启动上一个绘图命令，这里是启用“圆心半径起终角圆弧”命令功能，在其立即菜单中设置“1. 半径=23”，“2. 起始角=0”，“3. 终止角=180”，按空格键弹出工具点菜单，从工具点菜单中选择“圆心”，在图形窗口中选择已有圆弧以获得其圆心位置，从而生成第二条圆弧，如图 8-7 所示。

使用同样的方法，再次启用“圆心半径起终角圆弧”命令功能，绘制第 3 条圆弧，该圆弧与之前两条圆弧同心，半径为 12，起始角为 0°，终止角为 180°，绘制结果如图 8-8 所示。

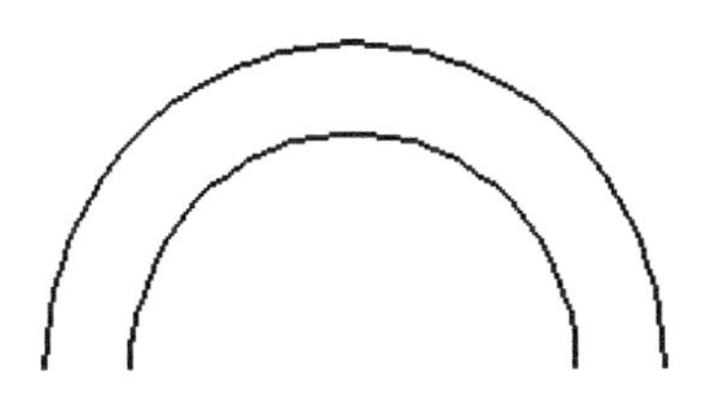

图 8-7 绘制第 2 条圆弧

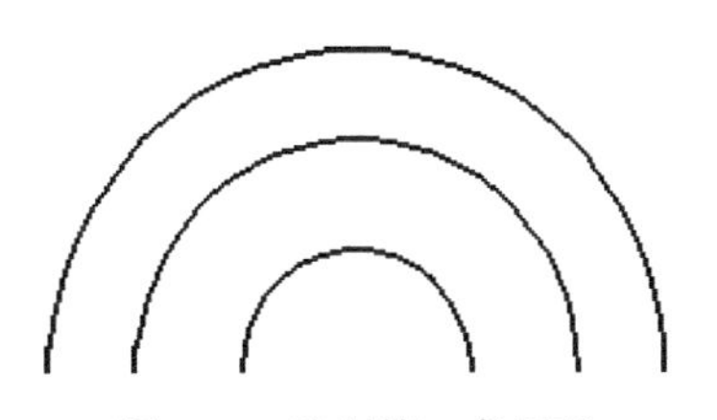

图 8-8 绘制第 3 条圆弧

（4）绘制一条直线段

在功能区“常用”选项卡的“绘图”面板中单击“直线”按钮，在“直线”立即菜单中设置“1. 两点线”，“2. 单根”，分别指定相应两点绘制图8-9所示的2条竖直的直线段，其中下方第二点既可以通过相对坐标来获得，也可以通过在竖直方向上的距离值来获得（需要启用“正交”模式）。

（5）镜像图形

在功能区“常用”选项卡的“修改”面板中单击“镜像”按钮，接着在“镜像”立即菜单中设置“1. 拾取两点”“2. 拷贝”，在图形窗口中框选所有图形后右击，然后拾取图8-10所示的端点1和端点2来定义镜像线。

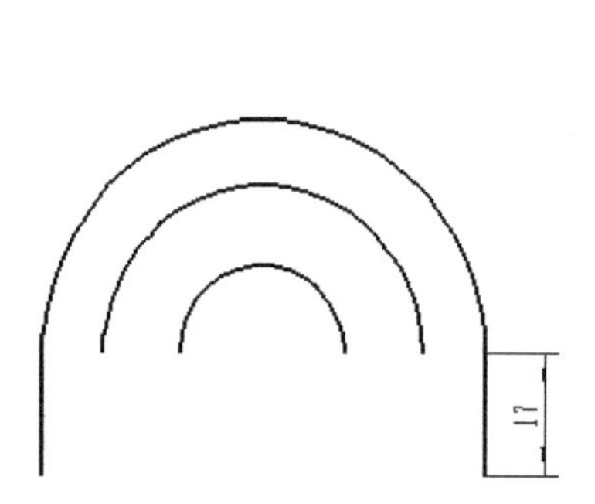

图8-9 绘制2条直线段

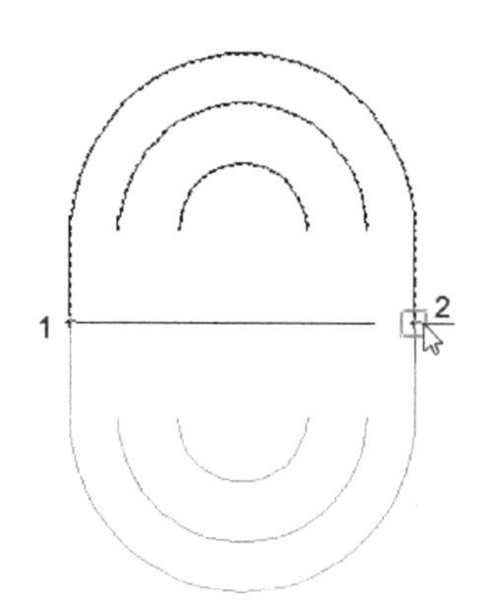

图8-10 拾取两点来镜像图形

镜像结果如图8-11所示。

（6）使用“直线”命令绘制4条直线段

在功能区“常用”选项卡的“绘图”面板中单击“直线”按钮，绘制方式为“1. 两点线”“2. 单根”，分别指定两点绘制相应的直线段，如图8-12所示。

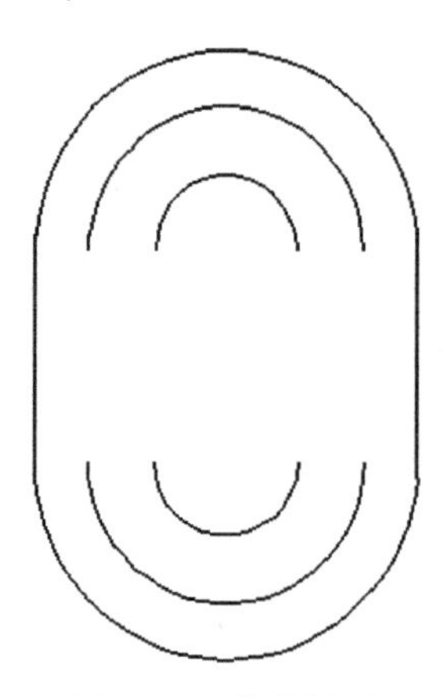

图8-11 镜像结果

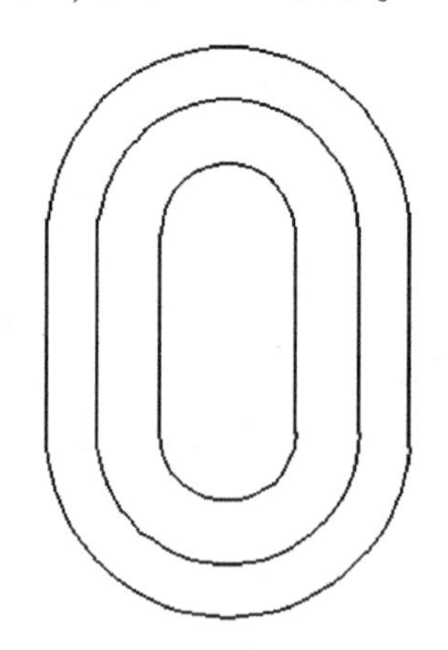

图8-12 补全4条直线段

（7）将中间跑道形的图线转化为中心线

选择图8-13所示的中间跑道形图线，从“特性”选项板的“图层”下拉列表框中选择“中心线层”，按〈Esc〉键，结果如图8-14所示。

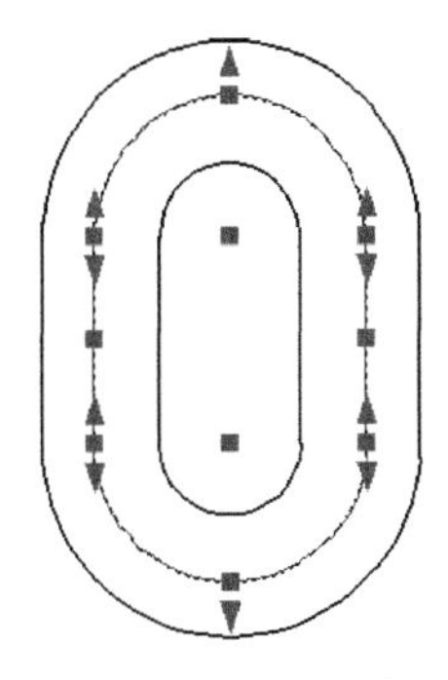

图 8-13 选择中间跑道形图线

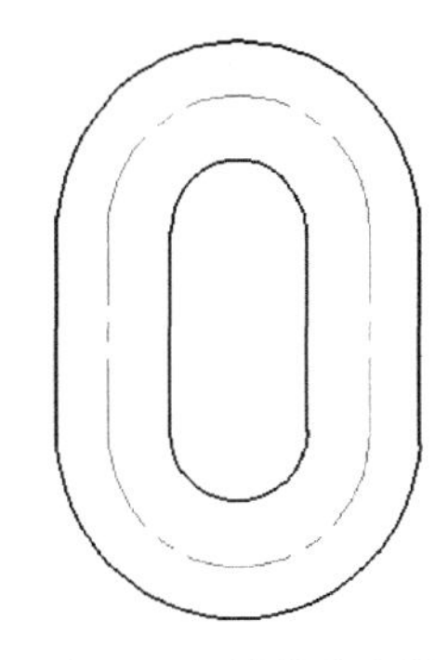

图 8-14 转化中心线

(8) 绘制一系列的粗实线圆

在功能区“常用”选项卡的“绘图”面板中单击“圆心半径圆”按钮，绘制图 8-15 所示的两个同心圆。

(9) 通过旋转阵列获得其他几组同心圆

选择该绘制好的两个同心圆，在功能区“常用”选项卡的“修改”面板中单击“阵列”按钮，在“阵列”立即菜单中设置“1. 圆形阵列”“2. 旋转”“3. 给定夹角”“4. 相邻夹角=90”“5. 阵列填角=180”，选择图 8-16 所示的圆心点作为圆形阵列的中心点，圆形阵列结果如图 8-17 所示。

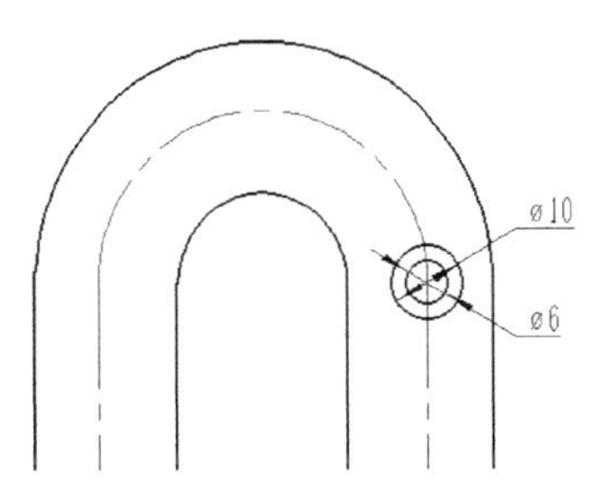

图 8-15 绘制两个同心圆

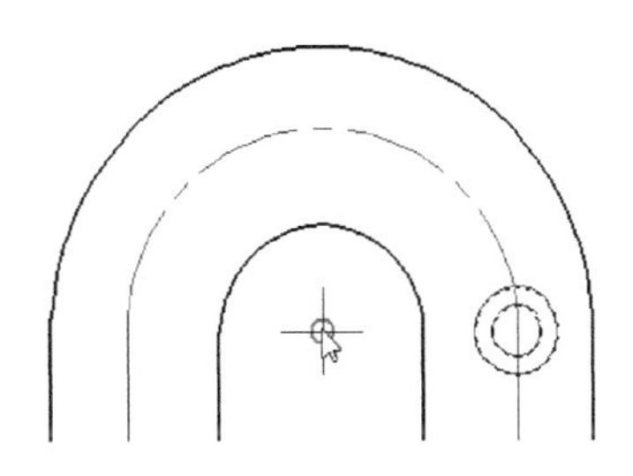

图 8-16 指定中心点

(10) 镜像图形

在“修改”面板中单击“镜像”按钮，选择要镜像的 3 组同心圆，单击鼠标右键确认，接着分别指定两点以获得图 8-18 所示的镜像结果。

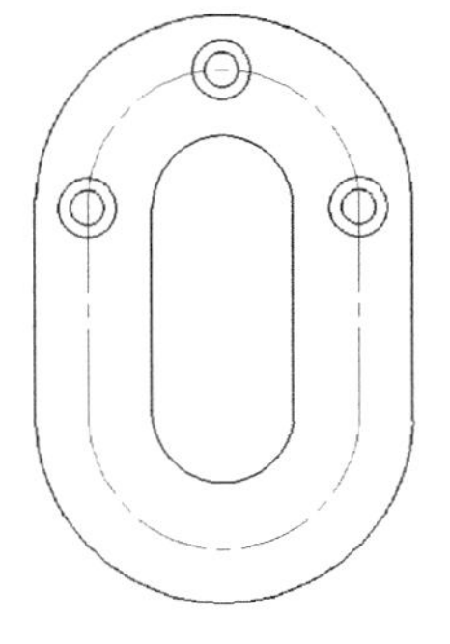

图 8-17 创建圆形阵列

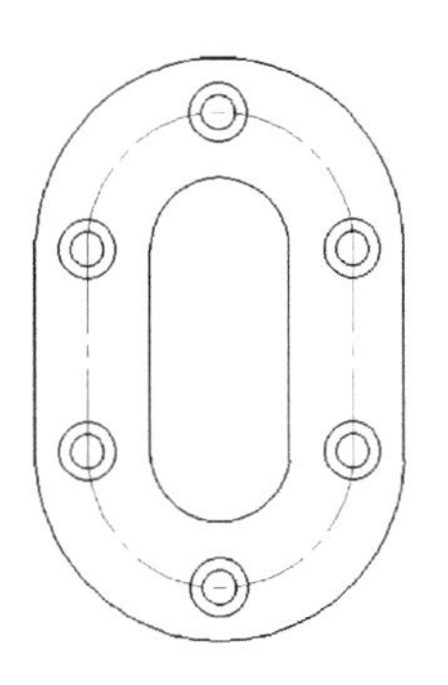

图 8-18 镜像图形

（11）绘制两条倾斜的中心线

在功能区“常用”选项卡的“特性”面板中，从“图层”下拉列表框中选择“中心线层”，以将“中心线层”设置为当前图层。此时可以关闭“正交模式。”

在“绘图”面板中单击“直线”按钮，在其立即菜单中设置“1. 两点线”“2. 单根”，选择图8-19所示的圆心作为直线段的第1点，通过键盘输入第2点的相对坐标为“@30<135”，按〈Enter〉键确认，从而绘制图8-20所示的一条倾斜的直线段中心线。

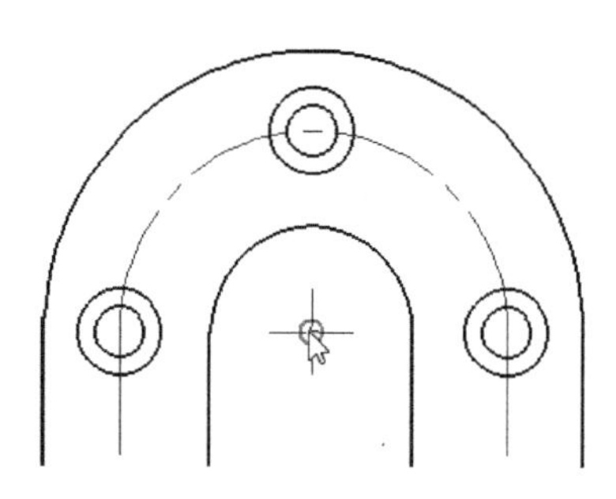
图8-19　指定第1点

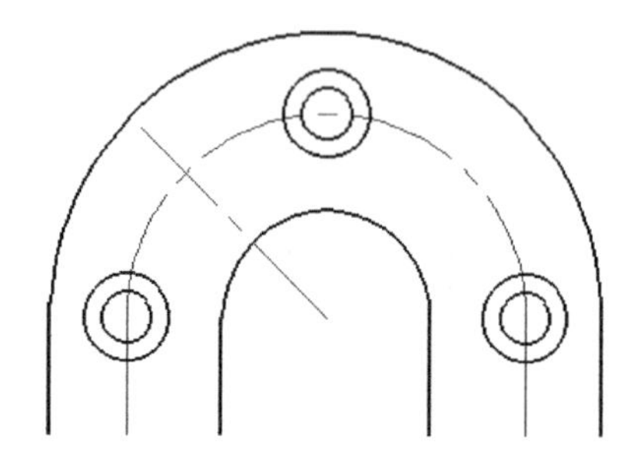
图8-20　绘制一条倾斜的直线段中心线

选择图8-21所示的圆心作为第二条倾斜线段的第1点，通过键盘输入第2点的相对坐标为“@30<-45”，按〈Enter〉键确认，再单击鼠标右键结束直线绘制命令，绘制结果如图8-22所示。

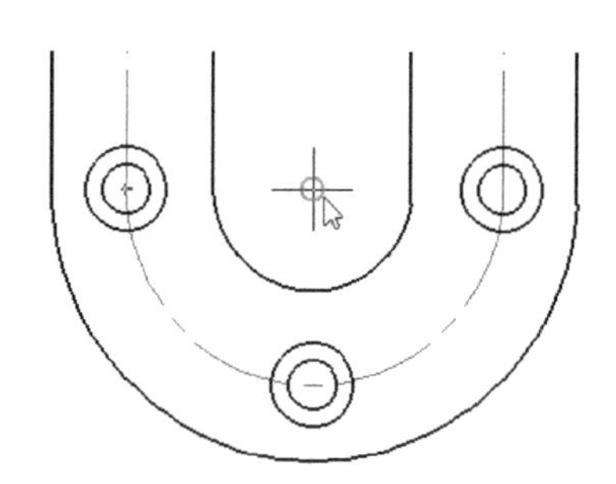
图8-21　指定新线段的第1点

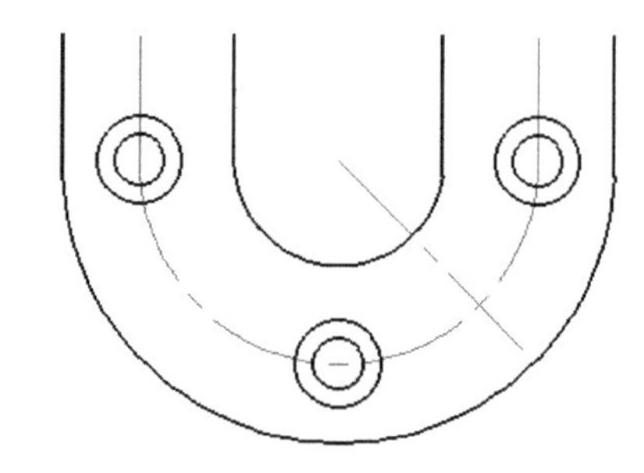
图8-22　绘制第二条倾斜的直线段中心线

（12）在粗实线层上绘制两个小圆

在“特性”面板的“图层”下拉列表框中选择“粗实线层”，从而将“粗实线层”设置为当前图层。

单击“圆心半径圆”按钮，在图形中绘制图8-23所示的两个小圆，它们的半径均为2.5。

（13）创建偏移线

在“修改”面板中单击“偏移”按钮，打开“偏移”立即菜单，设置“1. 链拾取”“2. 指定距离”“3. 单向”“尖角连接”“5. 空心”“6. 距离=2”“7. 份数=1”“8. 保留源对象”，拾取图8-24所示的链曲线，接着拾取向内偏移方向，单击鼠标右键结束，偏移结果如图8-25所示。

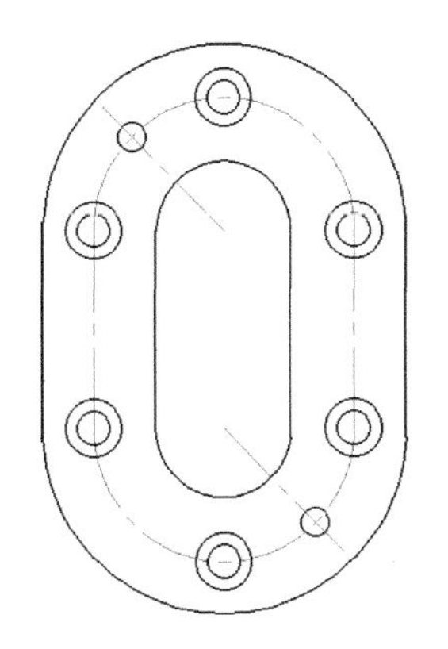

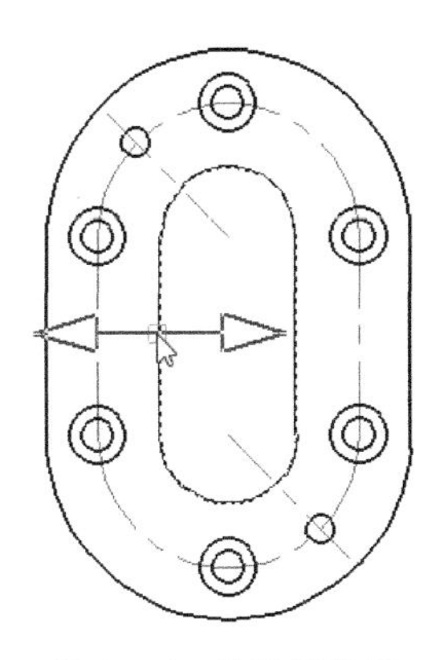

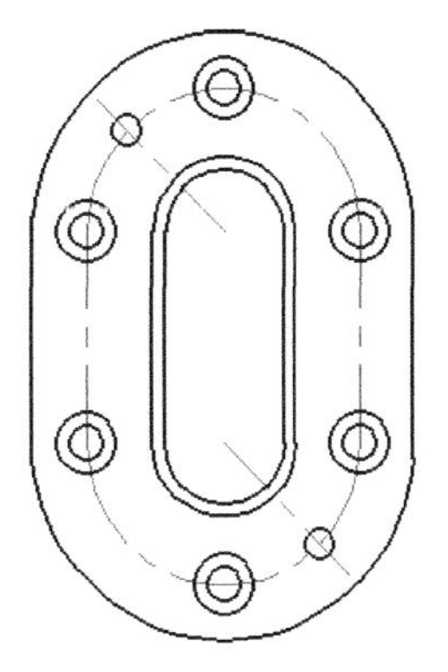

图 8-23　绘制两个小圆　　图 8-24　拾取链曲线　　图 8-25　偏移结果

（14）绘制另一个视图的相关轮廓线

在“绘图”面板中单击“直线”按钮，在其立即菜单中设置“1. 两点线”“2. 连续”，确保使用“导航”模式，通过导航模式跟踪主视图（第 1 个视图）上象限点，在水平导航线上拾取一点作为新视图直线段的第 1 点，如图 8-26 所示。接着结合导航模式、视图对应关系和尺寸关系绘制好图 8-27 所示的连续线段。

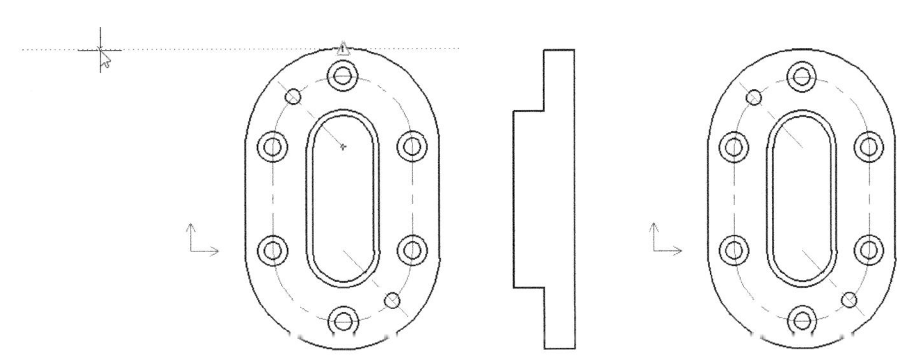

图 8-26　通过导航模式获得直线段第 1 点　　图 8-27　绘制连续线段

（15）绘制孔图形

在“绘图”面板中单击“孔/轴”按钮，在“孔/轴”立即菜单中设置“1. 孔”“2. 两点确定角度”，通过导航模式指定孔的插入点（先将鼠标指针捕获主视图的所需点，接着移动鼠标指针沿着水平导航线移动并单击水平导航线与剖视图轮廓线的交点），如图 8-28 所示。

在新立即菜单中设置“2. 起始直径=12”“3. 终止直径=12”“4. 有中心线”“5. 中心线延伸长度=3”，输入“@13<180”并按〈Enter〉键确认，然后单击鼠标右键确认，绘制的孔图形如图 8-29 所示。

（16）为第 1 孔补齐轮廓线

在“绘图”面板中单击“直线”按钮，在“直线”立即菜单中设置“1. 两点线”“2. 单根”，分别选择两点绘制图 8-30 所示的一条竖直线段。

在“直线”立即菜单“1.”中选择“角度线”，接着设置“2. X 轴夹角”“3. 到线上”

“4. 度=120”“5. 分=0”“6. 秒=0”，选择图8-31所示的端点作为直线起点，接着选择要到的线，如图8-32所示。

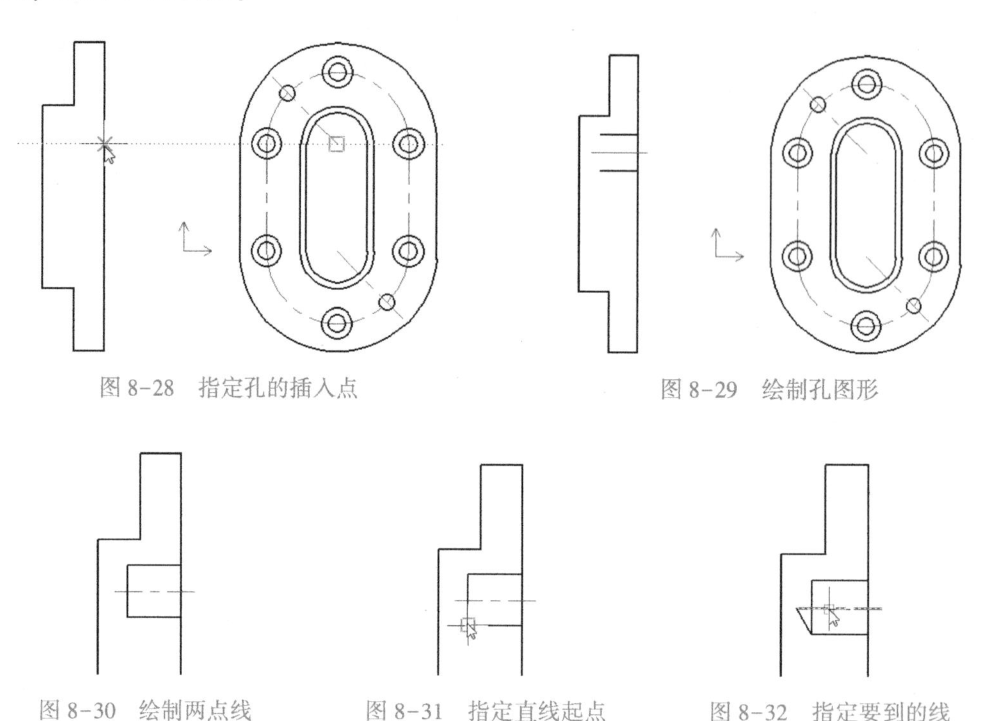

图8-28 指定孔的插入点

图8-29 绘制孔图形

图8-30 绘制两点线

图8-31 指定直线起点

图8-32 指定要到的线

继续单击“直线”按钮╱绘制角度线，在“4. 度”中将新角度设置为“240”，选择图8-33所示的一点作为新直线起点，选择该孔的中心线以获得所需角度线（如图8-34所示）。此时可以选择该孔的中心线，接着使用鼠标拖动其左三角形夹点拉伸它的长度，如图8-35所示。

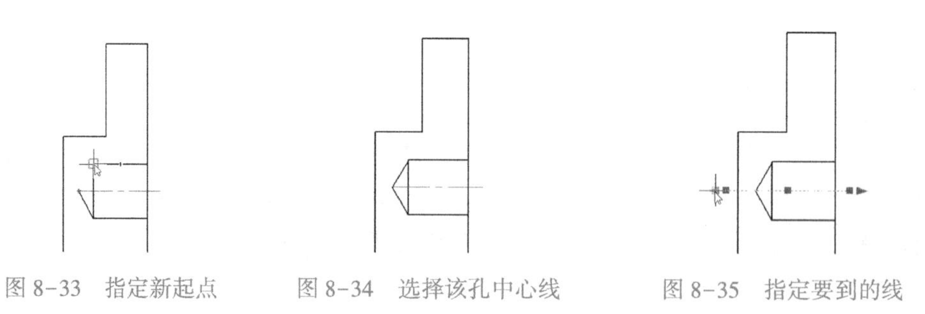

图8-33 指定新起点

图8-34 选择该孔中心线

图8-35 指定要到的线

（17）平移复制图形

在“修改”面板中单击“平移复制”按钮，在“平移复制”立即菜单中设置“1. 给定两点”“2. 保持原态”“3. 旋转角=0”“4. 比例=1”“5. 份数=1”，使用鼠标指定角点1和角点2来框选图8-36所示的轴图形后单击鼠标右键，接着在“第一点:”提示下单击图8-37所示的交点，在“第二点或偏移量:”提示下通过导航拾取图8-38所示的第2点，单击鼠标右键结束“平移复制”命令。

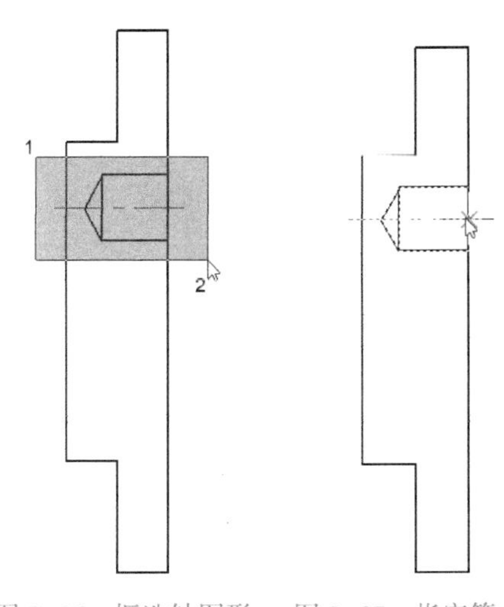

图 8-36　框选轴图形　图 8-37　指定第 1 点

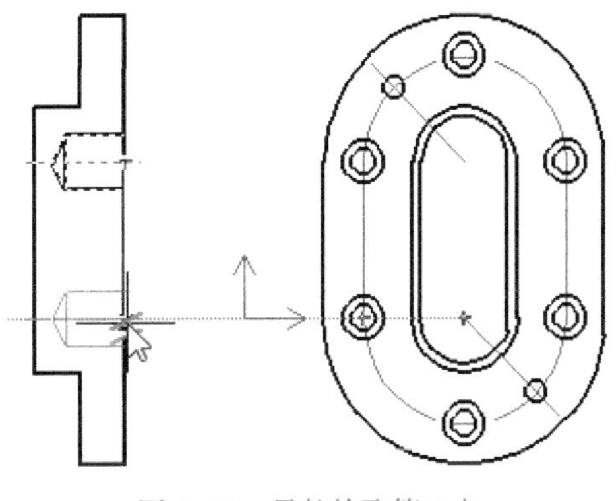

图 8-38　导航拾取第 2 点

（18）在第 2 个视图中绘制两条中心线

先在“特性”面板的“图层”下拉列表框中选择“中心线层”，将它设置为当前图层，接着单击“直线”按钮，设置“1. 两点线”“2. 单根”，结合导航功能和视图对应关系，分别绘制图 8-39 所示的两条较短的中心线。

（19）绘制沉孔的轮廓线

在“特性”面板的“图层”下拉列表框中选择“粗实线层”，从而将“粗实线层”设置为当前图层，接着使用“直线”的“两点线”功能和导航功能等，完成图 8-40 所示的沉孔轮廓线，图中给出了参考尺寸（注：图中尺寸为注释性质，非实际标注尺寸，用于绘图获取尺寸）。

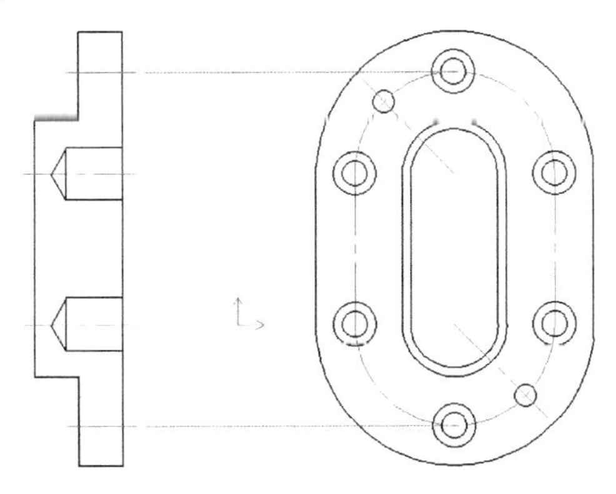

图 8-39　绘制两条较短的中心线

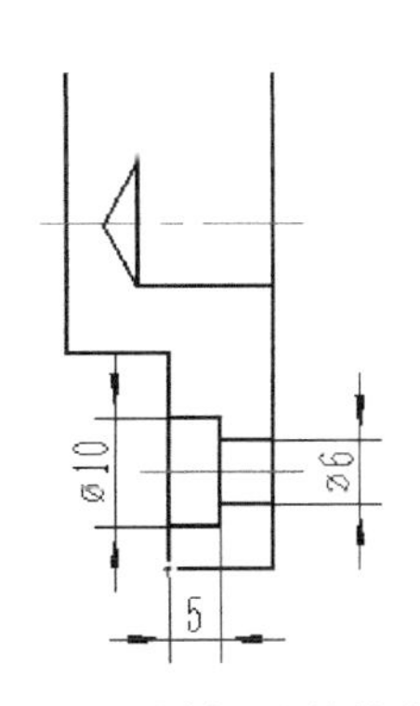

图 8-40　绘制沉孔的轮廓线

（20）创建双向偏移线

在“修改”面板中单击“偏移”按钮，接着在“偏移”立即菜单中设置图 8-41 所示的偏移选项及参数。

1. 单个拾取　2. 指定距离　3. 双向　4. 空心　5.距离 2.5　6.份数 1　7. 保留源对象　8. 使用当前属性

图 8-41　设置偏移选项及参数

选择图 8-42 所示的中心线，从而创建双向偏移线。

（21）裁剪图形

在“修改”面板中单击“裁剪”按钮，在“裁剪”立即菜单“1.”框中选择“快速裁剪”选项，分别拾取要裁剪的曲线（双向偏移线）以获得图 8-43 所示的裁剪效果。

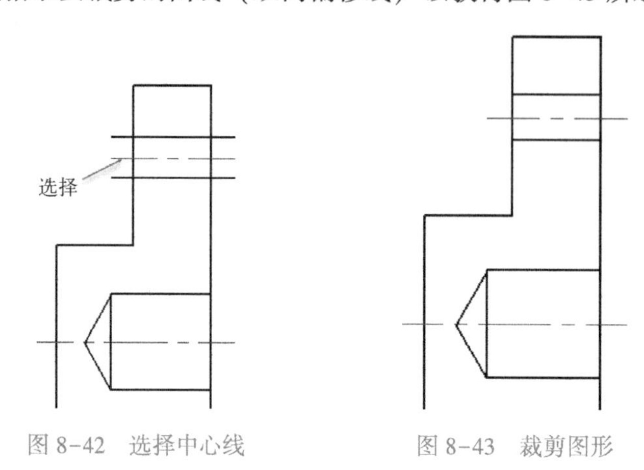

图 8-42　选择中心线　　图 8-43　裁剪图形

（22）绘制 4 个圆角

在“修改”面板中单击“圆角”按钮，在“圆角”立即菜单中设置“1. 裁剪”“2. 半径=3”，分别在第 2 个视图中单击线段 1 和线段 2、线段 2 和线段 3、线段 5 和线段 6、线段 6 和线段 7（共 4 组），从而绘制 4 个圆角，如图 8-44 所示。单击鼠标右键结束圆角命令。

（23）绘制 2 个倒角

在“修改”面板中单击“倒角”按钮，在“倒角”立即菜单中设置“1. 长度和角度方式”“2. 裁剪”“3. 长度=2”“4. 角度=45”，分别在第 2 个视图中单击线段 3 和线段 4、线段 4 和线段 5（共 2 组），从而绘制 2 个倒角，如图 8-45 所示。单击鼠标右键结束倒角命令。

（24）绘制剖面线

将“剖面线层”设置为当前图层，接着在“绘图”面板中单击“剖面线”按钮，并在“剖面线”立即菜单中设置“1. 拾取点”“2. 不选择剖面图案”“3. 独立”“4. 比例=1”“5. 角度=0”“6. 间隔错开=0”“7. 允许的间隙公差=0.0035”，接着分别在图 8-46 所示的封闭区域 A、B、C、D、E 内单击，然后单击鼠标右键确认，完成创建的剖面线如图 8-47 所示。用户也可以自行设置选择剖面图案。

（25）生成中心线

在“绘图”面板中单击“中心线”按钮，接着“中心线”立即菜单中设置“1. 指定延长线长度”“2. 快速生成”“3. 使用默认图层”“4. 延伸长度=3”，在主视图（第一个视图）中分别选择最大半径的两个圆弧，以生成它们相应的正交中心线，如图 8-48 所示。

（26）将“尺寸线层”设置为当前图层等

在功能区“常用”选项卡的“特性”面板中，从“图层”下拉列表框中选择“尺寸线层”。默认的当前文本风格为“标准”，默认的标注风格为“GB_尺寸”，关闭正交模式。

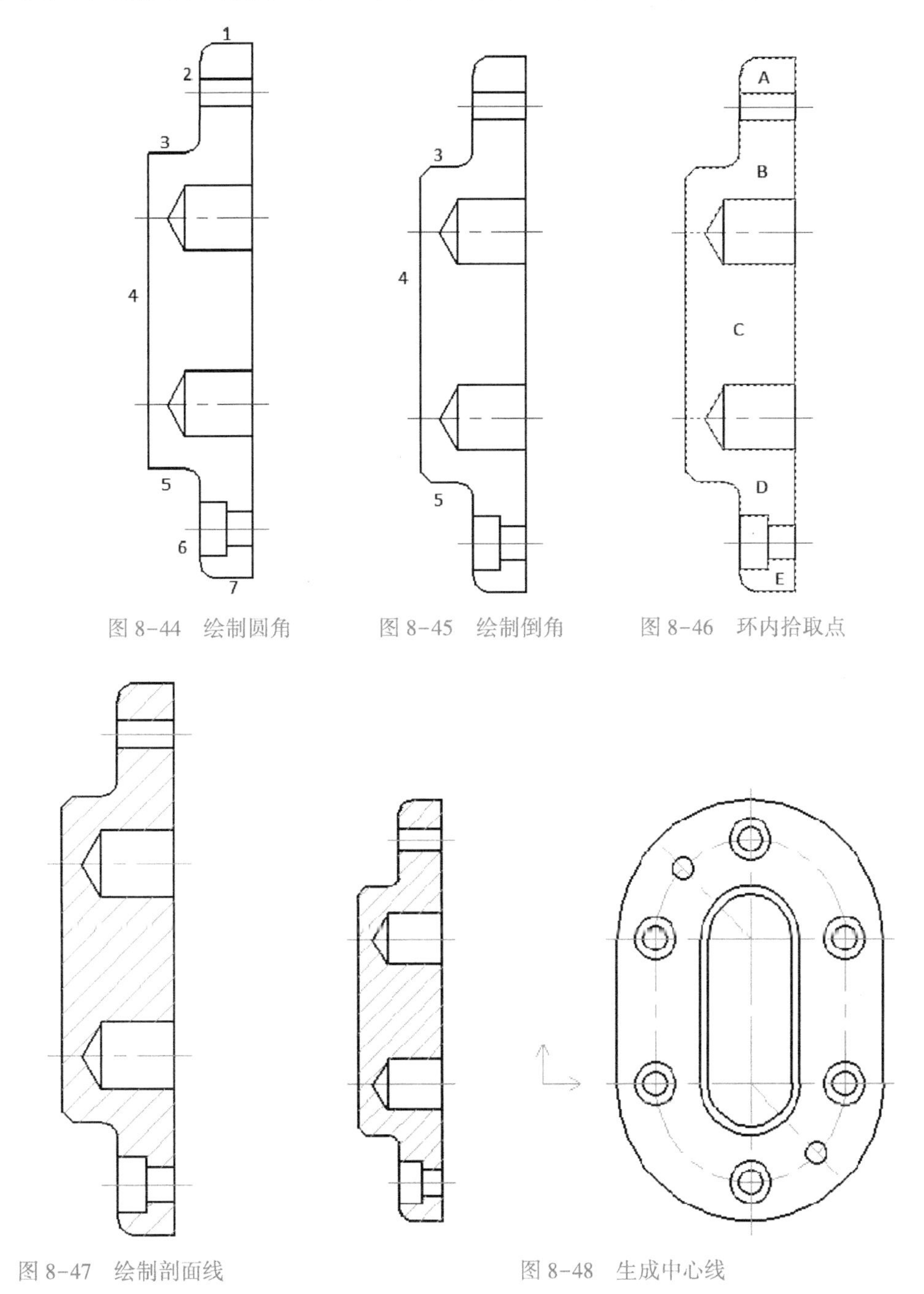

图 8-44 绘制圆角　　图 8-45 绘制倒角　　图 8-46 环内拾取点

图 8-47 绘制剖面线　　图 8-48 生成中心线

（27）绘制剖切符号

在功能区中切换至“标注”选项卡，单击“剖切符号”按钮，在打开的“剖切符号”立即菜单中设置“1. 不垂直导航”“2. 自动放剖切符号名”“3. 真实投影”，结合导航模式分别指定图 8-49 所示的点 1、点 2 和点 3，单击鼠标右键，在右箭头一侧单击以确定剖切方向，如图 8-50 所示。

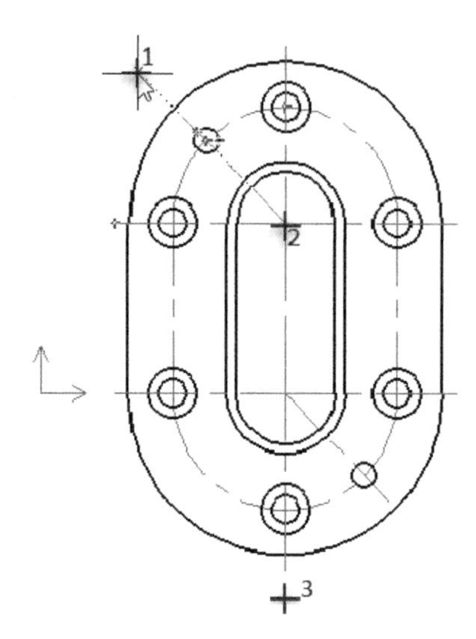

图 8-49　为剖切线指定点

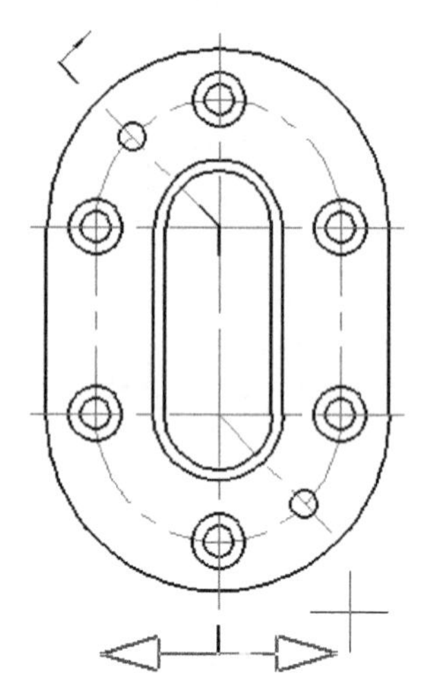

图 8-50　选择剖切方向

在第 2 个视图（剖视图）上方指定剖面名称标注点，如图 8-51 所示。

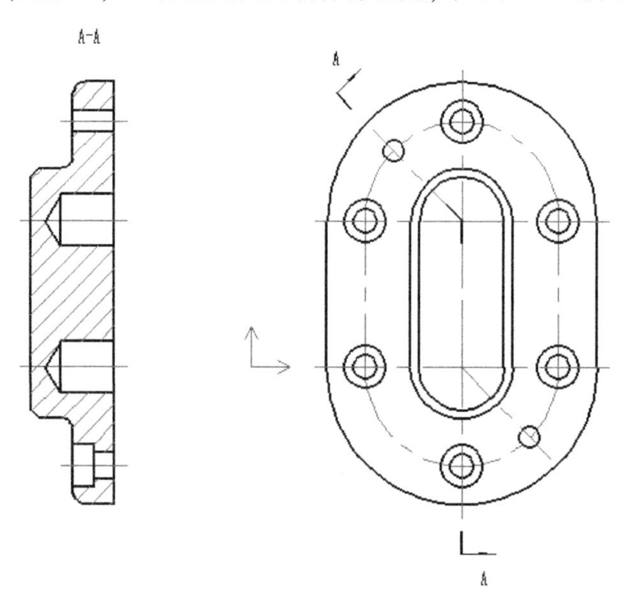

图 8-51　指定剖面名称标注点

（28）设置尺寸标注风格

在功能区“标注”选项卡的“标注样式”面板中单击“尺寸样式”按钮，打开“标注风格设置”对话框。

单击“新建”按钮，接着在弹出的一个对话框中单击“是”按钮以确定新建风格后自动保存，在“新建风格”对话框的“基准风格”下拉列表框中默认选择“GB_尺寸”，从“用于”下拉列表框中选择“半径标注”，单击“下一步”按钮，在“文本”选项卡的“文本对齐方式”选项组中，从“一般文本”下拉列表框中选择“ISO 标准”选项，单击“应用”按钮。使用同样的方法，创建一个用于“直径标注”的子标注样式（基准风格为“GB_

尺寸”)，其一般文本的对齐方式为“ISO 标准”。

确保“GB_尺寸”尺寸风格为当前尺寸风格，单击“确定”按钮退出标注风格设置。

（29）创建大部分的尺寸标注

可以通过双击“A-A”剖面名称对其进行编辑，并可微调其放置位置，接着使用尺寸标注功能当中的基本标注方式，创建该工程图中的大部分尺寸，标注基本尺寸的完成效果如图 8-52 所示。在标注某些尺寸的过程中，在待指定尺寸线位置时可通过右击以弹出“尺寸标注属性设置（请注意各项内容是否正确）”对话框，利用此对话框为当前正在标注的尺寸添加前缀或者后缀。

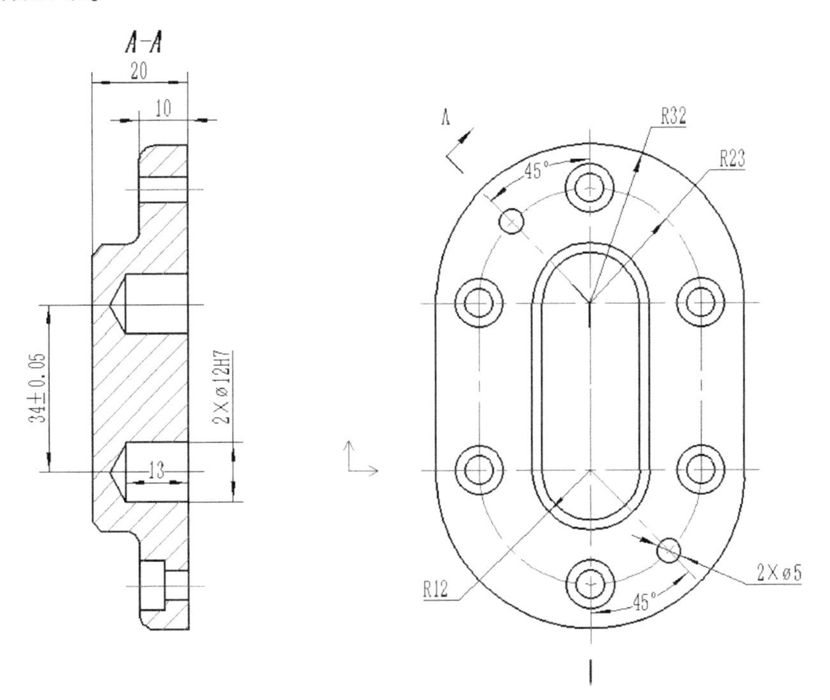

图 8-52　标注大部分的基本尺寸

（30）进行孔标注

在功能区“标注”选项卡的“符号”面板中单击“孔标注”按钮，在主视图中选择要标注的一个孔（其中一个沉头孔的小孔），接着在欲放置尺寸线位置时单击鼠标右键，弹出“孔标注”对话框，从中进行上说明和下说明设置等，如图 8-53 所示，然后单击“确定”按钮，完成创建的孔标注如图 8-54 所示。

（31）创建倒角尺寸

在功能区“标注”选项卡的“符号”面板中单击“倒角标注”按钮，在其立即菜单中选择“1. 默认样式”“2. 轴线方向为 x 轴方向”“3. 水平标注”，“4. C1”，分别选择倒角线和尺寸线位置来创建图 8-55 所示的倒角尺寸。

（32）标注表面结构要求

在标注表面结构要求（表面粗糙度）之前，可以先在功能区“标注”选项卡的“标注样式”面板中，从样式管理下拉列表中单击“粗糙度样式”按钮来定制当前的粗糙度样式。

孔标注

上说明：
前缀 6%x
符号
前缀1 %c
尺寸值 6
后缀1
符号
前缀2
深度 0
后缀2
符号宽度系数 1

下说明：
前缀
符号
前缀1 %c
尺寸值 10
后缀1
符号
前缀2
深度 5
后缀2
符号宽度系数 1

通孔的显示方式
是通孔 显示深度 显示字符串

插入特殊符号 插入...

确定(O) 取消(C)

图 8-53 “孔标注”对话框

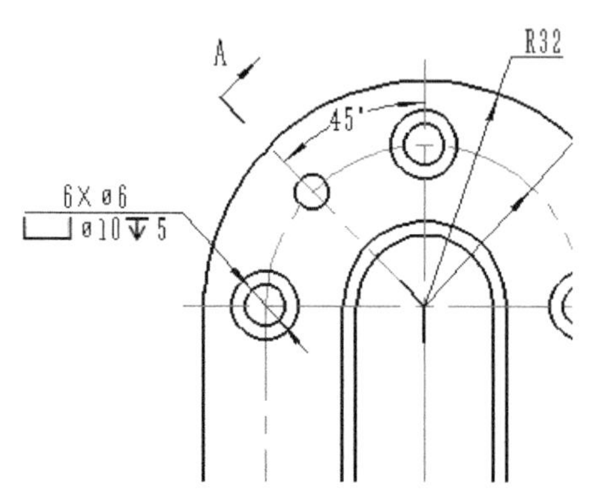

图 8-54 完成一处孔标注

指定好所需的粗糙度样式后，在“符号”面板中单击“粗糙度”按钮，分别标注相关的表面结构要求（表面粗糙度），完成结果如图 8-56 所示。在标注表面结构时可选择“标准标注”这种标注形式，并根据欲标注位置灵活在“默认方式”和“引出方式”之间切换。

34±0.05
2×ø12H7
13
C2

图 8-55 完成创建一个倒角尺寸

(33) 在图样的标题栏附近标注其余表面结构要求

在功能区“标注”选项卡的“符号”面板中单击“粗糙度”按钮，在标题栏的上方适当位置处分别标注图 8-57 所示的 3 个表面结构要求符号。

在功能区“标注”选项卡的“文字”面板中单击“文字”按钮，接着在其立即菜单“1.”中选择“指定两点”选项，在绘图区域的合适位置处指定两个点以定义输入框，输入“(”符号，并将其字高值适当设置大一些，以及根据实际情况设置相应的文本属性参数，然后单击“确定”按钮。使用同样的方法再注写一个“)”符号，结果如图 8-58 所示。

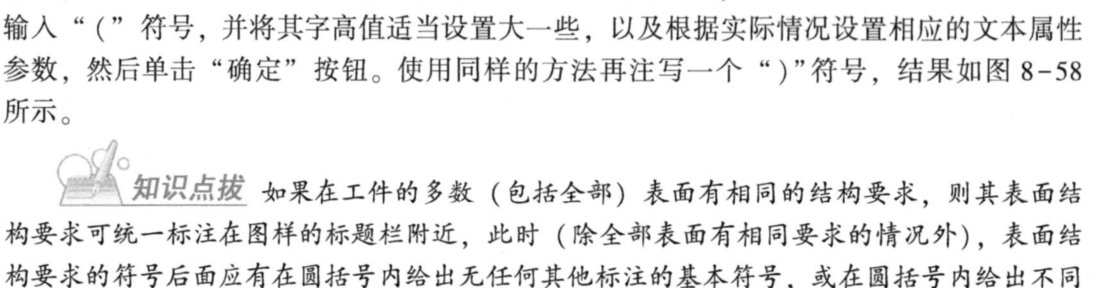

知识点拨 如果在工件的多数（包括全部）表面有相同的结构要求，则其表面结构要求可统一标注在图样的标题栏附近，此时（除全部表面有相同要求的情况外），表面结构要求的符号后面应有在圆括号内给出无任何其他标注的基本符号，或在圆括号内给出不同的表面结构要求。

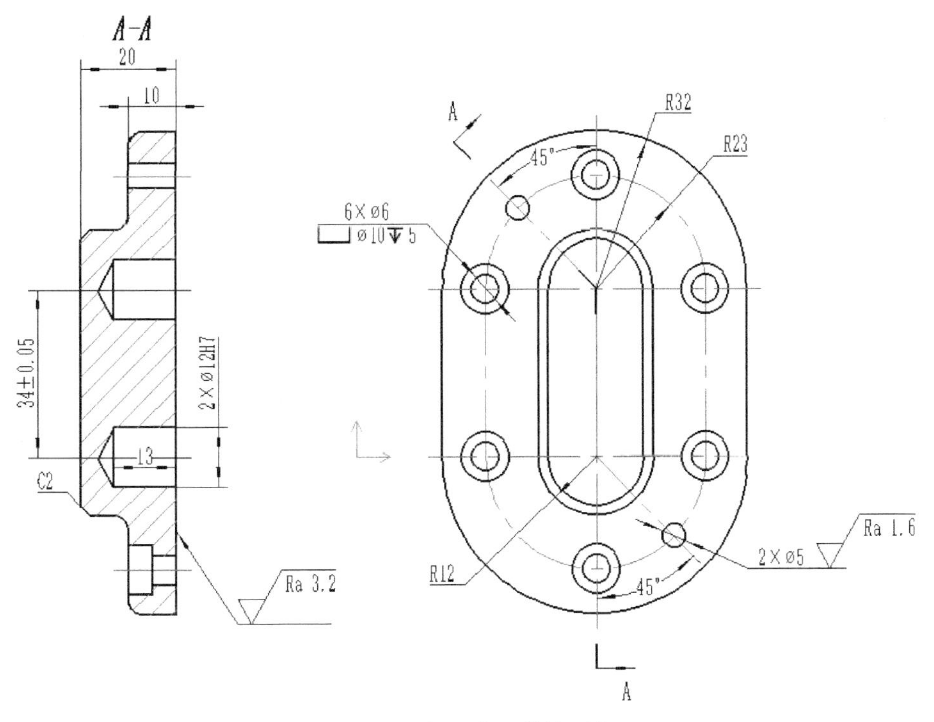

图 8-56　标注表面结构要求

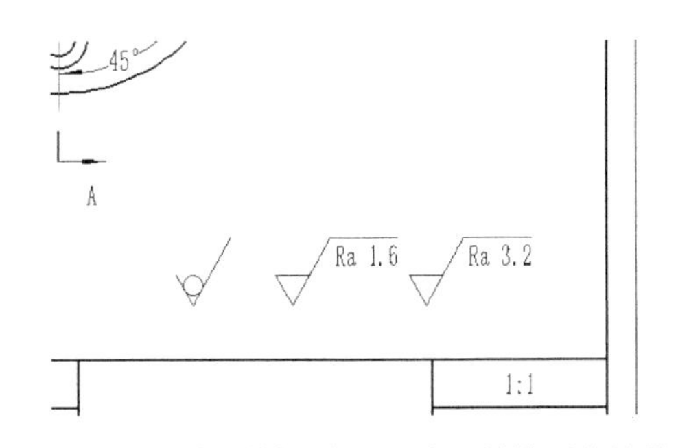

图 8-57　在标题栏上方注写表面结构要求符号

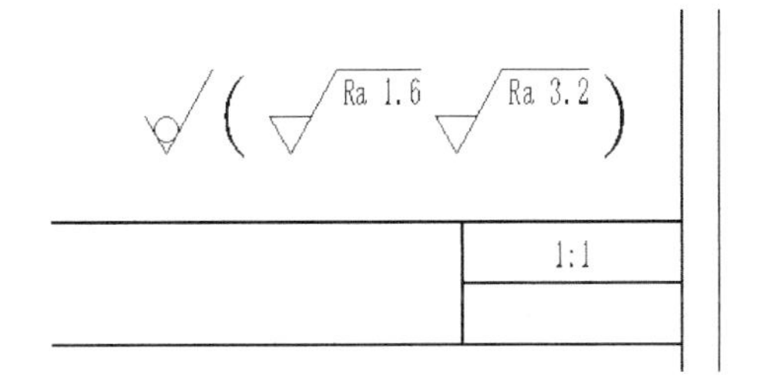

图 8-58　注写符号“（”和“）”

（34）注写基准代号

在“符号”面板中单击“基准代号”按钮，在“基准代号”立即菜单中选择“1. 基准标注”“2. 给定标准”“3. 默认方式”“4. 基准名称=A”，拾取一条尺寸界线，并依据提示确定放置角度和位置，如图 8-59 所示。

（35）注写形位公差

在“符号”面板中单击“形位公差”按钮，弹出“形位公差（GB）”对话框，从中设置图 8-60 所示的垂直度参数，单击“确定”按钮。在出现的立即菜单中设置“1. 水平标注”“2. 智能结束”“3. 有基线”。

在剖视图“A-A”中拾取定位对象，指定引线转折点和确定标注位置，完成注写图 8-61 所示的垂直度。

使用同样的方法，注写图 8-62 所示的平行度。

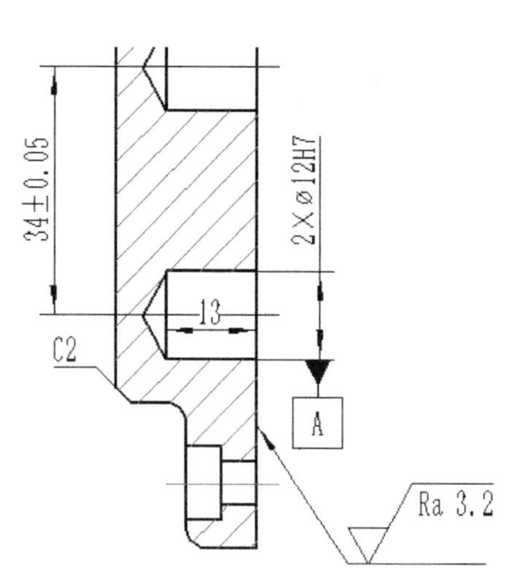

图 8-59　注写基准代号

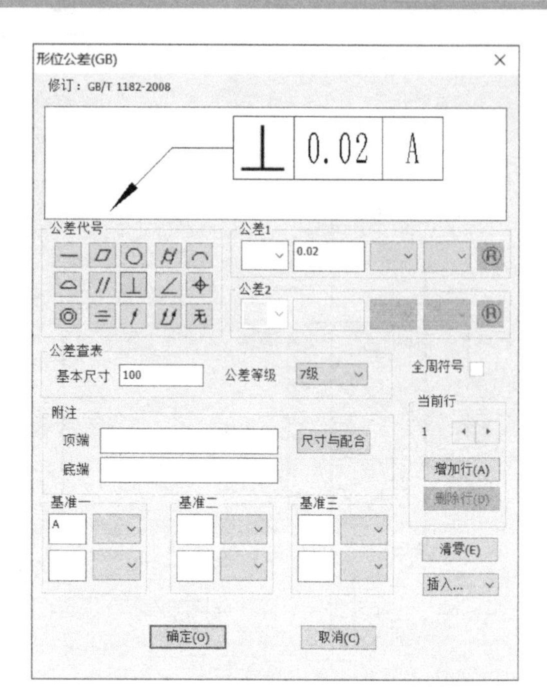

图 8-60　“形位公差（GB）”对话框

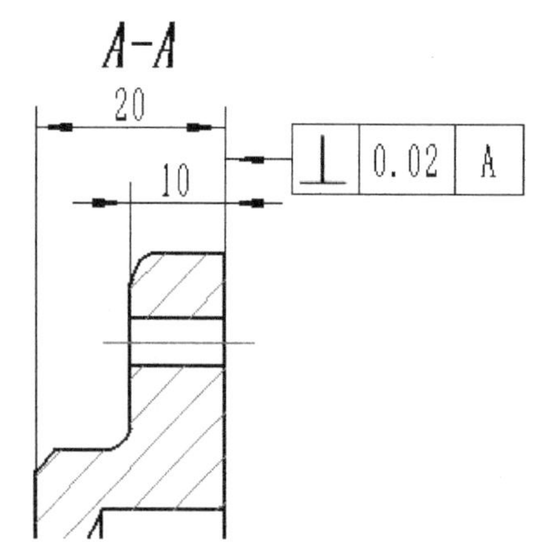

图 8-61　注写垂直度

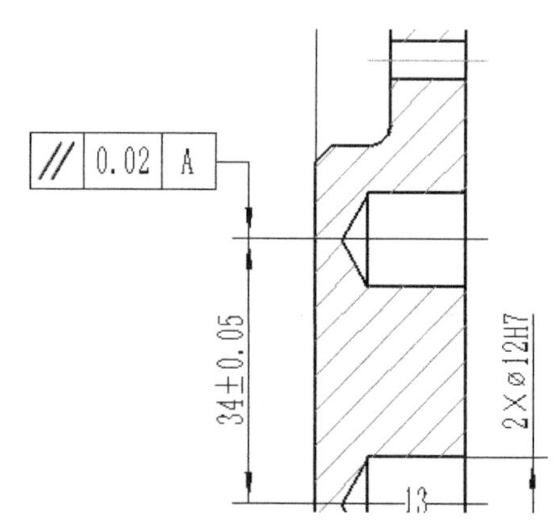

图 8-62　注写平行度

（36）注写技术要求文本

在功能区“标注”选项卡的“文字”面板中单击“技术要求”按钮，系统弹出“技术要求库”对话框，标题内容默认为“技术要求”，在正文文本输入中输入所需的两点技术要求内容，如图 8-63 所示。

在“技术要求库”对话框中单击“生成”按钮，在第 2 个视图的下方、标题栏的左边区域分别指定第 1 角点和第 2 角点，生成技术要求文本，如图 8-64 所示。

说明　用户也可以在“文字”面板中单击“文字”按钮A来注写技术要求标题及其正文内容，但此方法显然没有使用“技术要求”按钮注写技术要求效率高。

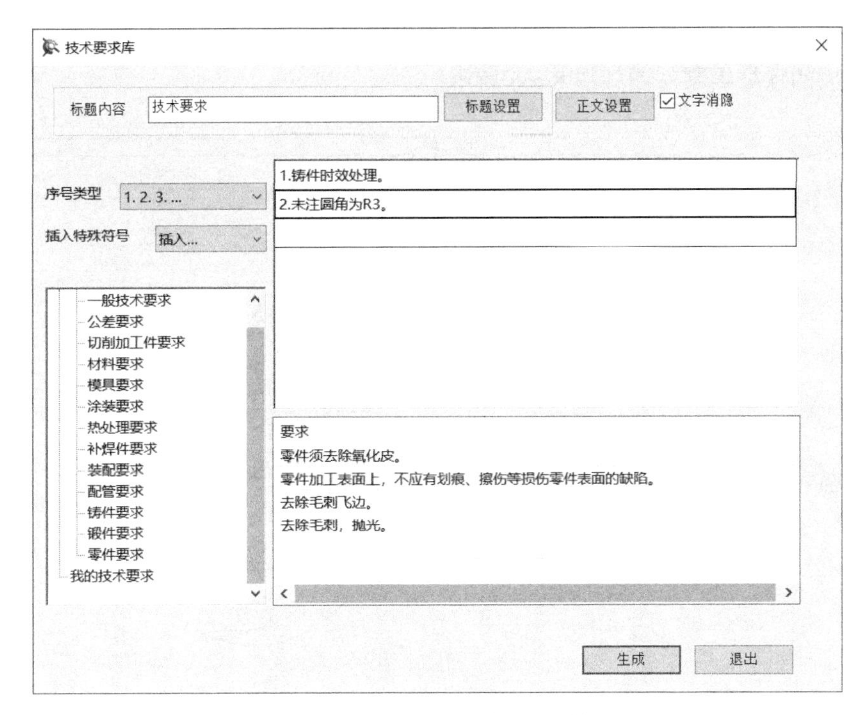

图 8-63 “技术要求库”对话框

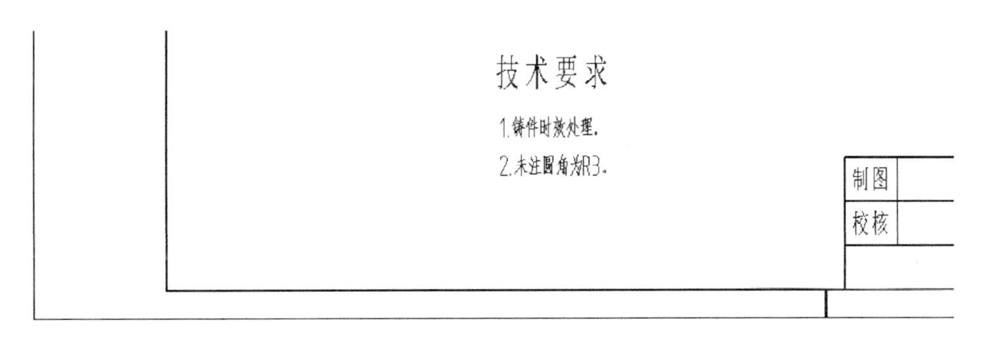

图 8-64 注写技术要求文本

（37）填写标题栏。

在功能区中打开“图幅”选项卡，从“标题栏”面板中单击“填写标题栏”按钮，或者直接双击标题栏，打开“填写标题栏”对话框，利用该对话框填写标题栏相关属性值。填写好的标题栏如图 8-65 所示。

制图	钟日铭	20200413	泵盖零件图	1:1
校核	Erik	20200413		
桦意智创工业设计			HY-BC-A801	

图 8-65 填写标题栏

(38) 可以适当调整各视图的位置，满意后保存文件

最后完成的顶杆帽零件图如图 8-66 所示。

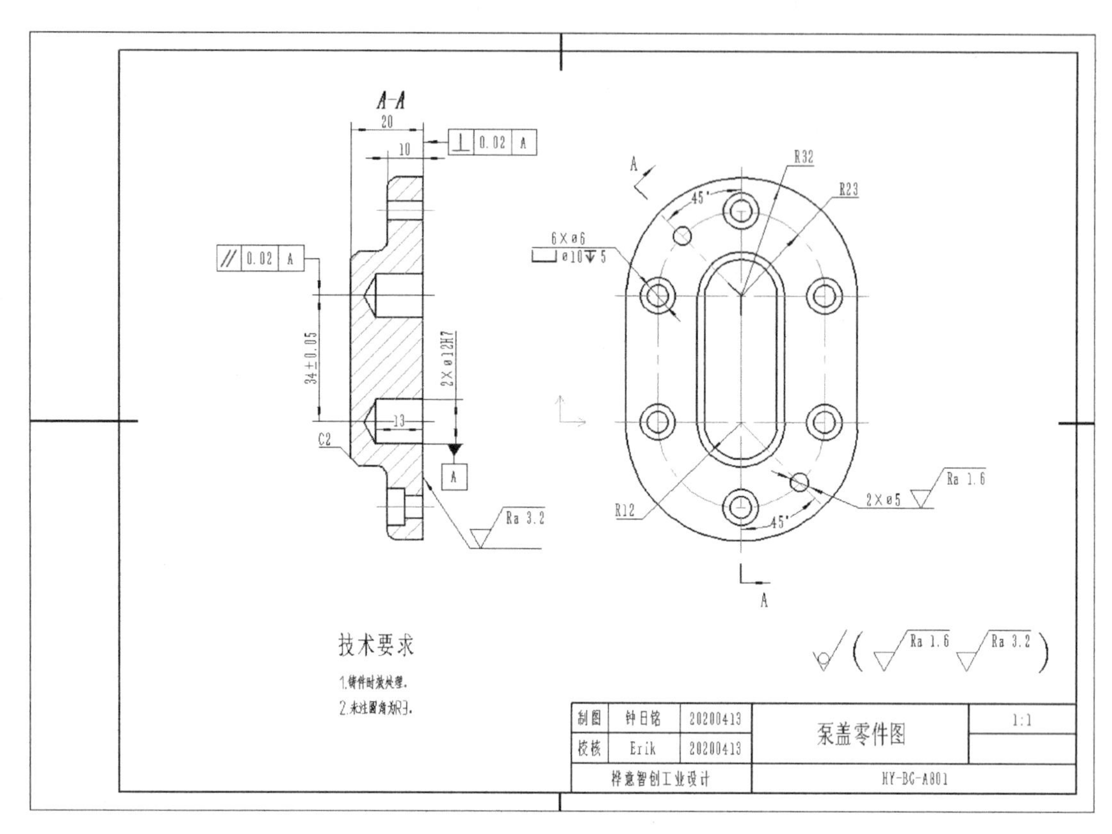

图 8-66　完成的顶杆帽零件图

8.3　绘制主动轴零件图

本实例要完成的是某主动轴零件的零件图，完成的参考效果如图 8-67 所示（注：局部放大图按国标要求应以波浪线来表示边界线，但软件默认以细实线圆来表示）。此类零件的基本结构为同轴回转体，通常绘制一个基本视图作为主视图，对于轴上的退刀槽、键槽、销孔、砂轮越程槽等局部结构，可采用局部剖视图、局部放大图或断面视图来表达。

绘制该主动轴零件图的具体操作步骤如下。

(1) 新建图形文件

在 CAXA CAD 电子图板 2020 的快速启动工具栏中单击“新建”按钮，弹出“新建”对话框，在“工程图模板”选项卡的“当前标准”下拉列表框中默认选择“GB”，在系统模板列表中选择“GB-A4 (CHS)”，然后单击“确定”按钮。

(2) 绘制轴主体图形

将“粗实线层”设置为当前图层。

在功能区“常用”选项卡的“绘图”面板中单击“孔/轴”按钮，在“孔/轴”立即菜单中分别选择“1. 轴”和“2. 直接给出角度”选项，并设置中心线角度为 0，输入插入

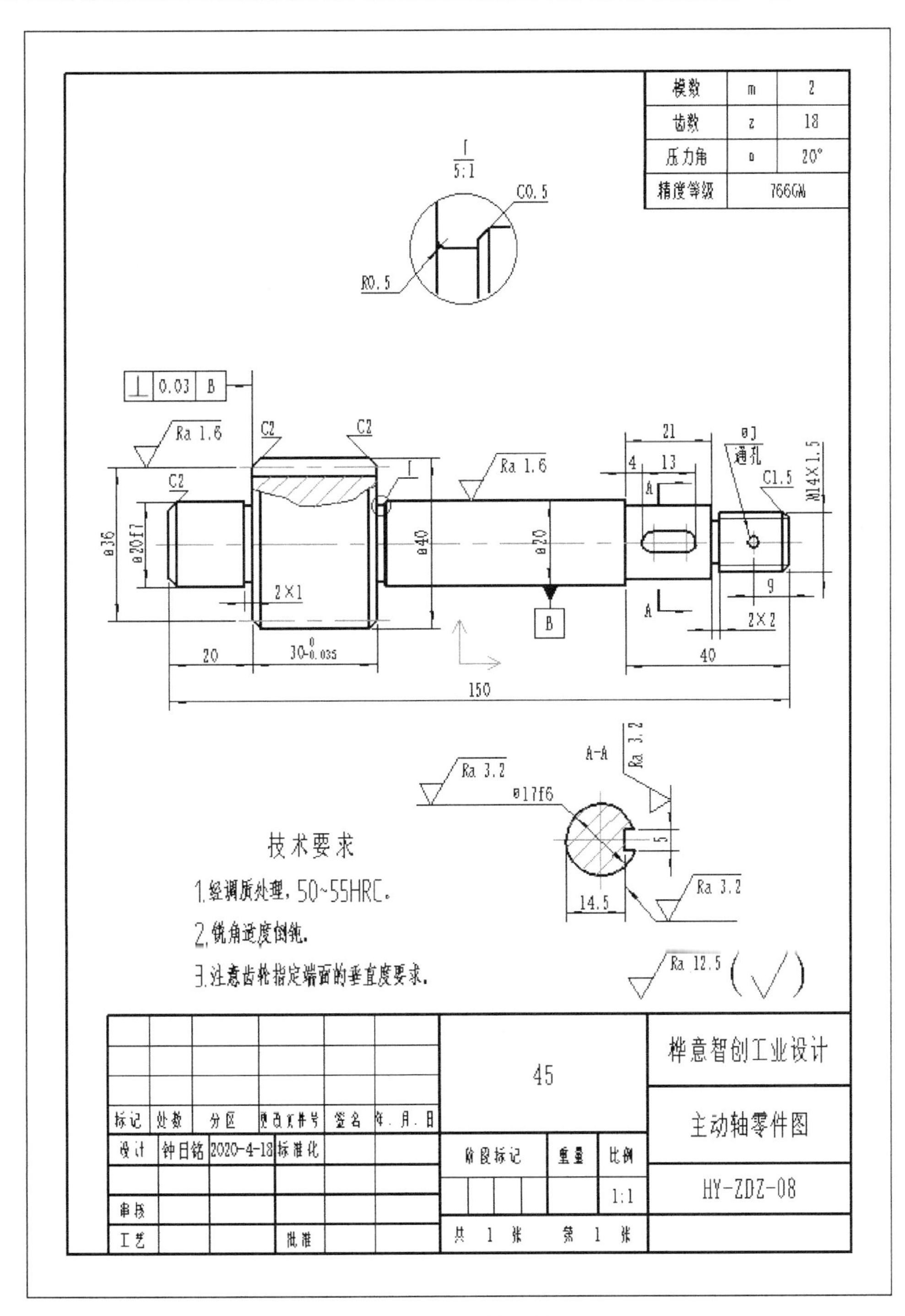

图 8-67　主动轴零件图

点的坐标为“-70，28”，按〈Enter〉键，接着分别设置相应的起始直径、终止直径和轴长度来创建阶梯轴，完成的阶梯轴图形如图 8-68 所示（为了读者上机练习，特意给出了相关尺寸）。

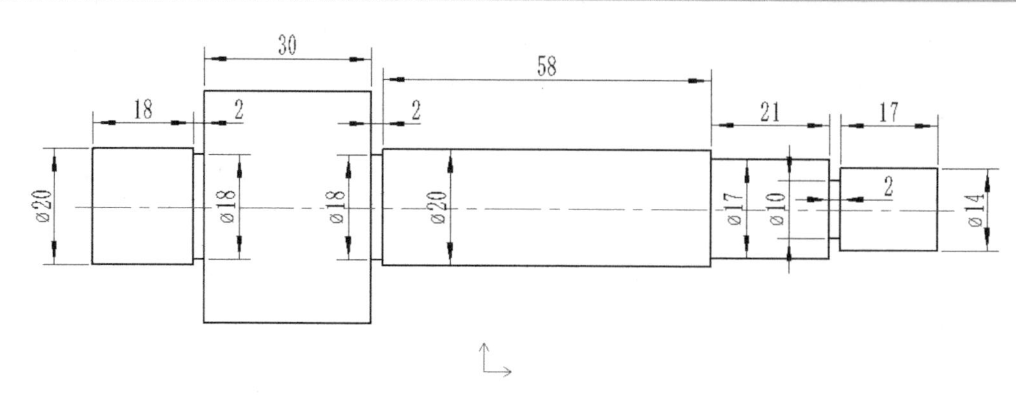

图 8-68　绘制阶梯图形

(3) 创建等距线

将“细实线层”设置为当前图层。

在“修改”面板中单击“等距线”按钮，在出现的立即菜单中设置图 8-69 所示的选项及参数值。

图 8-69　设置等距线立即菜单中的选项与参数值

拾取图 8-70 所示的曲线，接着在所选曲线的下方区域单击以指定所需的偏距方向，创建的该条等距线如图 8-71 所示。

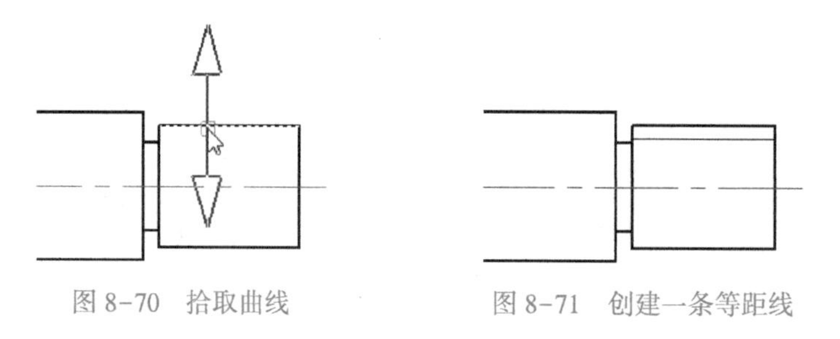

图 8-70　拾取曲线　　图 8-71　创建一条等距线

拾取图 8-72 所示的曲线，接着在所选曲线的上方区域单击以指定所需的偏距方向，创建的该条等距线如图 8-73 所示。

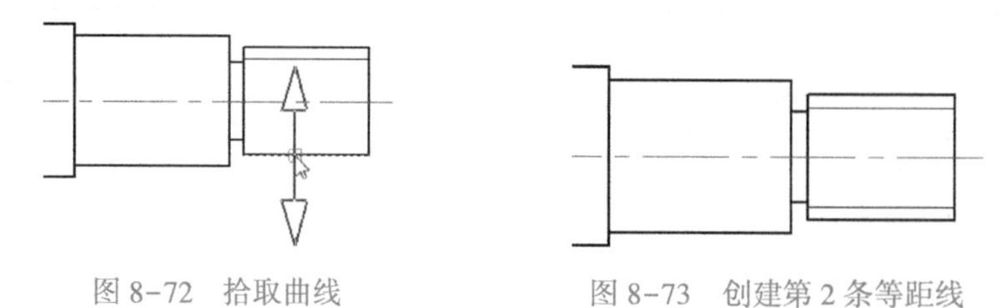

图 8-72　拾取曲线　　图 8-73　创建第 2 条等距线

单击鼠标右键结束等距线创建命令。

(4) 创建外倒角和圆弧过渡

将“粗实线层”设置为当前图层。

在“修改”面板中单击“过渡”按钮，在“过渡”立即菜单中设置“1.”为“外倒角”、“2.”为“长度和角度方式”，并设置倒角长度为1.5，倒角角度为45°，如图8-74所示，接着分别拾取3条有效直线来创建图8-75所示的外倒角。

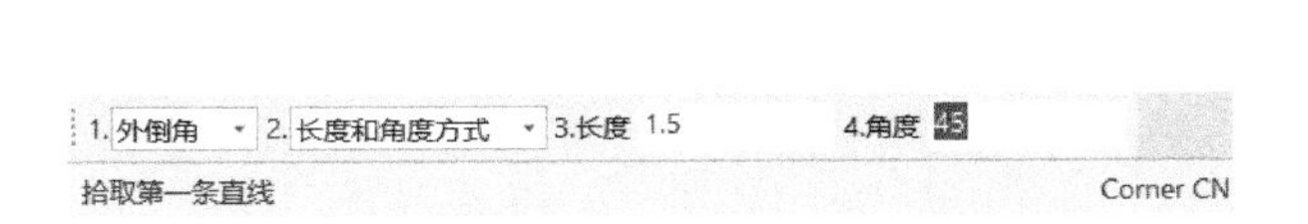

图8-74 设置外倒角参数

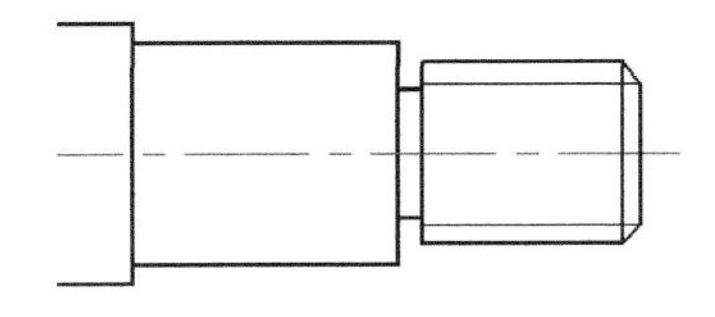

图8-75 创建C1.5的外倒角

在“过渡”立即菜单中将后续的倒角长度设置为2，倒角角度为45°，接着分别拾取一组直线（3条有效直线）来创建第2个外倒角，如图8-76所示。

使用同样的方法，继续创建两个同样规格（倒角长度为2，倒角角度为45°）的外倒角，如图8-77所示。

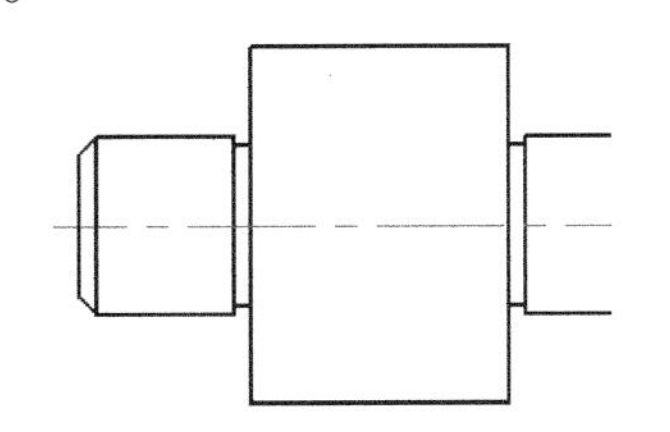

图8-76 创建一个C2外倒角

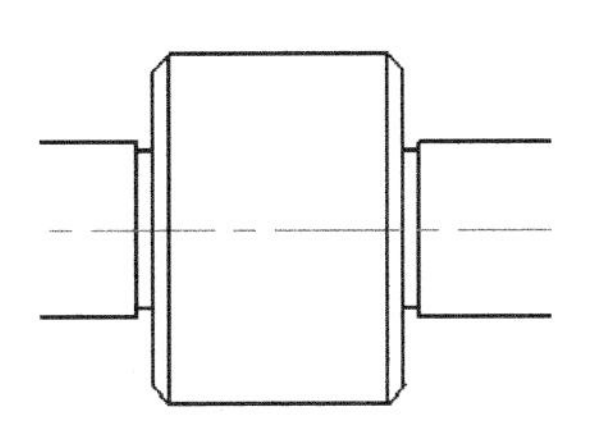

图8-77 创建两个外倒角

在“过渡”立即菜单中将后续的倒角长度设置为0.5，倒角角度为45°，接着分别拾取图8-78所示的直线1、直线2和直线3，从而创建图8-79所示的外倒角。

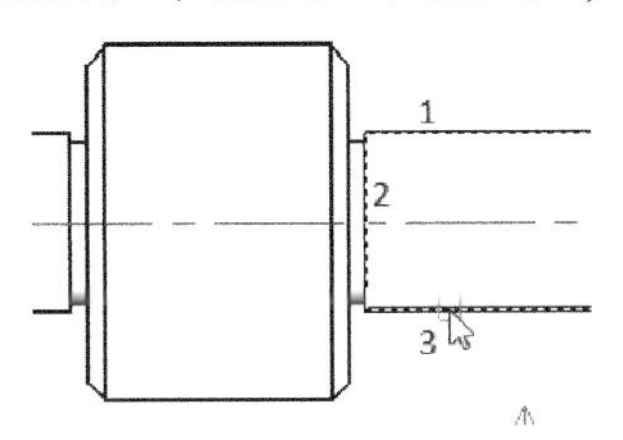

图8-78 拾取3条直线

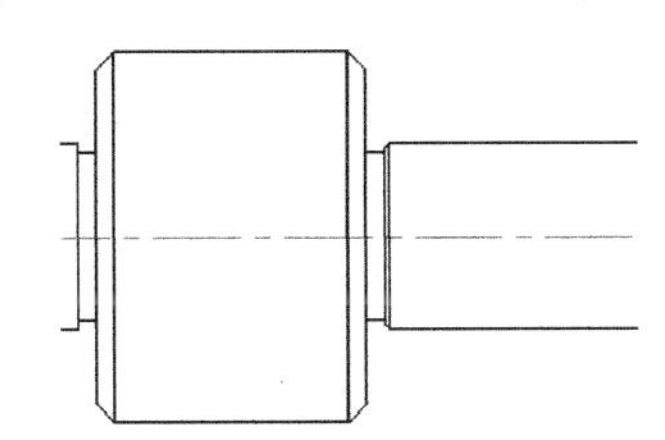

图8-79 创建外倒角

在“过渡”立即菜单的“1.”框中选择“圆角”，接着在出现的“2.”框中选择“裁剪始边”选项，并在“3. 半径”框中将圆角半径设置为0.5，如图8-80所示。在提示下拾取图8-81所示的直线1，接着拾取图中的直线2。

图8-80 设置圆角选项与参数值

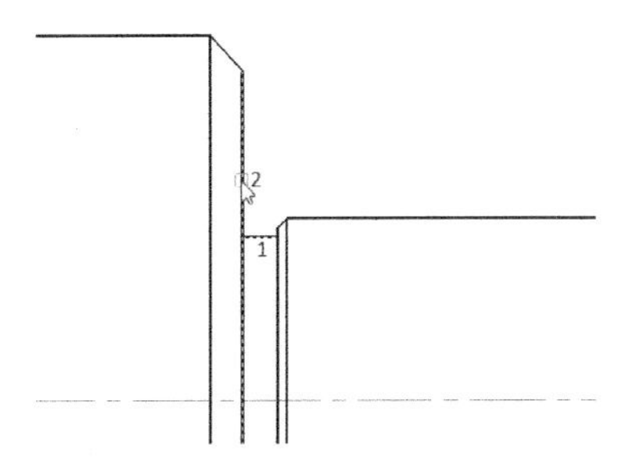

图8-81 拾取两条直线段

创建的该圆角过渡如图 8-82 所示。使用同样的拾取方法，在水平中心线的另一侧创建相应的圆角过渡，如图 8-83 所示。

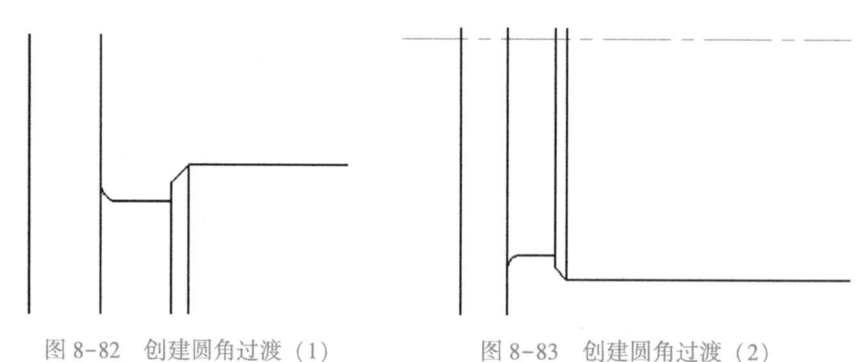

图 8-82　创建圆角过渡（1）　　图 8-83　创建圆角过渡（2）

单击鼠标右键结束过渡命令。

（5）创建等距线

在“修改”面板中单击“等距线”按钮，创建图 8-84 所示的等距线。

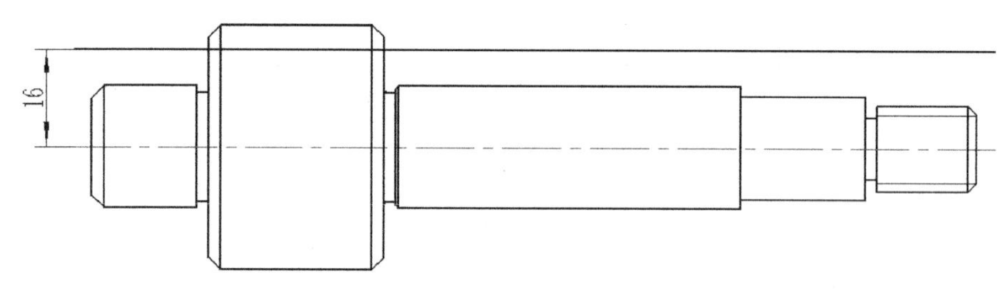

图 8-84　创建等距线

（6）裁剪图形

在“修改”面板中单击“裁剪”按钮，在其立即菜单中选择“快速裁剪”选项，将图形裁剪成如图 8-85 所示。

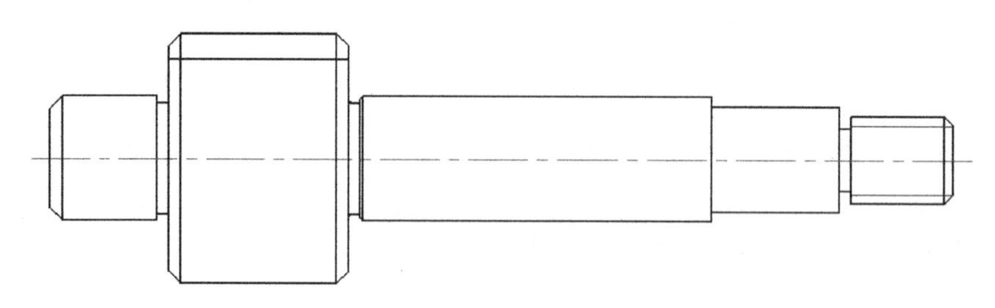

图 8-85　裁剪图形

（7）绘制样条曲线

将“细实线层”设置为当前图层。在“绘图”面板中单击“样条”按钮，依次拾取若干点来绘制图 8-86 所示的样条曲线。

（8）裁剪图形

在“修改”面板中单击“裁剪”按钮，在立即菜单“1.”中选择“快速裁剪”选项，将图形裁剪成如图 8-87 所示。

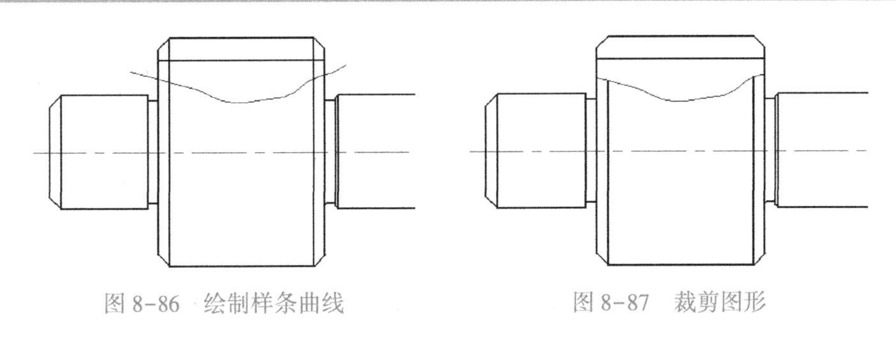
图 8-86　绘制样条曲线　　　　图 8-87　裁剪图形

(9) 绘制剖面线

先将“剖面线层”设置为当前图层。

在“绘图”面板中单击“剖面线”按钮，在出现的立即菜单中设置“1. 拾取点”“2. 选择剖面图案”“3. 非独立”，并接受默认的允许间隙公差，如图 8-88 所示。接着拾取图 8-89 所示的环内点，右击以确认。

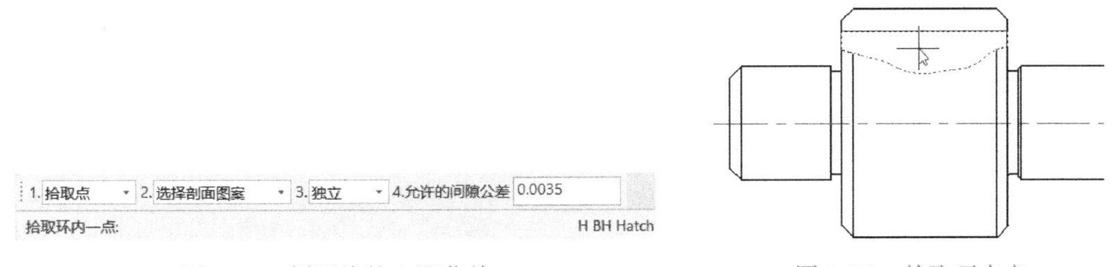

图 8-88　剖面线的立即菜单　　　　图 8-89　拾取环内点

右击后系统弹出“剖面图案”对话框，从中选择 ANSI31 图案，并设置其比例、旋转角和间距错开值，如图 8-90 所示，然后单击“确定”按钮，完成绘制的该处局部剖视的剖面线如图 8-91 所示。

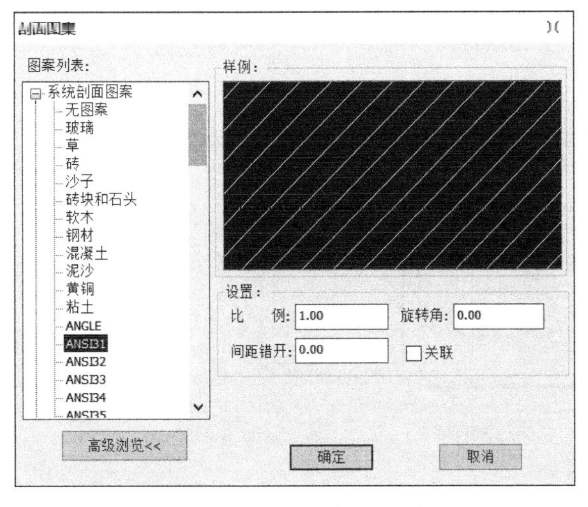

图 8-90　“剖面图案”对话框

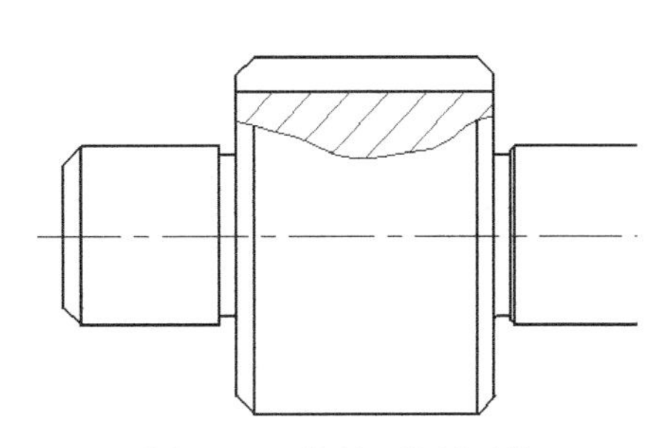
图 8-91　绘制一处剖面线

(10) 绘制辅助中心线

将“中心线层”设置为当前图层。

在“修改”面板中单击“等距线”按钮，以等距的方式绘制图8-92所示的辅助中心线（为了便于读者上机操作，特意给出了相关的偏移距离）。

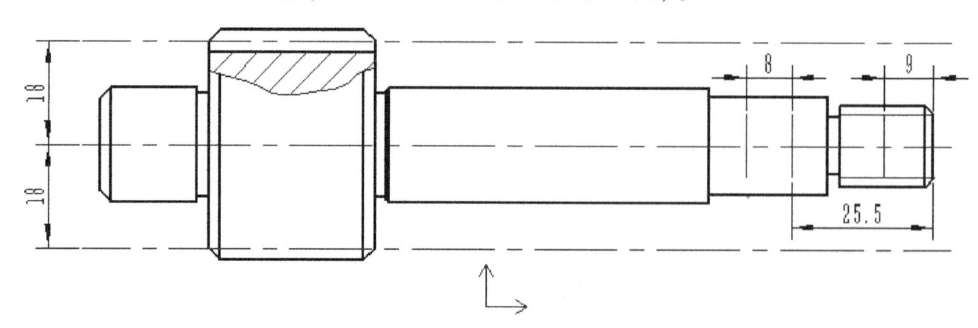

图8-92　以等距方式绘制辅助中心线

（11）绘制圆

将“粗实线层”设置为当前图层。

在“绘图”面板中单击“圆”按钮，分别绘制图8-93所示的3个圆，设置这3个圆不自动生成中心线。左边两个圆的直径均为5，右侧的一个小圆直径为3。在操作过程中，可以单击空格键调出工具点菜单，从中选择“交点”方式，并拾取相应中心线的交点作为圆心位置。

（12）绘制相切直线

执行直线工具绘制图8-94所示的两条相切直线。

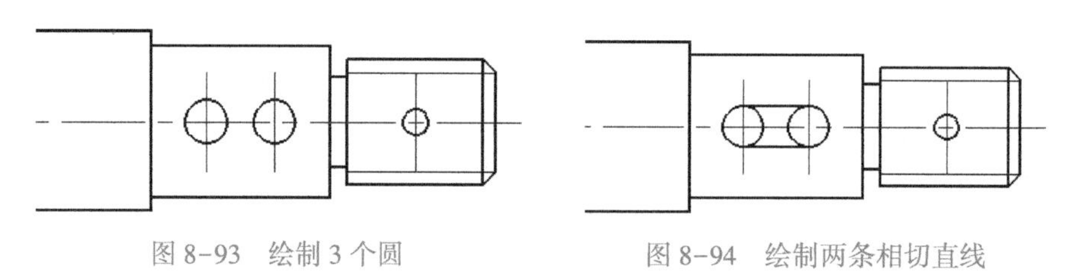

图8-93　绘制3个圆　　图8-94　绘制两条相切直线

（13）裁剪图形

在“修改”面板中单击“裁剪”按钮，在其立即菜单“1.”中选择“快速裁剪”选项，将键槽部分的图形裁剪成如图8-95所示。

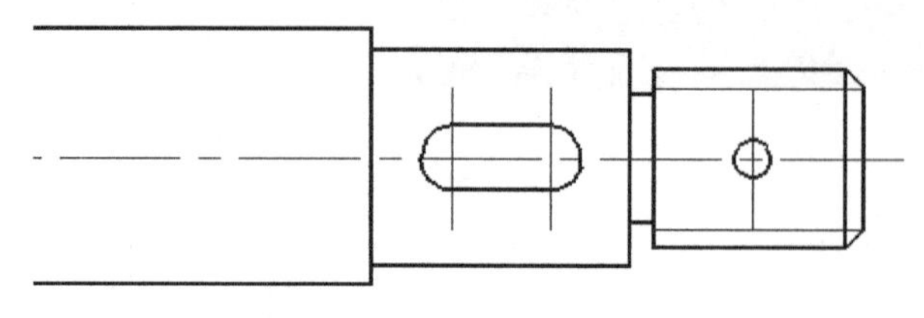

图8-95　裁剪图形

（14）将两条中心线拉短

在“修改”面板中单击“拉伸”按钮，选择“单个拾取”方式，拾取要拉短的一条中心线，将其离拾取点最近的端点拉伸到指定位置（具体采用“轴向拉伸”“点方式”拉伸）。根据实际情况进行拉伸操作，直到两条中心线的显示效果如图8-96所示。

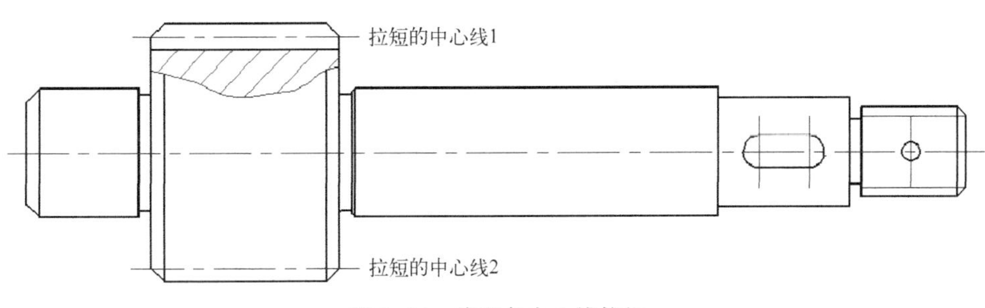

图 8-96 将两条中心线拉短

(15) 将小圆的竖直中心线拉短

使用和上步骤相同的方法，将小圆等的竖直中心线拉短，即拉伸选定中心线来重新指定中心线的两个端点位置。

此时该主视图如图 8-97 所示。

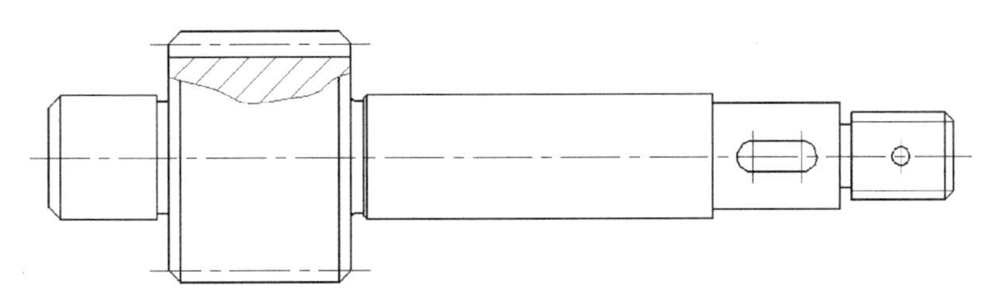

图 8-97 主视图效果

(16) 绘制断面图

在“绘图”面板中单击“圆”按钮⊙，在主视图的下方区域绘制图 8-98 所示的一个圆，该圆的直径为 17，自动带延伸长度为 3 的中心线。

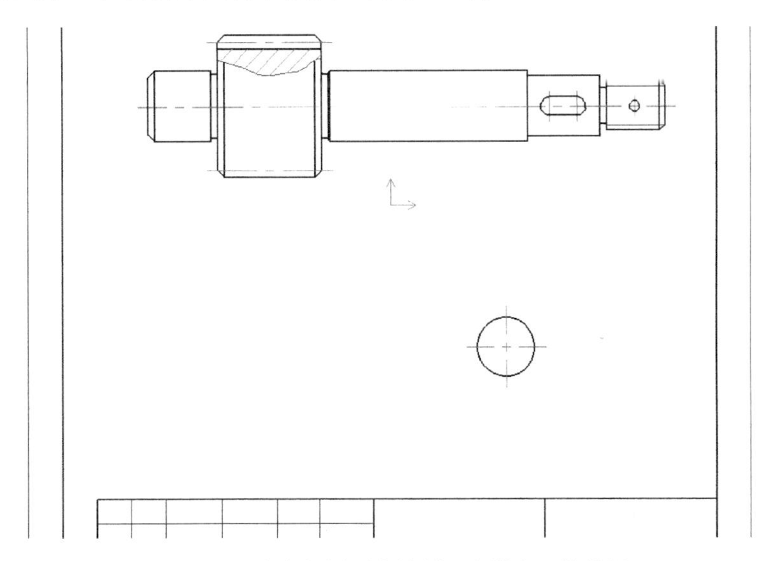

图 8-98 在主视图下方绘制一个带中心线的圆

在“修改”面板中单击“等距线”按钮，分别创建图 8-99 所示的 3 条等距线。

在“修改”面板中单击“裁剪”按钮，在其立即菜单中选择“快速裁剪”选项，将

该断面图裁剪成如图 8-100 所示。

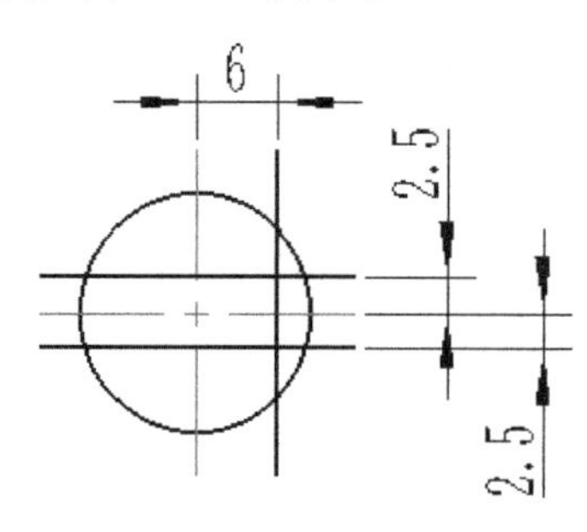

图 8-99 绘制等距线

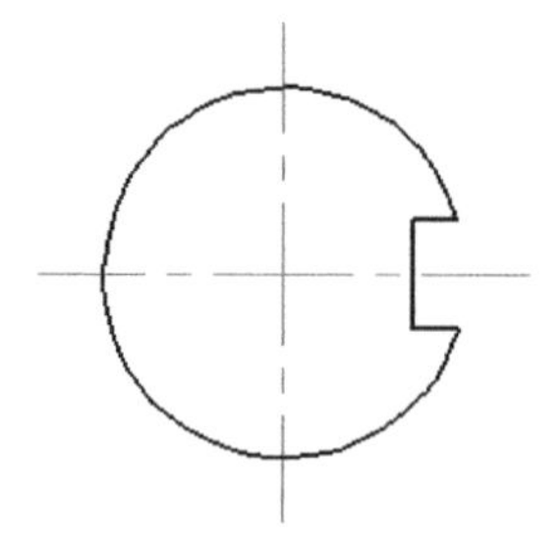

图 8-100 裁剪断面视图

将“剖面线层”设置为当前图层。在“绘图”面板中单击“剖面线”按钮，在出现的立即菜单中设置“1.”为“拾取点”、“2.”为“选择剖面图案”、“3.”为“非独立”，如图 8-101 所示。接着使用鼠标分别拾取图 8-102 所示的 4 个环内点，然后单击鼠标右键确定。

图 8-101 剖面线的立即菜单

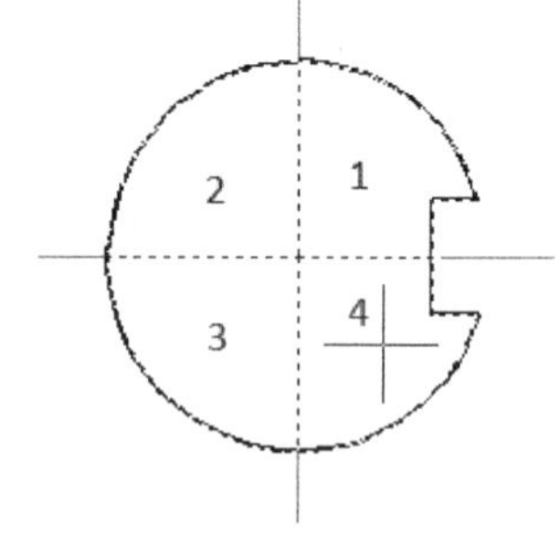

图 8-102 分别拾取 4 个环的内部点

系统弹出“剖面图案”对话框，选择 ANSI31 图案，并分别设置比例、旋转角和间距错开值，如图 8-103 所示，然后单击“确定”按钮。完成绘制的该断面图剖面线如图 8-104 所示。

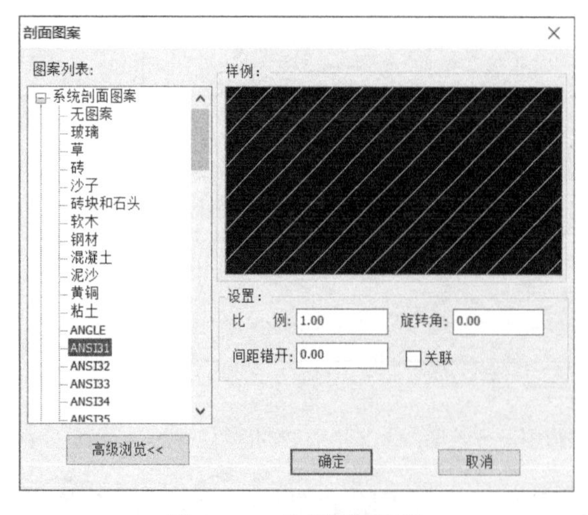

图 8-103 选择剖面图案

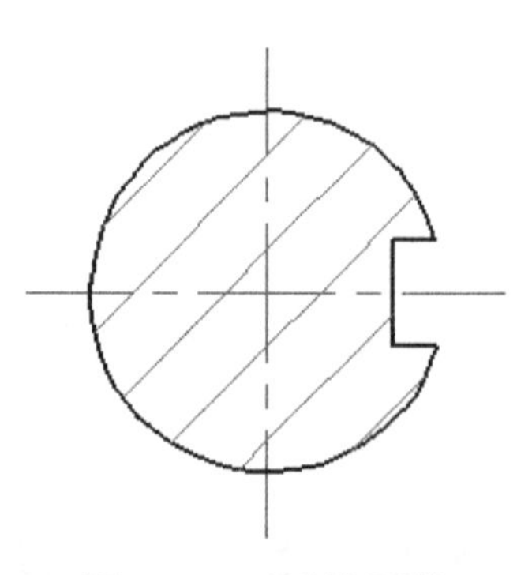

图 8-104 绘制剖面线

(17) 创建局部放大图

将“细实线层”设置为当前图层。

在“绘图”面板中单击“局部放大”按钮，接着在出现的立即菜单中设置“1. 圆形边界”“2. 加引线”“3. 放大倍数=5”“4. 符号=Ⅰ”“5. 缩放剖面线图样比例”。

拾取局部放大区域的中心点，如图8-105所示，接着拖动鼠标来指定圆上一点，如图8-106所示。

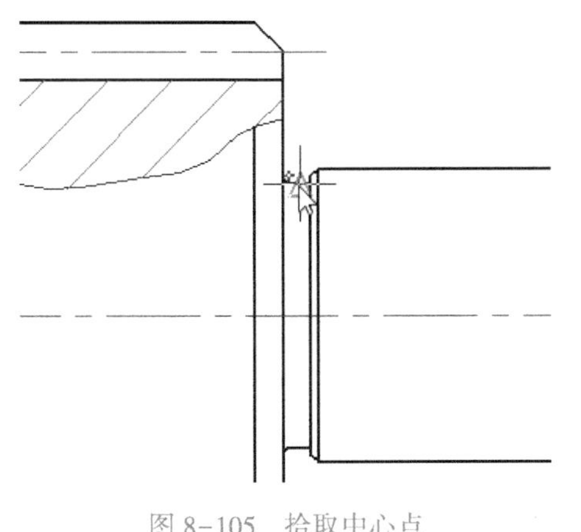

图8-105 拾取中心点

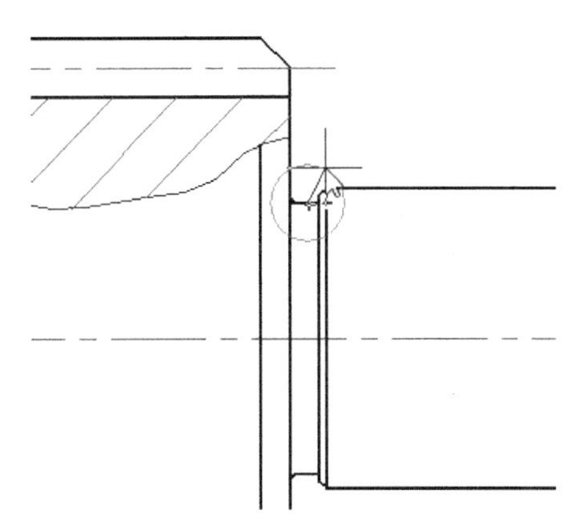

图8-106 指定圆上一点

使用鼠标来指定符号插入点，如图8-107所示。

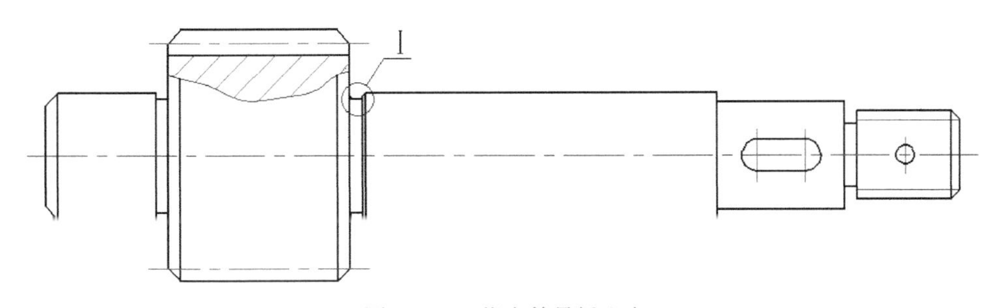

图8-107 指定符号插入点

在主视图上方的合适位置处指定一点来放置局部放大图，输入角度值为0，按〈Enter〉键，然后在该局部放大视图上方指定符号插入点，从而完成创建局部放大图，结果如图8-108所示。

(18) 设置当前图层以及设置相关的标注风格

将“尺寸线层”设置为当前图层。

在功能区中切换至“标注”选项卡，在“标注样式”面板中确保当前文本风格为“标准”，当前尺寸标注风格为“GB_尺寸”。

从“标注样式”面板中单击“尺寸样式”按钮，打开“标注风格设置”对话框，在左窗格中选择“GB_尺寸”，接着在“直线和箭头”选项卡中将起点偏移量更改为“0.875”，如图8-109所示，然后单击“应用”按钮。

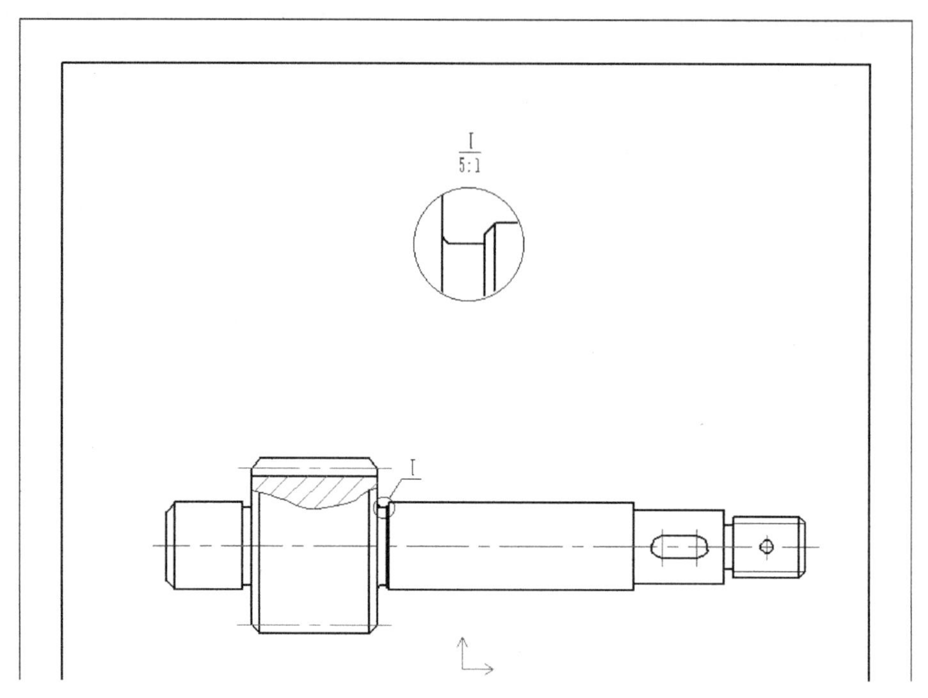

图 8-108　完成局部放大图

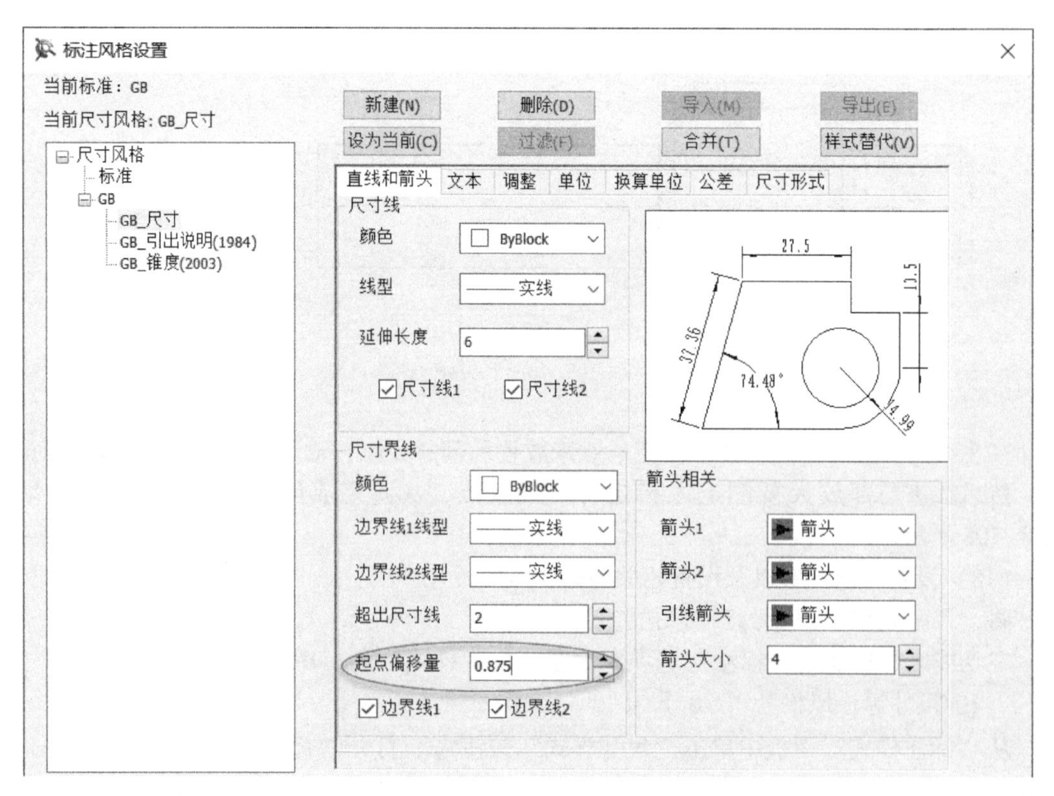

图 8-109　修改“GB_尺寸”尺寸风格

在“标注风格设置”对话框中单击“新建”按钮，为“GB_尺寸”尺寸风格创建两个子尺寸样式，分别用于处理半径标注和直径标注时一般文本的对齐方式。这两个子样式基于“GB_尺寸”尺寸风格，仅一般文本对齐方式改为“ISO 标准”，如图 8-110 所示。设置好后，单击“确定”按钮。

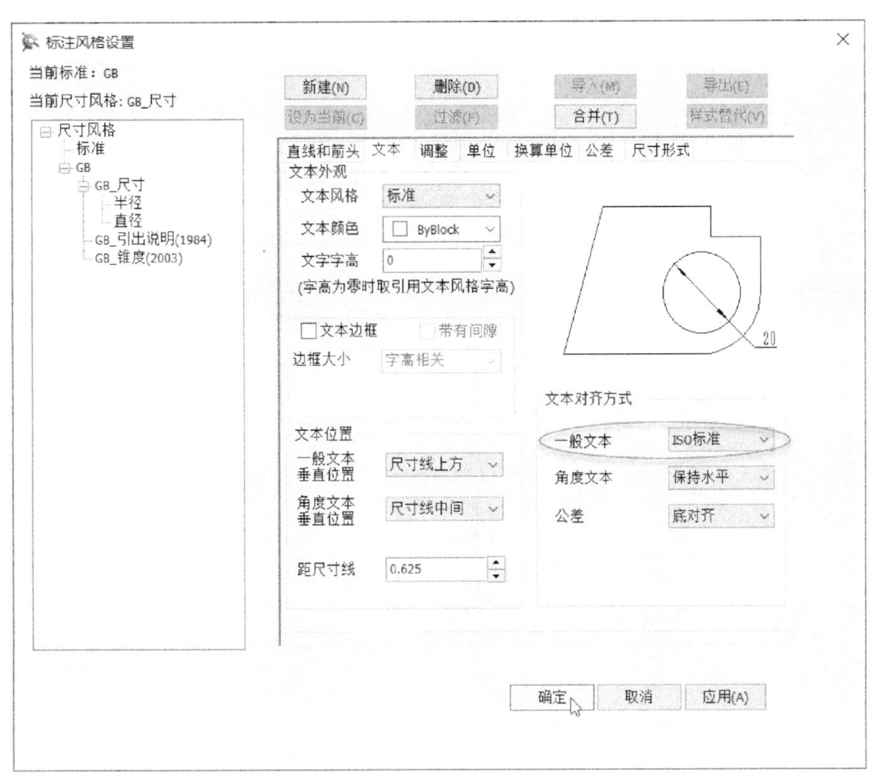

图 8-110 可建立基于“GB_尺寸”尺寸风格的“半径”和“直径”子尺寸样式

(19) 使用尺寸标注的基本标注功能来标注一系列的尺寸

在功能区“标注”选项卡的“尺寸”面板中单击“尺寸标注”按钮├┤，接着在立即菜单的“1.”框中选择“基本标注”选项，分别依据相关的设计要求选择元素来标注一系列所需要的尺寸。例如，拾取图 8-111 所示的两条平行轮廓线，在立即菜单中设置好相关的选项后，移动鼠标至欲放置尺寸线位置的地方，此时右击，系统弹出“尺寸标注属性设置（请注意各项内容是否正确）”对话框，从中设置该尺寸的前缀和后缀，如图 8-112 所示。在该尺寸示例中，亦可不用在“后缀”文本框中输入“f7”，而是在“公差与配合”选项组中，将输入形式设为“代号”，并在“公差代号”文本框中输入“f7”，然后从“输出形式”下拉列表框中选择“代号”。单击“确定”按钮，从而完成该尺寸标注。可以继续创建其他尺寸标注。

操作点拨 如果需要注写某尺寸的尺寸公差，那么在标注该尺寸时利用打开的“尺寸标注属性设置（请注意各项内容是否正确）”对话框来设置其公差输入形式和输出形式等，确定后 CAXA CAD 电子图板系统会按照设定的方式注写其尺寸公差。

初步标注好的一系列基本尺寸如图 8-113 所示。

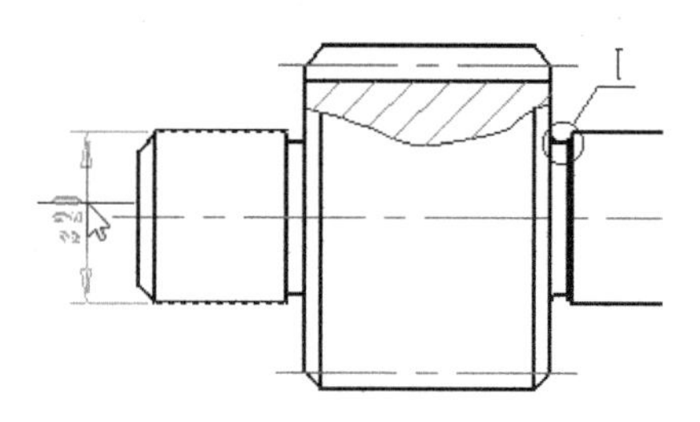

图 8-111　拾取要标注尺寸的元素

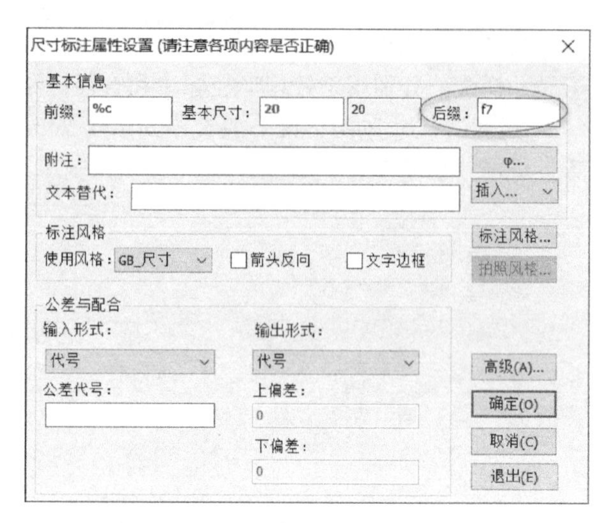

图 8-112　“尺寸标注属性设置”对话框

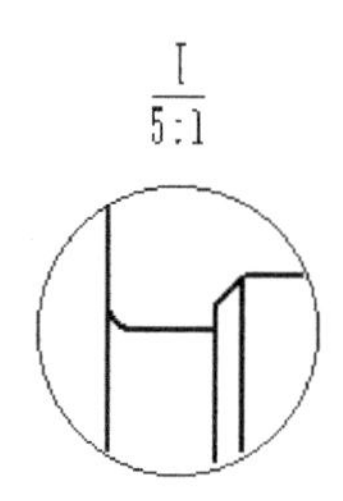

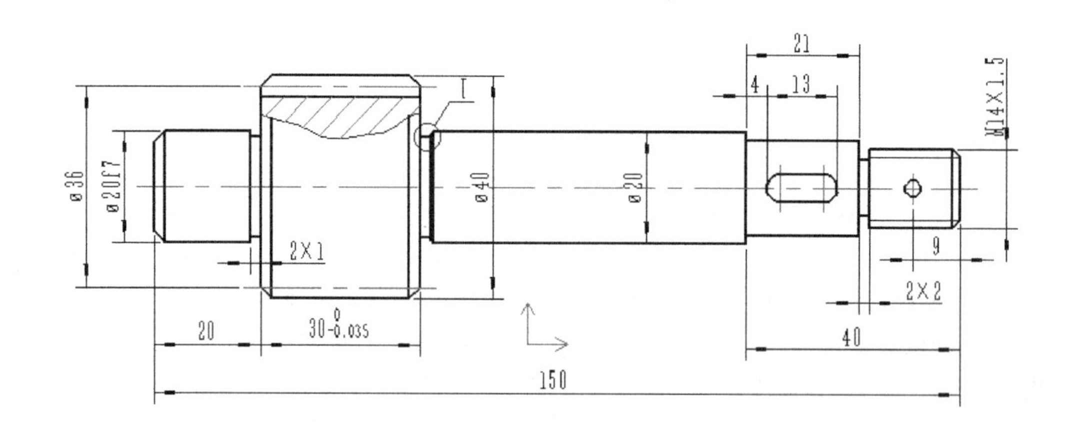

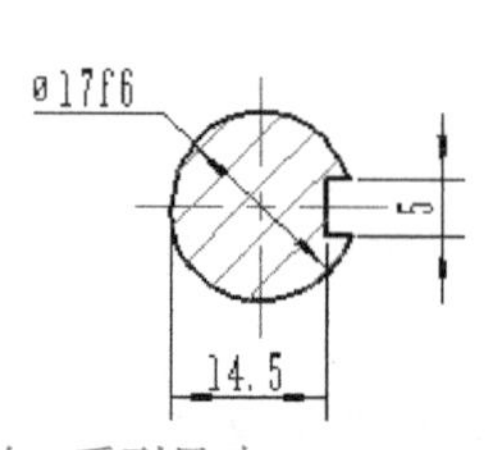

图 8-113　初步标注的一系列尺寸

(20) 倒角标注

在功能区“标注”选项卡的“符号”面板中单击“倒角标注”按钮，在出现的立即菜单中设置图 8-114 所示的参数，分别选择倒角线来创建图 8-115 所示的几处倒角尺寸。

1. 默认样式 2. 轴线方向为x轴方向 3. 水平标注 4. C1 5.基本尺寸
拾取倒角线 Dimch

图 8-114　倒角立即菜单

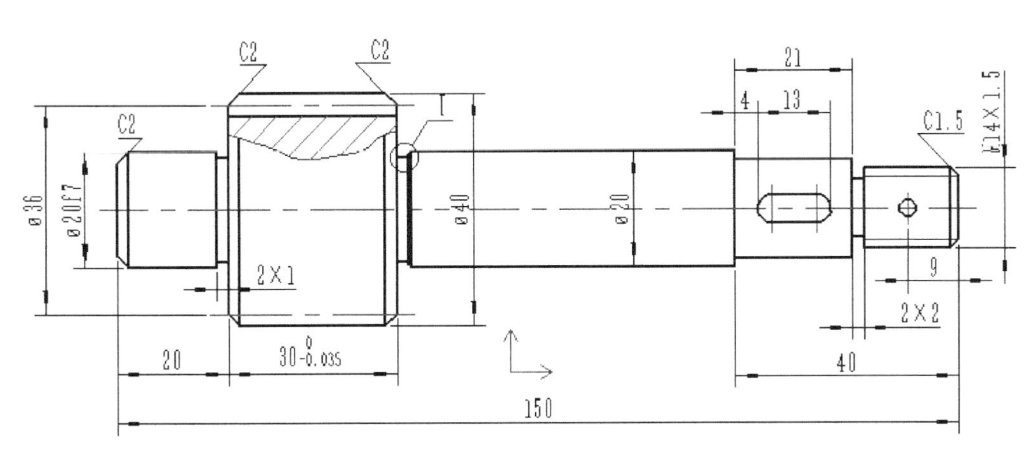

图 8-115　标注倒角尺寸

(21) 引出标注

在“符号”面板中单击“引出说明”按钮，弹出“引出说明”对话框。在文本框的第一行中输入上说明为“%c3”，在第二行中输入下说明为“通孔”，确保勾选“多行时最后一行为下说明”复选框，如图 8-116 所示，接着单击“确定”按钮。在出现的立即菜单第 1 项中单击以切换到“文字反向”选项，在第 2 项中设置“智能结束”，在第 3 项中设置“有基线”，然后分别指定引出点、引线转折点和定位点，创建的该通孔引出说明如图 8-117 所示。

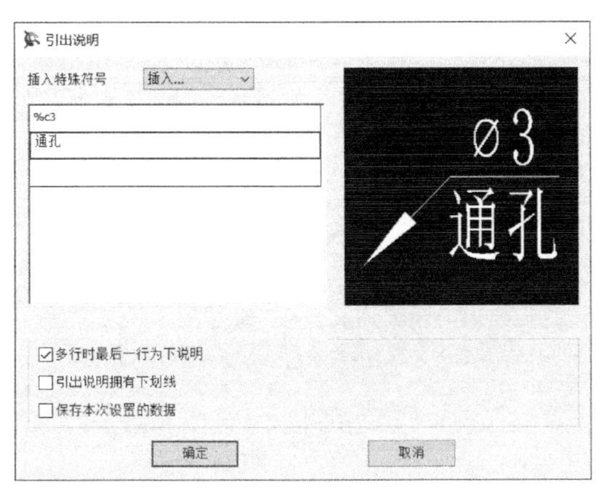

图 8-116　“引出说明”对话框

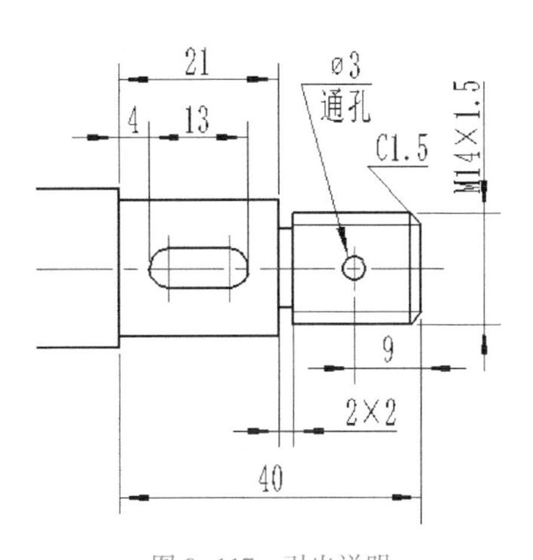

图 8-117　引出说明

(22) 标注局部放大图

在CAXA CAD电子图板2020中，对局部放大图进行标注，尺寸数值与原图形保持一致，其标注数值将由软件根据比例自动计算。

在“尺寸”面板中单击“尺寸标注”按钮，接着在尺寸标注立即菜单的“1.”框中选择“半径标注”选项，拾取局部放大图中的圆弧来标注其半径尺寸，如图8-118所示。

在“符号”面板中单击“倒角标注”按钮，在立即菜单中设置“1.”为“默认样式”、“2.”为“轴线方向为x轴方向”、“3.”为“水平标注”、“4.”为“C1”，接着在局部放大图中拾取倒角线，并在立即菜单的“5. 基本尺寸”确保其基本尺寸数字为C0.5后指定尺寸线位置，然后单击鼠标右键结束倒角命令。完成标注的该倒角尺寸如图8-119所示。亦可使用“尺寸标注”按钮来标注此处倒角尺寸，此时需要在基本尺寸前加前缀“C”。

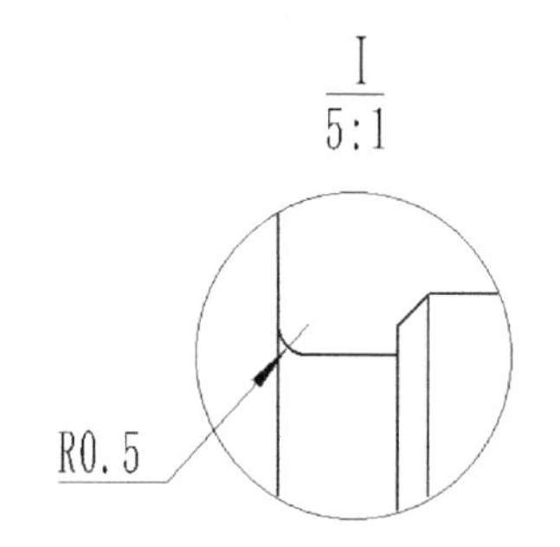

图8-118　在局部放大图中标注

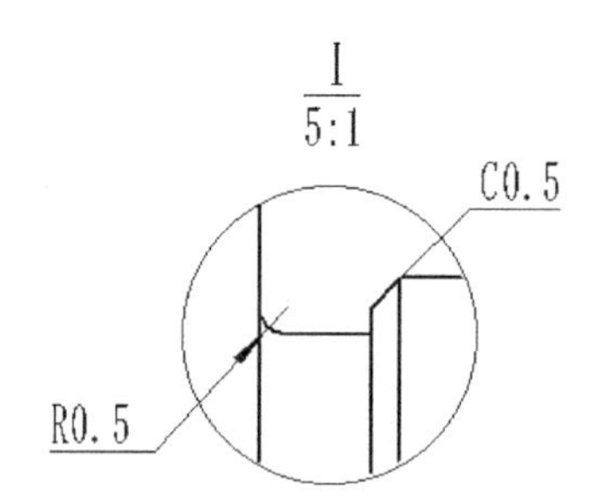

图8-119　标注局部放大图中的倒角尺寸

(23) 注写剖切符号

在“符号”面板中单击“剖切符号”按钮，在其立即菜单中选择“1.”为“垂直导航”、“2.”为“手动放置剖切符号名”、“3.”为“真实投影”，并可在状态栏中启用“正交”模式，接着在主视图适当位置处画剖切轨迹，右击，紧接着拾取所需的剖切方向，默认的剖切名称为“A”，然后在剖切箭头处分别指定剖面名称标注点，效果如图8-120所示。

系统继续出现“指定剖面名称标注点:”的提示信息。右击，接着在断面图上方指定该剖面名称的标注点，系统自动将该剖面名称定为“A-A”，如图8-121所示。

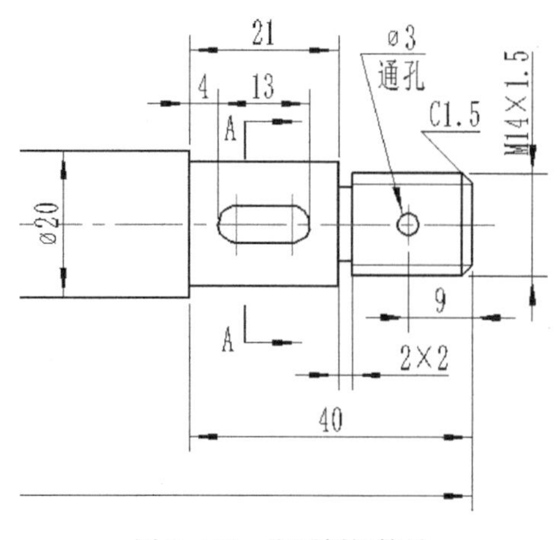

图8-120　注写剖切符号

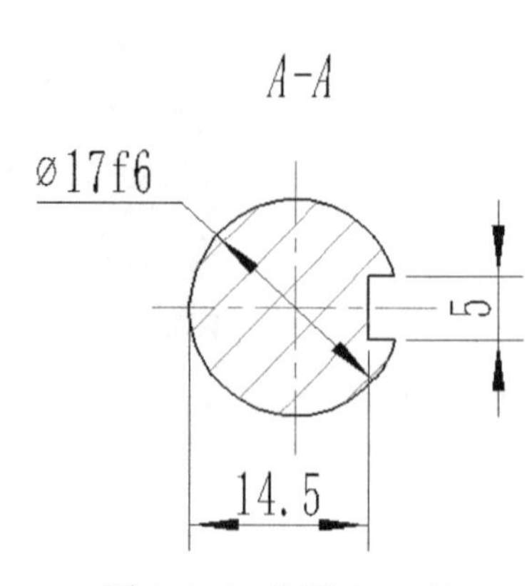

图8-121　注写“A-A”

(24) 注写视图中的表面结构要求（表面粗糙度）

在“标注”面板中单击“粗糙度”按钮√，在其立即菜单“1.”中设置选项为“标准标注”，系统弹出“表面粗糙度”对话框，从中指定基本符号并输入相应的参数，单击“确定”按钮，然后在立即菜单“2.”中根据设计需要选择“默认方式”或“引出方式”来在图样中注写相应的表面结构要求。在视图上标注表面结构要求的初步结果如图 8-122 所示。

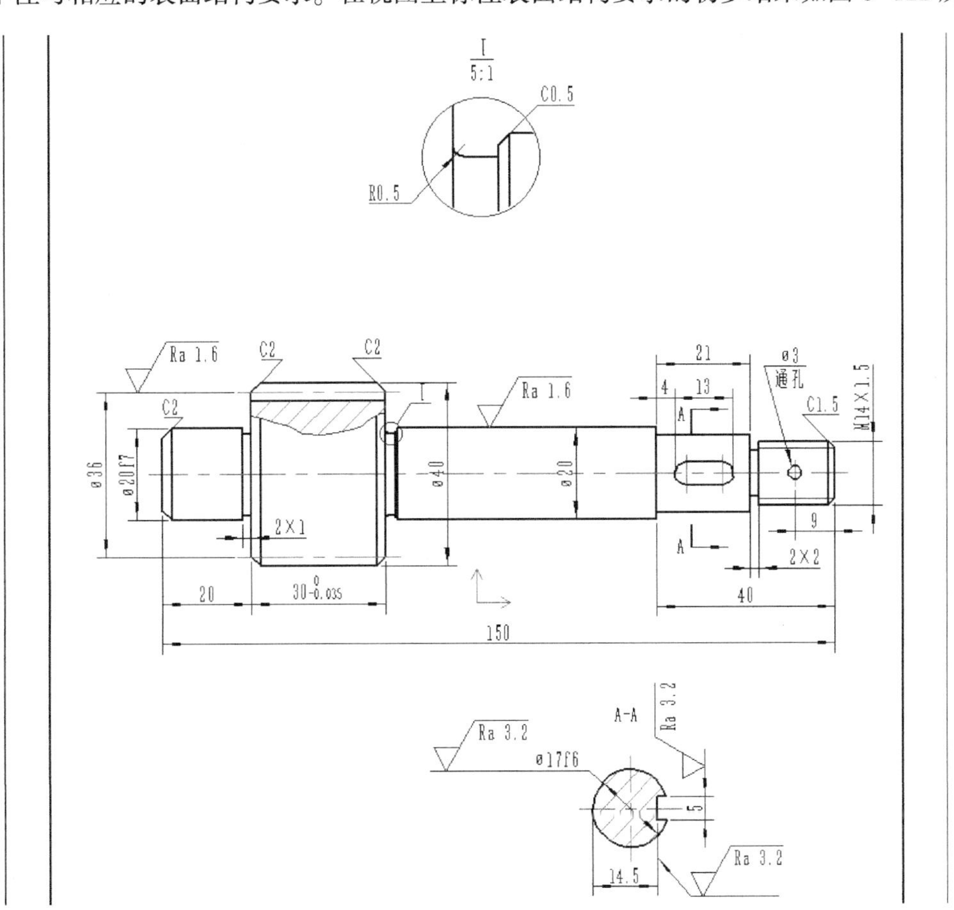

图 8-122 注写视图中的表面粗糙度

结合使用“粗糙度”按钮√和“文字”按钮A，在标题栏附近注写表示其余表面结构要求的表面结构要求信息，如图 8-123 所示。

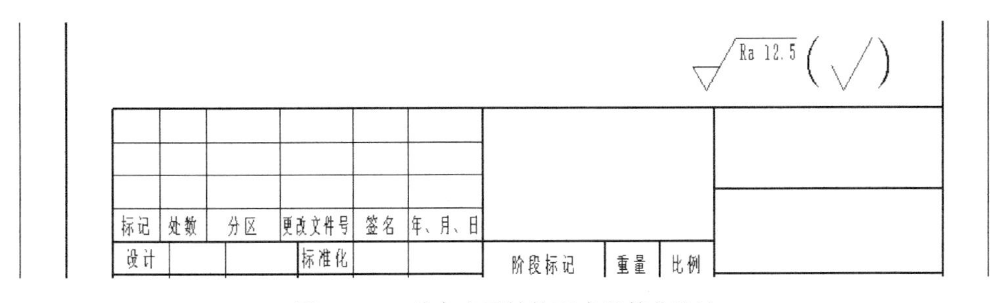

图 8-123 其余表面结构要求的简化注法

（25）注写基准代号

在“符号”面板中单击“基准代号”按钮，在“基准代号”立即菜单中设置图8-124所示的选项和基准名称。

图8-124 在基准代号立即菜单中的设置

在主视图中拾取所需的轮廓直线，拖动确定标注位置，注写的该基准代号如图8-125所示。需要用户注意的是，事先需要用户设置好满足此基准代号标注的当前基准代号样式。

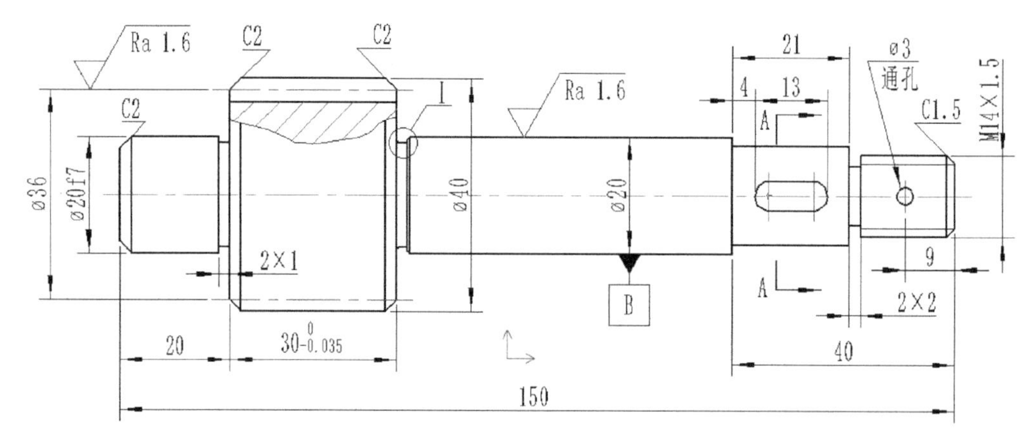

图8-125 注写基准代号

（26）注写形位公差

在“符号”面板中单击“形位公差”按钮，打开“形位公差(GB)”对话框。

在“形位公差(GB)”对话框中单击“清零”按钮后，在“公差代号”列表框中单击“垂直度”按钮，在“公差1”选项组的文本框中输入“0.03”，在“基准一”文本框中输入“B”，如图8-126所示，然后单击“确定”按钮。

在出现的“形位公差”立即菜单中选中“1. 水平标注”选项，如图8-127所示，接着拾取对象（如拾取轮廓边），指定引线转折点和拖动确定定位点（标注位置），完成的形位公差如图8-128所示。

（27）绘制表格和填写内容

将“细实线层”设置为当前图层。使用直线工具、等距线工具和裁剪工具来在

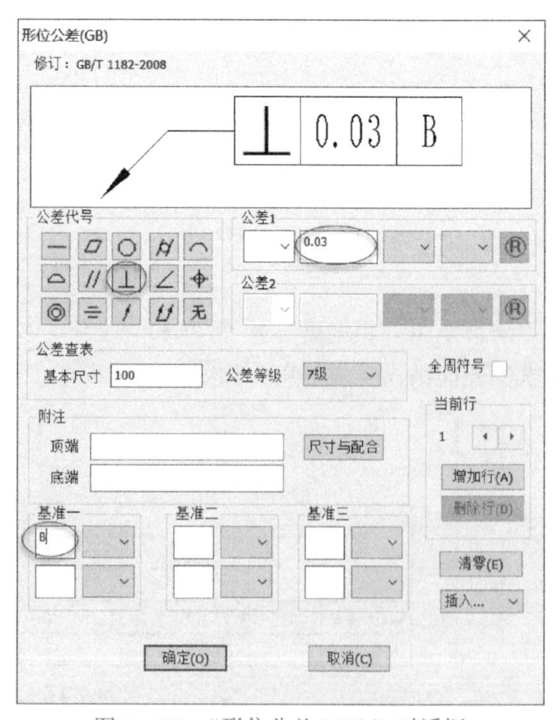

图8-126 “形位公差(GB)”对话框

图框右上角处完成图 8-129 所示的表格，注意要将左侧边线的线型设置粗实线。

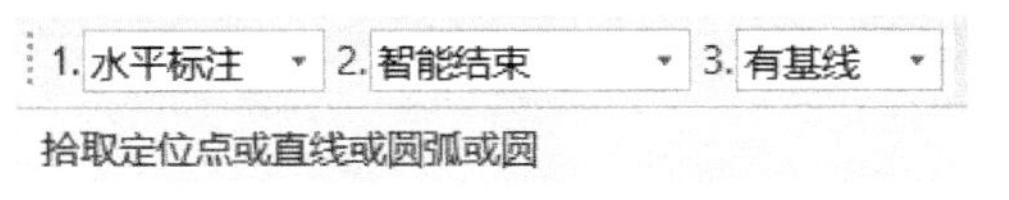

图 8-127 在立即菜单中设置

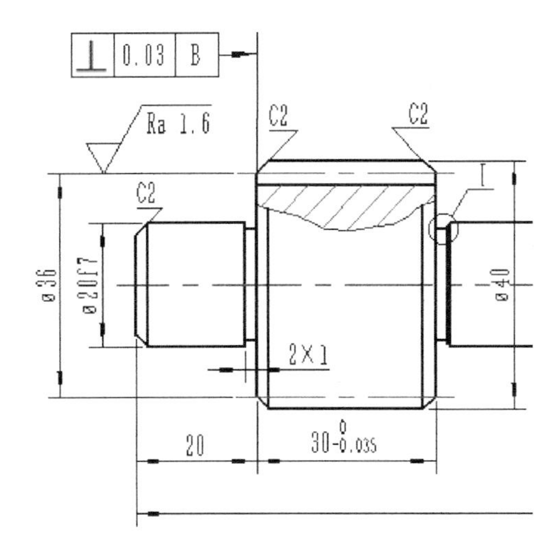

图 8-128 完成的形位公差

在功能区“标注”选项卡的“文字”面板中单击“文字”按钮A，通过“指定两点”方式在相关的矩形区域内输入文本，注意相关文本的对齐方式均为“居中对齐”。填写的文本信息如图 8-130 所示。

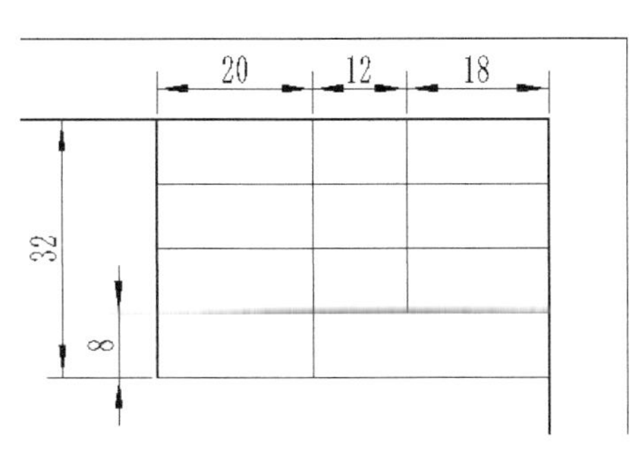

图 8-129 绘制表格

模数	m	2
齿数	z	18
压力角	α	20°
精度等级	766GM	

图 8-130 表格注写

（28）注写技术要求

在功能区“标注”选项卡的“文字”面板中单击“技术要求”按钮，系统弹出“技术要求库”对话框，在该对话框中设置标题内容和技术要求内容等，如图 8-131 所示，接着单击“生成”按钮，然后在图框内标题栏上方适当位置处指定两个角点来放置技术要求文本，结果如图 8-132 所示。

（29）填写标题栏

在功能区“图幅”选项卡的“标题栏”面板中单击“填写标题栏”按钮，或者在绘图区双击标题栏，弹出“填写标题栏”对话框，从中填写相关的内容，如图 8-133 所示，然后单击“确定”按钮。

填写好相关属性值的标题栏如图 8-134 所示。

技术要求库

标题内容 技术要求 标题设置 正文设置 ☑文字消隐 ☐重新设定区域

序号类型 1. 2. 3. ...

插入特殊符号 插入...

1.经调质处理，50~55HRC。
2.锐角适度倒钝。
注意齿轮指定端面的垂直度要求。

技术要求
一般技术要求
公差要求
切削加工件要求
材料要求
模具要求
涂装要求
热处理要求
补焊件要求
装配要求
配管要求
铸件要求
锻件要求
零件要求
我的技术要求

要求
零件须去除氧化皮。
零件加工表面上，不应有划痕、擦伤等损伤零件表面的缺陷。
去除毛刺飞边。
去除毛刺，抛光。

生成 退出

图 8-131 “技术要求库”对话框

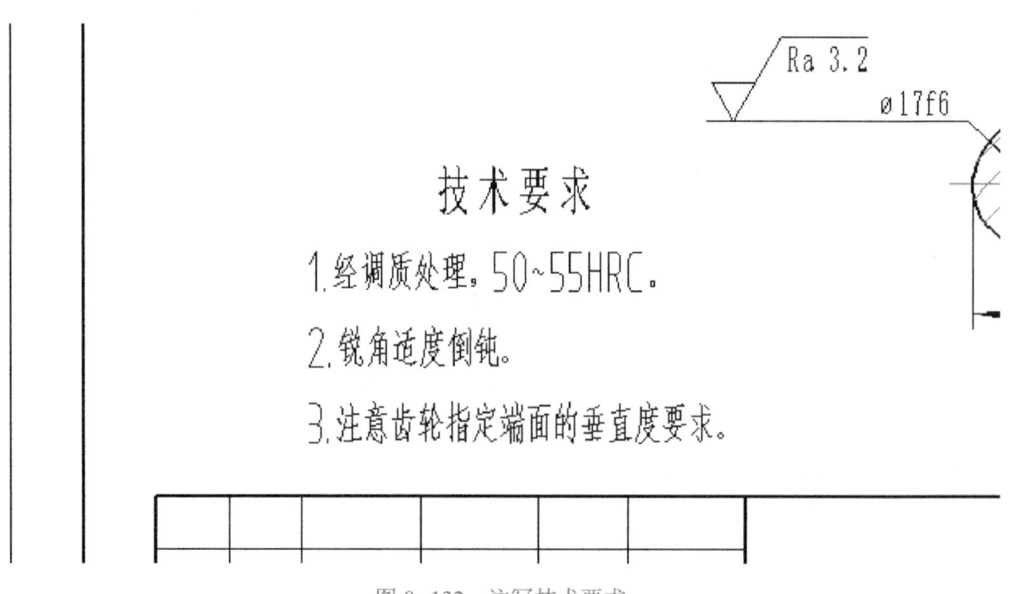

图 8-132 注写技术要求

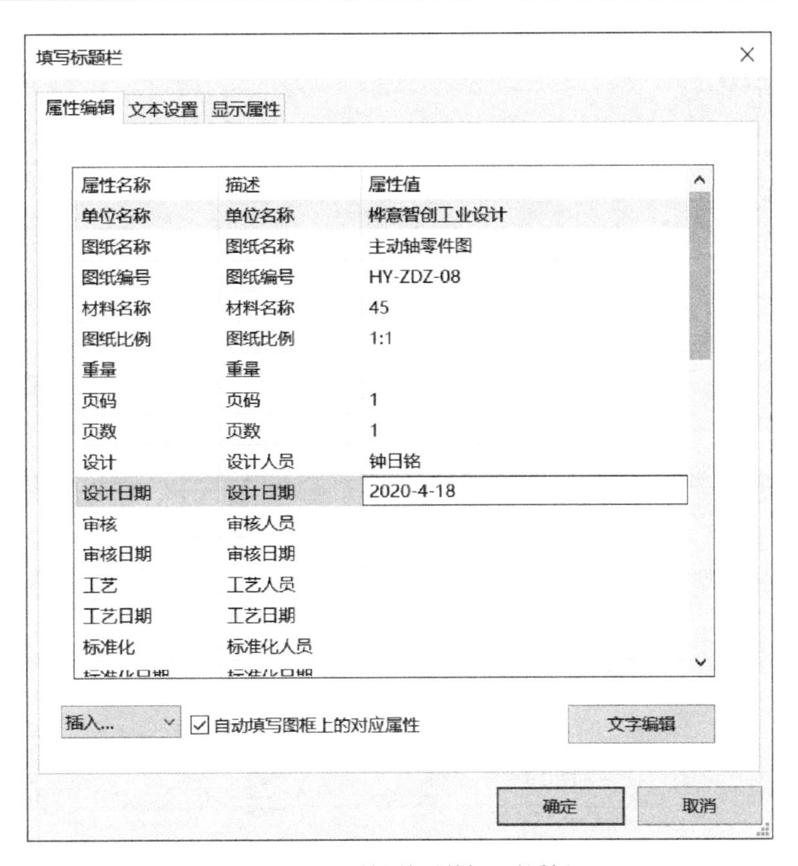

图 8-133 “填写标题栏”对话框

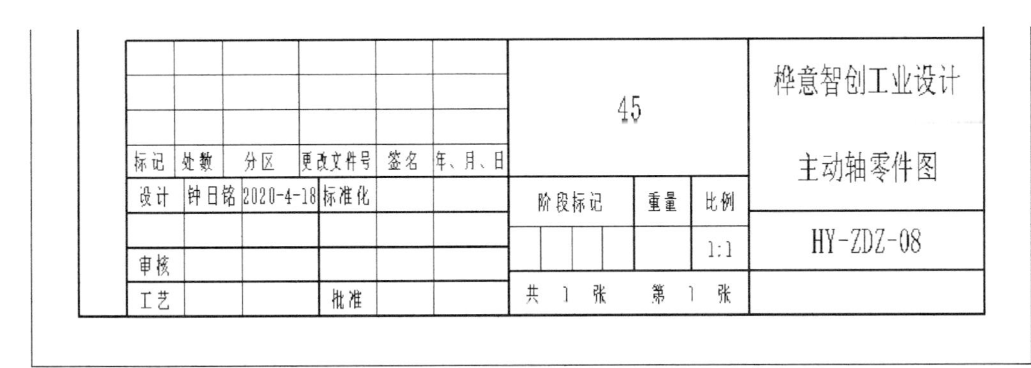

图 8-134 填写好的标题栏

（30）保存文件

在保存文件前通常要仔细检查零件图是否有错漏的图形细节，以及尺寸是否齐全，并可使用“标注编辑”工具按钮来适当调整某些尺寸线的放置位置。

该零件图的完成效果如图 8-135 所示。

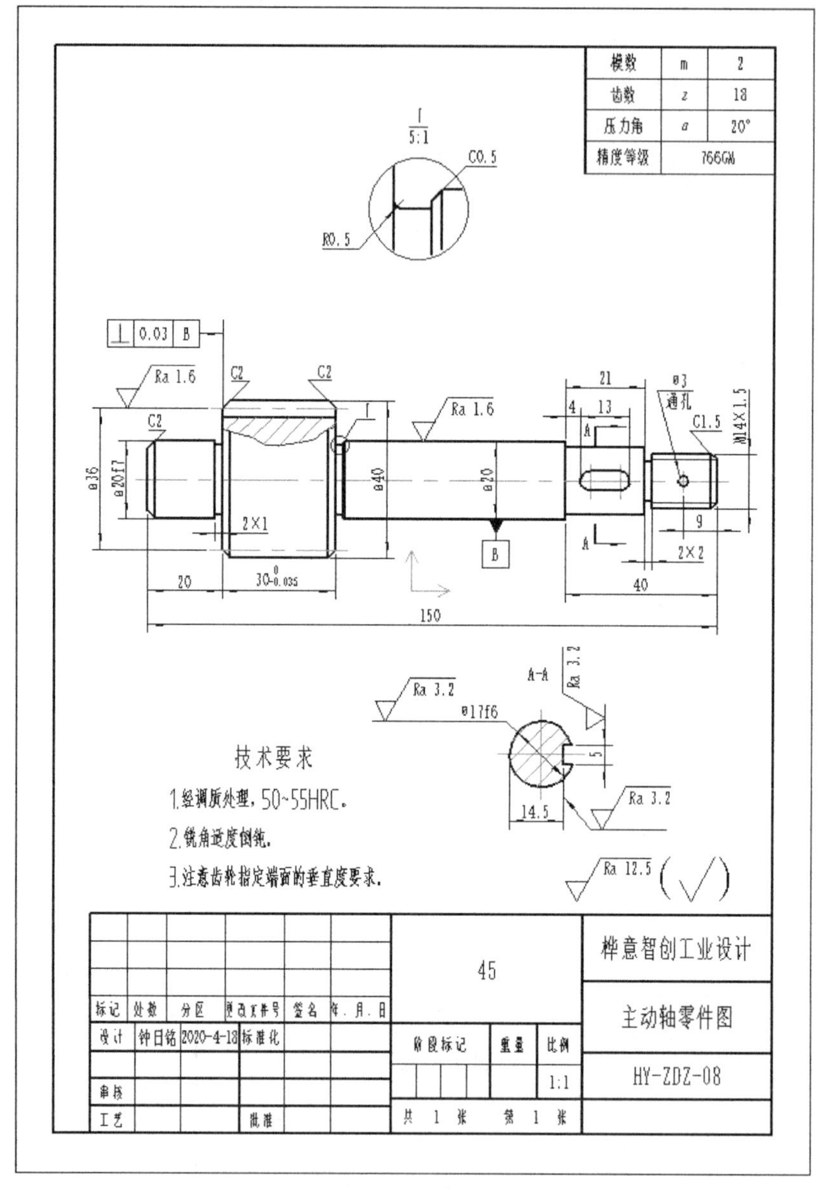

图 8-135　主动轴的零件图

8.4　绘制轴承盖零件图

从零件的基本体征上来看，轴承盖通常属于扁平的轮盘类零件，此类零件一般需要使用两三个视图来表达。

本实例要完成的是某轴承盖零件的零件图，完成效果如图 8-136 所示。

绘制该轴承盖零件图的具体操作步骤如下。

（1）新建图形文件

在 CAXA CAD 电子图板 2020 快速启动工具栏中单击“新建”按钮，弹出“新建”

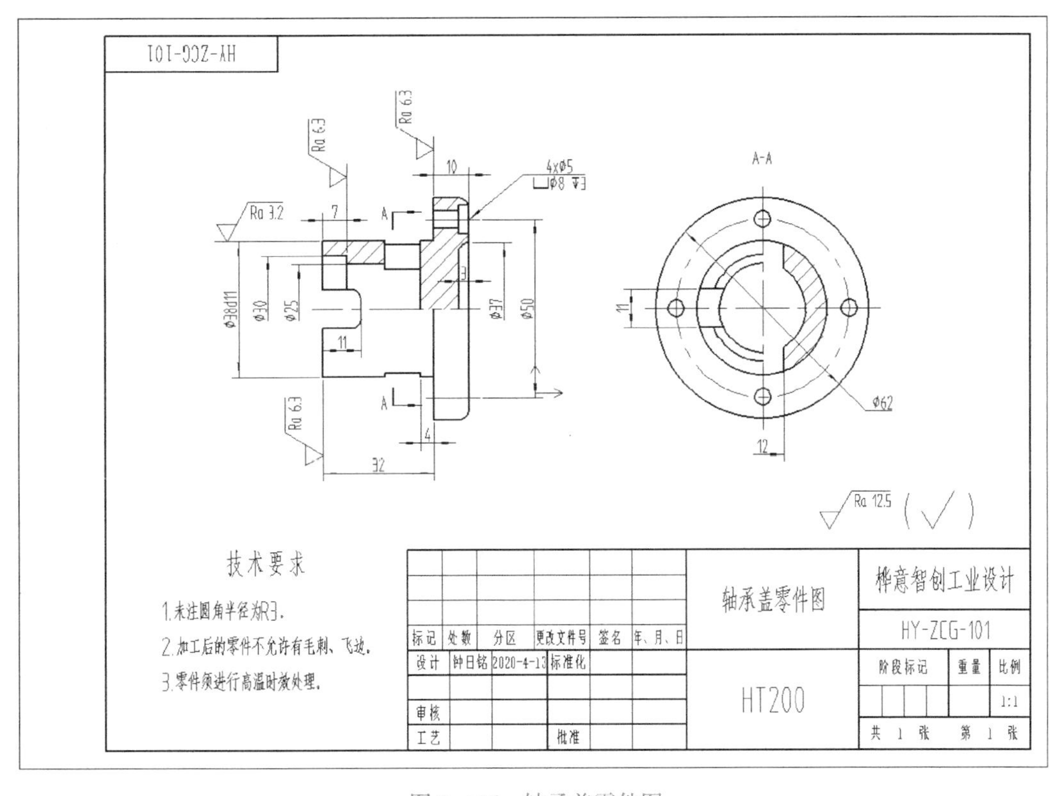

图 8-136　轴承盖零件图

对话框，在“工程图模板”选项卡的模板列表中选择 BLANK 模板（当前标准为 GB），如图 8-137 所示，然后单击“确定”按钮。

图 8-137　“新建”对话框

（2）绘制主要中心线和定位线

将“中心线层”设置为当前图层，如图 8-138 所示。

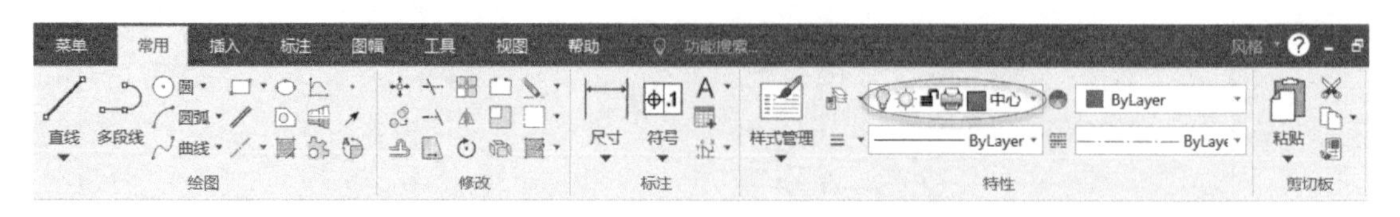

图 8-138　将中心线层设置为当前图层

在功能区“常用”选项卡的“绘图”面板中单击“直线”按钮╱，在出现的立即菜单中设置“1. 两点线”“2. 单根”，并在状态栏中启用“正交”模式，根据设计尺寸分别绘制图 8-139 所示的几条中心线。

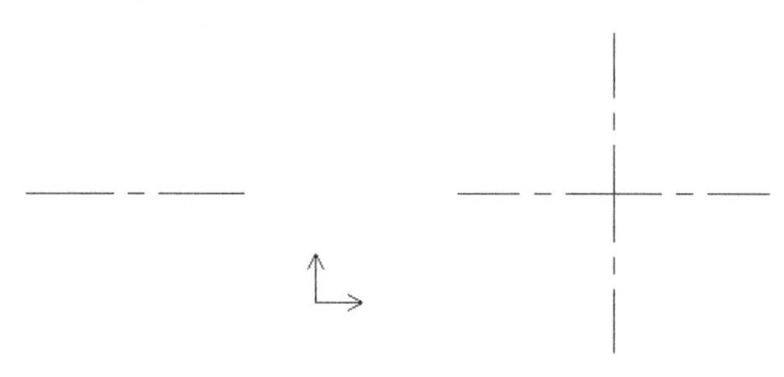

图 8-139　绘制中心线

在“绘图”面板中单击“圆”按钮⊙，在出现的“圆”立即菜单中选择“1.”为“圆心_半径”、“2.”为“直径”和“3.”为“无中心线”，按空格键，从弹出来的工具点菜单中选择“交点”选项，接着拾取右边水平中心线和垂直中心线的交点作为圆心，输入直径为 50，按〈Enter〉键确认，绘制图 8-140 所示的辅助圆。单击鼠标右键结束圆绘制命令。

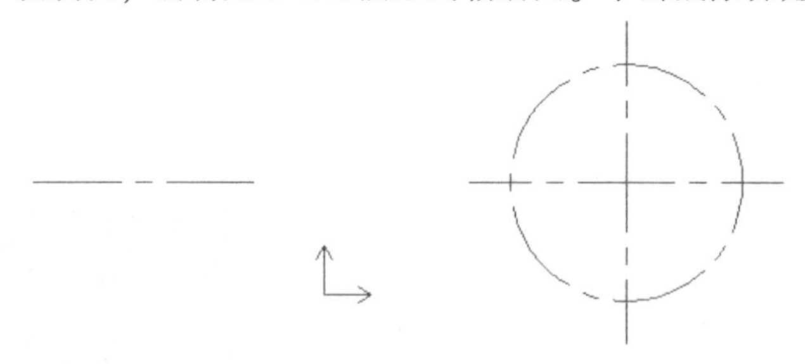

图 8-140　绘制辅助圆

（3）设置图层

将“粗实线层”设置为当前图层。

（4）绘制若干个圆

在“绘图”面板中单击“圆”按钮⊙，根据设计要求绘制图 8-141 所示的 4 个同心圆。这 4 个同心圆的直径从外到内依次是 Φ62、Φ38、Φ30 和 Φ25。

继续使用“圆”按钮⊙来绘制 4 个直径相等的小圆，其直径均为 Φ5，如图 8-142 所示。

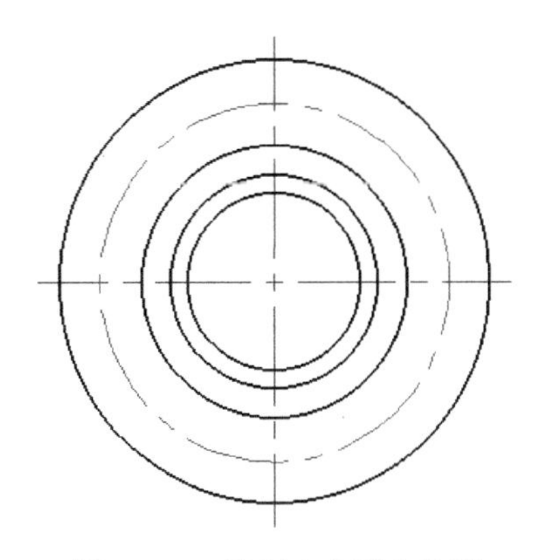

图 8-141　绘制 4 个同心的圆

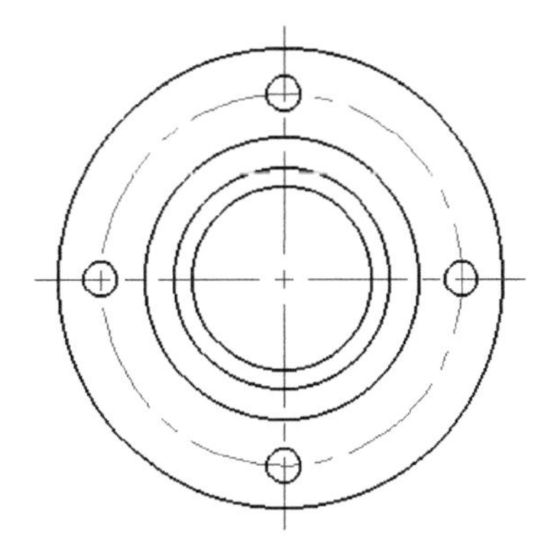

图 8-142　绘制 4 个直径相等的圆

（5）绘制等距线

在“修改”面板中单击“等距线”按钮，分别绘制图 8-143 所示的几条等距线。

（6）修剪图形

在“修改”面板中单击“裁剪”按钮，将图形初步裁剪成如图 8-144 所示。

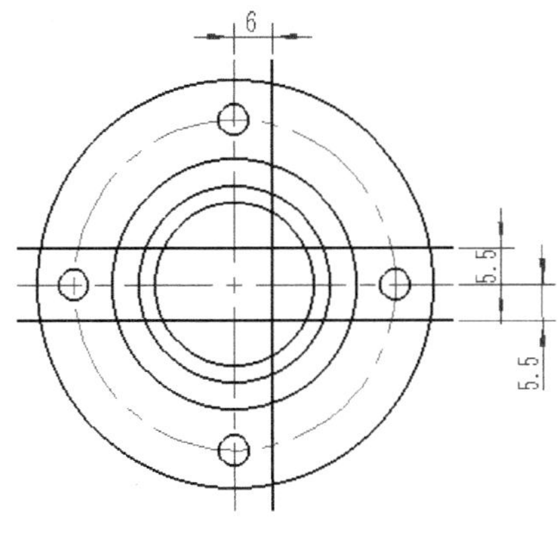

图 8-143　绘制几条等距线

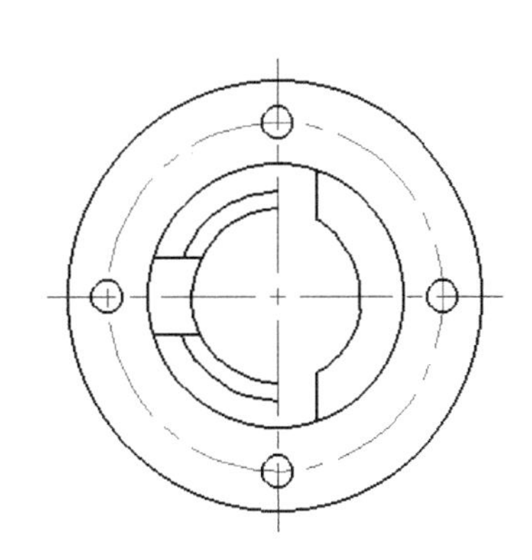

图 8-144　裁剪图形

（7）绘制剖面线

将“剖面线层”设置为当前图层。在“绘图”面板中单击“剖面线”按钮，在出现的立即菜单中设置“1.”为“拾取点”、“2.”为“不选择剖面图案”和“3.”为“非独立”，并设置“4. 比例”为 1、“5. 角度”为 0、“6. 间距错开”值为 0、“7. 允许的间隙公差”值默认为 0.0035，接着拾取图 8-145 所示的环内点 1 和环内点 2，单击鼠标右键确认，完成绘制的该半剖视的剖面线如图 8-146 所示。

（8）利用导航功能辅助绘制相关的辅助中心线

将“中心线层”设置为当前图层，从位于窗口右下角的下拉列表框中选择“导航”选项，以启用导航功能。使用直线工具以“两点线”方式绘制图 8-147 所示的多条辅助中心线。

（9）使用直线和等距线工具绘制相关的辅助粗实线

将“粗实线层”设置为当前图层。先使用直线工具命令绘制图 8-148 所示的一条竖直粗实线。接着使用等距线工具创建其他的辅助粗实线，如图 8-149 所示。

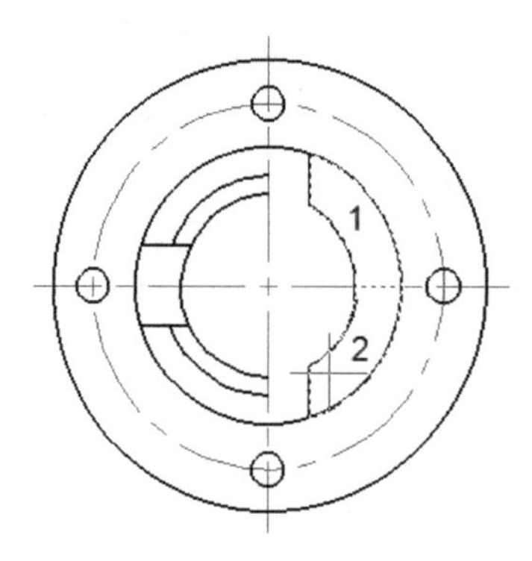

图 8-145　拾取环内点

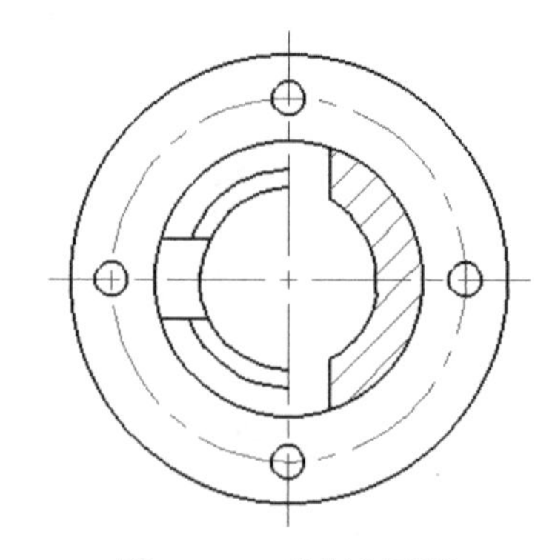

图 8-146　绘制剖面线

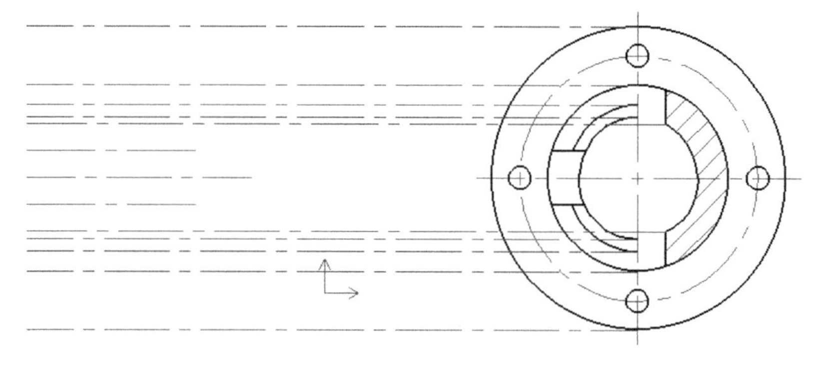

图 8-147　绘制相关的辅助中心线

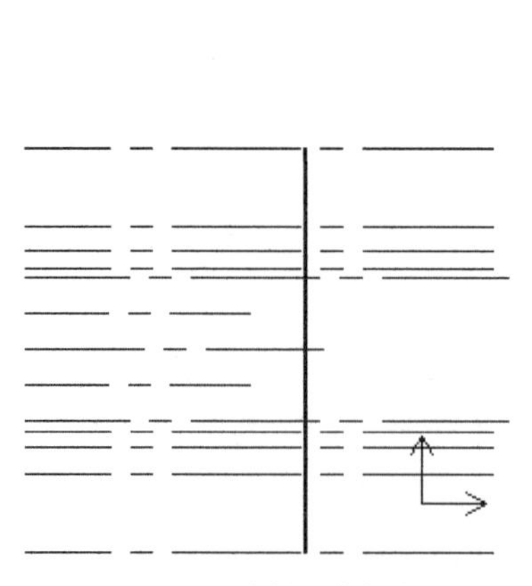

图 8-148　绘制竖直粗实线

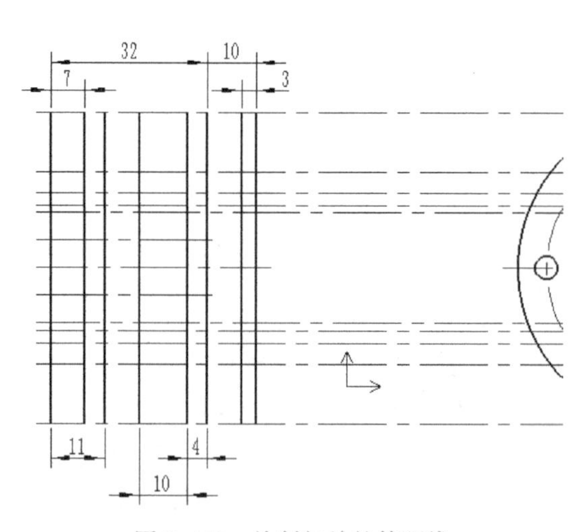

图 8-149　绘制相关的等距线

（10）绘制所需的直线

根据视图投影关系，使用直线工具绘制所需的直线段，如图 8-150 所示，其中有两段直线段还需要巧妙地应用导航功能来辅助绘制。

（11）初步修改左边的视图图形

将不需要的中心辅助线删除，并且在“修改”面板中单击“裁剪”按钮，对左边视图中的相关粗实线进行裁剪处理，得到的图形效果如图 8-151 所示。

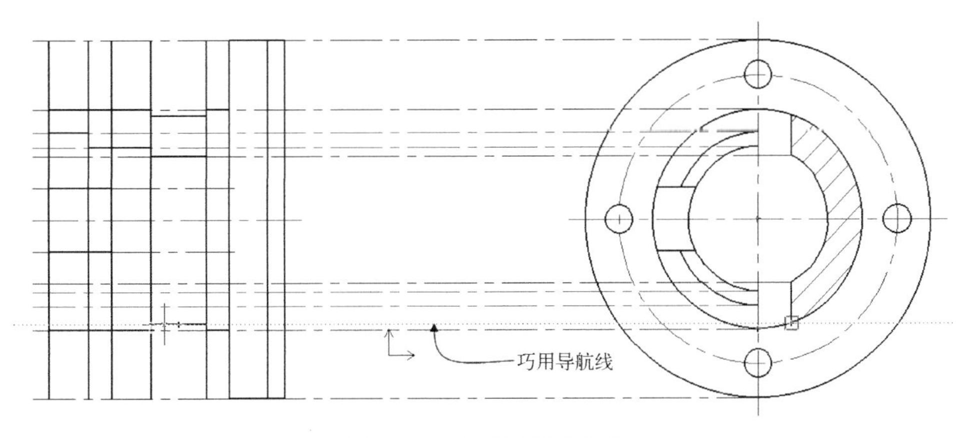

图 8-150　绘制所需的直线

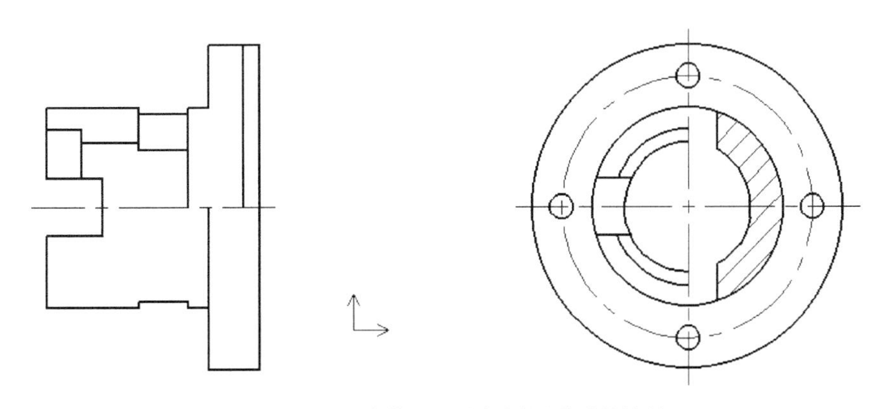

图 8-151　初步修改左边视图图形后的效果

（12）绘制定位孔的中心线

将“中心线层”设置为当前图层，接着在“绘图”按钮中单击“直线”按钮╱，以两点线方式来绘制中心线，注意巧用导航功能来保证孔轴线的对应关系。在左边的视图中添加的两条短水平中心线如图 8-152 所示。

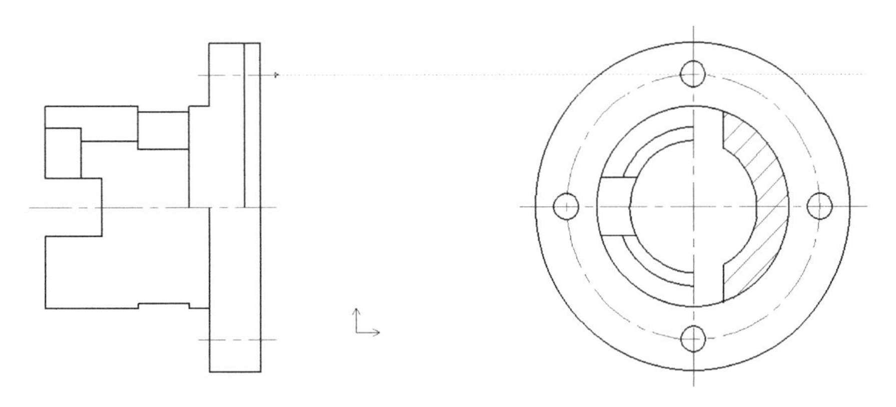

图 8-152　在左边视图中绘制定位孔的中心线

完成该步骤后重新将“粗实线层”设置为当前图层。

（13）绘制等距线

在“修改”面板中单击“等距线”按钮，分别绘制图8-153所示的几条等距线（图中特意给出了等距距离）。

（14）裁剪图形

在“修改”面板中单击“裁剪”按钮，对刚绘制的等距线进行裁剪处理，最后得到的裁剪结果如图8-154所示。

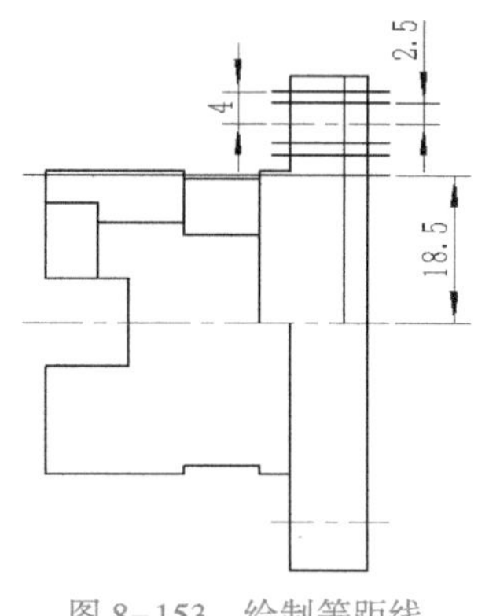

图8-153　绘制等距线

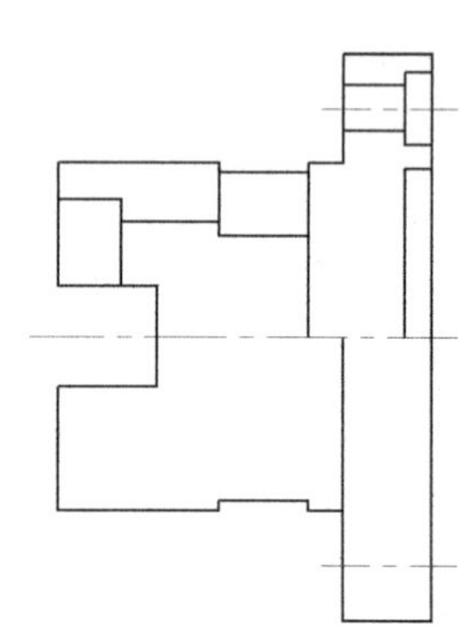

图8-154　裁剪图形

（15）绘制过渡圆角

在“修改”面板中单击“过渡”按钮，在立即菜单的“1.”下拉列表框中选择“圆角”选项，在“2.”下拉列表框中选择“裁剪”选项，在“3. 半径”文本框中设置圆角半径为3，接着拾取所需的第一条曲线和第二条曲线来创建一个过渡圆角，继续拾取对象创建过渡圆角，在本例中一共创建5处圆角，结果如图8-155所示。

（16）处理在创建过渡圆角时造成的多余曲线段

将在创建过渡圆角时造成的多余曲线段删除掉或裁剪掉，修改效果如图8-156所示。

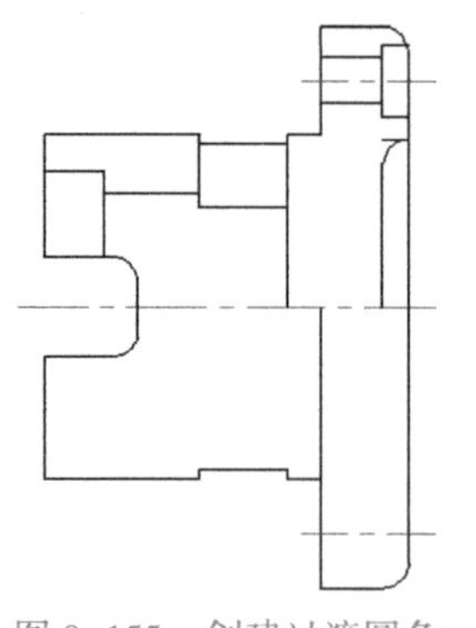

图8-155　创建过渡圆角

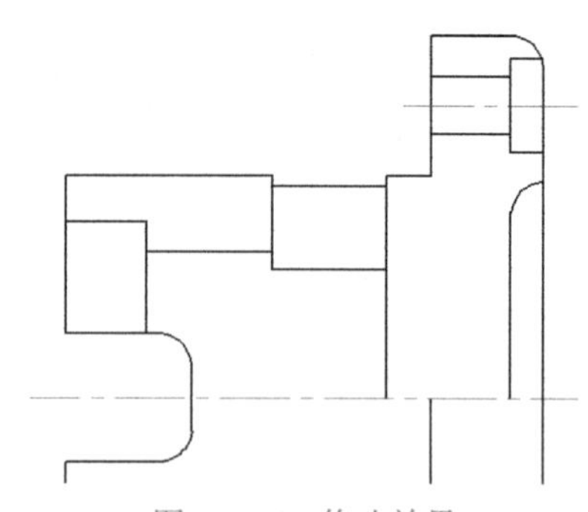

图8-156　修改效果

（17）绘制剖面线

将“剖面线层”设置为当前图层。在“绘图”面板中单击“剖面线”按钮，在出现的立即菜单中选择“1.”为“拾取点”、“2.”为“不选择剖面图案”、“3.”为“非独立”，设置“4. 比例”值为1、“5. 角度”值为0和“6. 间距错开”值为0，并接受默认的允许的间隙公差值，接着拾取图8-157所示的环内点1、环内点2和环内点3，单击鼠标右键确认，完成绘制的该部分剖面线如图8-158所示。

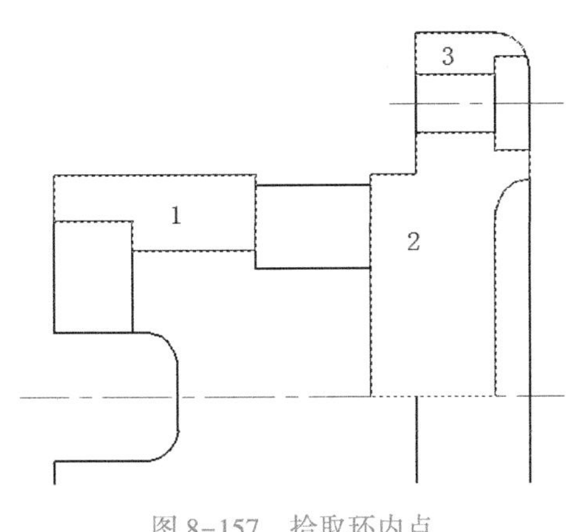

图 8-157　拾取环内点

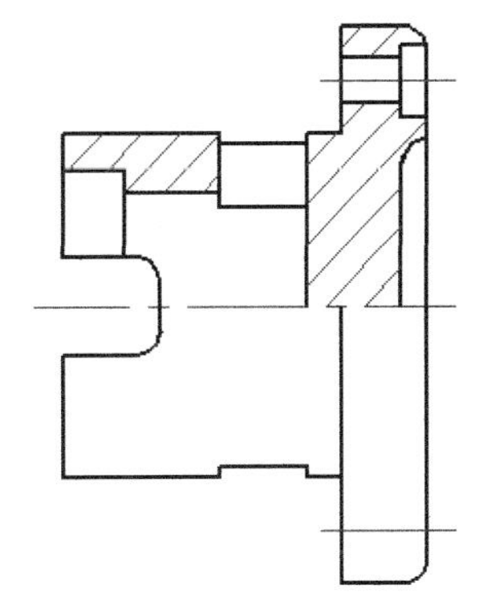

图 8-158　绘制剖面线

（18）设置当前图层、当前标注风格和当前文本风格

将“尺寸线层”设置为当前图层。

在功能区切换至“标注”选项卡，从“标注样式”面板的标注样式下拉列表框中选择所需要的“GB_尺寸”标注样式。用户也可以在“标注样式”面板中单击“尺寸样式”按钮，系统弹出“标注风格设置”对话框，新建一个“机械”尺寸标注风格，以及参考相关的机械制图标准等来设置其相应的参数，将其设置为当前的尺寸标注风格，然后“单击”确定。用户也可以采用默认的“标准”尺寸标注风格作为当前标注风格来进行本案例操作。

在“标注样式”面板的“文本样式”下拉列表框中选择已有的“机械”文本风格作为当前文本风格。用户也可以采用默认的“标准”文本风格作为当前文本风格进行本案例操作。

（19）标注半标注尺寸

在功能区“标注”选项卡的“尺寸”面板中单击“尺寸标注”按钮，在尺寸标注立即菜单的“1.”中选择“半标注”选项，接着在“2.”中选择“直径”选项，如图 8-159 所示。

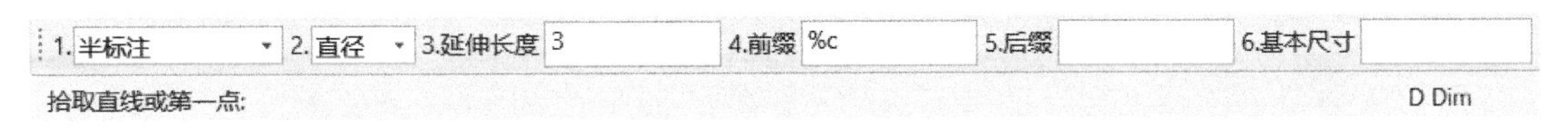

图 8-159　半标注立即菜单

按照提示分别拾取一组元素来标注半标注尺寸。在本零件图中一共标注了 4 处半标注尺寸，如图 8-160 所示。

（20）标注一系列基本尺寸

在“尺寸”面板中单击“尺寸标注”按钮，接着在立即菜单的“1.”下拉列表框中选择“基本标注”选项，分别依据相关的设计要求选择元素来标注一系列所需要的尺寸。该步骤完成的基本尺寸标注如图 8-161 所示。

（21）注写引出说明

在功能区“标注”选项卡的“符号”面板中单击“引出说明”按钮，弹出“引出说明”对话框。勾选“多行时最后一行为下说明”复选框，在文本框的第一行中输入上说明文本为“4%x%c5”，在文本框第二行中插入特殊符号和相关尺寸值（第二行内容为下说明），如图 8-162 所示，接着单击“确定”按钮。在出现的立即菜单第 1 项中设置“文字缺省方向”选项，在第 2 项文本框中设置选项为“智能结束”，在第 3 项中设置选项为“有基

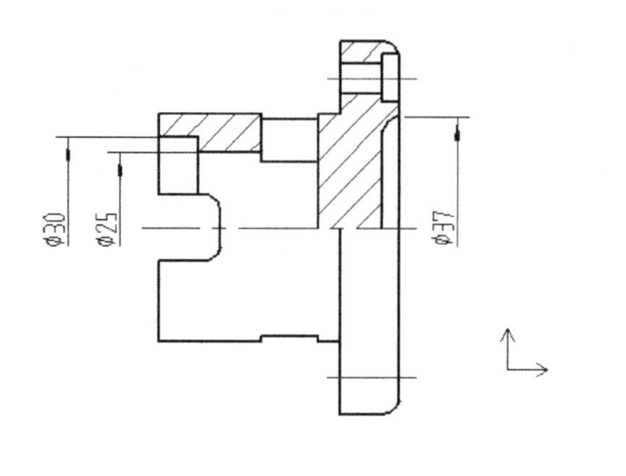

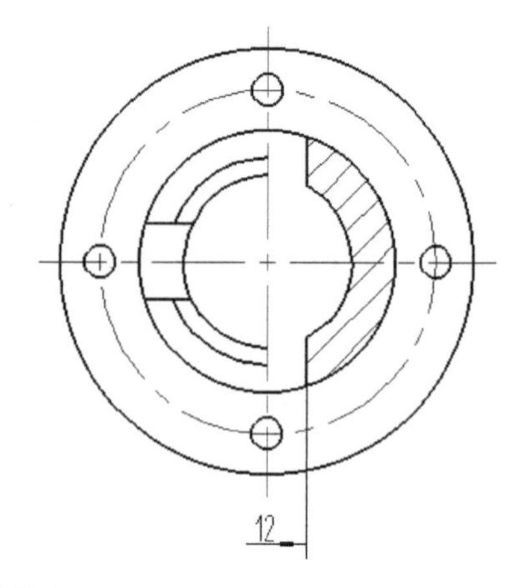

图 8-160　完成半标注尺寸

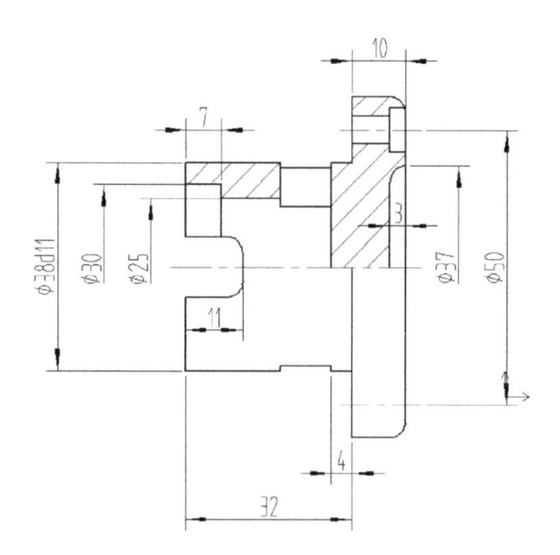

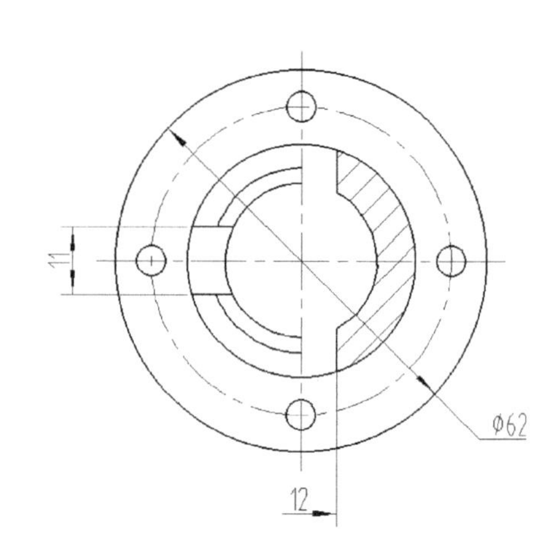

图 8-161　绘制一系列基本尺寸

线”，然后分别指定引出点、引线转折点和定位点（注意临时打开和关闭“正交”模式的时机），完成创建的该沉头孔引出说明如图 8-163 所示。

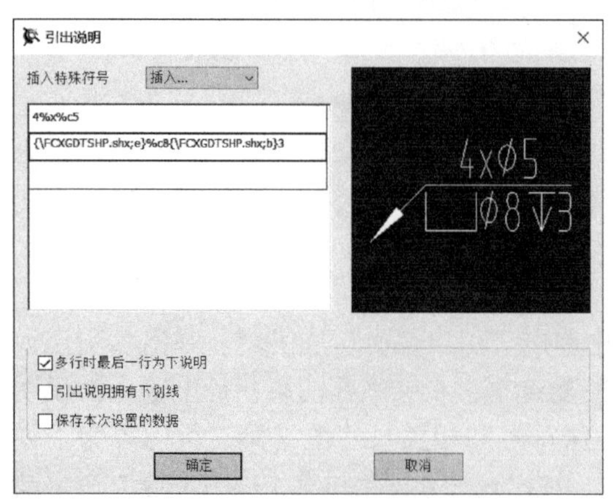

图 8-162　“引出说明”对话框

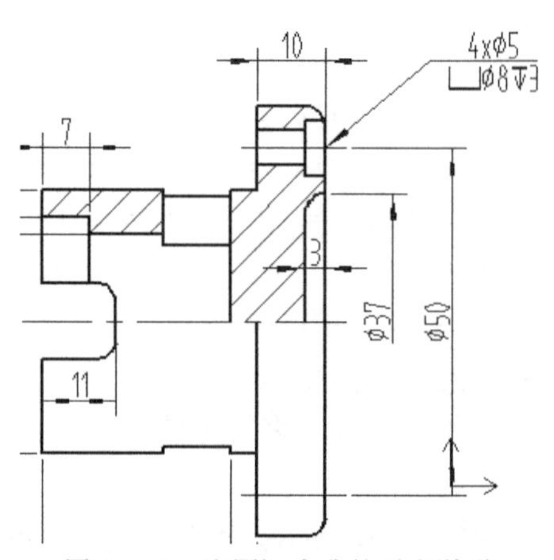

图 8-163　注写沉头孔的引出说明

说明 在“引出说明”对话框文本框的第二行中，需要分别插入表示沉孔的尺寸特殊符号“⌴”和表示沉孔深度的尺寸特殊符号“↧”，其方法是从“插入特殊符号”下拉列表框中选择“尺寸特殊符号”选项，系统弹出“尺寸特殊符号”对话框，从中单击所需的尺寸特殊符号即可。

（22）标注表面结构要求

在标注表面结构要求之前可以先在“标注样式”面板中单击位于“样式管理”下拉列表中的“粗糙度样式”按钮，利用弹出的“粗糙度风格设置”对话框来定制所需的粗糙度风格，由读者自由把握。

在“符号”面板中单击“粗糙度”按钮，在图样中分别标注相关的表面结构要求，完成结果如图 8-164 所示（为了让标注出来的表面结构符号不与尺寸标注重合，必要时可以调整相关的尺寸线放置位置）。

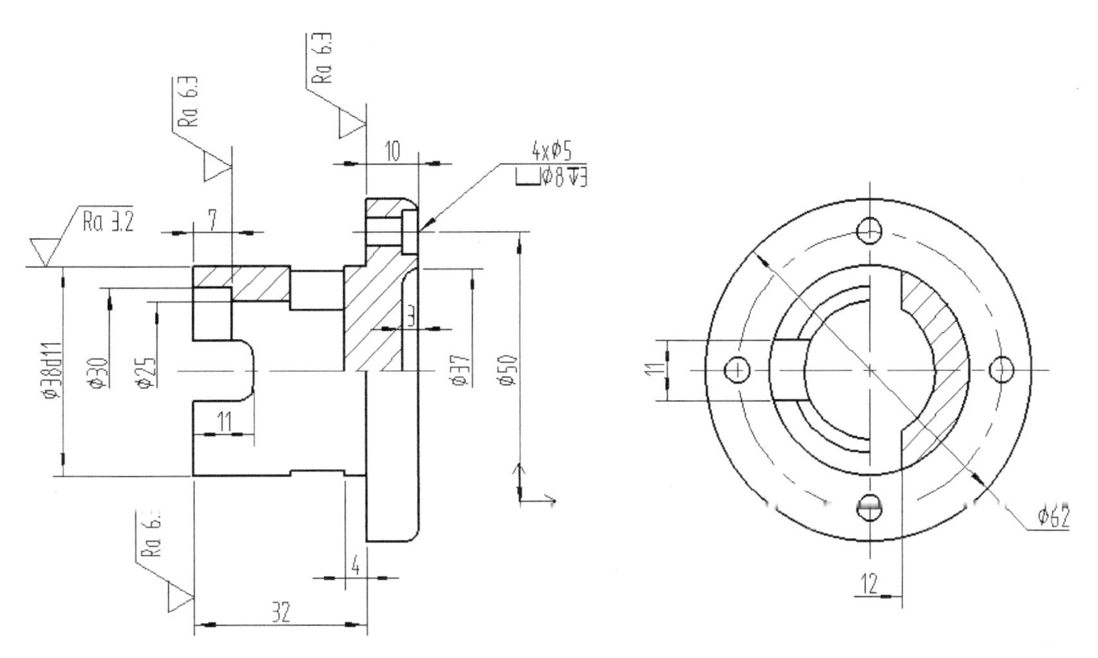

图 8-164 在图样中标注表面结构要求

（23）注写剖切符号

在注写剖切符号之前，可以先在“标注样式”面板中单击位于“样式管理”下拉列表中的“剖切符号样式”按钮，利用打开的“剖切符号风格设置”对话框来定制所需的剖切符号风格，如图 8-165 所示，具体操作由读者自由把握。

在“符号”面板中单击“剖切符号”按钮，在立即菜单中设置“1. 垂直导航”、“2. 手动放置剖切符号名”，在位于左边的视图中画剖切轨迹，单击鼠标右键确定，并拾取所需的方向，接受默认的剖面名称为“A”，然后在剖切箭头处分别指定剖面名称“A”的标注点，单击鼠标右键确定，接着在右侧视图上方指定“A-A”视图名称的标注点。注写该剖切符号（含注写剖切视图名称）的效果如图 8-166 所示。

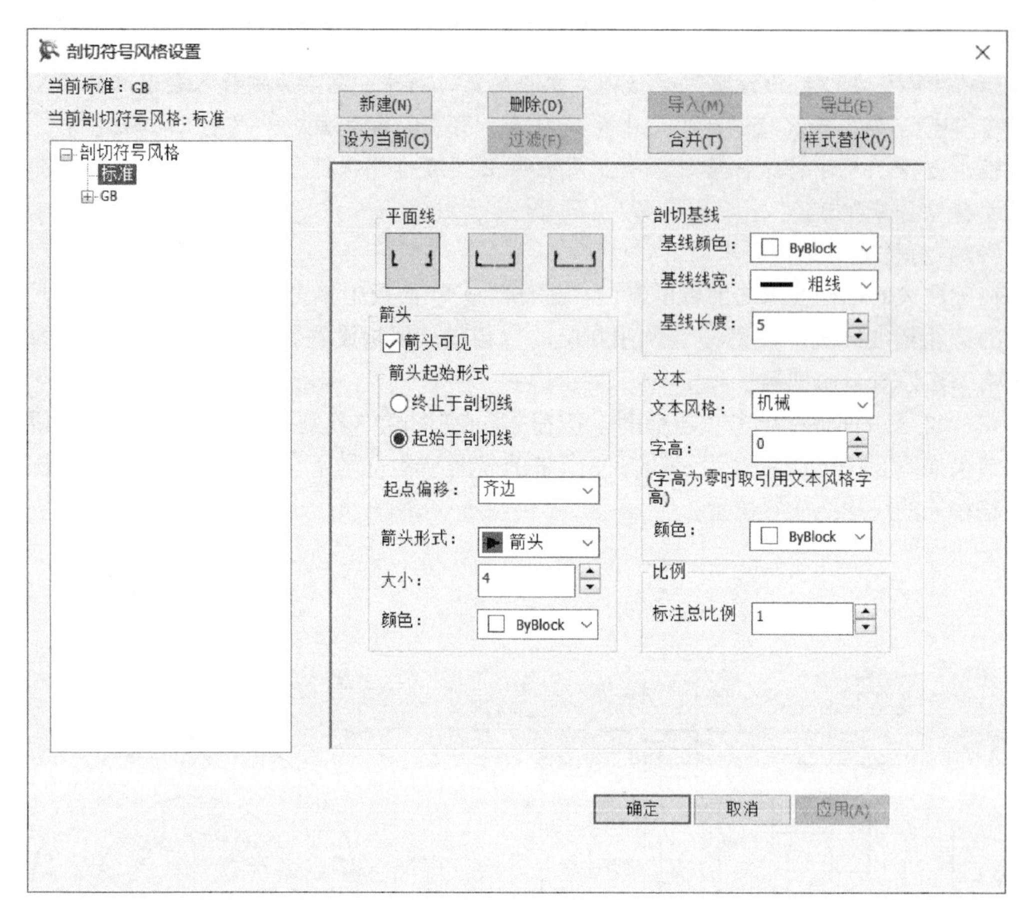

图 8-165 编辑或定制所需的剖切符号风格

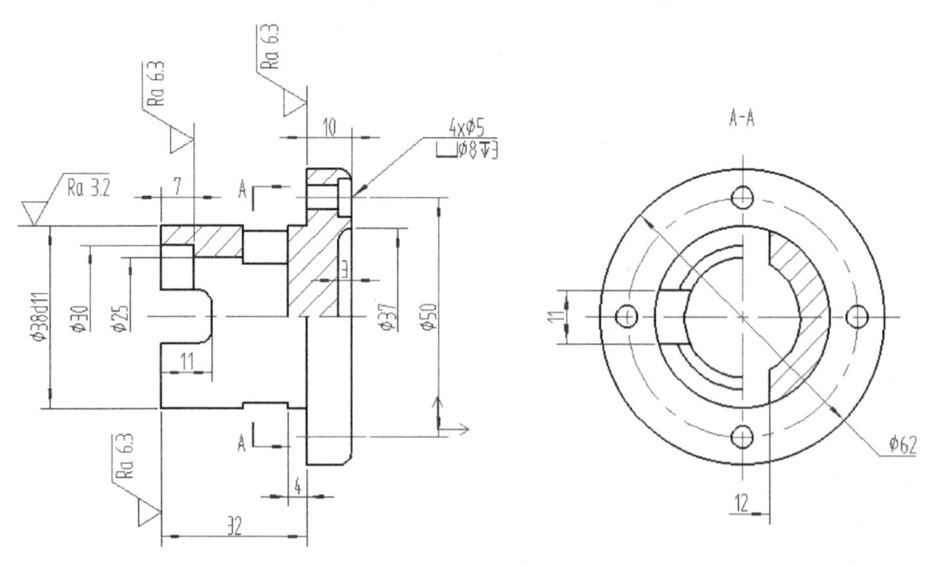

图 8-166 注写剖切符号

(24) 图幅设置

在功能区切换至“图幅”选项卡，从该选项卡的“图幅”面板中单击“图幅设置”按钮，打开“图幅设置”对话框。在该对话框中设置图 8-167 所示的内容，然后单击“确定”按钮。

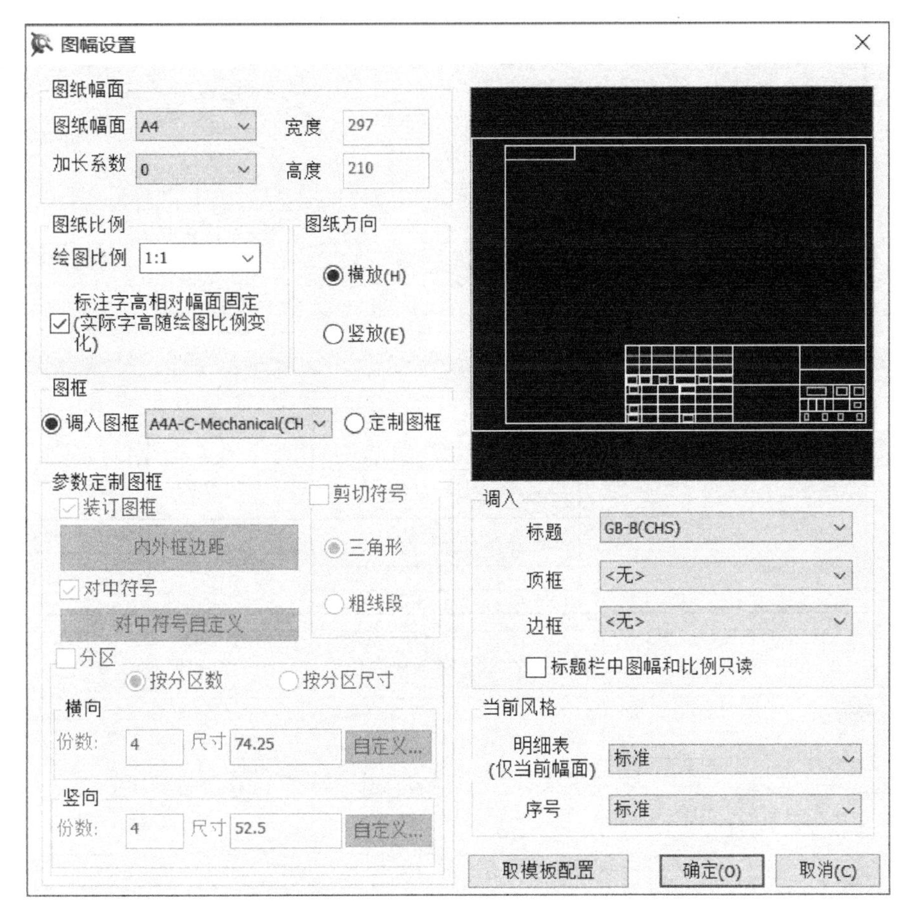

图 8-167 “图幅设置”对话框

(25) 调整视图在图框中的位置

可以使用功能区“常用”选项卡的“修改”面板中的“平移”按钮将视图整体平移到图框中的适当位置（微调），使之看起来美观、和谐、统一。参考效果如图 8-168 所示。

(26) 注写技术要求

在功能区“标注”选项卡的“文字”面板中单击“技术要求”按钮，系统弹出“技术要求库”对话框，在该对话框中设置标题内容和技术要求内容等，如图 8-169 所示，可以通过“标题设置”按钮和“正文设置”按钮来对标题和正文字高等参数进行设置。接着单击“生成”按钮，然后在图框内标题栏左侧区域指定两个角点来放置技术要求文本，如图 8-170 所示。

(27) 注写其余表面结构要求

结合使用“粗糙度”按钮和“文字”按钮A，在标题栏上方注写表示其余表面结构要求的信息，如图 8-171 所示。

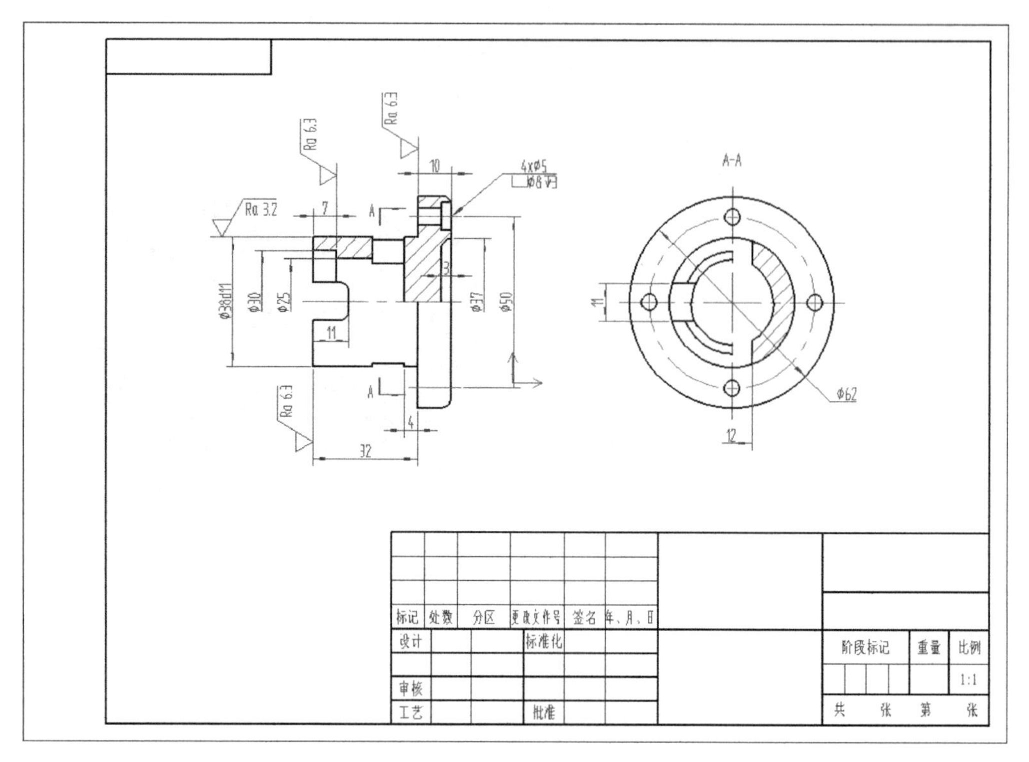

图 8-168　图幅与视图位置

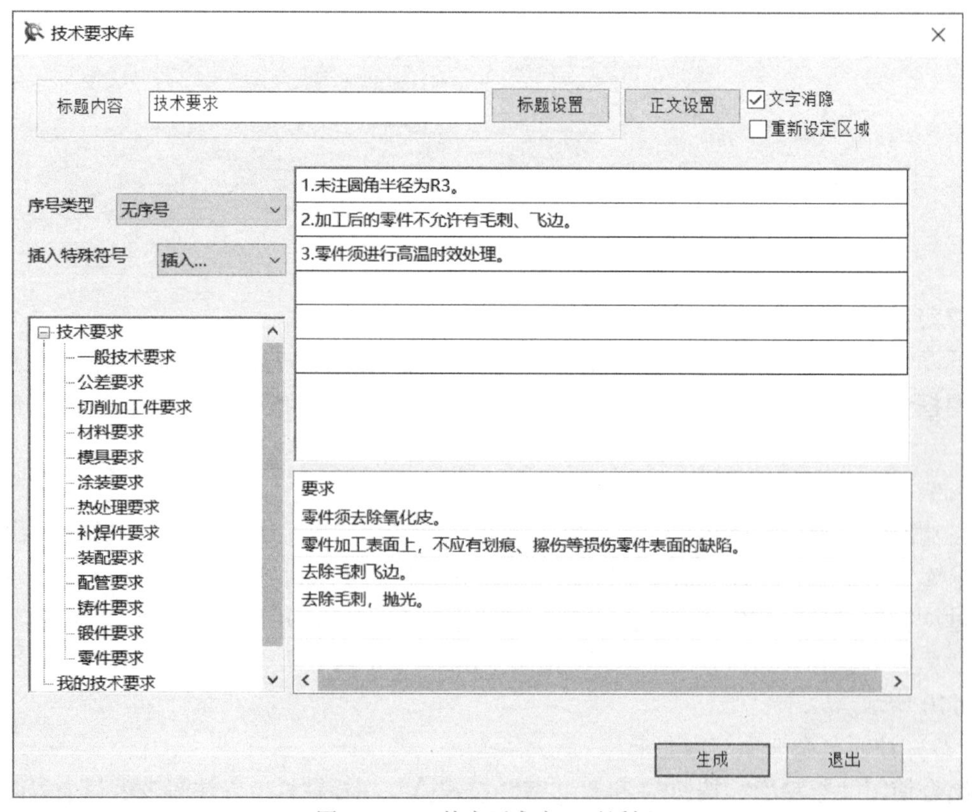

图 8-169　“技术要求库”对话框

技术要求

1.未注圆角半径为R3。

2.加工后的零件不允许有毛刺、飞边。

3.零件须进行高温时效处理。

标记	处数	分区	更改文件号	签名	年、月、日
设计			标准化		
审核					
工艺			批准		

图 8-170　注写技术要求

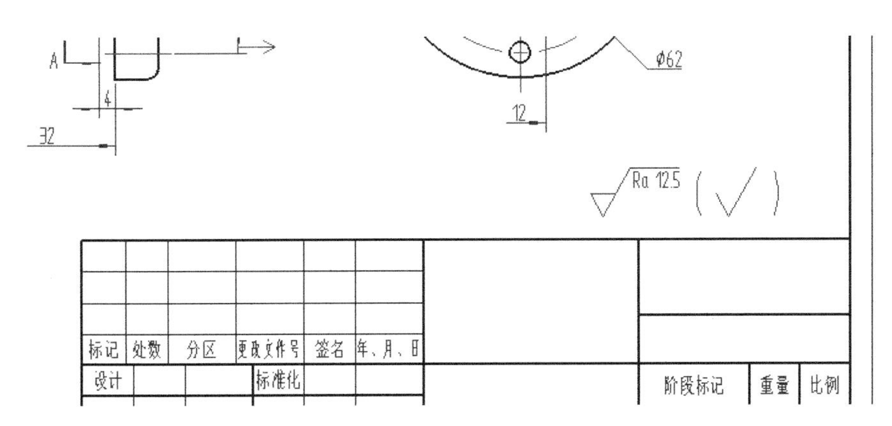

图 8-171　注写其余表面结构要求

（28）填写标题栏

在功能区“图幅”选项卡的“标题栏”面板中单击“填写标题栏”按钮，或者在绘图区双击标题栏，弹出“填写标题栏”对话框，从中填写相关的内容，然后单击“确定”按钮。填写好的标题栏如图 8-172 所示。

						轴承盖零件图	桦意智创工业设计
							HY-ZCG-101
标记	处数	分区	更改文件号	签名	年、月、日		
设计	钟日铭	2018-4-13	标准化			HT200	阶段标记 / 重量 / 比例
							1:1
审核							
工艺			批准				共 1 张　第 1 张

图 8-172　填写标题栏

此时，轴承盖零件图如图 8-173 所示，仔细检查有没有漏掉尺寸和轮廓线，如果有，则改正过来。

（29）保存文件

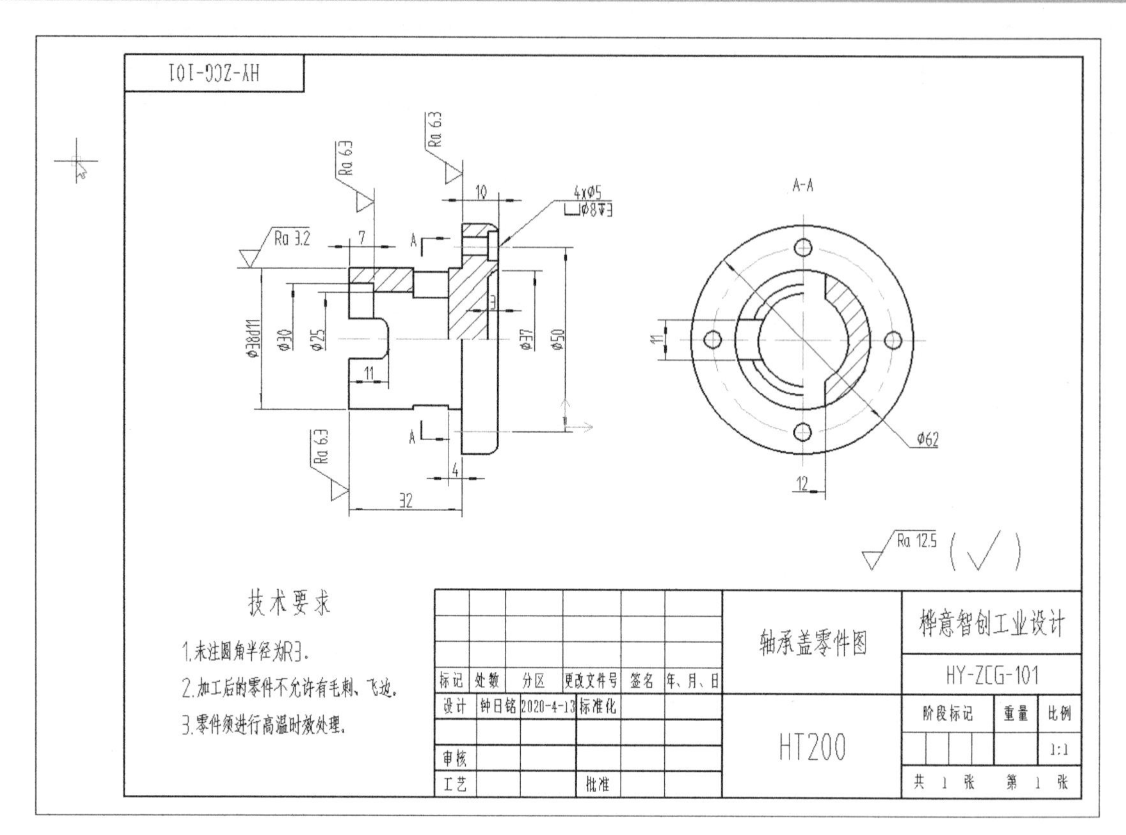

图 8-173 轴承盖零件图

8.5 绘制支架零件图

支架零件属于叉架类零件，这类零件的形状比较复杂，通常先用铸造或焊接的方式制成毛坯，然后再进行切削加工处理。这类零件一般需要两个或两个以上的基本视图，并且必要时还要用到局部视图、局部剖视和重合断面等方式辅以表达。

本实例要完成的是某支架零件的零件图，完成的参考效果如图 8-174 所示。

绘制该支架零件图的具体操作步骤如下。

（1）新建图形文件

在 CAXA CAD 电子图板 2020 的快速启动工具栏中单击“新建”按钮，系统弹出“新建”对话框，在“工程图模板”选项卡的“当前标准”下拉列表框中选择“GB”选项，从系统模板列表中选择“MECHANICAL-A4（CHS）”模板，然后单击“确定”按钮。

（2）设置当前的文本风格与尺寸标注风格

自行设置，这里不再赘述。

（3）绘制主要中心线和定位线

在功能区“常用”选项卡的“特性”面板中将“中心线层”设置为当前层，接着根据设计尺寸单击“绘图”面板中的“直线”按钮绘制相关的中心线，并灵活使用“修改”面板中的“等距线”等工具按钮，初步完成的中心线如图 8-175 所示。

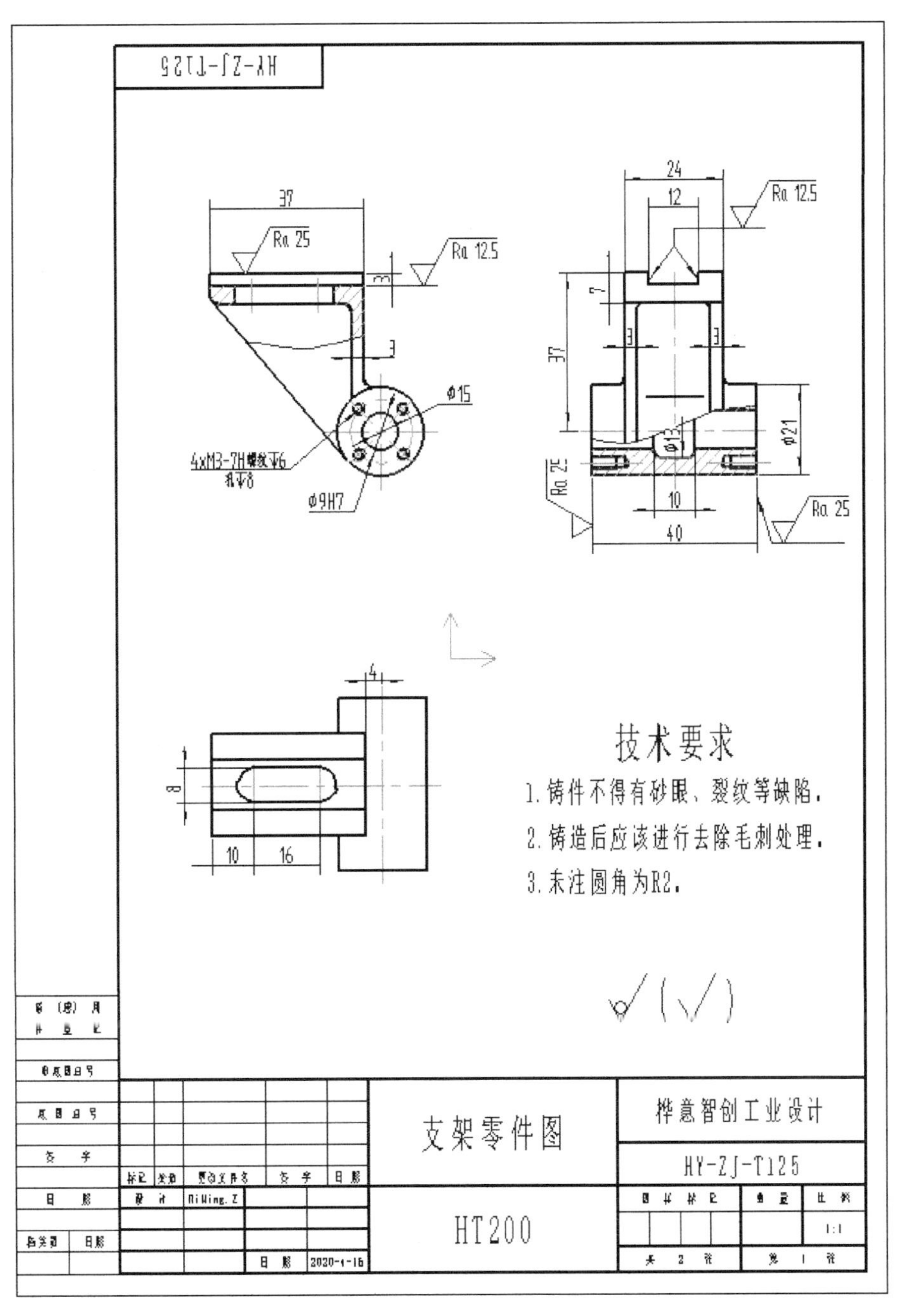

图 8-174 支架零件图

(4) 绘制矩形

将“粗实线层”设置为当前图层。

在“绘图”面板中单击“矩形”按钮，接着在“矩形”立即菜单中设置图 8-176 所示的内容，然后在图形区域指定中心定位点来绘制矩形，如图 8-177 所示。

(5) 绘制等距线

在“修改”面板中单击“等距线”按钮，绘制图 8-178 所示的等距线。

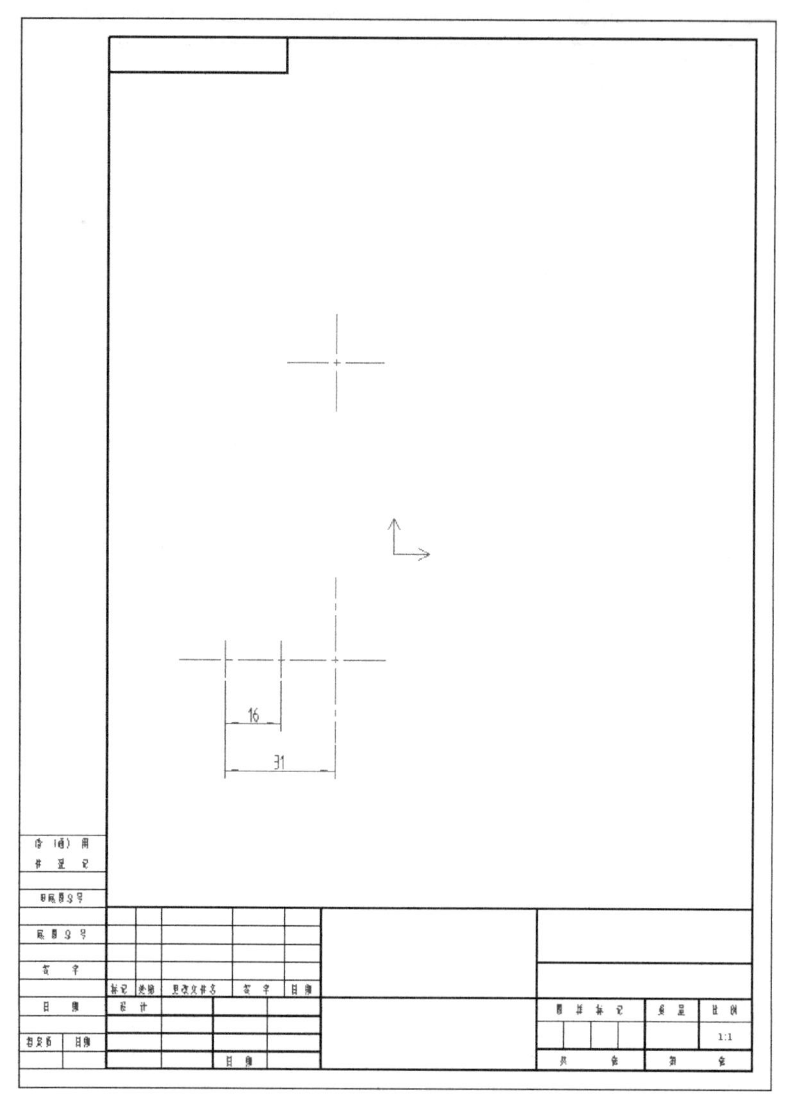

图 8-175　绘制主要中心线

1. 长度和宽度　2. 中心定位　3.角度 0　4.长度 21　5.宽度 40　6. 无中心线

定位点:　Rect Rectang R...

图 8-176　在矩形立即菜单中的设置

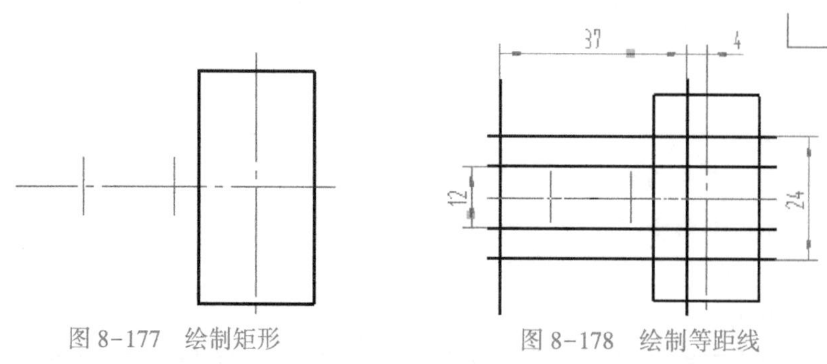

图 8-177　绘制矩形

图 8-178　绘制等距线

（6）裁剪图形

在“修改”面板中单击“裁剪”按钮，对图形进行第 1 次裁剪，裁剪结果如图 8-179 所示。

（7）绘制两个圆

在“绘图”面板中单击“圆”按钮，使用“圆心_半径”方式绘制两个直径均为 8 的圆，如图 8-180 所示。

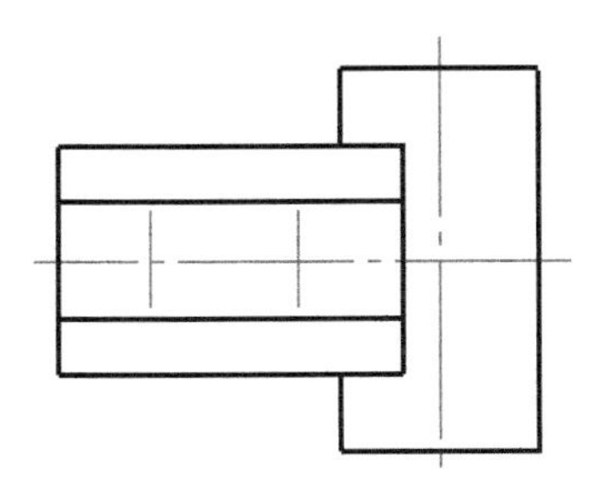

图 8-179　裁剪图形后的效果

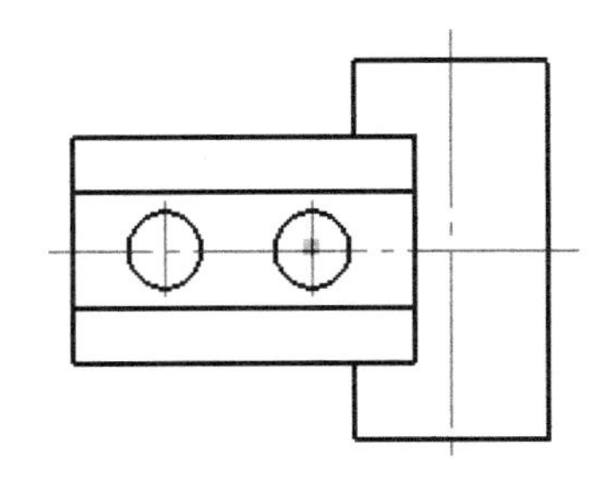

图 8-180　绘制两个圆

（8）绘制两条直线段

在“绘图”面板中单击“直线”按钮，以“两点线”方式绘制图 8-181 所示的两条直线段。

（9）裁剪图形

在“修改”面板中单击“裁剪”按钮，对图形进行第 2 次裁剪，裁剪结果如图 8-182 所示。

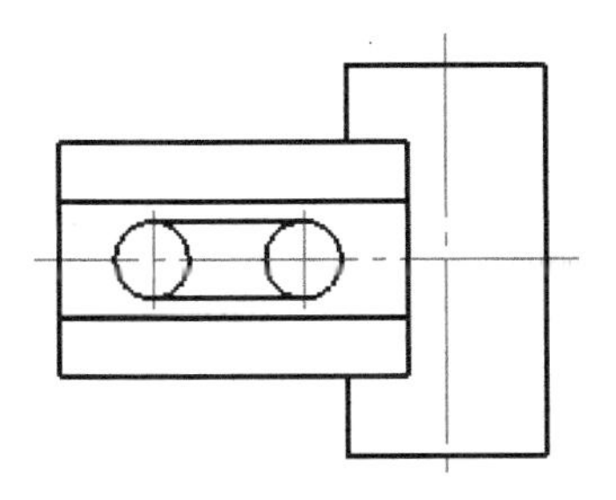

图 8-181　绘制两条直线段

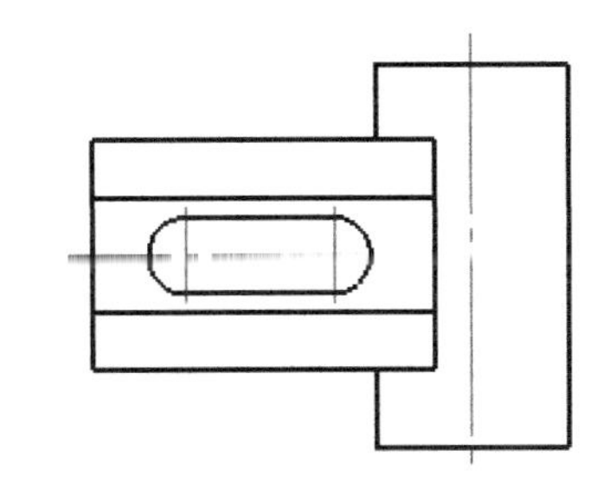

图 8-182　裁剪图形的结果

（10）绘制圆

在“绘图”面板中单击“圆”按钮，使用“圆心_半径”方式绘制图 8-183 所示的 3 个圆，圆心的位置是两条中心线（该两条中心线位于已绘制好轮廓的第一个视图的上方）的交点，这 3 个圆的直径由大到小依次是 21、15 和 9。

（11）修改一个圆的属性

结束圆绘制命令后，选择直径为 15 的圆来右击，接着从出现的快捷菜单中选中“特性”命令，打开“特性”选项板。利用“特性”选项板将该对象的“层”属性值更改为“中心线层”，然后关闭或自动隐藏“特性”选项板。修改该圆属性后的效果如图 8-184 所示。

（12）绘制相关的草图

使用直线工具和等距线工具来绘制图 8-185 所示的草图。其中在使用直线工具绘制线段时，可以应用导航点捕捉方式来辅助绘图。导航点捕捉方式是通过光标线对若干特征点（如孤立点、直线端点、直线中点、圆或圆弧的象限点和圆心点等）进行导航，导航时的光标线以虚线形式显示。

（13）齐边和裁剪处理

对刚绘制的草图进行相应齐边（延伸）和裁剪处理，以获得图8-186所示的图形效果。

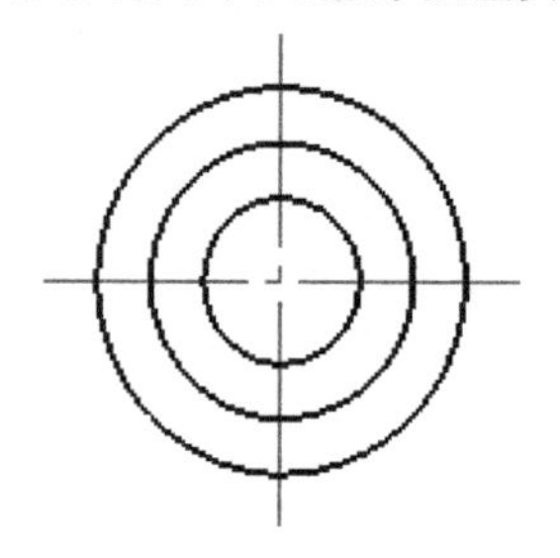

图8-183 绘制3个圆

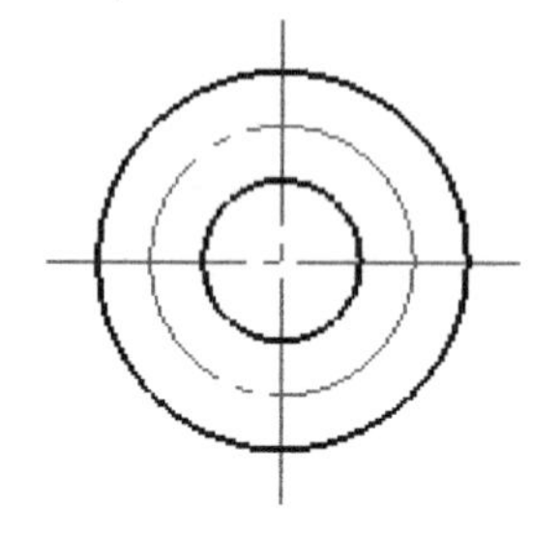

图8-184 将其中一个圆所在层改为“中心线层”

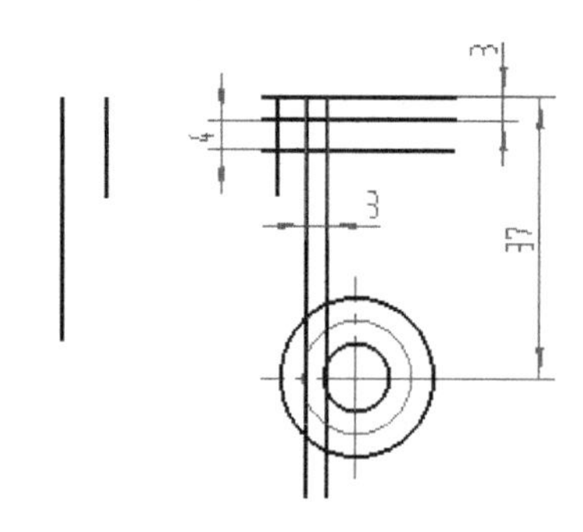

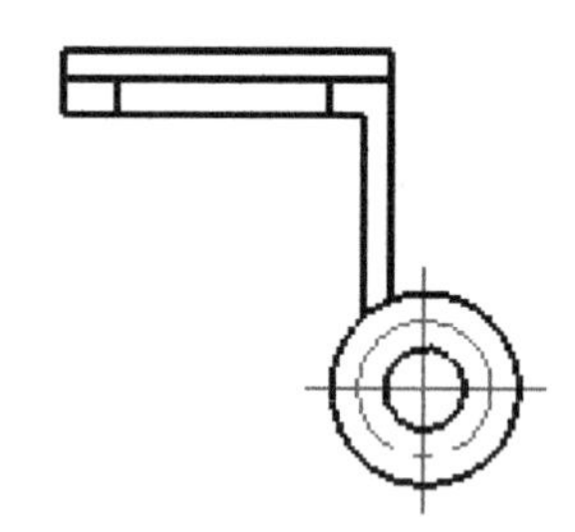

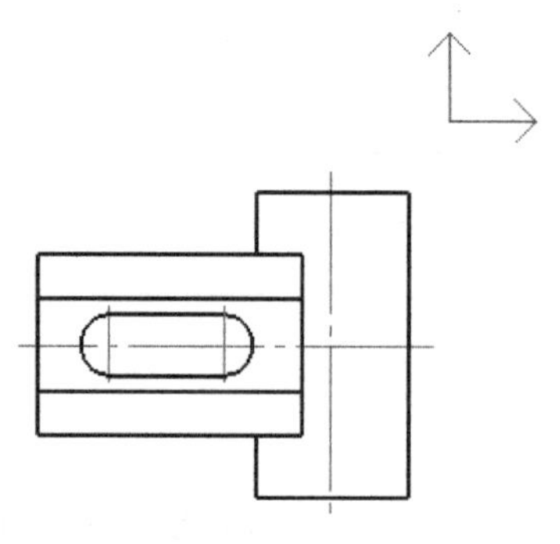

图8-185 绘制草图

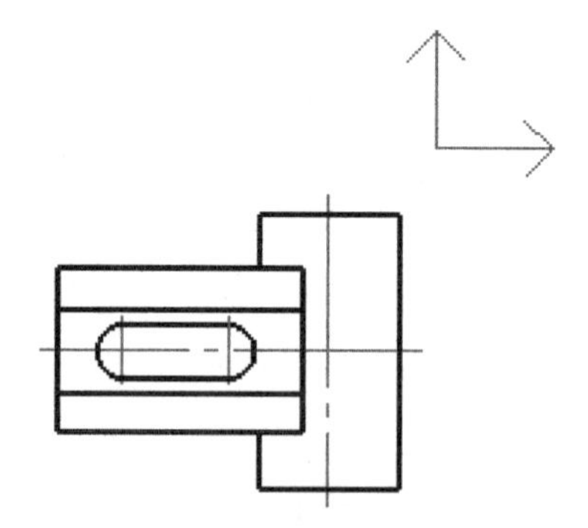

图8-186 齐边和裁剪得到的效果

（14）补齐中心线

将“中心线层”设置为当前图层，接着在“绘图”面板中单击“直线”按钮，以“两点线”方式并结合导航点捕捉功能来补齐图8-187所示的两条中心线。绘制好这两条中心线后，重新将“粗实线层”设置为当前图层。

（15）创建圆角过渡

在“修改”面板中单击“过渡”按钮，在“过渡”立即菜单中选择“圆角”选项，设置圆角半径为2，并根据已知设计要求选择圆角裁剪选项和拾取要倒圆角的曲线，创建的圆角过渡如图 8-188 所示。

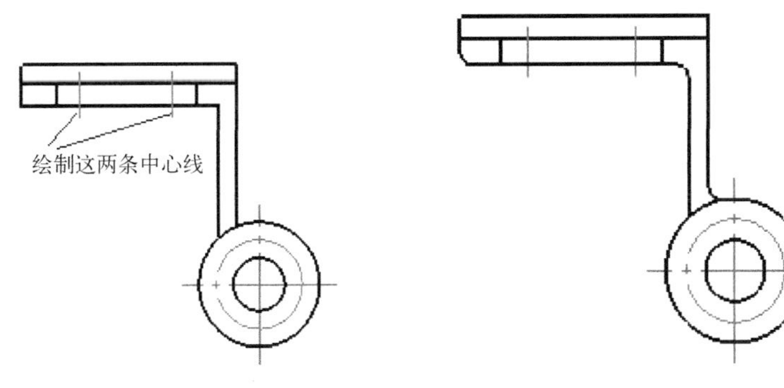

图 8-187 绘制两条中心线　　图 8-188 创建圆角过渡

（16）绘制粗牙内螺纹图形

在功能区“插入”选项卡的“图库”面板中单击“插入（提取）图符”按钮，系统弹出“插入图符”对话框，通过路径栏指定图符目录路径为“zh-CN\常用图形\螺纹\”，接着选择“内螺纹-粗牙”，如图 8-189 所示。

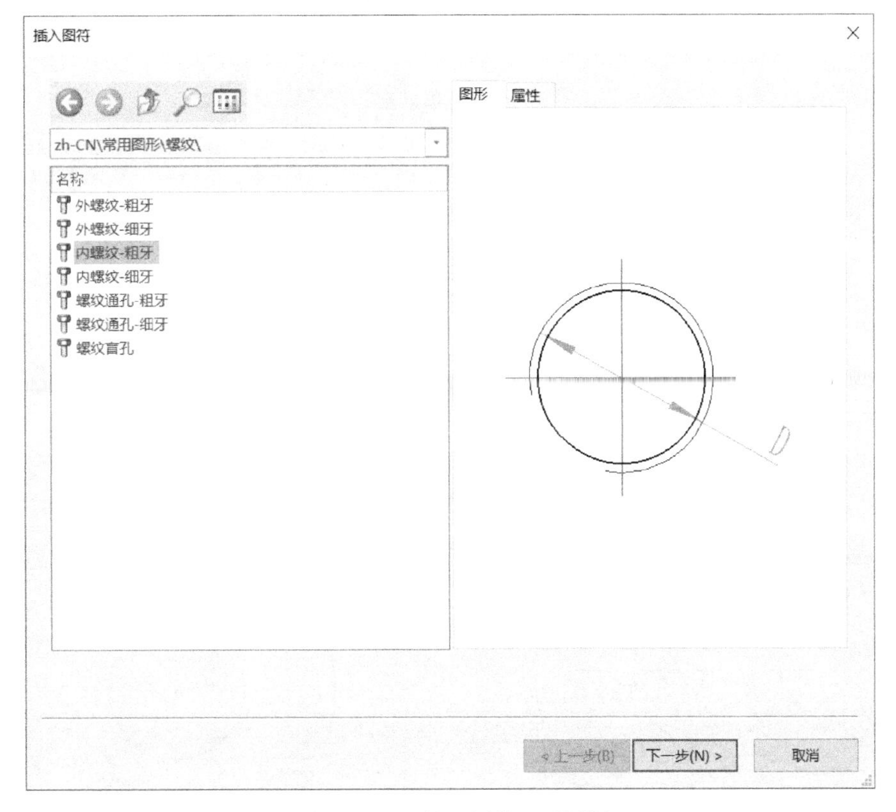

图 8-189 “插入图符”对话框

在“插入图符”对话框中单击“下一步”按钮，系统弹出“图符预处理”对话框，从“尺寸规格选择”列表中选择尺寸规格，在“尺寸开关”选项组中选择“关”单选按钮，如图 8-190 所示。

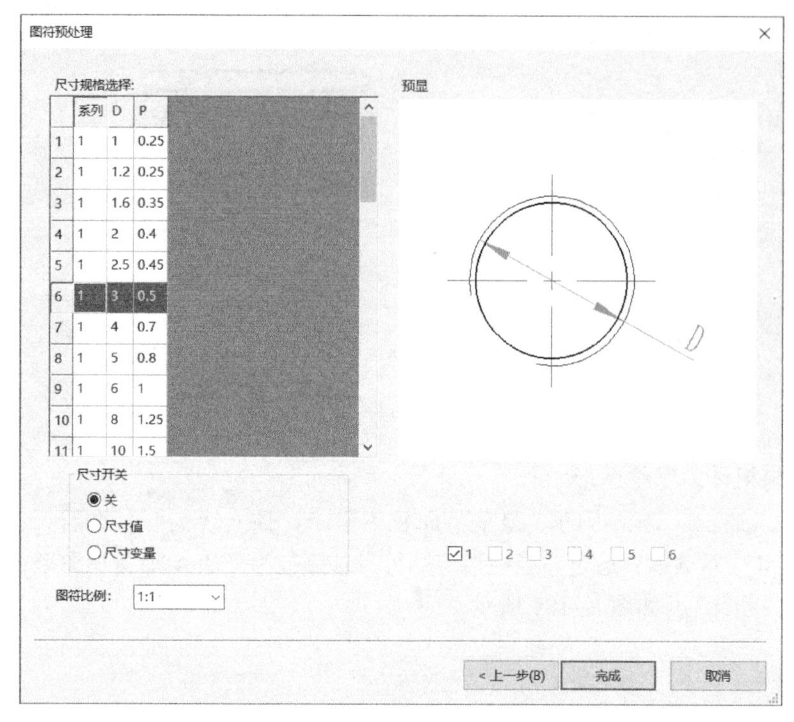

图 8-190 “图符预处理”对话框

在“图符预处理”对话框中单击“完成”按钮，接着在出现的立即菜单中将“1.”的选项切换为“打散”，然后在视图中指定图符定位点，并输入图符旋转角度为 0，单击鼠标右键结束操作。完成第一个螺纹孔图形的效果如图 8-191 所示。

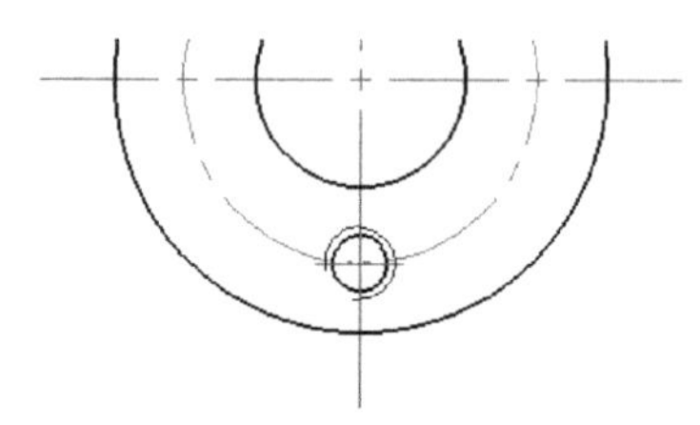

图 8-191 完成调用第一个螺纹孔图形

（17）旋转图形

在功能区“常用”选项卡的“修改”面板中单击“旋转”按钮，接着在旋转立即菜单中设置“1.”为“给定角度”、“2.”为“旋转”，在状态栏中设置不启用“正交”模式，使用鼠标框选整个螺纹孔图形，单击鼠标右键确认拾取操作，然后拾取图 8-192 所示的圆心作为基点，并输入旋转角度为 45°。旋转图形后，可以删除螺纹孔图形中不需要的中心线，并可以适当调整其剩下中心线的延伸长度，效果如图 8-193 所示。

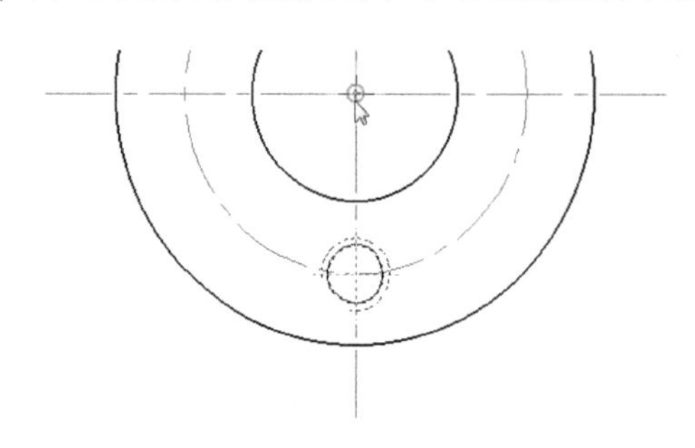

图 8-192 拾取基点

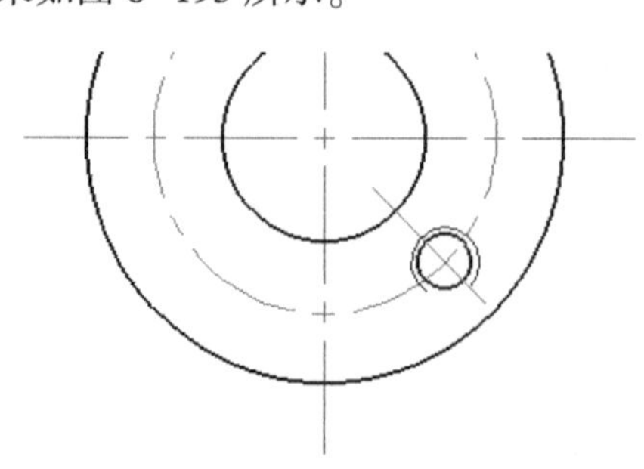

图 8-193 旋转图形

（18）进行圆形阵列操作

在“修改”面板中单击“阵列”按钮，在阵列立即菜单中选择“1.”为“圆形阵列”、“2.”为“旋转”和“3.”为“均布”选项，并设置“4. 份数”为4。

拾取螺纹孔的整个图形并右击确认对象拾取。接着选择图 8-194 所示的圆心作为圆形阵列的中心，得到的圆形阵列结果如图 8-195 所示。

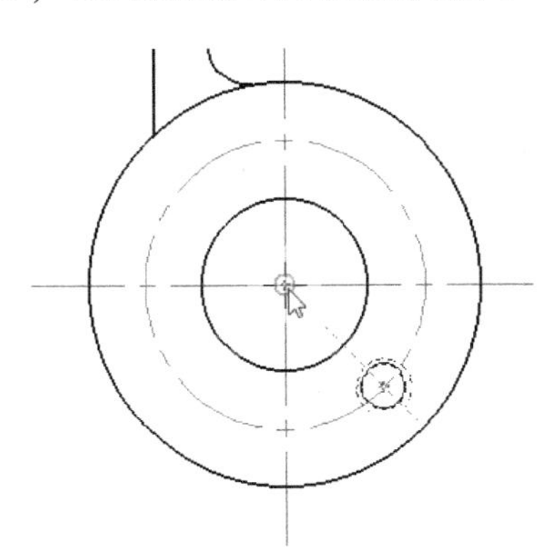

图 8-194　指定圆形阵列的中心

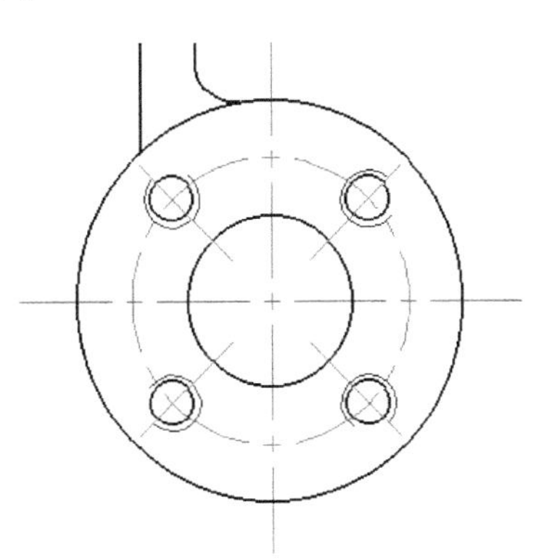

图 8-195　圆形阵列结果

（19）绘制相切直线

在“绘图”面板中单击“直线”按钮，在立即菜单中设置“1.”为“两点线”和“2.”为“单根”。按空格键，弹出工具点菜单，从工具点菜单中选择“切点”选项，单击图 8-196 所示的圆弧；在“第二点:”提示下按空格键，弹出工具点菜单，从工具点菜单中选择“切点”选项，然后单击图 8-197 所示的圆，从而完成绘制一条相切直线。

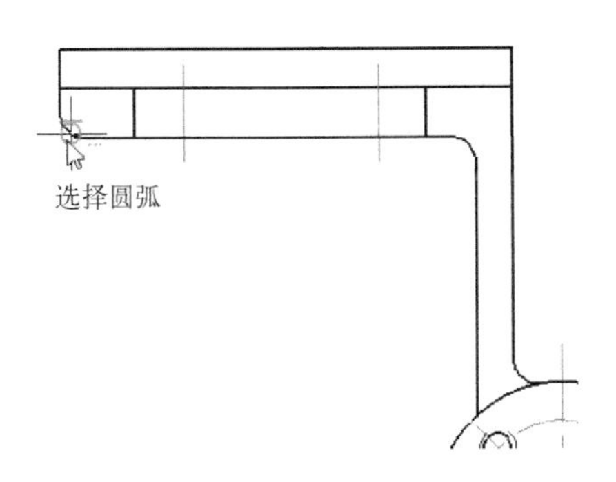

图 8-196　拾取圆弧定义切点

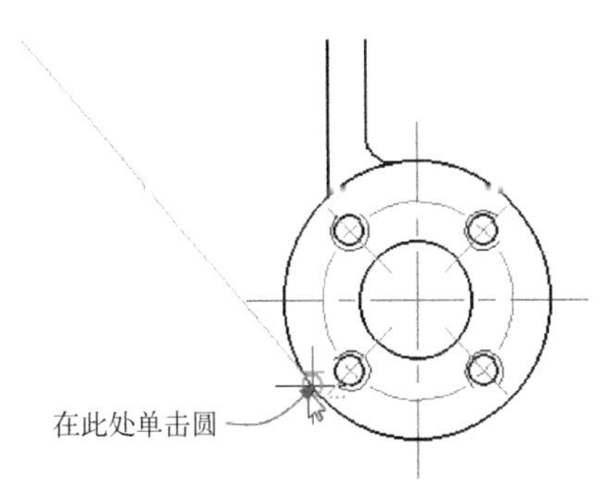

图 8-197　单击圆定义第 2 个切点

（20）绘制样条曲线

退出直线绘制命令后，将“细实线层”设置为当前图层。在“绘图”面板中单击“样条”按钮，绘制图 8-198 所示的样条曲线。

（21）修剪样条曲线

在“修改”面板中单击“裁剪”按钮，将样条曲线裁剪成如图 8-199 所示。

（22）绘制剖面线

将“剖面线层”设置为当前图层。在“绘图”面板中单击“剖面线”按钮，在立即菜单的“1.”中选择“拾取点”，在“2.”中选择“不选择剖面图案”，在“3.”中选择

“非独立”选项，并设置比例值为0.68，角度为0，间距错开值为0，接着拾取环内点1和环内点2，如图8-200所示，然后右击以完成绘制该剖面线，效果如图8-201所示。

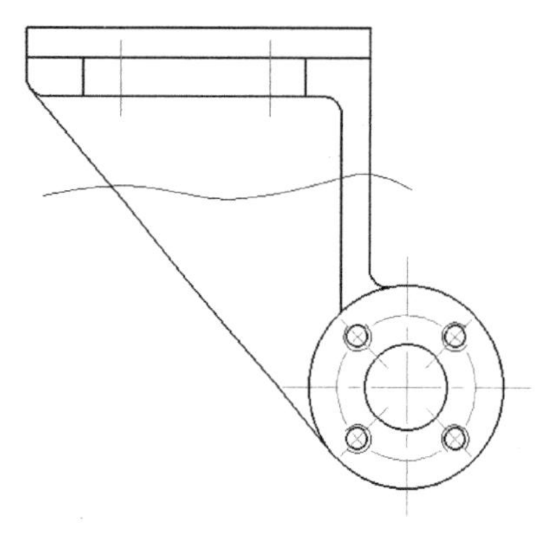

图8-198　绘制样条曲线

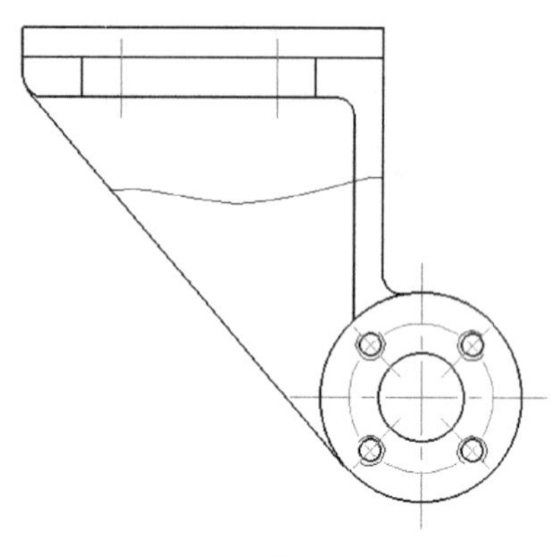

图8-199　修剪样条曲线

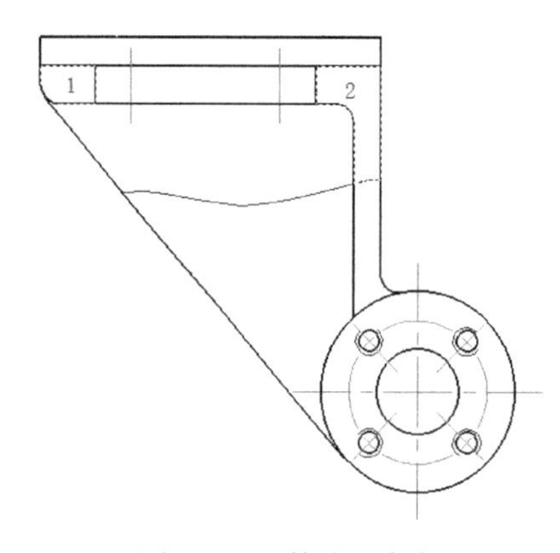

图8-200　拾取环内点

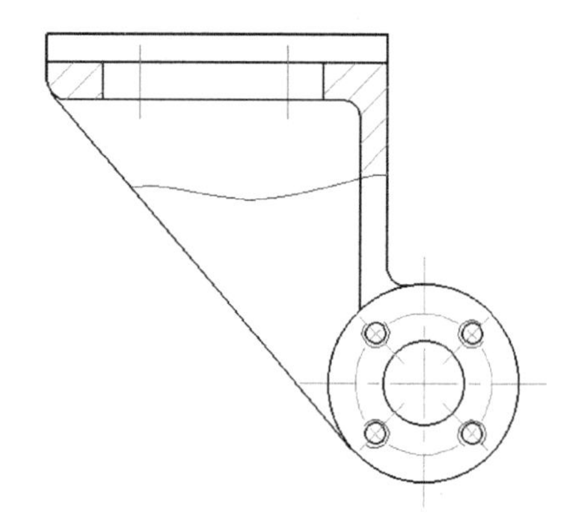

图8-201　完成剖面线绘制

（23）启用三视图导航

按〈F7〉键启动三视图导航功能（或者从主菜单中选择“工具”|“三视图导航”），接着分别指定两点绘制一条45°的浅色（如黄色，与设置有关）导航线，如图8-202所示。

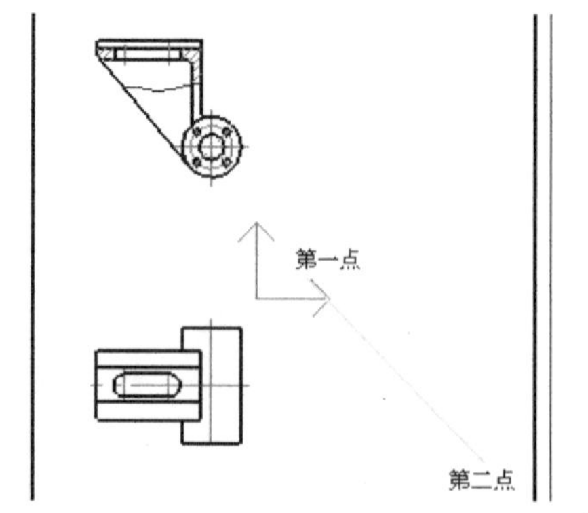

图8-202　绘制黄色导航线

从屏幕右下角的下拉列表框中选择“导航”选项时，启动导航模式，在这种状态下系统以定义的导航线为视图转换线进行三视图导航。

（24）绘制第3个视图中的主中心线

将“中心线层”设置为当前图层。在“绘图”面板中单击“直线”按钮╱，在直线立即菜单中设置“1.”为“两点线”、“2.”为“单根”，并通过状态栏启用“正交”模式。利用三视图导航辅助绘制图8-203所示的两条中心线。

（25）利用三视图导航等方式辅助绘制图形

将“粗实线层”设置为当前图层。在“绘图”面板中单击“直线”按钮╱，在直线立

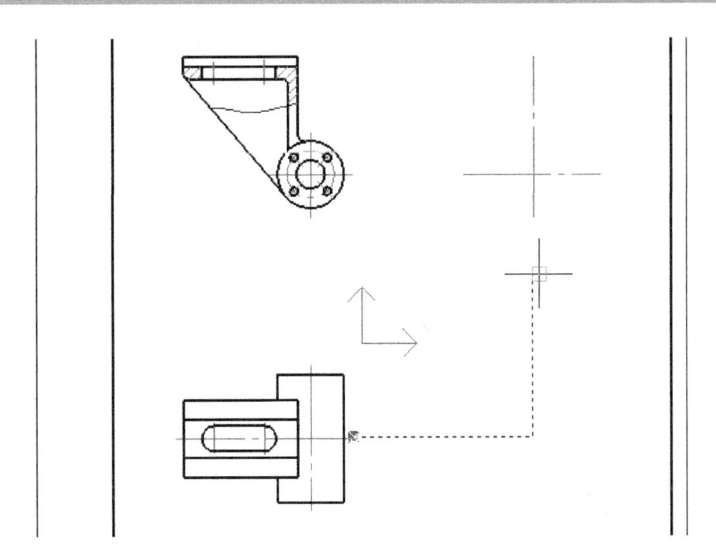

图 8-203 绘制两条中心线

即菜单中设置“1.”为“两点线”和“2.”为“单根”，利用三视图导航等方式辅助绘制图 8-204 所示的线段。

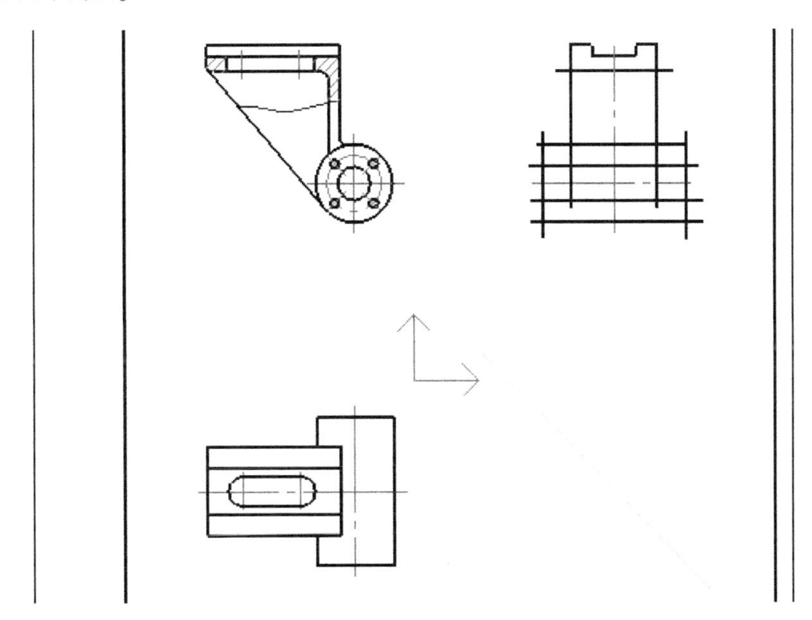

图 8-204 绘制图形

（26）绘制样条曲线

将“细实线层”设置为当前图层。在“绘图”面板中单击“样条”按钮，绘制图 8-205 所示的样条曲线。

绘制好该样条曲线后，重新将“粗实线层”设置为当前图层。

（27）裁剪图形

在“修改”面板中单击“裁剪”按钮，对新视图进行裁剪处理。裁剪得到的新视图如图 8-206 所示。

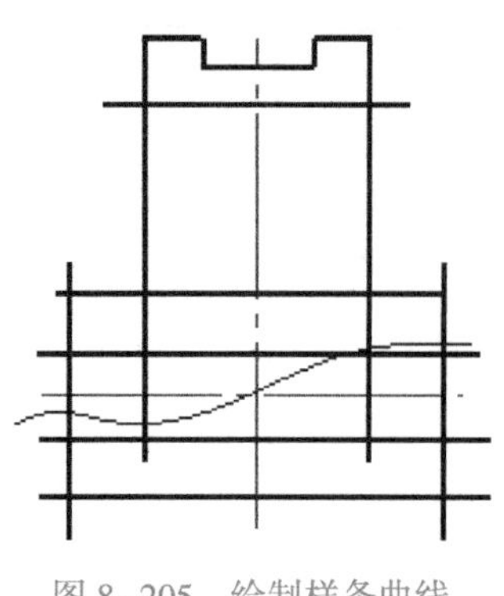
图 8-205　绘制样条曲线

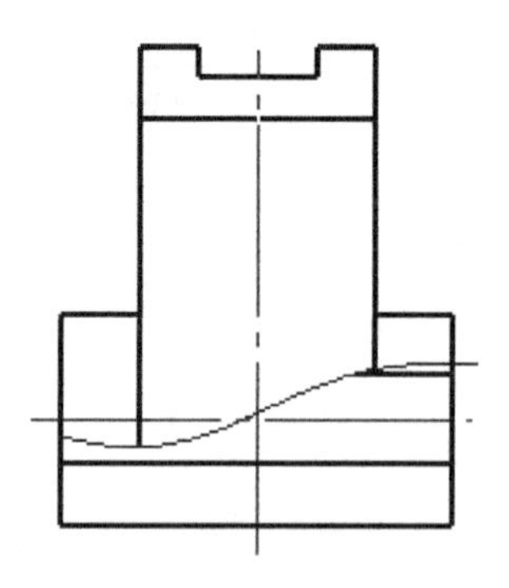
图 8-206　裁剪图形

（28）创建等距线

在“修改”面板中单击“等距线”按钮，绘制图 8-207 所示的几条等距线。

（29）进行齐边（延伸）和裁剪处理

对新视图进行齐边（延伸）和裁剪处理，得到的初步处理结果如图 8-208 所示。

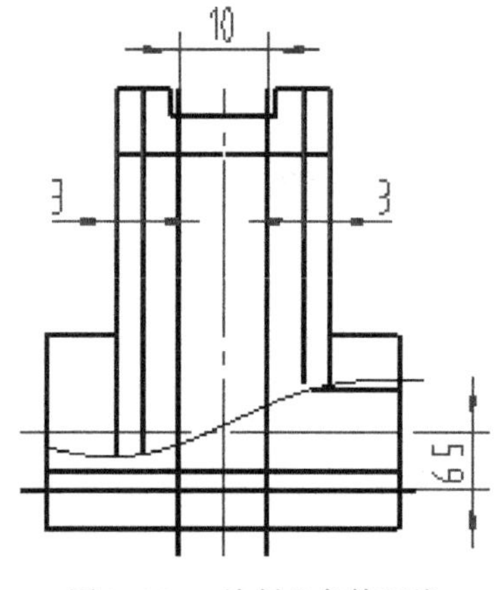

图 8-207　绘制几条等距线

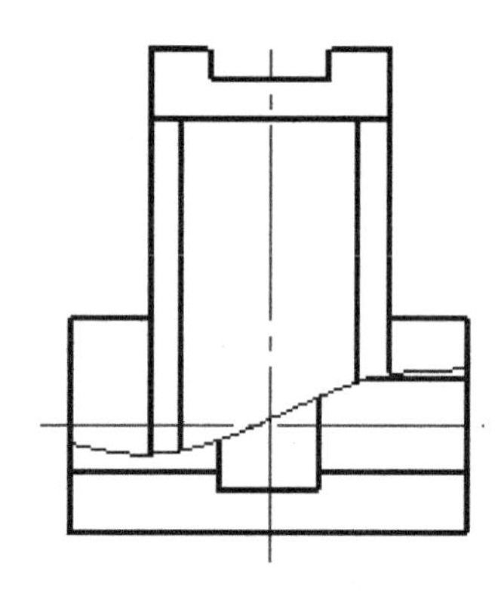
图 8-208　齐边和裁剪处理

（30）绘制过渡圆角

在“修改”面板中单击“过渡”按钮，在立即菜单的“1.”中选择“圆角”选项，根据需要在新视图中绘制图 8-209 所示的几个圆角，圆角半径为 2。

（31）绘制过渡轮廓线

在“绘图”面板中单击“直线”按钮，在直线立即菜单中设置“1.”为“两点线”、“2.”为“单根”，并在状态栏中设置启用“正交”模式，接着利用导航捕捉模式指定两点绘制一条水平的过渡轮廓线，如图 8-210 所示，即该条过渡轮廓线的两个端点（端点 1 和端点 2）与位于旁边视图中的 A 点同在一条水平导航线上。

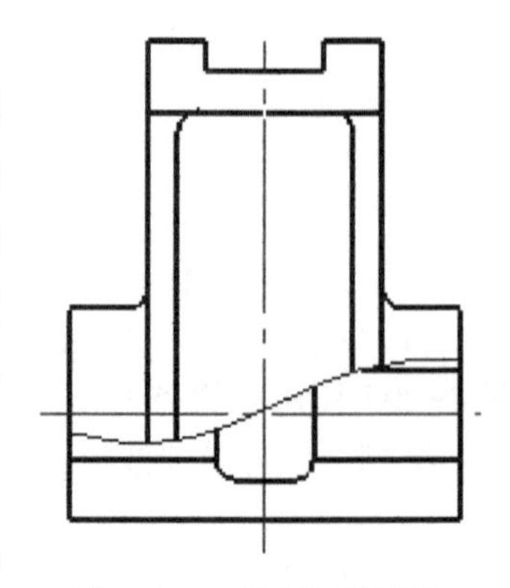
图 8-209　绘制过渡圆角

（32）绘制局部旋转剖中的螺纹孔中心线

将“中心线层”设置为当前图层。单击“绘图”面板中的“直线”按钮，以“两点线”方式绘制表示螺纹孔位置的中心线（注意视图间的对应关系），如图 8-211 所示。

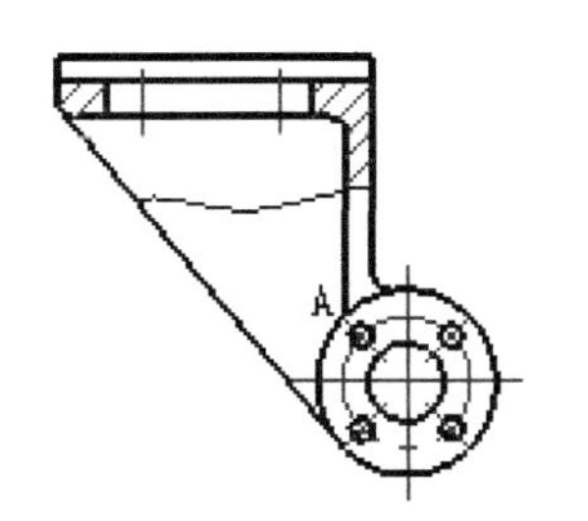

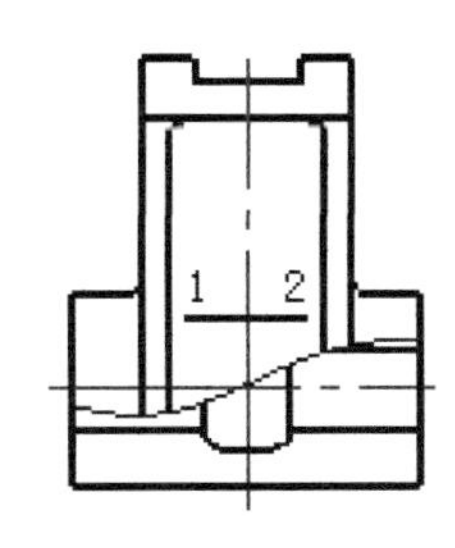

图 8-210　绘制一条过渡轮廓线

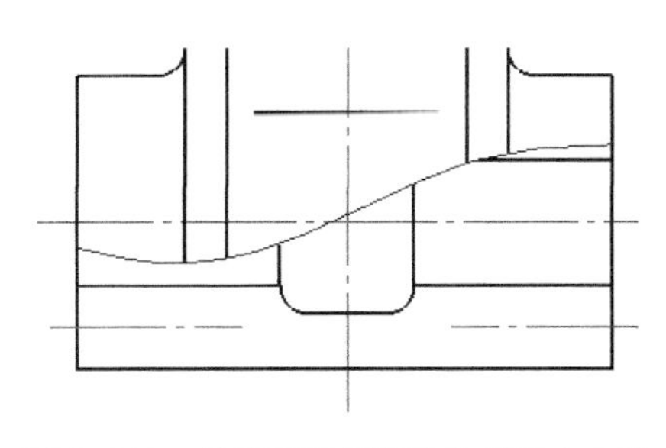

图 8-211　绘制表示螺纹孔位置的中心线

（33）绘制局部旋转剖视图中的螺纹孔图形

在功能区中切换至“插入”选项卡，从“图库”面板中单击“插入图符”按钮，打开“插入图符”对话框。在图符目录框中单击“下三角”按钮，指定图符路径目录为“zh-CN\常用图形\螺纹\”，从中选择“螺纹盲孔”，如图 8-212 所示。

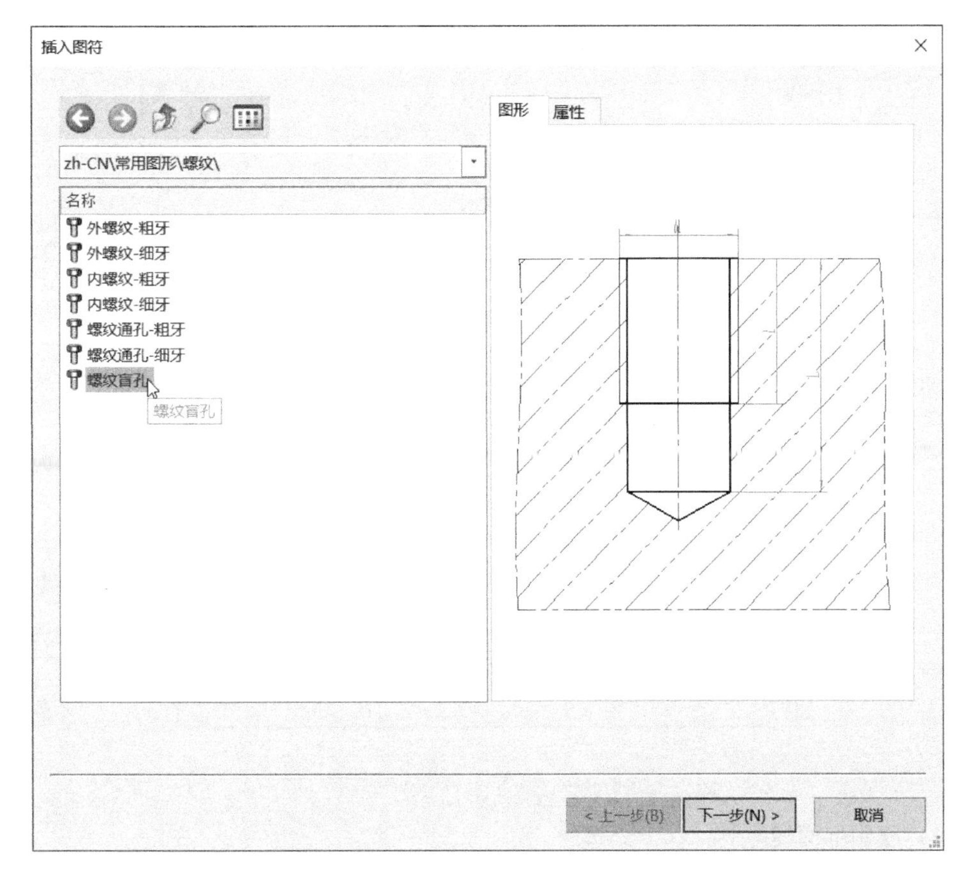

图 8-212　通过“插入图符”对话框选择“螺纹盲孔”图符

单击“下一步”按钮，系统弹出“图符预处理”对话框，从中选择尺寸规格和修改其尺寸参数值，如图 8-213 所示，并在“尺寸开关”选项组中选择“关”单选按钮。

在“图符预处理”对话框中单击“完成”按钮，在出现的立即菜单中设置选项为“打

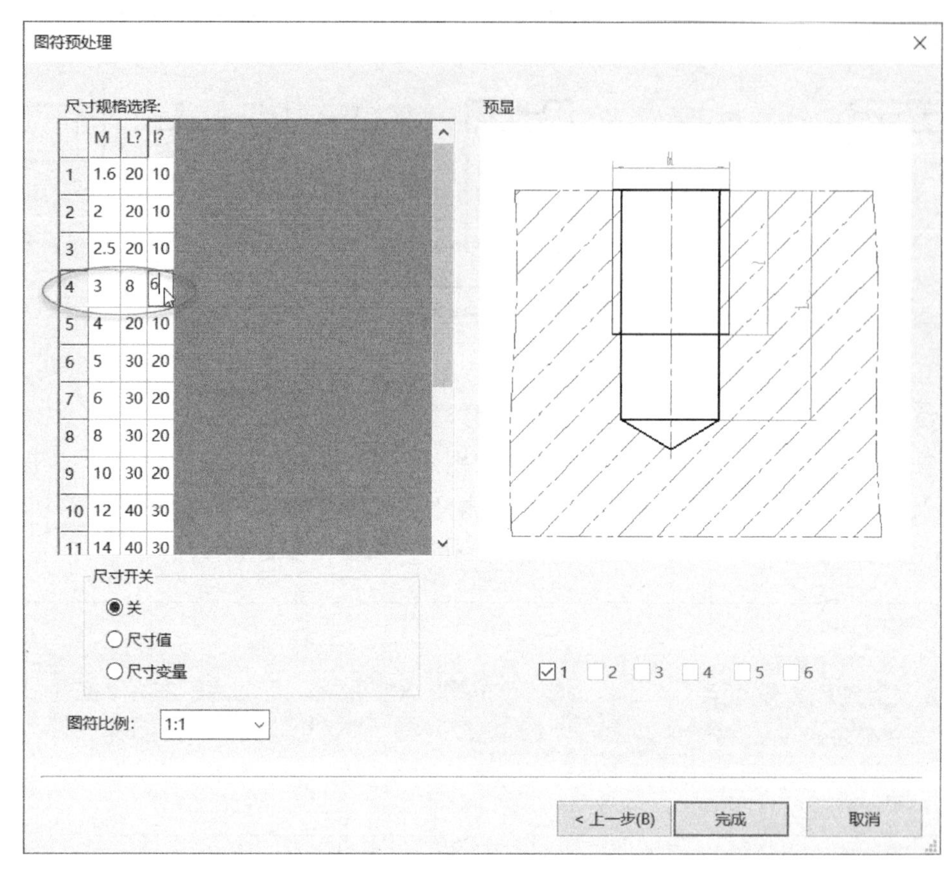

图 8-213 “图符预处理”对话框

散”选项，在图形中指定图符定位点和旋转角度来放置螺纹盲孔图形，可以继续放置第二个同样规格的螺纹盲孔图形。一共放置两个螺纹盲孔图形，效果如图 8-214 所示。

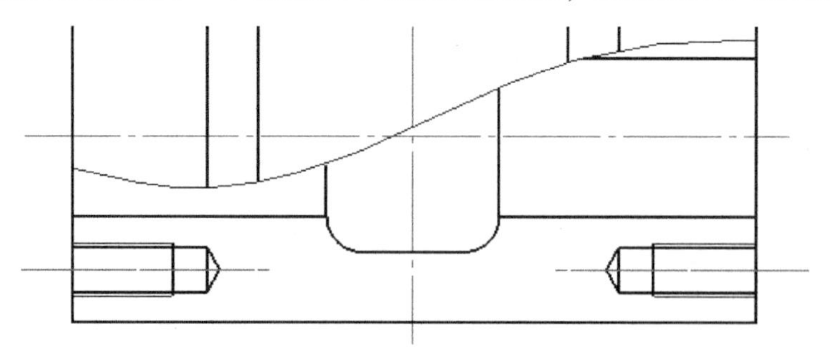

图 8-214 放置两个螺纹孔图形

(34) 绘制剖面线

将“剖面线层”设置为当前图层。在功能区“常用”选项卡的“绘图”面板中单击“剖面线”按钮，采用之前的剖面线设置参数，绘制图 8-215 所示的剖面线。

(35) 关闭三视图导航线

再次按〈F7〉键以关闭三视图导航功能。也可以从主菜单中选择“工具”|“三视图导航”命令来关闭三视图导航功能。

（36）标注尺寸和技术要求等

将“尺寸线层”设置为当前图层。使用相关的标注工具来为零件图标注所需的尺寸、表面结构要求和技术要求等，标注的参考结果如图 8-216 所示。其中，注意“引出说明”按钮的巧妙应用。

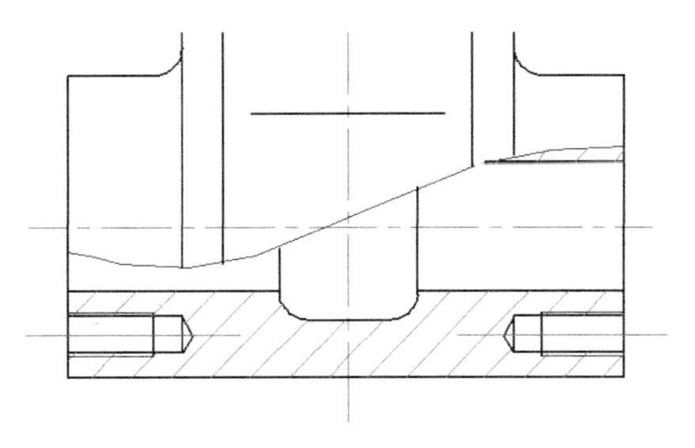

图 8-215 绘制剖面线

（37）填写标题栏

在功能区“图幅”选项卡的“标题栏”面板中单击“填写标题栏”按钮，或者在绘图区双击标题栏，弹出“填写标题栏”对话框，在该对话框中填写相关的属性值内容，然后单击“确定”按钮。填写好的标题栏如图 8-217 所示。

（38）保存文件

本实例完成的支架零件图如图 8-218 所示，检查图形是否有疏漏，然后保存文件。

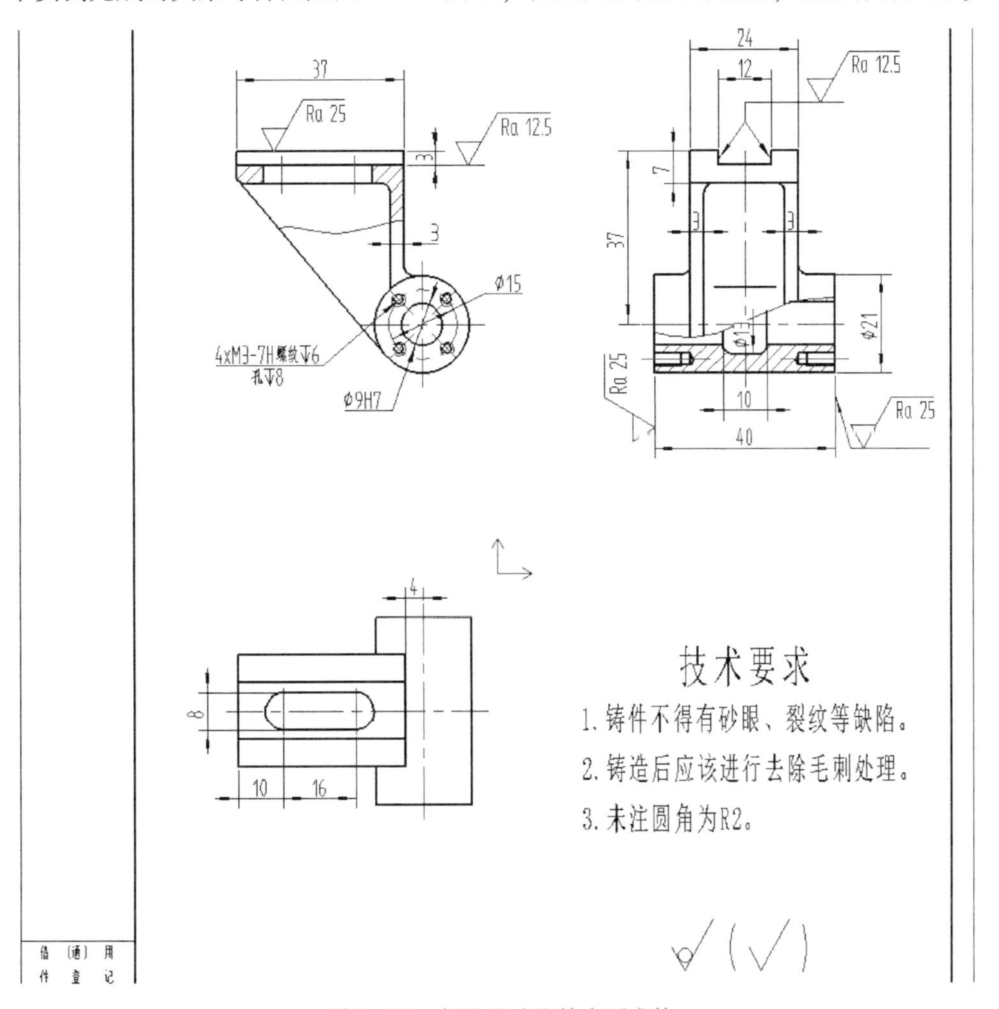

图 8-216 标注尺寸和技术要求等

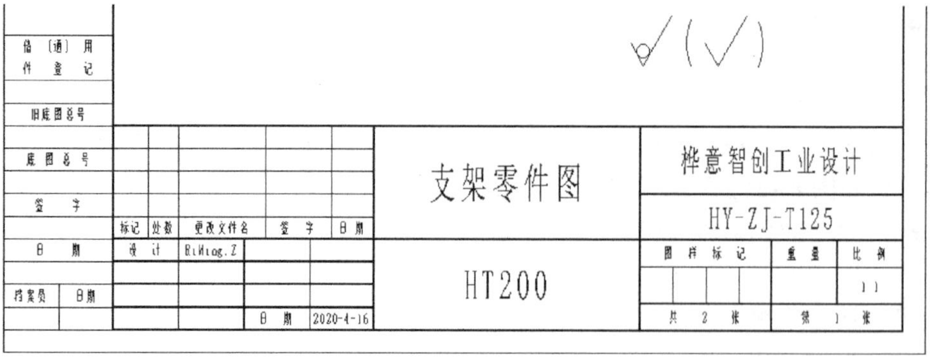

借（通）用件登记
旧底图总号
底图总号
签字
日期
档案员
日期
标记
处数
更改文件名
签字
日期
设计
RiLing.Z
日期
2020-4-16
支架零件图
HT200
桦意智创工业设计
HY-ZJ-T125
图样标记
重量
比例
1:1
共 2 张
第 1 张

图 8-217　填写标题栏

HY-ZJ-T125
技术要求
1.铸件不得有砂眼、裂纹等缺陷。
2.铸造后应该进行去除毛刺处理。
3.未注圆角为R2。
Ra 25
Ra 12.5
4xM3-7H螺纹深6
孔深8
φ9H7
φ15
φ21
φ13
支架零件图
HT200
桦意智创工业设计
HY-ZJ-T125
1:1
共 2 张
第 1 张
RiLing.Z
2020-4-16

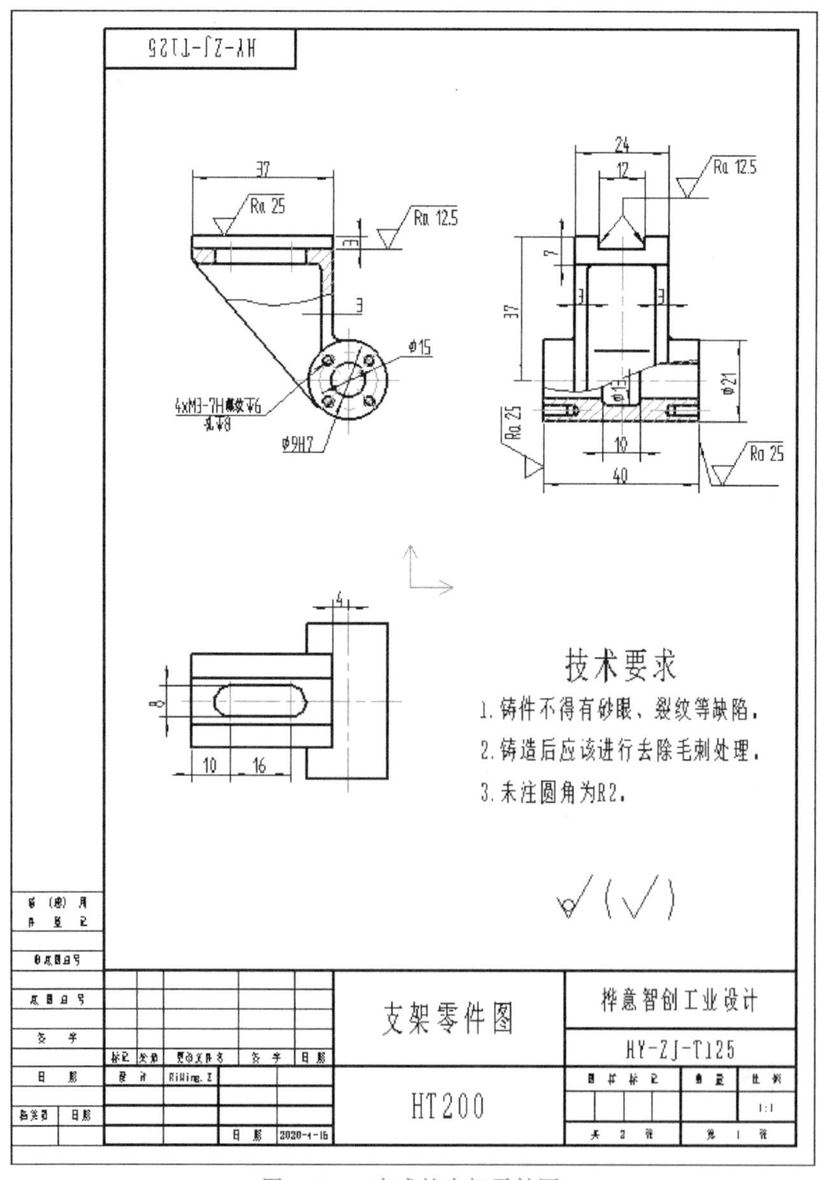

图 8-218　完成的支架零件图

8.6 绘制齿轮零件图

绘制齿轮零件图要符合相应的制图规范。对于单个圆柱齿轮，齿顶圆和齿顶线用粗实线绘制，分度圆和分度线用细点画线绘制，齿根圆和齿根线用细实线绘制或省略不画；在剖视图中，沿轴线剖切时，轮齿规定不剖，齿根线用粗实线绘制；对于斜齿轮和人字齿轮，可用三条细实线表示齿线的方向。

下面介绍一个圆柱齿轮零件图的绘制思路。

环节1：新建一个使用“GB-A3（CHS）”系统模板的工程图文件。切换到功能区“图幅”选项卡，单击“图幅设置”按钮，接着在“图幅设置”对话框中将绘图比例设置为“1:2”。

环节2：使用各种绘图工具和修改工具完成绘制图8-219所示的两个视图，并可以对它们进行相应的尺寸标注和表面粗糙度注写。

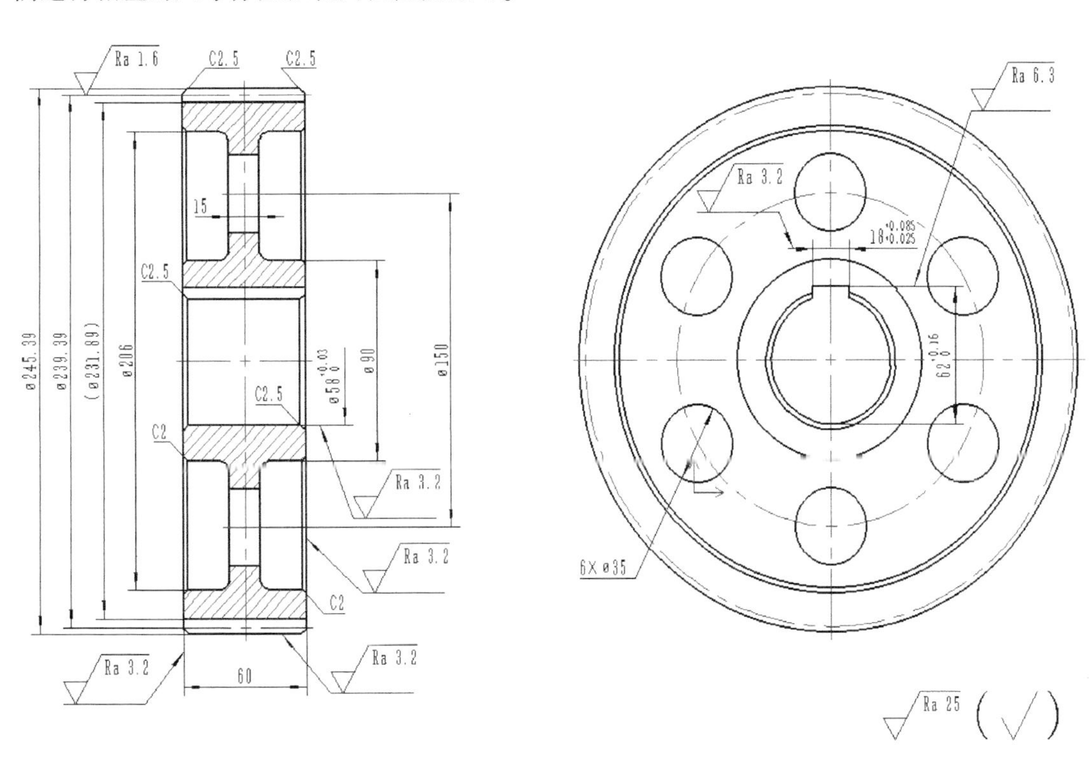

图8-219 完成圆柱齿轮的视图

环节3：绘制齿轮参数表，如图8-220所示。

环节4：在功能区“标注”选项卡的“文字”面板中单击“技术要求”按钮，在标题栏左侧区域生成技术要求文本，技术要求正文内容有两行，一行为“1. 齿面硬度50~55HRC。”，另一行文字为“2. 未注圆角半径为R5。”

环节5：填写标题栏，如图8-221所示。

法向模数	m_n	3
齿数	z	80
齿形角	α	20°
齿顶高系数	h_a^*	1
螺旋方向	LH	
螺旋角	β	8° 6′ 34″
径向变位系数	x	0
齿厚	8-8-7HK GB/T 10095.1-2008	
精度等级		
齿轮副中心距及其极限偏差	$a \pm f_a$	
配对齿轮	图号	
	齿数	
公差组	检验项目代号	公差（或极限偏差）值

图 8-220 绘制齿轮参数表

						40Cr			桦意智创科技
标记	处数	分区	更改文件号	签名	年、月、日				圆柱齿轮
设计	钟日铭	2020-4-16	标准化			阶段标记	重量	比例	
								1:2	HY-YZ-001
审核									
工艺			批准			共 1 张		第 1 张	

图 8-221 填写标题栏

最后本例要完成的圆柱齿轮零件图如图 8-222 所示。

8.7 练习加油站

1）一张完整的零件图应该包括哪些内容？

2）扩展知识：基本视图是将物件向 6 个基本投影面投影所得到的视图，包括主视图、左视图、右视图、俯视图、仰视图和后视图，在什么情况下不需要标出视图名称？什么是局部视图？在绘制局部视图时需要注意哪些细节？

图 8-222　齿轮零件图

3）将机件的部分结构用大于原始图形所采用的比例画出的图形，称为局部放大图。请问如何创建局部放大图？局部放大图的尺寸标注和一般视图的尺寸标注相同吗？

4）课外加油：总结或参照其他的机械制图教程资料，了解有哪些简化画法。

5）上机操作：按照图 8-223 中提供的图形尺寸绘制该轴承闷盖的零件图，可以自行添加表面结构要求等。

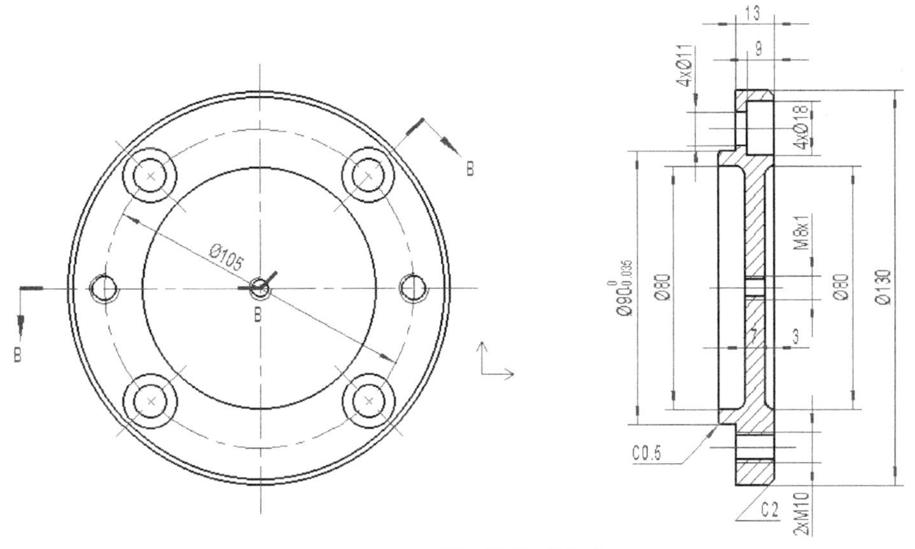

图 8-223　零件图绘制练习

6）上机操作：按照图 8-224 所示的尺寸信息等绘制其零件图，表面结构要求等自行设置。

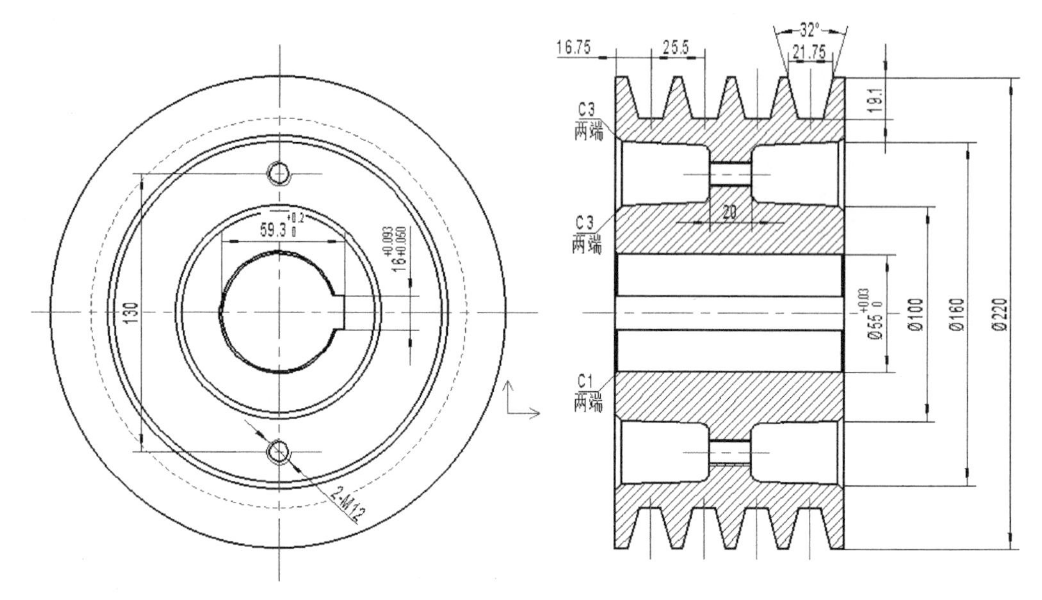

图 8-224　绘制零件图练习

第 9 章　装配图绘制

内容提要：

装配图是用来表达机器或部件的图样。本章介绍装配图绘制的实用知识，包括装配图概述和绘制装配图实例。

9.1　装配图概述

在介绍使用 CAXA CAD 电子图板绘制装配图的实例之前，先简单地对装配图进行概述。所谓的装配图是指用来表达机器或部件的图样，它可以表达机器或部件的工作原理、零件之间的装配关系、零件的主要结构形状以及在装配、检查、安装时所需要的尺寸数据和技术要求等。装配图中还包含了零件序号和明细栏注写。

在绘制装配图时，需要熟知一些规定画法、简化画法和特定画法等，还需要掌握零部件序号编排的相关内容。

1. 规定画法

例如接触面与配合面的规定画法是这样的：相邻两个零件的接触表面或基本尺寸相同且相互配合的工作面，只画一条轮廓线，否则应该画两条线表示各自的轮廓。

对于装配图中的剖面线，相邻两个零件的剖面线要画成不同的方向或不等的间距，并且在同一个装配图的各个视图中，同一个零件的剖面线的方向与间距必须是一致的。

在装配图中，对于一些标准件（如螺钉、螺母、螺栓、垫圈和销等）和一些实心零件（如球、轴、钩等），若剖切平面通过它们的轴线或对称平面，则在剖视图中按不剖绘制。若这些零件上有孔、凹槽等结构，则根据需要采用局部剖来表达。

2. 简化画法

装配图中的简化画法主要包括以下几点。

- 零件的工艺结构，如倒角、圆角、退刀槽等，可以不画。
- 螺母和螺栓的头部允许采用简化画法。
- 当遇到螺纹连接件等相同的零件组时，在不影响理解的前提下，允许只绘制出一处，其余可采用点画线表示其中心位置。
- 在装配图的剖视图中，在表示滚动轴承时，允许画出对称图形的一半，而另一半可以采用通用画法或特定画法。

3. 特定画法

装配图中的特定画法主要有拆卸画法、单独画法、假想画法和沿结合面剖切画法等。

- 拆卸画法：当某一个或几个零件在装配图的某一个视图中遮挡了大部分装配关系或其他零件时，可以假想拆去一个或几个零件，只画出所表达部分的视图。
- 单独画法：用于在装配图中单独表达某个零件。在装配图中，当某个零件的主要结构形状未表达清楚而又对理解装配关系有影响时，可以另外单独画出该零件的某一个视图，这就是典型的单独画法。
- 假想画法：为了表示与本部件有装配关系但又不属于本部件的其他相邻零件时，可以采用假想画法，用双点画线将其画出。还有就是为了表示运动零件的运动范围或极限位置时，可以在一个极限位置上画出该零件，再在另一个极限位置上用双点画线绘制出其轮廓。
- 沿结合面剖切画法：该画法通常用于表达装配部件的内部结构。

4. 装配图中的零部件序号

具体内容详见本书第 7 章的“零件序号”一节（7.4 节）。

装配图的示例如图 9-1 所示，它是某二位四通阀产品部件的装配图。从该图例中，读者可以了解到装配图的基本组成，这些基本组成包括必要的视图、技术要求、零部件序号、标题栏和明细栏等。

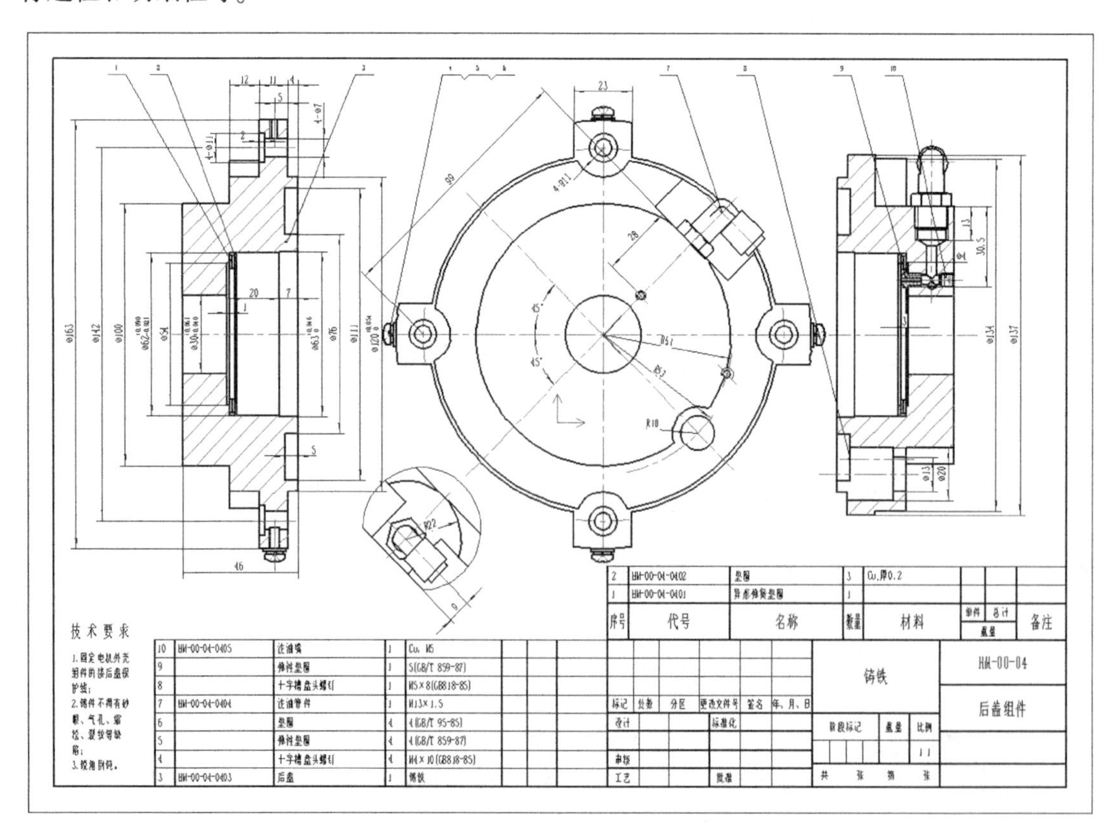

图 9-1　装配图的示例

9.2 绘制装配图实例

本实例要完成的装配图是某蜗轮部件装配图，如图 9-2 所示。

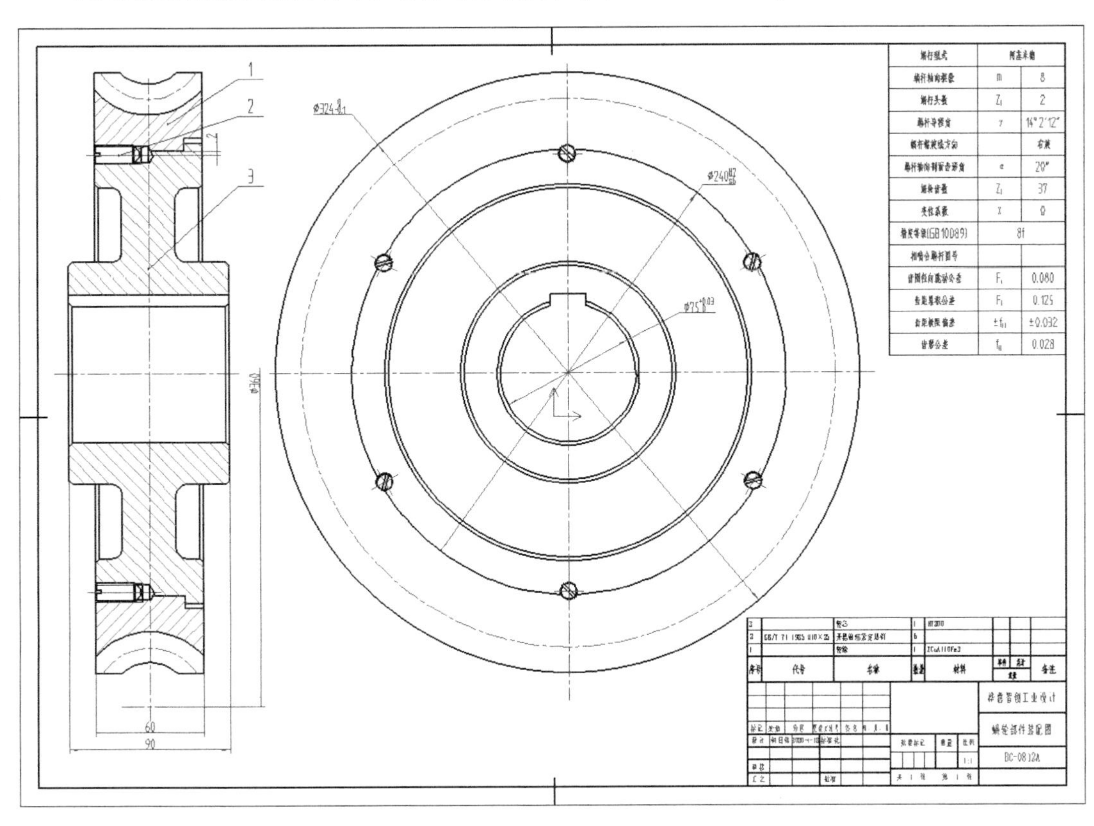

图 9-2　蜗轮部件装配图

下面介绍该蜗轮部件装配图的绘制步骤。

（1）新建图形文件

在 CAXA CAD 电子图板 2020 的快速启动工具栏中单击“新建”按钮，弹出“新建”对话框，在“工程图模块”选项卡的“当前标准”下拉列表框中选择“GB”，在系统模板列表中选择“GB-A2(CHS)”模板，然后单击“确定”按钮。

（2）设置当前的文本风格和尺寸标注风格

在功能区“标注”选项卡的“标注样式”面板中，从“文本样式”下拉列表框中选择“机械”，从而将“机械”文本样式设置为当前的文本样式（即当前文本风格）。

在“标注样式”面板中单击“尺寸样式”按钮，打开“标注风格设置”对话框。利用该对话框建立所需的尺寸风格（尺寸样式），例如建立一个名为“机械”的尺寸样式并按照机械制图标准设置其相应的参数和选项（可以基于“GB_尺寸”尺寸风格），单击“设为当前”按钮将其设置为当前尺寸样式，然后单击“确定”按钮。也可以从“标注样式”下拉列表框中选择一个已有的 GB 标注样式作为当前标注样式。

（3）重新进行图幅设置

在功能区“图幅”选项卡的“图幅”面板中单击“图幅设置”按钮，打开“图幅设置”对话框。在“图框”选项组的“调入图框”下拉列表框中选择“A2A-D-Sighted(CHS)”，其他采用默认设置，如标题栏默认为“GB-A(CHS)”，然后单击“确定”按钮。

（4）绘制主要中心线

在功能区切换至“常用”选项卡，将“中心线层”设置为当前层，接着在“绘图”面板中单击“直线”按钮，根据已知的设计尺寸，在图框内适当位置处绘制图9-3所示的主要中心线。这些中心线对于布局相关视图的位置很重要。

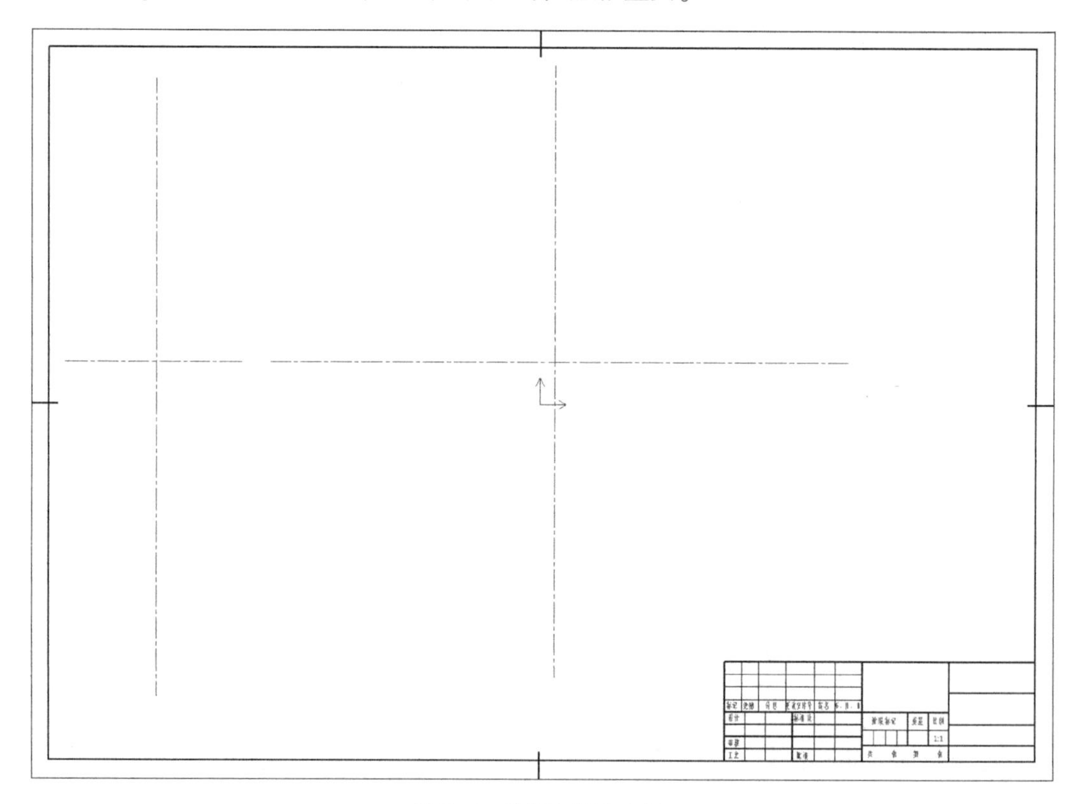

图9-3 绘制主要中心线

（5）绘制等距线

在“修改”面板中单击“等距线”按钮，绘制图9-4所示的等距线作为辅助中心线，图中给出了相关的偏移距离。

此时将“0层”或“粗实线层”设置为当前图层，方法是在“属性”面板中的“图层”下拉列表框中选择“0层”或“粗实线层”。“0层”和“粗实线层”这两个图层的默认线宽是一样的，本例以选择“0”层为例。

（6）根据现有辅助中心线绘制相关的轮廓线

在“绘图”面板中单击“直线”按钮，在出现的立即菜单中设置“1.”为“两点线”、“2.”为“单根”，启用“正交”模式，分别连接相关辅助线的交点来绘制直线，绘制好相关的直线后，将不再需要的辅助中心线删除，结果如图9-5所示。

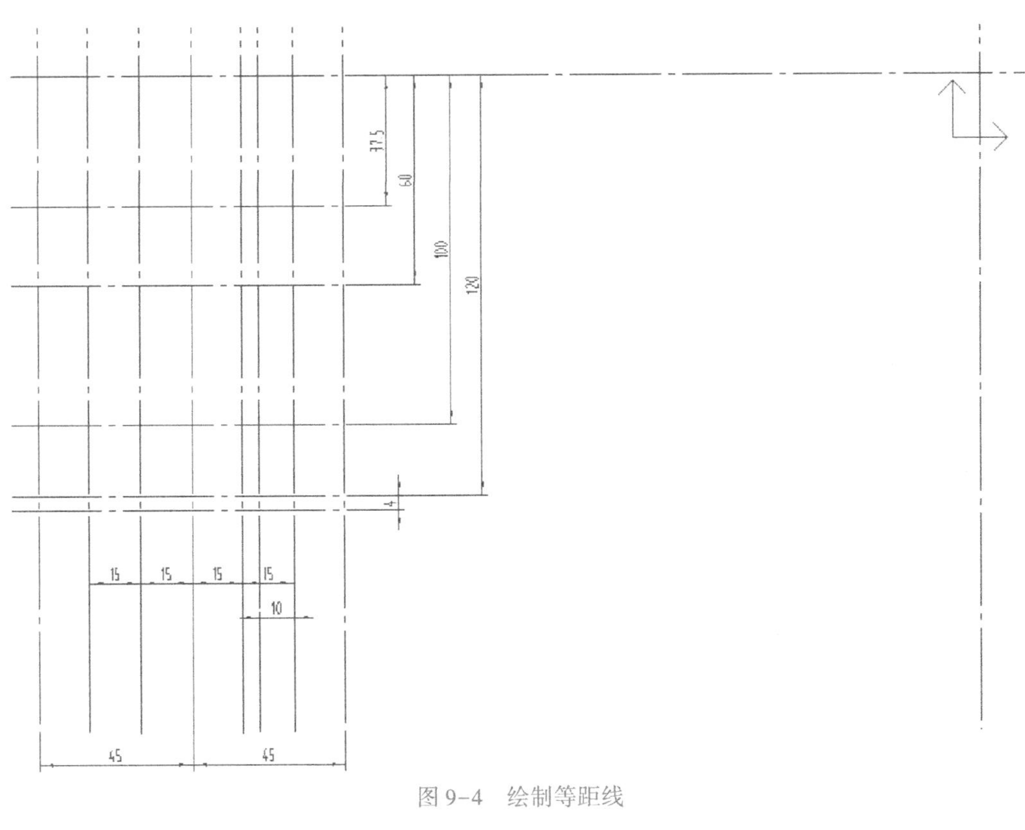

图 9-4　绘制等距线

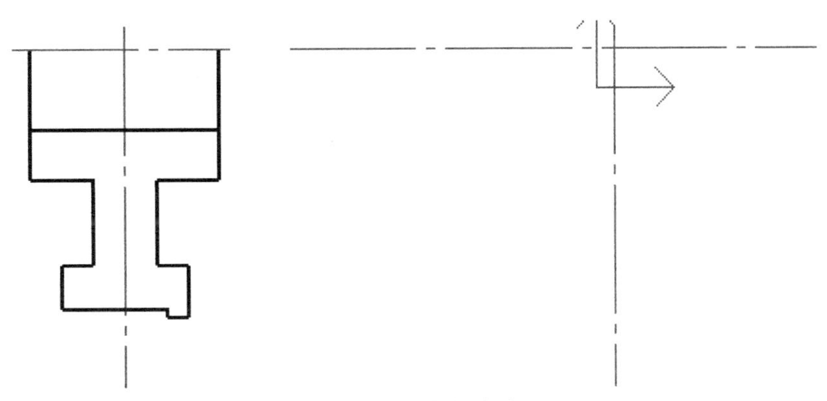

图 9-5　绘制轮廓线

（7）镜像图形

在“修改”面板中单击“镜像”按钮，在立即菜单中选择“1.”为“选择轴线”和“2.”为“拷贝”，接着使用鼠标拾取要镜像的对象，如图 9-6 所示（图中以虚线显示的为选中的要镜像的图形对象），单击鼠标右键确认，然后拾取水平中心线作为轴线，镜像结果如图 9-7 所示。

（8）创建等距线

在“修改”面板中单击“等距线”按钮，接着在立即菜单中设置“1.”为“单个拾取”、“2.”为“指定距离”、“3.”为“单向”、“4.”为“空心”，并设置距离为 79.9，份数为 1，拾取图 9-8 所示的直线段，接着在该直线段上方单击以指定所需的方向，最后单击鼠标右键结束该命令，绘制的等距线如图 9-9 所示。

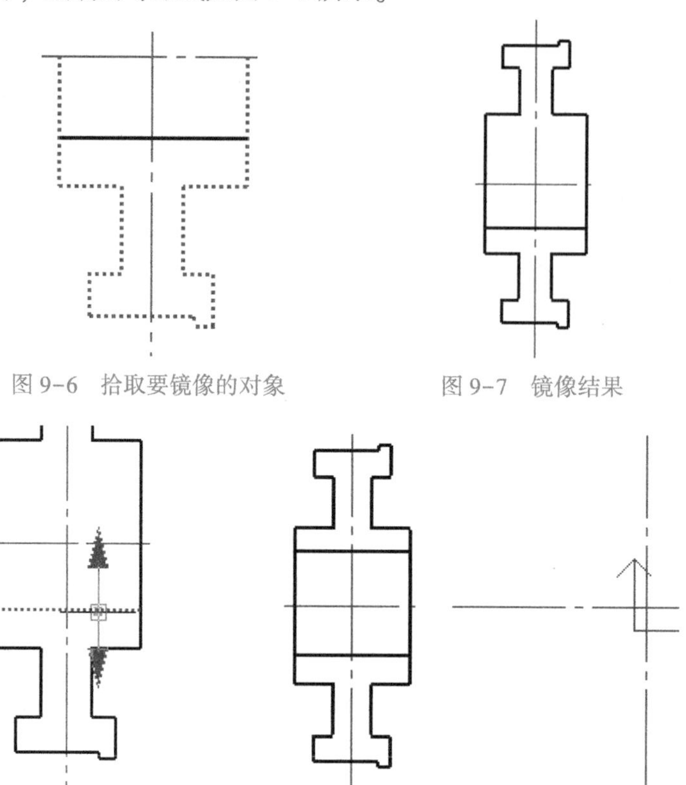

图 9-6　拾取要镜像的对象　　图 9-7　镜像结果

图 9-8　拾取曲线　　图 9-9　绘制的等距线

（9）创建等距线

创建图 9-10 所示的等距线，注意相关图层的设置。

（10）绘制若干个圆

确保当前图层为“0 层”。在“绘图”面板中单击“圆”按钮⊙，分别绘制图 9-11 所示的 3 个圆，这 3 个圆的直径从大到小依次是 Φ81、Φ64 和 Φ48。

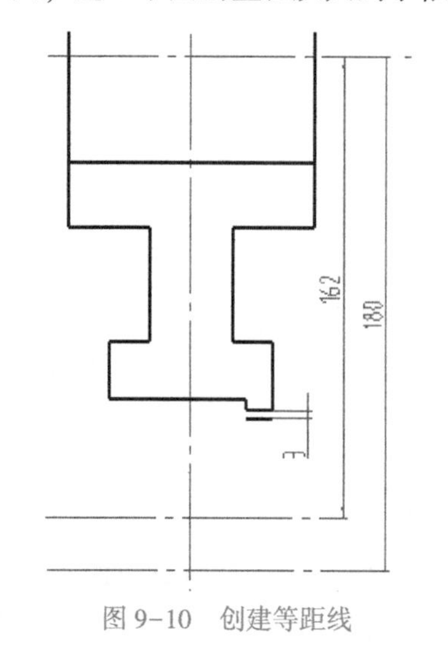

图 9-10　创建等距线

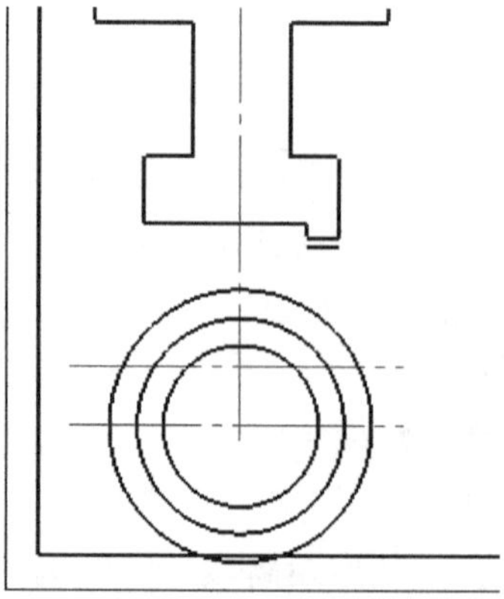

图 9-11　绘制同心圆

(11) 绘制轮缘轮廓线

在“绘图”面板中单击“直线”按钮╱，以“两点线”方式绘制如图 9-12 所示的轮缘轮廓线。

(12) 修改图形

使用“修改”面板中的“裁剪”按钮，将不需要的线段裁剪掉。接着使用“删除”按钮删除不再需要的辅助中心线，最后调整经过圆心的中心线的长度。修改结果如图 9-13 所示。

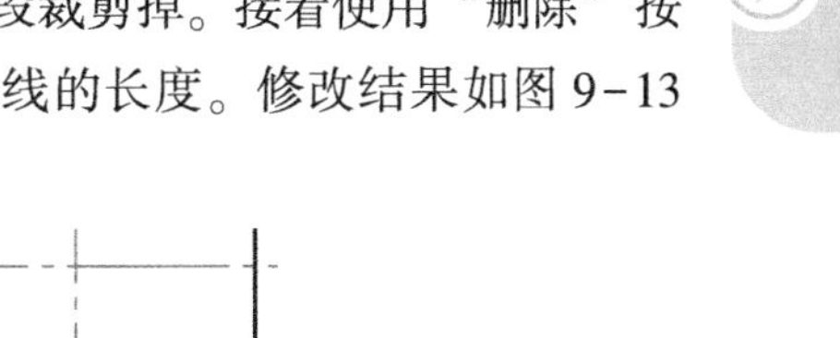

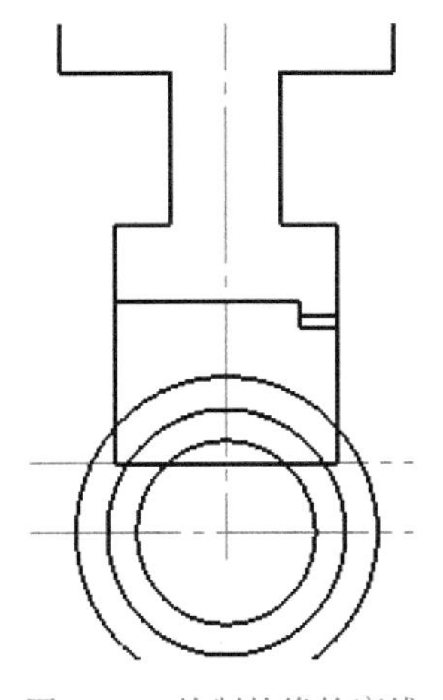

图 9-12 绘制轮缘轮廓线

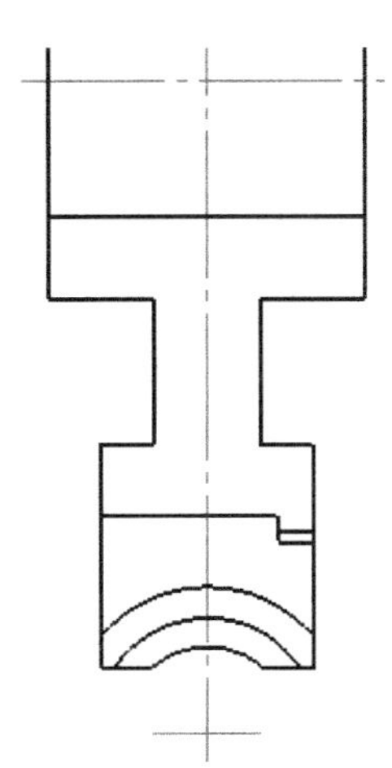

图 9-13 修改结果

(13) 属性修改操作

选择图 9-14 所示的圆弧后右击，系统弹出一个快捷菜单，从中选择“特性”命令，从而打开“特性”选项板窗口（亦可按〈Ctrl+Q〉快捷键打开“特性”选项板），将圆弧所在层更改为“中心线层”，如图 9-15 所示，然后关闭或隐藏“特性”选项板窗口。

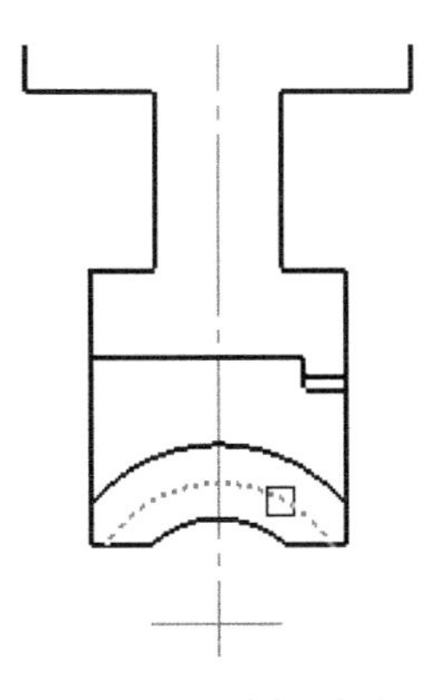

图 9-14 选择圆弧

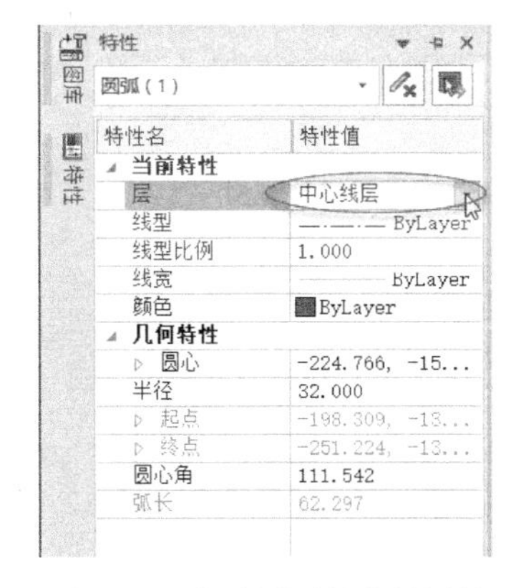

图 9-15 修改圆弧的当前属性

(14) 绘制带键槽的轴孔

使用所需的绘图工具和编辑工具绘制图 9-16 所示的带有键槽的轴孔。

(15) 在主视图中补齐键槽对应的轮廓线

结合导航功能，使用直线工具在主视图中补齐键槽对应的轮廓线，如图 9-17 所示。

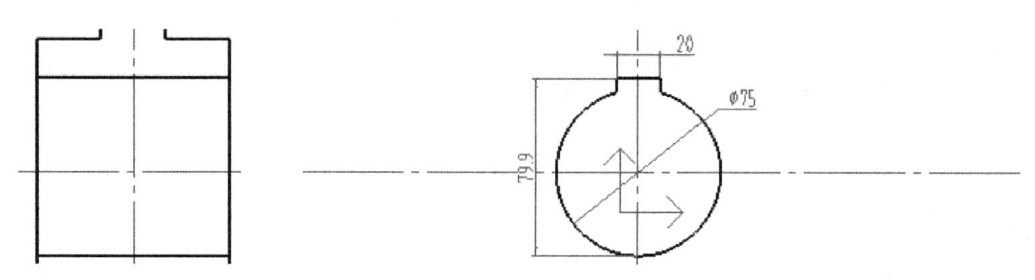

图 9-16　绘制带键槽的轴孔

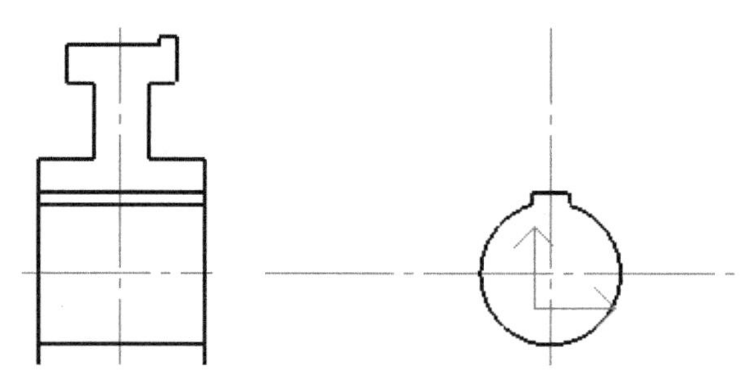

图 9-17　借助导航方式辅助绘制直线

（16）创建倒角过渡

单击“修改”面板中的“过渡”按钮，在过渡立即菜单中设置“1.”为“倒角”、“2.”为“长度和角度方式”、“3.”为“裁剪”，并设置“4. 长度”值为2、“5. 角度”值为45°，拾取第一条直线和第二条直线创建一个倒角，可以继续拾取元素创建倒角，一共创建8个此类规格的倒角过渡，如图9-18所示。

在过渡立即菜单中设置“1.”为“内倒角”、“2.”为“长度和角度方式”，设置“3. 长度”值为2和“4. 角度”值为45°，接着使用鼠标拾取3条有效直线创建一个内倒角，可以继续拾取所需的有效直线段来创建内倒角，一共创建两处内倒角，如图9-19所示。

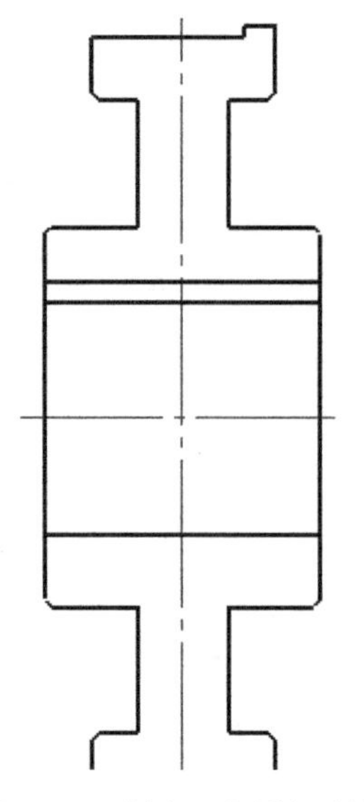

图 9-18　创建4个倒角过渡

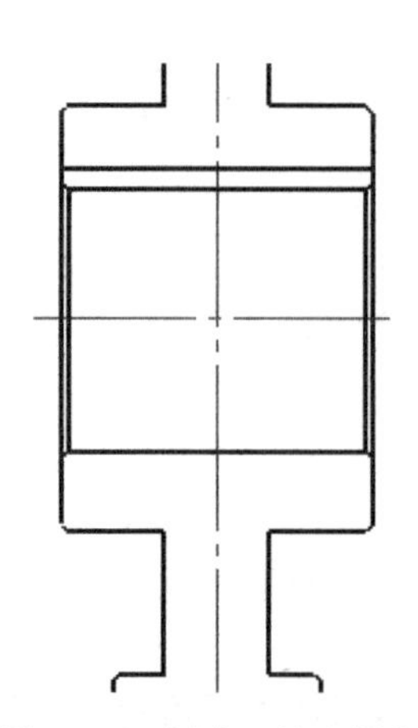

图 9-19　创建两处内倒角

(17) 在主视图中添加倒角形成的轮廓线

在“绘图”面板中单击“直线”按钮╱，以“两点线”方式在主视图中添加倒角形成的轮廓线。绘制的结果如图 9-20 所示。

(18) 镜像及相关操作

在“修改”面板中单击“镜像”按钮▲，根据设计要求在主视图中进行镜像操作，需要时还可以进行其他的编辑处理，以基本完成轮缘的轮廓线，该步骤完成的图形效果如图 9-21 所示。

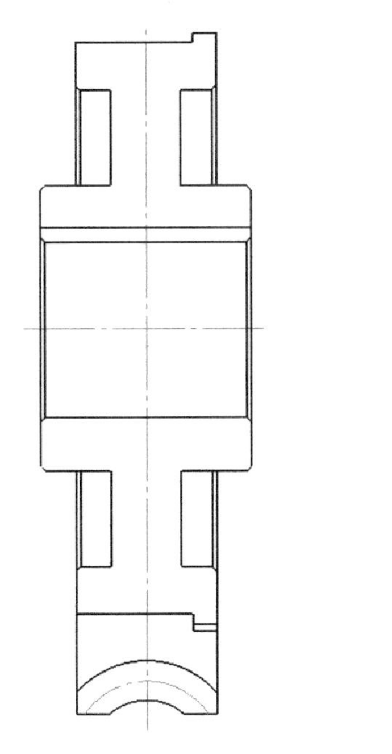

图 9-20 添加轮廓线

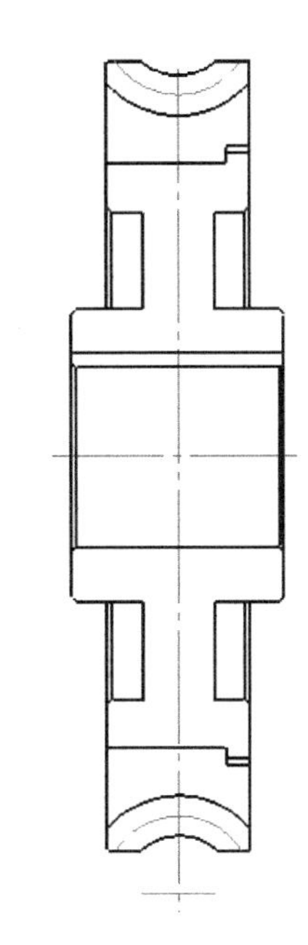

图 9-21 基本完成轮缘的轮廓线

(19) 绘制相关的圆

在“绘图”面板中单击“圆”按钮⊙，并结合导航功能，分别绘制图 9-22 所示的同心圆。

(20) 裁剪多余的圆弧段

在“修改”面板中单击“裁剪”按钮，以“快速裁剪”方式裁剪多余的圆弧段。裁剪完成后，将蜗轮分度圆的所在层改为“中心线层”，修改结果如图 9-23 所示。

(21) 绘制等距线

在“修改”面板中单击“等距线”按钮，绘制图 9-24 所示的等距线。

(22) 修改刚绘制的等距线的层属性

选择上步骤刚绘制的等距线，接着单击鼠标右键，弹出一个快捷菜单，从该快捷菜单中选择“特性”命令，打开“特性”选项板窗口，从中将该图形所在的层更改为“中心线层”，然后关闭该选项板窗口。可以使用“拉伸”按钮的功能稍微调整该中心线的长度。修改结果如图 9-25 所示。

(23) 使用图库调用紧定螺钉

在功能区中切换至“插入”选项卡，在“图库”面板中单击“插入图符”按钮，弹

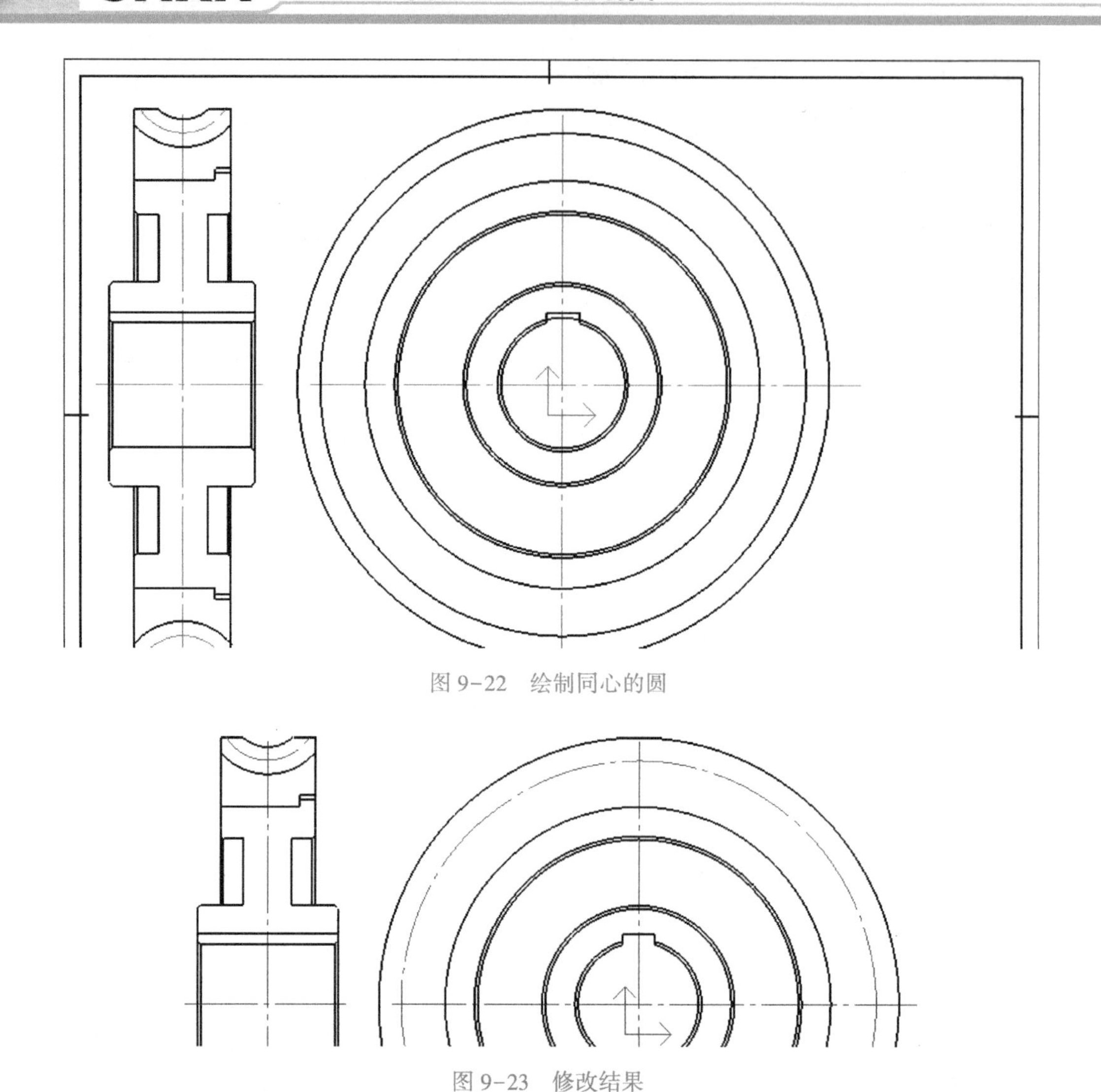

图 9-22　绘制同心的圆

图 9-23　修改结果

出“插入图符”对话框，在目录路径框右侧单击“下三角”按钮，将目录路径指定为“zh-CN\螺钉\紧定螺钉\”，从“紧定螺钉”图符列表中选择“GB/T 71-1985 开槽锥端紧定螺钉”，如图 9-26 所示。

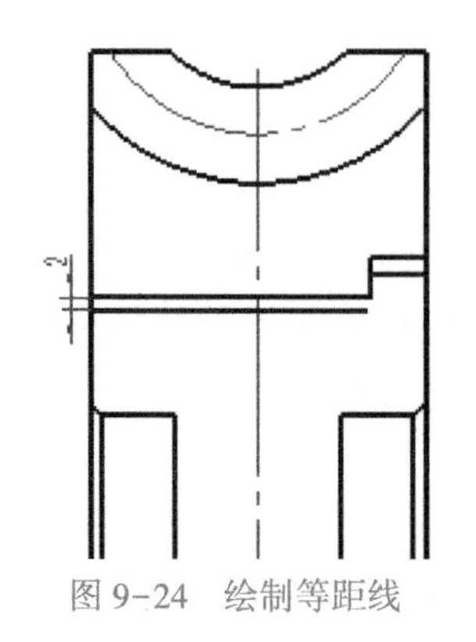

图 9-24　绘制等距线

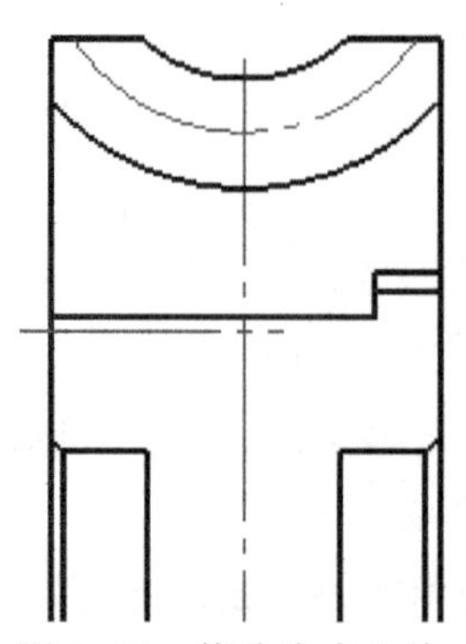

图 9-25　修改为中心线

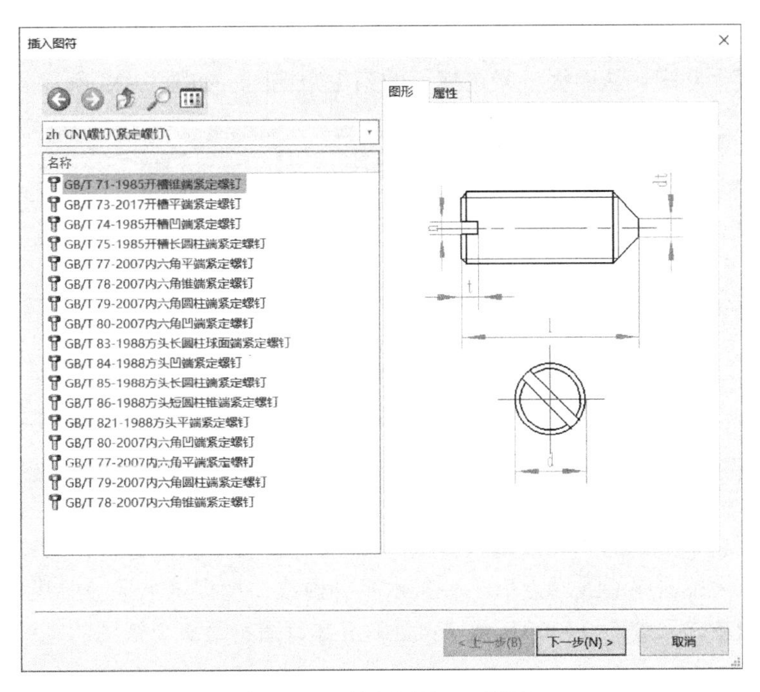

图 9-26 “插入图符”对话框

单击“下一步”按钮，弹出“图符预处理”对话框，从中选择尺寸规格和设置相关的选项（注意选定螺钉长度为25），如图 9-27 所示，然后单击“完成”按钮。

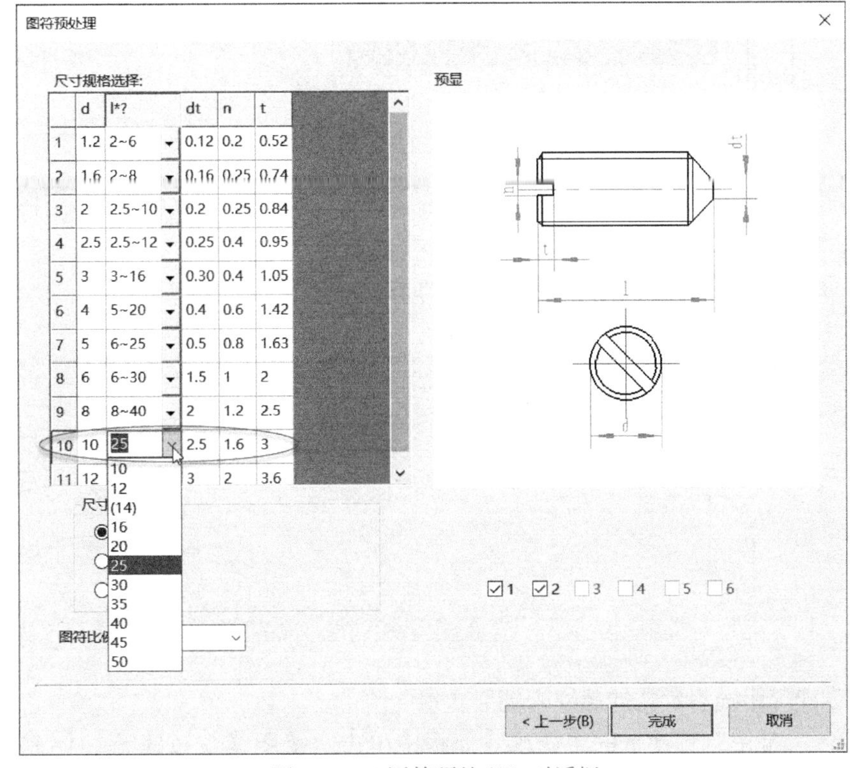

图 9-27 “图符预处理”对话框

在立即菜单中确保选项为“打散”。选择图9-28所示的交点作为图符定位点，接着输入图符旋转角度为0度，从而插入紧定螺钉的第1个视图，如图9-29所示。

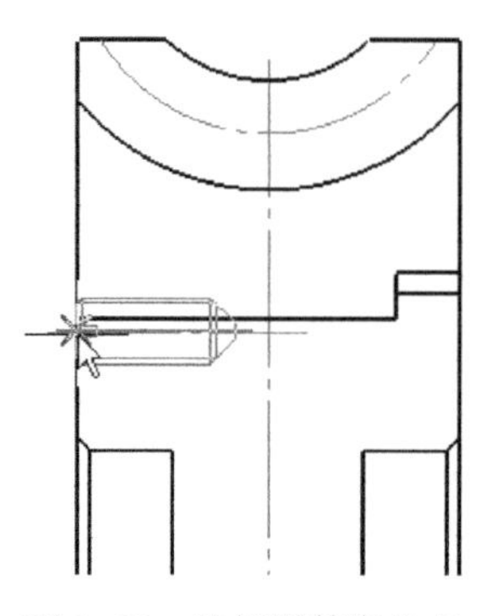
图9-28　选择图符定位点

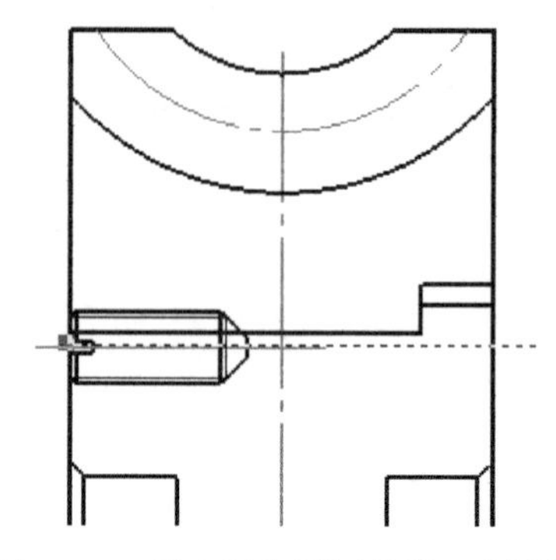
图9-29　插入紧定螺钉的第1个视图

在工作界面右下角处的“切换捕捉方式”下拉列表框中确保选择“导航”选项以启用导航捕捉方式，由螺钉中心线端点引出一条水平导航线，捕捉该水平导航线与右侧视图竖直主中心线的交点单击，如图9-30所示，从而确定螺钉图符第2个视图的定位点。

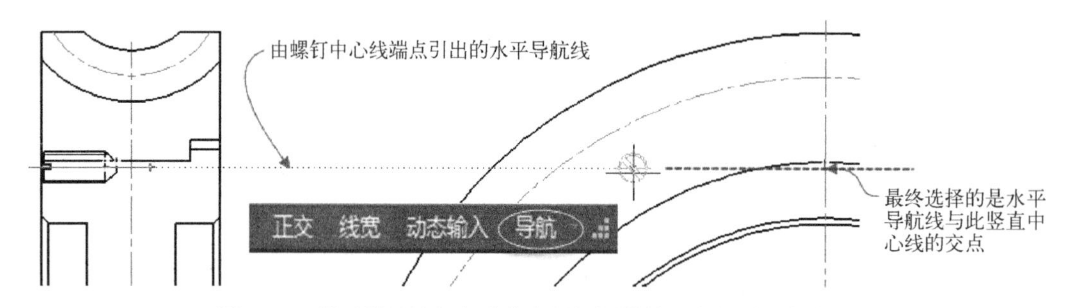

图9-30　借助导航捕捉方式指定螺钉图符第2个视图的定位点

输入图符旋转角度为0，完成第2个视图的插入。此时系统继续提示指定图符定位点。单击鼠标右键结束提取图符的命令操作。

提取紧定螺钉两个视图的效果如图9-31所示。

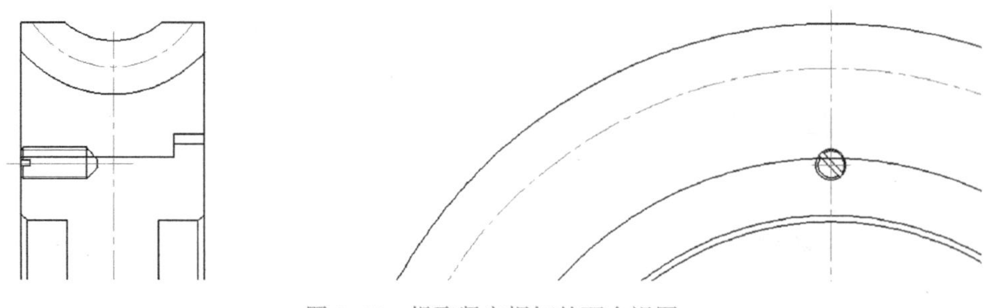
图9-31　提取紧定螺钉的两个视图

（24）创建等距线表示孔的螺纹末端终止线

在功能区“常用”选项卡的“修改”面板中单击“等距线”按钮，绘制图9-32所示的一条等距线。

（25）绘制若干直线段

在“绘图”面板中单击“直线”按钮╱，绘制图9-33所示的线段。采用的直线绘制方式有“两点线”和“角度线”。

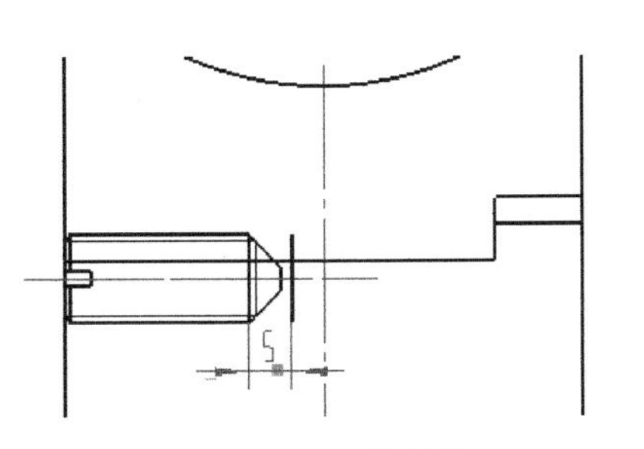

图9-32　创建等距线

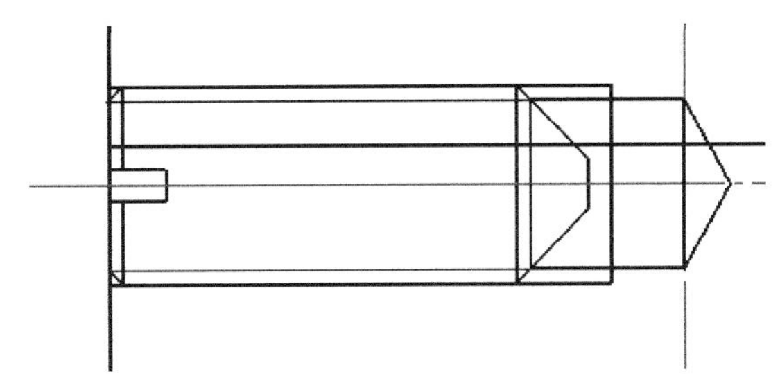

图9-33　绘制相关线段

（26）修改部分线段的所在层

选择图9-34所示的4段要修改的线段，接着右击（单击鼠标右键），并从其右键快捷菜单中选择“特性”命令，利用打开的“特性”选项板将这些线段所在的当前层更改为“细实线层”，然后关闭“特性”选项板。

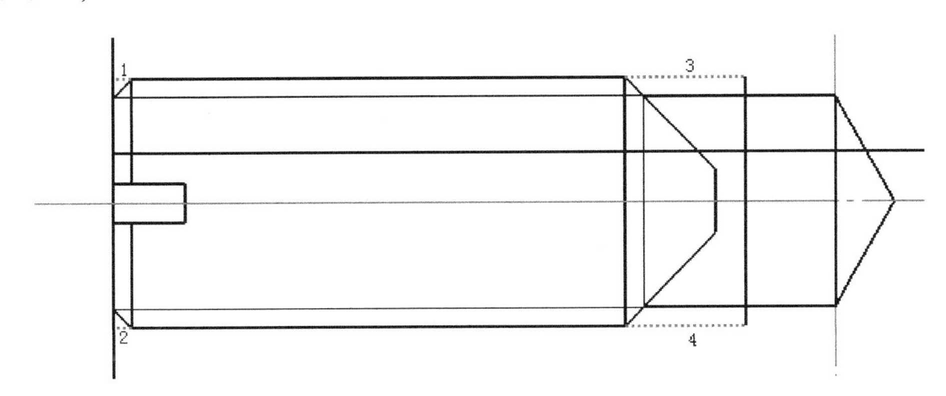

图9-34　选择要修改的线段

（27）镜像操作

在主视图中框选紧定螺钉和螺纹孔图形，在“修改”面板中单击“镜像”按钮，接着在立即菜单中设置“1.”为“选择轴线”选项和“2.”为“拷贝”选项，然后拾取主中心线作为镜像轴线。镜像操作后使主视图如图9-35所示。

（28）裁剪主视图

使用“修改”面板中的“裁剪”按钮，以“快速裁剪”方式，将主视图中螺钉与螺纹孔安装的结构部分进行合理裁剪。裁剪结果如图9-36所示。

（29）在以另一个视图中创建圆形阵列

在“修改”面板中单击“阵列”按钮，在阵列立即菜单中设置“1.”为“圆形阵列”、“2.”为“旋转”、“3.”为“均布”，并设置“4. 份数”为6，拾取紧定螺钉第2个视图的全部图形，单击鼠标右键以确认，接着在提示下拾取圆心作为圆形阵列的中心点，阵列结果如图9-37所示。

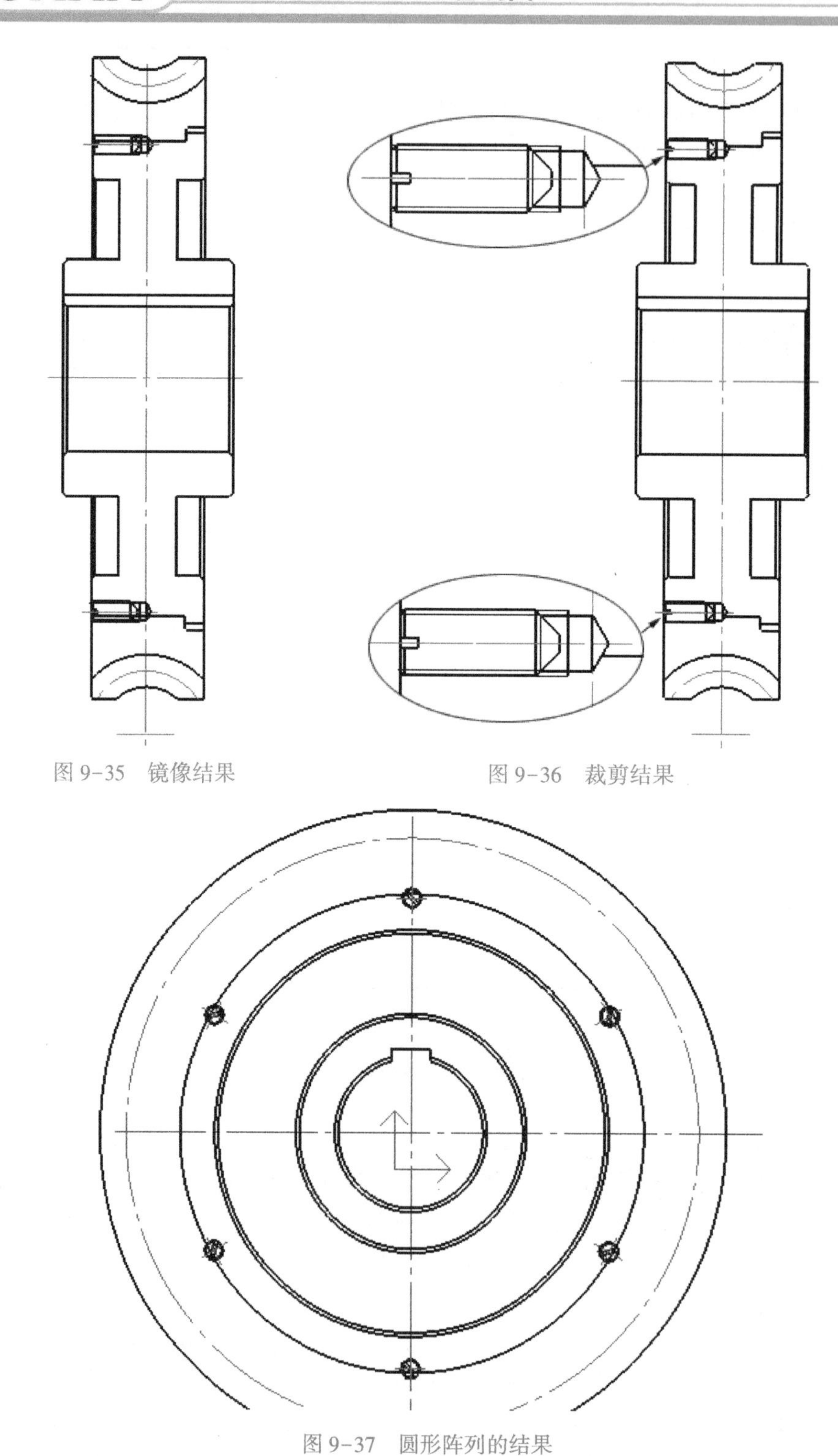

图 9-35　镜像结果　　图 9-36　裁剪结果

图 9-37　圆形阵列的结果

（30）裁剪第 2 个视图

使用“修改”面板中的“裁剪”按钮，以“快速裁剪”方式，在第 2 个视图中将被螺钉遮挡的圆弧段裁剪掉。图 9-38 给出了其中 3 处裁剪结果。

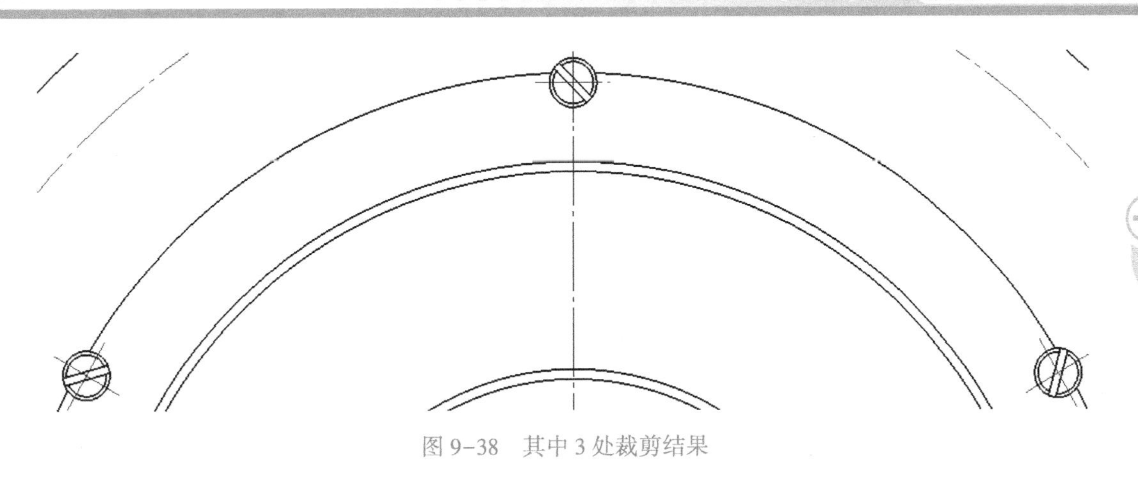

图 9-38　其中 3 处裁剪结果

（31）在主视图中创建过渡圆角轮廓

在“修改”面板中单击“过渡”按钮，接着在过渡立即菜单中设置“1.”为“圆角”、“2.”为“裁剪”，并设置“3. 半径”为 6，分别拾取曲线组来创建过渡圆角轮廓，一共创建 8 处圆角，如图 9-39 所示。

（32）绘制剖面线 1

将“剖面线层”设置为当前图层。在“绘图”面板中单击“剖面线”按钮，在立即菜单中设置“1.”为“拾取点”、“2.”为“不选择剖面图案”和“3.”为“非独立”，以及设置“4. 比例”为 1.68、“5. 角度”为 0 和“6. 间距错开”为 0，并接受默认的允许间隙公差，接着分别在要绘制剖面线的轮缘区域中单击，选择好区域后单击鼠标右键来确认。绘制的剖面线如图 9-40 所示。

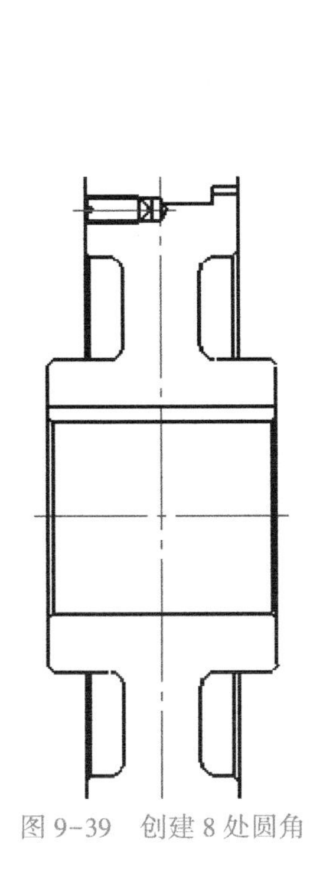

图 9-39　创建 8 处圆角

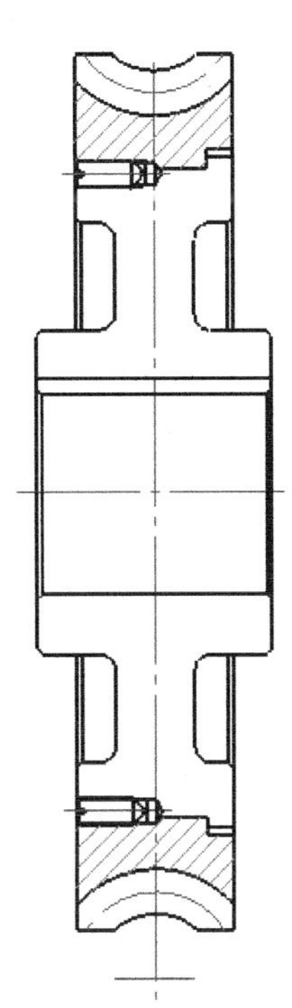

图 9-40　给轮缘的剖切面绘制剖面线

（33）绘制剖面线2

确保“剖面线层”为当前图层。在“绘图”面板中单击“剖面线”按钮，在立即菜单中设置“1.”为“拾取点”、“2.”为“不选择剖面图案”和“3.”为“非独立”，并设置“4. 比例”为1.8、“4. 角度”为90°和“5. 间距错开”为0，接受默认的允许间隙公差，再分别在要绘制剖面线的轮芯区域中单击，选择好区域后单击鼠标右键确认。绘制的剖面线如图9-41所示。

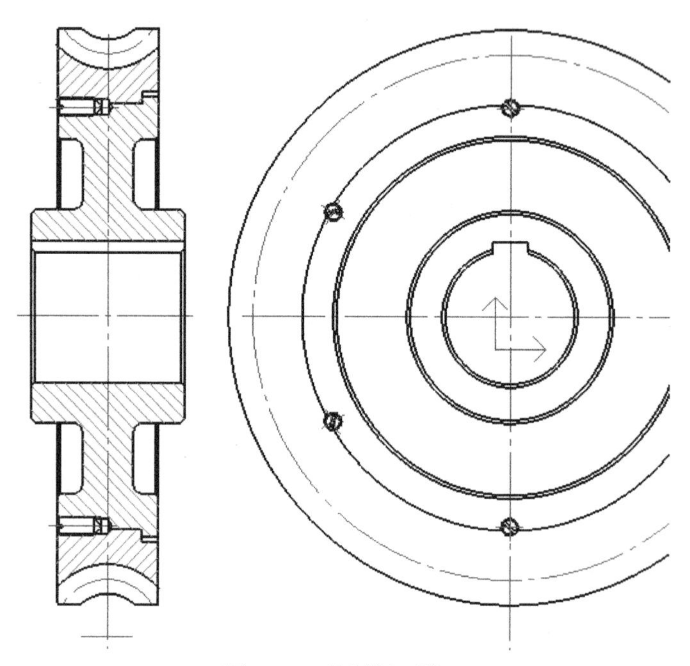

图9-41 绘制剖面线2

（34）在视图中进行一些关键的标注

根据该装配图的主要用途和设计要求，适当地标注出关键的尺寸，并给一些尺寸设置合理的公差，如图9-42所示（为了使读者基本能够看清楚标注，特意在截图时将标注文本的字高设置得高一些）。

（35）绘制表格和填写其内容

将“细实线层”设置为当前图层。使用直线工具、等距线工具和裁剪工具在图框内右上角区域的合适位置处完成图9-43所示的表格，注意将左、右侧外框线的所在层更改为“0层”（线宽为粗线）。

使用功能区“常用”选项卡的“标注”面板或功能区“标注”选项卡的“文字”面板中的“文字”按钮A，以指定两点的方式在相关的矩形区域内输入文本，注意文本的对齐方式为“居中对齐”，字高为5。填写的文本信息如图9-44所示。

知识点拨 用户可以绘制表格和在表格中注写固定的文字和符号，一些参数值可以采用属性定义的方法来定义，然后将这些内容生成块，定义成参数栏，待需要时调用并填写即可。系统也提供了常用的锥齿轮参数表和圆柱齿轮参数表，如图9-45所示。在这里简单地介绍如何调入参数表和填写参数。

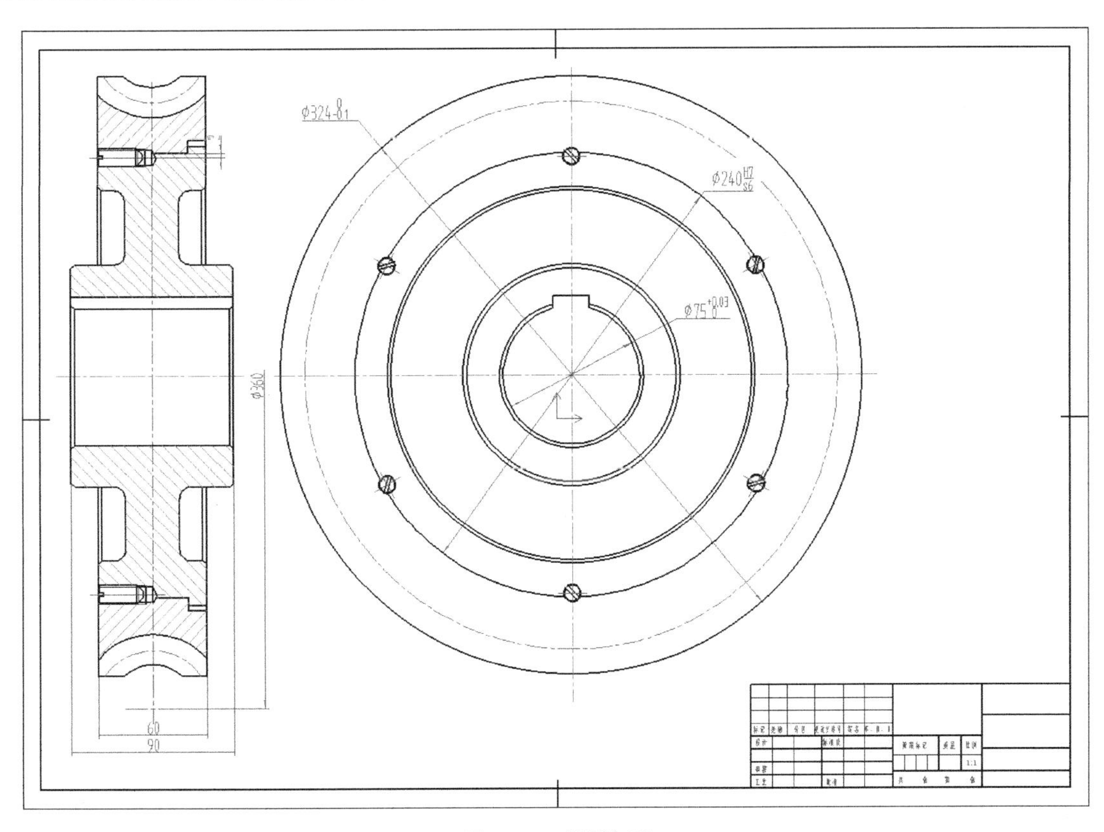

图 9-42　视图标注

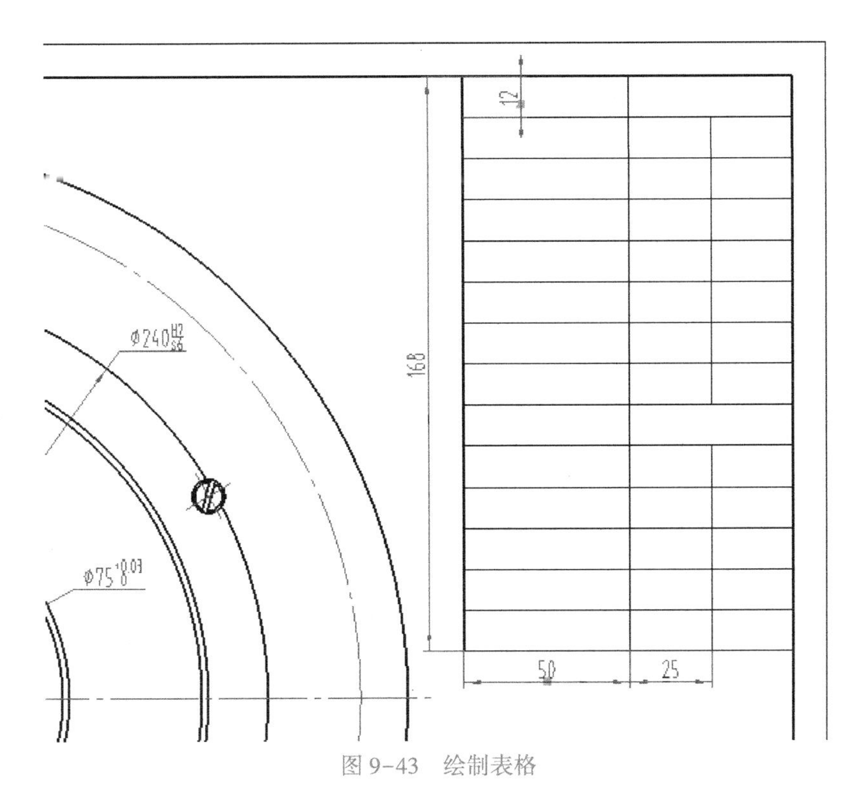

图 9-43　绘制表格

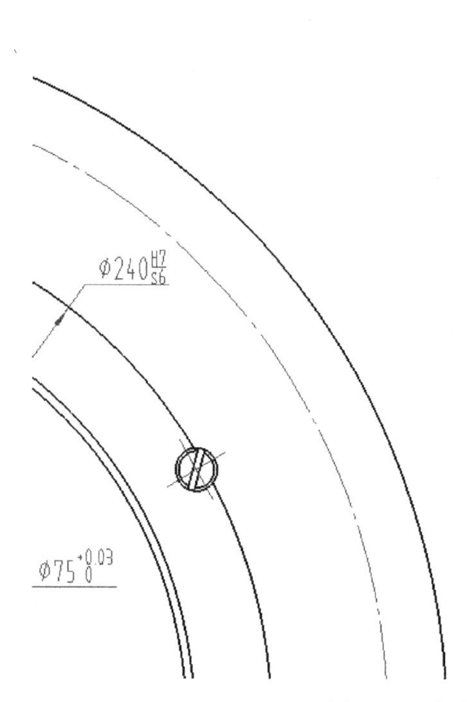

蜗杆型式	阿基米德	
蜗杆轴向模数	m	8
蜗杆头数	Z_1	2
蜗杆导程角	γ	14°2′12″
蜗杆螺旋线方向		右旋
蜗杆轴向剖面齿形角	α	20°
蜗轮齿数	Z_2	37
变位系数	x	0
精度等级(GB10089)	8f	
相啮合蜗杆图号		
齿圈径向跳动公差	F_r	0.080
齿距累积公差	F_p	0.125
齿距极限偏差	$\pm f_{pt}$	±0.032
齿形公差	f_{f2}	0.028

图 9-44　在表格中添加的文本信息

锥 齿 轮 参 数 表			
齿制		GB12369-90	
大端端面模数		m_e	
齿数		z	
齿形角		α	20°
齿顶高系数		h_a^*	1
齿顶隙系数		c^*	0.25
中点螺旋角		β	0
旋向			
切向变位系数		x_t	0
径向变位系数		x_r	0
大端齿高		h_e	
精度等级		6cB GB11365	
配对齿轮	图号		
	齿数		
I		F_i'	
II		f_i'	
III	沿齿长接触率		
	沿齿高接触率		
大端分度圆弦齿厚		S	
大端分度圆弦齿高		h_{ae}	

圆 柱 齿 轮 参 数 表			
法向模数		m_n	
齿数		z	
齿形角		α	20°
齿顶高系数		h_a^*	1
齿顶隙系数		c^*	0.25
螺旋角		β	0
旋向			
径向变位系数		x	0
全齿高		h	
精度等级		887FH GB10095-88	
齿轮副中心距及其极限偏差		$a \pm f_a$	
配对齿轮	图号		
	齿数		
齿圈径向跳动公差		F_r	
公法线长度变动公差		F_w	
齿形公差		f_f	
齿距极限偏差		f_{pt}	
齿向公差		F_β	
公法线	公法线长度	W_{kn}	
	跨测齿数	k	

图 9-45　系统提供的锥齿轮参数表和圆柱齿轮参数表

- 调入参数表（参数栏）：在功能区“图幅”选项卡的“参数栏”面板中单击“调入参数栏”按钮，打开图 9-46 所示的“读入参数栏文件”对话框，从中选择所需的参数栏文件，并根据需要选择“指定定位点”单选按钮或“取图框相对位置”单选按钮等，单击“导入”按钮，在绘图区指定的定位点调入所需的参数栏。
- 填写参数表（参数栏）：双击要填写的参数栏，或者在功能区“图幅”选项卡的“参数栏”面板中单击“填写参数栏”按钮并选择要填写的参数栏（绘图中存有多个参数栏时），系统弹出图 9-47 所示的“填写参数栏”对话框，从中设置相关项目的属性值，单击“确定”按钮即可。

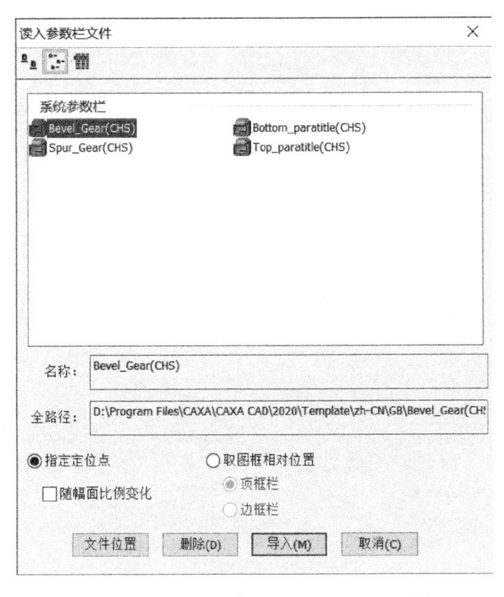

图 9-46 “读入参数栏文件”对话框

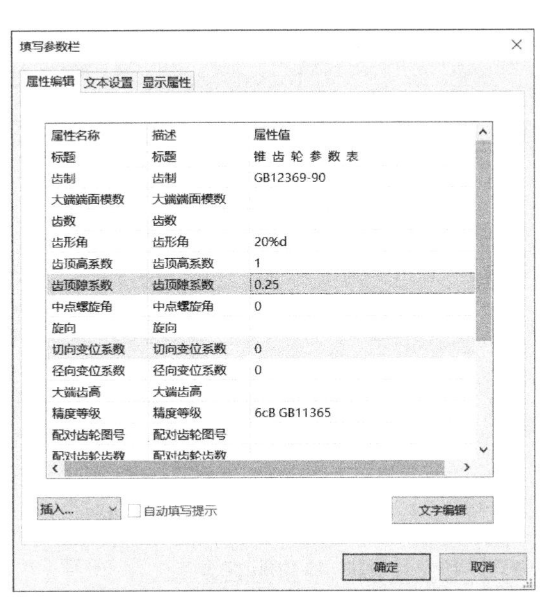

图 9-47 “填写参数栏”对话框

(36) 填写标题栏

在功能区“图幅”选项卡的“标题栏”面板中单击“填写标题栏”按钮，或者在绘图区双击标题栏，弹出“填写标题栏”对话框，在“填写标题栏”对话框中填写相关的属性值内容，然后单击“确定”按钮。初步填写好的标题栏如图 9-48 所示。

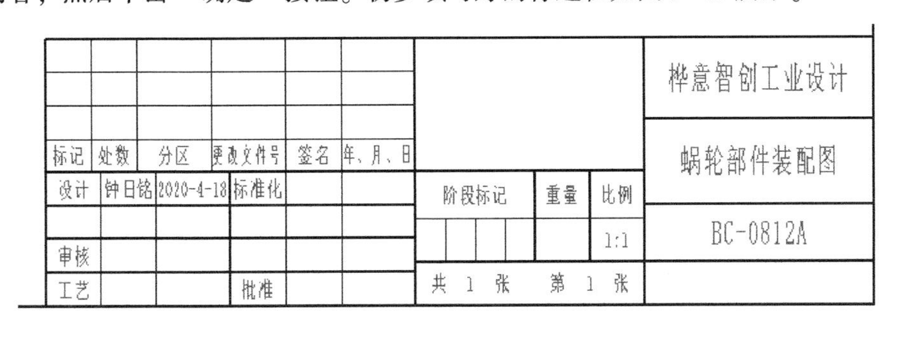

图 9-48 填写标题栏

(37) 序号设置

在功能区“图幅”选项卡的“序号”面板中单击“序号样式”按钮，打开“序号风格设置”对话框。选择“标准”序号风格，在“序号基本形式”选项卡中，设置箭头样式为“圆点”，文本样式为“机械”，文字字高为 7 或 5，如图 9-49 所示。将“标准”序号风格设置为当前序号风格，单击“确定”按钮。

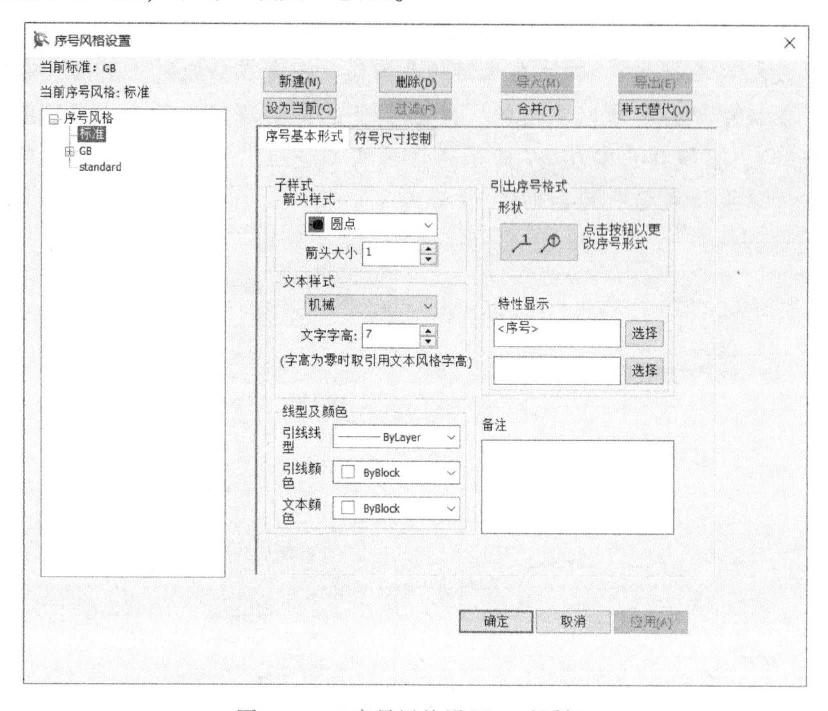

图 9-49 “序号风格设置”对话框

（38）生成序号和明细表

在功能区“图幅”选项卡的“序号”面板中单击“生成序号”按钮，接着在出现的立即菜单中设置图 9-50 所示的选项和参数值。

图 9-50 在立即菜单中的设置

指定引出点和转折点来生成第一个序号，如图 9-51 所示。

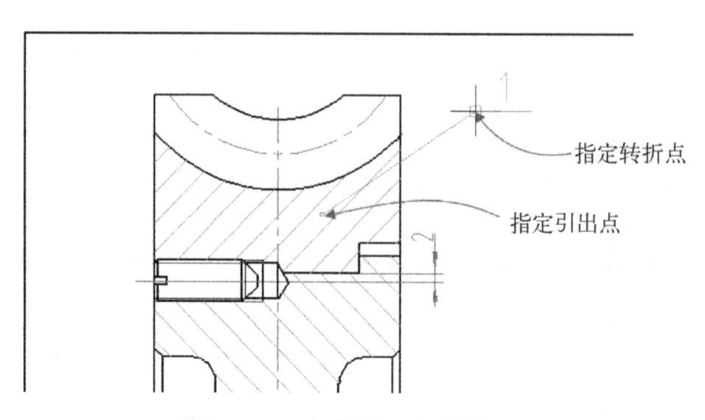

图 9-51 生成第一个序号

同时系统弹出“填写明细表()”对话框。在该对话框中，填写序号为 1 的零件名称、数量和材料等，如图 9-52 所示，然后单击“确定”按钮。

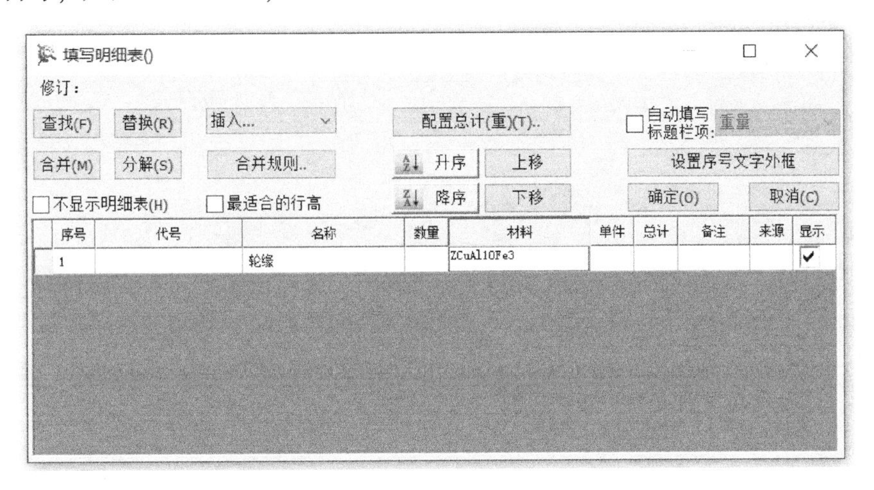

图 9-52 “填写明细表()”对话框

接着开始第 2 个零部件序号的注写工作。在提示下在紧定螺钉中心处指定引出点，并指定合适的位置点作为转折点，如图 9-53 所示。

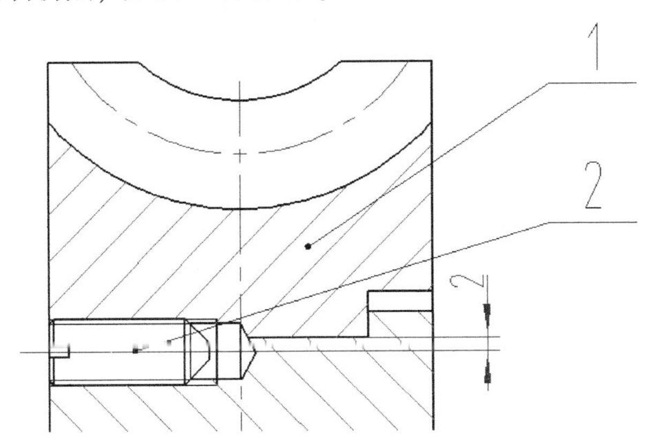

图 9-53 生成第二个零件序号

同时系统弹出“填写明细表(GB)”对话框。在该对话框中，填写序号为 2 的零件代号、名称和数量，如图 9-54 所示，然后单击“确定”按钮。

在提示下为第 3 个零件注写序号，包括指定引出点、转折点和填写明细表，如图 9-55 所示，然后单击“确定”按钮。

单击鼠标右键，结束“生成序号”的命令操作。

注写序号的同时填写了生成的明细表，明细表自动在标题栏上方生成，如图 9-56 所示。如果自动生成的明细表与视图相交或位置较为接近，则可以考虑对该明细表进行“表格折行”处理。本例特意介绍如何对明细表进行“表格折行”处理。

(39) 对明细栏进行“表格折行”处理

在功能区“图幅”选项卡的“明细表”面板单击“表格折行”按钮，接着在出现的立即菜单中设置“1.”为“左折”，如图 9-57 所示。

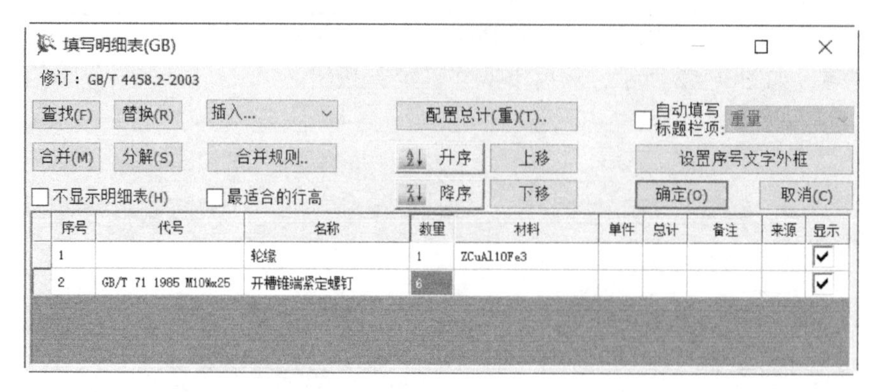

图 9-54　在“填写明细表(GB)”对话框中填写序号 2 零件的信息

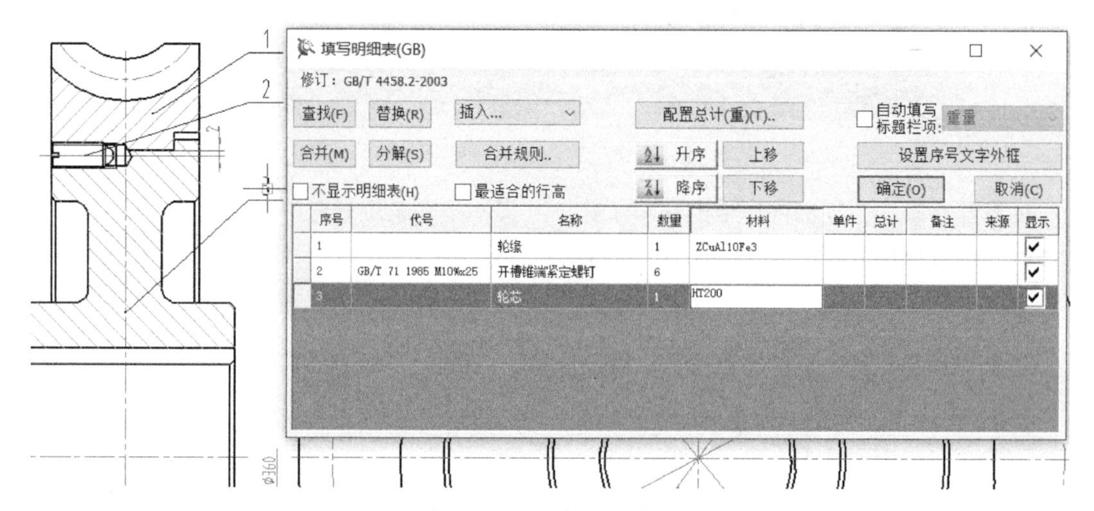

图 9-55　注写第 3 个序号

3		轮芯	1	HT200			
2	GB/T 71 1985 M10×25	开槽锥端紧定螺钉	6				
1		轮缘	1	ZCuAl10Fe3			
序号	代号	名称	数量	材料	单件	总计	备注
					重量		

标记　处数　分区　更改文件号　签名　年、月、日

设计　钟日铭　2020-4-18　标准化

审核

工艺　　批准

阶段标记　重量　比例　1:1

共 1 张　第 1 张

桦意智创工业设计

蜗轮部件装配图

BC-0812A

图 9-56　生成的明细栏

图 9-57 在立即菜单中的设置

在“请拾取表项”的提示下单击明细栏中的序号 2 表项，然后单击鼠标右键结束操作。表格折行操作后的效果如图 9-58 所示。

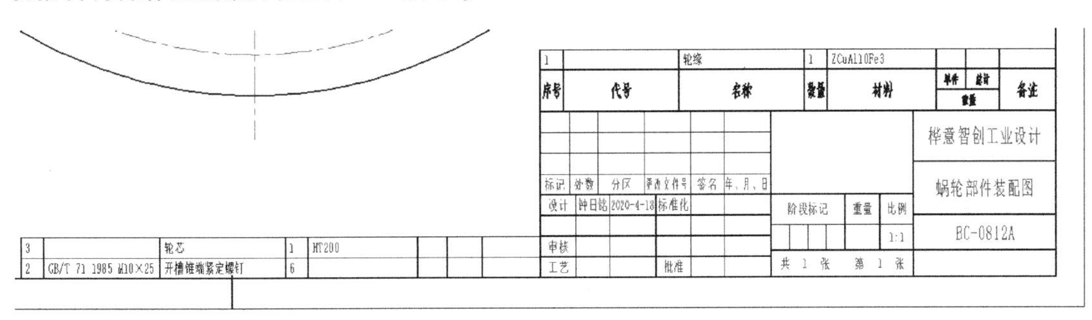

图 9-58 表格折行的明细栏效果

(40) 显示全部

在功能区“视图”选项卡的“显示”面板中单击“显示窗口”下方的▼（下三角）按钮，并从其下拉列表中单击“显示全部”按钮，或者按〈F3〉快捷键，使装配图全部显示在当前屏幕窗口中，如图 9-59 所示。

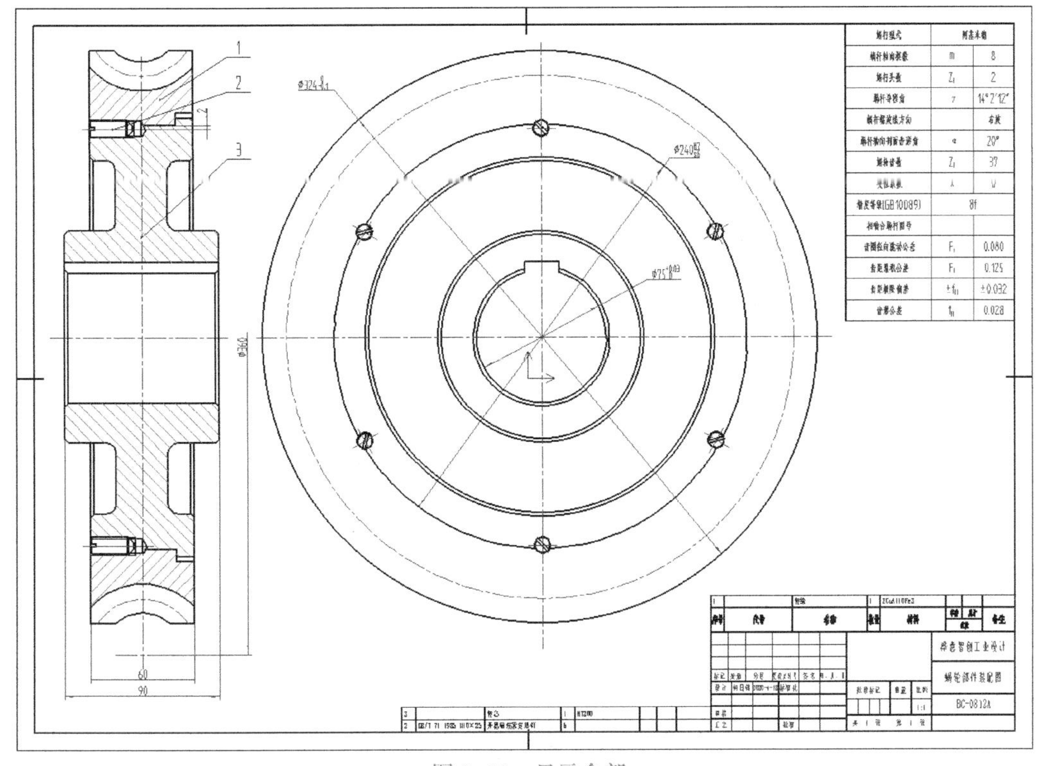

图 9-59 显示全部

如果不对明细栏进行“表格折行”操作，那么显示全部时的装配图效果如图 9-60 所示。

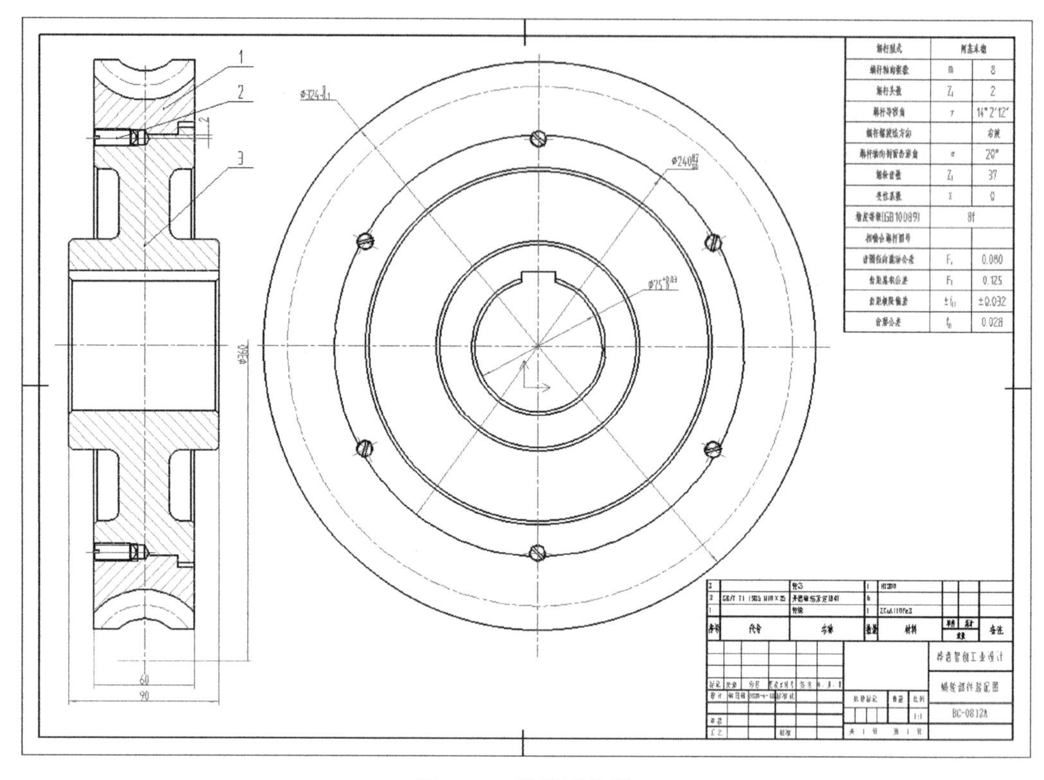

图 9-60 装配图效果

(41) 保存文件

总结：装配图是用来表达机器、产品或部件的技术图样，是设计部门提交给生产部门的重要技术图样。上述实例介绍了一个完整装配图的绘制方法及步骤，让读者全面了解和掌握使用 CAXA CAD 电子图板进行装配图绘制的典型方法和思路。在学习该实例时要深刻总结生成零件序号和填写明细栏的操作方法和技巧等。在该实例中需要的参数表也可以利用 OLE 机制来实现，即参数表在 Microsoft Word、Excel 或其他软件中创建和编辑，然后将该编辑好的参数表插入到 CAXA CAD 电子图板中。有兴趣的读者，可以自己去研习并尝试一下。

通过本章的学习，并加以一定时间的实践操作，读者的实战能力便能得到更进一步的提升。

9.3 练习加油站

1）什么是装配图？装配图主要用来表达什么内容？

2）请列举您所了解到的关于装配图的规定画法、简化画法以及特定画法。

3）在什么情况下使用假想画法？

4）如何注写零件序号和明细栏？

5）在功能区“图幅”选项卡的“序号”面板中提供了用于零部件序号操作的工具按钮，如图 9-61 所示。请说出这些工具按钮的功能和应用特点。

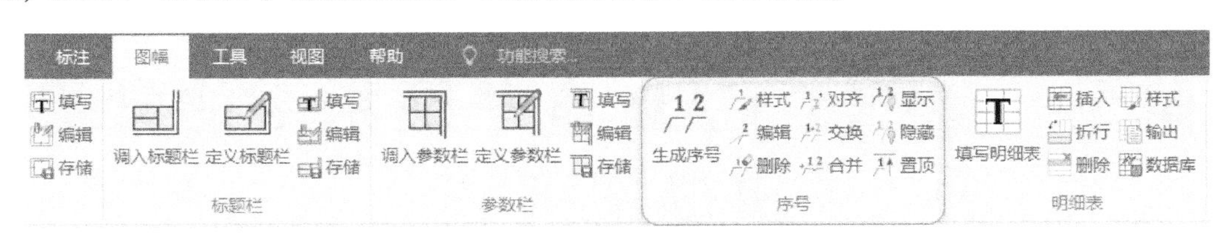

图 9-61 “序号”面板中的序号操作按钮

6）上机练习：自行设计一台简单的减速器，绘制其主要的总装配图。

附录 CAXA CAD电子图板中的常用快捷键列表

常用快捷键	功能用途或操作说明
F1	请求系统的帮助
F2	切换相对/绝对坐标值
F3	显示全部
F4	指定一个当前点作为参考点，用于相对坐标点的输入
F5	当前坐标系切换开关
F6	点捕捉方式切换开关，它的功能是进行捕捉方式的切换，即按此快捷键，可以在“自由”“智能”“栅格”和“导航”之间切换捕捉方式
F7	三视图导航开关
F8	正交与非正交切换开关
F9	切换界面风格
Delete	删除
方向键（↑、↓、→、←）	在输入框中用于移动光标的位置，其他情况下用于显示平移图形
PageUp	显示放大
PageDown	显示缩小
Home	在输入框中用于将光标移至行首，其他情况下用于显示复原